◆ "双一流"建设学科配套教材

# C++

## 程序设计实践教程

### （新国标微课版）

马光志◆著

C++ Programming Practice Course
（New International Standard with Micro-Lecture）

华中科技大学出版社
http://press.hust.edu.cn
中国·武汉

# 内容提要

C++能支持任何应用开发，包括基于 WebAssembly 的网页开发。本书从实战需求出发，简要介绍了汇编语言和 C 语言，通过栈或队列等易于理解的案例，由浅入深地介绍 C++的相关概念，内容覆盖每三年更新一次的多版 C++国际标准。针对知乎网站各种人员提出的数千问题，仔细地组织教学内容和案例，注重核心概念和基础理论的介绍，以使读者能理论联系实际解决新问题。

为了提高读者的系统建模及程序设计能力，本书配备了丰富生动的实例、习题、实验及课设题目。课设题目同时涉及简单的数学建模、面向对象建模及图形用户界面三层模式开发。通过视频微课等丰富的教学资源和手段，完整地展示了安装配置、界面设计等开发过程，以使读者能从 C++初学者逐步成长为技能成熟的程序员，并具备软件系统分析师的视野和素养。

**图书在版编目（CIP）数据**

C++程序设计实践教程 ：新国标微课版/ 马光志著. -- 武汉 ：华中科技大学出版社，2023.5

ISBN 978-7-5680-9482-5

Ⅰ. ①C… Ⅱ. ①马… Ⅲ. ①C++语言－程序设计－教材 Ⅳ. ①TP312.8

中国国家版本馆 CIP 数据核字(2023)第 078246 号

**C++程序设计实践教程（新国标微课版）**

C++ Chengxu Sheji Shijian Jiaocheng (Xinguobiao Weikeban)　　　　　　　　　　马光志　著

策划编辑：范　莹

责任编辑：陈元玉

封面设计：原色设计

责任监印：周治超

出版发行：华中科技大学出版社(中国·武汉)　　　　电话：(027)81321913

　　　　　武汉市东湖新技术开发区华工科技园　　　　邮编：430223

录　　排：代孝国

印　　刷：武汉科源印刷设计有限公司

开　　本：787mm×1092mm　1/16

印　　张：27

字　　数：703 千字

版　　次：2023 年 5 月第 1 版第 1 次印刷

定　　价：59.00 元

# 前言

在 AT&T 贝尔实验室工作期间，本贾尼·斯特劳斯特卢普（Bjarne Stroustrup）于 1983 年开发了 C++。在 C 语言的基础上，通过数据封装来减小程序变量的副作用，引入继承、聚合等软件重用机制开发了 C++，以便程序员提高软件设计、开发和维护的效率。C++ 是目前系统及应用程序开发应用较为广泛的语言，具备了面向对象程序设计语言的几乎全部特点。

学习 C++ 的标准类库只能提高读者的算法设计能力，而理解核心概念才真正有助于 C++ 的入门和提高。核心概念的掌握有助于初学者快速发现和改正程序中的错误，有助于学成者更好地进行系统模型的分析和设计。学习完 C++ 后，若还体会不到面向对象程序设计的优点，不会分析问题、建立模型及进行软件模块的设计开发，那就违背了本贾尼·斯特劳斯特卢普开发 C++ 的初衷。

本书强调 C++ 核心概念和基础理论的掌握，由浅入深地逐步展开和介绍 C++ 的全部概念。所有概念均以实例介绍其使用背景及注意事项，便于读者学以致用、融会贯通以及举一反三。前面章节尽量避免引用后面章节的概念，为了方便读者步步为营地区分和理解新概念，我们借助栈和队列等熟知案例逐步导入新概念，在逐步鉴赏中强化学习效果并彻底理解和掌握 C++。

本书可作为程序设计语言教学改革的教材，内容涵盖"汇编语言"、"C 语言程序设计"、"C++ 程序设计"三门课程。通过将 C++ 程序编译为相应的汇编程序，展示了函数重载、值参传递、函数返回等实现细节，有助于读者从底层理解重载、指针、引用等相关概念，有助于读者深刻把握面向对象思想及其实现原理、稳固地建立基础进而能够独立地解决编程问题。

本书全面系统地介绍了 C++ 的最新国际标准，包括进制转换、常量、变量、指针、引用、左值、右值、表达式、语句、循环、函数、线程、重载、类、内联、对象、构造、析构、封装、友元、继承、聚合、隐藏、覆盖、绑定、多态、实例成员、静态成员、成员指针、虚函数、纯虚函数、抽象类、虚基类、生命期、作用域、模板、模块、接口、概念、约束、协程、泛型、异常、断言、名字空间、移动语义、运算符重载、Lambda 表达式、结构化绑定、类型推导、类型标识、类型转换、类型展开、省略类型参数、类型表达式解析、对象内存布局、流及标准类库等知识。

为了便于读者自学，本书通过二维码提供微课视频，对教材中的难点进行重点讲解，并给出相关概念的完整程序实例。为了让读者掌握面向对象的分析、设计及编程方法，微课视频中完整展示了骰子游戏面向对象的分析及建模过程，并用 C++ 进行了面向对象的程序设计。除了丰富的例题和习题外，最后一章的作业可用于综合实验和课程设计，能够提高读者数学建模及面向对象的建模与设计能力，提升基于三层模式开发图形用户界面应用的水平。

　　本书推荐使用 Microsoft Visual Studio 2019 编译环境，它是 C++最为普及易用的开发环境，几乎支持 C++标准文本的全部标准，拥有丰富的类库及友好的编辑、编译、调试及发布界面，本书所有例子都在该编译环境中进行了测试。本书将提供电子教案、教学指导、习题解答、实例代码等教辅资料。本书还将提供实验自动测试与评分程序，它能检测是否按面向对象的思想编程，并能给予适当的编程指导和建议。

　　在华中科技大学连续多年 C++教学的基础上，编者认真听取了在读生与毕业生的宝贵意见，力求全面完整地介绍 C++的最新国际标准内容，尽量给出完整实用的程序设计实例，避免读者翻阅多种教学参考资料，尽量减少相关概念前后和交叉引用，例题尽量反映概念的实际应用背景。在此笔者向他们表示诚挚的谢意。对于本书存在的疏漏和不足，诚恳地希望广大读者批评指正。

马光志

2022 年 12 月于华中科技大学

# 目录

# 第1章
# C++引论

    C++兼容 C 语言，既具有汇编语言的高效性，又具备良好的移植性，在程序设计界占有很大的份额。了解计算机体系结构、二进制运算、汇编语言、操作系统、数据结构、编译原理等知识，熟悉 C++集成开发环境、C++程序开发实践、C++最新国际标准，是理解和掌握 C++的最佳方法。本章将尽可能通俗易懂地介绍上述基础知识。

## 1.1 计算机的体系结构

    计算机一般采用冯·诺依曼体系结构，由运算器、控制器、存储器和输入/输出设备构成计算机系统。某些设备如键盘只能用于输入；有些设备如打印机只能用于输出；磁盘等设备既可以输入，又可以输出。

### 1.1.1 计算机系统的体系结构

C++学习需要的基本知识

    计算机系统的体系结构如图 1.1 所示，设备与器件之间的数据流用实线表示，设备与器件之间的控制流用虚线表示。

    运算器和控制器是计算机系统的核心，共同称为中央处理单元（central processing unit，CPU）。运算器包括一组用于运算或存储的寄存器，寄存器用于保存从存储器中读取的数据，进行加、减、乘、除、按位与、按位或、逻辑与、逻辑或等运算，运算结果可以保存在寄存器和存储器中。控制器负责控制程序的执行流向，以及输入/输出设备的启停和数据传输。存储器是编有内存地址的线性数据存储单元。

    早期的计算机曾将存储器当作寄存器，反之，寄存器也可看作存储器并有地址。作为寄存器之一的指令计数器，用于存储正在执行的

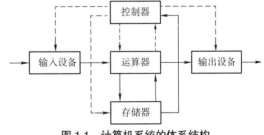

图 1.1　计算机系统的体系结构

机器指令的地址。程序是以二进制形式存储的机器指令系列。每条机器指令完成一种基本数据操作，如取数、存数、相加、相乘、移位、压栈、出栈、转移、调用等。32 位 Intel CPU 使用 EAX、EBX、

ECX、EDX 等通用寄存器进行运算。

存储器大致可分为两类：随机存取存储器（random access memory，RAM）和只读存储器（read only memory，ROM）。RAM 是一种易失性（volatile）存储器，其数据会因断电或漏电而丢失。ROM 是一种非易失性存储器，无论断电与否，数据都不会丢失，常用于存储操作系统的引导程序。程序只能从 ROM 读出数据，而不能向 ROM 写入数据。

在施加低电压时，只能从可擦编程只读存储器（erasable programmable read only memory，EPROM）读出数据，但在施加高电压时可以向其写入数据。这些存储器能与寄存器直接交换数据，通常被称为计算机的内部存储器，简称内存。计算机的内存以字节为单位编排地址，最小的内存单元能存储 1 个字节，若干个字节可形成 1 个字，甚至形成更大的存储单元。

当计算机启动时，首先从 ROM 某固定地址开始执行引导程序。引导程序从输入设备如硬盘读入系统程序和数据，执行这些程序从而完成操作系统如 Windows 的启动。早期的 UNIX 操作系统非常简单，仅管理键盘、显示器和磁盘等有限的输入/输出设备，键盘和显示器合称为控制台（console）。基于键盘和显示器开发的程序常被称为控制台应用程序。

在 Windows 操作系统下，可执行应用程序的扩展名通常为.exe。磁盘存储的应用程序由操作系统管理，并在需要时加载至 RAM 中执行。RAM 中的机器指令和数据均为二进制数值，因此机器指令可以被看作为数据，而数据也可以被当作为机器指令。当指令计数器的值为某个单元地址时，此处存放的二进制数据被当作机器指令。

输入设备包括键盘、磁盘、鼠标等，输出设备包括磁盘、显示器、打印机等。输入/输出设备被操作系统看作输入/输出文件，可以以文件的形式打开、输入、输出和关闭设备。某些输入/输出设备（如键盘和显示器）通常由操作系统打开或关闭，应用程序不用负责这些设备文件的打开或关闭。磁盘作为外围数据存储设备，常被称为“外存”，用于存储文件。

键盘输入的字符'2'对应的 ASCII 值为 82，经过转换，比如减去'0'的 ASCII 值 80，得到字符'2'的对应整数 2。这种悄无声息的转换通常发生在输入整型变量时。在向显示器输出整数 2 时，输出函数将其转换为对应的 ASCII 值 82，然后在显示器中显示对应的字符'2'。C++会提供各种输入/输出函数，用于完成数值转换及输入/输出工作，scanf()和 printf()就是这样一组函数。

控制台是由键盘和显示器组成的成套设备，控制台应用程序可用控制台输入和输出。UNIX、MS-DOS 最初是面向控制台开发的操作系统，通常以控制台命令行的方式执行各种命令。Windows 采用图形用户界面（graphical user interface，GUI）输入和输出，但是它也提供对控制台应用程序的支持。C++能支持任何应用的开发，包括基于 WebAssembly 的网页开发。

内存是一种线性存储结构，每个字节对应有 1 个内存地址，1 个字节由 8 位二进制数构成。在 Windows 操作系统中，16 个连续字节称为 1 节，节是管理和分配内存的最小单位，即使仅为 1 个字符分配内存，也会得到至少 1 节的内存单元。C 或 C++程序被编译成机器指令程序后，将被加载到不同的内存片段进行管理，包括代码段、数据段、堆段和栈段。

在 32 位编译模式下，代码段用于存放二进制格式的机器指令，数据段用于存储全局变量、单元变量或静态变量，栈段用于函数传递实参给形参，堆段用于动态内存的应用。随着 64 位计算机的出现，提供的寄存器也越来越多，C++程序在 64 位编译模式下，优先使用寄存器传递函数参数的值，寄存器用完后再使用栈传参。

## 1.1.2　数据与机器指令的解析

自$(1000)_{16}$开始的内存中的一段数据如图 1.2 所示，第一个存储单元的地址为$(1000)_{16}$，该单元存储 1 个字节的数值，即该单元内容或者字节的值为$(55)_{16}$，地址和值都用十六进制表示。不同进制的数值可以相互转换。例如，每位十六进制数可转换为对应的 4 位二进制数，因此，对于 2 位十六进制数$(55)_{16}$，其对应的 8 位二进制数为$(01010101)_2$；若将$(55)_{16}$转换为对应的十进制数，则为$(85)_{10}$或简记为 85。

| 1000 | 1001 | 1002 | 1003 | 1004 | 1005 | 1006 | 1007 | 1008 |
|------|------|------|------|------|------|------|------|------|
| 55 | 8B | EC | 8B | 45 | 08 | 40 | 5D | C3 |

图 1.2　自$(1000)_{16}$开始的内存中的一段数据

图 1.2 所示的数据既可看作一段程序，也可看作若干个不同类型的数据。类型决定了数据占用的存储单元字节个数。例如，1 个字符占用 1 个字节内存，1 个整数占用 4 个字节等。C++规定，除布尔类型和字符类型的数据占用 1 个字节外，其他类型的数据需要多少个字节存储，由计算机的硬件系统及编译程序共同决定。

对于图 1.2 所示的地址为$(1000)_{16}$的 1 个字节存储单元，其存储的十六进制数为$(55)_{16}$，该数值对应表 1.1 所示的 ASCII 字符'U'，即作为字符类型时，该单元的值为字符'U'。取地址$(1004)_{16}$开始的 2 个字节数值$(0845)_{16}$，将其当作短整型数，即 C++的 short int 类型的数，则$(0845)_{16}$对应的十进制数为 $8 \times 16^2 + 4 \times 16 + 5 = 2117$。对于自地址$(1004)_{16}$开始的 4 个字节$(5D400845)_{16}$，其对应 int 类型的十进制数为 1564477509。

内存中的数据和指令其实是无法区分的。例如，计算机病毒在传播的过程中就是将"病毒程序"作为"数据"进行传播的。图 1.2 所示的数据如果被看作机器指令程序，则对应的 80x86 系列汇编指令如图 1.3 所示。该程序实现的是将函数形参的值增加 1 的功能，EAX 寄存器中的结果将作为函数的返回值。该函数第一条指令的地址$(1000)_{16}$被称为函数的入口地址。

```
单元地址：单元内容    反汇编指令          指令功能

00001000：55         PUSH  EBP          ；将寄存器EBP的值压栈保存

00001001：8BEC       MOV   EBP, ESP     ；取栈指针ESP至EBP，以便处理实参

00001003：8B4508     MOV   EAX, [EBP +8] ；从栈中取出实参至寄存器EAX

00001006：40         INC   EAX          ；将实参值增加1保存于EAX

00001007：5D         POP   EBP          ；出栈恢复EBP，同时平衡栈

00001008：C3         RET                ；返回，EAX的值为函数返回值
```

图 1.3　将图 1.2 所示的内存数据解释为对应的汇编指令

对于内存分段管理的计算机，每段内存的单元地址范围是有限的，其第一个字节的地址为 0。如

果将图 1.2 所示的数据看作一个字符数组，则该数组的大小或者元素个数为 9。数组下标表示数组元素的存放位置，数组下标从 0 开始到 8 结束，小于 0 或大于 8 便会导致越界。一个数组最多能有多少个字节，取决于计算机的硬件及软件。可显示字符及 ASCII 值对照表如表 1.1 所示。

表 1.1　可显示字符及 ASCII 值对照表

| 二进制 | 十进制 | 十六进制 | 图形 | 二进制 | 十进制 | 十六进制 | 图形 | 二进制 | 十进制 | 十六进制 | 图形 |
| --- | --- | --- | --- | --- | --- | --- | --- | --- | --- | --- | --- |
| 0010 0000 | 32 | 20 | (空格) | 0100 0000 | 64 | 40 | @ | 0110 0000 | 96 | 60 | ` |
| 0010 0001 | 33 | 21 | ! | 0100 0001 | 65 | 41 | A | 0110 0001 | 97 | 61 | a |
| 0010 0010 | 34 | 22 | " | 0100 0010 | 66 | 42 | B | 0110 0010 | 98 | 62 | b |
| 0010 0011 | 35 | 23 | # | 0100 0011 | 67 | 43 | C | 0110 0011 | 99 | 63 | c |
| 0010 0100 | 36 | 24 | $ | 0100 0100 | 68 | 44 | D | 0110 0100 | 100 | 64 | d |
| 0010 0101 | 37 | 25 | % | 0100 0101 | 69 | 45 | E | 0110 0101 | 101 | 65 | e |
| 0010 0110 | 38 | 26 | & | 0100 0110 | 70 | 46 | F | 0110 0110 | 102 | 66 | f |
| 0010 0111 | 39 | 27 | ' | 0100 0111 | 71 | 47 | G | 0110 0111 | 103 | 67 | g |
| 0010 1000 | 40 | 28 | ( | 0100 1000 | 72 | 48 | H | 0110 1000 | 104 | 68 | h |
| 0010 1001 | 41 | 29 | ) | 0100 1001 | 73 | 49 | I | 0110 1001 | 105 | 69 | i |
| 0010 1010 | 42 | 2A | * | 0100 1010 | 74 | 4A | J | 0110 1010 | 106 | 6A | j |
| 0010 1011 | 43 | 2B | + | 0100 1011 | 75 | 4B | K | 0110 1011 | 107 | 6B | k |
| 0010 1100 | 44 | 2C | , | 0100 1100 | 76 | 4C | L | 0110 1100 | 108 | 6C | l |
| 0010 1101 | 45 | 2D | − | 0100 1101 | 77 | 4D | M | 0110 1101 | 109 | 6D | m |
| 0010 1110 | 46 | 2E | . | 0100 1110 | 78 | 4E | N | 0110 1110 | 110 | 6E | n |
| 0010 1111 | 47 | 2F | / | 0100 1111 | 79 | 4F | O | 0110 1111 | 111 | 6F | o |
| 0011 0000 | 48 | 30 | 0 | 0101 0000 | 80 | 50 | P | 0111 0000 | 112 | 70 | p |
| 0011 0001 | 49 | 31 | 1 | 0101 0001 | 81 | 51 | Q | 0111 0001 | 113 | 71 | q |
| 0011 0010 | 50 | 32 | 2 | 0101 0010 | 82 | 52 | R | 0111 0010 | 114 | 72 | r |
| 0011 0011 | 51 | 33 | 3 | 0101 0011 | 83 | 53 | S | 0111 0011 | 115 | 73 | s |
| 0011 0100 | 52 | 34 | 4 | 0101 0100 | 84 | 54 | T | 0111 0100 | 116 | 74 | t |
| 0011 0101 | 53 | 35 | 5 | 0101 0101 | 85 | 55 | U | 0111 0101 | 117 | 75 | u |
| 0011 0110 | 54 | 36 | 6 | 0101 0110 | 86 | 56 | V | 0111 0110 | 118 | 76 | v |
| 0011 0111 | 55 | 37 | 7 | 0101 0111 | 87 | 57 | W | 0111 0111 | 119 | 77 | w |
| 0011 1000 | 56 | 38 | 8 | 0101 1000 | 88 | 58 | X | 0111 1000 | 120 | 78 | x |
| 0011 1001 | 57 | 39 | 9 | 0101 1001 | 89 | 59 | Y | 0111 1001 | 121 | 79 | y |
| 0011 1010 | 58 | 3A | : | 0101 1010 | 90 | 5A | Z | 0111 1010 | 122 | 7A | z |
| 0011 1011 | 59 | 3B | ; | 0101 1011 | 91 | 5B | [ | 0111 1011 | 123 | 7B | { |
| 0011 1100 | 60 | 3C | < | 0101 1100 | 92 | 5C | \ | 0111 1100 | 124 | 7C | | |
| 0011 1101 | 61 | 3D | = | 0101 1101 | 93 | 5D | ] | 0111 1101 | 125 | 7D | | |
| 0011 1110 | 62 | 3E | > | 0101 1110 | 94 | 5E | ^ | 0111 1110 | 126 | 7E | ~ |
| 0011 1111 | 63 | 3F | ? | 0101 1111 | 95 | 5F | _ | 0111 1111 | 127 | 7F | (删除) |

## 1.2　进制及其转换和运算

在日常生活中，人们习惯使用十进制，但计算机大多使用二进制。十进制转换为二进制，或者二进制转换为十进制，都可能出现数据转换误差。但是，除一些商用的计算机采用十进制外，为什么还有大多数计算机采用二进制呢？采用二进制的主要好处是：二进制电路更为稳定、可靠，且相对来说更为经济。

### 1.2.1　计算机采用二进制的原因

经济性可通过存储单元的电路成本考量。每位二进制数只有 0 和 1 两个状态，不妨认为每个状态需要 1 个电子元件，故每位二进制数需要 2 个电子元件。依此类推，每位十进制数则需要 10 个电子元件。因此，p 位 q 进制的状态总数为 $q^p$=M，M 就是该存储单元能存储的最大数值。

假定无论采用何种进制，每个状态的电子元件成本相同，因此，进制不同，则每位的电路成本不同。在存储同样大小的数值 M 时，采用哪种进制更经济呢？由 $q^p$=M 可得，所需要的位数$p = \frac{\log(M)}{\log(q)}$。制造 p 位 q 进制需要的电子元件总数量记为 f(q)，它代表 p 位 q 进制存储单元的电路成本。

$$f(q) = p \times q = \frac{\log(M)}{\log(q)} \times q \qquad （1）$$

为了使存储单元的电路成本最经济，求函数 f(q)关于进制 q 的极小值。故对 f(q)求导并令$\frac{\partial f}{\partial q} = 0$，可得出以下结果。

$$(1 - \log(q)) \times \frac{\log(M)}{[\log(q)]^2} = 0 \qquad （2）$$

由式（2）可得 1-log(q)=0，进而可得 q=e≈2.718，即采用自然数 e 进制最经济。由于 e 更接近整数 3，因此，计算机采用三进制是最经济的。但考虑到二进制电路也比较经济，且二进制电路比三进制电路更稳定，以及二进制电路的逻辑运算更易实现，故最终决定在计算机系统中采用二进制。

注意，上述数学方程式中的等号（＝）和 C++程序中的等号（＝）含义不同。数学方程式中的 a=b 表示 a 和 b 具有相同的值；而 C++程序中的 a=b 表示取 b 的值赋给 a，赋值之前 a 和 b 的值可能不同，赋值之后 a 的值将和 b 的值相同。显而易见，将 C++程序中的 a=a+1 按数学思维来理解是错误的。部分 C++定义变量和赋值的程序片段如下。

```
int a,b;        //a 和 b 定义为整型全局变量，其初始值默认为十进制数 0
int main(int argc,char*argv[],char*env[]) {
//argc: 参数个数; argv: 参数; env: 操作系统环境变量
    a=2;        //将十进制数 2 赋给 a，a 的值从 0 变为十进制数 2
    b=3;        //将十进制数 3 赋给 b，b 的值从 0 变为十进制数 3
    a=b;        //将 b 的值赋给 a，a 的值从十进制数 2 变为十进制数 3
    a=a+1;      //将 a 的值加 1 得到结果 4，然后再将 4 赋给 a 保存
}
```

## 1.2.2　C++的常用进制及其运算

C++程序的常用进制有二进制、八进制、十进制和十六进制。八进制数共有 8 个状态，分别为 0、1、2、3、4、5、6、7。十进制数共有 10 个状态，分别为 0、1、2、3、4、5、6、7、8、9。十六进制数共有 16 个状态，分别为 0、1、2、3、4、5、6、7、8、9、a、b、c、d、e、f（不区分大小写）。由此可见，十六进制的数值 a 相当于十进制的数值 10。十进制整数 123 用$(123)_{10}$表示，当不做特别说明时，C++程序就用简化的 123 表示。

C++可用二进制数初始化变量。二进制数只有 0 和 1 两个状态，例如，二进制数 1011 的数学表示形式为$(1011)_2$。可以在二进制数的最高位前添加任意个 0，例如$(001011)_2=(01011)_2=(1011)_2$。由于使用二进制计数时是逢二进一，因此，高位数字 1 是其低 1 位的数字 1 的两倍。由此可得二进制数$(1011)_2$转换为对应的十进制数的方法如下。

$$(1011)_2=((1\times2+0)\times2+1)\times2+1=1\times2^3+0\times2^2+1\times2^1+1\times2^0=8+2+1=11=(11)_{10} \qquad (3)$$

观察式（3）第一个等号后的计算规则，可得十进制数转换为二进制数的方法。将十进制数转换为二进制数时，可将十进制数除以 2 取余数得到 1 位二进制数字，最先得到的余数是二进制数的最低位数字；将商再次作为被除数除以 2 求余数，可以得到更高位的二进制数字，直到商为 0 为止。例如，将$(11)_{10}$转换为二进制数的过程如图 1.4 所示。

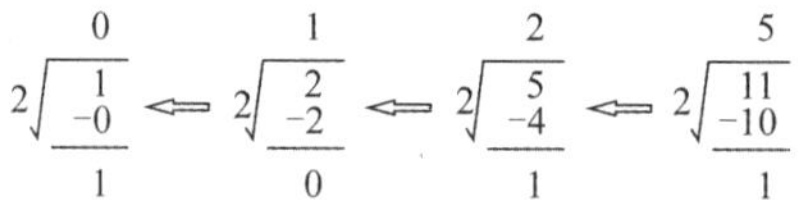

**图 1.4　十进制数$(11)_{10}$转换为二进制数$(1011)_2$的过程**

二进制数转换为十六进制数较为简单。因为$2^4=16$，即 4 位二进制数可转换为 1 位十六进制数，从右至左将二进制数每 4 位分成一组，每组转换为 1 位十六进制数，便可得到对应的十六进制数。如果左边的二进制数位数不够，可用 0 填补，以便分组。反之，将十六进制数转换为二进制数时，将每位十六进制数转换为 4 位二进制数，然后去掉二进制数最左边多余的 0，如此便可得到其对应的二进制数。例如，将二进制数$(1001100)_2$转换为对应的十六进制数：$(1001100)_2=(01001100)_2=(4C)_{16}$。其中，$(4C)_{16}$是十六进制数的数学表示形式。

由此可以类推出二进制数和八进制数的转换方法，3 位二进制数可换得 1 位八进制数。例如，将二进制数$(1001100)_2$转换为八进制数：$(1001100)_2=(001001100)_2=(114)_8$。其中，$(114)_8$是八进制数的数学表示形式。对于十六进制数和八进制数之间的相互转换，可先将它们转换为对应的二进制数，然后再转换为对应的八进制数或十六进制数。例如，将十六进制数$(4C)_{16}$转换为八进制数：$(4C)_{16}=(01001100)_2=(001001100)_2=(114)_8$。

现代计算机采用二进制补码表示整数。对于字长为 16 位二进制的短整型即 short 类型数，其最高位用于表示整数的符号：0 表示正数，1 表示负数。当一个短整型数为正整数时，其二进制补码就是其 16 位二进制原码；当一个短整型数为负整数时，先求正整数对应的二进制原码，然后将该原码每位求反得到其 16 位二进制反码，最后将反码加 1 得到其 16 位二进制补码。

例如，当字长采用 16 位二进制时，5 的补码就是其 16 位二进制原码$(0000000000000101)_2$。而$-5$的补码的计算过程为：①得到 5 的原码的反码$(1111111111111010)_2$；②将得到的反码加 1，得到$(1111111111111011)_2$，即$-5$的补码。存储补码的好处在于减法运算可以通过加法运算实现，从而可以简化计算机的硬件电路设计。例如，"5-5"可以表示为"5+（-5）"，即用 5 的补码加上$-5$的补码得到结果 0，如下所示。

$$
\begin{array}{r}
0000000000000101 \\
+ \quad 1111111111111011 \\
\hline
\end{array}
$$

舍去进位→1 　 0000000000000000

对于用 16 位二进制补码表示的短整型数，考虑到该正整数的最高位为符号位 0，可以得知短整型最大正整数为$(0111111111111111)_2=2^{15}-1=32767$；鉴于负整数最高位为符号位 1，故短整型最小负数为$(1000000000000000)_2=-32768$。因此，16 位二进制有符号短整数即 short 的取值范围为$-32768\sim32767$。同理，32 位二进制有符号整数即 int 的取值范围为$-2147483648\sim2147483647$。UNIX 及 Windows 操作系统已支持 64 位二进制整数。

运算器提供的算术运算包括加、减、乘、除等运算，位运算包括左移位、右移位、按位与、按位或、按位异或、按位求反等运算，逻辑运算包括逻辑与、逻辑或、逻辑非等运算。例如，5 对应的 16 位二进制数$(0000000000000101)_2$左移 1 位，得到二进制数$(0000000000001010)_2$，该二进制数转换为十进制数为 10，即 5 左移 1 位相当于 5 乘以 2。同理，5 右移 1 位相当于 5 除以 2 取整，即 5 右移 1 位的运算结果为整数 2，相当于二进制数$(0000000000000010)_2$。

按位运算与逻辑运算的区别在于操作数类型不同，前者使用二进制数逐位进行运算，最后结果为同等位数的二进制数；后者使用布尔类型的值进行运算，最后结果为布尔值。布尔类型只有两个状态，即假（false）和真（true），因此，只需 1 位二进制数表示布尔类型的值，但编译一般用 1 个字节存储。当使用一个二进制数进行逻辑运算时，该二进制数先要转换为长度为 1 位的布尔值，若该二进制数为 0，则转换为布尔值 0，即 false；若该二进制数非 0，则转换为布尔值 1，即 true。然后进行逻辑运算得到布尔值结果，即 1 位二进制数表示的 0 或 1。

对于按位与运算，只有当对应二进制位都为 1 时，其对应位的结果位才为 1；否则其对应结果位为 0。对于按位或运算，只有当对应二进制位都为 0 时，其对应位的结果位才为 0；否则其对应结果位为 1。对于按位异或运算，只有当对应二进制位不同时，其对应位的结果位才为 1；否则其对应结果位为 0。8 位二进制数的位运算结果为 8 位二进制数，如下所示。

```
            10110010                  10110010                      10110010
按位与&  11010011      按位或| 11010011       按位异或^11010011
 _____      _____      _____
            10010010                  11110011                      01100001
```

如果算术运算能直接用二进制位运算替代，就会大大提高程序的执行效率。例如，被除数除以 2、4、8、16、32 等运算，在将 C++程序编译为 80x86 汇编语言程序时，就可以用右移 1 位、2 位、3 位、4 位、5 位等 SHR 指令直接实现，这比编译为除法运算指令 DIV 的运算速度快得多。再如，将十进制数 8

对应的二进制数$(1000)_2$左移 3 位，可得$(1000000)_2$=64，即 $8 \times 2^3$=$8 \times 8$=64；若将乘法指令编译为左移运算指令 SHL，则要比乘法指令 MUL 的运算速度快得多。

C++用上箭头（^）表示两个值进行异或运算，连续异或运算可用来互换字节数相同的两个变量的值。例如，若变量 x、y 的值分别为$(1011)_2$、$(1001)_2$，则 x=x^y 的结果为 x=$(0010)_2$，y=x^y 的结果为 y=$(1011)_2$，x=x^y 的结果为 x=$(1001)_2$，最后得到 x 和 y 的值分别为$(1001)_2$ 和$(1011)_2$，从而实现了变量 x 和 y 的值互换。对于简单类型（如 char、short、int、long 等）类型相同的两个变量，均可不借助第三个相同类型的变量，仅通过异或运算就能交换两个变量的值。

# 1.3  80x86 系列汇编语言

C++程序可先编译为 80x86 汇编语言程序，然后编译为 80x86 机器指令程序，也可以直接编译为等价的机器指令程序。简单了解 80x86 汇编语言，对于理解 C++的编译结果、掌握 C++函数重载等相关概念的实现方法极为重要。

## 1.3.1  汇编语言及 C++编译简介

C++程序的编译
及函数调用

80x86 汇编程序通常包括代码段( code segment，CS )、数据段( data segment，DS )、附加数据段（extra segment，ES ）、栈段（stack segment，SS ）。代码段用于存储机器指令；数据段和附加数据段用于存储数据；栈段用于存储函数形参和局部自动变量，以及为类创建的"临时"对象等数据，实参的值通过入栈操作传递给形参。在段寄存器 CS、DS、ES、SS 指示的一段内存内，偏移量通常由基址寄存器或变址寄存器指示，包括扩展源头变址寄存器（extended source index register，ESI ）、扩展目的变址寄存器（extended destination index register，EDI ）、扩展栈顶指针寄存器（extended stack pointer register，ESP ）、扩展基址指针寄存器（extended base pointer register，EBP ）等。

通用寄存器共有 8 个，除了上述的 ESI、EDI、ESP、EBP 外，还有用于计算的 4 个数据寄存器，即扩展累加寄存器( extended accumulator register，EAX )、扩展基址寄存器( extended base segment register，EBX )、扩展计数寄存器( extended count segment register，ECX )、扩展数据寄存器( extended data segment register，EDX )。控制程序流向的 2 个控制寄存器为扩展指令指针寄存器（extended instruction pointer register，EIP ）和处理器状态字寄存器（processor state word register，PSW ）。当进行计算或比较时，例如，当计算结果出现进位时，会设置 PSW 的值，根据 PSW 转移到不同分支的指令执行。

为降低计算机系统的设计成本和制造成本，早期的计算机系统曾将若干 RAM 存储单元当作寄存器使用，我国自主研发的 DJS-130 小型计算机就是如此。这就从某种程度上赋予了"寄存器具有内存地址"这一概念，从而允许 C 的寄存器（register）变量和自动（auto）内存变量可相互转换。现代计算机系统大多引入了栈，栈使用内存的一部分存储单元，并提供压栈 PUSH 及出栈 POP 操作。IBM 大型计算机 S390 没有出入栈指令，但这不影响它通过软件模拟实现栈操作。Windows 操作系统的多个应用程序共享栈内存，共享可能带来"栈溢出"的安全漏洞，这个漏洞容易受到黑客的病毒攻击；由于 S390 使用不共享栈的 UNIX 操作系统，故不会有"栈溢出"这样的安全隐患，因而被广泛用作各种服务器。

随着大规模集成电路技术的飞速发展，80x86 系列 CPU 既提供了单字节机器指令，又提供了双字节甚至多字节的机器指令，指令扩展使计算机可以处理 4 字节甚至 8 字节数据。在访问 32 位（即 4 字节）通用寄存器的低 16 位数据时，只需使用不带 E 的寄存器名称即可。例如，可以通过寄存器名 AX 访问 EAX 中的低 16 位二进制数；还可以通过寄存器名 AL 访问 AX 中的低 8 位二进制数，通过寄存器名 AH 访问 AX 中的高 8 位二进制数。寄存器位数的扩展使整数和内存地址的取值范围变大。整数由 16 位二进制数扩展到 32 位乃至 64 位二进制数，使计算机的计算和数据访问能力大大增强，但同时也带来了已有程序的可移植性问题。

汇编语言程序由数据定义和汇编指令构成，汇编指令是二进制机器指令的助记符。经过汇编语言编译程序的编译，汇编语言程序变为二进制数据或二进制机器指令。二进制机器指令由操作码和操作数构成，某些指令如过程返回指令 RET 可能不需要操作数。注意，RET 也存在需要操作数的指令。汇编语言程序可用标识符代表操作数，标识符最终将被编译为地址或数值。汇编语言标识符可以使用字母、数字，甚至\$、@、？、_等符号。标识符可以用来表示常量、变量、过程或者函数的名称。汇编语言的标识符是由从字母、\$、@、?、_开始，后跟若干字母、\$、@、？、_或数字等组成的字符序列。

汇编语言不像高级语言那样区分过程或函数。在高级语言如 C++中，有返回值的过程被称为函数。80x86 汇编语言用 PROC 表示过程或者函数，常用 EAX 和 EDX 存储函数的返回值。在 C++的函数编译为汇编程序的 PROC 后，函数返回前，EAX 中存储的值将被当作返回值。注意，汇编程序的累加器 EAX 总是有值。当函数的返回类型为 double 时，需要返回 8 个字节存储返回值，汇编程序就会采用 EAX 和 EDX 存储 8 个字节的值。而如果要返回字节数更多的类型的值，如 struct、union 以及 class 等类型的值，编译程序会在主调函数内预先留出部分栈内存，用来保存被调函数的返回值。

编译程序会指定栈内存的默认存储容量，当实参传递较多超过栈的容量时，便会导致栈向上溢出。递归函数通常需要较深的栈，如果没有控制好递归的结束条件，那么无穷递归便会导致栈向上溢出。C++编译程序按 C 语言的调用方式调用函数，使用没有操作数的 RET 指令返回，由编译程序负责栈在函数调用前后的平衡，即在函数调用前后，栈指针的值保持相同。因此，C++程序编译后生成的可执行程序极少出现栈上溢问题。C++函数的实参传递通过入栈完成，调用函数之后为了保持栈的平衡，编译程序会自动添加出栈指令，或者通过栈指针的加法实现栈平衡。

## 1.3.2　汇编指令及 C++程序编译

80x86 系列 CPU 是 Intel 公司发布的使用最广泛的 CPU，其机器指令由操作码和 0 个、1 个甚至更多个操作数构成。操作码（参见图 1.2 所示的操作码 8B）处于低字节地址存储单元，操作数处于高字节地址存储单元。操作数可以为空（如操作码为 C3 的 RET 指令）、可以是寄存器（如数据传输指令"MOV EBP,ESP"中的 EBP 和 ESP）、可以是表示常量的立即数（如数据传输指令"MOV EAX,[EBP+8]"中的 8）。80x86 系列 CPU 机器指令的常见格式如下。

| 操作码（低地址） | 操作数（高地址） |
| --- | --- |

单字节指令的操作码和操作数合计占用 1 个字节。图 1.3 所示的入栈指令"PUSH EBP"的编码为 $(55)_{16}$，其含义是将寄存器 EBP 的值压入栈顶，以便以后能够出栈恢复寄存器 EBP 的值。将 EAX 入栈的指令"PUSH EAX"的编码为 $(50)_{16}$，将 EBX 入栈的指令"PUSH EBX"的编码为 $(53)_{16}$。出栈指令用于将数据从栈顶弹出。出栈指令"POP EBP"的编码为 $(5D)_{16}$，用于将栈顶数据弹至寄存器 EBP 中，可以用于恢复寄存器 EBP 的原始值。栈是一种"先进后出"的数据结构，除了用于将要介绍的函数传递实参外，还可用于保存和恢复重要寄存器（如 EBP）的值。

数据传输指令 MOV 也有多种形式，包括常量值至寄存器的传送、内存单元数值至寄存器的传送，以及寄存器之间的传送等。这些 MOV 指令的操作码和操作数可能各不相同。图 1.3 所示的数据传输指令"MOV EBP,ESP"和"MOV EAX,[EBP+8]"的操作码均为 $(8B)_{16}$，其操作数分别占用 1 个字节和 2 个字节，分别代表所用的寄存器及其偏移量 8。常量传输指令"MOV EBX,0"和"MOV ECX,0"的操作码分别为 $(BB)_{16}$ 和 $(B9)_{16}$，两个传输指令的操作数 0 均占用 4 个字节。

自增指令 INC 和自减指令 DEC 常用来实现 C++的++和--运算，分别可以将变量的值增加 1 和减少 1。例如，寄存器 EAX 自增的指令"INC EAX"的编码为 $(40)_{16}$，寄存器 EAX 自减的指令"DEC EAX"的编码为 $(48)_{16}$。此外，指令 ADD 用于加法运算，指令 SUB 用于减法运算，指令 MUL 用于乘法运算，指令 DIV 用于除法运算，指令 CMP 用于比较运算，指令 JB、JNB、JZ、JNZ 等用于根据寄存器 PSW 转移，指令 CALL 用于过程或函数调用，指令 RET 用于过程或函数返回。使用汇编语言助记符进行编程比直接用机器指令编程更为高效。

注意，Microsoft Visual Studio 2019 也可以直接生成汇编代码，其生成的汇编代码的扩展名为.COD 而不是.ASM。在项目"解决方案"下的项目名称上，点击鼠标右键后，在弹出的窗口中选择"属性"，然后在弹出的项目属性页窗口中选择"配置属性→"C/C++"→"输出文件"→"汇编程序输出"，再在下拉的选择栏中选择"程序集、机器码和源代码(/FAcs)"即可。生成的汇编代码.COD 文件通常位于该项目的"Debug"或者"Release"子目录下。生成的汇编代码的格式可能与 C++ Builder 6 或 CodeGear 9 等编译器生成的汇编代码的格式不同。

以下先给出一个 C++示例程序，然后用 Microsoft Visual Studio 2019 编译，产生该 C++程序对应的汇编语言程序。C++程序可由后缀为.cpp 的多个代码文件构成，每个代码文件或单元内部可定义多种类型、变量或者函数，多个代码文件经编译连接形成一个可执行程序文件。全局变量是整个程序所有单元都可以访问的变量，而单元变量则只能在该单元内部即.cpp 文件内部访问。以下给出的是仅由一个代码文件构成的程序，C++使用"/*注解*/"或者"//注解到行末"进行程序说明。为了便于理解 C++程序与汇编程序的对应关系，代码中删除了汇编程序对理解来说不太重要的部分，并使用";"引入对汇编语言程序的注解。

【例 1.1】　C++程序及其用 Microsoft Visual Studio 2019 编译后产生的一段汇编语言程序。

```
int x=2;                      //定义程序全局变量 x 并初始化其值为 2
static int y=3;               //静态变量 y 同时也是单元变量，并初始化其值为 3
int f(int a) {return a;}      //定义程序全局函数 f()
int f(int a,int b)            //求 a、b 中的最小值
{
```

```
    if(a<b) return a;                          //如果 a<b，则将 a 值作为结果返回
    else return b;                             //否则将 b 值作为结果返回
}
int main(int argc,char* argv[],char*env[])     //main()函数必须定义为程序全局函数
{
    int m=f(2)+f(3,4);                         //调用函数计算 f(2)和 f(3,4)，并计算它们的和
    return m;                                  //将它们的和作为结果返回
}
```

编译后的汇编程序如下所示，注意高级语言程序经汇编后，变量名和函数名会被替换成完全不同的汇编语言变量名和函数名。程序全局变量"int x"及静态变量"static int y"分别被替换成汇编程序的变量名?x@@3HA 和?y@@3HA，并"永久"地存储在数据段'_DATA'中。在函数 main()调用 f(3,4)时，通过压栈将值 4、3 分别传递给形参 b、a，故形参 b、a 的值将"临时"存储在栈中，对应的存储单元分别用_b$[ebp]和_a$[ebp]表示。函数 f(int a,int b)的返回值存放在 EAX 中，若返回类的对象，则在主调函数的栈预留一块内存。

```
?f@@YAHH@Z PROC                                ;函数 int f(int a)
  00000   push ebp
  00001   mov ebp,esp
  00003   sub esp,192                          ;预留栈用于保存重要寄存器
  00009   push ebx                             ;开始保存重要寄存器
  0000a   push esi
  0000b   push edi
  0000c   mov edi,ebp
  0000e   xor ecx,ecx
  00010   mov eax,-858993460
  00015   rep stosd
  00017   mov ecx,OFFSET __7866F6D4_test@cpp
  0001c   call @__CheckForDebuggerJustMyCode@4
  00021   mov eax,DWORD PTR _a$[ebp]           ;取参数 a 的值作为返回值
  00024   pop edi                              ;开始恢复重要寄存器
  00025   pop esi
  00026   pop ebx
  00027   add esp,192                          ;归还预留的栈空间
  0002d   cmp ebp,esp
  0002f   call __RTC_CheckEsp
  00034   mov esp,ebp
  00036   pop ebp
  00037   ret 0                                ;返回值在 eax 中
?f@@YAHH@Z ENDP
?f@@YAHHH@Z PROC                               ;函数 int f(int a,int b)
  00000   push ebp
  00001   mov ebp,esp
  00003   sub esp,192                          ;预留栈用于保存重要寄存器
  00009   push ebx                             ;开始保存重要寄存器
  0000a   push esi
  0000b   push edi
```

```
    0000c    mov edi,ebp
    0000e    xor ecx,ecx
    00010    mov eax,-858993460
    00015    rep stosd
    00017    mov ecx,OFFSET __7866F6D4_test@cpp
    0001c    call @__CheckForDebuggerJustMyCode@4
    00021    mov eax,DWORD PTR _a$[ebp]          ;取参数a的值
    00024    cmp eax,DWORD PTR _b$[ebp]          ;和参数b的值比较
    00027    jge SHORT $LN2@f                    ;如a>=b，则转移到$LN2@f执行
    00029    mov eax,DWORD PTR _a$[ebp]          ;此时a<b，将a的值作为返回值
    0002c    jmp SHORT $LN1@f
$LN2@f:
    00030    mov eax,DWORD PTR _b$[ebp]          ;否则将b值作为返回值
$LN1@f:
    00033    pop edi                             ;开始恢复重要寄存器
    00034    pop esi
    00035    pop ebx
    00036    add esp,192                         ;归还预留的栈空间
    0003c    cmp ebp,esp
    0003e    call __RTC_CheckEsp
    00043    mov esp,ebp
    00045    pop ebp
    00046    ret 0                               ;返回值在eax中
?f@@YAHHH@Z ENDP
_main    PROC    ;函数int main(int argc,char* argv[],char*env[])
    00000    push ebp
    00001    mov ebp,esp
    00003    sub esp,204                         ;预留栈用于保存重要寄存器
    00009    push ebx
    0000a    push esi
    0000b    push edi
    0000c    lea edi,DWORD PTR [ebp-12]
    0000f    mov ecx,3
    00014    mov eax,-858993460
    00019    rep stosd
    0001b    mov ecx,OFFSET __7866F6D4_test@cpp
    00020    call @__CheckForDebuggerJustMyCode@4
    00025    push 2                              ;压栈传递实参给形参a
    00027    call ?f@@YAHH@Z                     ;调用f(int a)
    0002c    add esp,4                           ;出栈至传递实参给a前的状态
    0002f    mov esi,eax                         ;将f(2)的结果保存至esi
    00031    push 4                              ;压栈传递实参给形参b
    00033    push 3                              ;压栈传递实参给形参a
    00035    call ?f@@YAHHH@Z                    ;调用f(int a,int b)
    0003a    add esp,8                           ;出栈至传递实参给b前的状态
    0003d    add esi,eax                         ;计算f(2)+f(3,4)
    0003f    mov DWORD PTR _m$[ebp],esi          ;将计算结果保存到局部变量m
    00042    mov eax,DWORD PTR _m$[ebp]          ;取m的结果作为返回值
```

```
00045    pop edi                          ;开始恢复重要寄存器
00046    pop esi
00047    pop ebx
00048    add esp,204                      ;归还预留的栈空间
0004e    cmp ebp,esp
00050    call __RTC_CheckEsp
00055    mov esp,ebp
00057    pop ebp
00058    ret 0                            ;返回值在 eax 中
_main    ENDP
```

在上述汇编代码中，原 C++代码中 int f(int a)的函数名 f 被替换为汇编程序的过程名?f@@YAHH@Z，而 int f(int a,int b)中的 f 被替换为汇编程序的过程名?f@@YAHHH@Z。函数的返回类型 int 对应过程名中的第一个 H，参数 int 依次对应过程名中的第二个和第三个 H。对于两个重载的同名函数 f(int a)和 f(int a,int b)，因为 int 类型的参数个数不同，所以编译后汇编程序的过程名是不同的。注意，float 和 double 类型将对应编译为 M 和 N。

不同的编译器所采用的函数换名策略不同，C 和 C++编译器的换名策略也不同。因此，对于 C 编译器生成的.obj 文件，它通常无法连接 C++编译的.obj 文件，从而实现 C 对 C++的函数调用。可以将 C 和 C++的程序都编译为汇编代码，然后将 C 编译得到的调用过程名改为 C++编译得到的过程名，再通过编译连接两者的汇编代码生成可执行程序，从而实现 C 程序对 C++函数的调用。

对编译器 Microsoft Visual Studio 2019 来说，调用 f(3,4)被编译为从右向左传递实参，即先 PUSH 4 压实参 4 给第二个 int 形参 b，再 PUSH 3 压实参 3 给第一个 int 形参 a，然后 call ?f@@YAHHH@Z 调用 int f(int a,int b)，之后通过"ADD ESP,8"去掉栈顶两个整数共 8 个字节，实现调用前后栈指针 ESP 的平衡。注意，至于从右向左传递实参还是从左向右传递实参，C++国际标准并没有硬性规定。

阅读以上程序可知，程序全局变量、单元变量和静态变量"永久"存储在数据段中；函数代码存储在代码段中，而函数形参的实参传递则通过入栈完成，函数的返回值存储在 EAX 中。在调用函数?f@@YAHHH@Z 之后，通过"ADD ESP,8"使栈指针 ESP 与调用传参前的值相同，这样的栈指针平衡降低了栈溢出的可能性。

当进行底层系统开发时，往往需要用到汇编程序，使用汇编语言编程耗时且难于调试。在了解了汇编程序的代码结构后，可只编写必需的部分汇编程序，其他用 C++编写然后编译为汇编程序，从而可大大提高系统的开发效率。注意，Microsoft Visual Studio 2019 可通过 Ctrl+F11 组合键进入汇编调试状态，从而能够观察 C++概念的实现细节，更加准确地掌握面向对象的概念。

# 1.4　C++的发展历史及特点

C 和 C++是市场占有率极高的程序设计语言。C++几乎完全兼容 C 语言，在 C++的发展过程中，它吸收了众多编程语言的优点，已经成为功能全面的语言。许多流行的程序设计语言，如 Java、C#、Python、PHP、R、Ruby 等都是由 C++发展而来的。

## 1.4.1　C++的发展历史

1967 年，在访问麻省理工学院期间，剑桥大学的马丁·理卡兹（Martin Richards）开发了 BCPL（Basic Combined Programming Language）。他首次使用"{ }"表示复合语句，以及使用"//"表示程序注解。1969 年，基于 BCPL，美国贝尔实验室的肯·汤普森（Ken Thompson）开发了类似汇编语言的 B 语言，并于当年使用 B 语言开发了 UNIX 操作系统。

1971 年，在 B 语言的基础上，贝尔实验室的丹尼斯·里奇（Dennis Ritchie）与肯·汤普森一起开发了 C 语言，并于 1973 年一起用 C 语言对 UNIX 操作系统进行了重写。由于 C 语言具有良好的可移植性，从而使 UNIX 很快在世界范围内得以普及。1983 年，肯·汤普森及丹尼斯·里奇因此共同获得图灵奖（Turing Award），图灵奖相当于计算机领域的诺贝尔奖。

1978 年，贝尔实验室的 Bjarne Stroustrup 以 C 语言为基础开发了 C with Classes。1983 年，C with Classes 改名为 C++，并增加了新的语言特性，包括虚函数、重载、引用、只读变量、类型检查、内存管理运算符，并重新将双斜线（//）用于单行注解。1985 年，第一版《C++程序设计语言》正式发布。此后，C++引入了多重继承、抽象类型、成员保护、静态成员函数等特性。1990 年，C++的第一个国际标准 ANSI/ISO 9899:1990 正式公布。

C++吸收了多种程序设计语言的优点，包括 ALGOL 68、ADA、Simula、CLU、ML 及 Smalltalk 等。在第一个国际标准的基础上，C++引入模板、异常处理、名字空间、新的强制类型转换及布尔类型等特性，还引入标准模板库（STL）以取代传统的 C 标准函数库，并在 2011 年公布了 C++新国际标准 ISO/IEC 14882:2011。C++标准的重大升级是 ISO/IEC 14882:2020，C++2023 的主要目标则是完善 C++2020 的标准库。

C++的发展也促进了 Java、VB.NET、C#等新一代编程语言的出现。新一代程序设计语言具有跨操作系统平台的可移植性，进一步推进了软件工程的技术革命。C++也在不断吸收新一代程序设计语言的优点，Qt tools 的出现也使 C++能进行跨平台的开发。C++通过兼收并蓄保持了旺盛的生命力，是当今程序设计语言中比较复杂、功能比较全面的语言。

## 1.4.2　C++的特点

C++是 C 语言的超集，这使得 C 代码可在 C++环境下运行，保护了用户的早期软件投资，同时也使大量熟悉 C 的程序员能迅速掌握 C++。C++继承了 C 语言代码质量高、运行速度快、可移植性强的特点。目前，C 和 C++的市场份额仍位列前茅，其他名列前茅的语言都是以 C++为模板发展起来的。因此，学习和掌握 C++无疑十分重要。C++具有如下特点。

（1）C++是一种强类型的程序设计语言。它提供的良好类型检查能在编译阶段发现大量潜在的错误，降低了在运行阶段出错的可能性，并大大降低了软件维护的成本。这一特点是 Smalltalk 等语言所不具备的，同时也是开发高可靠软件系统所必需的。

（2）C++提供了面向对象的异常处理机制，将正常执行流程同异常处理流程完全分开，从而使程序更加容易理解和维护。此外，异常处理还能显著降低内存泄漏的风险。C++的断言也能显著提高程序开发、调试和维护的效率。

（3）C++提供了运算符重载机制，使对象的运算更易表述且表述更为自然。C++的 iostream 重载了>>和<<，它使得 C++的输入和输出更为简单、便捷。C#虽然也提供了运算符重载，但它只是 C++运算符重载的简化版本。

（4）C++的多继承比单继承的描述能力更强，这是单继承编程语言（如 Smalltalk、Java、C#等）所不能比拟的。C++通过变量、函数和类模板提供了对泛型的支持，进一步提高了 C++的描述能力，其标准模板库（STL）就是基于泛型实现的。

（5）C++将程序直接编译为机器指令，提高了程序的运行效率。在引入构造函数、虚函数、友元函数、内联函数、类型转换重载、协程和模块时，也体现了 C++对程序执行效率的考虑。因此，C++的运行效率远远超过其他面向对象编程语言的运行效率。

（6）C++不是一种单纯的面向对象的语言，而是一种混合型的面向对象的语言。C++继承了 C 的函数或模块结构，使程序可由变量、函数、类或类型混合构成，而不像 Java 和 C#那样完全由类构成。因此，C++的名字空间比 Java 和 C#的包更为复杂。

（7）C++引入了线程和协程，提供对并发和异步编程的支持，使得 C++在开发系统级的应用以及大型软件系统时，能够使软件系统的运行性能更加高效。

（8）C++引入了函数型程序设计语言的特性：类型推导和 Lambda 表达式，简化了类型定义和函数定义。其 Lambda 匿名对象有记忆状态的数据成员，而 Java 的 Lambda 表达式并不具备。

（9）C++引入了模块机制，以便更好地支持大型软件的开发，同时能大大提高 C++编译程序的编译效率。

（10）C++引入了概念和约束等语法糖，尽管这些语法糖不直接生成代码，但它为编译程序的类型检查和编译时计算提供了更加有力的支持。

当然，C++还处在不断的发展之中，还在不断地吸收其他程序设计语言的优点。同时，C++也在对其庞大的类库资源进行标准化和模块化，以便能够更加高效、可靠地支持软件系统的开发。

## 1.5　语法图与程序流程图

语法图是描述程序设计语言语法规则的图形表示。编译程序在编译一个 C++程序时，会根据 C++的语法图进行语法检查。如果程序结构和语法图描述的结构不一致，编译程序就会报告语法错误。此外，问题的解决步骤或者业务逻辑需要通过流程图来描述，因此本节将介绍程序流程图使用的图形符号，并通过程序设计实例介绍程序流程图的画法。

### 1.5.1　C++的语法图

语法图对于嵌套或递归定义的语法描述非常重要，有助于理解嵌套类、嵌套 if 语句、多重循环、多重指针等语法概念。在语法图中，倾斜的文字短语常用来表示一个语法概念，它可以用定义该概念的语法图进行替换，从而实现嵌套类、语句或程序的定义或扩展；非倾斜文字以及运算符将原样出现在程序中。语法图的基本记号及其含义如图 1.5 所示。

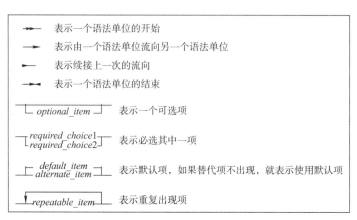

图 1.5　语法图的基本记号及其含义

语法图可以定义 C++程序设计语言的语法规范，这种图形化的表述比形式化的文本描述（如 BNF 范式）更易理解。两种描述是完全等价的，并且可以相互转换。编译程序将满足语法规范的程序编译为其他语言，如汇编语言、机器指令或另外一种高级语言。C++语法规范的国际标准可采用语法图描述，Microsoft Visual Studio 2019 编译器可根据语法规范检查程序是否正确。因此，掌握 C++语法图有助于程序员写出正确的程序。

编译程序大多采用"一遍扫描源程序"的方式进行语法检查。因此，在使用变量前，先要有变量的类型说明或者定义。如果类型不是编译预定义的类型，则在将其用于变量的类型说明或定义之前，必须先对该类型进行说明或者定义。C++提供了预定义的简单类型，如字符类型( char )、短整型( short )、整型( int )、长整型（long）、浮点型（float）及双精度浮点型（double）等。编译程序会根据变量类型为其分配相应字节数的内存单元。对于整型变量 x 的定义"int x;"，使用 sizeof(int)或 sizeof x 会得到 x 的内存单元的字节数为 4。

语法图可以定义常量、标识符、变量、语句以及函数。以 C 或 C++关于标识符的定义为例，有关标识符定义的自然语言描述为：ASCII 标识符是以字母或者下划线开始，由字母、数字和下划线构成的字符序列。以上自然语言描述可以转换为图 1.6 所示的语法图描述。

图 1.6　C++关于标识符定义的语法图

在构造或识别一个 ASCII 标识符时，首先必须选择一个字母或者一条下划线，如图 1.6 所示，两者是平行可选的。然后分两条路径：①下面一条路径不选择任何字母、数字或者下划线，直接结束；②选择字母、数字或者下划线，并且可以回头多次选择这些标识符。

注意，letter 是倾斜的文字短语，表示一个语法概念或语法单位，可以用另一个语法图替换，即用 26 个大写字母和 26 个小写字母中的任何一个替换，因此，C++标识符可以通过字母的大小写区分为不同的标识符。以上自然语言描述没有限定标识符的长度，而从语法图来看，标识符的长度至少为 1。例如，_、a、A、b、B 等都是合法的长度为 1 的标识符。

长度为 1 的 ASCII 标识符共有 53 个，即 26 个大写字母、26 个小写字母及 1 条下划线（_）。长度大于 1 的标识符理论上有无限个字符，但因为计算机的内存有限，所以不可能允许字符个数无限；Microsoft Visual Studio 2019 的 C++标识符最多有 4095 个字符，例如，合法标识符有 ABC、abc、a123、_123、a_123 等形式，由于 C++区分大小写，故 ABC 与 abc 是不同的标识符。以数字开头的字符序列如 1A2B 不是合法的标识符。

C++新标准引入 code point 即编码位点，可用汉字如 "中国" 等定义 Unicode 标识符，作为变量名、函数名或类型名，例如可以定义变量 "int 中国=1;"。编码位点可以不断增长乃至无穷，可横跨 UTF-8、UTF-16、UTF-32 等多个字符集，其中有的符号如 ⏱ 可作为标识符，而有的符号如 ⏲ 则不能。参见《Draft Unicode Technical Report #31》，Unicode 标识符是由 Unicode 起始字符开始、后接若干 Unicode 起始字符或后续字符的 Unicode 字符序列。

Unicode 起始字符和后续字符在 UTF-8、UTF-16 等字符集中被分为多个区段，UTF-16 编码为不定长的 2 个字节或者 4 个字节。编码为 0x3f3f 的符号 ⏱ 属于 Unicode 起始字符区段 0x3400-0x4db5，因此，单个 ⏱ 可以作为变量名、函数名或类型名。编码为 0x23f0 的符号 ⏲ 不属于起始字符区段，故单个 ⏲ 不能作为变量名、函数名或类型名。同时 ⏲ 也不属于 Unicode 后续字符的任何一段，故它不能跟在其他 Unicode 起始字符的后面构成标识符。

## 1.5.2　程序流程图

根据软件开发工程化的思想，开发流程可分为需求分析、概要设计、详细设计、软件编码、软件测试、软件交付、软件维护等阶段。这些阶段的主要任务是清晰描述或正确维护业务逻辑。对 C++初学者而言，应重点了解详细设计、软件编码、软件测试等阶段。

详细设计阶段需要详细描述业务逻辑的每个步骤，而详细的步骤描述可通过程序流程图实现。程序员可根据程序流程图进行程序开发，使用某种程序设计语言（如 C++）编写出相应的程序。即使采用面向过程的程序设计语言，如 C 语言，也可基于面向对象的思想编写出面向对象的程序。

在详细设计阶段，求解问题的具体方案常用程序流程图表示。程序流程图使用图形化的符号描述程序的处理步骤，建议根据国际标准 ISO 5807:1985 画程序流程图。ISO 5807:1985 定义的图形符号很多，常用的图形符号如图 1.7 所示。注意，在画一个规范的程序流程图时，必须有 "程序开始" 和 "程序结束" 符号。这两个符号均使用 "开始终结" 符号表示，在其椭圆形的内部分别写上 "开始" 和 "结束"。

图 1.7　程序流程图的常用图形符号

如图 1.7 所示，"开始终结" 符号用于表示程序的 "开始" 或 "结束"，"输入输出" 符号用于描述要输入和输出的变量，"运算处理" 符号用于表示要进行的赋值和计算，"判定转移" 符号用于表示程序执行的分支及条件，"页面连接" 符号用于连接复杂的两页以上的流程图，"程序流程" 符号用于表示程序执行的流程和方向。使用流程图描述程序的处理步骤，理解问题求解的方法会更加容易。

例如，计算累加和 S=1+2+⋯+N 的程序流程图如图 1.8 所示。先输入变量 N，在开始累加之前，将存放累加和的结果变量 S 设置为 0。为了实现 1~N 的累加，需要引入一个循环变量 X，循环过程中 X 的取值将为 1,2,⋯,N。在循环开始前，需要设置循环变量 X=1。接着将 X 的值累加至结果变量 S，然后判定 X 是否等于 N：如果 X 的值不等于 N，则设置 X=X+1 并进行下一次循环；否则，进入结束累加和计算的分支。最后输出结果变量 S 的值。

在图 1.8 所示的程序流程图中，X=1 表示将 1 赋值给变量 X。同理，X=X+1 表示先取变量 X 的值，然后将该值与 1 相加求和，最后将求和结果赋给变量 X。这里的"="与数学中的等号的含义不同，数学中的等号是"恒等"；而此处的"="表示"赋值"，X=X+1 在数学中是不成立的。"取值"与"赋值"是计算机存储器的常用操作，将被编译为汇编语言的数据传输指令。

程序流程图可转换为不同程序设计语言程序，例如汇编语言程序或者 C++程序。将程序流程图转换为 C++程序时，需要考虑以下几个问题：①流程图中引入了哪些变量？②将变量定义为哪种类型更合适？③程序是否使用了预定义的标准函数？④预定义的标准函数来自哪个标准函数库？

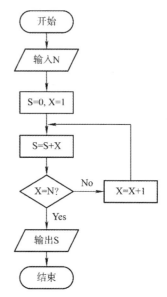

图 1.8  计算累加和"S=1+2+⋯+N"的程序流程图

其中，问题②是程序员容易忽略但又十分重要的问题。例如，当 N 很大时，累加和必然很大，假定 N 和 S 都定义为短整型变量，根据先前有关 16 位短整型数的分析，短整型数的取值范围为 -32768~32767，当 N=256 时累加和 S 就会溢出，即 N=256 的累加和结果 32896 超出了 S 的取值范围。

问题③涉及软件重用。开发软件时，切忌所有事情从头做起，要尽量利用成熟的模块或标准函数。常用的数学运算函数（如 sin(x)、sqrt(x)、power(x,y)等）已由编译程序以标准函数库的形式提供。C++标准函数库文件的扩展名常为.lib 或.dll 等，开发时进行合适的说明或引用即可调用。例如，使用#include <math.h>包含头文件 math.h 后，编译程序就能自动从标准函数库中取出 sin(double x)等函数进行调用。

开发人员也可利用编译程序提供的工具软件将开发的有价值的函数形成自己的函数库，以便自己或者别人日后使用。在编译和连接新开发的程序时，可通过设定编译程序的参数或者集成开发环境的参数，将自己开发的函数库告知编译程序供其连接和调用。

## 1.6  编译环境的安装与使用

编译程序实质上是一种代码转换程序，能够扫描某种语言编写的程序，将其转换成另一种语言的程序。C 或 C++程序经过预处理、词法分析、语法分析、代码生成和模块连接等过程，可转换为汇编语言程序或者机器指令程序。机器指令程序是一种可被计算机直接执行的程序。

## 1.6.1　编译过程及编译环境

对 C 和 C++编译程序而言，预处理就是处理由#define、#include 等定义的宏指令。预处理的结果是不再包含#define、#include 的"纯"的 C 或 C++代码。在预处理过程中，注解、多余的空格或空行均会被删除。C++的注解可以使用"//"和"/*…*/"两种形式。第一种从"//"开始，直到当前行结束，注解内容仅存在于本行；第二种注解从"/*"开始到"*/"结束，注解的内容可以跨越多行。

词法分析的任务是识别各种有意义的词法记号，并以预处理输出的代码文件作为输入。词法记号是指高级语言的各种单词，包括关键字、标识符、操作符、分隔符及各种常量。标识符可以是类型名、变量名、函数名等。单词及其相关信息存放在编译程序内部的符号表中，供语法分析模块分析程序的语法结构使用。

语法分析的任务是根据高级语言的标准规范检查被编译程序的语法是否正确。C++标准规范严格描述了类型、常量、变量、表达式、语句及函数的语法结构。语法分析模块用于分析 C++源程序的语法结构，其输出的语法结构树将被用作代码生成模块的输入。

代码生成根据语法分析模块产生的语法结构树，生成与 C++源程序等价的某种中间代码。这种中间代码可能是需要在目标计算机上解释执行的代码，也可能是一种带有连接信息并面向特定计算机的机器指令代码。C 和 C++编译程序产生的中间代码也称目标代码，其在 UNIX 操作系统下的文件扩展名通常为.o，在 Windows 操作系统下的文件扩展名通常为.obj。

模块连接的任务是将中间代码与标准库或非标准库连接起来，生成可被计算机直接执行的机器指令程序。标准库包含输入 / 输出函数、数学运算函数及绘图处理函数等，这些函数本身不是 C 或 C++国际标准的一部分；非标准库包括开发人员或其他公司开发的函数库。C++除了提供与 C 兼容的各种标准库外，还提供大量用于面向对象开发的各种类库。

与 C 语言程序一样，C++程序可由多个扩展名为.cpp 的代码文件构成。这些代码文件可以独立编译生成中间代码，这些中间代码除了可以连接形成一个可执行程序外，也可以借助库管理工具形成自己的函数库。库管理工具通常随编译程序一起提供，用于实现自有代码的软件重用。

编译程序实际上是由一组模块构成的，包括预处理、词法分析、语法分析、代码生成和模块连接以及库管理工具等。在 Windows 操作系统下，编译程序可能以窗口可视化的界面运行，也可能以控制台命令行的方式运行。C 或 C++的可视化开发环境集成了上述所有模块的功能，因此编译过程可以通过一个指令完成所有的功能。此外，可视化开发环境还集成了编辑、调试、发布以及性能分析等工具。

C++的开发工具与开发环境种类繁多。除了单片机等通常不支持可视化的软件开发外，个人计算机及大型计算机上运行的大多为集成开发环境，比较有名的包括 Microsoft Visual Studio、CodeGear RAD Studio、GNU G++、Eclipse CDT、C++ Builder、Code Blocks、kDevelop、Anjuta、Bloodshed Dev、Visual-MinGW、Ultimate++等。有些环境还能同时支持多种高级语言程序的开发。

## 1.6.2　Microsoft Visual Studio 2019 的安装

在易用性及对 C++国际标准的支持方面，虽然 CodeGear RAD Studio 的口碑向来不错，但微软公司利用操作系统的首发优势迅速将其超越，已经在市场上占据了较大的份额。本书将使用 Microsoft Visual Studio C++ 2019 作为 C++的集成开发环境。不同的集成开发环境对 C++国际标准的支持程度不尽相同，不能保证相同的 C++程序在不同的开发环境下都能正常编译以及得到同样的结果，甚至不能保证同一编译环境在不同的编译模式下能够得到同样的运行结果。

Microsoft Visual Studio 2019 是一个支持 C++、C#、Python 等多种语言，支持 B/S 和 C/S 等不同开发模式的集成开发环境。它提升了对 Web 开发的支持，全面支持 HTML 5 和 CSS 3 等新标准。它提供了对微软云计算的支持，以及对 Windows 生态的良好支持，能为软件工程提供协作开发及角色管理，是一款支持软件开发全过程的优秀开发工具。

在对 C++最新国际标准的支持方面，Microsoft Visual Studio C++ 2019 已非常完整。本书将重点介绍与 C++语法相关的最新国际标准内容。但并不是每个编译器都严格遵守 C++标准，本书的某些例子能在 Microsoft Visual Studio 2019 上运行，但并不一定能在某些编译环境中正确编译。本书介绍的内容符合最新国际标准，并且相关例子都进行了认真测试。

C++是一门强类型的程序设计语言，会进行严格的类型检查。而有的编译器对类型检查不严格，并且每个编译器的做法也不尽相同，当涉及这些情形时，本书将使用"合理"、"应当"表示笔者倾向。Code Blocks 是一个跨平台的编译器，编译时其对象的成员按程序员指定的顺序初始化，而其他编译器一般按国际标准建议的顺序初始化。因此，若使用该编译器编译同样的 C++程序，其执行结果可能与其他编译器产生的执行结果不同。

导致程序编译结果和执行结果不同的原因很多，按差别从大到小可归结为：①遵循的 C++国际标准版本不同；②使用的操作系统及其版本不同；③使用的编译程序及其版本不同。因此，建议读者使用与本书同样的编译器，并在相同的编译参数（如 x86 编译模式）下进行编译。

读者也可多安装几个编译器，以发现它们之间的不同之处。以下介绍 Microsoft Visual Studio C++ 2019（后续简称 VS2019）的安装和使用。先从微软公司的官方网站下载企业版安装程序 VS2019_Enterprise.exe（应在 Windows 专业版及以上版本安装）或专业版安装程序 VS2019_Professional.exe。单击运行安装程序并单击"继续"后，出现如图 1.9 所示的安装界面。

安装程序会检测 VS2019 目前已经安装了哪些组件，对于已经安装的组件则可以选择"修改"或"删除"。如果没有安装任何组件，则进入如图 1.10 所示的组件选择界面。如果只想学习 C++开发，则直接选择与 C++开发相关的组件即可。

需要说明的是，程序的运行结果与硬件环境和开发环境密切相关。在不同的硬件环境及开发环境下，同一个程序可能有不同的执行结果，这样的程序称为不可移植的程序。在不同的开发环境下，同样的程序可能会被编译器报告语法错误，这极有可能是因为编译器使用的国际标准版本不同。

图 1.9　运行 VS2019_Enterprise.exe 的安装界面

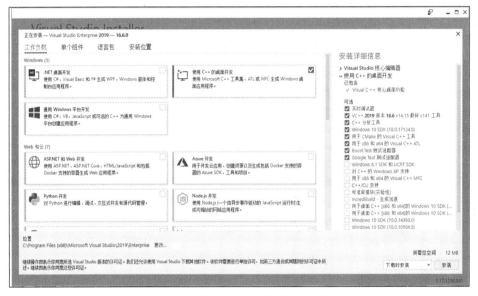

图 1.10　安装 VS2019 时的组件选择界面

例如，在同一台计算机上，同样是微软公司的编译系统，并且采用的是同一个国际标准，VS2019 和 VS2017 的编译结果不一定相同。因此，对于本书所介绍的内容，如果不对程序做特别说明，则默认使用的计算机硬件系统为 64 位系统，使用的操作系统为 Windows 10，使用的编译环境为 VS2019，选用的编译模式为 x86 编译模式，x86 的实参传递采用压栈传递。如果选择 x64 编译模式，则函数调用或数学表达式的结果可能不同，x64 的实参传递优先采用寄存器传递。

勾选"使用 C++的桌面开发"复选框，单击"更改"修改安装目录位置，在"安装详细信息"中选择要安装的组件，然后单击"安装"按钮。安装完毕后，启动 VS2019 开发环境，选择"文件(F)"→"新建(N)"→"项目(P)..."后，出现的应用程序创建界面如图 1.11 所示。

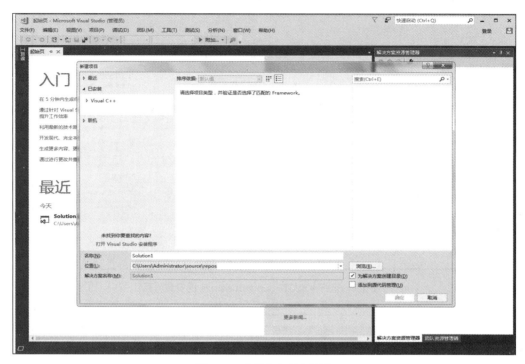

图 1.11　应用程序创建界面

单击"Visual C++"，然后单击"Windows 控制台应用程序"，出现的控制台应用程序创建界面如图 1.12 所示。

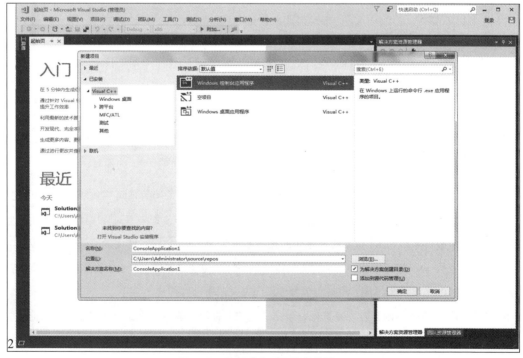

图 1.12　控制台应用程序创建界面

单击"浏览(B)..."按钮改变应用程序的存放目录，然后单击"确定"按钮创建一个简单的应用程序，创建完成后，控制台应用程序的编辑界面如图 1.13 所示。

图 1.13　控制台应用程序的编辑界面

其中 main()是 C 语言或 C++程序的入口函数，该函数由操作系统或其他运行环境调用。每个程序只能有一个全局主函数 main()。在调用函数 main()时，操作系统会按照约定的格式传递实参给 main()函数。main()函数的定义格式通常为 int main(int argc,char *argv[],char *env[])，或者为 int main(int argc,char **argv,char **env)。

形参 argc 表示操作系统传递给 main()函数的参数个数；argv 用来存储 argc 个操作系统传递给当前 main()函数的字符串参数；env 存放的是操作系统的所有环境变量，其最后一个元素的值为空指针。第一个元素 argv[0]是程序所在的目录位置及可执行程序的名称。以命令行方式执行该程序时，可在程序名后面附带其他字符串参数。在集成环境中调试时，可右击图 1.13 右上部的"ConsoleApplication1"，然后选择"属性"→"配置属性"→"调试"，在图 1.14 所示的"命令参数"栏设置另外两个参数，即 xxxx 和 yyyy。

此外，如果想使用 C++支持的最新标准，可以选择图 1.14 的"常规"→"C++语言标准"，并选择"预览 - 最新 C++工作草案中的功能(/std:c++latest)"，如图 1.15 所示。VS2019 支持 C++ 2020 标准的全部特性，它对最新标准的支持还在持续改进中。

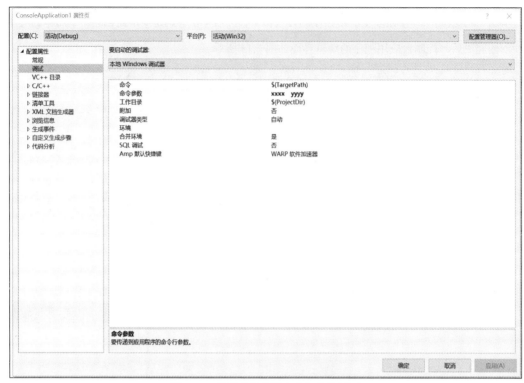

图 1.14　传递给程序的命令行参数设置

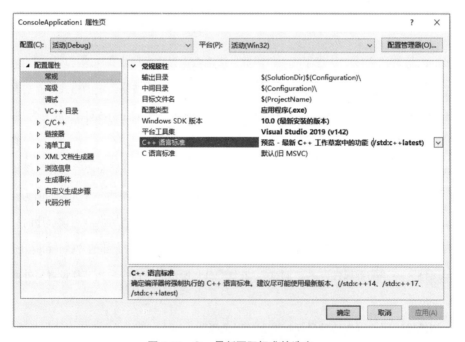

图 1.15　C++最新国际标准的选定

如果不想使用操作系统或编译环境传递的实参，也可以使用图 1.13 中定义的无参函数"int main()"。根据图 1.8 所示的累加和求解程序流程图，可以编写如下程序并输入至编辑界面。注意，程序要使用输入/输出流 iostream 完成对变量的输入和输出，cin 是 iostream 中输入流类型的变量，而 cout 是 iostream 中输出流类型的变量，具体程序如例 1.2 所示。

【例 1.2】　编程计算累加和 $S=\sum_{x-1}^{x} X$，其中 $N \geqslant 1$。

```
#include <iostream>        //由于要使用 cin 和 cout，因此必须先 include
using namespace std;       //cin 和 cout 是在名字空间 std 中定义的，必须 using
int main() {               //操作系统通过 int 返回值判断 main()返回时是否正常
    int N,X,S;             //试定义三个变量：累加值边界 N、累加变量 X 以及累加和变量 S
    cout<<"Input N:";      //提示输入 N，通过重载运算符"<<"函数输出 Input N:
    cin>>N;                //然后输入 N，通过重载运算符">>"函数输入 N
    S=0,X=1;               //初始化累加和变量 S=0，初始化累加变量 X 从 1 开始
again:                     //在累加语句前定义循环转移用的标号 again
    S=S+X;                 //将 X 累加至累加和变量 S
    if (X!=N) {            //如果 X 没有超出累加值边界 N
        X=X + 1;           //则累加变量 X 增加 1
        goto again;        //转到累加语句前继续累加
    }
    cout<<"\nThe cumulative sum S is "<<S <<endl; //累加结束，输出 S
    return 0;              //返回 0 告知操作系统表示程序执行正常
}
```

在图 1.13 所示的菜单中选择"生成(B)"→"生成解决方案(B)"，便可完成程序的编译。然后选择"调试(D)"→"开始调试(S)"，就可以"逐语句(S)"或"逐过程(O)"地运行，如图 1.16 所示。如果程序定义了变量，只需在程序运行的过程中将鼠标指针停留在变量上面，就可以得到该变量的值。也可切换到"Microsoft Visual Studio 调试控制台"窗口，查看程序的输入和输出结果。

图 1.16 所示的箭头所指的位置为程序的入口 main()函数。编辑窗口左下方显示的是程序变量的当前值。如果想查看程序的输入和输出结果，则单击最下面一行自左至右的第 9 个图标——"输出"图标。单步调试时，"Microsoft Visual Studio 调试控制台"窗口会显示运行结果。

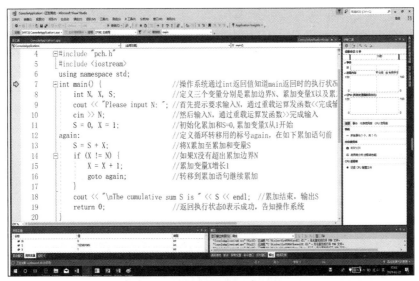

图 1.16　程序的调试运行界面

如果调试需要，也可以设置执行断点。在程序编辑界面最左边的边框的箭头下方的区域单击，以设置或者取消执行断点。对于已经设置了执行断点的行，单击鼠标右键可以设置其中断条件，例如，循环执行多少次后在断点中断，或者当表达式满足某个条件时在断点中断。如果想查看汇编指令代码或者机器指令代码，则可在调试状态按组合键 Ctrl+F11 进入汇编窗口。

可以采用"Debug"或"Release"模式编译 C++程序。"Debug"模式方便程序员调试程序，通常不会对生成的汇编指令代码进行优化，例如，内联函数仍然按函数调用的方式编译。"Release"模式可将代码优化到执行效率最高的状态，在调试成功后需要发布程序时，常采用"Release"模式编译 C++程序。Debug 是通过 int 3 实现的调试，未调试时，int 3 用 iret 返回。

# 练习题

【题 1.1】计算机由哪些设备构成？计算机的内存大致分为几类？

【题 1.2】控制台程序一般使用什么设备进行输入和输出？

【题 1.3】为什么说内存中的机器指令和数据是难以区分的？

【题 1.4】计算机为什么要采用二进制？如何使用按位异或运算交换两个整型变量的值？

【题 1.5】位运算中的左移位、右移位与算术运算中的乘法、除法运算有什么关系？

【题 1.6】请将十进制数$(233)_{10}$分别转换为二进制数、八进制数和十六进制数。

【题 1.7】请将二进制数$(101011101101101)_2$分别转换为八进制数、十进制数和十六进制数。

【题 1.8】请将八进制数$(756)_8$分别转换为二进制数、十进制数和十六进制数。

【题 1.9】C++程序设计语言有哪些特点？

【题 1.10】举例说明 C 语言和 C++的"赋值"与数学中的"恒等"有何不同。

【题 1.11】将程序流程图转换为 C++程序时应注意什么？

【题 1.12】C++程序的编译通常包括哪些过程？

【题 1.13】普通开发人员可以开发自己的数学运算函数 sin(x)并提供给其他程序员使用吗？

【题 1.14】试举例解释 main(int argc,char *argv[],char *env[])函数的入口参数的含义。

# 第 2 章
# 类型、常量及变量

本章介绍 C++的字符集、关键字、标识符、运算符、标点符号、类型、变量、常量、表达式、语句、数组以及输入/输出等基础知识，介绍预定义的简单类型，说明变量的定义和使用方法，分析表达式的计算顺序，描述输入/输出的格式控制。

## 2.1　C++的单词

C++使用 Unicode 字符集中的字符来构造"单词"，进而用"单词"构成语句和程序的语法结构。常量、变量名、函数名、参数名、类型名、运算符、关键字等都是"单词"。关键字也被称为保留字，程序员不能用它定义变量名、函数名或者参数名等，关键字的个数决定了一门程序设计语言的复杂程度。

### 2.1.1　C++的字符集

字符集包括字母、数字、运算符以及标点符号等，是构成关键字、标识符、常量的基本元素。采用何种字符集除了与计算机的硬件设备相关外，还与计算机所使用的操作系统密切相关。目前，最通用的 C++字符集是 ASCII 字符集，它是 Unicode 字符集的子集。

ASCII 字符集使用最高位为 0 的 8 位二进制表示，因此，ASCII 字符集可对 128 个字符进行编码。但可显示字符只是其中一部分，可显示字符集如表 1.1 所示。ASCII 字符集主要包括英文字母、阿拉伯数字、运算符以及各种标点符号。关键字由 ASCII 字符集的字符构成。

由于汉字字符数量太大，因此，汉字不可能放入 ASCII 字符集，于是出现了 Unicode 统一编码字符集。由于 Unicode 字符集的容量较大，因此可以容纳国际上常用的语言文字，包括西文字符集和常用的汉字字符集。ASCII 字符集常用的可显示字符集分类表如表 2.1 所示。

表 2.1　ASCII 字符集常用的可显示字符集分类表

| 26 个大写字母 | A B C D E F G H I J K L M N O P Q R S T U V W X Y Z |
|---|---|
| 26 个小写字母 | a b c d e f g h i j k l m n o p q r s t u v w x y z |
| 10 个阿拉伯数字 | 0 1 2 3 4 5 6 7 8 9 |
| 其他符号 | + − * / = , . _ : ; ? \ " ' ~ \| ! # % & ( ) [ ] { } ^ <> 空格　制表符 |

其他符号包含标点符号、分隔符、运算符等。空格和制表符等都是分隔符，能分隔两个标识符，如分隔类型名与变量名。运算符和标点符号也能起到分隔符的作用。例如，a+b 中的运算符加号（+）

可以分隔变量 a 和 b。标点符号如逗号也可以用作运算符，用逗号构成的表达式如"3,6,9"称为逗号表达式，其结果为最后一个逗号后的操作数的值 9。

ASCII 字符集对小写字母、大写字母和阿拉伯数字连续编码。字母'A'、'B'、'C'的编码分别为十进制数 65、66、67；字母'a'、'b'、'c'的编码分别为十进制数 97、98、99；而数字'0'、'1'、'2'的编码分别为十进制数 48、49、50，如表 1.1 所示。因此，将数字'2'转换为整数 2 的方法为：用数字'2'的 ASCII 值减去数字'0'的 ASCII 值，可得'2'-'0'=2。注意，大写字母的 ASCII 值比小写字母的 ASCII 值小。由于同类字符采用连续编码，因此可按"字典顺序"，即按 ASCII 表中字符的顺序比较它们之间的"大小"。

其他符号的编码虽然没有一定的规律可循，但配对使用的符号（如'<'和'>'、'('和')'、'['和']'、'{'和'}'）通常满足左边的字符编码小于右边的字符编码。然而，配对使用的符号不一定连续编码，例如'['和']'的编码分别是十进制数 91 和 93。注意，空格和制表符的编码分别为十进制数 32 和 9。由于早期键盘的按键数量有限，故分别用<%、%>、<:、:>表示{、}、[、]，因此，对于函数体对称的程序 int main(int T,char*A[]){;[A,T](){return 0;}()[T,A];}，它等价于 int main(int T,char*A[])<%;<:A,T:>()<%return 0;%>() <:,T,A:>;%>。

## 2.1.2　C++的关键字

关键字不能用作变量名和函数名。从编译程序的角度来看，关键字是用来确定语法结构的"保留"标志。例如，出现了 if 就可能继续出现 else。因此，关键字对程序设计语言来说尤为重要。不同版本的 C++国际标准给出的关键字集合不一定相同，而不同的编译程序允许的关键字集合也不尽相同。国际标准 ISO/IEC 14882:2020 定义的 C++的关键字如表 2.2 所示。

表 2.2　C++的关键字

| alignas | constinit | false | public | true |
|---|---|---|---|---|
| alignof | const_cast | float | register | try |
| asm | continue | for | reinterpret_cast | typedef |
| auto | co_await | friend | requires | typeid |
| bool | co_return | goto | return | typename |
| break | co_yield | if | short | union |
| case | decltype | inline | signed | unsigned |
| catch | default | int | sizeof | using |
| char | delete | long | static | virtual |
| char8_t | do | mutable | static_assert | void |
| char16_t | double | namespace | static_cast | volatile |
| char32_t | dynamic_cast | new | struct | wchar_t |
| class | else | noexcept | switch | while |
| concept | enum | nullptr | template | |
| const | explicit | operator | this | |
| consteval | export | private | thread_local | |
| constexpr | extern | protected | throw | |

本书不过多介绍表 2.2 中含有下划线的关键字，如 char8_t、char16_t、char32_t、static_assert、wchar_t 等；也不过多介绍 alignas、alignof、asm 等关键字。这些关键字与计算机的硬件相关，并且与编译环境支持的 C++标准相关。

C 语言的 char 类型只采用 8 位二进制，最多只能容纳 256 个字符（包括 ASCII 字符集），无法容纳汉字等其他字符或文字，char8_t 用于表示 8 位二进制的 UTF-8 字符。有时需要采用 16 位或 32 位二进制的 Unicode 编码：char16_t 用于表示 UTF-16 中 16 位的二进制字符，char32_t 用于表示 UTF-16 中 32 位的二进制字符，或者 UTF-32 中 32 位的二进制字符，而 Windows 扩展字符类型 wchar_t 可能被编译为 char16_t 或 char32_t。

可以定义变量 "char8_t　w=u8'm';"、"char16_t　x=u'马';"、"char32_t　y=U'马';" 和 "wchar_t　z=L'马';"。不同的编译参数或操作系统对这几个类型的支持是不同的。例如，使用 char16_t 和 char32_t 类型，有可能输出的不是汉字，而是其汉字编码。如果没有使用#include<locale>及在输出前调用 setlocale(LC_ALL,"chs")，即使用 wcout<<z 代替 cout<<z，也无法输出汉字。建议用 wchar_t 和 wcout 实现国际文字包括中文的输出。

某些关键字用于表示特定的值，包括 true、false、nullptr、this 等。true 和 false 分别代表布尔类型的值 "真" 和 "假"。nullptr 的类型为 std::nullptr_t，表示空指针常量值。对于实例数据成员指针如 "int A::*q=nullptr;"，"printf("%p",q)" 将输出 FFFFFFFF，或者 "printf("%d",q)" 将输出−1；对于其他类型指针如 "int*q=nullptr;"，则 "printf("%d",q)" 将输出 0。隐含参数 this 可指向任何类的对象，它与实例函数成员的定义有关，并没有固定的指针类型。

某些单词也有对应的可替代的预定义关键字，这些关键字主要用于替代标点符号或运算符。例如，逻辑与运算符&&可用 and 替代、逻辑或运算符||可用 or 替代、逻辑非运算符! 可用 not 替代、位异或运算符^可以用 xor 替代等。为了使 C++用起来更加简洁，本书不建议使用这些关键字。

## 2.2　预定义类型及值域和常量

预定义类型是指 C++预先定义的保留类型，它们通常是使用关键字的简单类型。类型定义了变量和常量的取值范围，而取值范围与计算机的硬件和操作系统相关。简单类型的数值在计算时，一般从有符号数向无符号数转换、从字节数少的类型向字节数多的类型转换。

预定义类型

### 2.2.1　预定义类型及其数值转换

在前述关键字中，void、bool、char、short、int、long、float、double 等均为预定义类型，std::size_t 是 C++标准库 std 定义的类型，signed 和 unsigned 分别用于说明 char、short、int、long 为有符号类型和无符号类型。有些关键字用于说明变量的存储位置特性，如 auto、register、static 和 extern 等；而另一些关键字则用于说明变量的存储可变特性，如 const、constexpr、volatile、mutable 等。mutable 用于说明实例数据成员的存储可变特性。

存储位置特性用于说明变量的存储位置。例如，static 定义的静态变量和 extern 说明的函数外部变量编译后在数据段内分配内存。使用 extern 说明的变量要么来自程序全局变量，要么来自函数外部定义的单元变量或 static 变量。作为程序一部分的数据段会随程序存放于磁盘文件中，其中没有初始化的变量在磁盘对应位置上的值通常为零。C 语言的函数参数和 auto 说明的局部变量在栈段（stack segment, SS）分配内存，函数内未使用 static 定义的局部变量默认为 auto 变量。因为编译程序会自动分配和回收栈段的内存，所以高级语言程序很少出现栈溢出现象，除非调用的层次太深或无穷递归耗光了栈。

在函数内，register 用于定义寄存器变量，但这并不意味着该变量只能使用寄存器，数量有限的寄存器一旦分配完，就可使用栈内存来代替寄存器。若寄存器变量出现了取其地址的操作，就会用栈内存而非寄存器来存储变量的值，register 变量会被编译成 C 语言的 auto 变量，我国的 DJS-130 机就是用内存作为寄存器的。如果有多余的寄存器没被使用且未取变量地址，即使局部变量被定义为要分配栈内存的 auto，也可能被编译优化成使用 register 存储。因此，register 和 auto 是可以相互转换的。若 VS2019 采用 x64 编译模式，实参传递就会优先使用寄存器。

在进行算术运算时，字节数少于 int 类型的值向 int 型转换。short int 等同于简写的 short，long int 等同于简写的 long，short、int、long 分别等同于 signed short、signed int、signed long 有符号类型。注意 C++的赋值是一种运算符为 "=" 的运算。在计算 "2+3.2" 时，2 默认为整型即 int 类型，3.2 默认为双精度类型即 double 类型，编译程序不能将类型不同的操作数进行运算，会按如下规则对类型不同的操作数自动进行类型转换。

（1）若参与运算的操作数类型不同，则先转换成同一类型，然后进行运算。转换按字节数增加的方向进行，以保证精度没有损失。例如，short 类型数据和 unsigned int 类型数据进行运算时，会把 short 类型数据转换成 unsigned int 类型数据；int 类型数据和 long 类型数据进行运算时，会把 int 类型数据转换成 long 类型数据。

（2）若两种类型数据的字节数相同，且其中一种有符号而另一种无符号，则转换成无符号类型数据进行运算。注意，所有的浮点运算都按 double 类型数据计算，即使是两个 float 类型数据，也要转换成 double 类型数据运算；对于 bool、char 类型等单字节值以及 short 类型等双字节值，在进行算术运算时必须先转换成 int 类型数据再进行运算。

（3）在进行赋值运算时，赋值号两边的数据类型应相同。否则，赋值号右边的数据类型将向左边变量的类型转换。如果右边数据类型的字节数大于左边变量类型的字节数，则将进行截断操作从而丢掉部分数据；若是浮点数据，则在丢掉数据后按四舍五入向前舍入或取整。由于丢掉数据会造成精度损失，因此编译程序可能会警告或报错。

int 和 signed int 满足 typeid(int)==typeid(signed int)，因此，int 和 signed int 是等价的类型。不要误认为 char 和 signed char 是等价类型，因为 typeid(char)==typeid(signed char)不成立；同理，char 和 unsigned char 也不等价。在 C++新标准中，char、signed char 和 unsigned char 是三个不同的类型；sizeof(char)= sizeof(signed char)=sizeof(unsigned char)=1（字节：byte）。注意，1 个字节通常为 8 bits，但也可以是 16 bits 或更多如 32 位二进制。char 实现为 signed char 或 unsigned char 取决于编译器。

例如，在扩充的 256 个字符 ASCII 表中，希腊字母'à'的单字节编码码值为 133，对应的十六进制数值为 0x85=(10000101)$_2$。定义"char c=0x85;short int x=c;"，若使用 VS2019 编译器，则 char c 被实现为 signed char c，且 c 的 8 位二进制补码(10000101)$_2$的最高位为 1，即 c 为负数，可知 c 的值为其原码的负数，即 c=-((10000101)$_2$的反码+1)=-((01111010)$_2$+1)=-123。将 c 赋值给 x，只需将 c 的补码进行符号位扩展，可得 16 位二进制补码 x=(1111111110000101)$_2$。将此补码转换为原码的负数，可得 x 的值为负数-123。

## 2.2.2 强制类型转换及类型值域

VS2019 已默认支持多字节编码，例如，字符'à'的十六进制双字节编码为 0xA8A4。如果没有将编译开关设置为单字节编码，则"short int y=' à';"的值为-22364，即补码 0xA8A4 转换后的结果。"char d=y;"则会取 y 截断后的低字节值 0xA4 赋给 d，而 0xA4 作为二进制补码(10100100)$_2$表示负数，可得 d 的值为其原码的负数，即 d=-((10100100)$_2$的反码+1)=-((01011011)$_2$+1)=-92。注意，截断会导致 d 和 y 的值不同，这种赋值一旦发生，就是不安全的，再次转换 d 为 short int，将无法恢复到 y 的原值。例如，"short int z=d;"将得到 z=-92。除了上述隐式自动进行的类型转换外，还可以显式使用强制类型转换。强制类型转换使用圆括号括起类型表达式。强制类型转换的一般形式如下。

（类型表达式）数值表达式 　　　或者　　　 类型名（数值表达式）

其中，类型表达式是由类型名、*、&、&&、( )、[ ]、<>、::等运算符构成的表达式。例如，int、int *、int(*)[2][3][2+8]等都是合法的类型表达式。在代表多维数组的类型表达式中，int(*)[2][3][2+8]中的第一维可用指针（即*）表示，因指针可无限移动，故可看作 int[x][2][3][2+8]，即数组第一维的界可以不是常量表达式，第二维开始的所有界都必须是常量表达式。对于"long y=(long)3;"，常量 3 默认被当作 int 类型的值，(long)3 将 int 类型的 3 转换为 long 类型，然后赋值给 long 类型的变量 y。根据前面介绍的赋值运算类型转换规则，即使没有显式进行强制转换，"long y=3;"也会隐式转换 3 为 long 类型，因为被赋值的变量 y 是 long 类型。

常量表达式是编译时可计算其值的数值表达式，例如，"2+8"在编译时可计算，而"x+2"在编译时不可计算，因为变量 x 的值在编译时无法确定，x 可能是一个需要输入的变量。书写形式 10 和 2+8 在编译后的执行效率相同，因为编译时 2+8 已经运算并得到结果 10，故运行时并不会执行 2+8 的加法运算。为了便于理解，在初始化圆的面积时，建议编写"double area=3.14*5*5;"这样的代码，这样编写不仅不会降低程序的执行效率，而且会提高程序的可理解性和可维护性。

在理解类型的概念时，必须注意以下几点：①类型的取值范围，即值域；②类型预定义或允许的运算。类型取值范围同该类型使用多少字节存储数据有关，而这往往依赖于计算机硬件、操作系统和编译系统。当前,16 位二进制补码表示的是有符号 short 类型(即有符号短整型),其取值范围为-32768~32767，其值共有 65536 个不同状态。若二进制最高位不被视为符号位，则 unsigned short 类型的取值范围为 0~65535，同样共有 65536 个不同状态，对应二进制的取值范围为(0000000000000000)$_2$~(1111111111111111)$_2$。

　　void 表示类型未知、未用或不能确定，即不能确定需要多少个字节。void 通常用来说明函数参数和函数的返回类型，分别表示函数没有参数和没有返回值。当指针 p 的类型定义为 void *时，表示 p 指向的存储单元的类型不能确定，即无论 p 指向多少个字节的内存均可。因为不知道下一"相同大小"的内存在哪，因此，无法进行++p 等指针移动运算；同理，也不能通过 r-p 得知"相同大小"的内存块个数。当向指针 p 所指向的存储单元赋值时，必须先表明指针指向的实体的实际类型，以表明本次赋值需要覆盖或者修改多少个字节。这通常需要对 p 进行强制类型转换，例如，采用"*(int *)p=5;"向被当作整型存储单元的内存赋值，或者采用"*(double *)p=5.0;"向被当作双精度型存储单元的内存赋值。上述两条赋值语句覆盖或者修改的内存字节数可能与 p 指向的内存字节数不同，这种"不安全、不确定"的行为由程序员自己负责，因为是程序员强制指定的转换类型。

　　在 C++中，类型的大小即字节数可以通过 sizeof 运算获得。对于采用 x86 编译模式的 64 位体系结构，通常会有 sizeof(bool)=1、sizeof(char)=1、sizeof(short)=2、sizeof(int)=4、sizeof(long)=4、sizeof(float)=4、sizeof(double)=8，如表 2.3 所示。但是，sizeof(long double)的字节数取决于编译的具体实现，有的编译器直接将 long double 实现为 double 类型，而有的编译器却实现为 12 字节或 16 字节的浮点数，国际标准只规定 sizeof(long double)≥sizeof(double)。当然，能否实现也取决于计算机是否有这样的浮点运算器。除了"sizeof(类型表达式)"的使用形式外，sizeof 还有另外一种使用形式，即"sizeof　数值表达式"。例如，sizeof　5、sizeof　(2+3)、sizeof　(2+3)*2 等，其字节数均和 sizeof(int)相同，因为常量 2、3、5 的默认类型均为 int，它们进行算术运算后的结果也是整型 int。

　　注意，编译时就能计算出 sizeof 表达式的值。因为编译时能检查每个操作数的类型，从而最终确定计算结果的类型，并不需要对(2+3)真正进行加、减、乘、除等运算。例如，对于"int x=3;"，编译时计算 sizeof(2+x)与运行时计算 sin(3+x)或其他运算符函数不同，运行时计算 3+x 需要最终获得表达式的计算结果，而编译时计算 sizeof(2+x)只需要推导出 2+x 的结果类型。因此，通常不将运算符 sizeof 看作运算符函数，因为 sizeof 是在编译时通过类型推导得到字节数，而其他运算符函数（如加法"+"）是在运行时得到计算结果。运算符 sizeof 一共有三种使用形式：①sizeof(类型表达式)；②sizeof　数值表达式；③sizeof…(类型参数包)。类型表达式必须加括号，因为不能将 sizeof(long long)写作 sizeof long long，也不能将 sizeof(int*)*4 写作 sizeof int**4。数值表达式可以有括号，称为括号数值表达式，故 2+3 和(2+3)都是数值表达式。但当 sizeof 用于类型表达式时，必须使用括号括起类型表达式。类型参数包用在模板即 template 的定义中，通过"sizeof…(类型参数包)"可以获得类型参数的个数。

　　在类型字节数相同的情况下进行计算时，有符号类型向无符号类型自动转换；在类型字节数不同的情况下进行计算时，字节数少的类型向字节数多的类型自动转换。类型转换的一般路径为 signed char→unsigned char→（signed）short→unsigned short→（signed）int→unsigned int→（signed）long→unsigned long→（signed）long long→unsigned long long 以及 float→double→long double。在 64 位及更高位数的计算机系统中，sizeof(long long)≥8 字节，因此，long long 类型往 sizeof(float)=4 的 float 类型转换会丢失精度。标准库 std 定义的 size_t 类型在 x86 模式下等价于 unsigned int。

　　注意，浮点数的指数表示部分也有符号位，故 float 类型的值共有 2 个符号位。即使 sizeof(long)=sizeof(float)，但因为 long 的值只有 1 个符号位，所以 long 向 float 类型转换时也会丢失精度；同理，8

字节的 long long 向 double 类型转换时也会丢失精度。类型的字节个数决定了类型的取值范围，同时也决定了该类型不同常量值的个数。即使浮点数理论上有无限个数值，在计算机中，其值的个数也是有限的，因为它们采用的存储单元字节个数有限，并且浮点数最终用二进制表示。目前 VS2019 采用 x86编译模式的简单类型数据的取值范围如表 2.3 所示，整型数据的取值范围可能随 64 位操作系统的出现而有所变化。

表 2.3　目前 VS2019 采用 x86 编译模式的简单类型数据的取值范围

| 类型 | 类型名称 | sizeof 获得的字节数 | 取值范围 |
|---|---|---|---|
| bool | 布尔型 | 1 | false、true |
| char | 字符型 | 1 | $-128 \sim 127$ |
| signed char | 有符号字符型 | 1 | $-128 \sim 127$ |
| unsigned char | 无符号字符型 | 1 | $0 \sim 255$ |
| (signed) short (int) | 有符号短整型 | 2 | $-32768 \sim 32767$ |
| unsigned short (int) | 无符号短整型 | 2 | $0 \sim 65535$ |
| (signed)in 或 signed | 有符号整型 | 4 | $-2^{31} \sim 2^{31}-1$ |
| unsigned (int) | 无符号整型 | 4 | $0 \sim 2^{32}-1$ |
| (signed) long (int) | 有符号长整型 | 4 | $-2^{31} \sim 2^{31}-1$ |
| unsigned long (int) | 无符号长整型 | 4 | $0 \sim 2^{32}-1$ |
| (signed) long long (int) | 有符号超长整型 | 8 | $-2^{63} \sim 2^{63}-1$ |
| unsigned long long (int) | 无符号超长整型 | 8 | $0 \sim 2^{64}-1$ |
| float | 单精度型 | 4 | $-10^{38} \sim 10^{38}$ |
| double | 双精度型 | 8 | $-10^{308} \sim 10^{308}$ |
| long double | 长双精度型 | $\geqslant 8$ | $-10^{308} \sim 10^{308}$ 或 $-10^{4932} \sim 10^{4932}$ |

## 2.2.3　预定义类型及相关常量

常量及其类型

　　布尔类型，即 bool 类型，只取 false 和 true 两个值，即只有两个常量值。按理说，布尔类型只需 1 位二进制即可表示，但由于现代计算机最小按字节编址，因此它通常用 1 个字节（即 8 位二进制）表示，从而使布尔变量有 1 个字节的内存及地址。因此，一般有 sizeof(bool)=sizeof true=sizeof false=1。C++通常会将 false 视为 0，而将 true 看作 1。因此，当布尔类型的数同整数一起运算或将布尔类型的数赋给整型变量时，都会按上述数值对应进行转换。在将一个数值转换为布尔类型时，非零的数值转换为 true，为零的数值则转换为 false。

　　字符类型即 char 类型的大小是 1 个字节，VS2019 目前有 sizeof(char)=siezof(unsigned char)=sizeof 'A'=1，可取扩充 ASCII 码的 256 个编码中的一个值。常用两个单引号引起一个字符表示字符常量，字符常量在内存中存储的值是该字符的 ASCII 值。例如，字符常量'A'=65、'a'=97、'0'=48 等。由此可见，字符'0'和整数 0 相差 48，若需将字符'0'转换为整数 0，则必须将其 ASCII 值减去 48，即减去'0'的 ASCII

值 48，也就是'0'−48='0'−'0'。注意有'0'−'0'=0、'1'−'0'=1、'2'−'0'=2 等，这样减去'0'便可以完成从数字字符到对应数值的转换。

字符常量也可用单引号引起八进制数或十六进制数表示。计算八进制数或十六进制数，得到对应的 ASCII 值，就可得到对应的字符常量。例如，字符常量'K'对应的 ASCII 值为 75，75 对应的八进制数和十六进制数分别为(113)$_8$ 和(4B)$_{16}$，因此，字符常量'K'可分别用'\113'和'\x4B'表示。斜杠（\）引出数字或字母可表示转义字符。例如，'\a'表示警铃即 alarm 字符，其对应的 ASCII 值为 7。转义字符及其对应的 ASCII 值如表 2.4 所示。

表 2.4　转义字符及其对应的 ASCII 值

| 字符表示 | 十六进制 ASCII 值 | 字符名称 | 功能及用途 |
| --- | --- | --- | --- |
| \a | 0x07 | 警铃（alarm） | 发出警铃声 |
| \b | 0x08 | 退格（backspace） | 退回一个字符 |
| \f | 0x0c | 换页（form feed） | 打印或显示页面换页 |
| \n | 0x0a | 换行（new line） | 打印或显示页面换行 |
| \r | 0x0d | 回车（carriage return） | 准备回到行首输出 |
| \t | 0x09 | 制表（horizontal tab） | 准备在下一制表列输出 |
| \v | 0x0b | 纵向制表（vertical tab） | 准备在下一制表行输出 |
| \0 | 0x00 | 空字符（null） | 字符串结束标志字符 |
| \\ | 0x5c | 斜杠 | 表示一个斜杠字符 |
| \' | 0x27 | 单引号字符 | 表示一个单引号字符 |
| \" | 0x22 | 双引号字符 | 表示一个双引号字符，无须转义"" |

由表 2.4 可知，单斜杠用于引导字符转义。为了避免单斜杠与单引号结合引起转义，在输出单斜杠时也要对单斜杠转义，即用'\\'表示 1 个单斜杠字符。要表示单引号这个字符常量，可以用转义字符'\''表示，也可以用 3 位八进制数转义（如'\047'）表示，或者使用 2 位十六进制数转义（如'\x27'）表示，不区分其中十六进制数的大小写。注意，u'a'是 char16_t 类型大小为 2 个字节的常量，而 U'a'是 char32_t 类型大小为 4 个字节的常量。

C++新标准还引入了通用转义'\uXXXX'或'\UXXXXXXXX'，每个 X 代表 1 个十六进制数字。'\uXXXX'转义的字符常量可赋值给 char、char8_t、char16_t、wchar_t 类型的变量，只要常量的值在该变量类型定义的值域之内即可。同理，'\UXXXXXXXX'转义的字符常量可赋值给 char、char8_t、char16_t、char32_t、wchar_t 类型的变量。此外，C++新标准还用'\N{字符名}'引入了命名通用转义字符，例如'\N{LATIN CAPITAL LETTER A WITH MACRON}'等价于'\u0100'。注意 u8'\u0100'、u'\u0100'、U'\u0100'、L'\u0100'的字符类型不同。字符名请参见 Unicode Character Database。

用双引号引起的字符序列表示字符串常量，它与使用单引号引起的字符类型不同。字符串是用字符数组存储的字符序列，且最后存储的空字符'\0'表示字符串结束，'\0'之前的字符个数为字符串长度（简称串长）。因此，字符串类型可以解释为字符数组类型，存储字符串的数组所需字节数=串长＋1。例如，字符串"abc"的串长为 3，但需要 4 个字节才能存储该字符串，这 4 个字节依次存储'a'、'b'、'c'、'\0'。其中，'\0'对应的 ASCII 值为整数 0。

同时，也可将存储字符串的字符数组的首地址当作字符指针使用。因此，字符串常量又可看作指向只读字符的只读指针，其类型被默认视为 const char *const 类型。当字符串中出现双引号字符时，容易产生"字符串到此结束"的误解，此时应使用转义字符"\""（或'\042'或'\x22'）表示字符串中的双引号字符。当表 2.5 左边所示的字符串常量用 cout 输出时，实际输出的字符序列如表 2.5 右边所示，R"EOF(…)EOF"只能用大写 R 和 EOF 表示原始字符串常量。

类 string 由名字空间 std 定义，使用该类时最好先"#include <string>"再"using namespace std;"，"abc"s 和"abc\0"s 通常为该类的常量对象实例。注意，strlen("abc"s.c_str())和 strlen("abc\0"s.c_str())的结果均为 3，但"abc"s.length()和"abc\0"s.length()的结果分别为 3 和 4。使用 std 的计时类模板 duration 时必须#include <chrono>，60s 或 60.123s 通常作为常量对象，分别表示计时 60 秒和 60.123 秒，其类型分别为 chrono::duration<__int64,struct std::ratio<1,1>>和 chrono::duration <double,struct std::ratio<1,1>>。注意，空指针常量 nullptr 的类型为 nullptr_t，用 cout 输出的结果为 nullptr。

表 2.5　字符串中的转义序列字符及字符串输出

| 字符串常量 | 字符串常量的类型 | cout 字符串输出 |
| --- | --- | --- |
| "I am a big big girl" | const char[20],const char *const | I am a big big girl |
| "I'm a big big girl" | const char[19],const char * const | I'm a big big girl |
| "I\'m a big big girl" | const char[19],const char * const | I'm a big big girl |
| "\"Father\" is a good book" | const char[24],const char * const | "Father" is a good book |
| R"EOF(a\"\n\0b)EOF" | const char[9],const char * const | a\"\n\0b |
| "String class"s | std::string | String class |
| "String_view class"sv | std::string_view | String_view class |

注意，"ab"、u8"ab"、u"ab"、U"ab"、L"ab"分别是 const char[3]、const char8_t[3]、const char16_t[3]、const char32_t[3]、const wchar_t[3]类型的常量字符数组。连接"ab""ab"等价于"abab"是 const char[5]类型的常量字符数组，u"ab"u"ab"等价于 u"abab"是 const char16_t[5]类型的常量字符数组；"ab""ab"的两个"ab"之间可以有空格，u"ab"u"ab"的两个 u"ab"之间也可以有空格。注意，u"ab""ab"等价于 u"abab"是 const char16_t[5]类型的常量字符数组，两个"ab"之间可以有空格；"ab" u"ab"也等价于 u"abab"，但是 u 之前必须有空格。自 C++ 2023 开始，不允许不同类型的字符串连接，例如不允许出现 u"ab"U"ab"及"ab" u"ab" U"ab"，注意 u 和 U 之前必须有空格。

根据字节数的多少可将整型分为短整型（short 或 short int）、整型（int）、长整型（long 或 long int）和超长整型（long long 或 long long int）。根据 C++国际标准的有关规定：一般整型常量（如 3）默认为是 int 类型，且有 sizeof(short)≤sizeof(int)≤sizeof(long)≤sizeof(long long)。对于目前流行的 64 位体系结构，通常有 sizeof(short)=2、sizeof(int)=4、sizeof(long)=4、sizeof(long long)=8。对于早期的 16 位计算机系统，有 sizeof(short)=2、sizeof(int)=2。而对于目前的 64 位计算机，则可以使用大小为 8 字节的 long long 类型。

自地址(1000)₁₆开始存储一个短整数，则该短整数(8B55)₁₆=(1000101101010101)₂，由于最高位二进制为符号位，且该符号位上的 1 表示该数为负数，需要将该补码转换为原码并作为负数才能得到其原始数值，因此$(1000101101010101)_2=-(0111010010101010)_2+1=-29867$。自地址$(1004)_{16}$开始存储一个短整数，则该短整数$(0845)_{16}=(0000100001000101)_2=2117$。由于其最高符号位为 0，即为正数，因此直接按原码计算即可得到其原始数值。

同理，如果自地址$(1000)_{16}$存储一个 int 类型整数，则该 4 字节整数$(8BEC8B55)_{16}$对应的十进制数为$-1947432107$。如果自地址$(1004)_{16}$存储一个 int 类型整数，则该 4 字节整数$(5D400845)_{16}$对应的十进制数为 1564477509。在 C++程序中，整数除了可以用十进制数表示外，还可以用八进制数或十六进制数表示，其中八进制数用 0 开始，十六进制数用 0x 或 0X 开始。例如，十进制数 2117 对应的八进制数为 04105，对应的 C++十六进制数为 0x845。这种表示形式的数默认是 int 类型的有符号整数。十六进制数存入不同类型的变量及其输出如表 2.6 所示。

表 2.6　十六进制数存入不同类型的变量及其输出

| 数值 | 存入变量类型 | 二进制形式 | 输出格式及输出结果 |
|---|---|---|---|
| 0xF7BB | short | $(1111011110111011)_2$ | %d: $-2117$ |
| 0xF7BB | int | $(00000000000000001111011110111011)_2$ | %d: 63419 |
| 0xF7BB | unsigned short | $(1111011110111011)_2$ | %u: 63419 |
| 0xF7BB | unsigned int | $(00000000000000001111011110111011)_2$ | %u: 63419 |
| 0xF7BBU | short | $(1111011110111011)_2$ | %d: $-2117$ |
| 0xF7BBU | int | $(00000000000000001111011110111011)_2$ | %d: 63419 |
| 0xF7BBU | unsigned short | $(1111011110111011)_2$ | %u: 63419 |
| 0xF7BBU | unsigned int | $(00000000000000001111011110111011)_2$ | %u: 63419 |
| $-$0xF7BB | short | $(0000100001000101)_2$ | %d: 2117 |
| $-$0xF7BB | int | $(11111111111111110000100001000101)_2$ | %d: $-63419$ |
| $-$0xF7BB | unsigned short | $(0000100001000101)_2$ | %u: 2117 |
| $-$0xF7BB | unsigned int | $(11111111111111110000100001000101)_2$ | %u: 4294903877 |
| $-$0xF7BBU | short | $(0000100001000101)_2$ | %d: 2117 |
| $-$0xF7BBU | int | $(11111111111111110000100001000101)_2$ | %d: $-63419$ |
| $-$0xF7BBU | unsigned short | $(0000100001000101)_2$ | %u: 2117 |
| $-$0xF7BBU | unsigned int | $(11111111111111110000100001000101)_2$ | %u: 4294903877 |

C++如果要使用无符号整数，则可以在整数后面加 u 或 U。例如，无符号十进制数 2117U、无符号二进制数 0B100001000101U、无符号八进制数 04105U 和无符号十六进制数 0X845U 都表示无符号十进制整数 2117。任何类型的整数在内存中都用相应的二进制补码形式存储。占用的二进制位数与类型的字节个数有关，与十六进制形式是否带 u 或 U 无关。当存入变量的类型相同时，例如都是 short 类型时，0xF7BB 的二进制数和$-$0xF7BB 的二进制数互为补码。

长整型常量可分为有符号长整型常量和无符号长整型常量两种类型，有符号长整型常量以小写字母 l 或大写字母 L 结束；无符号长整型常量以 UL、Ul、ul 或 uL 结束，其中 U、u 同 L、l 的位置可以互换，建议书写 U 和 L 时均使用大写字母。例如，82L、0xF7BBL 是有符号长整数；82U、0xF7BBU

是无符号整数；82UL、0xF7BBUL 是无符号长整数；0LL 则是 8 个字节的 long long 类型有符号超长整数。为便于阅读上述任何进制的整数，可以使用单引号进行数位分隔，例如 0B1000'0100'0101，注意不能用逗号分隔，逗号用于形成逗号表达式。

浮点常量默认被当作 double 类型处理，例如 5.、.32、0.32、0.34E−10 都是 8 个字节的 double 类型常量。如果浮点常量以小写字母 l 或大写字母 L 结束，则其类型被认为是 long double 类型，例如 0.32L、0.34E−10L 都是 long double 类型。浮点常量也可用 E 和 e 科学计数法表示，E 后面的整数表示 10 的整数次方。浮点常量的书写必须满足如下格式：①小数点两边至少一边有数；②e 或 E 的两边必须都有数，且 e 或 E 右边必须是整数。例如，如下浮点常量都是合法的。

| | | | | | |
|---|---|---|---|---|---|
| 12.34 | 0X31.C0AP10L | .34 | +34. | −.34 | −34. |
| 12.34L | 0.34L | .34L | +34.L | −.34L | −34.L |
| 12.34e3 | 0.34e−3 | .34e12 | +34.E21 | −.34E+5 | −34.E3 |
| 12.34e3L | 0.34e−3L | .34e12L | +34.E21L | −.34E+5L | −34.E3L |

类型为 float 的数值一般用 4 个字节存储，类型为 double 的数值一般用 8 个字节存储，即有 sizeof(float)=4 和 sizeof(double)=8。浮点数不分大小写，指数出现 E 称为科学计数法，出现 P 称为 P 计数法。0X31.C0AP10L 等价于 0x31.c0ap+10l，P 前的整数和小数均为十六进制数，P 后的指数为有符号十进制整数，将 P 前的数转换为对应的十进制数，然后乘以 $2^{指数}$ 即可得到最终浮点常量，后面加上 L 表示它是双精度浮点数。因此，$0x31.c0ap10=(3*16^1+1*16^0+12*16^{-1}+10\div16^3)\times2^{+10}=50946.5$。可以用 printf("%12.3a",50946.5) 输出 0x31.c0ap+10。

对于 VS2019 来说，long double 类型实现为 double 类型，即其数值使用 8 个字节的内存存储，其他编译器（如 gcc）使用的字节个数则可能更多。使用的字节个数越多，浮点数的精度越高。需要注意的是，非扩展 ASCII 表中的字符常量采用 1 个字节的内存存储，即 sizeof('A')=1；而扩展的字符集常量（如'à'）则默认按 4 个字节存储，即默认字符类型为 char32_t，故有"sizeof(char32_t)=sizeof 'à'=4"。

## 2.3 变量及其类型解析

变量是标识符标记的内存单元的数据载体。在设计程序时，经常需要声明和定义简单类型的变量。在声明简单类型的变量时，只需要指明变量的类型和名称；在定义简单类型的变量时，除要指明变量的类型和名称外，还需要分配内存或给出变量的初始值。正确理解变量的类型才能正确使用变量，理解变量通过指针和引用与其他实体关联，或者作为元素同数组构成部分与整体关系，就能更好地在程序设计中运用变量解决实际问题。

### 2.3.1 变量的声明和定义

变量声明的一般形式为"extern 存储可变特性 类型名 变量名;"，其中定义存储可变特性的关键字有 const、constexpr、volatile 和 mutable，mutable 只能用于说明实例数据成员，而 const 和 volatile 可以说明变量、参数、返回值和数据成员。mutable 可和 volatile 共同说明实例数据成员。constexpr 变量要求初

可变特性及
位置特性

始化表达式一定是编译时可计算的常量表达式。

存储可变特性为 const 和 constexpr 的变量称为只读变量，当前进程或程序只能取其值，不能对其进行修改，即赋新值；存储可变特性为 volatile 的变量的值会"自主"发生变化。声明或定义变量时可以使用 const volatile 或者 constexpr volatile，表示当前进程或程序没有修改变量的值，但可能另一个进程或程序在修改其值，从而引起该变量的值"自主"发生变化。在函数外部，使用 extern const 定义的变量为只读全局变量，仅使用 const 定义的变量默认为只读单元变量，而 constexpr 无论是否使用 extern 定义的都是只读单元变量。

constinit 和 constexpr 要求初始化表达式一定是编译时可计算的常量表达式，但 constinit 可以定义全局变量且定义的变量是可以被修改的。constinit 和 constexpr 都不能用于定义函数参数和实例数据成员，但都可用于定义单元变量、静态变量、静态数据成员、线程变量等"永久"存储的变量。constinit 只能用于定义"永久"存储的变量包括全局变量，故不能定义函数内的局部非 static 变量；但 constexpr 不能定义全局变量，可以定义单元变量、静态变量或函数内的任何变量。

同一变量可以被重复声明多次，因此通常将变量声明和函数声明放在.h 文件中。因为.h 文件可以被一个或者多个.cpp 文件#include，这种情况下产生多次重复声明是允许的。而如果.h 文件中出现了变量定义，且该.h 文件被多个.cpp 文件#include 了多次，则相当于对该变量进行了多次定义（包括分配内存），这在编译程序进行连接时是不允许的。例如，在函数外允许重复的变量声明如下。

```
extern int a;              //全局变量声明：a是可读写的整型变量，可取值或赋值
extern int a;              //全局变量声明：a是可读写的整型变量，声明可以重复
extern const int b;        //声明全局只读整型变量b。其他.cpp需用 extern const 定义初值
extern const volatile int c;//先声明c是全局只读易变整型变量，只读且其值"自主"变化
const volatile int c=a;    //先extern声明再定义，等于extern const volatile int c=a;
extern constexpr int d;    //错误：d必须初始化。无论有无extern，d都是只读单元变量
extern constexpr int e=3;  //只能用常量初始化：e为只读单元变量，其他.cpp无法访问
constinit int f=4;         //只能用常量初始化：f为可写全局变量，其他.cpp可以读写访问
const constinit int g=5;   //const不能改为constexpr，其他.cpp无法访问单元只读变量g
extern const constinit int h=5;  //h为只读全局变量，其他.cpp可以读取值访问
extern int _stklen=10240;  //因有初值故为变量正式定义。变量名依赖于编译器：可设置栈的长度
```

变量定义的一般形式为"存储位置特性 存储可变特性 类型名 变量名=初始值;"。在函数内部定义局部变量时，存储位置特性可为 auto、register、static 和 extern，存储位置特性只能四选一，若不选择则默认为使用栈存储，C++新标准将 auto 用于类型推导。而在函数外部定义变量时，只能在 static 和 extern 中二选一，若不选择则除 const 外默认为使用 extern，这些"永久"存储在数据段中的变量是全局变量、单元变量或静态变量。若"extern int d=1;"有初始值，或者"int e=3;"有初始值，则这些定义为变量 d 和 e 的正式定义。没有初始值的定义"int f;"为变量 f 的试定义，试定义后若无正式定义则转为正式定义。

定义变量时必须指定或默认有初始值，变量定义在程序或单元范围内只能进行一次。若一个程序由多个.cpp 文件构成，则全局变量总共只能在某个.cpp 文件中定义一次。提倡只在某一个.cpp 文件中定义全局变量，在其他.cpp 文件或.h 文件中使用 extern 声明该变量。编译程序为定义的变量分配内存，因而变量名可表示特定内存单元的地址。根据变量类型大小分配若干字节连续的存储单元后，对变量

使用初始值或默认值初始化，初始值可以为符合类型要求的任意表达式。

在函数内部分配内存试定义非 static 存储位置特性的局部变量时，若没有指定该局部变量的初始值，则该局部变量的值为其对应的栈当前位置的随机值。在函数外部定义非 const 或非 constexpr 变量时，若不指定该全局变量、单元变量或 static 变量的初始值，则其初始值采用默认值 0 或 nullptr，注意 nullptr 的类型为 std::nullptr_t，即名字空间 std 定义的类型 nullptr_t。例 2.1 在函数 main() 外部定义了全局变量和单元变量。

【例 2.1】 全局变量、单元变量、局部变量的定义。

```
char *p=(char *)"abc";   //"abc"的类型为 const char *const，故需强制转换为 char *即 p 的类型
static int w=0;          //定义整型单元静态变量 w：在函数外用 static 定义。等价于 static int w(0);
short v;                 //试定义全局变量 v 值为 0，试定义 v 后可正式定义
const short x=0;         //正式定义只读单元变量 x 值为 0，const 变量 x 的定义必须立刻初始化
extern short v(1);       //正式定义全局变量 v=1：extern 有初始值即为正式定义，正式定义后不能试定义
int y=1;                 //正式定义整型全局变量 y：有初始值 1 故为正式定义，以后可重新对 y 赋值
extern int z=2;          //正式定义整型全局变量 z：不可在函数如 main 内定义 extern int z=2;
int  main(){             //main()函数内定义的变量称为局部变量
   int m,n=v;            //试定义局部非 static 变量 m(无初值)，正式定义局部非 static 变量 n(有初值 1)
   *p='A';               //编译无错，运行异常：因为"abc"中的字符是只读常量，不可修改
}                        //新标准仅允许定义返回值的函数 main 不用"return 返回值;"
```

以上定义的短整型变量 x 和整型变量 y，它们的初始值分别设定为 0 和 1。由表 2.3 可知，变量 x、y 占用的内存字节数分别为 2 字节和 4 字节。在程序运行的过程中，变量可能被赋予新的值。例如，当"v=1"时，赋值语句"v=x; y=3;"将变量 v 和 y 的值分别修改为 0 和 3。其中"v=x"表示读取变量 x 的值，然后赋值给变量 v，从而将 v 的值修改为 0。

C++程序可以由若干头文件（扩展名为.h）和代码文件（扩展名为.cpp）构成。以上变量 p、v、y、z 在主函数以外定义，这些全局变量可被程序的所有代码文件访问。全局变量可能会使程序维护变得困难，因为一旦这些全局变量的值不正确，就要检查程序的所有代码文件。可以利用 C 语言和 C++的单元变量定义"static int w=0;"，限定 w 只能在当前代码文件的作用域内访问，这样有关 w 的错误就局限于当前代码文件，从而有助于提高程序的维护效率。

在函数内部分配内存试定义或正式定义的变量只能被该函数访问，这些变量的作用域是局部的，故被称为局部变量。如果局部变量的存储位置特性不是 static 或 register，则默认它有在栈上分配内存的存储位置特性。编译程序会自动管理好栈的内存单元，因此，高级语言程序极少出现栈溢出，除非使用了无止境的函数递归调用。由于函数参数也在栈上分配内存，因此，也可认为参数是具有栈存储位置特性的局部变量，只是其初始化是在函数调用时通过实参传递完成的。必要时，变量的存储位置特性 register 和栈存储可以相互转换。

p、v、w、y、z 都是可以取值和赋值的，我们称之为可读写变量，或者简称为可写变量，因为可写变量一定可读。可以认为可写变量的内存分配在 RAM 中。内存还有 ROM 和 EPROM，其中存储的变量一般只能读取，此类变量初始化以后不能修改，x 这样的变量称为只读变量。虽然当前进程或程序只能读取而不能修改 EPROM 存储的值，但是不能排除其他程序、进程或者线程修改其值。只读变

量可用存储可变特性 const 或者 constexpr 修饰或说明，例如以下代码。

```
const int q=sizeof(int)+5; //定义只读变量q的同时必须初始化；注意sizeof(int)是常量
```

定义只读变量 q 时必须同时使用初始值初始化，因为以后只能读取 q 的值而不能修改其值。虽然初始化表达式 sizeof(int)+5 是常量表达式，但初始化 const int q 时不要求必须使用常量表达式，而初始化 constexpr int r 则必须使用常量表达式。常量表达式是指编译时可计算得到常量结果的表达式。

当必须使用常量表达式初始化只读变量 r 时，可使用关键字 constexpr 定义只读（constexpr 具有只读特性）变量 r，例如定义"constexpr int r=sizeof(int)+5;"。关键字 constexpr 不能用来定义函数参数，但可以用在任何非虚函数的定义前面。这样定义的函数和 inline 函数相比，会比 inline 函数有更强的代码优化功能，返回值的函数可能在编译时计算出确定的值，但不意味返回值具有只读特性。

保留字 inline 可用于定义函数外部全局变量、单元变量或静态变量、类内的静态数据成员，函数体内和复合语句内不能定义 inline 变量，类内也不能定义 inline 实例数据成员。函数外的 inline 全局变量和类内的 inline 静态数据成员可在不同的.cpp 文件内各自同样定义一次，但编译程序连接之后只保留一个内存副本；而在不同文件定义的函数外部 inline 单元变量及静态变量有不同的内存副本。

任意表达式是指只能在程序运行期间计算其值的表达式。一般来说，任意表达式中包含变量或者函数调用。全局变量和单元变量由开工函数初始化，由收工函数销毁或析构。编译后程序的执行顺序是开工函数、main()函数、收工函数。如果使用 abort()函数退出，则不执行收工函数。abort()和 exit()退出都导致调用它们的函数不自动析构其局部对象。

【例2.2】 全局变量和单元变量的初始化时机。

```
#include <stdio.h>
inline static int x=1; //正式定义可写单元变量x，每个.cpp保留自己的副本且初始值可不同
inline const int y=1; //正式定义只读单元变量y，每个.cpp保留自己的副本且初始值可不同
inline int z=1;        //正式定义可写全局变量z，所有.cpp只保留一个副本
int m = scanf("%d",&m);//m是全局变量，&m是指针类型的常量；试使用"5CTRL-Z"或"5 6"输入
const int n = m+3;     //m和单元变量n的初始化可用任意表达式。m=scanf返回成功输入的变量个数
int  main(){}          //虽然main()函数体为空，但运行时要求输入m
```

若存储器漏电或电路刷新不及时，则存储的二进制值会随机变化。若其他进程对 EPROM 施加高电压，则其中存储的值也可以被修改。而从拥有 EPROM 的当前进程来看，其中变量的值在随机发生变化。这种值会随机变化的存储器称为易变存储器，即 volatile 存储器。在这种特性的存储器中，变量的值可能"自主"随机变化，这种易变特性的变量（简称易变变量）必须使用 volatile 修饰或说明。例如以下代码。

```
volatile int v = 3;     //可不初始化v。v的值还会随机变化。可写为volatile int v{3};
int x=(v == 3)?5:0;     //v==3的判断是有意义的，因为v有可能不等于3了
```

只读变量和可写变量的值不会随机变化。因此，对于可写变量"int y;"，在赋值"y=3"之后立即判断 y 是否等于 3，得到的结果肯定为 true。而对于易变变量"volatile int v;"，在初始化或赋值"v=3"之后立即判断 v 是否等于 3，得到的结果不一定为 true，因为 v 可能随机变化为任意值，当前进程没修改不排除其他进程修改该变量。

事实上，一定存在另一个后台进程或线程在不知不觉地修改易变变量 v 的值。在多任务的操作系统中，例如，多任务的 UNIX 和 Windows 操作系统的多个程序、进程、线程同时以微小的时间片运行，一个进程或线程能够有办法修改其他进程或线程变量的值。用于进程或线程之间协同的变量应该定义为易变变量。

易变变量（即 volatile 变量）就是为多任务、多进程或多线程引入的，主要用于这些任务、进程或线程之间的通信或协同。由于操作系统对每个程序提供内存页面保护，在一般情况下，一个程序不可能修改另一个程序的变量或内存值，但是通过操作系统提供的专门接口或服务，一个程序是有办法对另一个程序的变量或内存值进行修改的。

虽然当前程序、进程或者线程不能修改 EPROM 中的变量，但若另一程序、进程或线程对 EPROM 施加高压，它就能修改 EPROM 中的变量的值。如果一个程序由两个线程构成，第一个线程不能修改 EPROM 中的整型变量 cv，而第二个线程可以修改 EPROM 中的整型变量 cv。则在第一个线程中定义 const volatile int cv 变量是合适的：第一个线程不能修改变量 cv 的值，故可认为其 cv 的存储可变特性是 const；若第二个线程有能力并且修改了变量 cv 的值，则对第 1 个线程来说，cv 的值又是随机可变的。第一个线程可以定义如下内容。

```
const volatile int cv=1;        //定义 cv 的同时必须初始化：因有const 为只读变量
volatile constexpr int vc=2;    //可以互换const、constexpr和volatile的位置
```

在上述定义中，cv 和 vc 都是只读易变整型变量。由于 cv 和 vc 是只读变量，因此在定义的同时必须对其初始化。可以认为在当前程序中，由于 cv 和 vc 是只读变量，因此当前程序不能修改它们的值；但它们同时又是易变变量，对当前程序来说，它们的值在随机变化，可能是另一程序在修改它们的值。若没有其他程序修改 volatile 或 const volatile 变量的值，这些变量的值在当前程序中就不会发生变化。

### 2.3.2　指针及其类型理解

类型解析方法

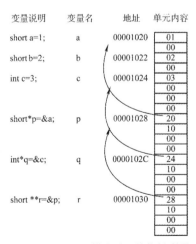

图 2.1　采用 x86 模式编译的指针变量定义及其内存分配

指针类型的变量使用*说明，它存储的值是内存单元的地址。注意，在变量声明中，*表示声明为指针类型的变量；而在数值表达式中，*表示获取指针指向的内存单元的值或内容。对于采用 32 位 x86 模式编译的程序来说，指针类型的变量分配 4 个字节的内存单元；采用 x64 编译模式时，分配 8 个字节的存储单元。使用运算符&可以获得某个变量的内存地址，包括获取指针变量自身的地址，这样便形成了指向指针的指针，即双重指针。例如，指针变量定义及其内存分配如图 2.1 所示。

图 2.1 所示的短整型变量 a 占用 2 个字节内存，a 的起始

地址为 0x00001020，a 的初始值按地址从低到高存储到 2 个字节内存，其低字节和高字节存储的内容分别为 0x01 和 0x00。整型变量 c 使用 4 个字节内存存储数据，c 的起始地址为 0x00001024，c 的初始值按地址从低到高存储到 4 个字节内存，4 个字节存储内容分别为 0x03、0x00、0x00 和 0x00。注意，短整型和整型变量的类型不同，它们各自分配的内存单元字节个数也不同：对于采用 32 位 x86 模式编译的程序，短整型变量分配 2 个字节的内存，而整型变量分配 4 个字节的内存。

对于采用 32 位 x86 模式编译的程序，指针变量 p 分配 4 个字节内存，变量 p 的起始地址为 0x00001028，p 的初始值按地址从低到高存储到 4 个字节内存，p 存放的是变量 a 的 4 个字节地址 0x00001020，故 p 的 4 个字节存放的内容分别为 0x20、0x10、0x00 和 0x00。指针变量 q 分配 4 个字节内存，q 的起始地址为 0x0000102C，其初始值按地址从低到高存储到 4 个字节内存，q 存放的是变量 c 的地址 0x00001024，故 q 的 4 个字节存放的内容分别为 0x24、0x10、0x00 和 0x00。指针变量 r 分配 4 个字节内存，r 的起始地址为 0x00001030，其初始值按地址从低到高存储到 4 个字节内存，r 存放的是变量 p 的地址 0x00001028，故 r 的 4 个字节存放的内容分别为 0x28、0x10、0x00 和 0x00。

在 Windows 10 环境 x86 编译模式下，指针变量分配的内存单元是 4 个字节。无论指针指向什么类型的实体，该实体的起始地址也只有 4 个字节。例如，指针变量 r 指向一个指针类型变量的内存，r 分配的存储单元也为 4 个字节。由于 r 要指向指针类型的实体，因此它的值可以是另一个指针变量 p 的地址，而指针变量 p 则指向一个短整型变量。以此类推，可以定义更多重的指针变量，三重指针变量存放双重指针变量的地址，双重指针变量存放单重指针变量的地址。表达式*p 中的*表示通过 p 存储的地址访问该地址对应内存单元的值，访问的形式可以是取值或者赋值两种形式。对于图 2.1 定义的变量 a、c、p，有如下代码。

```
c = *p;     //从指针指向的内存单元取值：由于 p 指向 a，故等价于 c=a，最终 c=1
*p = 7;     //向指针指向的内存单元赋值：由于 p 指向 a，故等价于 a=7。此时 p 指向 a 或*p 引用 a
```

指针变量 p 存储的值为地址 0x00001020，取 p 指向的内存单元的值 0x0001（即 1），然后将该值赋给变量 c，使 c=1。注意，这里只取 2 个字节的内存单元的值，这是因为 short *p 说明 p 指向的内存单元为短整型。p 存储的地址 0x00001020 就是变量 a 的起始地址，因此上述赋值语句等价于"c=a;"。同理，"*p=7"等价于"a=7"，即将 7 赋给 p 指向的变量 a。以此类推，由于变量 q 的类型说明为"int *q;"，因此通过*q 访问开始地址为 0x00001024 的 4 个字节的内存单元，即等价于访问*q 引用的是变量 c。

在定义 short **r 中，类型表达式 short **在解析时应遵循如下原则：①如果类型说明中出现了多个运算符，则先解析优先级高的运算符，再解析优先级低的运算符；②如果两个运算符的优先级相同，则根据运算符的结合方向进行解析。运算符"[]"或者"()"的优先级相同，其结合方向均为自左向右。例如，二维数组"int x[10][20]"中的"[10]"和"[20]"的优先级相同，则按照自左向右的结合方向，先解释左边的第一维"[10]"，即 x 有 10 个元素，然后解释"[20]"，即每个元素又是 20 个元素的数组，而后面的数组的 20 个元素的类型均为 int 类型。运算符的优先级与结合性如表 2.7 所示。

表 2.7 运算符的优先级与结合性

| 优先级 | 类　别 | 运算符名称 | 运算符 | 结合性 |
|---|---|---|---|---|
| 17 | 成员 | 作用域 | :: | 自左至右 |
| 16 | 类型转换 | static_cast 等功能性类型转换 | type( )、type{ } | 自左至右 |
| | 调用 | 括号、函数调用 | ( )、f( ) | |
| | 数组 | 下标 | x[ ] | |
| | 成员 | class、struct 或 union 成员 | → | |
| | | | • | |
| | 增减 | 后置增减 | x++、x-- | |
| 15 | 增减 | 前置增减 | ++x、--x | 自右至左 |
| | 逻辑 | 逻辑反 | ! | |
| | 字位 | 逐位反 | ~ | |
| | 类型转换 | C 式类型转换 | （type） | |
| | 协程 | 等待 | co_await | |
| | 指针访问 | 取地址 | &x | |
| | | 取内容 | *x | |
| | 符号 | 单目加（即符号为正号） | + | |
| | | 单目减（即符号为负号） | — | |
| 15 | 内存 | 分配内存 | new　　new[ ] | 自右至左 |
| | | 释放内存 | delete　　delete[ ] | |
| | | 内存大小 | sizeof | |
| 14 | 成员 | 直接选域成员指针 | .* | |
| | | 间接选域成员指针 | ->* | |
| 13 | 算术 | 乘 | * | |
| | | 除 | / | |
| | | 模（求余数） | % | |
| 12 | | 加 | + | |
| | | 减 | — | |
| 11 | 字位 | 左移 | << | 自左至右 |
| | | 右移 | >> | |
| 10 | 比较 | 三路比较 | <=> | |
| 9 | | 大于等于 | >= | |
| | | 大于 | > | |
| | | 小于等于 | <= | |
| | | 小于 | < | |
| 8 | | 相等 | == | |
| | | 不等 | != | |

续表

| 优先级 | 类　别 | 运算符名称 | 运算符 | 结合性 |
|---|---|---|---|---|
| 7 | 字位 | 按位与 | & | 自左至右 |
| 6 | | 按位异或 | ∧ | |
| 5 | | 按位或 | │ | |
| 4 | 逻辑 | 逻辑与 | && | |
| 3 | | 逻辑或 | ‖ | |
| 2 | 条件 | 条件 | x?y:z | 自右至左 |
| | 异常 | 抛出 | throw | |
| | 协程 | 放弃 | co_yield | |
| | 赋值 | 赋值 | = | |
| | | 自反赋值 | op= | |
| 1 | 次序 | 逗号 | , | 自左至右 |

运算符的优先级共有 17 级，优先级高的运算符先计算。在两个运算符优先级相同的情况下，根据运算符的结合性决定谁先计算。一般单目运算符和赋值等运算符的结合方向为自右向左，剩下的所有运算符的结合方向都为自左向右。注意，单目运算符*和&的优先级相同，它们的结合方向均为自右向左，因

图 2.2　"short **r" 的解析顺序图

此图 2.2 所示的类型表达式 short ** 应该先解释最右边的指针*，再解释其左边的指针*，也就是说是右边的指针指向左边的指针，而不是左边的指针指向右边的指针。对于 short **r 定义的变量 r，其类型表达式 short** 的解释如下：①r 是一个指针变量，它指向左边的指针；②左边的指针指向 short 短整型内存单元。

注意，当圆括号出现在类型表达式中时，运算符圆括号"( )"有两个作用：①当作函数参数列表；②提高解析的优先级。由此可知，short *(*r)的解析顺序和 short **r 完全一致，因为**的两个*优先级相同且结合方向为自右向左，所以去掉"(*r)"中的运算符"( )"不会影响自右向左的解释顺序。但是，当"( )"确实提高了部分类型解释的优先级时，就不能去除类型表达式中的运算符"( )"。

在语句"*r=&a;"中，等号两边的类型是相同的。由于 r 的类型为 short**，故*r 的类型为*(short**)，将最靠"("左边的*和最靠")"右边的*匹配，同时去掉这两个*得到剩余类型 short*的引用，即*(short**)的结果类型为引用类型 short*&，故 std::is_lvalue_reference<decltype(*r)>::value 为真，它引用的单元存储类型 short*的值，故&a 可赋值给引用 short*类型可被赋值的单元*r。类似的，多维数组 int *y[10][20]变量 y 的类型为 int *[10][20]，y[2]的类型为(int *[10][20])[2]，将[2]和多维下标最左边的[10]匹配，同时去掉这两个匹配的[ ]下标并在匹配处添加引用即(&)，得到的类型 int *(&)[20]就是 y[2]的引用类型，即有 std::is_lvalue_reference<decltype(y[2])>::value 为真。

对于 int *y[10][20]和 int (*z)[10][20]，由于"( )"和"[ ]"的优先级比*的优先级高，去掉"( )"会导致解析顺序完全不同，如图 2.3（a）和图 2.3（b）所示。在图 2.3（a）中，y 的左边是*，其优先级比右边的[10]低，故先解释 y[10]，即 y 是包含 10 个元素的数组，接着解释比*优先级高的[20]，即 10 元素的每个元素都是一个包含 20 个元素的数组，接着解释指针*，即这 20 个元素都是指向 int 类型内

存的指针。在图 2.3（b）中，(*z)和[10]的优先级相同，其结合方向是自左至右，故先解释左边的(*z)，即 z 是一个指针，然后按结合方向再解释右边的[10]，说明 z 指向一个包含 10 个元素的数组，其中每个元素又都是一个包含 20 个元素的数组，最后，这 20 个元素都是 int 类型的整数。

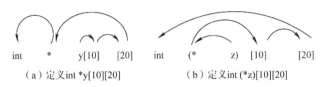

（a）定义int *y[10][20]　　　（b）定义int (*z)[10][20]

**图 2.3　圆括号在类型解析中提高优先级**

在图 2.1 所示的定义中，指针变量 p、q、r 本身是可写变量，而且它们所指向的内存单元也可读写。也就是说，*p、*q、*r 可以被取值或者赋值。当然，可以定义指针变量 s 本身可以读写、但是它所指向的实体（即*s）是只能读取的指针变量。

```
const short *s = &a;        //由于s可读写，现在可不初始化s，以后再对s赋值
s = &a + 1;                 //s指向a后面的短整型数
```

此时可以对 s 读写，既可以读取 s 的值，也可以对 s 进行赋值。根据上述定义，可以读取*s 的值，但是不能对*s 进行赋值，因为根据类型说明 const short *s，s 指向的内存单元为 const short，故对短整型只读实体*s 只能取其值，*s 解引用的结果类型为 const short&。所以，"*s=7;"是一条错误语句。

但是，"a=7;"却是正确的语句，因为根据定义"short a=1;"，a 的内存单元是可以读写的。不要因为*s 和 a 都访问同样的内存单元而产生混淆：编译认为从*s 这个途径是不能赋值的，但这并不影响从其他途径（如 a 本身）改变 a 的值。

"s=&a+1;"表示 s 指向紧靠 a 后面的短整型数，这里的偏移量 1 表示从 a 的首地址偏移一个短整数，即偏移 2 个字节而不是 1 个字节，也就是说指针变量 s 的值被初始化为"a 的地址+2"。偏移量 1 代表的字节数与参考实体 a 的类型 short 相关：若 a 是 double 类型，则&a+1 相对&a 偏移 8*1=8 个字节。若 a 是 int a[10][20]定义的数组，则&a+1 相对&a 偏移 1*10*20*4=800 个字节，而&a[5]+3 相对&a[5] 偏移 3*20*4=240 个字节，注意 a[5]的类型为引用类型 int(&)[20]，它引用共 20*4 字节的 int[20]数组。

可以定义指针所指实体为只读而指针本身也是只读的指针变量；也可以定义如下指针 t 只读、但是所指实体（即*t）可写的指针变量。由于此时 t 本身是只读类型的指针变量，因此在定义 t 的同时必须对其初始化，否则以后便没有对 t 赋值的机会。对指针变量 t 的定义如下。

```
short * const t=&a;     //由于t是只读的，必须在定义时就初始化t，以后不能再对t赋值
```

根据定义，t 是只读的，若用 t=&b 对 t 赋值，则是不允许的。但是，在上述定义中，*t 引用的 short 是可写的，即在*t 的类型前没有使用 const。因此，可以通过*t 取值或赋值，故赋值语句"*t=7;"是允许的，它间接地改变了变量 a 的值。

由于指针变量同时涉及指针变量自身以及它所指向的实体两个目标，因此在理解指针变量能否读写时容易产生混淆，在分析时一定要将两个目标分开。C++允许将可写实体的地址或者指针值赋给指向只读实体的指针变量，但是不允许将只读实体的地址或者指针值赋给指向可写实体的指针变量。例如以下

类型退化与等价性

展示类型相容性的代码。

```
int a = 3;                //可写变量a在RAM中，用二进制数初始化等价于int a=0B11；
int *b = &a;              //可写实体a的地址（即&a）赋给指向可写实体的指针b
const int m = 3;          //只读变量m
const int *p = &a;        //可写实体a的地址（即&a）赋给指向只读实体的指针p
const int *q = &m;        //只读实体m的地址（即&m）赋给指向只读实体的指针q
int *r = &m;              //错误：不允许只读实体的地址（即&m）赋给指向可写实体的指针r
int *s = q;               //错误：不允许将指向只读实体的指针q的值赋给指向可写实体的指针s
```

可以用反证法来说明：为什么不允许指向可写实体的指针用指向只读写实体的指针变量或只读实体的地址赋值。假定"r=&m;"是允许的，根据r的定义"int *r;"，r指向的内存单元可写，因此对*r赋值（即"*r=7;"）是允许的；由于r实际指向的是m，故"*r=7;"等价于"m=7;"，而m是不允许赋值的只读变量，这一矛盾导致前面的假定条件"r=&m;"不能成立，即只读实体m的地址不能赋给指向可写实体的指针r。

以此类推，C++允许将可写实体的地址赋给指向volatile易变实体的指针，但是不允许将volatile易变实体的地址赋给指向可写实体的指针；允许将可写实体的地址赋给指向const volatile实体的指针，但是不允许将const volatile实体的地址赋给指向可写实体的指针。例如以下代码。

```
int a{3};//等价于int a=3；用{}初始化类型检查更严。允许int a(2.3)；不允许int a{2.3}；
int *b = &a;              //可写实体a的地址（即&a）赋给指向可写实体的指针
volatile int m = 3;       //易变变量m
volatile int *p = &a;     //p指向可写实体a，即p存储的是可写变量a的地址
volatile int *q = &m;     //q指向易变实体m，即q存储的是易变变量m的地址
int *r = &m;              //错误：不允许易变实体的地址（即&m）赋值给指向可写实体的指针r
int *s = q;               //错误：不允许q存储的易变实体的地址赋给指向可写实体的指针s
```

类似的，如果允许"r=&m;"，则"*r=7;"赋值以后，*r==7的值应该为真，因为*r的结果类型为int&，即该整型单元的值不会随便变化，但是，由于r指向的是易变性变量m，而m的值是随时随机变化的，因此不能保证*r==7的值为真，从而产生了矛盾，故C++是不允许"r=&m;"的。

在声明或定义指针变量时，确定了指针变量所指向的实体的类型，在将某个变量的地址赋给该指针变量时，变量的类型必须和指针变量指向的实体类型大小一致。如果不一致或者字节个数不同，就会导致被指向的变量的内存单元仅有部分被访问，或者一次访问跨越多个此类变量的内存。因此，这样的访问是极其不安全的，C++不允许这样的试定义或定义，通常会报告类型无法转换。例如以下代码。

```
short m;                  //若m分配内存、试定义为全局变量，则其初始值为0，可直接访问使用
int   n;                  //若n分配内存、试定义为函数局部变量，n有随机值。但n应先初始化再访问
short*p = &m;             //m的类型short和p指向的实体类型short相同
int  *q = &n;             //n的类型int和q指向的实体类型int相同
int  *r = &m;             //错误：m的类型short和r指向的实体类型int不同
short*s = &n;             //错误：n的类型int和s指向的实体类型short不同
short*t = q;              //错误：t和q指向的实体类型不同
```

不指向任何内存单元的指针变量可以用空指针初始化，即使用空指针常量nullptr关键字初始化，nullptr用来代替C语言早期的空指针宏定义NULL，以及C++国际标准的空指针值0，以避免出现二义性问题，因为0还可表示整数0。这种二义性问题其实是可以解决的，例如对于int*指针变量p，可

使用"p=(int *)0;"初始化；对于 short*指针变量 q，可使用"q=(short *)0;"初始化。注意，若 nullptr
赋值给实例成员指针变量，则 nullptr 被实现为−1。而以下赋值给普通指针变量的 nullptr 实现为 0。

```
int        a,b,c,d,e;      //C++新标准允许"int 中国=1;"，编译器"配置属性-高级"设置 Unicode
short      f,g,h,i,j;
int        *p=&c;          //也可初始化为 p=nullptr：表示 p 是空指针
short      *q=&h;          //若初始化 q=nullptr，则表示 q 是空指针，printf("%d",q)输出 0
double     *r(nullptr);    //等价于 r=nullptr；表示 r 没指向任何内存单元，r 是空指针
```

指针可以前后移动一个位置，移动的字节数同指向的实体类型相关。语句"p=p+1;"和"q=q+1;"
都使指针向前移动一个相应类型位置，移动后 p 和 q 分别指向变量 d 和 i，偏移的字节数分别为 4 个和
2 个。p 指向的变量类型是整型，移动到下一个整数时，需要跳过 4 个字节，因为整型变量占用 4 个字
节的内存；q 指向的变量类型是短整型，移动到下一个短整数需要跳过 2 个字节，因为短整型变量占
用 2 个字节的内存。同理，语句"p=p−2;"和"q=q−2;"则分别表示向后移动 8 个字节和 4 个字节。
如果指针指向的是类型更为复杂的变量，例如指向的是 100 个 int 元素的数组，则前后移动一个位置需
要跳过 100*4=400 个字节。

当指针指向的实体类型确定时，移动一个位置跳过的字节数是确定的。void *p 定义的指针 p 指向
的实体类型不确定，不知道每次移动需要跳过多少个字节，因此该类型指针 p 的移动是不允许的：对
于 void *p 定义的指针 p，语句"p++;"、"p−−;"、"p=p+1;"、"p−=1;"、"p=p+5;"、"p+=5;"（等价于"p=p+5;"）
等都是错误的。不仅如此，由于 p 指向的实体类型是不确定的，*p 引用的内存单元的字节数也是不确
定的，因此不允许通过*p 读取和修改 p 指向的内存单元的值。

前面的例子已经说明：指向类型确定的实体的指针变量，不能用类型字节数不同的变量地址或指
针赋值。但对于"void *p=&p;"定义的指针变量 p，p 指向的内存单元字节数可以不确定，即 p 指向任
意字节个数的内存单元均可，因此，可以用任意字节数的变量的地址对 void *p 赋值，或者传递给 void
*类型的函数形参 p。指向指针自己的指针变量"const void *p=&p;"以及如下定义是允许的。

```
short a;                   //C++新标准允许"int 🔒 =1;"，编译器"配置属性-高级"设置 Unicode
int b;                     //C++新标准可定义"int 🔒😊 =1;int 中国🔒=1;int a 中国🔒=1;"
double c;
void *p = &a;              //类型为 short *const 的&a 赋给 p
void *q = &b;              //类型为 int *const 的&b 赋给 q
void *r = &c;              //类型为 double *const 的&c 赋给 r
const void *s = "abc";     //类型为 const char*const 的"abc"赋给 s
//只读字符指针不能赋给指向可写实体的 u，可类型转换 void *u=(char*)"abcdef";
const char *t = R"EOF(abc  //注解无效
def)EOF";                  //=两边的类型必须相容或相同。t 指向"abc//注解无效\ndef"
```

如果将内存管理运算符 delete 看成一个函数，那么它的形参是 void *类型，但因历史原因任意类型
的实参指针都可以传值给它。就像上述若干非 volatile 可写类型的地址可以赋给 void*的指针变量一样，
这些地址也都可以赋给 const void *的指针变量或形参。不能直接使用上述*p、*q、*r、*s 进行取值或
者赋值，因为它们代表的内存单元是 void，即字节数不确定，但是可以通过强制类型转换进行取值或
赋值。对于上述指针定义，"*(short *)p=1;"等价于"a=1;"，"*(int *)q=2;"等价于"b=2;"。(short *)p
将 void *类型的 p 强制转换为指向 short 类型的存储单元，因此，再使用(short *)左边的*运算符（即*(short

\*)p）去访问内存单元时，会被转换为对 short& 引用的确定为 2 个字节的内存操作，即 "*(short *)p=1;" 修改的是 p 指向的被当作可写短整型存储单元的值。强制类型转换是否得当完全取决于程序员自己。

就像上述字节数确定的内存单元地址 &a 和 &b 可以赋值给指向不确定字节数内存单元的 void* 类型的指针变量一样，指向元素个数确定的数组的指针或该数组的地址也可以赋值给指向元素个数不确定的同类型数组的指针变量，但反过来的赋值或传参是错误的。例如，对于变量定义 "int(*e)[ ];int(*f)[8] =nullptr;int g[6][8];"，可以进行赋值 "e=f;e=g;"，但反之 "f=e;" 是错误的。注意 "g=e;" 也是错误的，但原因却是数组变量 g 退化为指针常量时，类型为 "int (*const g)[8]"，即 g 为指针常量不能被修改或赋值。若 "int g[6][8]" 定义为函数参数，g 必然退化为可写指针 "int (*g)[8]"，即可以进行 "g=g+1;" 等运算，g 的类型与前述变量 f 的类型一样，鉴于 "f=e;" 是错误的，故 "g=e;" 也是错误的，都是指向 int 元素个数不确定的数组指针 e 向指向 int 元素个数确定的数组指针变量赋值。

若定义 "const char *t="abcdef";"，则表示用字符串的首地址初始化指针 t。字符串"abcdef"的默认类型为 const char[7] 或 const char*const，存储字符串需要比字符串长度 6 多 1 个字符的数组，该字符数组的数组名或者每个字符的地址相当于 const char *const 类型，因此该字符数组的首字符的地址可用于初始化相容类型的指针变量 t。当字符串当作字符指针类型（即 const char *const 类型）的值使用时，通过*"abcdef"可以获得字符串的首字符，即获得不可修改的 const char 字符常量'a'。*"abcdef"等价于 *("abcdef")或*("abcdef"+0)，或者等价于数组访问"abcdef"[0]，故通过*("abcdef"+2)或"abcdef"[2]可以读取字符常量'c'。由于"abcdef"中的每个字符都是 const char 类型，即字符串数组中的每个元素都不能被修改，因此 ""abcdef"[2]= 'T';" 将被视为错误的赋值语句，注意"abcdef"[2]的结果类型为 const char&。

C++为 char16_t 和 char32_t 提供了对应的字符串类 u16string 和 u32string。u"ABC"为 char16_t 类型的只读字符数组常量，"u16string s16(u"ABC");"定义 u16string 类的变量 s16，u"ABC"占用 8 个字节的内存单元，因为每个字符（包括终结符）都占用 2 个字节。U"ABC"为 char32_t 类型的只读字符数组常量，"u32string s32(U"ABC");"定义 u32string 类的变量 s32。U"ABC"占用 16 个字节的内存单元，因为每个字符（包括终结符）都占用 4 个字节。类 u16string 和类 u32string 的常量和变量都是对象，对象所占的字节数与类 u16string 和类 u32string 的大小相关，而与实际的字符串长度或字符的个数无关。

在 C 语言和 C++中，一维数组可以看作单重指针，反之，单重指针也可以看作一维数组，如上述*("abcdef"+0)等价于"abcdef"[0]。结合类型解析的优先级和结合性原则，很容易理解多重指针或多重数组的类型等价性。操作系统只接受运行 C++程序的唯一入口，即主函数 int main(int argc, char*argv[])，有时也使用 int main(int argc, char **argv)作为主函数。这说明两种主函数一定是等价的，否则不会被操作系统接受。根据类型解析的优先级和结合性，可以证明这两个主函数声明的等价性。

指针和引用的
赋值相容

```
char **argv        //*的优先级相同，自右向左解析
=char *(*argv)     //加"()"提高*的优先级后，仍然是自右向左解析
=char *(argv[])    //单重指针*argv 可被看作一维数组 argv[]
=char *argv[]      //上一行"[]"和"()"都是最高优先级，去掉"()"后自右至左的解释顺序不变
```

上述证明可用于进一步加深对类型表达式解析规则的理解。对于指针变量 q 的定义及其初始化 "int (*q)[10][20]=new int[x][10][20];"，内存管理运算符 new 以类型表达式作为参数，new 返回的类型就是

该类型表达式 int[x][10][20]，作为数组其退化类型为 int(*const)[10][20]。C++规定 new 的数组的第一维 x 可以是动态的，可以证明 q 的类型 int (*)[10][20]和赋值号右边的初始化类型 int[x][10][20]等价或相容。否则，对 q 的赋值就是错误的，编译程序会报告语法错误。由此可见，对变量的类型表达式的解析和理解对于编写正确的程序极为重要。

### 2.3.3  有址引用变量

可以使用运算符（＆）声明和定义有址引用变量、函数参数或返回值，被其引用的实体是分配了内存有地址的，即有址的。若用&取被引实体的地址而编译不报错，则证明该实体是有址的可被有址引用。当&出现在声明或定义中时，表示变量、函数参数或者函数返回值为有址引用；当&出现表达式的前面时，表示获取该表达式的地址，注意单个变量也是一个表达式。同只读变量的

有址引用&及其实例

定义一样，有址引用变量在定义的同时必须初始化，即必须绑定有址引用变量所引用的实体。一旦"绑定"则以后不能再引用或绑定其他实体。凡是能用&取其地址的表达式都可以被有址引用变量引用。

传统左值是 C 语言定义的能够被再次赋值的表达式，否则便是 C 的传统右值，注意单个变量也是一个表达式。而 C++标准的左值的含义是曾经或者能够出现在等号（或赋值即=）左边的值。C 的传统右值相当于 C++标准中的不可写左值、纯右值如整型常量 2、临时值或将亡值，例如 sin(x)等函数的返回值。因为只有按字节分配内存才有地址，故即使位段成员可被赋值也是无址的，除位段外所有左值都是有址的，都可以用&取其地址。一个传统左值可以被传统右值引用变量引用，或者被传统右值指针变量指向，反之则不一定成立，例如常量 2 是一个传统右值，它就不能出现在赋值号左边。"const int x=2;"定义的只读变量 x 是有址传统右值，同时也是 C++新标准的有址不可写左值。简单类型的常量 2 通常是无址的纯右值，无址对象常量如 string 类型的"abc"s 是其构造函数返回的临时值。在所有常量中，只有 C 语言的字符串如"abc"是有址的，可以取其地址如 "const char (*p)[4] = &"abc";"。

常量 2 和常量对象"abc"s 通常是无址的，即不能用&对它们进行取址运算，即不能&2 或&"abc"s。必要时，会为 2 和"abc"s 生成匿名变量，然后由只读引用变量引用其匿名变量，例如，"const int&m=2;"和"const string &n="abc"s;"。同理，"abc"s 可以传给只读有址引用形参如 "const string &n"，以便作为显式参数表的实参调用="和+="等运算符函数，此时同样会生成匿名变量以供只读有址引用形参 n 引用。有址引用变量可以声明或定义为传统左值或者传统右值，没用 const 修饰的有址引用变量为可写传统左值，使用 const 修饰的有址引用变量为只读传统右值，但在 C++标准中这些变量一律被称为 lvalue 即左值。例如，传统左值有址引用变量 z 的定义如下。

```
const int v=3;    //v是C++标准的左值(v曾经出现在赋值号左边)，却是C的传统右值(不能被赋值)
double x=3, y=5;  //正式定义x、y是传统左值，即传统意义能出现在赋值号左边被赋值的表达式
extern double& z; //声明引用变量z，未加const是传统左值
double &z=x;      //正式定义传统左值有址引用变量z，传统左值z共享x的内存，初始值为x的值3.0
```

注意，这里&出现在变量 z 的定义中，表示变量 z 为有址引用变量，而不是表示取 z 的地址。当语句中&出现在表达式或变量的前面，才表示取这个表达式或变量的地址。在 "double &z=x;"变量定义

中，有址引用变量 z 引用变量 x，z 和被引用变量 x "绑定"以后，z 不可再引用其他变量（如 y）。以后若出现语句"z=y;"，表示取 y 的值 5.0 赋给 z，而不是用 z 引用 y。"z=y;"使变量 z 和 x 的值同时等于 y，因为逻辑上 z 不分配内存单元，而是共享被引用变量 x 的内存，取址运算&z 和&x 将得到同样的内存单元地址。类似地，"x=y+3;"同时使 x 和 z 的值都等于 y+3 的和。

当 C++程序被编译为低级语言程序（如汇编语言和机器指令程序）时，有址引用变量 z 被编译为指针。假如 z 被编译为只读整型指针 pz，z 引用 x 则被编译为"double *const pz=&x;"，而语句"z=y;"则被编译为"*pz=y;"，从而实现 z 对"共享"的 x 的内存单元的赋值；换句话说*pz 是对变量 x 内存的引用，因此，*pz 的解析结果为 double &引用类型，而*pz 也是 double 类型有址传统左值。后续章节将会介绍精确类型提取 decltype，"decltype(*pz) rz=y;"等价于"double &rz=y;"，说明*pz 的解引用为 double &类型。对于"const double *const px=&x;"，"decltype(*px) ry=y;"等价于"const double &ry=y;"。前述"double *const pz=&x;"定义 pz 是只读指针变量，表示 pz 以后不能再"绑定"其他变量的地址，这相当于规定 z 不可再引用其他变量。在高级语言这一级，sizeof(z)= sizeof(x)=sizeof(double)=8，故 sizeof(z)≠sizeof(double*)=4，说明引用变量 z 拥有其被引实体的基础类型 double。

取数组变量或数组形参的元素的结果类型也是有址引用类型&。例如，对于变量定义"int a[4],b[2][4];"，则 a[0]和 b[0][1]的结果类型为 int&，而 b[0]的结果类型为 int(&)[4]，即有 decltype(a[0])≡decltype(b[0][1])≡int&。对于变量定义"const int c[4]={},d[2][4]={};"，则 c[0]和 d[0][1]的结果类型为 const int&，即有 decltype(c[0])≡decltype(d[0][1])≡const int&。由于 a、b、c、d 都是变量定义，运行时数组分配的内存是固定不变的，故数组及各维的地址都可以看作指针常量，因此，当上述数组变量 a、b、c、d 退化为指针常量时，其类型分别为 int*const a、int(*const b)[4]、const int*const c、const int(*const d)[4]。因此，不能对 int*const a 的指针常量 a 移动和赋值，即 a++、a−=1、a=c 等运算都是不允许的。对于非最终元素的访问如 b[0]，其结果类型为：b[0]≡(int[2][4])[0]≡int(&)[4]，注意[0]匹配"(int[2][4])"最左边的维[2]，删除两者后的结果类型为 int(&)[4]。

数组形参如"int e[4],int f[2][4]"等必然会退化为指针，退化后 e 和 f 分别是可写的传统左值类型 int*e、int(*f)[4]，因此，在函数体中可以进行 e++或 f++等赋值运算，例如 void g(int e[4]){ e++; }。注意&e 和&f 的类型分别为 int(*const)[4]和 int(*const)[2][4]，即不能进行++&e、++&f 等赋值修改运算，因为一旦为数组形参 e 和 f 传递数组实参，实参的内存首址都是不可移动的常量即 const。同理&e[0]、&f[0]的类型分别为 int *const 和 int(*const)[4]，即不能进行++&e[0]、++&f[0]等赋值修改运算，因为显然一旦 e 和 f 传递数组实参，则实参每个元素的地址都是不可移动的常量即 const。同理，&f[0][0]的类型为 int *const，即不能进行++&f[0][0]运算。对于数组形参 int f[2][4]，注意 f、&f、&f[0]、&f[0][0]都可以看作地址或指针，其中只有 f 是可写指针局部变量或有址传统左值，其余都是无址传统右值或 C++标准的纯右值。但是 f、&f、&f[0]、&f[0][0]的二进制地址值都和 f 的二进制地址实参初值相同。

所谓有址引用，是指被引实体是地址固定的，或者分配了固定内存的。所有变量都是有名的，都是分配了内存地址固定的；但是，位段成员是有名无址的特殊实体。作为 C++标准 lvalue 即左值的位段成员，它既可能定义为可写无址传统左值，也可能定义为只读无址传统右值。字符串常量如"s"作为数组变量其首址是固定的, 故"s"不能由引用可写指针的有址引用变量引用, 即只能定义引用只读指针的有址引用变量 "const char*const &p="s";" 引用, 定义 q 为可被赋值的 "const char*&q="s";" 可写引用变量是错误的。此前已知指向可写实体的指针变量不能用只读实体的地址赋值, 而这个 q 将被编译为汇编程序的指向可写实体的指针变量, 因此, 对应这个指针的可写有址引用变量 q 不能引用只读实体。除字符串常量如"abc"外, 简单类型的常量通常认为是不分配内存即无址的。在汇编语言中, 常量是汇编指令 "操作数" 对应的立即数, 因此不会在数据段为其分配内存。但下面被引用的常量 7 将分配内存, 以生成匿名变量被 w 有址引用。

```
const int &w=7;    //7是传统右值且是新标准纯右值, 即传统意义上只能出现在赋值号右边的值
```

由于 w 是一个有址引用变量, 因此被它引用的实体地址应是 "固定" 的, 但是常量 7 却是 "无址" 的。为了解决这个矛盾, 编译程序的实现方法是: 生成一个只读匿名变量, 在只读内存中为该变量分配内存, 常量 7 用于初始化该匿名变量即存于此, 然后用 w 有址引用该地址固定的匿名变量, 并共享该匿名变量的内存。在一般情况下, 常量 7 优先作为用过即死的无址立即数。

【例2.3】 重载函数交换两个整型变量值, 两个 swap 生成的汇编代码完全相同。

```
void swap(int *x,int *y)
//swap(int*,int*)和swap(int&,int&)是参数类型不同函数名相同的重载函数
{
    int t = *x;           //将*x引用的单元的值赋给t, 注意*x的解引用结果类型为int&
    *x = *y;              //将*y引用的单元的值赋给*x引用的单元
    *y = t;               //将t的值赋给*y引用的单元, 注意*y的解引用结果类型为int&
}
void swap(int&x,int&y)    //两个swap的汇编代码完全相同, 说明引用被编译为指针
{
    int t = x;
    x = y;
    y = t;
}
int main() {
    int a = 2,b = 3;
    swap(&a,&b);          //调用swap(int *x,int *y): a=3,b=2
    swap(a,b);           //调用swap(int&x,int&y): a=2,b=3
    a = a ^ b;           //以下3行使用按位异或进行变量值的交换
    b = a ^ b;           //a和b应有相同的字节数
    a = a ^ b;           //a=3,b=2。通过a=a+b; b=a-b;a=a-b;也可完成a、b互换, 但易溢出
}
```

变量和表达式的值可分为传统左值和传统右值两种类型: 传统左值是能够被修改或赋值的数值表达式; 而传统右值是只能出现在赋值号右边的表达式, 或者是不可被赋值修改的数值表达式。显然, 一个传统左值可以当作传统右值使用。值得注意的是, 并非所有的变量都是传统左值变量。例如, "const double pi=3.14;" 定义的是传统右值变量 pi, 对于只读变量 pi 将来只能取 pi 的值, 而不能对 pi 进行赋值或修改。只读变量 pi 可以替代宏定义#define pi 3.14, 并且避免宏替换所带来的副作用。

若有址引用变量可以被重新赋值或修改, 则该有址引用变量是传统左值变量; 若有址引用变量不能

被重新赋值或修改，则该有址引用变量是传统右值有址引用变量。传统左值有址引用变量必须要用同类型的有址传统左值表达式初始化，传统右值有址引用变量要用传统左值表达式初始化。当然，传统右值有址引用变量也可用传统左值表达式初始化，因为传统左值表达式可以当作传统右值使用。传统左值表达式有一个代表该表达式的传统左值变量，因此该变量代表的传统左值表达式可被再次赋值或被修改。

"有址"实体是指分配了内存单元有固定地址的实体，除有名无址的位域成员外，任何变量、函数参数、返回值为&引用的函数调用都是地址固定有址的，显然 new 产生的实体也是地址固定有址的，它们可以被有址引用变量和形参、返回值为&引用的函数调用所引用。使用&定义的有址引用变量只能引用分配了内存单元的有址实体，由于函数 int f( )等的返回值存储在无址的寄存器中，因此函数调用 f( )不能被有址引用变量引用。但是 int &g( )或 const int &h( )的返回值是有址的，因而调用 g( )、h( )分别能被传统左值有址引用变量和传统右值有址引用变量引用。如前所述，由于返回传统左值的 int &g( )的值同时也是有址传统右值，因此，调用 g( )可以当作有址传统右值被传统右值有址引用变量引用。

**【例 2.4】** 传统左值变量（可写变量）与传统右值变量（只读变量）的初始化。

```
int x=0;              //传统左值 x 作为传统左值表达式++x 的代表变量，++x=3 将使 x=3
volatile int y;       //传统左值 y。++y 和--y 是传统左值，可再++y=7；而 y++和 y--是传统右值
const int z = 1;      //传统右值 z 用传统右值 1 初始化，定义单元只读变量 z 时必须同时初始化
int &m = ++x;         //传统左值有址引用 m 用同类型（int）有址传统左值++x 初始化：引用其代表变量 x
const int &n = x;     //传统右值有址引用 n 用传统左值 x 初始化。允许 int &m=x：m 和 x 都是传统左值
const int &p = x++;   //传统右值有址引用 p 用传统右值 x++初始化，注意不允许 int &p=x++
const int &q = z;     //传统右值有址引用 q 用传统右值 z 初始化，不能对单元变量 q 再次赋值
const int &r = 1;     //传统右值有址引用 r 用传统右值 1 初始化，为 1 生成匿名变量分配内存并被引用
int *const s = &x;    //单元只读变量 s 用&x 得到的传统右值初始化，以后不能对传统右值 s 赋值
int *const &t = &x;   //传统右值有址引用 t 可用&x 或 s 初始化，以后不能对单元变量 t 再次赋值
int  main( ) {        //传统左值有址引用 u 和 v 必须用同类型的有址传统左值表达式初始化
   //int &u = y;      //错误：y 的类型为 volatile int，和 u 引用的 int 类型不符
   //int &v = z;      //错误：z 的类型为 const int，和 v 引用的 int 类型不符
   int &w=*new int(5);//new 产生的整数实体有址，且*new int(5)解引用的类型为 int&
   delete &w;         //必须释放，以防内存泄漏，表达式中变量 w 前的&用于取地址
   int(&b)[6][6]=(int(&)[6][6])*new int[36]{}; //b 引用堆上的数组，可节省栈内存
   b[0][1]=1;         //b、b[0]、b[0][1]的类型分别为 int(&)[6][6]，int(&)[6]，int&
   delete[] &b;       //因为引用的不是类对象，而是简单类型 int 数组，可以用 delete &b 释放
}
```

其中，变量 x、y、m 是传统左值变量，而 z、n、p、q、r、s、t 都是传统右值有址变量。只读变量、只读引用变量和常量（如 0、1）都是传统右值。虽然 s 是传统右值，但是取内容运算*s 的结果却是传统左值，故允许对 int &类型的*s 的结果修改或赋值，即允许 "*s=3;"。由此可见，在定义指针变量 "int *const s" 时，若*号前没有 const，则*s 就是有址传统左值，否则就是有址传统右值。根据前述指针变量赋值的有关规则，不能将只读实体的地址赋给指向可写实体的指针变量，因此不能定义 "int *h=&z;" 或 "int *const h=&z;"。否则，因*h 是传统左值，所以可通过 "*h=0;" 修改只读变量 z 的值。y 不能被 u 引用是因为 u 要引用非易变 int 类型的传统左值，而不是要引用 volatile int 易变类型的传统左值 y，故 y 不满足传统左值有址引用必须引用同类型有址传统左值的要求。如果 u 和 y 两者类型不同，编译程序就会对 y 进行类型转换，而寄存器中的转换结果是一个无址传统右值，这又不符合传统

左值有址引用 u 必须引用有址传统左值的要求。

　　对于函数 void f(int *&r)的形参 r，它有一个传统左值有址引用形参，必须用同类型传统左值有址实参初始化或调用，即它必须引用 int *类型的可写指针变量或可写指针传统左值，例如，"int *p;" 定义的可写指针变量 p，可以作为 int*类型的传统左值实参去调用 f(p)；而 r 不能引用 "int *const q=new int(3);" 定义的只读指针变量 q，q 是一个不可修改的传统右值只读指针变量，故传统右值 q 不能作为实参调用 f(q)。也不能使用 new int(3)调用 f(new int(3))，因为 new int(3)的结果类型为 int *const，即显然不能进行++new int(3)的指针移动运算，故不能传给引用可写指针的形参 int *&r，只能初始化 int*const &类型的形参或变量。

　　对于数组变量 "int a[2]={1,2};" 或者 "int a[ ]={1,2};"，a 是元素可写的整型数组即其类型为 int[2]；同时，a 又可以看作数组的首地址即 int*const 类型的指针常量，故 a 退化为指针常量后不能通过"++a;" 或者 "a=new int[2];" 等修改 a 的值，因此 a 是一个只能出现在赋值号右边的传统右值，不能用传统右值 a 作为实参调用 f(a)。对于函数 void g(int *const&r)，它可以接受同类型有址传统右值作为实参，也可以接受同类型有址传统左值作为实参，因为一个传统左值就是一个传统右值，故它可以接受前述 p、q、a、new int[2]等作为实参。注意 new int( )等于于 "new int(0)"；而 "new int[2]{ }" 和 "new int[2]( )" 等价于 "new int[2]{0,0}"，数组初始化建议使用带 "{ }" 的形式。

　　传统左值有址引用变量将共享被引用的传统左值的内存，因此逻辑上它自己不需要分配内存或没有内存，而被它引用的传统左值必须是分配了内存的类型相同的传统左值。由此可知，一个有址引用变量不可能引用自己。"static int& y = y;" 不表示 static int& y 要引用 y 自己，而是要引用 y 所引用的变量，但 y 尚未初始化，故从未引用其他变量，这个 y 一定是一个空引用，访问空引用 y 必然抛出异常。对于传统左值有址引用变量定义 "int &a=x;"，逻辑上 a 将不分配内存，而是共享 x 的内存，故&a 得到的内存地址就是&x 代表的地址。由于逻辑上 a 没有或不需要分配内存，因此不能通过 int &*e 定义 int &*类型的指针变量 e，去让 e 指向逻辑上没有内存的 int &类型的 a，指针 e 必须指向分配有内存的有址传统左值。同理，也不能通过 int&& f 定义引用 int &类型实体的引用变量 f，因为 int &类型的实体逻辑上不会分配内存，从而也不可能被引用变量 f 共享其内存，上述错误定义的类型解析如图 2.4 所示。

图 2.4 "int &*e" 和 "int & &f" 的解析顺序图

　　对于上述定义，运算符&和*的优先级相同，故只能根据它们的结合方向进行解析。*和&的结合方向都是从右到左，即按照自右至左的顺序解析。故对于定义 int &*e，e 的类型解析为：①e 是一个传统左值指针变量；②该指针指向左边的传统左值有址引用，即 int &类型的实体或者变量，但是 int &类型的实体逻辑上不分配内存，故不可能由指针变量 e 指向该 int &类型的实体。同理，对于定义 int & &f，f 的类型解析顺序为：①f 是一个传统左值有址引用变量；②它引用左边 int &类型的传统左值有址引用实体，即共享左边 int &类型传统左值有址引用实体的内存，但是该 int &类型的实体逻辑上不会分配内存，故不可能由引用变量 f 共享该 int &类型的实体内存。例如以下代码。

```
#include <stdio.h>
int m;                    //m是函数外部定义的全局变量，默认等价于 "int m=0"，"永久" 存储在数据段
```

```
int &n = m;          //传统左值有址引用全局变量 n 引用同类型有址传统左值永久变量 m
int &p = n;          //传统左值有址引用变量 p 引用 n 所引用的 m，而非 p 引用 n：注意 n、p 均为 int&
int &q = q;          //全局变量 q 引用 q 引用的实体。q 未初始化默认为空引用，被编译实现为空指针
int main(){
    printf("%p",&q);//q 为空引用，&q 相当于空指针，故输出 00000000
    q=2;            //q 为空引用，对其赋值将抛出异常
}
```

对于上述 int &p=n 定义的传统左值有址引用变量 p，不能理解为 p 引用另一个传统左值有址引用变量 n，因为 n 逻辑上不分配内存，故不能够被 p 引用。从相同的类型定义 int &n 和 int &p 来看，n 和 p 都要引用 int 类型的传统左值实体，而不是要引用 int &类型的传统左值实体。对于"int &p=n;"中的初始化"p=n"，是用 int&类型的 n 初始化同类型（即 int &类型）的变量 p。从 p 和 n 类型相同都会被编译为汇编语言的指针来看，p 用 n 初始化后都会存储相同的地址，即都会指向变量 m。因此，"int &p=n;"的作用是将 n 所引用的变量让 p 引用，或者说 p 将引用 n 所引用的变量 m，故 n 和 p 都将引用同一个 int 类型的变量 m。这样一来，对 m、n、p 中的任意一个变量赋值，都将同时改变另外两个变量的值。

由于指针变量本身需要分配内存，因此引用指针类型的变量是合法的。例如，以下定义的传统左值有址引用变量 p、传统右值有址引用变量 q 和 r 都是合法的。

```
int m;               //如果 m 是函数内的非 static 变量，则 m 的值未初始化，m 的值是随机的
int *n=&m;           //传统左值 n 的类型为 int *。&m 得到传统右值，其类型为 int *const
int *&p=n;           //传统左值有址引用 p 引用同类型（即 int *类型）的传统左值有址变量 n
int *const &q=n;     //传统右值有址引用 q 引用同类型（即 int *类型）的传统左值有址变量 n
int *const &r=&m;    //传统右值有址引用 r 引用同类型（即 int *const 类型）的传统右值常量&m
```

被引用的传统左值变量的类型一定要和有址引用变量引用的类型一致。如果类型不一致，C++编译程序通常会进行类型转换，简单类型转换的结果通常在寄存器中，故结果为无址的传统右值，而传统右值是不能用来初始化传统左值有址引用变量的。例如，如下定义是非法的。

```
int m=0;             //m 为整型传统左值变量
short &n=m;          //错：m 转换为 short 类型后，结果为无址传统右值，而 n 要引用有址传统左值
```

此前已经知道：C++允许将传统左值实体的地址赋给指向传统右值实体的指针变量，但不允许将传统右值实体的地址赋给指向传统左值实体的指针变量。鉴于 C++程序在编译成汇编或机器指令程序时，引用变量被编译为指针变量，所以引用变量的用法类似于指针。可以推断出如下引用规则：C++允许有址传统左值被传统右值有址引用变量引用，但不允许有址传统右值被传统左值有址引用变量引用。例如以下代码。

```
int m;
const int &n=m;      //合法引用：有址传统左值 m 被传统右值有址引用变量 n 引用
const int p=3;       //合法定义：有址传统右值变量 p 必须在定义的同时初始化
const int &q=p;      //合法引用：有址传统右值 p 被传统右值有址引用变量 q 引用
const int &r=5;      //合法引用：将为 5 生成匿名变量分配内存（固定地址），故可被有址引用 r 引用
//int &s=p;          //非法引用：有址传统右值 p 不能被传统左值有址引用变量 s 引用
```

由于引用变量被编译为指针变量，因此引用变量在用法上同指针变量有点相似。如前所述，传统左值的固定地址可以赋给 const、volatile 以及 const volatile 的指针变量，反之不行；类似地，传统左值的变量可以让 const、volatile 以及 const volatile 的有址引用变量引用，反之不行。

同理，在上述定义中，int 类型传统左值有址引用变量 s 应该引用相同类型（即 int 类型）的有址传统左值表达式，引用不同类型的传统左值变量或者引用传统右值变量 p 是错误的。注意 voaltile 引用变量同 const 引用变量类似，引用易变性传统左值表达式的有址引用变量可以引用同类型非易变性的有址传统左值变量，但引用非易变性传统左值表达式的有址引用变量引用同类型的易变性的有址传统左值变量是错误的。例如，如下函数外的变量定义说明了易变性变量和非易变性变量等的引用方法。

```
int m;                         //若在函数外试定义全局变量m，则初始值为 0
volatile int &n=m;             //合法正式定义全局引用变量 n：和 const int& 一样可有址引用 m
const volatile int &p=m;       //合法正式定义单元引用变量 p
//p 可有址引用 int、const int、volatile int、const volatile int 类型的变量
volatile int q;                //全局变量正式定义：q 不是 const 变量，可以之后再初始化
const volatile int r=3;        //单元变量正式定义：有 const 就必须在定义的同时初始化
//int &s=r;                    //非法引用：int & 不可引用 const 或 volatile 的有址传统右值 r
//int &t=q;                    //非法引用：非易变性的引用变量 t 不能引用易变性的变量 q
```

C++提供了对无址右值或常量对象的引用，以便支持所谓的"移动语义"。所谓无址右值，是指没有固定内存地址的数值表达式。例如，无名常量通常是没有固定内存地址的表达式，故无名常量对象可以视作无址右值。无址只读右值肯定是一个传统右值。无址只读右值包括无名常量、不返回&类型的函数调用，以及强制类型转换后的右值结果等。并不是所有的传统右值都是无址的，例如在定义"const int a=2;"中，变量 a 是只读不可赋值的传统右值，但变量 a 却是 C++标准分配内存的有址只读左值。"有名"的独立变量和函数参数都是有址的。对于不用&定义返回值的函数（如 int f() 和 int &&g()），由于函数调用 f( )的返回值存储在寄存器中，故调用 f()会被认为是一个无址右值；而调用 g()返回的值应该是无址右值，故调用 g()也会被认为是一个无址传统右值。无址右值 f() 和 g() 必定是传统右值，因此，不能对调用 f()和 g()赋值，即"f()=2;"和"g()=3;"是错误的。

## 2.3.4 无址引用变量

无址引用变量是指使用&&定义的引用无址实体的变量，可分为传统左值无址引用变量和传统右值无址引用变量，被引实体若不能用&进行取址运算则证明它是无址的。如果定义的是传统左值无址引用变量，则该无址引用变量的前面不能出现 const。例如，如果要定义传统左值无址引用变量 x，则 int &&x 的前面不能出现 const，即应将 x 定义为"int &&x=2;"。如果要定义传统右值

无址引用&&
及其实例

无址引用变量 y，则定义的"const int &&y=2;"中不能去掉 const。这两种无址引用变量都必须在定义的同时初始化，且都必须用同类型的（或者可以转换为同类型的）无址或临时右值初始化。如果初始化使用的是与无址引用变量类型不同的左值表达式，或者对左值进行了结果为传统右值的运算（包括目标类型为基本类型的强制类型转换运算），则得到的运算结果临时存储在缓存或寄存器中，这些无址右值结果都可以用来初始化无址引用变量。

由于被无址引用变量引用的实体为无址或临时右值，即没有分配内存或使用临时缓存的数值表达式，因此，不可使用任何类型相同的有名有址的独立变量或函数参数等作为被引用实体，包括同类型

的有址传统左值、有址传统右值、变量或形参、数组及其成员、返回&类型的函数调用等，但是，可以使用有名无址的位域成员作为被&&引用的实体。有名无址的位域成员必须配合独立变量使用，即通过"独立对象变量.位域成员"或"独立对象指针变量->位域成员"方式使用，由此构成依赖于独立变量的位域访问表达式，该表达式既可能是传统左值，也可能是传统右值，但由于传统左值同时也是传统右值，因此，有名无址的位域访问可被当作无址传统右值。在 C++新标准中，虽然位域不被认为是纯右值，但它既不能向有址引用即&类型转换，也不能被有址引用即&引用变量引用。

当然，&&定义的无址引用变量也是有名有址的，因此，这样的有址独立变量不能被另一个引用同类型实体的无址引用变量引用。由于无名常量通常被认为是"无址"的，因此无名常量适合作为无址实体，被由&&定义的变量、形参或函数返回值引用；当调用函数时，无名常量常作为无址实参，优先传递给使用&&定义的无址引用形参。也就是说，对于函数 int f(const int &x)和 int f(int &&x)，调用 f(2)将被编译为优先调用 int f(int &&x)。但是，如果没有定义 int f(int &&x)，则 f(2)可以调用 int f(const int &x)：对于简单类型的无址常量 2，将在调用 f(2)前产生一个有址只读匿名变量存储 2，该有址只读匿名变量作为实参被形参 const int &x 有址引用，然后进入被调用函数 int f(const int &x)执行。

【例2.5】 传统左值无址引用变量和传统右值无址引用变量必须引用无址或缓存的表达式值。

```
#include <stdio.h>
int s=0;            //正确：s是有址传统左值全局变量
const int t=0 ;     //正确：t是有址传统右值单元变量
//int &&u=s;        //非法：s是int类型有址独立变量，不能被int类型传统左值无址引用变量u引用
int &&v=0;          //正确：0是无址传统右值，可被传统左值无址引用变量v引用，v可赋值v=2；
int &&w=s+0;        //正确：s+0的结果存放在寄存器中，是无址传统右值，可被全局变量w引用
//const int &&x=s;  //非法：s是int类型有址传统左值，不能被int类型传统右值无址引用变量x引用
const int &&y=0;    //合法：0是无址传统右值，能被传统右值无址引用单元变量y引用，y不可再被赋值
const int &&z=printf("abc");
//合法：返回无址传统右值，printf返回成功输出的字符个数，存放在寄存器中
struct A {
    int x:3;        //位域成员x有名但无址：因为现代计算机以字节为单位编址
}m(3);              //等价于m{3}、m={3}或m={.x=3}
int main() {
    A a={3};        //a.x=3，独立非static变量a在栈内存分配空间
    int&&y=a.x;     //a.x=3，无址引用变量y共享缓存而非内存，故a.x的值可复制到缓存中：y=3
    a.x=2;          //a.x=2，y=3。a.x修改内存的值，故缓存的y值不变
    y=4;            //a.x=2，y=4。y修改缓存的值，故内存的a.x值不变
}
```

有址引用&只能引用永久存储于内存的表达式，不能引用无址或使用临时缓存的表达式右值；无址引用&&只能引用临时存储于缓存或寄存器的表达式值，不能引用永久存储于内存或数据段的有址变量或有址表达式值。&定义的变量逻辑上是不分配内存的，它共享被引用实体所分配的永久内存或数据段；&&定义的变量逻辑上也是不分配内存的，它共享被引用实体所占用的临时缓存（对&&定义的变量或形参取地址会得到临时地址）。由于&和&&定义的变量逻辑上都不分配内存，因此这两种类型的变量理论上都不得再被引用，即不能定义 int & &、int & &&、int && &、int && &&等类型的引用变量。C++的强制类型转换几乎无所不能，无址引用变量可以通过强制类型转换引用有址表达

式、有址引用类型的表达式和无址引用类型的表达式。注意单个变量是一种简单的有址表达式。

【例2.6】 无址引用变量必须引用同类型的无址或临时缓存右值或可转换类型的表达式。

```
int a=0;                //a是有名有址的传统左值
volatile int b=0;       //b是有名有址的传统左值
int &&c=0;              //无址右值0可被传统左值无址引用变量c引用, sizeof(c)=sizeof(int)
short &&d=0;            //合法: 0是无址右值, 可被传统左值无址引用变量d引用
//int &&e=a;             //非法: 无址引用变量e不能引用同int类型的有址传统左值变量a
//int &&f=b=0;           //非法: b不能自动从volatile int转为int类型。
int &&f=int(b=0);       //合法: int(b=0)的转换结果在寄存器中, 故为无址右值可被f引用
int &&g=(int)a;         //合法: a经过类型强制转换后存储在寄存器, 结果是无址传统右值
int &&h=(int)b;         //合法: b经过类型强制转换后存储在寄存器, 结果是无址传统右值
//int &&i=++a;           //非法: ++a为同int类型有址传统左值, 其代表变量a不能被无址引用变量引用
//int &&j=++b;           //非法: ++b为volatile int有址传统左值, 不能自动转为j需要int无址右值
int &&k=a++;            //合法: a++的后置运算结果存储在寄存器, 该结果是无址传统右值
int &&l=b++;            //合法: b++的结果存储在寄存器, 作为无址右值可被l引用
short &&m=a;           //合法: a是int类型有址传统左值, 转换成short类型后成为无址右值
short &&n=(short)a;    //合法: a强制转换成short类型, 结果存储在寄存器, 结果是无址传统右值
short &&o=(int)a;      //合法: a强制转换为int类型, 结果存储在寄存器, 结果是无址传统右值
short &&p=b;           //合法: b是volatile int类型, 转换为short类型后成为无址右值
short &&q=++a;         //合法: ++a是int类型有址传统左值, 转换为short类型后成为无址右值
short &&r=++b;         //合法: ++b是volatile int有址传统左值, 转为short后成为无址右值
short &&s=a++;         //合法: a++无址右值从int类型转为short类型, 结果还是无址右值
short &&t=b++;         //合法: b++无址右值从int类型转为short类型, 结果还是无址右值
short &&u=(short)b;    //合法: b从volatile int转为short类型, 存在寄存器的结果是无址右值
int  main(){}
```

由例2.6可知, 前置++、前置--、赋值运算的结果为传统左值, 在p不指向const实体时*p也为传统左值, 这些传统左值结果及原始的未经运算的变量都是有址的。此外, *new int之类的运算以及返回&类型的函数调用都是有址的, 这些有址的变量及结果都不能被同类型的无址引用变量引用。除结果为有址传统左值的运算符运算外, 不返回&类型的函数调用以及目标类型不含&的强制类型转换等的结果都是无址右值, 只要这些无址右值的结果类型同无址引用变量要引用的类型相容, 这些无址右值结果都是可以被无址引用变量引用的。

指针是可用标准输出函数 printf()及输出格式%p 输出的简单类型。虽然引用类型在机器语言一级被编译实现为指针, 但在高级语言这一级却不能当作指针使用, 输出时应根据被引用实体的类型确定输出格式。若被引用实体是简单类型(如 int 类型)的值, 则可用形如 printf("%d",…)的函数输出引用变量; 若被引用实体为数组或类等复杂类型的值, 则无法用函数 printf()和合适的格式一次性输出其值。

对 "int a=2,*x=&a;" 定义的指针变量 x, 不能因为 x、*&x、&*x 都指向 a, 就认为它们是完全等价的指针。使用2.3.3节的解引用方法, 鉴于&x 的类型为 int**const, 故*&x 解引用的类型为 int *&, 即*&x 是一个传统有址左值, 可被赋值或进行++*&x 运算。而&*x 先进行*x 运算, *x 的解引用类型为int&, 即它引用 int 类型的变量 a, 此时 a 的地址是一个常量, 故对*x 进行&取地址运算, 得到&*x 为int *类型的指针常量, 它不能进行++&*x 运算, 即&*x 为 int* const类型。指针常量&*x 作为无址右值, 可用 int *&&p=&*x 进行引用。

## 2.3.5　元素、下标及数组

同 char、bool、short、int、long、float、double 以及指针等类型一样，枚举类型也是可由函数 printf() 及格式%d 输出其值的简单类型。枚举类型使用关键字 enum 定义，当编译程序将枚举类型编译为机器语言的对应类型时，通常用相应 int 类型编译后的机器语言类型来实现枚举类型，枚举类型的值（即枚举元素）也对应采用整数常量的值，如下所示。

```
enum  WEEKDAY {Sun,Mon,Tue,Wed,Thu,Fri,Sat};
WEEKDAY w1=Sun;          //可不用类型限定名 WEEKDAY::Sun
WEEKDAY w2(Mon);         //C++提倡的初始化方法，等价于 w2=Mon
```

C++提倡以构造函数调用 w2(Mon)的形式初始化 w2，这是面向对象思想中将简单类型视为简单的类的体现。上述定义相当于将枚举类型 WEEKDAY 定义为 int 类型，将枚举元素 Sun、Mon、Tue、Wed、Thu、Fri、Sat 定义为只读整型变量。

```
typedef int WEEKDAY;    //类型名可在类型表达式 int (*)[2]中，如 typedef int (*W)[2];
const int Sun=0,Mon=1,Tue=2,Wed=3,Thu=4,Fri=5,Sat=6;
```

枚举元素和枚举类型名的作用域相同。注意，第一个枚举元素的关联值默认为 0，其他枚举元素的关联值依次递增。当然，每个枚举元素的关联值也可以显式指定，未指定的元素的关联值在前一个元素的关联值的基础上递增 1。注意，枚举元素指定的关联值可以是任意整数，如下所示，基础类型 int 是默认的枚举实现类型，故枚举定义中的"：int"可省略，其他基础类型如 char 则不可省略。

```
enum struct RND:const int {e=2,f=0,g,h};//正确: e=2, f=0, g=1, h=2
RND m = RND::h;                          //须用限定名 RND::h，因使用 enum struct 定义 RND
```

其中 g、h 的关联值没有指定，其值分别为 g=f+1=1、h=g+1=2。注意，不允许两个枚举元素的名称相同，但允许两个枚举元素的关联值相同，因此，e 和 h 的关联值都为 2 是允许的。如果使用 enum class 或 enum struct 定义枚举类型 RND，则访问其枚举元素时一定要使用限定名，例如使用限定名 RND::e 访问其枚举元素 e；否则编译程序将报告语法错误。语句 printf("e=%d,h=%d\n",RND::e,m);将输出 e=2,h=2。

相对而言，声明是对某个名称及其内涵的不完整描述，定义则是对该名称及其内涵的完整描述。类型前向声明是对该类型的不完整描述，变量声明仅说明其变量名和类型而未分配内存或初始化，函数声明是不定义函数体的函数原型描述。C++的声明可以重复进行多次，但是定义仅能进行一次。

C 语言的变量声明和定义有很多限制，一般只允许用常量表达式初始化。常量表达式是指其值能被编译程序计算且结果为常量的表达式。例如，在数值表达式语句"k=3+4*2;"中，3+4*2 就是一个常量表达式，该语句编译成可执行的机器指令代码后，将直接把值 11 赋给变量 k；而不是先计算 3+4*2 的值，再将计算结果赋给 k。因此，语句"k=3+4*2;"和语句"k=11;"的编译结果相同，且程序的执行速度是一样的。

运算符 sizeof 构成的表达式也是编译时可计算的，其结果是存储表达式的值所需内存的字节数，故 sizeof 2、sizeof sizeof 2、sizeof (int)+3 以及不会打印 abcd 的 sizeof printf("abcd")+2 等均为常量表达式。任意表达式是指由常量、变量、函数调用等构成的表达式。任意表达式的值不能在编译时计算，只能在程序运行的时候进行计算。C++可使用任意表达式初始化要定义的非 constexpr 或非 constinit 变量。

【例 2.7】　C++可以更加自由地进行变量的声明、定义和初始化。

```
#include <stdio.h>
extern int h=0;              //C 语言变量定义，这样的定义只能在函数体外进行
extern int i;               //C 语言变量声明：没有初始值
extern int i;               //C 语言变量声明：可重复声明多次
int i;                      //C 语言变量定义，默认初始化为 i=0
int j=h+4;                  //C++全局变量定义，任意表达式 h+4 初始化 j，j 依赖于 h
static int p=j+5;           //C++单元变量定义，任意表达式 j+5 初始化 p
int main(void)
{
    static int n=j+5;       //C++函数局部静态变量定义，任意表达式 j+5 初始化 n
    register int i=20;      //C 语言变量定义，寄存器变量初始化为 i=20
    int k;                  //C 语言局部变量试定义：k 分配内存未初始化，值不确定
    scanf("%d",&j);         //输入整数存储到 main( ) 外定义的变量 j
    int q=23;               //C++在语句中间定义变量 q。不能用未初始化的 k 初始化 q
    struct {int k,m;}b={j+3,5};  //C++变量定义，b 用任意表达式初始化
    int a[4]={scanf("%d",&k),1};  //C++变量定义，a 用任意表达式初始化
}
```

对于例 2.7 所给出的程序，编译程序不会初始化局部自动变量 k，访问 k 会得到栈内存中某个位置的随机值，k 未赋值而取其值可能在编译时报错或在运行时产生异常。因此，要编写运行结果稳定的程序，就应该先初始化变量 k，再使用变量 k 的值。使用 static 定义的静态变量 n、p 若不初始化，其默认初值为 0。

需要指出的是，C++虽然允许函数内部定义局部自动数组，但是对其随意初始化可能会付出较大的内存成本。局部自动数组变量通常在栈段分配内存空间，早期编译还会在数据段分配内存空间以存储其初始化值，但若不遵守 C 语言数组的初始化习惯，数组就会用 2 倍于 C 语言数组定义需要的内存。在使用初始值初始化局部自动数组时，早期编译器会将初始值从数据段复制至栈段内存，最终使用的是数组在栈段分配的内存。现代编译会根据非引用类型的自动局部数组的初始化列表，逐个生成数组元素的初始化指令。自动局部数组引用变量的初始化列表会存储在数据段。

【例 2.8】　使用初始值定义局部自动(即非 static)数组，早期编译器将消耗更多的内存。

代码文件 X.cpp 如下所示。

```
int main(void)
{   //以下数组的内存分配在栈上，试定义的数组未被初始化
    int array[1024];
}
```

代码文件 Y.cpp 如下所示。

```
int main(void)
{   //以下定义函数局部静态数组变量，该数组的内存分配在数据段上
    static int array[1024]={1,2,3,4,5,6,7,8};
}
```

代码文件 Z.cpp 如下所示。

```
int main(void)
{   //以下定义自动局部数组变量，数组的内存分配在栈段，逐元素生成初始化代码
    int array[1024]={1,2};
}
```

```
            //若定义 const int(&a)[1024]，则 1024 个初始值存在数据段，以对 a 初始化
}           //初始值占用数据段可导致全局、单元和静态变量的可用空间变少，虽不产生语法错误但可导致连接失败
```

程序 X.cpp 和 Z.cpp 定义了局部自动数组，程序 Y.cpp 定义了局部静态数组。程序 X.cpp 和 Y.cpp 遵守 C 语言的数组使用约定，早期编译将数组的内存分别分配在栈段和数据段；程序 Z.cpp 没有遵守 C 语言的数组使用约定，现代编译将数组的内存分配在栈段，并逐个元素生成初始化指令。编译后，可执行程序的长度从小到大的依次为 X.cpp、Y.cpp 和 Z.cpp。

存储全局、单元和静态变量的数据段也用于存储初始值，程序 Z.cpp 可能暗中使用该数据段的内存。例如，字符数组的初始化字符串值将占用该数据段的内存，若占用过大将没有足够的内存存放其他全局、单元或静态变量。这样的程序虽然在编译时不会报告语法错误，但当进入连接阶段时可能报告连接错误，原因可能是无法将全局、单元或静态变量装配到已无剩余内存的数据段。这种错误对没有经验的程序员来说，简直就是一个无法解决的问题。

字符数组常量如字符串"abc"是有址的，因为它存储在数据段分配的内存单元中。除类似"abc"的字符串作为数组常量有址外，其他类型未被有址引用的初始化列表无址，例如 Z.cpp 初始化 array 的列表 {1，2}无址，因为现代编译器不会为这样的列表分配内存。除前述 C 语言字符串常量有址外，非 C 语言字符串的常量一般被视作无址的，但可能生成只读匿名变量存储该常量，以便该匿名变量被只读有址引用变量引用、或者传给只读有址引用形参。尽管常量对象如"abc"s、string()等需要时都能产生匿名变量，但它们被优先当作无址右值实参，以便传给&&无址引用形参以实现移动语义。

例如，对于 T 类型的数组常量，可定义 f(const T(&x)[])和 f(T(&&x)[])。分别用 f("abc")或 f({1,2}) 进行调用，则 f("abc")会调用 f(const char(&x)[])，因为"abc"是只读有址的；而 f({1,2})会调用 f(int(&&x)[])，因为初始化列表{1,2}不分配内存故无址。在 f(const char(&x)[])的函数体中，"(char&)(x[0])='m';"语法正确，但它若修改数据段中只读的"abc"会导致异常。在 f(int(&&x)[])的函数体中，"(int&)(x[0])=3;"语法正确，可修改缓存中的{1,2}且不会产生异常。

## 2.4  运算符及表达式

C++共有 17 个优先级的运算符，优先级较高的运算符先计算，优先级较低的运算符后计算，优先级相同时按结合方向计算。一般单目运算符的优先级为第 15 级，这些单目运算符及赋值运算符自右向左结合，其余运算符都是自左向右结合的。

### 2.4.1  位运算与等号运算

C++运算符按操作数个数大致可分成三个类别：单目、双目和三目运算符。有些运算符，如−和*，既可作为单目运算符，又可作为双目运算符。"−5"只有一个操作数，因此其中的"−"是单目运算符；而"5-3"有两个操作数，因此其运算符"−"为双目运算符。纯单目的运算符有逻辑反运算符（！）等，纯双目的运算符有除法运算符（/）等，三目运算符只有选择运算符（?:）。例如，x>y?0:1 表示若 x>y，则结果为 0，否则结果为 1。

位运算按位与、按位或、按位异或将被直接编译为相应的汇编指令，这将大大提高 C++程序编译后

的执行速度。例如，按位与运算 $178\&211=(10110010)_2\&(11010011)_2=(10010010)_2=146$；按位或运算 $178|211=(10110010)_2|(11010011)_2=(11110011)_2=243$；按位异或运算 $178^{\wedge}211=(10110010)_2{}^{\wedge}(11010011)_2=(01100001)_2=97$。如第 1 章所述，乘法等运算可转换为位运算，因此，编译程序可将乘法实现为左移运算。

C++的赋值运算和相等判定使用不同的运算符。赋值运算使用单个等号（=），而相等判定则使用双等号（==）。赋值运算自右向左结合，而相等判定自左向右结合。赋值运算的结果为算术值，而相等判定的结果为布尔值。因此，这两种运算符有很大的不同。例如，在下列赋值运算表达式语句中，赋值运算是自右向左进行的。

```
x=y=z=3;        //3 个等号的优先级相同，根据自右至左的结合方向决定计算顺序
```

上述赋值表达式的等价运算为：①z=3；②y=z；③x=y。注意，赋值运算是自右向左进行的，即先对 z 赋值、再对 y 赋值、最后对 x 赋值。将上述赋值过程理解为①z=3，②y=3，③x=3 是不正确的。这不仅要视 x、y、z 的类型而定，还有看等号运算符是否被重载。例如，如果 y 为 volatile 变量，那么 x=y 和 x=3 的结果可能不同。关于运算符函数的重载，将在后续章节进行介绍。

具体说来，假如 x、y、z 都为 int 类型，且它们的值不会被别的程序、进程、线程所修改，则可以理解为：①z=3；②y=3；③x=3。假如 x、z 为 int 类型而 y 为 volatile int 类型，则 y 可因其他程序、进程、线程的修改而随时变化，即 y 的值在理论上是不确定的。因为尽管 y 的值在初始化时被赋为 3，但如果另一个进程或线程刚好在 y=3 以后，修改变量 y 的值使其值为 5，则会导致 x=y 的值（即 x 的值）为 5 而非 3。

另外，需要注意的是，等号运算的结果是传统左值，因此可以对该结果再次赋值。例如，对于赋值语句"(x=3)=5;"，由于括号的优先级比后面的等号高，故先执行"x=3"将 3 赋给 x；同时"x=3"得到的运算结果为传统左值，必须由一个可被赋值的变量 x 代表该左值，即"(x=3)"由"(x)"代表后接着进行"(x)=5;"的运算，从而得到等价的新赋值语句"x=5;"，最终将 5 赋给 x，并由传统左值 x 代表"x=5"的运算结果。不能认为"(x=3)=5;"中的"x=3"是一个无意义的操作，如果等号运算符函数被重载，"x=3"将导致调用该重载函数，而被调函数可能产生输出。

## 2.4.2 指针运算及其结合方向

在汇编语言中，地址运算的形式为"新地址=旧地址 ± 偏移量"，故不能将两个地址相加得到新地址。C 或 C++的指针存放的是地址，因此两个指针变量不能相加，只能对地址进行偏移计算。对于"short* p;"声明的指针 p，p+1 表示相对 p 后移 1 个 2 字节 short 数值，p-1 表示相对 p 前移 1 个 2 字节 short 数值；而对于声明 "double *q;"，q+1 表示相对 q 后移 1 个 double 数（即 8 个字节），q-1 相对 q 前移 1 个 double 数（即 8 个字节）。由此可见，偏移量 1 所代表的字节数同指针所指向的类型有关。

由表 2.7 可知，单目运算符++、&、*和-等都是自右向左运算的。最常用的是通过指针取内容运算*，其运算及解析顺序实例参见图 2.1 及图 2.2。对于图 2.1 定义的 short **r=&p，指针变量 r 的地址（即&r 的值）为 $(00001030)_{16}$，指针变量 r 存放的值是指针变量 p 的地址 $(00001028)_{16}$。通过指针取内容运算（即*r）可以得到变量 p 的值 $(00001020)_{16}$，即 $*r=*(00001028)_{16}=(00001020)_{16}$。

由于 r 是一个双重指针类型 short **，故*r 的结果 $(00001020)_{16}$ 就是一个单重指针 short *&，它指向

一个 short 类型存储单元（即变量 a），即$(00001020)_{16}$是 short 类型存储单元 a 的地址。再次对*r 进行指针取内容运算，才能得到它引用的 short 类型变量 a 的值。对*r 进行取内容运算（即完成**r 解引用），最终得到 short&类型的结果（它引用变量 a 存储）的值 1，该值占用内存中 2 个字节的内存单元，即 $**r=**(00001028)_{16}=*(00001020)_{16}=*(0001)_{16}=1$。

注意，**r 的运算顺序是先计算紧靠 r（即右边）的*，再计算远离 r（即*r 左边）的*，即运算符*的运算是自右向左结合的。与*取内容和=赋值改变操作数的值不同，加减等运算不改变任何操作数的值。例如，假设 x=1、y=2、z=3，在以下数值表达式语句中，算术运算不改变 x、y、z 的值。

```
x+y*z+4;//优先级的实现取决于编译器，国际标准并未规定 a+b 先算 a 还是 b，即+函数的参数计算顺序未定
```

对于 VS2019，由于乘号（*）的优先级比加号（+）高，因此先计算"y*z"，得到结果 6，于是上述表达式语句可转换为"x+6+4"。由于"x+6+4"中两个加法运算符的优先级相同，根据表 2.7 所给出的自左向右的结合规则，因此先计算左边的"x+6"，得到计算结果 7，再和右边的操作数 4 相加，得到结果 11。该结果是一个整型数值，存储在没有地址的通用寄存器中，因此上述表达式的运算结果是无址右值。对于表达式"x+y*(z+4)"，其计算过程为：x+y*(z+4)=x+y*7=x+14=15。

## 2.4.3 关系运算及结果转换

三路比较（<=>）类似于 strcmp 函数得到三个结果。对于 a<=>b，当 a 和 b 为非浮点简单类型（包括指针类型）时，比较结果为 std::strong_ordering 强序类型：若 a<b，则结果为 strong_ordering::less，若 a==b，则结果为 strong_ordering::equal（或 strong_ordering:: equivalent），若 a>b，则结果为 strong_ordering::greater。less、equal（或 equivalent）、greater 相当于-1、0、-1。例如 2<=>2 的结果为 strong_ordering::equal，故 if(2<=>2 ==strong_ordering::equal)的条件表达式为真。

当 a 或者 b 为浮点类型时，比较结果为 std::partial_ordering 偏序类型，结果为 partial_ordering::less、partial_ordering::equivalent、partial_ordering::greater、partial_ordering::unordered。当两个浮点数极为接近时，此时无法判定两者的大小，比较结果为 std::partial_ordering::unordered。在程序包含"using namespace std;"后，可直接使用 partial_ordering::unordered。例如 if(2<=>4.5==partial_ordering::less)的条件为真。

对于连续定义的两个指针变量，如"const char* p="abc";const char* q="abd";"，则 p<=>q 的结果通常为 strong_ordering::less，因为 p 存储的地址小于 q 存储的地址：因为先为"abc"分配内存，再为"abd"分配内存。注意此时的比较不是字符串内容的比较。若连续定义"const char* p="abc"; const char* q="abc";"，由于两个字符串的内容相同，编译器可能对"abc"进行优化，即只分配一份内存，则 p 和 q 均指向同一内存位置，此时 p<=>q 的结果为 strong_ordering::equal。

当两个整数进行比较的时候，可直接使用>=、>、<、<=、==、!=等运算符，其运算结果为布尔值（即 true 和 false）。例如，5>=3、5>3、5<3、5<=3、5==5、5!=5 的结果分别为 true、true、false、false、true、false。当需要布尔值时，操作数非 0 自动转换为 true，为 0 时自动转换为 false。若布尔值需要转换为整数，true 自动转换为 1，而 false 转换为 0。

将数学表达式转换为 C 语言或 C++的数值表达式时，尤其要注意运算符的优先级和结合方向，否

则就可能得到错误的计算结果。假设 x=1、y=2、z=3，数学表达式 z>y>x 的结果为布尔值 true，而 C++ 表达式 z>y>x 的结果为布尔值 false。注意，C++ 关系运算 >、>=、==、!=、<、<= 的运算结果为布尔值。鉴于布尔值 false 可用 0 表示、true 可用 1 表示，于是 C++ 表达式 z>y>x 自左至右的计算顺序如下。

```
z>y>x=true>x=1>x=false=0 。
```

最终得到的计算结果为 false（即 0），与数学表达式 z>y>x 的结果相反。数学表达式 z>y>x 应转换为 C++ 的表达式 z>y && y>x。其中，逻辑与（&&）运算的优先级比 ">" 的低，要等 z>y 和 y>x 都运算完毕后，才能进行逻辑与（&&）运算，这相当于数学表达式 z>y>x 的 z>y 和 y>x 同时计算。C++ 表达式 z>y && y>x 的计算顺序如下。

```
z>y && y >x=true&&y >x=true&&true=true=1。
```

最终得到的计算结果为 true（即 1）。假设 x=4，数学表达式 5>x>3 的结果为 true，而 C++ 表达式 5>x>3=true>3=1>3 的结果为 false。前述数学表达式和 C++ 表达式的结果并不相符。数学表达式的分式转换要注意分子和分母的整体性，在 C++ 中可用圆括号将分子和分母分别括起来，否则当分数线转换为 C++ 除法时，可能仅用部分分母和分子数据进行计算。例如，数学分式 $\frac{x+y}{y+z}$ 转换为 C++ 表达式的正确形式为 (x+y)/(y+z)，千万不要错误地写成 x+y/y+z，即 x+1+z。

运算符 ++ 和 -- 分为前置运算和后置运算两种类别。前置运算 ++C 或 --C 的运算规则是：先进行 ++ 和 -- 运算，再取 C 的值当作传统左值结果。后置运算 C++ 或 C-- 的运算规则是：先取 C 值当作传统右值结果，再对 C 进行 ++ 和 -- 运算。前置运算 ++C 或 --C 的结果是有址传统左值，代表该传统左值结果的变量是 C。后置运算 C++ 或 C-- 的结果是无址传统右值。因此，前置运算 ++C 或 --C 的传统左值结果可被继续赋值，等价于对代表该传统左值结果的传统左值变量 C 进行赋值。

```
int C=0,X,Y;
X=++C;          //先执行 C=C+1，故 C=1；再将代表传统左值结果的 C 的值赋给 X，故 X=1
Y=C++;          //先将 C 的值赋给 Y，故 Y=1；再执行 C=C+1，故 C=2，C++ 的结果是传统右值 1
++C=5;          //等价于 C=C+1，再执行 C=5；但 C++=5 是错的，因为 C++ 的结果是传统右值
```

由上可知，--(++C) 是正确的。因为圆括号的优先级较高，故括号中的 ++C 先于 -- 进行运算；++C 的运算结果是传统左值，该传统左值将作为后续 -- 运算的操作数，而 -- 运算正好需要传统左值操作数。而 (X--)++ 是错误的，因为 -- 的运算结果是传统右值，该传统右值将作为后续 ++ 运算的操作数，但该 ++ 运算要求操作数必须为传统左值。

整数 X 乘以 2 相当于 X 左移 1 位，X 除以 2 相当于 X 右移 1 位。左移和右移是字位二进制运算，运算速度远比算术运算快。C=X<<3 相当于 C=X*$2^3$ ⟺ C=X*8；C=X>>4 相当于 C=X/$2^4$ ⟺ C=X/16。运算符 (~) 也是字位运算符，用于对整数的每位二进制逐位求反。例如，对于 32 位整数 C=0xF73A5742，其二进制值为 $(11110111001110100101011101000010)_2$，对其逐位求反（即 X=~C）的结果为 X=$(00001000110001011010100010111101)_2$=0x8C5A8BD。

条件运算符（?:）是一个三目运算符，需要提供三个操作数或者表达式。? 前面的操作数或运算结果是一个布尔值，: 两边的操作数或运算结果的类型必须相同或者相容。当 ? 前面操作数或表达式的布尔值

为 true 时，取:左边的数值作为条件运算的结果，否则取:右边的数值作为条件运算的结果。条件表达式可用来代替 C++的部分 if-else 语句。例如"y=x>0?x:−x;"，等价的 C++语句为"if(x>0) y=x;else y=−x;"。

## 2.5　结构与联合

简单类型只能描述事物某一方面的特性，而结构类型可以聚合属性，形成事物或对象的完整描述。联合用于从不同角度观察同一属性，即同一属性用不同的类型描述。

### 2.5.1　结构

描述人员的年龄可用简单类型 int，描述人员的工资可用 double 类型。如果要描述人员的完整信息，则需要聚合前述原子特性，可用 struct 类型来聚合人员的原子特征。在使用 struct 定义类型时，C 语言或 C++通常以分号结束，如下所示。

```
struct Person {          //定义人员的类型 Person，用于聚合以下成员来描述其原子特性
    char *name;          //定义人员的姓名作为成员
    int birthYear;       //定义人员的出生年份作为成员
    double salary;       //定义人员的工资作为成员
};
```

可以在定义一个结构类型的同时，定义该类型的变量或者函数；也可在类型定义完成后，再定义该类型的变量或者函数。例如，可以在定义结构类型 Person 的同时定义该类型的变量 liShiZhen；也可以在结构类型 Person 定义完成后，再定义该类型的变量 huaTuo 和 bianQue。C++兼容 C 语言关于结构类型及其变量的定义和初始化方法，如下所示。

```
struct Person {
    const char *name;    //定义实例数据成员 name，不允许修改 name 指向的姓名
    int birthYear;       //定义实例数据成员 birthYear
    double salary;       //定义实例数据成员 salary
} liShiZhen;             //在函数外定义 Person 类型的同时，定义该类型的变量 liShiZhen
struct Person huaTuo;    //定义 Person 类型后，再定义变量 huaTuo
Person bianQue;          //可省略 struct，直接定义 Person 类型的变量 bianQue
```

在 C 语言中，结构类型的成员可被任意函数访问，相当于是一个"公开的"（public）成员。对基于 Person 类型定义的变量，可以初始化其每个实例数据成员，这些成员的内存是连续分配的。在 C 语言中，可以使用"{⋯}"初始化结构类型变量的成员，使用运算符（.）逐个访问或修改该变量每个成员的值。在使用"{⋯}"初始化变量的实例数据成员后，未初始化的实例数据成员的值默认为 0 或者nullptr。可用".成员=值"或".成员{值}"按成员定义顺序初始化成员。

【例 2.9】　结构类型及其变量的定义和初始化。

```
struct Person {                              //不允许编译程序改变实例数据成员的存放顺序
    const char* name;                        //且非 0 字节的实例数据成员后一个实例数据成员地址更高
    int birthYear;
    double salary;
}liShiZhen={"LiShiZhen",1518,703};           //初始化所有实例数据成员
```

```
struct Person huaTuo={.name="HuaTuo",.salary=0;        //必须统一指定成员，且顺序不能颠倒
Person bianQue={"BianQue",-310};                       //初始化所有实例数据成员，未初始化者值为 0
//等于bianQue={.name="BianQue",.birthYear=-310,.salary=428};全局变量未指定成员值,默认为 0
int main() {
    bianQue.name = "BianQue";        //初始化单个实例数据成员
    bianQue.birthYear = -310;        //初始化单个实例数据成员
    bianQue.salary = 428;            //初始化单个实例数据成员
}
```

在独立定义一个变量的同时，系统会为该变量分配内存，因此，独立变量名即代表内存地址固定。同一类型的变量占用的内存字节数都相同，例如，liShiZhen、huaTuo、bianQue 所占用的内存字节数分别为 sizeof liShiZhen、sizeof huaTuo、sizeof bianQue，它们的字节数均等于 sizeof(Person)。注意 Person 是类型名，在 sizeof 表达式中必须用括号括起来。若在结构体或者类 Person 中没有定义多态函数成员，且使用 x86 编译模式和 32 位整数的编译环境时，Person 占用的字节数 sizeof(Person)=sizeof(const char *)+sizeof(int)+sizeof(double)=4+4+8=16。

指针 name 指向单独分配的一块内存，该内存用于存储 Person 对象的真实姓名。C++所有指针变量的存储单元分配的字节数都相同，例如，对于 char *、int *、double *、Person *类型的指针，它们的存储单元占用的字节数都是相同的。存储指针的字节数取决于计算机硬件的地址长度和编译程序，VS2019 在 x86 编译模式下均用 4 个字节存储前述指针。变量 liShiZhen、huaTuo 的内存布局如图 2.5 中的实线部分所示，注意，图中虚线部分的字符串并不是对象 liShiZhen 或 huaTuo 的 sizeof 字节数的一部分。因此，不能因为 liShiZhen 和 huaTuo 的真实姓名 LiShiZhen 和 HuaTuo 的长短不同，就认为两个对象占用的内存字节数 sizeof liShiZhen ≠ sizeof huaTuo。

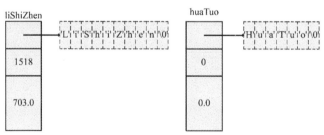

图 2.5　变量 liShiZhen 和 huaTuo 的内存布局图

结构类型的成员可以定义为任何类型，包括简单类型（如 char、int 等）以及复杂类型（如数组、结构、联合等），由此会形成嵌套的复杂的类型定义。当定义一个"工人"（即 Worker）类型时，"工人"的实例数据成员"证件"可定义为 struct 类型，该类型包括实例数据成员"身份证"和"工作证"。

```
struct Worker {                     //嵌套的结构类型定义
    char *name;
    int birthYear;
    double salary;
    struct Identification {  //在结构类型 Worker 中嵌套定义了 Identification 类型
        char *citizenID;
        char * employeeCard;
```

```
    } credential;            //credential 可称为对象成员，即作为对象类型的 Worker 成员
};
```

如果希望定义一个人员花名册，并快速完成人员查找任务，可以将人员以二叉树的形式组织和存储起来。二叉树的节点用于存放人员的姓名、工资等基本信息，其左子树以及右子树分别用指针 left 和 right 表示。前述成员类 "Person" 的定义可修改为以下形式——用二叉树存储。

```
struct Person {
    const char *name;        //指向人员的姓名
    int birthYear;           //存放人员的出生年份
    double salary;           //存放人员的工资信息
    Person *left,*right;     //指向左子树和右子树
};
Person bianQue={"BianQue",-310,428,0,0};            //0 表示空指针 nullptr，而非整数 0
Person huaTuo={"HuaTuo",145,0,&bianQue,&liShiZhen};
Person liShiZhen={"LiShiZhen",1518,703,0,nullptr};  //建议用 nullptr 表示空指针
//nullptr 从其 nullptr_t 类型自动转换为 Person *类型
```

注意，在定义及初始化变量 huaTuo 时，huaTuo 的左子树初始化为 bianQue，即有 huaTuo.left=&bianQue；huaTuo 的右子树初始化为 liShiZhen，即有 huaTuo.Right=&liShiZhen。而 bianQue 和 liShiZhen 的左、右子树均初始化为空指针，这三个人员形成的二叉树内存布局如图 2.6 所示。

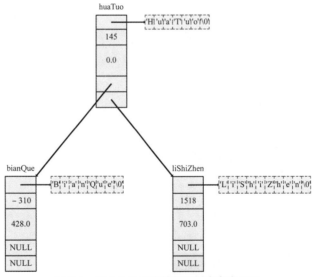

图 2.6　三个人员形成的二叉树内存布局图

## 2.5.2　联合

联合（union）也可用于定义复杂的类型，但与结构（struct）不同的是：联合的每个实例数据成员不独立分配内存，而是共享字节数最多的那个实例数据成员的内存。修改联合内任何一个实例数据成员的值，都将影响该联合其他实例数据成员的值。当然，修改字节数少的实例数据成员的值，将只影响字节数多的实例数据成员的一部分值。在定义 union 类型的变量并用 "{…}" 初始化时，默认按第一个实例数据成员的类型初始化；若初始值的字节数大于第一个实例数据成员的类型字节数，则该初始值将被截断，并取其低地址单元存储的值作为初始值。

【例 2.10】 联合成员共享字节数最多的实例数据成员的内存。

```
union Long {              //自定义 union 类型 Long, c、s、x 共享 sizeof(long)字节的内存
    char c;               //c 共享 x 的内存
    const short s;        //s 共享 x 的内存, 但是不能同给成员 s 赋值
    long x;               //sizeof(long)=sizeof(x)
};
int main() {
    Long y={0X1234567L};  //截断, 取 1 个字节 0x67 的值。{.x=0X1234567L}不截断, 初始化 x
    char c=y.c;           //c='g', 对应的 ASCII 值为 0x67
    short s=y.s;          //s=103, 对应的十六进制值为 0x67
    long z=y.x;           //z=103, 对应的十六进制值为 0x67
    y.x=0X1234567L;       //修改 x 的所有字节, 等价于 y={.x=0X1234567L}; 只能指定单个成员
    c=y.c;                //c='g', 对应的 ASCII 值为 0x67
    s=y.s;                //s=17767, 对应的十六进制值为 0x4567
    z=y.x;                //z=19088743, 对应的十六进制值为 0x1234567
    y.c='h';              //修改 y.c=0x68, 则 y.x=0X1234568。但因 s 只读, 所以 y.s=2 是错的
}
```

Long 的变量 y 在执行 y.x=0X1234567L 后，其十六进制内存布局如图 2.7 所示，左边为高地址字节，右边为低地址字节。由于 char 类型的成员只占 1 个字节，故成员 y.c 只使用最右边的 1 个字节，依此类推，y.s 使用最右边的 2 个字节，而 y.c 和 y.s 均共享成员 y.x 共 4 个字节的内存。

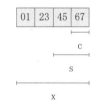

图 2.7 Long 的变量 y 的十六进制内存布局图

结构和联合的数据成员都可以定义为位域成员。位域类型必须是字节数小于或等于 long long 类型的简单类型，例如，有符号或无符号的 char、short、int、long、long long 以及枚举等类型。但是，任何指针类型的成员都不能定义为位域，因为指针存储的"地址"的字节数是固定的。后续章节将会介绍 class 定义的"类"类型，class 可与 struct 等价地相互转换，因此，class 类型的实例数据成员也可定义为位域。位域成员定义如下。

```
struct A {
    //char *u:2;        //错误: 指针 u 不能定义为位域成员, 因为任何指针的字节数必须固定不变
    char x:3;           //使用 3 位二进制存储, 不可超过 char 需要的 8 位二进制
    char y:4;           //使用 4 位二进制存储, 同上不可超过 8 位
    char z:5;           //使用 5 位二进制存储
} m;                    //sizeof(A)=sizeof m=2 字节
struct B {
    char A::*u;         //实例数据成员指针 u 不能定义为位域。x86 编译模式所有指针的字节数都固定为 4
    char x:3;           //使用 3 位二进制存储。删除名字 x 表示无名位域, 用于定位下一位域 y
    char y:4;           //x 和 y 共享 1 个字节, 之后空闲 3 个字节, 即按松散方式对齐
    long long z:5;      //位数 5 不可超过 long long 的 64 位, 即 long long 的 8 字节内存
} n;                    //因有成员及对象边界对齐, 所以 sizeof(B)=sizof n=16 字节
```

位域成员在分配内存时按指定的二进制位数进行分配；如果相邻实例数据成员的数据类型相同，则多个相邻的位域成员可以共享连续字节中的若干二进制位。上述类型 A 的对象将分配 2 个字节的存储空间。由于现代计算机的地址是按字节编制的，而位域成员是按二进制位分配内存的，因此位域成

员被认为是没有按字节编码的地址的，故不能取得也不得访问位域成员的地址。因此，取 m 的位域成员 y 的地址"&m.y"是错误的。相反，获取和访问非位域成员的地址是允许的。

联合的实例数据成员也可以定义为位域类型，联合的所有（位域或非位域）成员共享内存。C 语言和 C++支持文件（或单元）作用域没有对象的匿名联合，此时其成员可当作单元作用域的变量使用。这种联合在定义时必须使用 static 修饰，其对象的内存按最大成员计算或分配，其他成员共享最大成员的内存。函数外的匿名联合定义如下。

```
static union {        //此匿名联合无类型名，必须用 static 表示属于文件作用域或单元作用域
    int u;            //u、v、w 的作用域超出 union，可当作函数外部的单元静态变量使用
    int v;            //u、v、w 的作用域超出 union，属于当前文件作用域
    int w;
};                    //没定义变量即没有对象。由于匿名联合无类型名，以后也不可以定义变量
```

在当前文件作用域，上述定义相当于定义了三个共享内存的单元静态变量 u、v、w。因此，相当于对 u、v、w 进行了如下定义。

```
static int   u;       //文件作用域定义变量 u，初始值默认为 0
static int &v=u;      //文件作用域定义变量 v，共享 u 的内存
static int &w=u;      //文件作用域定义变量 w，共享 u 的内存
```

C 语言的 struct 和 union 提供了定义新数据类型的方法，但是这种新数据类型的定义是不完备的。因为它只定义该类型的值域，而未定义数据成员的计算或操作。因此，只有当 C++将函数成员引入 struct 和 union 中以后，struct 和 union 定义的类型才能名副其实地作为新数据类型（或者简称为类）。

对于 class、struct、union 类定义的变量或对象，C++允许初始对象化时指定成员名，但在用"{.成员名=…}"指派成员初始化时，"{…}"列出的成员（可能仅部分成员）必须全部为指派形式，且成员的指派顺序必须同成员的定义顺序一致。对 union 类型定义的对象，仅能指派其中一个成员进行初始化。

```
struct A {
    int x;
    long y;
    double z;
};
union B {
    int x;
    long y;
    double z;
};
A a={.x=4,.z=3};
//指派时{}的成员必须全部用指派形式，且 z 不能在 x 之前指派，全局对象 a 的成员 a.y=0
B b={.z=3.0};         //只能指派 union 对象 b 的一个成员
```

# 练习题

【题2.1】如何将十六进制数字 0、1、2、3、4、5、6、7、8、9、a、b、c、d、e、f 转换为十六进制数值。

【题 2.2】布尔类型只取 false 和 true 两个值，按理 1 位二进制数即可表示，为何布尔变量必须分配 1 个字节存储？

【题 2.3】简单类型的数值自动转换为其他类型时，需遵守什么转换规则？

【题 2.4】编译程序会根据需要转换 auto 和 register 变量的类型吗？如果会进行类型转换，那么将在什么条件下进行？

【题 2.5】为什么 const 和 volatile 能同时用来定义同一个变量？

【题 2.6】在采用 x86 模式的编译环境下，指针变量存储地址需要的字节数是多少？int*和 void*指针变量的内存单元字节数相同吗？

【题 2.7】常量 5、3.2、"abc"的默认类型是什么？

【题 2.8】若给出以下声明。

```
char c,*pc;
const char cc='a';
const char *pcc;
char *const cpc=&c;
const char *const cpcc=&cc;
char *const *pcpc;
```

则下面的赋值哪些是合法的？哪些是非法的？为什么？

（1）c=cc;　　　　　　（2）cc=c;

（3）pcc=&c;　　　　　（4）pcc=&cc;

（5）pc=&c;　　　　　 （6）pc=&cc;

（7）pc=pcc;　　　　　（8）pc=cpcc;

（9）cpc=pc;　　　　　（10）*pc="ABCD"[2];

（11）cc='a';　　　　　（12）*cpc=*pc;

（13）pc=*pcpc;　　　　（14）**pcpc=*pc;

（15）*pc=**pcpc;　　　（16）*pcc='b';

（17）*pcpc='c';　　　　（18）*cpcc='d';

【题 2.9】试计算 15+3*7>>2-4>2==3>4 的整型结果。

【题 2.10】试计算 2+sizeof(char[12])+(1,2,3)*7 的整型结果。

【题 2.11】试将数学表达式 $3 + 5x + \frac{x+2}{y+1} = 4$ 转换为 C++的表达式。

【题 2.12】试画出 int *(*p)[4]的类型解释顺序图，并对变量 p 的类型进行分步骤解释。

【题 2.13】枚举类型能用于结构体定义实例数据成员的位域吗？为什么？

【题 2.14】结构与联合在成员内存的分配上有何区别？如何使用"{⋯}"初始化它们的变量？

【题 2.15】数组运算是通过指针运算实现的。例如对于数组变量 int a[4]，有 a[0]≡*(a+0)≡*a≡*(0+a)≡0[a]，则 printf("%d",0[a])输出的是 a[0]的值。试证明对于 int w[4][4]，*(w+1)[2]≡w[3][0]≡3[w][0]≡0[3[w]]。

# 第3章
# 语句、函数及程序设计

    C++的语句有空语句、数值表达式语句、复合语句、if语句、switch语句、for语句、while语句、do语句、break语句、continue语句、标号语句、goto语句等。虽然使用这些语句可以完成任何规模的任务，但通常会将大的任务划分成若干个子任务或者模块，然后通过定义函数来描述要完成的子任务或模块。这种分而治之的策略是最基本的、最有效的程序设计方法。

## 3.1　C++的语句

    C++的语句包括空语句、数值表达式语句、return语句、复合语句、goto语句、if语句、switch语句、for语句、while语句、do语句、break语句、continue语句、asm语句和static_assert断言语句等。由若干条语句构成一条复合语句或函数的函数体，用于完成稍微复杂的任务。由类型、变量和函数定义形成程序，从而能够完成更为复杂的任务。

### 3.1.1　简单语句

    空语句是最简单的顺序执行语句，仅由一个分号（；）构成，表示不完成任何操作或动作。因此，分号（；）并不是C++语句的结束标志。常见的顺序执行语句是数值表达式语句，由数值表达式加分号（；）构成。最常见的数值表达式语句是赋值语句，包含赋值运算符=、+=等，并由分号（；）结束。赋值表达式的结果为传统左值，可以对运算结果再次赋值。例如，在定义"int x, y;"以后，如下语句都是合法的数值表达式语句。

```
x=3;            //赋值语句：x=3。结果为传统左值，由x代表，可被再次赋值，如(x=3)=4
x+=3;           //赋值语句：相当于x=x+3。结果为传统左值，由x代表，可被再次赋值
x++;            //后置++：取x作为最终传统右值结果6，故不能对x++赋值。然后执行x=x+1=7
y=x++;          //先取x值7并赋给y，然后执行x=x+1。最终结果y=7为传统左值，由y代表
++x;            //前置++：先执行x=x+1=9，最终结果为传统左值，并由x代表++x进行后续操作
++x=1;          //++x结果为传统左值，由x代表，即++x=1⇔(x=x+1)=1⇔(x=10)=1⇔x=1
y=++x;          //++x结果为传统左值，由x代表++x，然后将x赋给y，最终结果为传统左值，由y代表
++ ++x;         //++x结果为传统左值，由x代表++x，故可再前置++，最终结果为传统左值，由x代表
(--x)--;        //--x结果为传统左值，由x代表--x，故可再后置--。整个表达式结果为传统右值3，然后x=2
x+=1;           //等价于x=x+1，最终结果为传统左值，由x代表(x=3)。类似运算有*=、%=等
y=(++x)++;      //(++x)++最终结果为传统右值4，赋给y(而后x=5)。最终结果为传统左值，由y代表
sin(3.1416);    //若先用#include <math.h>声明，则为合法函数调用，最终返回结果为传统右值
```

```
y+3;            //合法语句：对于 int 类型变量 y，y+3 常被优化掉。若 y 为对象，则不优化掉
3+4;            //合法语句：常量 7 会被优化掉
x>2?3:4;        //合法语句：会被优化掉。x=5，表达式最终结果为传统右值 3
y>>1;           //合法语句：(100)₂右移 1 位得到 (10)₂，最终结果为传统右值 2。y=4 不变
y<<2;           //合法语句：(100)₂左移 2 位得到 ((10000)₂，最终结果为传统右值 16。y 不变
```

在上述语句中，"(++x)++"中的括号一定不能去掉。对于"++x++"中的两个"++"，由于后置运算即"x++"的优先级更高，故先运算得到一个传统右值结果；即使按 C 语言的规则，前置运算与后置运算的优先级相同，但它们的结合方向都是自右向左，也是先运算"x++"，因此"++x++"等价于"++(x++)"。由于后置运算"x++"的结果为传统右值，该结果不能用于"++x++"最左边的"++"运算，因此，"++x++"或"++(x++)"均为错误的表达式。

另外，自"y+3"开始的后面 5 条语句，最后会被编译程序优化掉，因为它们没有改变任何变量的值，也没有产生任何输出，几乎没有起任何作用。函数调用 sin(3.1416)不会被优化掉，尽管该调用没有改变任何变量的值，也没有产生任何输出，但是编译程序不知道 sin(…)函数会做什么，它假定 sin(…)函数能做包括输出的任何事情，故不会优化掉 sin(3.1416)函数调用。

由"{}"括起的语句称为块语句，又称复合语句。复合语句可被看成一个语句，再出现在另一个复合语句的内部，即复合语句可以被嵌套定义。复合语句的内部可定义局部变量，不同层次的复合语句中的变量具有不同的作用域。作用域是常量、变量、参数或函数等可被访问的范围。作用域越大的变量，被访问的优先级越低。如果内外多层定义了同名变量 x，则在内层复合语句中访问 x 时，优先访问的是当前层内定义的变量 x。

除 main()外的函数定义了返回类型时，必须使用语句"return 数值表达式;"返回。若主函数 main()的调用者是操作系统，则返回值用于将程序执行状态告诉操作系统，Windows 操作系统和 UNIX 操作系统习惯于返回 0，表示程序执行正常。当 main()函数的返回类型定义为 void 时，即 main()不需要返回值时，使用"return;"返回；C++标准建议 main()函数返回 int 类型的值。

在"return 数值表达式;"中，数值表达式的类型不一定要和函数的返回类型完全相同，只要两者的类型能够相容即可，或者说数值表达式能够向返回类型转换即可。例如，main()的返回类型为 int 时，可以使用"return 2.2;"返回，此时 2.2 会被截断并转换为整数 2 返回。除了简单类型之间能进行相容转换外，父子类型之间也能进行相容转换。

当 C++的函数被编译为汇编语言时，整型函数的返回值通常存储在 EAX 中。鉴于双精度浮点函数的返回值需要 8 个字节，故通常使用两个寄存器（即 EAX+EDX）存储返回值。结构和联合等类型的对象需要的字节数可能更多，此时 EAX 或者 EAX+EDX 存储的是返回对象的地址，因此，返回的临时对象必要时也可以转化为有址传统左值。可以通过对象地址访问使用大量字节存储的返回对象。

## 3.1.2　转移语句

转移语句（即 goto 语句），是结构化程序设计不提倡使用的语句。因此，在循环语句和多分支语句中，goto 语句常被中断语句（即 break 语句）或继续语句（即 continue 语句）所取代。goto 语句的使

用格式为"goto 标号;"。其中，标号是指 C 语言或 C++所允许的标识符，通常以"标识符:语句"的形式定义标号。恰当地使用 goto 语句可以提高程序的执行效率。

　　goto 语句可在同一作用域之内向某个标号转移，或者从内层作用域向外层作用域转移。当 goto 语句从外层作用域向内层作用域转移时，标号必须在内层所有局部变量的定义或初始化之前。从外层作用域向内层作用域转移与结构化程序设计的思想背道而驰，它会导致程序难以调试及后期难以维护。因此，这种转移即使编译程序允许，也是不提倡使用的。

　　如果定义了多个层次的作用域，不同层次之间可以定义相同的变量名，同一层次之内不能定义相同的变量。如果两个平行的复合语句的作用域都是第 N 层，能否在这两个复合语句内定义相同的标号取决于编译器，能否从一条复合语句内转移到另一条复合语句内也取决于编译器。但无论怎样，标号必须出现在前述复合语句的局部变量定义及初始化之前。如例 3.1 展示了 goto 语句的正确与错误用法。

【例 3.1】　转移至某层的标号时，标号必须在该层局部变量的定义及初始化之前。

```cpp
int main() {
    //以下为第一层作用域开始
    int a=0,b=0,c=0;
    goto abc;              //转移至同层作用域的标号 abc，即下一条语句
abc:a=1;                   //任意一个语句之前都可以定义标号
    {//复合语句1：第二层作用域开始
bcd:                       //该标号出现在同层局部变量的定义及初始化之前
        int d=1,b=2;       //定义了局部变量并同时初始化
        b=c+d;
        goto cde;          //可以向外层作用域（即第一层）的 cde 标号转移
        goto lmn;          //正确：VS2019 允许同层作用域之间的转移
        goto efg;          //错误：efg 在第二层局部变量 a、b 的定义及初始化之后
    }//复合语句1：第二层作用域结束
    c=a+b;
    goto abc;              //在同一个作用域（即第一层）内转移
    goto bcd;              //正确：VS2019 允许向内层转移，没有跳过第二层 b、d 的定义及初始化
    goto efg;              //错误：efg 在第二层局部变量 a、b 的定义及初始化之后
cde:{//复合语句2：第二层作用域开始，但和复合语句1不属于同一个作用域
        int a=2,b=2;       //定义了局部变量并同时初始化
efg:
        b=a+c;
        goto bcd;          //正确：转移标号在同层局部变量的定义及初始化之前
    }//复合语句2：第二层作用域结束
    goto lmn;              //正确：goto 没有转到 a、b 的初始化之后
hij:{//复合语句3：第二层作用域开始，但和复合语句1、2不属于同一个作用域
        int a,b;           //局部变量 a、b 没有在试定义的同时初始化
lmn:
        a=1;
        b=a+c;
        goto bcd;          //正确：转移标号在同层局部变量的定义及初始化之前
    }//复合语句3：第二层作用域结束
}
```

VS2019 不支持在多个第 N 层作用域的不同复合语句内定义同名标号，但支持在多个第 N 层作用域的复合语句之间进行跨块转移。这种跨块同层转移的用法是一种不值得提倡的用法，而从块外向块内转移则更是一种不应提倡的用法，这些用法不符合结构化程序设计的思想，可能导致程序交付之后维护变得非常困难。当然，同一条复合语句之内的转移以及从内层向外层转移是所有编译程序都允许的。

## 3.1.3  分支语句及分支预选

分支语句有三种形式：①if（布尔表达式）语句 1；②if（布尔表达式）语句 1 else 语句 2；③switch 多分支语句。其中布尔表达式的运算结果是布尔值（即 false 或 true），布尔表达式是指用&&、||运算符对布尔值进行运算构成的表达式。对于>=、>、<、<=、==和!=等关系运算符，它们构成的关系表达式的运算结果为布尔值，故&&、||运算符也可用来连接关系表达式。在 if 和 switch 的条件中可以定义新变量，例如 if(int x;x>0)、if(int x=1)、switch(int x;x=1)、switch(int x=1)，由此开启这些变量管辖的新的一层作用域。

第①种形式的 if 语句没有 else 部分，通常称为 if 语句，当布尔表达式的值为 true 时就执行语句 1 部分，值为 false 时或者语句 1 执行结束后就执行 if 语句后面的语句。第②种形式的 if 语句有 else 部分，通常称为 if-else 语句，当布尔表达式的值为 true 时就执行语句 1 部分，否则就执行语句 2 部分；语句 1 或语句 2 执行结束后继续执行 if 语句后面的语句。if 语句何时结束取决于它所包含的语句 1 或者语句 2。

例如，当年份 year 满足如下条件之一时，这一年是闰年：①年份是 4 的倍数而不是 100 的倍数；②年份是 400 的倍数。如果使用 if 语句，可以编写例 3.2 所示的程序。其中，if 语句的布尔表达式可以简化成 year % 4 ==0 && year % 100!=0 || year % 400==0，这是因为运算符%的优先级高于==和!=，而==和!=的优先级又高于&&和||，&&的优先级又高于||。

【例 3.2】  输入年份并输出其是否是闰年。

```
#include <iostream>
using namespace std;
int main()
{
    int year;
    cin>>year;
    if (year % 4==0 && year % 100 != 0 || year % 400==0)    //如果是闰年
        cout<<"yes";            //语句 1：输出是闰年
    else
        cout<<"no";            //语句 2：否则输出不是闰年
}
```

上述的"语句 1"或者"语句 2"仅允许是一条语句，如果需要某个分支容纳多条语句，则可以将多条语句形成一条复合语句，将这个用"{ }"括起的复合语句作为 if 语句的分支。此外，"语句 1"或者"语句 2"并没有限定语句的类型，若新的语句是 if 语句，就会形成嵌套的 if 语句，也可以是 for、do、while 循环及其他任何语句。

由于 if 语句的"布尔表达式"、"语句 1"、"语句 2"均属于同一作用域，VS2019 允许 goto 语句转入任何一层作用域的标号位置。即使"语句 1"或"语句 2"定义了嵌套的 if 语句，它们前面的标号也和当前的 if 语句同属新一层作用域。注意，else 总是和最近的 if 配对，在如下嵌套的 if 语句中，else 和条件 if(N>0)配对形成 if-else 语句，并成为 if(X>0)后面所需要的"语句 1"。

```
if (X>0) abc:if (N>0) cde:S=0;else efg:S=1;    //if 可开启新的一层作用域
goto abc;                                      //正确：VS2019 允许向内层作用域转移
goto cde;                                      //正确：同上
goto efg;                                      //正确：同上。但两个分支的作用域同层不同块
```

标号 abc、cde、efg 和 if(X>0)同属新一层作用域，因此，如果在 if 的条件部分定义了新变量，则在同一作用域的"语句 1"或"语句 2"不能定义同名变量，例如，语句"if(int x=1) int x=3;"会引起重复定义错误，但是语句"if (int x=1) int z=3;"是正确的。哪怕"语句 1"或"语句 2"是复合语句，该复合语句也和 if 同属同一层作用域，即在代表"语句 1"或"语句 2"的复合语句内不能再定义和 if 条件部分定义的 x 同名的变量，若其中定义了其他局部变量并同时进行了初始化，当 goto 语句要从外层作用域转入复合语句内时，goto 语句的标号需要出现在这些局部变量的定义和初始化前面。

由于非 0 值可以表示 true，因此 if (year % 100 !=0)可以简化为 if (year % 100)，虽然 year % 100 是算术表达式，但由于其结果要作为 if 条件的布尔值结果，故这个表达式的结果会转换为布尔值。一般情况下，year % 100 是算术表达式，若其计算结果不等于 0，则 year % 100 转换为布尔值时为 true；否则 year % 100 的结果将转换为 false。当使用运算符（?:）代替 if-else 语句时，一定要注意":"两边操作数的类型必须相同或相容。可使用如下数值表达式语句取代例 3.2 的 if-else 语句。

```
cout<<(year % 4==0 && year % 100 || year % 400==0 ? "yes":"no");
```

注意，constexpr 也可以修饰 if 语句的条件表达式，其作用是在编译时就确定选择其中一个分支，因此，编译程序不会为另一个分支生成汇编代码。此时，if 的条件表达式必须是编译时可计算的常量表达式，即由常量、只读变量、常量表达式作为实参调用 constexpr 函数等构成的表达式。例如，对于以下定义"const int x=1;if constexpr (const int m=x+3) int y=m+4;else cout<<m;"，编译程序仅将"int y=m+4;"编译为汇编指令执行，根本就没将 else 分支的"cout<<m;"编译为汇编指令，也不会在运行时检查已在编译时删除的 if 的条件是否为真。

constexpr
变量和函数

注意，上述变量 x 处于第一层作用域；变量 m、y 同处于第二层作用域。虽然两个分支都处于第二层作用域，但是分别属于不同的语句块，即在两个分支语句块内都可以定义同名变量 y，且 y 不能和 if 条件定义的变量同名，两个分支各自使用自己定义的变量 y。对于"if（条件）语句 1 else 语句 2"，如果"语句 1"和"语句 2"是复合语句，则其中定义的变量不能和"条件"中定义的变量同名，除非在复合语句"语句 1"和"语句 2"的内部再引入新的复合语句。

C++2023 提议引入 consteval if 语句，其格式为"if consteval {语句序列 1} else {语句序列 2}"或者"if !consteval {语句序列 2} else {语句序列 1}"，前后两个语句等价，gcc 等编译器已支持。注意，consteval if 采用复合语句，也可以没有 else 部分。该语句通常用于形如 constexpr int f(int x)的函数体中，表示若函数 f 能在编译时优化计算出结果，则执行"语句序列 1"，否则执行"语句序列 2"。注意，"语句序列 1"通常是编译时可计算的语句，或者调用形如 consteval int g(int x)的语句。

第③种分支语句"多分支语句"是用 switch 定义的语句，它用字节数不大于 long long 类型的非浮点数值去测试多个分支。注意，关系表达式和布尔表达式的结果为 false 或 true，这两个值在运算过程中可能会自动转换为 0 或 1。因此，关系表达式和布尔表达式的值也能用来测试多个分支。switch 的条件及 case 的前后都能定义变量，但和 case 前后定义的变量均属于同一作用域，且均属于同一个语句块，故不能定义同名变量。多分支语句 switch 的使用格式如图 3.1 所示。

图 3.1 中的 expression 是其计算结果的字节数不大于 long long 整型的表达式。左花括号（即{）后面可以出现类型定义（即 type_definition），case 部分的 integal_constant_expression 是要测试的不大于 long long 类型的常量值，该常量值是编译时可计算的常量表达式，例如，false、'A'、8、false<true、3+sizeof(printf("no"))等。

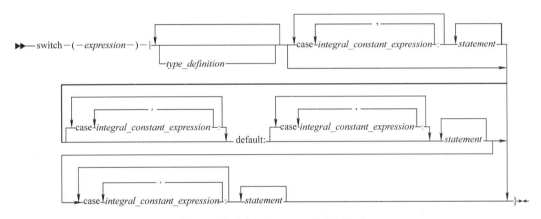

**图 3.1　多分支语句 switch 的使用格式**

在多分支语句 switch 中，statement 表示任何形式的一条语句，包括赋值语句、复合语句、分支语句、转移语句以及循环语句等类别的语句，甚至可以是另一条被嵌入当前 switch 语句中的 switch 语句。关键字 default 表示不满足其他所有分支测试值的默认分支，从图 3.1 来看，default 前后均可以有 case 测试分支，而且 default 前后也可以没有任何 case 测试分支。如果 case 测试分支的语句中没有 break 语句，紧随其后的 case 测试分支的语句将被执行。

switch 语句使用右花括号（即}）作为其结束标志。若在 switch 语句的花括号（即{}）内部定义了变量，则形成一层新的复合语句局部作用域，其中变量的访问规则同样是局部优先。而在使用 goto 语句时，也遵循之前谈到的转移规则：无论是从外层转移到 switch 的内层作用域，还是多个同层但非同一作用域之间的转移，都必须在所有局部变量定义及初始化之前定义标号。

例 3.2 的 if-else 语句有两个分支，可很容易地转换为 switch 语句。C++通常将布尔类型当作整型来处理，if 语句中的条件表达式最终的结果为一个布尔值，布尔值 false 和 true 可以分别看作整型值 0 和 1。将例 3.2 的 if-else 语句转换为 switch 语句，布尔值转换为测试分支的测试值，得到的等价的程序如例 3.3 所示。

**【例 3.3】**　输入年份并输出其是否是闰年。

```
#include <iostream>
```

```
using namespace std;
int main()
{
    int year;
    cin>>year;
    switch (year%4==0 && year%100 || year%400==0)      //表达式有整型值
    {
        typedef const char*CS;          //定义新的类型，等价于 using CS=const char*；
        case 1:cout<<"yes";             //语句1：输出是闰年。case 1 也可以写作 case true
            break;                      //必须使用 break 语句，否则继续输出 no
        case false:                     //可认为是 case 0
            cout<<"no";                 //语句2：输出非闰年。false 可用整数 0 替换
    }                                   //右花括号（即}）结束 switch 语句
}
```

在第一个测试分支"case 1:"的语句中，如果不放置 break 语句，则执行完第一个测试分支的语句后，会接着执行第二个测试分支"case false:"的语句。在 switch 语句中，break 语句的作用是跳过此后的所有语句，直到本 switch 语句结束后的第一条语句位置。因为例 3.3 的 switch 语句实际使用的是布尔值，即总共只有两个不同的值 false 和 true，故最多只需要两个不同的分支，故"case false:"也可以使用"default:"替代。多个不同的测试分支可以共用一组语句，但是这些测试分支的测试值不能相同。

**【例 3.4】** 多个分支共用一组语句的用法。

```
#include <iostream>
using namespace std;
int main()
{
    short int y;
    cin>>y;
    switch (y) {        //y 是字节数不大于 long long 的类型
        int a,b;        //试定义未同时初始化。未使用被优化掉：外部 goto 语句可转到 switch 内任何位置
        case 1:cout<<"yes";
            break;      //将跳过所有后续测试分支直到 goto dead
        case 2:         //共用 case 4 测试分支的语句
        case 3:         //共用 case 4 测试分支的语句
    dead:               //定义 switch 作用域内的标号 dead，也可出现在"case 4:"之后
        case 4:cout<<"no";
    }                   //右花括号（即}）结束 switch 语句
    goto dead;          //正确：必须在 switch 内定义并同时初始化的局部变量之前
}
```

### 3.1.4 循环语句

循环语句一共有三种类型：for 循环、while 循环和 do 循环。三种语句基本上是可以相互转换的，for 循环常用于循环或者迭代次数明确的循环。当不满足其布尔表达式的循环条件时，三种循环语句都将退出自己的循环体，从而结束循环。三种循环语句的语法图如图 3.2 所示，注意 for 和 while 的条件可以定义新变量，其作用域为它们的循环体，故循环体内不得定义同名变量。do-while 的条件不能定义变量。

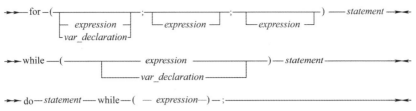

图 3.2　三种循环语句的语法图

在 for 循环的第一个分号（;）之前，可以定义若干变量并对其进行初始化，或者使用一个表达式（即 expression），这个表达式称为循环初始化表达式；两个分号之间的表达式称为条件表达式或者布尔表达式，当满足条件表达式的条件或其布尔值为真时，才能执行其后的循环体（即 statement）；最后一个表达式称为循环末表达式，是在循环体执行完之后执行的表达式，该循环末表达式执行完毕后接着检查条件表达式，以确定能否再次执行循环体。周而复始，直到条件表达式的布尔值为 false。

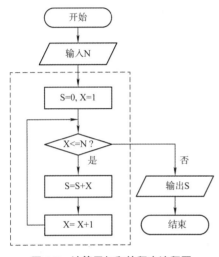

图 3.3　计算累加和的程序流程图

例 1.2 的计算累加和程序需要循环执行累加语句，其等价的流程图如图 3.3 所示。其中虚线框起的部分可用 for 循环实现，"S=S+X" 是 for 循环的循环体，"S=0，X=1" 是 for 循环的循环初始化表达式，"X<=N" 是 for 循环的条件表达式，"X=X+1" 是 for 循环的循环末表达式。计算累加和的程序如例 3.5 所示。

【例 3.5】　编程计算累加和 $S = \sum_{X=1}^{N} X$ ，其中 N≥1。

```cpp
#include <iostream>          //由于要使用 cin 和 cout，故必须先#include <iostream>
using namespace std;         //cin 和 cout 是在名字空间 std 中定义的，必须 using
int main() {                 //操作系统通过 int 类型的返回值知道 main() 的执行状况
    int N,X,S;               //试定义三个变量：累加边界 N、循环变量 X 以及累加和 S
    cout<<"Please input N:"; //首先提示要输入 N，通过<<函数输出提示信息
    cin>>N;                  //然后输入 N，通过运算符重载函数>>完成输入
    for(S=0,X=1;X<=N;X=X+1)  //循环末表达式 X=X+1 可用++X 或者 X++表示
        S=S+X;               //将 X 累加至 S，循环体只能是一个（复合）语句
    cout<<"\nThe cumulative sum S is"<<S<<endl;   //累加结束，输出 S
    return 0;                //返回执行状态给操作系统，0 表示成功
}
```

在例 3.5 中，循环初始化表达式是一个逗号表达式，由赋值表达式 "S=0" 和 "X=1" 加逗号（,）构成。逗号是一个双目运算符，即逗号左边和右边各有一个操作数。逗号左边的操作数是 S=0，在完成对 S 初始化为 0 后，左边操作数的结果取 S 的值 0；逗号右边的操作数是 X=1，在完成对 X 初始化为 1 后，右边操作数的结果取 X 的值 1。逗号表达式的最终结果取右边操作数的值 1。

若 for 循环的循环体是一个复合语句，当使用 goto 语句转入复合语句的内部时，必须遵守之前转入复合语句内层作用域的规则，这种转移也是不提倡使用的，除非必须使用。for 循环的循环体可以是

一个新的 for 循环语句，如此便形成了嵌套的 for 循环语句。循环体可以是任何类型的语句，如 if 语句、switch 语句、while 语句、do 语句以及数值表达式语句等。在 for 循环的循环初始化表达式中，C++允许声明、定义和初始化变量，也允许在 if 和 while 语句的条件表达式中声明和定义变量。例如，可以在 if(int z=1)或 while(int z=1)中定义变量 z，此时条件表达式将被编译为 z!=0，因此，若将 while(int z=1)循环体中的 z 设为 0，循环将会在下一次检测 z!=0 后结束。

二维数组的运算通常会用到双重循环，应对每一维定义一个循环变量进行运算。同理，三维数组应该定义三个循环变量进行运算。当存储二维数组的数据时，实际上是依次将二维转换为一维存储的，因为计算机的内存只能按一维线性空间进行编址。当存储二维数组的数据时，C 语言和 C++采取的存储方法是：先存储第一行的所有元素，再存储第二行的所有元素，直到最后一行的元素存储完毕。

例如，关于 int a[3][4]定义的数组 a，其元素在内存中的存储顺序依次为：a[0][0]、a[0][1]、a[0][2]、a[0][3]、a[1][0]、a[1][1]、a[1][2]、a[1][3]、a[2][0]、a[2][1]、a[2][2]、a[2][3]。注意，每一维的下标都是从 0 开始的。第一行的 4 个元素为 a[0][0]、a[0][1]、a[0][3]，第二行的 4 个元素为 a[1][0]、a[1][1]、a[1][2]、a[1][3]，第三行的 4 个元素为 a[2][0]、a[2][1]、a[2][2]、a[2][3]。计算数组 a 所有元素的累加和的程序如例 3.6 所示。

【例 3.6】 计算 int a[3][4]的所有元素的累加和。

```cpp
#include <iostream>
using namespace std;
int main() {                        //使用 void 定义函数不需要返回值
    int s=0,a[3][4];
    for(int row=0;row<3;row++)       //在 for 循环初始化表达式中定义变量 row
        for (int col=0;col<4;col++)   //按行输入每列元素
        {
            cout<<"\na["<<row<<","<<col<<"]:";
            cin>>a[row][col];          //因 a[row]=*(a+row)=*(row+a)=row[a]
            //故 a[row][col]≡row[a][col]≡col[row[a]]，即可用 col[row[a]]作为代替
        }
    for (int row=0;row<3;row++)       //第一维定义的循环变量为 row
        for (int val:a[row])          //借助迭代器遍历行元素，string 类及容器类等均有迭代器
            s+=val;
    cout<<"\nThe cumulative sum is"<<s<<endl;
}
```

上述程序使用双重循环，加法的次数为 3×4=12 次，即对每个元素都进行了累加。也可以将双重循环改为单重循环，只要保证加法次数仍然为 12 次即可，即没有降低程序的计算复杂性。二维转为一维及双重循环改为单重循环的方法，可以用来模拟维数及维界动态可变的数组，这一思想可以用在有关数组的类的定义中。修改例 3.6 中的双重循环为单重循环进行累加后，得到的等价的累加和计算程序如例 3.7 所示。

【例 3.7】 使用单重 for 循环计算 int a[3][4]中的所有元素的累加和。

```cpp
#include <iostream>
using namespace std;
void main() {   //使用 void 定义的函数不需要返回值，不建议定义 main()返回 void
    int s=0,a[3][4],*p=&a[0][0];
```

```
//以上&用于取内存地址，得到指针类型的常量，赋值给指针类型的变量p
for(int row=0;row<3;row++)
    for (int col=0;col<4;col++)
    {
        cout<<"\na["<<row<<","<<col<<"]:";
        cin>>a[row][col];                    //同例3.6：可用cin>>col[row[a]]
    }
    for (int x=0;x<12;x++)               //使用单重循环变量x计算累加和
        s += *(p+x);                     //等价于s+=p[x];
    cout<<"\nThe cumulative sum is"<<s<<endl;
}
```

由图 3.2 可知，while 循环和 do 循环都没有类似于 for 循环的初始化表达式和循环末表达式，但是循环前的初始化和循环末的后处理都是必不可少的。因此，为 while 循环和 do 循环增加循环前的初始化和循环末的后处理是极其必要的。如果没有循环末的后处理来改变循环条件，则循环语句就会变成死循环。与 for 循环一样，while 循环也是在循环条件满足时才执行循环体中的语句，使用 while 循环计算数组元素累加和的程序如例 3.8 所示。

【例 3.8】　使用 while 循环计算 int a[3][4]中的所有元素的累加和。

```
#include <iostream>
using namespace std;
int main() {                        //除main()外，定义有返回值的函数都必须返回一个值
    int s=0,a[3][4],*p=&a[0][0];//数组元素a[0]、a[0][0]解引用类型分别为int(&)[4]、int&
    for(int row=0;row<3;row++) {
        int col=0;                  //while 循环前的初始化
        while (col<4)               //循环条件：col<4
        {
            cout<<"\na["<<row<<","<<col<<"]:";
            cin>>a[row][col];       //鉴于p[1]=*(p+1)，故数组元素p[1]也是解引用：类型为int&
            col++;                  //while 循环末的后处理成为循环体的一部分：改变循环条件
        }
    }
    int x=0;                        //while 循环前的初始化
    while (x<12)                    //循环条件：x<12。while 循环体只能有一个语句
        s+=*(p+x++);                //通过后置"++"改变循环条件，等价于{s+=*(p+x); x++;}
    cout<<"\nThe cumulative sum is "<<s<<endl;
}
```

与 for 循环和 while 循环不一样的是，do 循环首先无条件地执行一次循环体中的语句，然后再检查循环条件是否满足，如果满足，则继续执行循环体中的语句，否则结束 do 循环语句的执行。改变循环条件的语句也是循环体语句的一部分，因此常用复合语句作为 do 循环的循环体语句。

【例 3.9】　使用 do 循环计算 int a[3][4]中的所有元素的累加和。

```
#include <iostream>
using namespace std;
int main() {
    int s=0,a[3][4],*p=&a[0][0];
    //解引用*p和a[0][0]的类型均为int&≡decltype(*p)≡decltype(a[0][0])
    for(int row=0;row<3;row++)
    { //for 循环体只能有一个语句，故这里必须用复合语句
        int col=0;                      //在 while 循环前初始化 col
```

```
        while (col<4)                    //循环条件：col<4
            {                            //while 循环体只能是 1 条语句，故此用复合语句作为 1 条语句
                cout<<"\na["<<row<<","<<col<<"]:";
                cin>>a[row][col++];      //若不改变 col，则会陷入死循环
            }                            //while 循环体结束
    }//for 循环体结束
    int x = 0;                           //在 do 循环前初始化 x
    do {                                 //在 do-while 之间只允许出现一条语句，故用复合语句
        s+=*(p+x);                       //等价于 s+=p[x];或 s+=x[p];不提倡将下标 x 放在数组 p 之前
        x++;                             //若不改变 x，则会陷入死循环
    } while (x<12);                      //循环条件：x<12
    cout<<"\nThe cumulative sum is "<<s<<endl;
}
```

上述 do 循环使用了一个复合语句，可改为等价的数值表达式语句，修改后等价的 do 语句为 "do s+=*(p+x++); while(x<12);"。也可用等价的 "do s+=p[x++]; while(x<12);" 替换前述 do 语句，因为单重指针取内容*(p+x)可以视为一维数组访问 p[x]。

### 3.1.5　break 和 continue 语句

中断语句 break 只能用在 switch、for、while 和 do 语句中，用于中断当前执行流程并跳过其后的所有语句，直接退出包含它的 switch 语句或者终止包含它的循环语句。例如，如果要找出 int b[10]中第一个可被 3 整除的元素的下标及其元素值，并累加这个元素之前的所有元素，便可用 break 语句在找到这个元素后直接退出或者终止当前循环。

【例 3.10】　找出 int b[10]中第一个可被 3 整除的元素的下标及其元素值，并累加这个元素之前的所有元素。

```
#include <iostream>
using namespace std;
int main(int argc,char *argv[])
{
    int x=0,s=0,b[10];
    cout<<"\nPlease input array elements:";
    for(x=0;x<10;x++) cin>>b[x];
    for(x=0;x<10;x++)
    {
        if(b[x]%3==0)                    //通过%检查 b[x]能否被 3 整除
        {
            cout<<"\nb["<<x<<"]="<<b[x];  //如果能整除，则输出元素的下标及元素的值
            break;                       //如果能整除，则退出当前循环，转移至其后的 cout 处执行
        }
        s+=b[x];                         //累加之前的所有元素
    }
    cout<<"\nThe cumulative sum is "<<s;
}
```

关键字 continue 只能用在 for、while 和 do 循环语句中，用于中断当前循环的执行流程，跳过 continue 后面的所有语句，进入 for 语句循环未处理部分，再检查循环条件是否满足，如果循环条件满足，则继续下一轮循环，不像 break 语句那样终止当前循环。continue 语句的主要功能是继续下一轮循环。

【例 3.11】　仅累加 int b[10] 中的偶数元素。

```
#include <iostream>
using namespace std;
int main() {
    int x=0,s=0,b[10];
    cout<<"\nPlease input array elements:";
    for(x=0;x<10;x++) cin>>b[x];
    for(x=0;x<10;x++)
    {
        if(b[x]%2) continue;        //如果是奇数，则忽略该元素，去检查下一个元素
        s+=b[x];                    //否则将该偶数元素累加至 s
    }
    cout<<"\nThe cumulative sum is"<<s;
}
```

## 3.1.6　asm 和 static_assert 语句

关键字 asm 可在 C 语言或 C++ 程序中插入汇编代码，用于完成高级语言难以完成的功能。例如，使用 asm 可调用操作系统的中断服务程序或将某个寄存器设置为特定值等。高级语言程序在编译成汇编代码后，一般不会使用某些重要的寄存器。如果实在要使用这些重要的寄存器，会在使用前先保存其值，用毕后再恢复其值。但是，对于通用寄存器（如 EAX、EDX 等），编译程序通常会随意使用。

因此，即使我们能用 asm 插入汇编代码，也不能随便使用重要的寄存器，否则有可能导致程序崩溃。使用寄存器 AX 或 EAX 没有任何问题，但使用其他寄存器则要极其小心。在返回 32 位整型值的函数语句前，返回值一般存储在 32 位的 EAX 中，这取决于编译的 int 类型是否是 32 位整数，如果是 64 位或更多，则可能存储在其他寄存器中。

不同的编译器对 asm 的支持可能不同，语法格式也可能有所不同。例如，VS2019 编译器通常使用 _asm 插入汇编代码。需要注意的是，若在 asm 中使用 32 位整数，则要求运行环境或编译器支持 32 位。

关键字 static_assert 用于提供静态断言服务，即仅在编译时判定执行条件是否满足，如果不满足，则通过编译输出相关信息。static_assert 的使用格式为 "static_assert(条件表达式，"输出信息")"，其中 "条件表达式" 必须在编译时可计算，即必须是能得到布尔值结果的常量表达式。static_assert 主要用于检查程序的编译和运行环境。

【例 3.12】　使用 asm 设置函数的返回值。

```
#include <stdio.h>
void f() {                        //说明函数 f() 不返回值
    _asm mov EAX,3                 //使用 32 位寄存器 EAX 保存整数 3
} //VS2019 用 EAX 保存返回值，相当于定义了 int f(){return 3;}
void main(void) {                 //main(void) 等价于 main()
    int(*pf)()=(int(*)())f;        //强制类型转换：认为函数 f() 返回整型值
    static_assert(sizeof(int)==4,"I need 32 bit compiler!");//sizeof 在编译时可计算
    printf("return=%d",(*pf)());   //调用 f() 函数，输出整型返回值 3
    _asm mov EAX,0;                //相当于定义 int main()：因为它返回 0 给操作系统
}
```

## 3.2　C++的函数

"分而治之"是软件设计的有效方法，是模块化程序设计的核心思想。将一个复杂的程序分解为若干模块，再用 C++的函数实现这些模块的功能，这样不仅提高了复杂程序的开发效率，同时也使复杂程序变得更易理解和维护。函数声明、定义和重载为区分和实现不同模块提供了有效机制。为了提升函数和程序的执行效率，C++还提供了 inline、constexpr 等优化手段，并提供了线程并发执行的互斥手段。

### 3.2.1　函数声明与定义

函数声明和定义的语法流程图如图 3.4 所示。声明或定义的函数可分为 6 种形式：①默认全局函数；②内联函数，即 inline 函数；③外部函数，即 extern 函数；④静态函数，即 static 函数；⑤constexpr函数；⑥consteval 函数。默认全局函数就是除②至⑥外定义的函数。

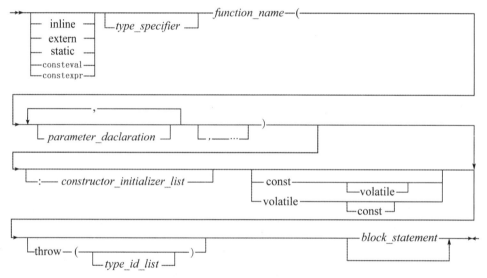

图 3.4　函数声明和定义的语法流程图

内联函数是一种用 inline 声明或定义的函数。早期 C++试图以内联函数的函数体代码替代函数调用，从而减少调用开销，降低代码长度，提高执行效率。如果在工程项目的多个文件内出现了原型相同的多个 inline 全局函数定义，C++新标准要求编译程序进行如下处理：首先从 main 开始按函数的调用顺序扫描；其次按文件在工程项目中出现的顺序扫描，只保留遇到的原型相同的第一个 inline 全局函数。

此外，在 x86 和 x64 编译模式下，许多编译器都支持编译器内部优化，即 compiler intrincics 优化，但它不是 C++标准的一部分，其目的是提供更高效的代码优化。编译器内部定义了若干函数的函数体，编译时将其函数体直接嵌入到调用位置，与 inline 函数的内联嵌入成功一样，编译结果不保留被嵌函数体及其入口地址。保留字 inline 在 x64 编译模式下仍然有效，对于多个.cpp 定义的原型相同（函数体可能不同）的 inline 函数，将保证编译后的执行程序只使用其中一个副本。

外部函数是指使用关键字 extern 声明或定义的函数，定义函数时可以同时定义该函数的函数体，声明函数时不会同时定义该函数的函数体。C 语言函数的作用域可分为两类：①全局函数，即任何代码文件（.cpp 文件）均可访问或调用的函数；②单元函数，即仅限当前代码文件访问或用 static 定义的静态函数。使用关键字 extern 声明的函数要么来自全局函数，要么来自单元或静态函数。全局函数可以在当前代码文件或者其他代码文件内定义其函数体。

在 C 语言函数的外部使用 extern 声明的函数可能源于当前代码文件（.cpp 文件）定义的全局函数和单元函数，也可能源于其他代码文件、目标文件（如.obj 文件）、静态链接库文件（如.lib 文件）、动态链接库文件（如.dll 文件）等定义的全局函数。在 C 语言函数的内部使用 extern 声明的函数可能源于全局函数，也可能源于当前代码文件中定义的单元或单元静态函数。静态函数指的是使用 static 定义的函数，其作用域仅限于当前代码文件（即.cpp 文件），仅能够被当前代码文件内的函数访问或调用。

在说明完函数的作用域种类以后，接着说明函数的返回类型（type_specifier）。返回类型可以是一个简单类型（如 int），也可以是一个复杂的类型表达式。函数的返回类型同变量的类型说明基本一致，但是函数的返回类型受到一定限制。例如，函数不能返回一个数组，也不能返回另一个函数。替代的解决方案是：函数返回一个指向数组的指针，或者函数返回一个指向函数的指针。

函数的返回类型说明可以跳过或省略，此时，函数的默认返回类型为 int 类型。但是，对于以后要介绍的构造函数、析构函数、强制类型转换函数，不能认为它们的返回类型默认为 int 类型，因为它们确实不用定义返回类型。如果某个函数确实没有返回值，可在函数名前用 void 表示无返回值。例如，主函数 main()如果声明为 void main()，则 main()的函数体就不需要返回值，就不能在函数体中写 "return 0;" 之类的语句。C++国际标准不提倡 main()返回 void。

在说明函数的返回类型以后，接着便是函数名（即 function_name）的说明。函数名可以是任何合法的 C++标识符，但要避免使用 if、while、int 等关键字作为函数名。主函数 main()是特定的供操作系统等调用的接口函数，因而在说明其函数参数和返回值的类型时，应当使用操作系统为其预定的格式，即 int main(int argc,char*argv[],char*env[])或者等价的 int main(int argc,char**argv,char**env)。

在说明完函数名以后，接着便要在参数表 "(参数列表)" 内说明函数参数。参数说明可以直接跳过，即函数可以无参或参数表为空，这样的函数称为无参函数。无参函数的空参数表( )也可用等价的(void)表示。例如，在之前的例子程序中，函数声明 int main()等价于 int main(void)。

在说明函数的参数以后，可以跳过后面的所有说明，绕过 block_statement（即函数体）说明，直接到分号（;）处结束说明。凡是这种没有函数体的说明，都可以称为函数的原型声明。在经过 constructor_declaration_list 和 throw 以后，跳过函数体或者复合语句说明，然后直接到分号（;）处结束函数说明，这样的函数说明通常是类的构造函数原型声明。有函数体的函数说明则被称为函数定义。

【例 3.13】　定义函数 int strlen(const char*str)，用于计算参数给出的字符串 str 的长度。编程从命令行输入一个字符串、计算字符串的长度并输出长度值。

```
#include <stdio.h>
int strlen(const char *s)          //参数为只读字符串首地址 s，返回类型为 int
{                                   //函数体（即复合语句）的形式
    int x=0;                        //定义变量 x 用于存放字符串长度
    while(s[x] != '\0') x++;        //若字符不是结束标志'\0'，则字符串长度加 1
    return x;                       //返回字符串长度
```

```
}//注意: extern int strlen(const char *s){…}因有函数体, 仍然算函数定义
extern int main(int argc,char *argv[])//extern后main有函数体, 属于函数定义而非函数声明
{
    extern strlen(const char *);        //省略了返回类型int的函数声明, 因已有外部定义, 所以该行可省略
    if(argc != 2) {printf("The number of input string is wrong\n");return 1;}
    int x=strlen(argv[1]);              //argv[0]存放的是当前程序的绝对路径名称
    printf("The lenth of the string is %d\n",x);
    return 0;                           //告知操作系统运行正常
}
```

上述main()函数可以接收命令行参数, argc是接收命令行参数的个数, 第一个命令行参数为argv[0]。argv[0]存放的是当前可执行程序的绝对路径名称, 即一个包含了程序所在目录及该可执行程序名称的字符串。自 argv[1]起存放该程序运行所需的若干命令参数字符串, main()函数可根据这些命令参数完成相应的功能。

## 3.2.2　头文件与声明

通常将函数声明而非函数定义放在头文件（.h 文件）中, 因为头文件可以被代码文件（.cpp 文件）多次包含, 即多次#include, 所以, 如果在头文件中给出的是某个函数的定义, 这样的定义就会因多次包含而产生重复定义。C++不允许一个函数或变量重复定义多次, 但是允许一个函数原型或变量重复声明多次。如果我们将标准输入/输出头文件 stdio.h 打印出来, 就会发现其中所有的函数都是函数原型声明而非函数定义, 所有的变量都是变量声明而非变量定义。例如, 在 stdio.h 中包括以下有关输入和输出函数的声明。

```
extern int scanf(const char*fmt,…);        //函数声明: 返回值为成功输入的变量个数
extern int printf(const char*fmt,…);        //函数声明: 返回值为成功打印的字符个数
```

上述声明若去掉 extern, 也就是函数原型声明, 没有给出函数体的函数声明都是函数原型声明。无论是否使用 extern, 只要给出了函数体, 则这样的函数声明称为函数定义。以上 scanf()函数是一个用于从键盘输入的函数, 其只读字符串参数 fmt 用于描述输入格式。输入格式通常会包括占位符, 如%c、%d、%p、%s 等。占位符%c 表示要在该位置输入一个字符, %d 表示要在该位置输入一个整数, %f 表示要在该位置输入一个浮点数, %lf 表示要在该位置输入一个双精度浮点数, %p 表示要在该位置输入一个地址, %s 表示要在该位置输入一个字符串。fmt 后面的"…"表示省略参数, 表示调用时该位置可以出现任意类型的实参。

函数 printf()用于输出结果, 参数 fmt 和函数 scanf()的 fmt 类似。输出时通常会给出结果的输出宽度, 例如, %8d 表示输出的十进制数共有 8 个字符, %12lf 表示输出的双精度浮点数共有 12 个字符, %6c 表示输出一个字符但是占用 6 个字符位置。在输出浮点数时, 还可以指出小数位数, 如%12.2lf 表示输出总共占用 12 个字符位置, 其中小数部分占用 2 个字符位置。输出时默认进行右对齐, 且不输出正负号。在宽度前使用"+"可强制输出正负号, 若使用"−"则强制使输出结果左对齐。

在函数 scanf()省略的参数位置, 可出现若干输入变量的地址。输入变量的个数由 fmt 占位符的数量决定, 每个占位符对应一个要输入的变量。scanf()的返回值表示成功输入的变量个数。在调用 scanf()

函数和 printf()函数时，编译程序会严格检查实参和形参的类型。如果实参的类型和形参的类型不同，或者实参类型不能自动向形参类型转换，则编译程序就会报告语义错误。scanf()的形参类型由 stdio.h 说明，故在调用 scanf()前必须先#include <stdio.h>。

```
#define _CRT_SECURE_NO_WARNINGS      //防止 scanf 出现安全报警
#include <stdio.h>
int x,y,a,b,c;                       //全局变量的初始值默认为 0,属于变量试定义而非变量声明
int main() {
    scanf("%d,%d",&x,&y);            //两个整型占位符,对应两个整型变量 x 和 y 的地址
    a=scanf("%d%d",&x,&y);           //将成功输入的变量个数赋给变量 a, a 通常为 2
    b=scanf("%d%d",&x,&y);           //将成功输入的变量个数赋给变量 b, b 通常为 2
}
```

上述第一个 scanf()要求使用逗号分隔两个要输入的整数；第二个和第三个 scanf()没有指定分隔符，可以使用逗号或者空格分隔两个要输入的整数。上述 scanf()若成功地输入了变量 x 和 y，则 scanf()的返回值为 2，故 a、b 的结果为 2。但是，若上述三条 scanf()语句使用以下键盘输入。

```
4,5
6 7
8Ctrl+z
```

以上 Ctrl 表示 Ctrl 键，Ctrl+z 表示同时按 Ctrl 键和 Z 键。在 Windows 操作系统中，组合键 Ctrl+Z 表示输入文件结束；在 UNIX 操作系统中，组合键 Ctrl+D 表示输入文件结束。对于第一个 scanf()，结果为 x=4、y=5；对于第二个 scanf()，结果为 x=6、y=7、a=2；对于第三个 scanf()，结果为 x=8、y=7、b=1。因为遇到键盘设备文件结束，所以第三个 scanf()只成功地输入了变量 x；y 未输入，保持原有的值 7 不变；b 为成功输入的变量个数，故其值为 1。

函数 printf()用于输出简单类型数值表达式的值。例如，如果 "x=17;"、"y=238;"，则 "a=printf("%d,%d",x,y)"的输出结果为字符序列 "17,238"，该字符序列共有 6 个字符，因此 printf()的返回值为 6，故有 a=6。注意，printf()的返回值为成功输出的字符个数，变量 x 和 y 的前面没有取地址运算符&。C++国际标准没有规定函数实参的计算顺序，从左向右还是从右向左计算由编译器自定。VS2019 从右向左计算实参，但若采用不同的编译模式，则输出结果可能不同。

例如，对于 "int x=3;printtf("%d,%d",x=7,x);"，如果采用 x86 编译模式，则输出结果为 "7,3"；如果采用 x64 编译模式，则输出结果为 "7,7"。虽然都是从右向左计算实参，但在 x86 编译模式下，计算结果同时压栈传给形参；而在 x64 编译模式下，优先用寄存器而非栈传给形参，故先将计算结果存入变量 x，再从右向左取变量的值，送到寄存器完成实参传递。为此，建议在调用函数和计算实参时不要修改变量的值，这样才能保证程序的可移植性。

上述 scanf()和 printf()函数来自 C++的标准库，在调用之前使用#include<stdio.h>包含，编译程序会自动将被调用函数同 C++的标准库连接起来。但是，并非所有的函数都来自 C++的标准库，某些函数可能来自 C 语言的标准库或者非标准库。若使用上述格式的 extern 函数原型声明，则无法将 C++调用的函数连接到 C 语言的库函数。

例如，如果 C 语言的代码丢失而只剩下了.obj 或.lib 文件，此时就必须解决 C++程序同 C 语言非标

准库函数的连接问题。假定程序员用 C 语言编写了自己的库 CLIB.LIB，其中有一个用 C 编写的函数 long sum(int)，C++程序想要调用这个 long sum(int)函数，则 C++程序在调用这个 C 函数前必须使用 "extern "C" long sum(int n);"进行声明，并在连接时添加 CLIB.LIB 库让编译程序连接。extern "C"表示声明的函数源于 C 语言编译的函数库。

### 3.2.3　函数的参数声明

在 x86 编译模式下，由于省略参数和非省略参数均通过压栈传递实参，因此这些实参会连续出现在栈的一段内存中，只要知道了非省略参数的地址，便可以得到相邻的省略参数的地址。省略参数使用 "…" 声明，表示它所处的位置可以出现任意类型的参数。

【例 3.14】　编写对 n 个整数求和的省略参数的函数 sum()。

```
long sum(int n,…)                  //函数定义只能进行一次：全局函数
{
    long s=0;int *p=&n+1;          //p指向第一个作为 n 的邻居的省略参数
    for (int k=0;k<n;k++) s+=p[k]; //x64编译模式优先使用寄存器传参：难于得到寄存器中的实参
    return s;
}
int main(){
    extern long sum(int n,…);
    extern long sum(int n,…);      //外部函数原型声明可以重复多次，此行可省略
    int a=4;
    long s=sum(3,a,2,3);           //省略参数位置出现 3 个实参，执行完后 s=9
    s=sum(0);                      //省略参数位置出现 0 个实参，执行完后 s=0
    s=sum(1,a);                    //省略参数位置出现 1 个实参，执行完后 s=4
    s=sum(1,a,2);                  //省略参数位置出现 2 个实参，实际只用 1 个，执行完后 s=4
}
```

注意，&n+1 的地址取决于 n 的类型，若 n 是 4 个字节的整型，则&n+1 指向下一个 4 个字节的整数，即&n+1 中的 1 表示一个 4 字节整数，&n+1 表示下一个整数单元的地址；若 n 是 8 个字节的双精度浮点数，则&n+1 中的 1 表示一个 8 字节双精度浮点数，&n+1 表示下一个双精度浮点数单元的地址。

在声明函数的参数时，可以指定参数的默认值，当调用函数没有传递实参时，就使用默认值作为实参值。参数的默认值可以是任意表达式，但式中不得出现同一参数表中的参数，因为 C++的国际标准没有规定参数的计算顺序，编译器可以自主选择自左向右还是自右向左计算，不同的参数计算顺序会产生不同的执行结果，从而可能会因编译不同而导致程序不可移植。

【例 3.15】　定义默认参数函数 char *strstr(char *str,const char *substr,int start = 0)，用于从字符串 str 的 start 位置开始查找子串 substr 出现的地址。

```
#include <stdio.h>
#define NAME(var) (#var)                 //定义宏用于让编译传递变量或参数名字符串
char *strstr(char *str,const char *substr,int start=0)
{
    if (str==0) return 0;                //若主串为空，则返回空指针，0 可以表示空指针
    int i,j,ls,lt;
```

```
    for (ls=0;str[ls] != 0;ls++);            //求主串长度
    for (lt=0;substr[lt] != 0;lt++);         //求子串长度
    if(start+lt>ls) return 0;                //若从 start 开始 str 不够容纳子串,则返回空指针
    for (i=0;i<ls-lt;i++)
    {
        for (j=0;j<lt;j++) if (str[i+j+start] != substr[j]) break;
        if (j==lt) return str+i+start;        //返回找到的地址
    }
    return 0;                                 //若没有找到,则返回空指针,0 可表示空指针
}

int main() {
    char str[]="I see him while he see me!";
    const char *substr="see";                 //注意字符串常量"see"的类型为 const char*const
    char *s=strstr(str,substr);               //等价于 strstr(str,substr,0);从第 1 个字符开始查找
    printf("%s\n",s);                         //输出找到的字符串,返回值是打印的字符个数
    s=strstr(str,substr,4);                   //从第 4+1 个字符开始查找
    printf("%s=%s\n",NAME(s),s);              //输出 s=see me!,等价于 printf("s=%s\n",s);
}
```

对于声明 char *strstr(char *str,const char *substr,int start = 0),不能认为是用 0 对形参 start 进行了初始化,此时只是对形参 start 指定了默认值。注意,函数形参的初始化永远是在函数调用那一瞬间进行的,此时将实参的值传递给形参,从而完成形参 start 的初始化。如果函数调用时没有指定实参的值,则将预定义的默认值作为实参的值传递给形参,以完成 start 的初始化。

C++不允许默认值使用同一参数表中的形参,也不允许使用另一函数的参数或其非静态局部变量。例如,若允许定义"int x=3;void f(int a,int b=++a);",即若允许 b 的默认值++a 使用同一参数表的形参 a,则函数调用 f(x)等价于使用默认值调用 f(x,++x)。此时,自左向右计算实参则调用 f(x),等价于调用 f(3,4),自右向左计算实参则调用 f(x),等价于调用 f(4,4),从而导致 f()使用不同编译器时的执行结果可能不同。这与 C 语言不应调用 f(x++,x++))的原因相同,即因编译环境不同和执行结果不同而导致程序不可移植。

此外,在定义函数的默认值参数时,有默认值的参数必须出现在无默认值的参数的右边。这样,无默认值的形参在调用时就必须自左向右给出实参,直到遇到有默认值的形参而不必给出实参为止,这样就为程序员提供了"到此为止"的书写便利。因此,函数声明 int f(int a,int b=0,int c)和 int f(int a,int b=0,int c,int d=0)都是不正确的。另外,不能在同一个作用域声明和定义函数时,多次对同一个参数指定默认值,即使默认值相同,也是不行的。例如,如下程序在声明和定义 f()时,均对 f()的形参指定了默认值 w,这将产生语法错误。

```
int w=3;                                      //w=3
int s=w++;                                     //s=3,w=4
int f(int x=w) {return x;}                      //正确:定义函数 f 时指定 x 的默认值 w
int main(int a){extern int f(int x=s);return f();}
//内层作用域定义默认值:不得用函数参数 a 代替 s
int f(int=w);                                   //错误:同一作用域再指定默认值 w。都用 3 替换 w 也不行
```

在 stdio.h 中声明的函数,其函数体应在.cpp 文件中定义,该代码文件被编译为.obj 文件,然后通

过库管理程序形成.lib 或.dll 文件，随同编译程序一起提供给程序员使用。程序员也可以生成自己的.lib 或.dll 文件，并提供.h、.lib 或.dll 文件给他人使用。

函数声明可以重复声明多次，但是函数定义只能定义一次。假如一个程序由 a.cpp 和 b.cpp 两个代码文件构成，它们都使用了#include <stdio.h>，这相当于在同一个程序中，对 scanf()和 printf()共声明了两次。如果在 stdio.h 中给出了 scanf()的函数体，即对 scanf()进行了函数定义，则代码文件共计两次包含#include <stdio.h>，就相当于对 scanf()进行了两次定义，重复定义会造成连接错误，这是 C++所不允许的。因此，在自己定义 ".h" 头文件时，最好在其中仅给出变量和函数的声明，而不应给出变量和函数的定义。

【例 3.16】 编写程序计算并输出斐波那契数列的前 10 个整数。

```
#include <stdio.h>              //引入 printf()的声明，以便调用
#include <stdio.h>              //正确：可以再次引入 printf()的声明，多次声明是允许的
extern int fib(int n);          //对 fib()函数进行原型声明
int fib(int=10);                //可再次对 fib()进行原型声明，设参数的默认值为 10
int fib(int n)      //定义自递归函数 fib()。有函数体时用 extern int fib(int n)也算函数定义
{
    if(n==1 || n==2) return 1;
    return fib(n-2)+fib(n-1);    //自递归：自己调用自己
}
int  main(void)
{
    int n=1;
    for(n=1;n<=10;n++)
        printf("Fib(%d)=%d\n",n,fib(n));
    n=f();                       //使用默认值 10 调用 f()，等价于 f(10)
}
```

在上述 int fib(int n)的定义中，它通过 fib(n-2)或 fib(n-1)直接调用自己，这种调用叫作自递归函数，也叫直接递归函数。若一个函数调用其他函数，而其他函数最终又调用该函数，这样的递归函数称为间接递归函数。

在递归调用的过程中，实参的值不断下降，直到不满足继续递归的条件，然后直接返回一个值结束递归，这样的递归方法称为递归下降法。例如，在 int fib(int n)函数中，递归下降的实参是 n，直到 n 下降到 1 或者 2 才不再进行递归调用。如果递归函数的递归控制不当，将因栈溢出而使程序被中止运行。

## 3.2.4 函数重载

函数名相同但参数个数或者参数类型有所不同的若干函数被称为重载函数。C++不允许仅仅返回类型不同而其他部分均相同的函数原型存在，否则，运算时就无法对返回结果进行类型推导。例如，对于 int f()和 char f()，无法确定 sizeof(f())的值。除运算符 "sizeof"、"."、".*"、"::"和三目运算符 "?:"外，C++的绝大部分运算符都可称为运算符函数，例如，双目运算符 "%" 可称为拥有两个参数的函数，单目运算符 "!" 可称为仅有单个参数的函数。

对于进行简单类型数值运算的运算符来说，C++已经默认进行了运算符函数的重载。例如，对于

"a+b"中的双目加运算符"+",可将"operator+"看作双目加函数的函数名,C++为其提供了 operator+(int,int)、operator+(int,double)、operator+(double,int)、operator+(double,double)等形式的重载函数,这些双目加重载函数的两个参数的类型均互不相同。由于面向简单类型运算的运算符已被默认重载,因此 C++只允许为类的对象的运算进行运算符重载。

对于两个原型不同的重载函数:char *strstr(char *str,const char *substr)以及 const char *strstr(const char *str,const char *substr),在调用 strstr()函数时,编译程序将用实参类型匹配上述两个重载函数的形参,最终选择匹配度最高的那个 strstr()函数进行调用。因为两个 strstr()的第二个形参的类型完全相同,所以编译程序根据 strstr()的第一个形参决定调用哪个函数。

C 语言函数如 strstr、scanf、printf 可在 C++中继续使用,但当涉及指针或地址时往往会报安全警告错误。为了消除安全警告错误,可在#include<string.h>及#include<stdio.h>之前,加上#define _CRT_SECURE_NO_WARNINGS。如果不涉及指针或地址,则可不加这个#define,同时,可以在原头文件的名字前,加上字符'c'并去掉其中的.h。若程序仅执行"printf("%d",3);"一条语句,则可用#include<cstdio>代替#include<stdio.h>且不用加上述#define。

【例3.17】 编程搜索子串首次出现在主串中的开始地址。

```
#define _CRT_SECURE_NO_WARNINGS          //strstr 及 printf 使用指针,防止出现安全警告错误
#include <stdio.h>     //可用#include<cstdio>代替#include<stdio.h>,以调用 printf()函数
#include <string.h>    //可用#include<cstring>代替#include<string.h>,以调用 strstr()函数
int main(int argc,char*argv[]) {         //等价于 int main(int argc,char**argv)
    char vstr[]="I see him!";
    //sizeof(vstr)=11, sizeof(char*)=4: vstr 为 char [11]类型
    const char *cstr="I see him!";       //cstr 指向的每个字符都不可修改
    //以下语句调用的是 char *strstr(char *str,const char *substr),因 vstr 可视为 char *类型
    char *s=strstr(vstr,"see");
    //变量 vstr 从 char[11]退化为指针 char*const,可节省大量栈内存
    printf("%s\n",s);
    //以下语句调用的是"const char *strstr(const char *str,const char *substr)"
    const char *t=strstr(cstr,"see");    //因为 cstr 的类型为 const char *
    printf("%s\n",s);
    return 0;                            //返回 0 表示程序执行正常
}
```

如第 2 章所述,int main(int argc, char*argv[])和 int main(int argc, char**argv)是等价的函数说明,而不是两个重载的原型不同的函数。在程序只有唯一入口的情况下,显然也不能允许 main 通过重载产生第二个入口。C++曾提供一个用于说明重载函数的关键字 overload,但现在的编译器比较智能,能够通过函数参数来识别重载函数。例 1.1 定义的两个函数 int f(int a)、int f(int a,int b)就是重载函数,虽然它们的函数名相同,但参数个数不同。在将它们编译为汇编语言代码后,它们的函数名分别为?f@@YAHH@Z 和?f@@YAHHH@Z,其中 H 代表函数 f(…)的参数类型和返回类型 int。由此,可知重载是如何实现的及调用时是如何根据实参找到对应函数的。

形参类型或形参个数有所不同只是函数重载的必要条件,形参本身的易变特性对于鉴定重载没有区分作用。例如,对于 void f(int x)、void f(const int x)、void f(volatile int x)、void f(const volatile int x),

它们的形参 x 对于整型值 3 没有区分作用,因为 3 可以值参传递给以上 4 种参数:int x=3、const int x=3、volatile int x=3、const volatile int x=3, 所以上述函数 f 不是重载函数。同理, 对于函数 void g(int *p)、void g(int *const p)、void g(int * volatile p)、void g(int * const volatile p), 形参 p 本身的易变特性也没有区分作用,所以上述函数 g 也不是重载函数。而 void h(int *q)、void h(const int *q)、void h(volatile int *q)、void h(const volatile int *q)是重载函数,因为其中的 const 和 volatile 不是修饰形参 q 本身的。

重载要注意的是: 数组参数退化为指针时, 退化后该形参无 const 修饰,正如此前证明参数 char *argv[]等价于 char **argv, 数组参数 char *argv[]不会退化为 char **const argv, 故 int f(char*argv[])等价于 int f(char **argv), 这两个参数类型等价的函数 f 并不是重载函数, 同时定义这两个函数就会出现重复定义错误。char*a[2]类型的实参变量 a 退化为 char **const a,鉴于数组参数退化为可写指针参数 argv, 而指针常量 a 可值参传递给 argv, 故可用 a 作实参调用 int f(char **argv), 类似地, 也可调用 int f(char * argv []), 编译程序通过匹配实参与形参类型, 从而找到最合适的函数进行调用。如果重载时定义了默认参数、省略参数等多种函数, 则可能因实参与形参匹配的二义性给函数调用带来麻烦。当实参用完还不能唯一确定要调用的函数时, 编译程序就会报告所谓的二义性错误。

```
int f(int x,int y=3);
int f(int x,…);
int main() {return f(2);}   //二义性错误:实参 2 可匹配上述两个 f 的"int"类型形参 x
```

编译时, 函数调用 f(2)能和第一个函数匹配, 等价于使用默认值参数调用 f(2,3);函数调用 f(2)也能和第二个函数匹配, 因为省略参数 "…" 表示可以出现任意类型的实参, 故 f(2)等价于用 0 个实参成功匹配 "…"。由于最终不能唯一确定要调用的函数, 因此编译程序会报告 f(2)的调用出现二义性错误。

### 3.2.5　inline、constexpr 及 consteval 函数

如果在函数名前加上 static, 例如定义 static int strlen(const char *s), 则定义的函数 strlen()为静态函数, 由于它只能被同一个.cpp 文件中的函数访问, 而不能被其他.cpp 文件中的函数访问, 作为单元函数它局限于当前文件(或单元)作用域。如果函数名前不加 static, 则定义的函数的作用域是全局作用域, 能够被该程序所有.cpp 文件的函数访问。

constexpr
变量和函数

如前所述, 在不同的作用域中可以定义同名的变量或函数。因此, 在不同的.cpp 文件作用域内, 可以定义函数原型相同的静态函数, 也可以定义同名的静态变量。除了 static 可以授权变量和函数获得文件作用域外, 早期 inline 也默认变量或函数获得文件或单元作用域。在 VS2019 的 "解决方案→

consteval 函数

ConsoleApplication1→属性→配置属性→C/C++→语言→" 中设置 "C++语言标准" 为 "ISO C++17 标准(/std:c++17)"后, inline 或 extern inline 也可以用于声明保留多个内存副本的单元变量和共享一个内存副本的全局变量, 但是不能用于声明函数内定义的局部静态变量和局部非静态变量。

在进行函数调用时, 除了要执行函数体对应的计算指令外, 还要完成传递实参、保存寄存器、恢

复寄存器以及平衡栈指针等操作，这些操作都是除函数体计算指令之外的额外操作或开销，而真正用于函数体计算的指令（如 add eax,dword ptr [ebp+12]）很少。早期 inline 通过声明被调函数为内联函数，由编译器将函数调用指令替换为函数体中的计算指令，可以降低调用开销从而提高程序的执行效率。对于 C++工程项目中定义的多个 inline 全局函数，新标准只保留遇到的第一个 inline 全局函数。

如果将例 1.1 的 f(int a,int b)定义为 inline int f(int a,int b)，则编译的汇编程序实现内联的过程为：挑出 f(int a,int b) 函数体真正用于计算的汇编指令，替换 main()中的"PUSH 4"、"PUSH 3"、"CALL ?f@@YAHHH@Z"、"ADD ESP,8"等指令，并删除"?f@@YAHHH@Z"函数及其对应的汇编指令。这样的处理将大大缩短程序的执行时间，且程序的执行效率会大大提高。因此，当函数体的指令很少且调用开销较大时，将函数定义为内联函数可以提高程序的执行效率。但是，如果被调内联函数的函数体很长，并且该函数在程序的多个位置被调多次，则内联后的程序可能变得更长更低效。

假如函数 g()和 h()的调用开销均为 10 条指令，其真正用于函数体计算的指令分别有 5 条和 20 条，程序 A 对 g()的调用以及程序 B 对 h()的调用都各有 100 处。当不使用 inline 定义函数 g()和 h()时，程序编译后汇编程序的长度大致为：汇编程序 A 长=100*10+5=1005，汇编程序 B 长=100*10+20=1020。若使用 inline 定义函数 g()和 h()，则程序编译后汇编程序的长度大致为：汇编程序 A 长=100*5=500，汇编程序 B 长=100*20=2000。由此可见，函数体长的程序经过内联编译后得到的汇编程序更长。

在内联函数内部，不能使用分支、循环、多分支和函数调用等引起转移的语句；否则，在调用内联函数时，编译程序还是会将函数调用编译成 call 指令，而不是用函数体指令替换每个函数调用，这种情况称为内联失败。此外，若内联函数的定义出现在内联函数的调用之后，或者其他函数访问了内联函数的入口地址，或者被内联的函数成员为虚函数或纯虚函数，都会导致被声明为内联的函数内联失败。

内联失败并不表示程序有语法错误，也不表示程序不能正确编译执行。除了 call 指令会被内联的函数体替换之外，内联函数同普通函数相比没有本质区别。因此，内联函数也可以进行重载或省略参数等。全局函数 main()不能声明为 inline 函数，否则，操作系统无法确定 main()全局入口并调用它。因为若 main()声明为 inline 全局函数，多个声明就会导致程序入口不唯一。编译程序会从唯一 main 入口开始，根据 main 函数的调用其他函数的顺序，按照工程项目中.cpp 文件的出现顺序，依次扫描并保留最先遇到的 inline 全局函数或用到的 inline 全局变量。

例如，编写 4 个.cpp 文件，第 1 个文件 main.cpp 为"extern int g(),h();int main(){int x=g();int y=h();}"，第 2 个文件 mod1.cpp 为"inline int m=1;int g(){return m;}"，第 3 个文件 mod2.cpp 为"inline int m=2;int h(){return m;}"，第 4 个文件 mod3.cpp 与 mod1.cpp 内容相同。由 main.cpp、mod1.cpp、mod2.cpp 构成一个程序，其运行结果为 x=y=1；由 main.cpp、mod2.cpp、mod3.cpp 构成一个程序，其运行结果为 x=y=2。

综上可知，如果允许定义多个不同的 inline main 函数，则无法保证从 main 开始扫描的唯一性，这样会造成程序编译和运行结果的不确定性。如果在 myhead.h 中定义了"inline int x=1;inline static int y=1;"，则无论不同的.cpp 文件 include "myhead.h"多少次，inline 全局变量 x 只保留扫描得到的第一个副本，而 inline static 变量 y 在每个.cpp 文件都保留一个副本；同理，inline 全局函数在多个.cpp 文件中只保留第一个副本，而 inline static 函数在每个.cpp 文件都保留一个副本。

**【例 3.18】** 定义计算圆周长和面积的内联函数。

```
inline double pi=3.1416;              //inline 全局变量需 "/std:C++17"。
inline static double girth(double r);//inline 静态函数原型声明：无函数体。
inline double area(double r)          //inline 全局函数定义。
{//不能在 area 函数内定义 inline 变量
    return pi*r*r;                    //inline 时 pi 也可能被优化掉
}
int main()                            //全局 main() 不能内联：必须是编译开始扫描的唯一入口
{
    double m;
    m=girth(5.0);                     //内联失败，编译为函数调用 call 的形式
    m=area(5.0);                      //内联成功，编译为 m=3.1416*5*5 的形式
}
double girth(double r){return pi*2*r;}//inline 静态函数 girth() 定义在调用 girth() 之后
```

关键字 constexpr 定义的函数默认是 inline 函数，是一种比 inline 代码优化程度更高的函数，因此，返回值前有 constexpr 的函数定义要求也比 inline 函数更多，出现下述任一情形时编译器将报告语法错误：constexpr 函数内有 goto 语句或标号、有 try 语句块、调用了非 constexpr 的函数（如 printf()函数），或者定义或使用了 static 变量、线程本地变量等永久期限变量。注意，constexpr 不能用于声明函数形参，因为 constexpr 具备 inline 优化效果，而优化函数形参没有意义。

关键字 consteval 只能用于定义即时函数（编译时能计算出常量返回值函数），它是一种优化程度比 constexpr 更高的函数，调用 consteval 函数必须用常量表达式或只读非 volatile 变量作为实参。对于只读非 volatile 变量作为实参，其初始化表达式将被带入 consteval 函数调用，并逐层类似地展开该函数调用的多级调用函数，返回的最终表达式必须只有常量或只读非 volatile 变量。

constexpr 函数可以用任意表达式或变量等做实参，被调用时编译程序不一定对其进行调用优化。注意 consteval 和 constexpr 修饰或说明的都不是函数的返回类型。若用常量表达式或只读非 volatile 变量作为实参，两种函数的调用均可被编译程序进行优化。consteval 和 constexpr 可用于定义函数、函数模板、或 Lambda 表达式。consteval 函数的调用一定会被优化掉，即其返回值在编译时可被计算出常量，优化掉以后无法填写虚函数入口地址表，因此 consteval 不能用于定义虚函数；而用任意表达式或变量等做实参时，constexpr 函数的调用不一定能被优化。

```
int z=4;
const int x=2;              //x 为 const 不可再被赋值，可用任意表达式如 2+z 初始化
constexpr int y=3;          //y 为 const 不可再被赋值，只能用常量表达式初始化
const int &f(int &x) {return ++x;} //const int&类型的返回值不能再被赋值，即不可 f(z)=5;
constexpr int&g(int &x) {return ++x;}//constexpr 不说明返回值。该 int&返回值可被赋值，可 g(z)=6
```

consteval 不能用于定义变量或变量模板，constexpr 可用于定义变量或变量模板。由于 constinit 只能用于定义全局、单元、static、thread_local 等具有"永久"存储特性的变量，且其初始化值必须是编译时可计算常量或非 volatile 只读变量构成的表达式，因此，constinit 变量的初始化值可以是 consteval 函数调用、用常量表达式或非 volatile 只读变量作实参的 constexpr 函数调用（该函数不能调用非 constexpr 函数以及非 consteval 函数）。

编译时无法算出常量值的表达式不能用于 constinit 和 constexpr 变量的初始化。不像 constexpr 定义的变量是只读变量，constinit 定义的变量可以被修改。也不像 constexpr 能定义函数的局部非 static 变量，constinit 不能用于定义函数的局部非 static 变量。consteval 和 constexpr 说明函数的不同之处在于：consteval 要求函数体必须在编译时能算出常量作为返回值，故其函数调用一定会被优化为使用常量返回值，而 constexpr 则允许优化失败从而进行真正的函数调用。

如前所述，全局 main() 函数不能定义为 inline 函数，故也不能定义为优化程度超过 inline 的 constexpr 以及 consteval 函数，因为 constexpr 及 consteval 函数在实参为常量时可被优化掉。constexpr 及 consteval 并非用于说明函数的返回值，故不能认为返回值是 const 即只读的，不能认为此类函数的返回值是只读传统右值。同 inline f() 等全局函数一样，inline constexpr 和 constexpr 全局函数只保留一个副本；而 inline static 和 static constexpr 单元函数保留多个副本。由此可见，带有 static 定义的非成员函数均为单元函数。

【例 3.19】 使用 constexpr、consteval 定义函数及用 constinit 定义"永久"变量。

```
struct S {
    int n;
    inline static int p=0;        //p 初始化为 0。有 inline 再不能在类外定义和初始化 p
    static constexpr int f() {    //constexpr 并不说明返回值，故也可以返回 void。
        int x = 3;                //在 constexpr 函数内，不能定义 x 为 static 变量
        return x;
    }
    constexpr int&g(){return n;}//定义 constexpr 函数，返回 int&可写传统左值
    const constexpr int& h(){    //定义 constexpr 函数，返回 const int&只读传统右值
        return n;
    }
    int i() {return n;}          //定义非 constexpr 函数
};
static constexpr int e(int x)    //constexpr 单元(或静态)函数,可 constexpr static
{ return 0; }
constexpr int g(int x) {    //constexpr 全局函数，等价于 int constexpr g(int x)
    S y{2};                 //y.n=2,等价于 S y(2)。注意 constexpr 中 g 中不能有 static S y{2}
    y.g() = 3;             //y.g()返回传统左值，可被赋值
    //y.h() = 3;          //错误：y.h()返回传统右值，不可被赋值
    //y.i();              //错误：constexpr 函数 g()不能调用非 constexpr 函数 y.i()
    if (x < 0)            //gcc 已支持 C++2023 提议：constexpr 函数内可用 if consteval
        return y.g()+S::f();
    return x * y.n;
}
consteval int f(int x) {return x;};
constinit int m=f(3);        //作为实参的表达式必须编译时可计算，需要编译器支持 constinit
int main()                   //全局 main()函数不能定义为 constexpr 函数
{
    constinit static int w=3;//静态变量 w 可用 constinit 定义
    constexpr int x=3;       //constexpr 要用常量表达式初始化，函数内非静态不能用 constinit
    int y=g(m);              //因 m 可被修改如 m=5，故 g(m)不被优化
    return g(1);             //编译优化：调用 g(1)可被返回的常量值替换掉
}
```

### 3.2.6　线程互斥及线程本地变量

当 main()启动多个线程的时候，如果多个线程操作同一个变量，则程序的行为将变得不可预料。另一方面，如果线程之间需要互斥执行，则这些线程必须共享一个互斥锁变量，被锁住的线程代码不能并发执行，即一旦进入这段代码就必须执行到开锁，期间不会调度其他线程进入执行状态。

类 std::mutex 可以用来定义互斥锁变量，该类提供了加锁 lock()与开锁 unlock()方法，以便锁住一段代码。有两种方式锁住一段代码：①基于作用域的 std::lock_guard，当作用域结束时自动解锁；②基于致命区的加锁与开锁，由加锁与开锁指令锁住一段致命代码。方法②存在的问题是：一旦致命区中的代码出现异常，就会转移到异常处理程序，从而没有机会执行开锁指令，这将导致其他线程无法运行。

有的线程将死循环放入致命区代码中，这样的线程会一直执行而不会结束。主函数 main()在使用 std::thread 类创建线程对象后，该线程便会启动和执行被线程对象关联的函数，而主函数也会作为主线程继续执行。新建线程可能会在主线程之后结束，这样新线程分配的资源就不会释放。只有在所有线程结束并释放资源后，主线程再结束才会比较安全。

因此，主线程通常需要等待其他线程结束。在 main()中用新建的线程对象调用 join()函数，就会使main()等待该线程对象结束，然后 main()会继续向前执行。当然，如果 main()希望提前结束某个正在运行的线程对象，可以直接调用这个线程对象的析构函数。

用 thread_local 定义的变量在每个线程对象启动后，线程对象都会为该变量分配内存并初始化或调用构造函数，从而使每个线程对象都有独立隔离的关于该变量的内存，不会使程序因线程共享访问该变量而出现不可预料的执行状态。虽然 thread_local 定义的变量看起来像全局变量，但是每个线程都有隔离该变量的内存来进行独立存储和访问，就像线程自己的局部变量一样，故这种变量又被称为线程本地变量。

【例 3.20】　线程本地变量及线程的互斥执行。

```
#include <stdio.h>
#include <thread>
#include <mutex>
std::mutex mtx;                  //共享锁变量：用于线程实现互斥执行
struct S
{
    int i=0;                     //实例数据成员 i 不能使用 constexpr 和 constinit 定义
    S() {
        mtx.lock();              //加锁
        printf("S() called, i=%d\n",i);    //致命代码区
        mtx.unlock();            //开锁
    }
};
thread_local S gs;               //线程本地变量 gs
void foo()
{
    mtx.lock();                  //加锁
    gs.i+=1;                     //开始执行致命代码区代码
```

```
        printf("In foo,gs is at %p,gs.i=%d\n",&gs,gs.i);
        mtx.unlock();                  //解锁
}
void bar()
{
        //以下语句加锁，直到其所在作用域即函数体结束，即在函数返回时会自动解锁
        std::lock_guard <std::mutex> lock(mtx);
        gs.i += 4;
        printf("In bar,gs is at %p,gs.i=%d\n",&gs,gs.i);
        std::lock_guard<std::mutex> unlock(mtx);  //若因前面代码异常，本行没执行也会解锁
        //std::lock_guard在当前作用域结束时自动解锁;
}
int main()
{
        std::thread a(foo),b(bar);    //创建两个线程对象，分别和函数 foo()、bar()关联
        a.join();                     //等待线程对象 a 执行结束后，主线程 main 继续执行
        b.join();                     //等待线程对象 b 执行结束后，主线程 main 继续执行
        return printf("In main,gs is at %p,gs.i=%d\n",&gs,gs.i);
}
```

程序的输出如下所示。

```
S() called,i=0
S() called,i=0
In foo,gs is at 001EB72C,gs.i=1
S() called,i=0
In bar,gs is at 001EB72C,gs.i=4
In main,gs is at 001E4CF4,gs.i=0
```

由上例可知，main()、foo()、bar()三个线程函数都创建了各自的线程本地变量 gs，3 个线程都各自修改和保存自己的 gs 值且互不相干，每个线程都维持着各自"gs.i 值"的正确状态，所以不会导致程序出现不可预料的状况。

# 3.3  作用域

变量、常量、函数可被访问的范围称为作用域。显然，全局变量和全局函数的作用域是整个程序，即所有程序文件和所有函数皆可访问它们；单元变量和单元函数的作用域仅限于当前代码文件，该文件的所有函数都能访问它们；函数内定义的静态或非静态局部变量，其作用域仅限于当前函数，其他任何函数都不能访问它们；常量的作用域仅限于当前数值表达式语句。在不同的数值表达式语句中，除开启了内存优化的字符串外，即使两个常量的值相同，也不能认为它们是同一常量。

## 3.3.1  全局作用域与文件作用域

C++程序可由若干代码文件构成，包括头文件（即.h 文件）、代码文件（即.c 或.cpp 文件）以及库文件（即.lib 或.dll 文件）。程序员只需要编写与问题求解

变量和参数的
作用域

相关的代码，而数学计算、界面处理等函数或功能由库文件提供。程序员也可以将自己编写的函数或类编译以后，通过库管理程序形成自己的库文件，供自己或他人在以后开发时使用。

　　一个代码文件可能会访问其他代码文件的变量和函数。对于所有函数都能访问的变量或函数，必须将它们定义为全局变量或全局函数，而不是用 static 或 inline static 定义静态变量或者静态函数。在某个代码文件中，在函数外用 static 定义的变量称为单元静态变量，在函数内用 static 定义的变量称为局部静态变量。由于单元静态变量或函数的作用域为当前代码文件，故单元静态变量或函数也可称为单元变量或单元函数。

　　单元变量(函数)不能被其他文件的函数访问，即这些变量和函数属于当前文件作用域，即仅当前.cpp 文件中的函数可以访问。因此，在不同的代码文件内，可以定义同名的单元变量和单元函数。由于全局变量和全局函数可被任意函数访问，因此一旦出现问题（如某个全局变量的值不符合预期），就必须检查所有访问该全局变量的函数。由此可见，适当限制变量或函数的被访范围有利于提高程序的开发、调试和维护效率。

　　C 语言没有引入面向对象的概念，因此其作用域是面向过程的，即面向函数的作用域。某个函数体内用 extern 说明的外部变量有两种，即当前文件或其他文件定义的全局变量和当前文件这个函数外定义的单元变量。当前文件这个函数外部可以定义全局变量，也可以用 static、const、constexpr 等定义单元变量。同理，某个函数体内用 extern 说明的外部函数也分两种，即全局函数和当前文件这个函数外用 static、static constexpr 等定义的单元函数。

　　全局变量和全局函数在整个程序范围内只能被定义一次。作为程序范围内的全局函数 main()，只能在程序的某个代码文件中唯一定义一次。全局变量和单元变量定义若仅说明变量的类型和名称，则其初始值默认为 0（使用 constexpr 时必须初始化）。若存在和全局变量（或函数）同名的单元变量（或函数），将优先访问作用域范围更小的单元变量（或函数）。

【例 3.21】　程序由 A.cpp 和 B.cpp 两个文件构成，这两个文件编译并连接形成一个可执行程序。代码文件 A.cpp 的内容如下。

```
extern int x;  // "B.cpp" 没定义全局变量x，此 x 指的是 "A.cpp" 中自定义的全局变量x
extern int x;          //可以多次声明x
int x=2;               //定义全局变量x，只能在 "A.cpp" 或 "B.cpp" 中共计定义一次
static int u=5;        //单元静态变量u，"A.cpp" 或 "B.cpp" 均可定义各自的同名变量
int v=3;               //定义全局变量v，"A.cpp" 定义后则 "B.cpp" 不能定义
static int y=3;        //单元静态变量可在 "A.cpp" 和 "B.cpp" 中各定义一次
int f()                //全局函数f()在 "A.cpp" 和 "B.cpp" 中总共只能定义一次
{//作用域范围越小，被访问的优先级越高；局部变量总是优先于外部变量被访问
    int u=4;           //函数局部非静态变量：作用域为函数 f() 内部
    static int v=5;    //局部静态变量：作用域为函数 f() 内部
    v++;               //优先访问自定义函数静态变量v，不会访问函数外部的变量v
    return u+v+x+y;    // "A.cpp" 自定义的y被优先访问，不会访问文件外部的y
}
static int g()         //单元静态函数可在 "A.cpp" 和 "B.cpp" 中各定义一次
{
    return x+y;
```

```
}
```

代码文件 B.cpp 的内容如下。

```
extern int x;          //欲访问文件外部变量x，即访问A.cpp定义的全局变量x
extern int x;          //欲访问文件外部变量x，允许多次声明
static int y=3;        //单元静态变量可在A.cpp和B.cpp中各定义一次
extern int f();        //欲访问文件外部函数f()，即A.cpp定义的全局函数f()
static int g()         //单元静态函数可在A.cpp和B.cpp中各定义一次
{
    extern int x;      //可再次声明（本行可省）要访问外部的变量x，即A.cpp的全局变量x
    extern int y;      //访问函数外部变量y（本行可省）时优先访问单元静态变量y
    return x+y++;      //访问A.cpp的全局变量x，优先访问B.cpp自定义的y
}
int main()             //A.cpp或者B.cpp只能有一个全局main()函数定义
{
    int a=f();         //a=15：A.cpp定义的f()返回后，f()中的v仍然存在，v=6
    a=f();             //a=16：A.cpp定义的f()返回后，f()中的v仍然存在，v=7
    a=g();             //a=5
    return a=g();      //a=6
}
```

## 3.3.2　局部作用域与块作用域

函数参数的作用域同函数的局部变量一样，即其作用范围仅限于该函数的内部。函数局部变量如果没有使用 static 定义，则其存储位置特性默认是 C 的 "auto" 类型的。存储位置特性为 static 的变量以及全局变量和单元变量，它们均 "永久" 存储在编译后汇编代码的数据段中。对于例 3.21 的函数 f() 定义的函数局部静态变量 v，在 main() 函数调用 f() 及 f() 返回之后，v 的值仍然 "永久" 存在于数据段，main() 第二次调用的 f() 可以访问上次 f() 调用遗留的 v 值。

函数参数及函数内未用 static 定义的局部变量，都存储在存储位置特性为 C 的 "auto" 类型的栈中。在被调函数的函数体执行前，先要将实参通过 "压栈" 的方式传递给形参，同时还要在栈中为函数的非静态局部变量分配内存；在被调函数返回之时释放非静态局部变量的栈中内存，并对实参通过 "出栈" 的方式释放其栈中内存。因为栈中函数的参数和局部非静态变量是自动分配和释放的，所以存储在栈中的局部非静态变量又可称为自动变量。注意 x64 编译模式优先使用寄存器传递实参，寄存器不够用时再用栈传递实参。

函数的非静态局部变量的存储位置特性也可定义为 register，顾名思义，这些变量的值也可以保存在寄存器（register）中，其好处是变量被访问和计算的速度更快。对于函数的非静态局部变量，C++编译器经常会进行存储优化，如果发现还有多余的未用的寄存器，就会将部分非静态局部变量转换为register 变量。另一方面，当定义了过多的 register 变量而寄存器不够用时，就会将一部分 register 变量转换为局部自动变量。理论上，register 变量是没有内存地址的。但是，如果程序试图获取 register 变量的地址，编译器就会将 register 变量转换为使用栈且有地址的自动变量。

变量或函数的作用域可分多层。最外层的作用域为整个程序范围；稍小一点的是代码文件形成的

作用范围，即文件或单元作用域；再小一点的是类或函数范围，这种作用域称为局部作用域。在函数作用域范围内，通过复合语句、循环语句、分支语句以及多分支语句，又可嵌套地定义新一层的作用域，从而形成更多层次的作用域，这样的作用域称为块作用域。在不同的块作用域内，如果存在若干同名变量或参数，则作用域最小的变量或参数被优先访问。

外层作用域定义的标识符可在内层访问，内层作用域定义的标识符不能被外层访问，但 VS2019 允许访问内层定义的标号，要求标号必须在整个函数之内唯一。变量、参数、函数名等标识符的作用域越大，其被访问的优先级就越低。如果内层定义了和外层同名的标识符，访问时优先访问内层定义的标识符。例 3.22 是多层复合语句作用域的用法展示，循环语句、复合语句、分支语句以及多分支语句等都可以形成自己的作用域。

【例 3.22】 多层复合语句作用域使用举例，作用域小的变量被优先访问。

```
int main()
{//函数内第一层局部作用域开始：局部作用域或函数作用域
    int a=0,b=0,c=0;
    a=1;                      //a的作用域大于函数内第二层作用域即复合语句定义的a
    {//函数内第二层局部作用域开始：第1个作用块
        int a=2,b=2;
        b=a+c;                //b=2，优先访问函数内第二层作用域的a
    }//函数内第二层局部作用域结束
    c=a+b;                    //语句处于函数内第一层作用域：访问该层的a=1、b=0、c=1
    {//函数内新的第二层局部作用域开始：第2个作用域块
        int a=2,b=2;          //此a、b是第2个作用域块新变量，不是从前第1个作用域块变量a、b
        b=a+b;                //b=3，本层（即第二层）作用域的a=2优先于外层a=1被访问
    }//函数内新的第二层局部作用域结束
    return 0;                 //处于函数内第一层局部作用域，返回值0表示程序正常
}
```

作为上述函数第二层作用域的整个复合语句，在函数第一层作用域中被看成一条语句。如果不计 main() 的变量 a、b、c 的定义和初始化，将复合语句 "{…}" 整个看作一条语句，则主函数 main() 一共只有 5 条语句。对于 "int main(){if(int x=1) int y=x+1;else int y=x+2;}"，不要以为程序错误地定义了两个变量 y。如前所述，"if(int x=1)"、"int y=x+1;"、"int y=x+2;" 均属于同一层作用域，即 main 的第二层作用域但分为两个作用域块。第 1 块定义了两个变量即 "int x=1" 以及 "int y=x+1"，第 2 块定义了两个变量即 "int x=1" 以及 "int y=x+2"，不同的两个作用域块可以定义同名变量 x、y。同一作用域块内不得定义同名变量，例如 "if(int x=1) int x=2;" 是错误的。

函数参数和局部自动变量的值存在栈中，当被调函数返回再由主调函数继续执行时，这些变量或参数的栈空间将被自动回收，因此局部变量或参数的存储位置特性默认为 C 的 "auto"。在被调函数返回后，如果调用者试图用某种方法访问它们的值，将得到不可预料行为(即 UB)的随机执行结果，甚至导致更为严重的内存或页面保护错误。操作系统以分页的方式保护每个程序的内存，不允许一个程序访问其他程序的内存，一旦发现非法访问就会 "杀死" 当前访问程序。

若被调函数的参数、局部自动变量、临时产生的常量对象被引用，则主调函数可以借助这个引用继续访问被调函数的参数或局部变量。但是，这些参数或局部变量的栈内存在返回时已被自动回收，

并且可能立即被其他线程、进程或程序分配占用，这种访问行为是一种不可预料的访问行为即 UB。若再由主调函数通过引用去访问被其他程序占用的内存，就会被操作系统视为"非法访问"而"杀死"当前访问程序。栈的分配管理同操作系统和编译程序相关，例如，UNIX 和 Windows 操作系统的栈管理模式便不相同。Windows 操作系统的栈管理模式更易导致不可预期的结果。

【例 3.23】 主调函数引用被调函数的局部自动变量将导致运行结果不确定。

```
#include <iostream>
using namespace std;
int &f(int i)              //X86 编译模式的函数参数 i 可被视为存储于栈的变量
{
    int &j=i;             //引用存储于栈的变量 i
    return j;             //返回时 i 的内存被自动回收
}
int &g()                  //g() 返回的引用是存储于栈的自动变量 k
{
    int k=6,&m=k;         //引用存储于栈的局部自动变量 k（即局部非 static 变量）
    return m;             //返回时 k 的内存被自动回收
}
int main(void)
{
    int &x=f(10),x1=x;    //x1=x=10
    cout<<"x="<<x<<" x1="<<x1<<"\n";
    //x 和 x1 的输出结果可能不同，因为重载函数<<也用了栈（x 引用的内存）
    int &y=g(),y1=y;      //y1=y=6
    cout<<"y="<<y<<"y1="<<y1<<"\n";
    //y 和 y1 的输出结果可能不同，因为重载函数<<也用了栈（y 引用的内存）
}
```

在 Windows 操作系统及 VS2019 环境下，输出结果 x 可能不为 10、y 可能不为 6，x、y 引用的是函数的非静态局部变量和函数参数。函数的局部静态变量"永久"存储于数据段，不会因函数返回就回收其占用的内存，因此，通过引用变量访问局部静态变量将不会导致"非法访问"而被操作系统"杀死"。而从主调函数引用被调函数中的局部静态变量，得到的访问结果是合法且符合预期的确定值。

## 3.4 生命期

常量、变量是否"永久"存储与它们的生命期相关。生命期指的是常量、变量等生存活动的时间范围，而作用域指的是常量和变量等可被访问的空间范围。函数局部自动变量的生命期容易理解，其生命期从函数被调用开始到函数返回为止。函数局部静态变量的生命期是自该函数第一次调用开始，直到整个程序运行结束，即直到 main() 返回为止，在此期间它被"永久"存储在数据段。"永久"存储在数据段的全局变量的生命期是整个程序运行期间。

变量和参数的
生命期

在 C++ 中，变量的生命期和作用域可能并不"一致"。全局变量的生命期和作用域是一致的，即可以在整个程序范围内访问到该变量，该变量也"永久"存在于整个程序的运行期间。静态变量的作用域仅限于当前代码文件范围内，但其生命期是自它第一次被访问开始，直到整个程序运行结束为止，即直到 mian() 返回为止。在此期间，静态变量的作用范围只是整个程序活动范围的一部分。

对于函数内定义的自动变量或者函数参数，它们的生命期和作用域都局限于函数内部，即从函数开始运行，直到函数返回为止，因此其生命期和作用域表现出某种一致性。对于函数内定义的局部静态变量，其作用域局限于当前函数范围内，但其生命期是从该函数第一次被调用开始，直到整个程序运行结束为止，因为它和全局变量、单元变量及单元静态变量一样，"永久"地存储在数据段。所以，第二次调用该函数时，还能访问第一次调用留存的局部静态变量的值。

常量或常量对象的生命期和作用域一致，均局限于它们所在的数值表达式，表达式计算结束则其生命期结束。但是，如果临时对象或常量被有址（或无址）引用变量引用，则编译时将分别在内存（或缓存）生成匿名变量，临时对象或常量将作为匿名变量的初始值，故它们的生命期将依附于匿名变量的生命期，将随匿名变量延长到所在函数返回时结束。同理，在将临时对象传给引用参数并调用该函数时，临时对象的生命期会随形参延长到函数返回时结束。

【例 3.24】 在 A.cpp 和 B.cpp 构成的程序中，试分析常量、变量和函数的生命期和作用域。

代码文件 A.cpp 的内容如下。

```
int x=2;                  //定义全局变量：生命期和作用域为整个程序
static int y=3;           //单元静态变量：生命期自第一次访问开始至整个程序结束
int f()                   //全局函数 f()：其作用域为整个程序，生命期从调用时开始
{
    int u=4;              //函数自动变量或局部变量：生命期和作用域为当前函数
    static int v=5;       //局部静态变量：生命期自第一次调用开始至整个程序结束
    v++;
    return u+v+x+y;       //f()的生命期在此结束
}
static int g() {return x;}
//单元静态函数 g()的作用域为 A.cpp 文件，生命期为调用至返回期间
```

代码文件 B.cpp 的内容如下。

```
extern int x;             //说明全局变量
static int y=3;           //单元静态变量：生命期自第一次访问开始至整个程序结束
extern int f();           //全局函数
static int g()            //单元静态函数 g()的作用域为 B.cpp 文件，生命期为调用至返回期间
{
    return x+y++;         //x 由 A.cpp 定义，y 由 B.cpp 定义
}
int  main()               //全局函数 main()：其生命期和作用域为整个程序
{
    int a=f();            //函数自动变量 a：生命期和作用域为当前函数
    const int&&b=2;       //传统右值无址引用变量 b 引用常量 2：产生匿名变量存储 2
    a=f();                //全局函数 f()的生命期自其被调用开始，返回时结束
    a=3;                  //常量 3 的生命期和作用域为当前赋值表达式
    a=g();                //静态函数 g()的生命期自其被调用开始，返回时结束
}//为 b 产生的匿名变量的生命期在 main()返回时结束
```

可以简单地认为，C++ 类型名的作用域和生命期是一致的，全局类型的生命期和作用域为整个程

序，而局部类型的生命期和作用域则限于类或其所在的函数。但是，在有些面向对象的程序设计语言中，类型的生命期和作用域不一定一致。随着类型反射的概念引入 C++，也许类型生命期的相关概念将发生变化。注意若函数返回类型无&修饰，则返回值被优先视为临时对象。

## 3.5 程序设计实例

栈是一种数据元素后进先出的数据结构，队列是一种数据元素先进先出的数据结构，这两种数据结构可以相互模拟，是两种非常有用的数据结构。在进行程序设计时，我们也经常使用模型，例如，使用有限自动机模型可以解决人带着狼、羊、草安全过河问题。

### 3.5.1 栈编程实例

栈可应用于火车调度和表达式计算。栈的数据元素可用一维数组（单重指针也可视为一维数组）存储，并且限定只能在数组的一端（即"栈顶"）进行存取操作，其中存储操作指的是向栈顶"压入"一个元素，取出操作指的是从栈顶"弹出"一个元素。由于只能在数组的一端操作，故最后"压入"的元素被最先"弹出"。

如果用结构体定义一个数据元素为整型的栈类型"STK"，需要描述的内容包括：①栈的容量 v，即栈能存储的最大元素个数；②栈顶位置 t，即当前栈空闲的单元位置；③栈元素存放的首地址，即元素指针 e。单重指针 e 指向一块分配的内存，用于存放栈的数据元素，栈结构在 STK.h 中的定义如下。

```
struct STK {
    int *e;                                  //用于存放栈的数据元素
    int v;                                   //栈容量: 能存放的最大元素个数
    int t;                                   //栈顶位置或空闲位置
};
extern STK *const push(STK *const stk,int x);     //元素 x 压入 stk 指向的栈中
extern STK *const pop(STK *const stk,int &x);     //从 stk 指向的栈中弹出元素至 x
extern int top(STK *const stk);                   //得到 stk 指向的栈的栈顶位置
extern int vol(STK *const stk);                   //得到 stk 指向的栈的容量
extern void create(STK *const stk,int v);         //初始化 stk 指向的栈, 最多存放 v 个元素
extern void destroy(STK *const stk);              //销毁 stk 指向的栈
```

对栈的主要操作包括：①压入；②弹出。除此之外，还需要提供另外两个操作：①判断栈是否空；②判断栈是否满。当栈刚刚创建时栈为空，此时栈顶位置 t=0，若将 t 看作位置偏移下标，则它指向"数组"的第一个元素。注意，C++的数组下标总是从 0 开始的。由于"数组"最多能存储 v 个元素，即从 0 到 v-1 位置可用于存储元素，因此在 t≥v 的位置表示栈满。通过栈顶位置和栈容量，可以判定栈空和栈满。除此之外，还需要进行初始化及销毁操作。

【例 3.25】 整型栈的函数定义及调用。在 STK.cpp 中定义栈的函数，在 USESTK.cpp 中调用栈的函数。

定义栈函数的 STK.cpp 如下所示。

```
#include "STK.h"
```

```
STK *const push(STK *const stk,int x)
{
    if(stk->t>=stk->v) return 0;           //返回空指针 0，表示压入失败
    stk->e[stk->t++]=x;
    return stk;                            //返回非空指针 stk，表示压入成功
}
STK *const pop(STK *const stk,int& x)
{
    if(stk->t==0) return 0;                //返回空指针 0，表示弹出失败
    x=stk->e[--stk->t];
    return stk;                            //返回非空指针 stk，表示弹出成功
}
int top(STK *const stk)
{
    return stk->t;                         //返回栈顶位置
}
int vol(STK *const stk)
{
    return stk->v;                         //返回栈的容量
}
void create(STK *const stk,int v)
{
    stk->e=(int*)malloc(sizeof(int[v]));   //分配一块内存，用于存放栈的数据元素
    stk->v=stk->e?v:0;                     //若分配成功，设置栈的容量为 v
    stk->t=0;                              //设置栈为空栈
{
void destroy(STK *const stk)
{
    if(stk->e) {                           //若 e 非空，则栈存在
        free(stk->e);                      //释放存栈元素的内存
        stk->e=0;                          //设置栈元素指针为空指针
        stk->v=stk->t=0;                   //设置栈为不可用状态
    }
}
```

调用栈函数的 USESTK.cpp 如下所示。

```
#include "STK.h"
#include "stdio.h"
int main()
{
    STK s;
    int x;
    create(&s,10);           //初始化栈 s，最多可以存放 10 个元素
    push(&s,5);              //将元素 5 放入栈 s 中
    push(&s,6);              //将元素 6 放入栈 s 中
    push(push(&s,7),8);     //将元素 7、8 放入栈 s 中
    pop(&s,x);              //将元素 8 从 s 弹出至 x，x=8
    x=top(&s);              //得到 s 栈顶位置，x=3
```

```
    x=vol(&s);                      //得到 s 栈的容量, x=10
    destroy(&s);                    //销毁栈 s
}
```

在 VS2019 环境下,创建一个名为 USESTK 的 console 工程,加入以上三个文件即可测试栈的功能。注意,在 push(push(&s,7),8)中,push(&s,7)的返回值为&s,故可继续用返回值&s 作为实参来调用 push 加入元素 8,以此类推,也可以进行栈顶元素的连续弹出。

### 3.5.2　队列编程实例

另一个常用的数据结构为循环队列。同样,也可以使用一个一维数组或单重链表来模拟循环队列。循环队列的主要操作有:①在队列尾部加入元素队列;②从队列首部取出元素;③判断队列是否为空;④判断队列是否已满。

注意,在头文件 QUE.h 中,只应包含关于变量和函数的声明,而不应包含它们的定义。否则,一旦程序在多个代码文件中#include "QUE.h",就会造成变量和函数在一个程序内被定义多次,这是编译程序连接时所不允许的。定义队列 QUE 的 QUE.h 如下。

```
struct QUE {
    int *e;                                     //指向队列数据元素的首址
    int v;                                      //队列能存放的最大元素个数
    int f;                                      //队列首部位置
    int t;                                      //队列尾部位置
};
extern QUE *const push(QUE *const q,int x);     //元素 x 压入 q 指向的队列尾部
extern QUE *const pop(QUE *const q,int &x);     //从 q 指向的队列首部弹出元素至 x
extern int empty(QUE *const q);                 //判断 q 指向的队列是否为空
extern int full(QUE *const q);                  //判断 q 指向的队列是否已满
extern void create(QUE *const q,int v);         //初始化 q 指向的队列
extern void destroy(QUE *const q);              //销毁 q 指向的队列
```

在创建或初始化队列时,分配大小为 v 个整型元素的内存块,用于存储队列的所有元素,此时队列为空,故设置 f=t=0。虽然队列的首尾指针 f、t 都会移动,但始终可以认为当队列为空时 f==t。当一个元素压入队列时,元素存储在 t 指示的队列尾部;当从队列取出一个元素时,从 f 指示的队列首部取出元素。

当从队首取出队列中的元素时,队首指针 f 不断追赶队尾指针 t,当队列元素为空时"f==t";同理,将元素压入队列尾部的空闲位置时,队尾指针 t 不断追赶队首指针 f。但是,不能用 t 赶上 f 来表示队列满,因为"f==t"时表示队列已为空。队列满的条件设定为"t+1==f",即队尾即将赶上队首的位置;考虑到队列为循环队列,因此"(t+1) mod v==f"时表示队列已满。

【例 3.26】　在 QUE.cpp 中定义队列函数,在 USEQUE.cpp 中调用队列函数。

```
#include "QUE.h"
QUE *const push(QUE *const q,int x)
{
    if((q->t+1)%v==q->f) return 0;    //返回空指针 0,表示队列已满,压入失败
    q->e[q->t]=x;
```

```cpp
        q->t=(q->t+1)%v;                //队尾指针 t 循环移动
        return q;                       //返回非空指针 q，表示压入成功
}
QUE *const pop(QUE *const q,int& x)
{
        if(q->f==q->t) return 0;        //返回空指针 0，表示队列为空，弹出失败
        x=q->e[q->f];
        q->f=(q->f+1)%v;                //队首指针 f 循环移动
        return q;                       //返回非空指针 q，表示弹出成功
}
int empty(QUE *const q)
{
        return q->f==q->t;              //队列为空，返回真
}
int full(QUE *const q)
{
        return (q->t+1)%v==q->f;        //队列满，返回真
}
void create(QUE *const q,int v)
{
        q->e=new int[v];                //分配内存有随机值，new int[v]()或new int[v]{}可将内存清零
        q->v=v;
        q->f=q->t=0;                    //设置队列为空
}
void destroy(QUE *const q)
{
        if(q->e) {                      //若 e 非空，则队列存在
            free(q->e);                 //释放存储队列元素的内存
            q->e=0;                     //设置队列元素指针为空指针
        }
}
```

调用队列函数的 USEQUE.cpp 如下所示。

```cpp
#include "QUE.h"
#include "stdio.h"
int main()
{
    QUE q;
    int x;
    create(&q,10);                      //初始化队列，实际可以存放9个元素
    push(&q,5);                         //将元素 5 放入队列尾部
    push(&q,6);                         //将元素 6 放入队列尾部
    push(push(&q,7),8);                 //将元素 7、8 放入队列尾部
    pop(&q,x);                          //将队列首部元素 5 弹出至 x，x=5
    x=empty(&q);                        //得到队列是否为空，x=0 表示队列非空
    x=full(&q);                         //得到队列是否满，x=0 表示队列不满
    destroy(&q);                        //销毁队列 q
}
```

在 VS2019 环境下，创建一个名为 USEQUE 的 console 工程，加入以上 3 个文件即可测试队列的用法。注意，在 push(push(&q,7),8)中，push(&q,7)的返回值为&q，故可继续用来加入队尾元素 8，依此类推，也可以实现队首元素的连续取出。

### 3.5.3　有限自动机编程实例

有限自动机可以解决人带着狼、羊、草安全过河的问题。有一个人带着狼、羊和草来到河的左岸，左岸只有一条无人摆渡的船。这个人要带着狼、羊、草从左岸安全到右岸，可是这条船最多只能装下一个人和其他三者之一，否则船便会沉没。如果没有人看管，狼会吃掉羊，羊会吃掉草。问如何过河才能保证狼、羊和草安全到右岸。

【例 3.27】　使用有限自动机编程，解决人带着狼、羊、草安全过河问题。

当有限自动机处于某个状态时，它接收可行的输入动作，然后转移到另一合法状态。状态可以用一串符号表示，也可以直接用整数编码表示；可首先用符号表示，然后改为用整数表示。用下划线"_"表示河流，Φ 表示河流 "_"左边或右边为空，人在河流 "_"左边或者右边出现时用大写 M 表示，狼在河流 "_"左边或者右边出现时用大写 W 表示，羊在河流 "_"左边或者右边出现时用大写 S 表示，草在河流"_"左边或者右边出现时用大写 G 表示。初始状态为 GMSW_Φ，安全过河状态为Φ_GMSW，人、羊在左岸而狼、草在右岸的状态为 MS_GW。

输入动作可以用小写字母表示。这里，人单独过河用 m 表示，人带狼过河用 w 表示，人带羊过河用 s 表示，人带草过河用 g 表示。人带着狼、羊、草安全过河的有限自动机如图 3.5 所示，其中圆括号中的数值表示对应状态的整数编码。ERROR 状态表示错误陷阱，即狼吃掉羊或羊吃掉草的状态，一旦进入错误陷阱就永远处于该状态。当所有输入动作处理完毕并且最后状态为 9 时，则表示人带着狼、羊和草安全到右岸。由图 3.5 可知，该问题有两个最短的可行动作序列：smwsgms 和 smgswms。显然，smmmwsssgms 也是一个可行解，该问题的可行解有无穷多个。

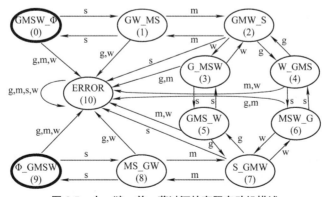

图 3.5　人、狼、羊、草过河的有限自动机描述

为解决人、狼、羊、草安全过河问题，可设状态变量 s 的初始值为 0，然后检查程序的命令行是否有输入，如果没有则输入一个动作序列字符串。根据现有状态 S 依次处理每个动作 a，然后转移到下一个新状态，直到所有动作处理完毕。程序如下。

```cpp
#include <iostream>
using namespace std;
int main(int argc,char*argv[]) {
    char a,*p,buff[256];           //一次键盘输入操作系统最多允许输入 255 个字符
    int s=0,k=0;                   //有限自动机的初始状态为 s=0
    if(argc<=2) {                  //如果命令行没有输入动作序列
        cout<<"Please input actions made of g,m,s,and w:";
        cin>>buff;                 //输入一个动作序列字符串
        p=buff;
    }
    else p=argv[1];                //命令行有输入动作序列 argv[1]
    while((a=p[k++])!='\0'){       //从动作序列中取出一个动作送入 a
    switch (s) {                   //检查当前状态 s
    case 0:                        //当前状态为 0
        s=(a=='s')?1:10;           //当前状态为 0 且输入动作为 s，则转移到状态 1
        break;
    case 1:                        //当前状态为 1
        switch (a) {
        case 'm':                  //输入动作为 m
            s=2;break;             //当前状态为 1 且输入动作为 m，则转移到状态 2
        case 's':                  //输入动作为 s
            s=0;break;             //当前状态为 1 且输入动作为 s，则转移到状态 0
        default:                   //其他非法输入动作
            s=10;
        };
        break;
    case 2:                        //当前状态为 2
        switch (a) {
        case 'g':                  //输入动作为 g
            s=4;break;             //当前状态为 2 且输入动作为 g，则转移到状态 4
        case 'm':                  //输入动作为 m
            s=1;break;             //当前状态为 2 且输入动作为 m，则转移到状态 1
        case 'w':                  //输入动作为 w
            s=3;break;             //当前状态为 2 且输入动作为 w，则转移到状态 3
        default:                   //其他非法输入动作
            s=10;
        };
        break;
    case 3:                        //当前状态为 3
        switch (a) {
        case 's':                  //输入动作为 s
            s=5;break;             //当前状态为 3 且输入动作为 s，则转移到状态 5
        case 'w':                  //输入动作为 w
            s=2;break;             //当前状态为 3 且输入动作为 w，则转移到状态 2
        default:                   //其他非法输入动作
            s=10;
        };
        break;
```

```
case 4:                         //当前状态为 4
    switch (a) {
    case 'g':                   //输入动作为 g
        s=2;break;              //当前状态为 4 且输入动作为 g, 则转移到状态 2
    case 's':                   //输入动作为 s
        s=6;break;              //当前状态为 4 且输入动作为 s, 则转移到状态 6
    default:                    //其他非法输入动作
        s=10;
    };
    break;
case 5:                         //当前状态为 5
    switch (a) {
    case 'g':                   //输入动作为 g
        s=7;break;              //当前状态为 5 且输入动作为 g, 则转移到状态 7
    case 's':                   //输入动作为 s
        s=3;break;              //当前状态为 5 且输入动作为 s, 则转移到状态 3
    default:                    //其他非法输入动作
        s=10;
    };
    break;
case 6:                         //当前状态为 6
    switch (a) {
    case 's':                   //输入动作为 s
        s=4;break;              //当前状态为 6 且输入动作为 s, 则转移到状态 4
    case 'w':                   //输入动作为 w
        s=7;break;              //当前状态为 6 且输入动作为 w, 则转移到状态 7
    default:                    //其他非法输入动作
        s=10;
    };
    break;
case 7:                         //当前状态为 7
    switch (a) {
    case 'g':                   //输入动作为 g
        s=5;break;              //当前状态为 7 且输入动作为 g, 则转移到状态 5
    case 'm':                   //输入动作为 m
        s=8;break;              //当前状态为 7 且输入动作为 m, 则转移到状态 8
    case 'w':                   //输入动作为 w
        s=6;break;              //当前状态为 7 且输入动作为 w, 则转移到状态 6
    default:                    //其他非法输入动作
        s=10;
    };
    break;
case 8:                         //当前状态为 8
    switch (a) {
    case 'm':                   //输入动作为 m
        s=7;break;              //当前状态为 8 且输入动作为 m, 则转移到状态 7
    case 's':                   //输入动作为 s
        s=9;break;              //当前状态为 8 且输入动作为 s, 则转移到状态 9
```

```
        default:                     //其他非法输入动作
            s=10;
        };
        break;
    case 9:                          //当前状态为9
        s=(a=='s')?8:10;             //当前状态为9且输入动作为s，则转移到状态8
        break;
    default:                         //当前状态为10：陷阱状态
        s=10;                        //永远处于陷阱状态
    }
}
cout<<((s==9) ? "successfully crossed!\n":"failed to cross!\n");
return s!=9;                         //成功时返回0，告知操作系统程序正常结束
}
```

注意，在上述程序中，argc 表示命令行参数的个数，第一个参数（即 argv[0]）永远是当前可执行程序的绝对路径文件名，因此，通过 argv[0]可以得知当前程序在哪个目录下运行。无论是 Windows 操作系统还是 UNIX 操作系统，均以主函数 main()返回 0 表示程序执行正常。当程序执行结束后，操作系统能够获得 main()的返回值，从而可以据此决定下一步该干什么。

## 练习题

【题 3.1】数值表达式语句必须用 ";" 结束吗？复合语句必须用 ";" 结束吗？

【题 3.2】分支语句和多分支语句可以相互转换吗？若可以，应如何转换？

【题 3.3】对于返回类型为整型的函数，函数的返回值存储在哪里？

【题 3.4】变量声明与变量定义的区别是什么？函数声明与函数定义的区别是什么？举例说明为什么 C 语言的全局变量名不能和函数名相同？

【题 3.5】头文件中应该包含变量和函数的定义吗？

【题 3.6】举例说明什么样的变量的生命期和作用域不一致？

【题 3.7】头文件 string.h 定义了函数原型 char *strcat(char *dest, const char *src)。试定义函数 strcat(…)的函数体，将 src 指示的字符串添加到 dest 指示的字符串的后面，并将调用 strcat(…)时的 dest 的原始值作为函数的返回值。

【题 3.8】为何要使用和定义 inline 函数？内联失败有哪些原因？

【题 3.9】为何函数内部定义的非静态变量叫作自动变量？自动变量和寄存器变量可以由编译程序相互转换吗？

【题 3.10】在 Windows 操作系统下使用 VS2019 编译如下程序，运行时输出的结果 ri 和 gi 相等吗？为什么？删除 printf 语句中的 8，结果有什么变化？再删除 printf 语句中的 7，结果又有什么变化？换用不同的操作系统或编译程序，运行的结果会不同吗？为什么？

```
#include <stdio.h>
```

```
int &f() {int i=10;int &j=i;return j;}
int g() {int j=20;return j;}
int main (void) {
    int &ri=f();
    int rj=g();
    printf("ri=%d\trj=%d\n",ri,rj,1,2,3,4,5,6,7,8);
    int &gi=f();
    int gj=g();
    printf ("gi=%d\tgj=%d\n",gi,gj);
}
```

【题 3.11】如下声明和定义是否会导致编译错误？试指出出错原因。

```
float g(int);
int g(int);
int g(int,int y=3);
int g(int,…);
int i=g(8);
```

【题 3.12】定义一个函数求包含 1 个以上整数的序列中的最大值，int max(int c,…)，整数个数由第一个参数 c 指定。

【题 3.13】对于定义"int a[10];int *p=a;"，可以完成赋值运算"*(a+2)=10;"和"*(p+2)=10;"吗？可以完成 a++和 p++运算吗？sizeof(a)和 sizeof(p)有何区别？

【题 3.14】编写程序，将命令行的所有参数按每行输出一个输出出来。

【题 3.15】函数 void f(const int *p)和函数 void f(volatile int*const p)是两个重载函数吗？为什么？能将 volatile 替换为 constexpr 形成重载函数吗？

【题 3.16】函数 void f(int(*a[])(int *q))和函数 void f(int(**p)(int b[]))是两个重载函数吗？为什么？举例说明数组变量退化为指针与数组形参退化为指针有何区别。

【题 3.17】变量代表内存空间中的数值，因此，只能作为有址左值被引用，例如，对于"int x;"定义的变量 x，可以定义"int&y=x;"，但不可定义"int&&z=x;"。但是对"int f();"定义的函数 f，可同时定义"int (&p)()=f;"和"int (&&q)()=f;"，为何函数引用与变量引用如此不同？

# 第4章
# C++的类

本章介绍类的声明及定义、类的数据成员和函数成员、类的成员的访问权限、类的构造函数和析构函数、类的实例对象的初始化方法、类的实例函数成员的隐含参数以及类的数据成员的内存布局。

## 4.1 类的声明及定义

关键字 class、struct 或 union 都可以用来声明和定义类。其中，struct 和 union 是 C 语言原有的关键字，class 是 C++新增加的关键字。类将数据成员、函数成员和类型成员封装起来，并提供可供外部访问的接口，这不仅降低了程序的复杂性，而且实现了错误局部化。

### 4.1.1 面向对象的基本概念

类即类型的简称，用于描述对象的共同属性（attribute）和方法（method）。在 C++中，类的属性用数据成员表示，类的方法用函数成员表示。在使用 class、struct 或 union 定义类时，C++提供了防止直接访问对象部件的封装机制，普通用户只能访问对象的公开部件。封装用于定义对象的属性和方法及其访问权限。封装提高了代码的安全性，也使程序更易维护。

对象即类的实例，也就是某个类的值。例如，对象"张三"是"人类"的一个值。对象可以是变量，也可以是常量。变量值的变化反映对象状态的变化，即反映对象属性值的变化。类是一种数据结构；而对象则代表一段内存，用于存储数据结构的值。当产生一个对象时，必须调用构造函数初始化对象，并为对象申请各种资源；当一个对象"死亡"时，则需要调用析构函数，释放对象占用的资源。

实例函数成员是指直接或间接通过对象（即实例）调用的函数成员，因此，实例函数成员都有隐含参数 this。如果类没有自定义某些特殊的实例函数成员，如没有自定义析构函数、构造函数、赋值运算函数，则 C++编译程序会为该类生成默认析构函数、构造函数、赋值运算函数。自动生成的无参构造函数参数表无显式参数，通常不会初始化数据成员，仅保证类的正常运作，如为维护函数的多态性进行最基本的初始化。

构造函数是类封装的特殊的实例函数成员，用于对对象的数据成员进行初始化，对象必须初始化且仅能初始化一次。构造函数是与类名同名的实例函数成员。如果对象的数据成员为内存指针，则通常需要为该数据成员分配内存；如果对象的数据成员为文件指针，则通常需要为该数据成员打开文件。内存和文件资源必须妥善管理，否则可能造成内存泄漏，或者文件因未关闭而不能再被打开。

　　构造函数是用来初始化对象的。构造函数为对象申请各种资源，用于初始化对象的数据成员。除了隐含参数 this 外，构造函数可以自带若干参数，用于初始化对象的数据成员。如果类没有自定义任何构造函数，则 C++编译程序可能会生成默认的构造函数。默认构造函数是参数表无参数的函数，它会为维护多态或晚期绑定进行必要的初始化。

　　析构函数是类封装的特殊的实例函数成员，用于对数据成员申请的资源进行释放。析构函数是与类名同名且名前有"~"的实例函数成员。析构函数用于释放构造函数申请的各种文件资源或设备资源等。虽然析构函数可以执行多次，但是应当尽量避免资源被多次释放，正如文件和设备不能被多次关闭一样。

　　析构函数是用来毁灭对象的，析构过程是构造过程的逆序。无论是作为对象的实例数据成员，还是通过继承得到的父类对象，析构函数都会按照构造的相反顺序析构。无论是程序自定义的析构函数，还是 C++生成的默认析构函数，都是参数表无参数的实例函数成员，它只能有一个隐含参数 this。由于析构后的对象不再参与运算，所以析构函数既不能定义、也没有必要有返回类型。

　　构造函数不能定义返回类型，但其默认返回类型为当前类。构造函数和析构函数一般定义为公开函数，但是也可以定义为私有函数或者保护函数，不过调用时要受到私有函数或者保护函数的访问权限约束。定义私有的和保护的数据成员与函数成员，可以限制数据成员或函数成员的访问范围；而定义公开的数据成员和函数成员，是为了对外提供任何函数都可以访问的接口。

　　函数绑定是指为函数调用寻找入口地址并调用的过程。早期绑定是指在程序代码运行之前完成的绑定，通常由编译程序静态连接或者由操作系统动态连接完成。而在程序运行期间由程序自己根据调用对象的类型来寻找合适的多态函数入口地址并调用的过程称为晚期绑定。完成晚期绑定过程的代码由编译程序预先插入程序中，早期绑定不需要编译程序插入完成绑定过程的代码。

## 4.1.2　类及对象定义的实例

　　如果在类的外部定义函数成员，则必须在函数名前加上类名及作用域运算符（::），以指明该函数成员所属的类，否则定义的函数将被当作不属于任何类的非成员函数。非成员函数不是任何类的成员，例如 C++的普通函数 main()就是非成员函数。

　　名字空间 std 已经定义了 string 类，可通过"#include <string>"和"using namespace std;"使用 string 类，然后定义该类的对象"string str("abcde");"。迭代器"for(char c:str)"枚举 str 的每个字符，也可用"str[0]='T';"修改其第一个字符。类 string_view 的功能与 string 的功能类似，但它的对象存储的字符不可修改。

　　【例 4.1】　在两个不同的代码文件中定义字符串类型和字符串对象。

　　本例模拟定义一个简单的字符串类 STRING，STRING.cpp 文件的代码如下所示。

```
#include <malloc.h>
struct STRING
{
    typedef char *CHARPTR;      //定义类型成员，等价于 using CHARPTR=char*;
    CHARPTR  s;                 //定义公开数据成员
    int strlen();               //定义公开函数成员
    STRING(const char*);        //构造函数不能定义返回类型：默认返回类型为 STRING
    ~STRING();                  //析构函数不能定义返回类型：析构后的对象不能再参与运算
};
```

```
int STRING::strlen()          //用作用域运算符（::）在类的外部定义函数strlen()
{int k;
    for(k=0;s[k]!=0;k++);
    return k;
}
STRING::STRING(const char *t)  //用作用域运算符（::）在类的外部定义构造函数
{int k;
    for(k=0;t[k]!=0;k++);
    s=(char *)malloc(k+1);     //构造函数申请内存资源
    for(k=0;(s[k]=t[k])!=0;k++);
}//构造函数无返回类型，无须使用return语句返回值
STRING::~STRING()              //用作用域运算符（::）在类的外部定义析构函数
{
    free(s);                   //析构函数释放构造函数申请的内存资源
}//析构对象不能再参与运算，故析构函数无返回类型，无须使用return返回值
```

MYSTRING.cpp 文件的代码如下所示。

```
struct STRING x("simple");
int main()
{
    STRING y("complex");
    STRING *z=&y;
    int m=y.strlen();   //可由m=STRING("c").strlen();构造STRING("c")返回STRING类型
    m=z->strlen();
}
```

上述 STRING 类的数据成员 s 用来存放字符串，函数成员 strlen()、STRING(char *)、~STRING() 分别为字符串长度函数、构造函数和析构函数。构造函数和析构函数不能定义返回类型，故不能认为其返回类型默认为 int 类型，但构造函数的返回类型默认是其类类型。

在主函数 main() 中，y.strlen() 表示通过对象 y 调用函数成员 strlen()，z->strlen() 表示通过对象指针 z 调用函数成员 strlen()。因为指针 z 指向对象 y，所以 z->strlen() 等价于 y.strlen()，即最终通过 y 调用函数成员 strlen()。

除了可以通过 . 和 -> 调用函数成员外，还可以通过 ::、.*、->* 调用某些类型的函数成员，这样调用函数成员都称为显式调用函数成员。除构造函数和析构函数能被编译程序自动调用外，其他任何函数成员都只能被显式调用。构造函数只能被编译程序隐式或自动调用，析构函数还可被程序员显式调用。

构造函数是唯一不能被显式调用的函数成员。上述程序定义了对象 x 和 y，编译程序在初始化对象 x 和 y 时，会分别自动调用 STRING("simple") 和 STRING("complex")，这种调用是在定义对象 x 和 y 时隐式进行的，而不是通过运算符 . 或 -> 显式调用的。

对于未初始化的 class、struct、union 类型的变量，如果这些类的成员都是公开成员，没有基类和对象成员，也没有自定义构造函数、虚函数、纯虚函数，则可以对这样的类的变量以"{…}"列表的形式初始化；对于这些类型没有初始化的全局变量、单元变量或静态变量，C++编译程序将其实例数据成员的值默认初始化为 0 或 nullptr。

析构函数既能被显式调用，又能被隐式或自动调用。当一个对象的生命期结束时，编译程序会自动调用该对象的析构函数。在例 4.1 中，局部对象 y 的生命期在 main() 返回时结束，此时编译程序将自动调用 y 的析构函数；而当全局对象 x 的生命期结束时，即整个程序运行结束时，编译程序将在收工

函数中自动调用 x 的析构函数。

如果程序在运行时非正常退出，则析构函数就可能没被自动调用。此时，如果不显式调用对象的析构函数，就可能造成对象占用的资源无法回收。内存资源无法回收将导致内存泄漏，从而造成操作系统的内存资源紧张。因此，通常情况下应该使用 return 语句正常退出程序，或者使用 C++的异常处理机制处理异常。

使用 exit()和 abort()退出程序不是一种好的习惯，因为 exit()和 abort()退出属于非正常退出，这将导致程序申请的系统资源无法释放。在 C++程序中，当使用 exit()退出时还会执行收工函数，而当使用 abort()退出时不会执行收工函数，但两者都不析构当前函数已经构造的局部对象。因为 abort()退出不会执行收工函数，所以不会执行全局、单元或静态对象的析构，从而导致这些对象占用的资源无法回收。

【例 4.2】　说明 exit()和 abort()的正确使用方法。

```cpp
#include <process.h>
#include "string.cpp"            //不提倡包含例 4.1 的 string.cpp：因为其中有函数定义
STRING x("global");             //自动调用构造函数初始化全局对象 x
int main(void)
{
    short error=0;
    STRING y("local");          //自动调用构造函数初始化局部对象 y
    //根据error标志决定执行哪个分支
    switch(error) {
    case 0:return;              //正常返回时自动析构 y，main()返回后自动析构 x
    case 1:y.~STRING();        //为防内存泄漏，exit()退出前必须显式析构局部对象 y
        exit(1);
    default:x.~STRING();       //为防内存泄漏，abort()退出前必须显式析构 x、y
        y.~STRING();
        abort();
    }
}
```

在例 4.2 中，程序包含了例 4.1 的 STRING.cpp 文件代码，因为 STRING.cpp 内定义了函数，这不是应提倡的#include 用法，好在整个程序只 "#include string.cpp" 一次，不会导致 STRING.cpp 中定义的函数被多次#include 从而造成函数被多次定义的问题。

例 4.2 中声明了全局对象 x 和局部对象 y，在出现错误需要退出的情况下，程序就如何释放系统资源做了示范。若函数调用出现多层嵌套调用，就不要使用 exit()和 abort()退出，因为此时无法析构调用链中间的函数的局部对象，但采用异常处理就能够很好地解决这个问题。

如果显式调用了析构函数，而隐式析构又照常进行，则同一对象会被多次析构，从而使同一系统资源反复释放。为了防止同一对象被反复析构，析构后应设置已被析构的标志。虽然操作系统允许内存反复释放，但不允许文件和设备在多次析构时被多次关闭。

【例 4.3】　定义一个能防止反复析构的字符串类。

```cpp
#define  _CRT_SECURE_NO_WARNINGS //strcpy涉及指针，防止出现安全警告错误
#include <cstring>               //用#include <cstring>代替 C 语言#include <string.h>
#include <malloc.h>
#include <iostream>
```

```
using namespace std;              //cstring和iostream的类在标准名字空间std中定义
struct STRING {
    char* s;                      //若内存分配成功，则s非空，可将s非空作为未析构标志
    STRING(const char*);
    ~STRING();
};
STRING::STRING(const char* t)
{
    s = (char*)malloc(strlen(t) + 1);
    strcpy(s,t);
    cout << "CONSTRUCT:" << s;
}
STRING::~STRING()
{
    if (s == 0) return;           //去掉本行，s1析构可能会输出两次
    cout << "DECONSTRUCT:" << s;
    free(s);
    s = 0;                        //在析构后设置析构标志s为空指针
}
int main(void)
{
    STRING s1("String varible 1\n");
    STRING s2("String varible 2\n");
    STRING("Constant\n");
    s2.~STRING();
    cout << "RETURN\n";
}
```

程序的输出如下所示。

```
CONSTRUCT:String varible 1
CONSTRUCT:String varible 2
CONSTRUCT:Constant
DECONSTRUCT:Constant
DECONSTRUCT:String varible 2
RETURN
DECONSTRUCT:String varible 1
```

例 4.3 声明的变量 s2 显式调用了析构函数，并在析构后设置了 s 为空的析构标志。所以在 main() 返回时，编译程序自动析构 s2 不会产生任何输出，也不会多次释放同一内存空间。虽然操作系统能对多次释放内存容错，但养成一个好的编程习惯还是很有必要的。

在上述程序中，STRING("Constant\n")是一个常量对象，所在的语句是数值表达式语句。不能认为 STRING("Constant\n")用于显式调用构造函数，常量对象显式调用构造函数的形式为 STRING("Constant\n").STRING("Constant\n")，这种调用是编译程序所不允许的，因为构造函数不能被显式调用。

对象在其生命期结束时自动进行析构，且对象自动析构的顺序与其创建顺序相反，例 4.3 的 s1 在 s2 之后自动析构。常量对象在输出 RETURN 之前析构，即常量对象在构造之后立即析构，这说明常量对象的生命期不是整个 main()运行期间，而是该常量所在的数值表达式的计算期间。数值表达式一旦计算完成，常量对象就会自动析构；若数值表达式有多个常量对象，则按创建顺序的逆序进行析构。

若常量对象在数值表达式中不间断地作为对象参与运算，则该常量形式的临时对象的生命一直存

续，且可作为左值被取地址并在其生命期内被引用。在语句 "("ab"s="cd"s)="ef"s;" 中，string 类的临时对象"ab"s 产生后，该对象所在的临时内存被常量对象"cd"s 赋值，然后该临时内存又被常量对象"ef"s赋值。临时对象之所以能不间断地作为传统左值被其他对象赋值，是因为 operator=(const string&)或operator=(string&&)的 this 接受 string 类型的可写对象。

当程序员没有为类自定义任何构造函数时，如果该类自定义或继承了虚函数或纯虚函数，或者类的对象成员或基类有无参构造函数，或者类的实例数据成员定义了默认值，或者类定义了只读或引用实例数据成员，则编译程序会为该类自动生成拷贝构造、移动构造及没有显式形参的构造函数。若该类的基类或者对象成员存在析构函数，或者该类继承或自定义了虚函数或纯虚函数，则在该类没有自定义析构函数时，编译程序会为其自动生成析构函数。

关键字 delete 除了可以用于释放指针指向的内存外，还可用于删除编译默认生成的函数成员，如构造函数、析构函数和赋值运算函数，从而禁止程序员自定义和调用被删除的函数成员。因此，在对没有显式形参的构造函数使用 delete 删除后，程序员不能调用没有显式实参的构造函数创建对象。

关键字 default 除了可以用于 switch 语句的默认分支外，还可用于接收编译能够生成的构造函数、析构函数或赋值运算函数，这样就避免在自定义这些函数成员时书写太多代码。编译程序自动生成的三种构造函数的原型是固定的，且生成的构造函数只完成多态功能维护，不会初始化对象的实例数据成员。当类内实例数据成员无指针时，可用 default 接受编译生成的析构函数。

【例 4.4】  使用 delete 禁止产生构造函数以及使用 default 接收构造函数。

```
struct A {
    int x=0;         //constexpr和constinit不能定义实例数据成员x,都能定义静态数据成员
    A() = delete;    //禁止产生和调用无参构造函数A()
    A(int m):x(m){}//自定义显式参数表有单个参数m的构造函数
    A(const A&a)=default;//接收编译生成的浅拷贝构造函数A(const A&);因无指针成员,浅拷贝即可
};
int main(void) {
    A x(2);          //调用程序员自定义的显式参数表有单个参数的构造函数A(int)
    A y(x);          //调用编译生成的浅拷贝构造函数A(const A&)
    //A u;           //错误:变量u要调用构造函数A(),但A()被禁止调用
    A v();           //正确:声明无参非成员函数v(),返回类型为A。等价于extern A v();
}//未定义A(A&&a)时, A z(A(2))将调用A(const A&):参见第2.3.4节的"int f(const int &x)"
```

在类 A 没有自定义任何构造函数、析构函数和赋值运算函数的情况下，编译程序可能自动为类 A 生成的实例函数成员有 6 个：A()、A(const A&)、A(A&&)、A&operator=(const A&)、A&operator= (A&&)、~A()。定义赋值运算函数的函数名是 operator=，调用赋值运算函数时直接使用=（如 x=y），相关概念将在第 11 章进行介绍。使用 delete 或 default 可禁止或接收 struct、class、union 生成的上述实例函数成员。

## 4.2  成员访问权限及突破方法

类为数据成员、函数成员和类型成员提供了封装功能，为这些成员的访问规定了不同的权限。在访问对象的这些成员时，必须服从相应权限的约束。但是，也可以定义成员存储位置相同的新类，然后通过将对应类的对象强制转换为新类对象，来突破对应类相应成员的访问权限约束。

## 4.2.1　成员的访问权限

成员的访问权限使用关键字 private、protected 和 public 声明。其中，private 声明的成员是私有的，仅同一类中的成员函数能够访问类自己的私有成员；protected 声明的成员是受保护的，其所在类及其派生类的成员函数可以访问其 protected 成员；public 声明的成员是公开的，任何成员或非成员函数都能访问 public 成员。

对于由 class 定义的类，在刚进入 class 类体的内部时，成员的访问权限默认为 private；对于由 struct 和 union 定义的类，在刚进入类体的内部时，成员的访问权限默认为 public，这种规定保证了 C++对 C 语言的兼容。如果希望在类体中定义新的访问权限，则可以通过 private、protected 和 public 设置新权限。

不管是什么访问权限的成员，都可以被该类的友元函数访问。对类成员的访问主要包括：①类型成员的使用；②数据成员的取值、赋值、取地址以及取内容（或解引用）等；③函数成员的调用及取函数成员的入口地址等。由于不能显式地调用构造函数，所以不能获取构造函数的入口地址，否则通过该地址便可以调用构造函数。注意，也不能取析构函数的入口地址。

构造函数和析构函数的访问权限通常声明为 public，但是也可以声明为 private 和 protected，只要访问它们时遵守相应的访问权限限定即可。将类的构造函数的访问权限定义为 private 或者 protected，意味着只有得到允许的函数才能创建该类的对象，例如被声明为该类友元的函数可以创建该类的对象，该类派生类的函数成员可以调用其 protected 构造函数创建对象。

【例 4.5】　定义 FEMALE 类，以保护女性的隐私。

```
class FEMALE {                  //进入 class 类体，下面成员的访问权限默认为 private
    int age;                    //age 为私有的，仅 FEMALE 自己的函数和友元函数可以访问
public:                         //下面成员的访问权限设定为 public
    typedef char *NAME;         //类型名 NAME 不占对象内存，访问权限为公开的，所有函数都能访问
protected:                      //下面成员的访问权限设定为 protected
    NAME nickname;              //nickname 仅能被 FEMALE 及其派生类函数、友元函数访问
    NAME getnickname();         //函数成员 getnickname()不占对象内存，其访问权限为 protected
public:                         //下面成员的访问权限设定为 public
    NAME name;                  //数据成员 name 为公开的，所有函数都能访问
};
FEMALE::NAME FEMALE::getnickname()
{
    return nickname;            //正确，FEMALE 类的函数可访问自己的所有成员
}
int main(void)
{
    FEMALE w;
    FEMALE::NAME n;             //正确，NAME 是公开的，可被 main()访问
    n=w.name;                   //正确，任何函数都能访问公开的 name
    //n=w.nickname;             //错误，main()不得访问保护成员 nickname
    //n=w.getnickname();        //错误，main()不得调用保护的函数成员 getnickname()
    //int d=w.age;              //错误，main()不得访问私有成员 age
}
```

本例没有将 main()定义为类 FEMALE 的友元函数，否则 main()便可以访问 FEMALE 类的所有成员。除了进入类体时的默认访问权限、继承时的默认继承方式不同外，struct 的其他用法与 class 完全

一样，它定义的类可与 class 定义的类等价转换。union 声明的联合体也是一种面向对象的类型，因此，union 声明的类也可以有构造函数、析构函数以及其他实例或者静态函数成员。

【例 4.6】　定义联合的数据成员为 long 类型，定义取其低地址数据的函数成员。

```
#include <stdio.h>
union LONG {                    //进入 union 联合体，访问权限默认为 public
    unsigned int x;            //x 为 y 的低地址存储单元
    unsigned long y;           //数据成员 y 为 long 类型
    unsigned GetLow();         //在 union 中定义实例函数成员
    LONG(unsigned long);       //在 union 中定义构造函数
};
LONG::LONG(unsigned long z){y=z;}
unsigned LONG::GetLow(){return x;}
int main(void)
{
    unsigned long dw=0x7654321L;
    LONG wd(0x1234567L);
    printf("%x\n",wd.GetLow());
    printf("%x\n",LONG(dw).GetLow());
    //LONG(dw) 转化为可写对象，因为 GetLow() 的*this 为 LONG&
    printf("%x\n",LONG(0x76L).GetLow());
    //同上，可写对象存储在编译生成的可写匿名变量中，被*this 引用
}
```

## 4.2.2　突破成员的访问权限

C++的封装能够阻止无意识的越权访问，却不能阻止有意识的越权访问。C 语言和 C++的强制类型转换提供了几乎无限制的类型转换功能，通过强制类型转换改变对应成员的访问权限，从而可以访问原有类型所不允许访问的数据成员。

【例 4.7】　定义两个结构相似的类，以特洛伊木马方式访问另一个类，并输出后者的用户口令。

```
#include <conio.h>
#include <iostream>
using namespace std;
class USER
{
    char passwd[10];           //访问权限默认为 private，表示是私有的，不能随意访问
public:                        //访问权限设定为 public
    char name[10];             //name 访问权限为 public
    USER(const char *user);
};
USER::USER(const char *user)
{
    cout << "Please input password:";
    for(int i = 0;i < 10;i++) {
        name[i] = user[i];
        passwd[i] = _getch();
    }
}
struct TROJAN_HORSE              //定义另一个类，其结构与 USER 类相似
```

```
{                                       //访问权限默认为 public
    char passwd[10],name[10];           //成员顺序一样，但均为公开的
};
int main(void)
{
    USER w("Wang");
    cout << "\nWang's password = ";
    for(int i=0;i<10;i++)               //口令为 10 个字符
        cout << ((TROJAN_HORSE *)&w) -> passwd[i];
}
```

TROJAN_HORSE 与 USER 的结构完全相同，只是对应的实例数据成员的某些访问权限不同。USER 私有成员 passwd 与 TROJAN_HORSE 公开成员 passwd 的存储位置对应一致，注意 USER 和 TROJAN_HORSE 要么都有虚函数，要么都没有虚函数，这样才能保证存储位置一致。若将 USER 类型的对象 w 强制转换为 TROJAN_HORSE 类型，便可以访问到对象 w 的私有数据成员 passwd。

## 4.3  内联、匿名类及位域

内联可以提高程序的执行效率，也可以用于定义类的函数成员。对于其他位置不使用的临时类，可以将其定义为匿名类。若数据成员按位拼接成若干字节，则既可以节省对象的存储空间，又便于实现类似开关的控制和访问。这些概念在程序设计时经常用到。

### 4.3.1  函数成员的内联

不管是否出现 inline 内联关键字，在类体内定义函数体的任何函数都会自动成为内联函数。内联函数成员也可以在类体外定义，但必须用 inline 关键字显式地加以说明。与以前介绍的非成员函数一样，内联函数成员通常是函数体较小的函数。原型相同的 inline 函数成员只保留或共用一个副本。

若内联函数成员使用了分支、循环、多路分支及函数调用等分支类型的语句，或者在还未定义其函数体以前调用了该内联函数成员，或者该函数成员被定义为虚函数或者纯虚函数，则该内联函数成员的内联就会失败。内联失败不代表编译程序会报告语法错误，而是意味着该内联函数成员将被当作常规的函数成员调用。

【例 4.8】  定义复数类型 COMPLEX。

```
class COMPLEX
{
    double r,v;                         //分别存储复数的实部和虚部
public:
    COMPLEX(double rp,double vp=0) {    //自动成为内联构造函数：因为定义了函数体
        r=rp;v=vp;
    };
    inline double getr();               //inline 关键字可以省略
    double getv();
};
inline double COMPLEX::getv()           //定义为内联函数成员
{
    return v;
```

```
}
int main(void)
{
    COMPLEX c(3,4);              //d.r=3, d.v=4 不用 vp 的默认值 0。等价于 COMPLEX c{3,4}
    COMPLEX d(3);               //d.r=3, d.v=0 使用 vp 的默认值 0。等价于 COMPLEX d{3}
    double r=c.getr();          //内联失败: getr()的函数体尚未定义
    double v=c.getv();          //内联成功: 此前已定义函数体
}
inline double COMPLEX::getr()   //后定义为内联函数成员，故此前的 c.getr()内联失败
{
    return r;
};
```

复数类型的函数成员 getr()、getv()及构造函数 COMPLEX()均被声明为内联函数。在调用 getr()以前，getr()的函数体还未定义，因此 getr()内联失败。鉴于构造函数 COMPLEX(double rp,double vp=0)没有申请任何系统资源，故没有定义析构函数。

注意，尽管此类只定义了一个构造函数，但该构造函数使用默认值参数 vp=0，因此可以认为该类同时定义了两个构造函数：①单参数构造函数 COMPLEX(double rp)，它将用默认值 v=0 初始化数据成员 v；②双参数构造函数 COMPLEX(double rp,double vp)，它将用调用时传递的实参 vp 初始化 v。

由于匿名类没有类名，故不可以定义构造函数和析构函数。而在类体外定义函数成员时也需要类名，因此，匿名类的函数成员不可以在类体外定义，只能在类体内定义该函数成员的函数体，从而使其默认成为内联的函数成员。当然，匿名类不能自定义构造函数和析构函数并不意味着编译程序不会为它自动生成构造函数和析构函数。

【例 4.9】 定义产生随机数的匿名类。

```
#include <iostream>
using namespace std;
struct {                        //定义一个匿名类: 没有生成构造函数，兼容 C 语言
    int x = 0;
    int random() {              //自动成为内联函数成员: 定义了函数体
        return x = (23*x+19)%101;
    }
} r = {1};                      //只能在此定义变量或对象，以后再无机会
struct {                        //定义一个匿名类: 自动生成构造函数，因为有虚函数 f()
    int x = 2;
    virtual int f(){return x;}  //定义虚函数 f(): 自动内联失败
}s;        //s.x=2, 必须调用无参构造函数。不能定义 s={5};因为没有自定义有参构造函数
int main(void)
{
    int t = r.x+s.x;            //t=1+2=3
    for(int i = 0;i<10;i++) cout << r.random() << "\n";
}
```

## 4.3.2 无对象的静态匿名联合

对于无对象的匿名联合，C++完全兼容 C 语言的定义及其用法，并且没有进行新的扩展。无对象的匿名联合具有如下特点：①必须定义存储位置特性为 static；②只能定义公开的实例数据成员；③其

实例数据成员与联合本身的作用域相同；④所有实例数据成员共享最大成员的存储空间。

对于函数外部无对象的静态匿名联合，其实例数据成员被编译成共享内存的单元静态变量。对于函数内部无对象的匿名联合，如果该联合前面出现了 static，则其实例数据成员被编译为共享内存的函数局部 static 变量；否则，其实例数据成员将被编译为共享内存的局部非 static 变量，若没有初始化这些实例数据成员，则它们的值将是栈上的随机值。

【例 4.10】 定义无对象的匿名联合。

```
static union {            //无对象的外部匿名联合必须定义为 static
    //private:            //错误：不能定义私有成员，这是为了与 C 语言兼容
    int x,y,z;            //将 x、y、z 编译为共享内存的单元静态变量
};
//int z;                  //错误：z 与联合成员 x、y、z 的作用域相同，不能定义同名变量
class CLERK {
    union {               //无对象的内部匿名 union 等价于 static union，有对象时不等价
        int wage;         //wage、income 和 union 的作用域均为 CLERK，相当于
        int income;       //在 CLERK 内定义了共享内存的 wage 和 income
    };
    char* name;           //wage 和 name 属于同一层作用域 CLERK
    //int wage;           //错误：作用域 CLERK 内已定义 wage（来自联合成员）
};
int f(void)
{
    static union {        //在 static 定义的没有对象的内部匿名 union 中
        int u;            //u、v 将被编译为共享内存的 f() 的局部静态变量
        long v;           //相当于在函数 f() 中定义了静态变量 u、v（被共享内存）
    };                    //未初始化，静态变量 u、v 的值初始为 0
    return v += y;        //因为内存共享，故局部静态变量 u=v
}
int g(void)
{
    union {               //在没用 static 定义的没有对象的内部匿名 union 中
        int u;            //u、v 将被编译为共享内存的 g() 的局部自动变量
        long v;
    };                    //未初始化，自动变量 u、v 的值为随机值
    return v += y;        //因为内存共享，故局部自动变量 u=v
}
int main(void)
{
    x=3;                  //因为内存共享，故单元静态变量 x=y=z=3
    int w=f();            //w=3，f() 的静态变量 v 的值为 3
    w=f();                //w=6，f() 可以访问上次调用 f() 的静态变量 v 的值
    x=3;                  //因为内存共享，故单元静态变量 x=y=z=3
    w=g();                //w=随机值，g() 的自动变量 v 的值为随机值
}
```

例 4.10 在函数外部定义了 static 的没有对象的匿名联合，其成员 x、y、z 可被看作共享内存的单元静态变量，改变 x、y、z 中任意一个成员的值，都将同时改变其他两者的值，即相当于定义了 "static int x; static int &y=x; static int &z=x;"。

若 CLERK 内定义的 union 有对象，如果在 union 前没有出现 static，则该对象为实例数据成员，否

则该对象为静态数据成员,静态数据成员的概念请参见第 5 章。注意,函数 f()的 union 前面出现 static,u、v 被编译为 f()的共享内存的局部静态变量;而函数 g()的 union 前面没有出现 static,u、v 被编译为 g()的共享内存的局部自动变量。

### 4.3.3　局部类及位域成员

局部类是指在类体中或函数体中定义的类。因为 C++不支持在函数内嵌套定义函数,故局部类的函数成员只能在局部类中定义函数体,从而使该函数成员自动成为 inline 函数成员。但是,inline 是否成功则要由之前所描述的条件决定。

【例 4.11】　定义一个产生随机数的局部类。

```
#include <iostream>
using namespace std;
void f() {                  //C++规定不得在函数 f()中嵌套定义新的函数
    class RANDOM {
        int x;
    public:
        int random()        //自动成为内联函数成员
        {return x=(23*x+19)%101;}
        RANDOM(int s)       //自动成为内联构造函数
        {x=s;}
    };
    int x=0;                //等价于 int x(0);或推荐的 int x{0};圆括号这种形式可能将 x 解释为函数
    RANDOM r(x+1);          //定义并自动调用构造函数初始化对象 r
    static RANDOM s(0);     //s 的生命期直到程序运行结束
    for(x=0;x<10;x++)  cout<<r.random()<<"\n";
}
int main(void) {f();}
```

类 class、struct 和 union 的实例数据成员都能定义为位域,但位域成员的类型必须是字节数较少的数据类型,如 char、short、int、long、long long 等及其有符号或无符号类型,不能是浮点型、数组和类等类型。枚举也是简单类型,通常用整型实现,因此,枚举类型也能用来定义位域成员。

【例 4.12】　定义用于生产过程控制的开关和状态指示灯类。

```
#include <iostream>
using namespace std;
enum ALPHA {a,b,c,d};       //ALPHA 默认编译为 int 类型
struct SWITCH {             //总位数 28 位,采用紧凑方式存储时需 4 个字节数
    int power:3;            //以下连续的均为 int 类型的位域才被合并
    int water:5;
    int gas:5;
    int oil:6;
    int start:1;
    int alarm:3;
    ALPHA stop:1;
    int manual:4;
} x;
union STATE {               //最大成员 vol 的内存为所有成员共享
    int speed:9;            //总位数 9 位(需 2 个字节),共用 vol 的内存
```

```
    unsigned run:2;              //总位数2位（需1个字节），共用vol的内存
    int vol;                     //当采用x86模式编译环境时占用4个字节
}y;
int main(void)
{
    int&&m=y.speed;              //y.speed为无址左值（注意，&&只能进行无址引用）
    //int& n=y.speed;            //y.speed无址，故不可被有址引用变量n引用
    //int&& p=y.vol;             //y.vol为有址传统左值，故不可被无址引用变量p引用
    int& q=y.vol;
    //STATE&& r=y;               //y为有址传统左值，故不可被无址引用变量r引用
    STATE& s=y;                  //s为传统左值有址引用变量，可引用有址传统左值y
    cout<<"The size of int is"<<sizeof(int)<<"bytes\n";
    cout<<"The size of SWITCH is"<<sizeof(SWITCH)<<"bytes\n";
    cout<<"The size of STATE is"<<sizeof(STATE)<<"bytes\n";
    cout<<"The size of STATE& is"<<sizeof s<<"bytes\n";
}
```

若数据成员采用紧凑方式存储，且编译环境为32位x86编译模式，则位域成员不能被&有址引用的直接理由是：y.speed只有9位二进制的内存，而 int &n 要引用32位的 int 型存储单元，所以"int& n=y.speed;"是错误的。程序的输出如下所示。

```
The size of int is 4 bytes
The size of SWITCH is 4 bytes
The size of STATE is 4 bytes
The size of STATE& is 4 bytes
```

如果采用非紧凑方式存储数据成员，则 SWITCH 和 STATE 的字节数可能有所不同。由于现代计算机是按字节编址的，因此位域成员 speed 是没有地址的，即 speed 等位域成员都是有名无址的。因此，在主函数 main() 中，y.speed 可以被无址引用变量 m 引用，但不能被有址引用变量 n 引用。此外，由于引用变量 s 共享 STATE 对象 y 的内存，因此 s 的字节数 sizeof s=sizeof y=sizeof(STATE)。

# 4.4  new 和 delete 运算符

C 语言和 C++可以用 malloc()和 free()等函数管理堆空间内存。函数 malloc()负责分配内存，在分配内存之后，不调用构造函数构造对象；函数 free()负责释放内存，在释放内存之前，不调用析构函数析构对象。此外，C++还能用 new 以及 delete 等运算符管理堆空间内存。运算符 new 负责分配对象内存，在分配内存之后，调用构造函数构造对象；运算符 delete 负责释放内存，在释放内存之前，先调用析构函数析构其指针所指的对象。

## 4.4.1  简单类型及单个对象内存管理

对于为简单类型分配的内存，如为 char、int、float、double 等分配的内存，上述两种管理内存的函数可以混合使用，即 new 分配的内存可以用 free()释放，malloc()分配的内存可以用 delete 释放。一般来说，如果一个 class 定义了构造函数和析构函数，并且在构造函数中使用 new 分配了内存，则在析构函数中应使用 delete 释放在构造函数中用 new 分配的内存。

【例 4.13】　定义二维整型动态数组的类。

```cpp
#include <malloc.h>
#include <process.h>
class ARRAY {              //class 类体的访问权限默认为 private
    int *a;                //数据成员 a、r、c 的访问权限为 private
    int r,c;
public:                    //访问权限改为 public
    ARRAY(int x,int y);    //构造及析构函数的访问权限为 public
    ~ARRAY();              //析构函数：用于释放构造函数 ARRAY(int x,int y)申请的内存
};
ARRAY::ARRAY(int x,int y)
{
    a=new int[(r=x)*(c=y)]; //可用 malloc()，整型数组 a 的 int 元素无须构造
}
ARRAY::~ARRAY()
{if(a){delete a;a=0;}}     //可用 free()，整型数组 a 的 int 元素无须析构
ARRAY x(3,5);
int main(void)
{
    int error=0;
    ARRAY y(3,5),*p;
    p=new ARRAY(5,7);      //不能用 malloc()，因为 ARRAY 有构造函数要在 new 时调用
    //无论是正常退出还是异常退出，本程序都不会出现内存泄漏情况
    switch(error) {
    case 0:delete p;       //不能用 free()，因为 ARRAY 有析构函数要在 delete 时调用
           return;         //正常退出
    case 1:y.~ARRAY();     //必须先析构再使用 exit()，防止内存泄漏
           delete p;       //不能用 free()，因为 ARRAY 有析构函数
           exit(1);        //先使用 delete，再使用 exit()，防止内存泄漏
    case 2:x.~ARRAY();     //必须先析构再使用 abort()，防止内存泄漏
           y.~ARRAY();     //必须先析构再使用 abort()，防止内存泄漏
           delete p;       //不能用 free()，因为 ARRAY 有析构函数
           abort();
    }
    //函数体在结束时的退出属于正常退出
    delete p;              //不能用 free()，因为 ARRAY 不是简单类型，它有析构函数
}
```

通过 new 产生的对象是有址的且其地址为 const 的，因此，*new ARRAY(5,7)是 ARRAY&类型的有址传统左值。编译程序不会自动调用 new 产生的对象的析构函数，必须由程序员使用 delete p 析构对象并释放对象所占用的内存。语句 delete p 将调用析构函数 p->~ARRAY()，析构时将释放成员 a 指向的内存空间，然后调用 free(p)释放对象占用的内存。可以认为简单类型是简单的类，其析构是无实质动作的伪析构，例如 "int main(){2..~double();}"，VS2019 支持这一用法。

指针指向的内存由程序员负责分配与释放。因此，在用 new 或者 malloc()为指针分配内存后，无论是正常退出还是异常退出，都必须释放指针所指向的内存。上述程序在正常退出和异常退出时，都释放了 p 所指向的内存。当使用 exit()退出时，不会自动析构局部对象；而当使用 abort()退出时，全局对象、单元对象和局部对象都不会自动析构。因此，当使用 exit()和 abort()退出时，应预先析构它们不自动析构的对象。

图 4.1（a）和图 4.1（b）说明了 new 和 malloc()在初始化对象时的不同。p 是一个指向 ARRAY 对象的指针，图 4.1（a）通过 p 为对象分配内存并调用构造函数，从而为 p->a 申请存储 35 个整数元素的内存。在图 4.1（a）的基础上，若分别使用 delete p（见图 4.1（c））和 free(p)（见图 4.1（d））释放内存，则 free(p)不能释放存储 35 个整数元素的内存，从而造成内存泄漏并减少操作系统和应用程序的内存，最终会导致操作系统和应用程序无法运行新的应用程序，Windows 操作系统将因内存泄漏要求用户关闭应用程序。

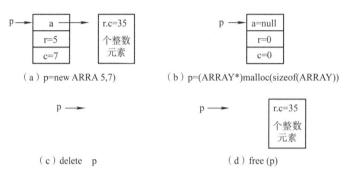

（a）p=new ARRA 5,7)　　　　　（b）p=(ARRAY*)malloc(sizeof(ARRAY))

（c）delete　p　　　　　（d）free (p)

图 4.1　两种内存管理方式

## 4.4.2　复杂类型及对象数组内存管理

在用 new 为数组分配空间时，数组的第一维下标可以是动态的，即可以使用任意整型表达式；而数组的其他维必须是静态的，即必须使用整型常量表达式。如果数组元素的类型为类，且希望用 new 创建对象数组，则该类应该自定义无参构造函数；如果类没有自定义任何构造函数，则可使用编译程序生成的无参构造函数。

【例 4.14】　使用 new 为对象数组申请内存。

```cpp
#include <iostream>
using namespace std;
class A {                    //因 A 没有指针类型的数据成员，故可不为 A 定义析构函数
    int i;
public:
A(int x,int y) {i=x+y;}      //可以用 A{1,2}、A(3,4)等形式构造对象
    A(int x) {i=x;}          //如未定义任何构造函数，编译程序就会自动生成 A()
    A() {i=0;}
} a=1,b=(2,3),c={4},d={5,6}; //调用 A(1)、A(3)、A(4)、A(5,6)。逗号表达式(2,3)的结果为 3
int  main(void)
{
    int x(3);                //等价于 int x=3。析构"3 .~int()"点前空格，以免误为 3.0
    cout<<"Please input x:";
    cin>>x;
    int *m=new int(5);       //等价于 m=new int;*m=5
    int *n=new int[x];       //全为随机值。new int[x]{1,2}初始化两个元素，其他元素清零
    int(*p)[10]=new int[x][10]; //new int[x][10]()或 new int[x][10]{}可将全部元素清零
    int(*q)[10][20]=new int[x][10][20];//分配内存的元素值为随机值，第一维下标 x 可以是动态的
    A *r=new A(5);           //new 时调用构造函数 A(int)，等价于 new A{5}
    A *s=new A[x];           //第一维可变。等于 new A[x]()或 new A[x]{}，用 A()初始化
```

```
A(*t)[3]=new A[x][3]{{A(1),A(2,3)}};
//new 分配的二位数组的第一行用 A(1)、A(2,3)、A()初始化,其他各行用 A()初始化
A(*u)[3]=new A[3][3]{{(0,1),{2,3}}};
//new 分配的二位数组的第 1 行用 A(1)、A(2,3)、A()初始化,其他各行用 A()初始化
A(*v)[10][20]=new A[x][10][20]; //所有元素用 A()初始化,等于 new A[x][10][20]{}
delete m;delete n;delete[]p;delete[]q;
delete r;delete[]s;delete[]t;delete[]u;delete[]v;
}
```

类 A 已经定义了构造函数 A(int x),由于程序要为对象数组分配内存,故类 A 应再定义无参构造函数 A()。int x(3)、new int(5)、new A(5)都是单个"对象"的初始化方法,此时 new A(5)会调用单参数的构造函数初始化对象。而要构造 new A[x]生成的对象数组,则必须按元素个数多次调用无参构造函数 A(),若例 4.14 定义"A()=delete;"或不定义 A(),则编译程序在初始化所有数组元素对象时将报错。

例 4.14 的指针 r 指向单个对象,故可用 delete r 析构 r 指向的对象,并释放 r 指向的对象的内存;如果指针 s 指向对象数组,则必须用 delete []s 析构数组中的每个对象,并释放整个对象数组占用的内存。不管对象数组的下标有多少维,都可使用 delete[]析构数组中的所有对象,并释放对象数组所占用的内存。

【例 4.15】 定义字符串类,申请内存存放字符串的值。

```
#define _CRT_SECURE_NO_WARNINGS     //strcpy 涉及指针,防止出现安全警告错误
#include <cstring>
class STRING {
    char *str;                      //构造函数为 str 分配内存,必须定义析构函数释放 str
public:
    STRING(const char *);
    STRING() {str=0;};
    ~STRING() {if(str) {delete str;str=0;}};
};
STRING::STRING(const char *s)
{
    if(str=new char[strlen(s)+1]) strcpy(str,s);//构造函数为 str 分配内存,然后深拷贝每个字符
}
int main(void)
{
    STRING *a=new STRING("abc");    //new STRING("abc")的返回类型为 STRING*const
    STRING *b=new STRING[10];        //new STRING[10]的返回类型为 STRING*const
    STRING(&c)[10][20]=(STRING(&)[10][20])*new STRING[200];
    //&更好用: c[0][0]=STRING("a");
    STRING d("abc");                 //局部变量或局部对象 d 在 main()返回时自动析构
    delete a;                        //delete 析构单个对象并释放 a 指向的对象内存
    delete []b;                      //必须用 delete[]析构所有对象并释放整个对象数组的内存
    delete []&c;                     //必须用 delete[]以防堆内存泄漏,将调用析构函数 200 次
}//STRING(&c)[10][20]改为 STRING c[10][20]将大量消耗栈,用&可节省栈但要用 delete[]&c 以防泄漏
```

全局变量、单元变量和局部变量保存的对象由程序在变量生命期结束时自动析构。但是,编译程序不会自动调用通过 new 产生的对象的析构函数,因此必须由程序员通过 delete 或 delete[]析构对象指针或对象数组指针所指向的对象。

在例 4.15 中,对象指针 a 和 b 的类型完全相同,但 a 和 b 分别指向单个对象和对象数组,因此必须分别用 delete a 和 delete []b 释放内存。也就是说,如果能区分 x 指向的是单个对象还是对象数组,

那么选择 delete x 还是 delete []x 就不会成为问题。

若为简单类型指针 int *x，则 delete x 或 delete[ ]x 均可。但是，如果 x 是函数 func(STRING *x)的参数，那么在函数 func()中就无法确定 x 指向的是单个对象还是对象数组，也就无法确定是选择 delete x 还是 delete []x 来析构对象以及释放对象占用的内存。

为此，只能对传给 x 的实参做出唯一选择或者约定，即假设所有实参都是指向对象数组的指针，若指向单个对象，则可用指向只有一个元素的数组表示。例如，在上述程序中，可以用 a=new STRING[1] 为 a 指向的单个对象分配空间，这样就可以在 func(STRING *x)中统一使用 delete []x 释放空间了。

注意，如果 func(STRING *x)包含 delete x 或 delete []x，而且 d 是一个 STRING 类型的对象，就不要进行传递对象地址形式的函数调用 func(&d)，因为 func()中的 delete 会析构对象 d，而调用返回后对象 d 的生命期并未结束，还可能访问实际上已经被析构的对象 d，这样会导致在运行时出现不可预料的错误。

上述类 STRING 定义了两个构造函数 STRING(const char *)和 STRING()。如果定义具有默认值参数的构造函数，例如定义 STRING(const char *=nullptr)，则这一个构造函数可以等价以上两个构造函数。同理，定义 STRING(const char c,int n=1)等价于定义了两个构造函数：①单参数的定义为 STRING(const char c)；②两个参数的构造函数为 STRING(const char c,int n)。

new 最终会调用 malloc()函数分配内存；而不同编译程序对 malloc()函数的实现不同，大部分编译程序不会对分配的内存进行初始化，也就是说，分配后内存单元的值是"随机"的。当 malloc()分配内存失败时，如果函数指针_new_handler 的值为空，则 new 就会返回一个空指针；否则 new 就会调用_new_handler 指向的函数。指针_new_handler 以何种名称出现、以何种形式存在同编译程序有关。

一般情况下，函数指针_new_handler 的值为空。调用 set_new_handler()函数可以重新设置指针_new_handler 的值，使其指向某个自定义的存储管理函数 my_handler()。假如自定义的存储管理函数总能释放足够的空间，那么通过 set_new_handler()将_new_handler 指向 my_handler()后，每次调用 new 都能成功地分配内存。

new 还可以用来对已经析构的变量重新构造，是否支持这种用法也与编译程序有关。利用例 4.15 定义的 STRING 类，可以编写如下程序来利用已经析构的变量 x。

```
STRING x ("Hello!"),*p=&x;
x.~STRING ();                    //析构 x：不提倡在 STRING 的非构造和非析构函数中使用
new (&x) STRING ("The World"); //占位 new(即 placement new)重新构造 x,不提倡使用
new (p) STRING ("The World");   //采用另一种形式重新构造 x
```

虽然上述用法可以省栈空间，但若 STRING 将被用作基类（未定义为 final 类），在该类非构造和非析构函数中，随意使用占位 new 或~STRING()，会破坏其派生类对象的多态性，因此在实际编程时不提倡上述用法。

## 4.5　隐含参数 this

类有两种类型的函数成员，即实例函数成员和静态函数成员，前面介绍的函数成员都是实例函数成员。实例函数成员与静态函数成员的区别在于：静态函数成员可以使用 static 说明，实例函数成员不

能使用 static 说明；实例函数成员比静态函数成员多了隐含参数 this。隐含参数 this 是实例函数成员的第一个参数，其类型与实例函数成员参数表后的修饰符有关，一般为指向此类对象的 const 指针。参数表的参数一般通过压栈传送，而 this 可能通过压栈或寄存器传送。

当一个对象调用一个实例函数成员时，对象地址作为被调用函数的第一个实参，通过压栈将该实参传递给该函数的隐含参数 this。作为类 C 的实例函数成员，构造函数和析构函数的第一个参数也是this。需要注意的是，构造函数和析构函数的隐含参数 this 的类型只能为 C *const，而不能为 const C *const 或 volatile C *const，因为构造和析构对象时对象必须可写且不随机变化。析构函数的参数表只能为空，也就是说，析构函数不可能有重载函数，因为无法做到参数个数或者类型有所不同。

对实例函数成员而言，引入 this 参数是有必要的：①使用 this 访问实例数据成员可以区分与其同名的成员函数参数；②当使用对象调用该实例函数成员时，this 将会指向调用当前函数的对象；③当函数需要返回一个对象时，或者返回针对调用对象的引用时，可以使用*this 作为函数的返回值。

【例 4.16】　定义一个二叉树类，在二叉树中查找节点。

```cpp
#include <iostream>
using namespace std;
class TREE {
    int value;                    //节点的值
    TREE *left,*right;            //节点的左右子树
public:
    TREE(int value,TREE*left=0,TREE *right=0);    //构造树节点，0 表示空指针
    ~TREE();
    const volatile TREE *find(int)volatile;
};
TREE::TREE(int value,TREE*left,TREE *right)       //this 指向要构造的对象
{
    this->value=value;           //等价于 TREE::value=value 或(*this). value= value
    this->left=left;             //可以用 this 区分实例数据成员和函数参数
    TREE::right=right;           //也可以用 TREE::区分数据成员和函数参数
}
TREE::~TREE()                    //this 指向要析构的对象，VS2019 通过寄存器传送 this 实参
{
    if (left) {delete left;left=0;}
    if (right) {delete right;right=0;}
}
const volatile TREE* TREE::find(int v)volatile   //this 指向调用该函数的对象
{
    if (v==value)                //如果 v 和节点的 this->value 的值相同，则找到节点
        return this;             //必须用 this 返回，this 指向找到的节点
    if (v < value)               //条件满足时查找左子树，否则查找右子树
        return left != 0 ? left->find(v):0;
    return right != 0 ? right->find(v):0;
}
TREE root(5);                    //main()返回后将自动析构全局对象 root
int  main(void)
{
    if (root.find(4)) cout<<"Found \n";
}
```

二叉树的三个函数成员 TREE (int)、~TREE()、TREE *find(int)的实际参数个数分别为 2、1、2，构造函数和析构函数的隐含参数 this 的类型都为 TREE *const this，而 find()函数的隐含参数 this 的类型为 volatile TREE *const this。由于隐含参数 this 是一个只读指针，故不能对 this 进行++、--或赋值等操作。

注意，find()的函数原型为 const volatile TREE* TREE::find(int v)volatile，变量 root 的类型为 TREE。当使用 root.find(4)调用函数 TREE::find()时，root 的地址作为实参传递给 this，this 能接收这样的实参吗？根据第 2.3 节的指针用法，即一个可写实体 root 的地址可以传递给指向 volatile 易变实体的指针 this，因此，这个 this 也可用来接收实参 root 的地址。

此外，TREE::find()的返回类型为 const volatile TREE*，而隐含参数 this 的类型为 volatile TREE *const，若将返回值看作某个返回变量存储的值，则该返回变量能够接受 this 向它赋值吗？如果同时去掉返回变量和 this 中的 volatile，则返回变量和 this 的类型分别为 const TREE*和 TREE *const，此时 this 指向的是一个可写实体，根据第 2.3 节的指针用法，它可以赋给指向只读实体的指针变量。

# 4.6　对象的构造与析构

构造函数的
说明或定义

若一个类自定义了构造函数，则其对象必须用构造函数初始化。若类未定义任何构造函数，则编译程序可能会生成默认无参的构造函数。可以采用"{}"的形式初始化对象成员，也可在有构造函数时调用构造函数。对象数组的初始化必须调用无参构造函数。

## 4.6.1　构造函数及对象初始化

当类含有只读和引用实例数据成员时，如果这些只读和引用实例数据成员没有默认值，则必须为初始化这些成员自定义构造函数。假定类 A 存在一个类型为 B 类的实例数据成员，且 B 类的所有构造函数都存在没有默认值的参数，则类 A 必须自定义构造函数来调用类 B 的有参构造函数，因为编译程序无法生成调用类 B 有参构造函数 A::A()。

构造函数必须在其参数表及冒号（:）的后面，调用其基类或虚基类的构造函数，初始化其只读和引用类型的实例数据成员，以及初始化类型为类的实例数据成员（简称对象成员）。构造函数参数表后的:与{之间被称为该构造函数的初始化位置。在构造函数的函数体内，也可以对数据成员赋值，此种赋值虽具备初始化的功能，但并不完全等价于初始化，例如，只读和引用成员就不能在此赋值。

可写成员既可以出现在构造函数的初始化位置，也可以出现在构造函数的函数体内，因为可写成员是可以被多次赋值的。对于定义了默认值的实例数据成员，若它没有出现在构造函数的初始化位置，则编译程序会使用默认值对其初始化，否则该默认值将被编译程序忽略。默认值可以是简单类型的值或类的对象。

类的基类或对象成员必须初始化，若它们没有显式出现在初始化位置，则它们会被编译程序自动初始化，即默认调用显式参数表无参的构造函数初始化。在自动初始化基类或对象成员时，编译程序将检查基类或对象成员所属的类，若它们的类自定义的构造函数全都有参，则编译程序会报告构造函数生成错误，因为编译程序不能随意调用有参构造函数。

大多数编译器都会遵循如下规则：基类及实例数据成员按其在类中定义的顺序初始化，而与它们出现在构造函数初始化位置的顺序无关。如果简单类型的实例数据成员没有出现在初始化位置，且没有为这样的实例数据成员指定默认值，则当它属于全局对象、单元对象和静态对象时初始化为 0，否则作为局部对象它的初始值将是一个随机值。

少数编译器可能会按程序员指定的顺序初始化，这样会导致程序在不同的编译环境下结果不同，从而导致该程序对不同的编译环境是不可移植的。因此，建议程序员按公认的初始化顺序对虚基类、基类和实例数据成员进行初始化。此外，还应注意虚基类初始化的优先级高于基类，基类初始化的优先级高于实例数据成员。

【例 4.17】　定义包含只读、引用及对象实例数据成员的类，并定义相应类的构造函数。

```
class A {
    int a;
public:
    A(int x) {a=x;}
    A(const A&x) {a=x.a;}
    A() {a=0;}
};
class B{
    const int b=0;          //指定数据成员 b 的默认值为 0
    int c,&d,e,f;           //b、d、g、h 只能在构造函数体前初始化
    A g,h;                  //对象成员必被初始化
public:
    //类 B 的构造函数体前未出现 h，因此 h 默认用 A()初始化
    //在以下 ":" 后的初始化位置，按公认的顺序初始化 b、c、d、e、f、g、h
    B(int y):d(c),c(y),g(y),b(y),e(y)  //b 忽略默认值用 y 初始化。试试用 b(b+y)代替 b(y)
    {//若上述初始化位置没有出现 b(y)，则使用 b 的默认值 0 初始化，即等价于用 b(0)代替 b(y)
        c+=y;
        f=y;                //f 在初始化位置有默认值，但 f 是可写成员，可再次赋值为 y
    }
};
int main(void)
{
    int x(5);               //int x=5 等价于 int x(5)
    A a(x),y=5;             //若编译程序启用了优化，则 A y=5 等价于 A y(5)
    B b(7),z=(7,8);         //若编译程序启用了优化，则 B z=(7,8)等价于 B z(8)
}
```

C++将简单类型看作简单的类,提倡用构造函数的形式初始化,例如"int x=5;"可以写成"int x(5);"。同时，C++的类也兼容 C 语言的赋值初始化形式,如果一个类的构造函数只有一个参数,则可以采用赋值的形式初始化该类变量。例如,在上述程序中,类 A 的变量 y 采用赋值形式初始化,即以"A y=5;"的赋值形式初始化。

对于"A y=5;",不同编译器采用的编译方法可能不同：①先用 5 调用单参数的构造函数产生常量对象 A(5)，然后为 A(5)生成只读匿名变量作为实参，并传给 x 调用拷贝构造函数 A(const A&x)构造 y，当 y 构造完毕便析构常量对象 A(5)；如前所述，如果定义了无址引用参数的 A(A&&x)，则 A u=A(5);优先

调用 A(A&&x)来移动构造 u。②如果编译程序启用了优化功能,则"y=5;"等价于"A y(5);",而"A u=A(5);"等价于"A u(5);",即直接调用构造函数 A(int)构造 y 和 u,C++2020 标准规定采用这一优化构造策略。

当编译程序启用了优化功能时,由于"A y=5;"中等号的右边是一个 int 类型的值,因此编译会调用单参数构造函数 A(int)构造 y。注意,类 B 的变量 z 也是采用赋值的形式初始化的。在定义"B z=(7,8);"的括号中,逗号表达式自左至右进行运算,结果为最后一项的值 8,因此"B z=(7,8);"等价于"B z=8;"。

编译程序一般会按类 B 定义实例数据成员的顺序初始化实例数据成员。类 B 定义的实例数据成员包括只读成员 b、引用成员 d 以及对象成员 g 和 h,它们必须在构造函数的初始化位置初始化。注意,实例数据成员 b 在定义的同时指定了默认值,但在初始化位置对 b 进行了初始化,因此为 b 指定的默认值无效且被编译程序忽略弃用。

### 4.6.2　成员默认值及构造与析构

实例数据成员可以定义默认值。在构造函数的参数表和冒号（：）后若出现了实例数据成员的初始化,则该实例数据成员的默认值无效,否则用默认值初始化该实例数据成员。

【例 4.18】　定义实例数据成员有默认值的构造函数。

```
#include <stdio.h>
struct A {
    const int x = 1;        //定义实例数据成员 x,并指定默认值 x=1
    A(int y):x(y+x) {}      //x 已在初始化位置初始化,默认值 x=1 被弃用
} a(3);                     //默认值 x=1 被弃用:全局对象 a 初始 x 前 x=0,故 a.x=y+0=3
struct B {
    int x=1;               //x 的默认值为 1,未在初始化位置初始化 x,故用 1 初始化 x
    A y{10};               //y 的默认值为 A(10)。y 出现在构造函数初始化位置,其默认值被弃用
    B(int y):y(y+B::y.x){} //使用默认值初始化 x;y 弃用默认值,y 用新值初始化
}b(3);          //b.x=1;在全局对象 b 初始化前,B::y.x=0,故有 b.y=3+0=3
int main() {
    A c(3);    //A::x 的默认值被弃用,c 初始化时 c.A::x 值随机,故 c.x=3+c.A::x=随机值
    B d(3);    //B::x 的默认值有效,B::y 的默认值 A(10)被弃用,故 d.y=3+B::y.x=随机值
    printf("a.x=%d,b.x=%d,b.y=%d,c.x=%d,d.x=%d,d.y=%d",a.x,b.x,b.y,c.x,d.x,d.y);
}//输出 a.x=3, b.x=1, b.y=3, c.x=随机值, d.x=1, d.y=随机值
```

若类的实例数据成员全为公开成员且没有自定义构造函数,则其对象可以用花括号的形式初始化,这是 C++提供的与 C 语言兼容的初始化方式。由于联合的所有实例数据成员共享内存单元,因此联合类型的对象只需初始化其中一个实例数据成员,剩余的实例数据成员也就被同时初始化了。对于编译程序自动生成的构造函数和析构函数,可使用 delete 删除,即禁止定义和使用这些函数,也可用 default 接受和认同编译程序生成的构造函数或析构函数。

【例 4.19】　定义并初始化类的对象。

```
class A {                 //class 开始的类体默认为 private 的
    int i;               //定义了私有实例数据成员 i
public:
    int j;               //定义了公开实例数据成员 j
    A()=delete;          //删除,即禁止使用 A::A(),也导致 A 不能定义任何对象
};
```

```
struct B {                          //struct 开始的类体默认为 public 的:同 C 语言兼容
    int i,j;                        //B 的实例数据成员全部为公开成员
    B(int x,int y):i(x),j(y){};     //定义了构造函数
};
union C {                           //没有构造函数,可用"{}"的形式初始化
    char c;
    int i,j;
    ~C()=default;                   //认同 C++自动生成的析构函数
};
class D {                           //没有构造函数且全为公开实例数据成员,可用"{}"的形式初始化
public:
    int i;
    int j;
};
int main() {
    //A a={1,2};                    //错误,有私有成员 i,不能用"{}"初始化
    B b={1,2};                      //正确,等于调用 B(1,2),类 B 未定义任何构造函数也可如此初始化
    C c={.i=58};                    //正确,初始化其中的第一个成员
    D d={1,2};                      //正确,可用"{}"的形式初始化
}
```

如果需要同时构造对象数组中的多个元素,例如,当用 new 产生一个对象数组时,就必须调用无参构造函数初始化所有数组元素;如果一次只构造和初始化一个数组元素,则可以调用任何形参的构造函数。如果类自定义了任何构造函数,编译程序就不会自动生成参数表无参的构造函数。

如果编译程序自动生成了构造函数,则这样的构造函数不会初始化实例数据成员,因此这种构造函数和无构造函数没有多大差别。但是,若类定义或继承了虚函数或纯虚函数,则编译程序自动生成的构造函数会进行多态绑定,虽然它同样不会初始化实例数据成员。

对于编译程序为某个类自动生成的构造函数,若该类的全局变量、单元变量或静态变量包含实例数据成员,则这些实例数据成员的值构造前默认为 0;若该类的自动变量或函数参数包含实例数据成员,或者该类通过 new 产生的对象包含实例数据成员,则这些实例数据成员的值默认为随机值。

【例 4.20】 定义对象数组并初始化每个元素。

```
class A {
    int a;
public:
    A(){a=0;};                      //自定义无参构造函数 A(),同以下两个函数重载
    A(int x):a(x){};                //重载的构造函数 A(int x)
    A(int x,int y):a(x+y){};        //重载的构造函数 A(int x,int y)
};
class B {                           //未自定义构造函数,且没定义虚函数
    int b;                          //有私有成员:自动生成 B()
} m;                                //对于全局变量 m,有 m.b=0,为非随机值
int main(void)
{
    A a[6]={3,(4,5),A(6),A(7,8),A()};   //用类 A 自定义的构造函数构造
    A *b=new A[4];                      //用类 A 自定义的无参构造函数构造
    B c,*d=new B[4];                    //调用 B()共 4 次,每个对象取随机值
```

```
    delete []b;                    //new 生成的对象，程序员必须负责析构释放
    delete []d;
}
```

上述程序定义了一个 6 元素对象数组 a,初始化时调用的构造函数依次为 A(3)、A(5)、A(6)、A(7,8)、A()和 A(),第六个元素默认调用无参构造函数。初始化对象数组 a 所用的构造函数都是类 A 自定义的构造函数。类 B 没有自定义任何构造函数，但类 B 有私有成员，故生成构造函数 B(),但 B()没对其实例数据成员 b 进行初始化。对于类 B 的全局对象 m,其成员在构造前默认有 m.b=0;而对于非静态局部对象 c 和 d 指向的对象数组，所有这些对象的数据成员 b 的值构造前为随机值。

## 4.7　类及对象的内存布局

类或对象的内存布局既同编译程序有关，也同计算机的硬件（如字长）有关。在不同的系统环境下编译时，相同的类所占用的内存大小可能不同。即使在相同的系统环境下编译，若编译程序采用的对齐方式不同，类所分配的内存大小也可能不一样。

编译程序采用的对齐方式有两种，即紧凑方式和松散方式。如果采用紧凑方式编译，则实例数据成员之间不会留下任何空闲字节，这种方式生成的汇编程序所占用的内存较少，但访问实例数据成员需要的时间可能较长。如果采用松散方式编译,则编译程序生成的汇编程序在执行时需要的内存较多，但执行时间可能较短。

在松散方式下，编译程序根据实例数据成员的类型进行成员边界对齐。如果实例数据成员的类型为字符型等单字节类型，则从开始地址能被 1 整除的内存单元开始存放该成员；如果实例数据成员的类型为短整型等双字节类型，则从开始地址能被 2 整除的内存单元开始存放该成员；如果实例数据成员的类型为整型等 4 字节类型，则从开始地址能被 4 整除的内存单元开始存放该成员；以此类推，可以得到当类有对象成员时的成员对齐边界。

编写通信软件时尤其要注意类的内存布局。在不同的计算机硬件系统或操作系统下，同样定义的类在编译后分配的内存的字节数可能不一样。若消息发送程序与消息接收程序采用的编译程序不同，就有可能因字节数不同而导致消息发送与接收失败。对于此类程序，一般采用紧凑方式编译，且消息一般声明为字符数组。

【例 4.21】　在 32 位 x86 模式的松散方式编译环境下，定义一个最多存放 255 个字符且能进行累加和校验的消息结构。

```
#include <iostream>
using namespace std;
struct MESSAGE {
    char flag;              //消息类别标志：从地址 0 开始
    int size;              //消息长度：松散方式从地址 4 开始
    char buff[255];        //消息缓冲区：松散方式从地址 8 开始
    long sum;              //消息累加和：松散方式从地址 264 开始
};
int main(void) {
    cout<<"Size of int is"<<sizeof(int);              //输出 4
```

```
    cout<<"\nSize of long is"<<sizeof(long);          //输出 4
    cout<<"\nSize of Message is:"<<sizeof(MESSAGE);   //输出 268
}
```

假定 MESSAGE 的起始地址为 0、sizeof(int)=4、sizeof(long)=4。在松散方式下对齐时，实例数据成员 size 的开始地址应为 4，即需在 flag 和 size 之间添加 3 个空闲字节；同理，实例数据成员 sum 的开始地址应为 264，即需在 buff 和 sum 之间添加 1 个空闲字节。因此，在松散方式下对齐时，sizeof(MESSAGE) = (1+3)+4+(255+1)+4 = 268。当 MESSAGE 的成员按紧凑方式对齐时，sizeof(MESSAGE)=1+4+255+4=264。此时，编译程序计算的最大成员对齐边界为 4。

显然，在任何对齐方式下，字符类型的实例数据成员都可以紧接前一个成员存放。对于类型相同的相邻实例数据成员，因其大小、对齐边界一致，所以必定能够连续存放。例如，假定第一个整型实例数据成员的开始地址为 0，后续每个整型实例数据成员占用 4 个字节，则第二个整型实例数据成员的开始地址正好是能被 4 整除的地址 4。

指针变量存储的值为地址，但对特定的硬件及编译程序来说，指针变量的字节数是确定的。因此，对于实例数据成员为指针类型的类，指针成员的字节数也是确定的。倘若类由基类或虚基类派生，或者类定义或继承了虚函数，则类的内存布局将变得非常复杂。以后如未进行特别声明，类和对象的存储空间都按松散方式计算。可以设置编译开关来改变对齐方式。

如上所述，编译程序最终可以得到每个类的最大成员对齐边界。例如，假定类的最大成员为 double 类型，则类的最大成员对齐边界为 8 个字节。除了类的最大成员对齐边界外，当连续存放两个同类对象时，类或对象也存在对象对齐边界的问题。例如，当定义对象数组时，每个元素以对象为单位进行边界对齐，按对象对齐边界所需字节数分配内存。

编译程序也会计算类或对象的对齐边界，它不仅同所有实例数据成员占用的最小字节数有关，还与类的最大实例数据成员对齐边界相关。若没有使用 alignas(N)定义最大成员对齐边界，则类或对象的对齐边界=ceil（所有实例数据成员拼凑的最小字节数/最大成员对齐边界）*最大成员对齐边界。其中，ceil 为向上取整函数，例如 ceil(9.1)的结果为整数 10。

【例 4.22】　在松散方式下定义描述学生身份的类并计算其对象分配的内存字节数。

```
#include <iostream>
using namespace std;
struct PUPIL {
    long SID;                    //学生证号：地址从 0 开始
    char gender;                 //性别：地址从 4 开始
    char name[15];               //姓名：地址从 5 开始
    short age;                   //年龄：地址从 20 开始
};
int main(void) {
    cout<<"Size of short is"<<sizeof(short);        //输出 2
    cout<<"\nSize of long is"<<sizeof(long);        //输出 4
    cout<<"\nSize of PUPIL is:"<<sizeof(PUPIL);     //输出 24
}
```

假定 SID 的开始地址为 0、sizeof(short)=2 以及 sizeof(long)=4。字符类型的成员 gender 可以紧接

SID 存放，每个元素与 gender 类型相同的 name 又可紧接 gender 存放，而 age 的开始地址正好为 20。因此，在松散方式下，类 PUPIL 的所有实例数据成员拼凑的字节数为 4+(1+15)+2＝22 字节，类 PUPIL 的最大成员对齐边界=sizeof(long)=4，故类的对象对齐边界=ceil(22/4)*4=24 字节，即每个对象将按 sizeof(PUPIL)=24 个字节分配内存。

编译程序会自动计算类的最大成员对齐边界。默认从最小成员（即字符的成员）对齐边界开始，此时最大成员对齐边界的对齐字节数为 1。当类有 int 类型的实例数据成员时，最大成员对齐边界变为 sizeof(int)；当类有 float 类型的实例数据成员时，最大成员对齐边界变为 sizeof(float)；当类有 double 类型的实例数据成员时，最大成员对齐边界变为 sizeof(double)；当类 A 有类 B 的实例数据成员，且当前最大成员对齐边界小于 sizeof(B)时，最大成员对齐边界变为 sizeof(B)。

总之，当一个类编译完毕时，最大成员对齐边界也已算出。可使用 alignas(N)指定类的最大成员对齐边界为 N，若 N 大于编译程序计算得到的最大成员对齐边界，则该类的最大成员对齐边界最终被设定为 N，此时类或对象的对齐边界=ceil（所有实例数据成员拼凑的最小字节数/N）*N。否则，编译程序仍然使用自己计算得到的最大成员对齐边界。

【例 4.23】 在 int 采用 32 位二进制及松散对齐方式下，计算以下类的最大成员对齐边界和类的对象占用的字节数。

```cpp
#include <iostream>
using namespace std;
struct Empty {};
struct Small {
    char c;           //松散对齐：故 c 后空 3 个字节
    int f1;           //最大成员占用 4 个字节
};                    //拼凑的实际字节数=8，最大成员对齐边界为 4，对象占用「8/4]*4=8 字节
struct Cobble {
    char c;           //松散对齐：故 c 后空 3 个字节
    int f1;           //c 及 f1 共占 8 个字节
    double f2;        //f2 可以紧跟 f1 存放
};                    //拼凑的实际字节数=16，最大成员对齐边界为 8，对象占用「16/8]*8=16 字节
struct alignas(16) CobbleNew {//对象边界以最大成员指定 16 字节为单位对齐
    char c;           //松散对齐：故 c 后空 3 个字节
    int f1;           //c 及 f1 共占 8 个字节
    double f2;        //f2 可以紧跟 f1 存放，计算的最大成员对齐边界为 8
};                    //拼凑的实际字节数=16，指定的最大成员对齐边界为 16,对象占用「16/16]*16=16 字节
struct Unpiece {
    int f1;           //松散对齐：故 f1 后空 4 个字节
    double f2;        //f1、f2 共占 16 个字节
    char c;           //c 可以紧跟 f2 存放，占 1 个字节
};                    //拼凑的实际字节数=17，计算的最大成员对齐边界为 8，对象占用「17/8]*8=24 字节
struct alignas(16) UnpieceNew
{
    int f1;           //松散对齐：故 f1 后空 4 个字节
    double f2;        //f1、f2 共占 16 个字节
    char c;           //c 可以紧跟 f2 存放，占 1 个字节
```

```
};                        //拼凑的实际字节数=17，指定的最大成员对齐边界为16，对象占用⌈17/16⌉*16=32 字节
int main()
{
    std::cout
        <<"alignment of char:"<<alignof(char)<<'\n'
        <<"alignment of int:"<<alignof(int)<<'\n'
        <<"alignment of double:"<<alignof(double)<<'\n'
        <<"alignment of Empty:"<<alignof(Empty)<<'\n'
        <<"alignment of Small:"<<alignof(Small)<<'\n'
        <<"alignment of Cobble:"<<alignof(Cobble)<<'\n'
        <<"alignment of CobbleNew:"<<alignof(CobbleNew)<<'\n'
        <<"alignment of Unpiece:"<<alignof(Unpiece)<<'\n'
        <<"alignment of UnpieceNew:"<<alignof(UnpieceNew)<<'\n'
        <<"Size of Empty:"<<sizeof(Empty)<<'\n'
        <<"Size of Small:"<<sizeof(Small)<<'\n'
        <<"Size of Cobble:"<<sizeof(Cobble)<<'\n'
        <<"Size of CobbleNew:"<<sizeof(CobbleNew)<<'\n'
        <<"Size of Unpiece:"<<sizeof(Unpiece)<<'\n'
        <<"Size of UnpieceNew:"<<sizeof(UnpieceNew)<<'\n';
}
```

若 int 类型为 32 位整数，即占用 4 个字节，且 VS2019 编译器采用 x86 编译模式松散方式对齐，则程序的输出结果如下。

```
alignment of char:1
alignment of int:4
alignment of double:8
alignment of Empty:1
alignment of Small:4
alignment of Cobble:8
alignment of CobbleNew:16
alignment of Unpiece:8
alignment of UnpieceNew:16
Size of Empty:1
Size of Small:8
Size of Cobble:16
Size of CobbleNew:16
Size of Unpiece:24
Size of UnpieceNew:32
```

不同的编译系统在对象成员的内存分配方面可能有所不同，但基本上都会采用相同的对象内存布局。

# 练习题

【题 4.1】为什么应在.h 文件中声明变量或者函数，而不是定义变量或者函数？

【题 4.2】私有成员、保护成员和公开成员分别能被什么样的函数访问？

【题 4.3】在类中定义位域成员能使用 double 类型吗？

【题 4.4】定义内联函数有何好处？什么情况可能造成内联失败？

【题 4.5】函数参数的默认值可以使用同一个参数表的形参吗？

【题 4.6】对于 stdio.h 中声明的函数 printf()，语句"printf("%d,%d",23,34L,56)"正确吗？为什么？

【题 4.7】运算符 new 和 delete 与 C 语言的内存管理函数有何区别和联系？

【题 4.8】对于定义的类 T，构造函数和析构函数的隐含参数 this 的类型是什么？隐含参数可以作为函数重载考虑的部分原因吗？构造函数和析构函数可以重载吗？

【题 4.9】实例数据成员公认按什么顺序进行初始化？

【题 4.10】当用 sizeof 计算类或对象的字节数时，得到的结果包含类型成员或函数成员代码所占用的内存吗？

【题 4.11】集合类的头文件 Set.h 的代码如下，请定义其中的函数成员。

```
class SET {
    int *elem;          //set 用于存放集合元素
    int card;           //card 为能够存放的元素个数
    int used;           //used 为已经存放的元素个数
public:
    SET(int card);      //card 为能够存放的元素个数
    ~SET();
    int size();         //返回集合已经存放的元素个数
    int insert(int v);  //插入 v 成功时返回 1，否则返回 0
    int remove(int v);  //删除 v 成功时返回 1，否则返回 0
    int has(int v);     //元素 v 存在时返回 1，否则返回 0
};
```

【题 4.12】二叉树类的头文件 node.h 的代码如下，请定义其中的函数成员。

```
class NODE {
    char *data;
    NODE *left,*right;
public:
    NODE(const char *data);            //用于构造叶子节点
    NODE(const char *data,NODE *left,NODE *right);
    ~NODE();
};
```

【题 4.13】队列（QUEUE）是一种先进先出表。队列通常有插入、删除、测空和清空等四种操作。插入就是将一个元素插入队列尾部；删除就是从队列首部取走一个元素；测空就是检查队列是否为空，当队列为空时返回 1，否则返回 0；清空即清除所有队列元素使其成空队列。请分配内存存放类型为整型的队列元素，并定义完成上述操作的公开成员函数。

【题 4.14】如果将例 4.16 中的 root 的定义改为"const TREE root(5);"，那么程序还能正确编译吗？为什么？如果要消除编译错误，TREE::find()函数的定义应如何修改？

# 第5章
# 成员及成员指针

本章将介绍指向数据成员及函数成员的指针。实例数据成员指针是相对于对象首址的偏移量，因此，必须配合对象（即类的实例）才能访问相应的实例成员。本章还将介绍静态数据成员和静态函数成员的相关概念，这些成员被所有对象共享却又独立存在于对象之外。因为独立分配了内存单元，所以静态数据成员具有真正的地址。静态成员指针存储的是静态成员的地址，就像 C 语言的普通指针存储地址一样，它也是可以前后移动的真正指针。

## 5.1 实例成员指针

运算符".*"和"->*"均为双目运算符，其运算的优先级均为第 14 级，结合时按自左向右的顺序进行。运算符".*"的左操作数为类的对象，右操作数为指向该对象实例成员的指针；运算符"->*"的左操作数为对象指针，右操作数为指向该对象实例成员的指针。

### 5.1.1 实例成员指针的用法

实例成员指针是一种新的数据类型，包括实例数据成员指针和实例函数成员指针。在获取实例成员的地址时，要注意实例成员的访问权限是否允许访问。普通变量、数据成员、函数参数、函数返回值等都可以说明为实例成员指针类型。

实例成员指针

".*"和"->*"的右边都是实例成员指针，".*"的左边必须是类的对象（即类的实例），"->*"的左边必须是对象指针，因此在使用实例成员指针访问实例成员时，一定会和类的对象相关联。在类中，未用 static 说明的数据成员和函数成员均为实例成员，必须通过对象才能访问这些成员。由此可见，实例成员指针要和对象一起使用。

【例 5.1】 定义用户银行账号及用于查询的相关实例函数成员。在口令正确的情况下，查询用户的工资及存款情况。

```
#define _CRT_SECURE_NO_WARNINGS //防止 strcpy 出现指针安全警告
#include <conio.h>          //不能用#include <cconio>代替#include <conio.h>
#include <cstring>
#include <iostream>
using namespace std;
```

```cpp
class ACCOUNT {
    int balance,salary;              //实例数据成员
    char password[10];               //实例数据成员
public:
    char name[10];
    int ACCOUNT::* get(const char* item,const char* pswd);//返回实例数据成员指针
    ACCOUNT(const char* name,const char* pswd,int salary,int balance);
};
ACCOUNT::ACCOUNT(const char* name,const char* pswd,int salary,int balance)
{
    strcpy(ACCOUNT::name,name);
    strcpy(password,pswd);
    ACCOUNT::salary=salary;
    ACCOUNT::balance=balance;
}
int ACCOUNT::* ACCOUNT::get(const char* item,const char* pswd)
{
    if (_stricmp(pswd,password)) return 0;
    if (_stricmp(item,"salary")==0) return &ACCOUNT::salary;
    if (_stricmp(item,"balance")==0) return &ACCOUNT::balance;
    return 0;
}
char* getpswd(const char* name)
{
    int i=0;
    static char pswd[10];
    cout<<"Mr."<<name<<",please input your password:";
    while ((pswd[i]=_getch())!='\r') if (i<9) {i++;}
    pswd[i]=0;
    cout<<"\n\n";
    return pswd;
}
ACCOUNT yang("Yang","123456789",2000,20000);
ACCOUNT wang("Wang","abcdefghi",1000,10000);
int main() {
    ACCOUNT* y=&yang;               //定义C语言的普通指针，y为对象指针
    char* pswd=getpswd(yang.name);
    int ACCOUNT::*p=nullptr;        //定义实例数据成员指针p，printf("%p",p)将输出FFFFFFFF
    p=y->get("balance",pswd);       //p=ACCOUNT::balance时printf("%p",p)将输出00000000
    if (p==0){//0即空实例成员指针nullptr，二进制值为FFFFFFFF，此时printf("%d",p)输出-1
        cout<<"Password or inquiry item does not exist!\n";
        return;
    }
    cout<<"You have $"<<<y->*p<<" in account\n";
    cout<<"Your salary is $"<<<y->*yang.get("salary",pswd)<<"\n";
    pswd=getpswd(wang.name);
    cout<<"You have $"<<wang.*wang.get("balance",pswd)<<"\n";
    cout<<"Your salaryis$"<<wang.*wang.get("salary",pswd)<<"\n";
```

}

ACCOUNT 类定义了私有实例数据成员，其他函数不能直接访问这些私有数据成员。ACCOUNT 类提供了公开实例函数成员 get()，在核对口令正确后，get()返回查询项目对应的实例成员指针。因此，只有在口令正确的情况下，才能通过 get()获得实例成员指针，才能访问被私有访问权限保护起来的实例数据成员。

实例数据成员指针实际上是一个偏移量，是某个成员的内存地址与所属对象首址之差。当实例成员指针指向某个实例数据成员时，不能通过移动该指针指向其他实例数据成员。因此，也不能将实例成员指针强制转换为其他类型或者进行反向操作。否则，通过转换成整型→整型数值运算→从整型转回实例成员指针等操作，便可以间接地实现实例成员指针的移动。

## 5.1.2　实例成员指针的限制

实例成员指针不能移动的原因在于：①各个实例成员的类型或者字节数不同，指针移动后指向的内存可能在另一个成员的中间，或者跨越两个及两个以上实例成员的内存单元；②即使移动前后指针指向的成员的类型正好相同，这两个成员的访问权限也有可能不同，移动指针后访问成员便可能出现越权访问问题。

【例 5.2】　实例成员指针不能直接或者间接地移动。

```
#include <iostream>
using namespace std;
struct A {
    int i;                    //实例数据成员 i：访问权限是公开的
private:
    double j;                 //实例数据成员 j：访问权限是私有的
public:
    int f() {cout<<"Function f\n";return 1;};
private:
    void g() {cout<<"Function g\n";};
} a,*q=0;                     //printf("%p",q)输出00000000，注意普通指针 q 与以下 A::*pi 的不同
int main()
{
    int A::*pi=nullptr;       //printf("%d",pi)输出-1：memset 置 pi 为 0 并不能使 pi 为 nullptr
    pi=&A::i;                 //printf("%p",pi)输出00000000。pi=&(A::i)错：无对象访问实例成员 A::i
    int(A::*pf)()=&A::f;      //实例函数成员指针 pf 指向 public 的"A::f()"
    long x=a.*pi;             //等价于 x=a.*(&A::i)=a.A::i=a.i
    x=(a.*pf)();              // ".*"的优先级比函数调用"()"低，故用"(a.*pf)"提高其优先级
    pi++;                     //错误，pi 不能直接移动，否则 pi 将指向私有实例成员 j
    pf+=1;                    //错误，pf 不能直接移动
    //x=(long) pi;            //错误，pi 不能转换为"long"类型，否则以下语句将间接实现 pi++
    //x+=sizeof(int);         //正确，通过长整型 x 的运算移动 pi
    //pi=(int A::*)x;         //错误，x 不能转换为成员指针
}
```

以上 "int A::*pi=nullptr;" 等价于 "int A::*pi=0;"，"pi==0" 的结果为真（true）。注意：printf("%d",pi)

将输出-1，即实例数据成员空指针 nullptr 的值为-1。"pi=&A::i;"将 pi 指向 public 成员 A::i，通过 a.*pi 便可以访问该公开成员。如果允许 pi 向下移动一个整型单元，那么 pi 将指向 double 类型数据成员 j 的中间。注意 j 是私有的不可被 main()访问的。

因此，如果允许实例成员指针 pi 移动，那么 pi 移动后就可能指向私有成员，而前述"a.*pi"可以访问数据成员。另外，在上述程序中，如果允许实例数据成员指针 pi 和其他类型（如长整型）进行相互转换，则最后 3 条语句就可以间接地实现 pi 的前后移动。

## 5.2　const、volatile 和 mutable

const 和 volatile 的使用范围几乎没有限制，而 mutable 只能用于修饰实例数据成员和 Lambda 表达式捕获的变量（实际上也会成为实例数据成员）。const 用于说明变量、参数、成员、函数返回值不可修改；即使当前程序或线程没有修改变量的值，volatile 变量的值也可能自动发生变化；当当前对象不可修改时，mutable 提供了其实例数据成员可被修改的机动功能。

### 5.2.1　const 和 volatile 的用法

const 和 volatile 可以用来说明变量、函数参数、函数返回类型、类的数据成员与函数成员的参数及其返回类型。当类包含 const 或引用类型的实例数据成员时，如果没有为该实例数据成员指定默认值，就必须自定义构造函数来初始化该成员，且必须在构造函数的初始化位置对其进行初始化；而含有 volatile 实例数据成员的类则不一定要自定义构造函数。

【例 5.3】　定义类描述指导教师，允许更改指导教师的姓名，但不允许改变性别。

```
#define _CRT_SECURE_NO_WARNINGS //防止 strcpy 出现指针安全警告
#include <cstring>                //#include <cstring>可代替#include <string.h>
#include <iostream>
using namespace std;
class TUTOR{
    char name[20];              //可写数据成员 name
    const char sex;             //只读数据成员 sex，没有指定默认值
    int salary;                 //可写数据成员 salary
public:
    TUTOR(const char *name,const TUTOR *t);
    TUTOR(const char *name,char gender,int salary);
    const char *getname() {return name;}
    char *setname(const char *name);
};
TUTOR::TUTOR(const char *n,const TUTOR *t):sex(t->sex)    //在初始化位置初始化 sex
{
    strcpy(name,n);
    salary=t->salary;                           //赋值与初始化的关系是：初始化是第一次赋值
}
TUTOR::TUTOR(const char *n,char g,int s):sex(g)           //在初始化位置初始化 sex
```

```
{
    strcpy(name,n);
    salary=s;                        //赋值可以进行多次，初始化只能进行一次
}
char *TUTOR::setname(const char *nm)
{
    return strcpy(name,nm);
}
int  main()
{
    TUTOR wang("wang",'F',2000);
    TUTOR yang("yang",&wang);
    //*wang.getname()='W';            //错误，不能修改 wang.getname() 指向的只读字符
    *yang.setname("Zang")='Y';        //正确，因为返回的指针指向的字符是可写的
}
```

以上程序在声明 const 成员 sex 的时候没有初始化，sex 实例成员的初始化应在类的构造函数的初始化位置完成。注意，函数成员 getname() 返回 const char *类型的指针，故不能通过这种类型的指针修改它所指向的只读字符。实例函数成员 setname() 返回 char *类型的指针，可以通过这种类型的指针修改它所指向的可写字符。

到目前为止，所介绍的函数成员都是实例函数成员。实例函数成员的参数表后可以出现 const 或 volatile，它们用于修饰函数隐含参数 this 指向的对象。实例函数成员的参数表后出现 const，表示 this 所指向的对象是不能修改的只读对象，确切地讲，是不能修改 this 所指向的对象的所有实例数据成员，但可以修改 this 所指向的对象的非只读类型的静态数据成员。静态数据成员将在 5.3 节中介绍。

实例函数成员参数表后的 const 修饰隐含参数 this，当出现与显式参数表相同的同名实例函数成员时，如果这些实例函数成员的隐含参数 this 的修饰符不同，则这两个实例函数成员将被视为重载函数。如果实例函数成员参数表后出现 volatile 或者 const volatile，则可以参照 const 得出类似的实例成员函数是否重载的结论。

当调用实例函数成员时，编译程序会将实参的类型同 this 的类型匹配，从而调用最合适的实例函数成员。可读/写的普通变量或者对象应该调用参数表后不带 const 或者 volatile 的实例函数成员；const 对象则应该调用参数表后出现 const 的实例函数成员；volatile 对象则应该调用参数表后出现 volatile 的实例函数成员，以此类推。如果调用时不存在相应的实例函数成员，编译程序就会对函数调用报警或者报错。

【例 5.4】　参数表后出现 const 和 volatile 的实例函数成员的调用。

```
#include <iostream>
using namespace std;
class A {
    int a;                  //实例数据成员 a 前无 const。对象可修改时 a 可修改，否则不可修改
    const int b;            //实例数据成员 b 前有 const，即使对象可修改其成员 b 也不可修改
public:
    int f() {               //实例函数成员的参数 this 的类型为 A * const
        a++;                //正确，this 指向的对象可被修改，故可修改成员 a
        //b++;              //错误，b 是 const 只读成员，对象可修改时 b 也不可修改
```

```
        return a;
    } //若定义为int f()&，则this类型为A*const&，且所有f()后面必须都有&
    int f() volatile {          //this的类型为volatile A * const
        a++;                    //正确，可以修改本类实例数据成员volatile int a
        //b++;                  //错误，b因*this变为const volatile，故b只读不可修改
        return a;               //因为*this使a变为volatile int a，故取a值前a可能变化
    } //int f() volatile &的this的类型为volatile A*const&，且所有f()后面必须都有&
    int f() const volatile {//this的类型为const volatile * const
        //a++;                  //错误，因为*this使a变为const volatile int a，故不能修改a
        return a;               //因为*this使a变为const volatile int a，故取a值前a可能变化
    } //int f()const volatile&的this类型为const volatile A*const&，且所有f()后必须都有&
    int f() const {             //*this为const对象，故其所有成员（包括a）不可修改
        //a++;                  //错误，因为*this使a变为const int a，故不能修改a
        return a;
    } //若定义为int f() const &，则this类型为const A*const&，且所有f()后面必须都有&
    A(int x):b(x) {a=x;};       //this类型为A * const：this为只读指针，*this为可写对象
};
A w(3);                     //定义可写对象w
const A x(3);               //定义只读对象x
volatile A y(6);            //定义易变对象y
const volatile A z(8); //定义只读易变对象z
int main() {
    w.f();                  //可写对象w调用void f()
    x.f();                  //只读对象x调用void f() const
    y.f();                  //volatile对象y调用void f() volatile
    z.f();                  //只读volatile对象z调用void f() const volatile
}
```

以上程序定义的4个函数成员f()互为重载函数，它们的显式形参表都没有定义任何形参，但是隐含形参this声明的类型各不相同，this用于指向调用当前函数的对象。对象w、x、y、z都作为实参调用了函数f()，但要调用4个重载函数中的哪个函数f()，则取决于实参w、x、y、z和形参this的类型匹配结果。w、x、y、z定义的类型不同，调用的函数f()也各不相同。

凡是const能够出现的地方，volatile也都可以出现，且它们可以同时出现。const和volatile不能出现在构造函数或析构函数的参数表后，也就是说，在构造和析构一个实例对象时，对象必须是可以被修改的，不能处于不可被修改的只读状态，且对象必须处于稳定状态，不能处于随时可变的易变状态。

注意，实例数据成员的类型是随着对象的类型变化而变化的。例如，对象w是可以被修改的对象，则w.a也是可以被修改的；对象x是不可被修改的只读对象，则x.a也变成不可被修改的只读成员。不仅实例数据成员的类型可以随对象类型的变化而变化，对象的类型也随时间变化而变化，我们在例8.14中可以看到：同一个对象在不同的时刻，其类型是不同的。

如果实例函数成员的参数表后出现volatile，则调用该函数成员的对象应该是易变对象，此时对象的实例数据成员的值随时可能发生变化，这通常意味着存在并发进程或线程正在修改易变对象。C++编译程序几乎都支持编写并发进程或线程，且不对易变对象做任何访问优化，即不利用寄存器存放中间计算结果，而是直接访问对象内存以获得对象的最新值。

**【例 5.5】** 定义一个循环队列，允许插入和删除队列元素的操作并发执行。

```cpp
#include <iostream>
#include <mutex>
using namespace std;
class CYCQUE {
    int* queue,size,front,rear;
    std::mutex mylk;                   //mylk 声明为实例数据成员，各队列对象可并发
public:
    int enter(int elem)volatile;       //volatile 意味着另外一个线程（如 leave）在修改当前对象
    int leave(int& elem)volatile;      //volatile 意味着另外一个线程（如 enter）在修改当前对象
    CYCQUE(int size);
    ~CYCQUE(void);
} queue(20);
CYCQUE::CYCQUE(int sz)
{
    queue=new int[size = sz];
    front=rear=0;                      //当 front==rear 时，循环队列为空
}
CYCQUE::~CYCQUE(void)
{
    while (rear != front);             //等待队列变空
    delete queue;
}
int CYCQUE::enter(int elem)volatile
{//采用作用域锁 std::lock_guard，正常或非正常退出该函数都会自动解锁
    std::lock_guard<std::mutex> lock((std::mutex&)mylk);
    if ((rear+1) % size==front) return 0;      //若队列满，则返回失败
    queue[rear=(rear + 1) % size]=elem;
    return 1;
}
int CYCQUE::leave(int& elem)volatile
{//采用作用域锁 std::lock_guard，正常或非正常退出该函数都会自动解锁
    std::lock_guard<std::mutex> lock((std::mutex&)mylk);
    if (rear==front) return 0;                 //若队列空，则返回失败
    elem=queue[front=(front+1) % size];
    return 1;
}
void producer() {}                     //生产者并发线程：可以在其函数体内不停地生产
void consumer() {}                     //消费者并发线程：可以在其函数体内不停地消费
int main()                             //多个并发线程可操作队列对象 queue
{
    std::thread p(producer),c(consumer);  //创建两个线程对象
    p.join();                          //等待线程对象 p 执行结束后，主线程继续执行
    c.join();                          //等待线程对象 c 执行结束后，主线程继续执行
}
```

上述代码定义了实例函数成员 enter() 和 leave()，它们的参数表后面都出现了 volatile，说明这两个函数可能并发改变对象的值。可以在并发线程中分别调用上述两个函数。

## 5.2.2 mutable 实例数据成员

mutable 仅用于说明类的实例数据成员，C++的新标准支持该存储可变特性。当实例函数成员的参数表后出现 const 时，表示调用该实例函数成员的对象为只读对象，因此该函数不能修改其任何实例数据成员。但是，某些应用场合确实需要修改只读对象的某个实例数据成员，此时可将该实例数据成员说明为 mutable，表示该实例数据成员是机动数据成员，这样就能修改该只读对象的这个实例数据成员了。

机动数据成员不能用 const 以及 static 说明或修饰，但可以使用 volatile 进行说明或修饰。mutable 同volatile 的不同之处在于：①mutable 只能修饰类的实例数据成员，而 volatile 可以修饰类的任何成员、任何变量、函数形参和函数返回值；②mutable 修饰的实例数据成员的值不会自发改变，而 volatile 修饰的实例数据成员及变量的值可自发改变，因为 volatile 修饰的存储单元可被其他任何进程或线程修改。

在一些特殊的应用场合有必要使用 mutable。例如，当查询一个产品类 PRODUCT 的对象时，可调用实例函数成员 get()查询产品对象的信息，get()只应读取被查询产品对象的信息，而不应修改被查询产品对象的信息。但是，产品查询次数 count 应在每次调用查询时加 1，为此，可将实例数据成员 count 说明为 mutable，以便 get()在查询产品对象时修改 count 的值。

【例 5.6】 定义产品类 PRODUCT，并提供产品查询和购买服务。

```cpp
#define _CRT_SECURE_NO_WARNINGS //防止 strcpy 出现指针使用安全警告
#include <cstring>              //#include <cstring>可代替#include <string.h>
#include <cstdlib>              //#include <cstdlib>可代替#include <stdlib.h>
#include <iostream>
using namespace std;
class PRODUCT {
    char* name;                 //产品名称
    int price;                  //产品价格
    int quantity;               //产品数量
    mutable int count;          //产品查询次数，可添加 volatile 声明机动成员
public:
    PRODUCT(const char* n,int m,int p);
    int buy(int money);
    void get(int& p,int& q)const;
    ~PRODUCT(void);
};
PRODUCT::PRODUCT(const char* n,int p,int q)
{
    name=new char[strlen(n)+1];
    strcpy(name,n);
    price=p;
    quantity=q;
    count=0;
}
PRODUCT::~PRODUCT()
{
    if (name) {
        delete[] name;
```

```
        name=0;
    }
}
int PRODUCT::buy(int money)
{
    quantity -= money / price;
    return money % price;
}
void PRODUCT::get(int& p,int& q)const
{                               //查询时获取产品信息，但是不修改产品信息
    p=price;
    q=quantity;                 //当前对象是const对象，只能取其成员的值
    count++;                    //但count为mutable成员，可以增加查询次数count
}
int main(int argc,char** argv)
{
    int p,q;
    if (argc != 4) return 1;
    PRODUCT m(argv[1],atoi(argv[2]),atoi(argv[3]));
    m.get(p,q);
    cout<<"Price="<<p<<"Quantity="<<q;
    return 0;
}
```

　　保留字 inline、constexpr、consteval 也可以用来定义构造函数。constexpr 尽可能地在编译时根据函数体计算出常量，但它并不表示函数的返回值就是 const，因此，constexpr 构造函数构造的对象不一定是常量对象，只有在定义变量时加上 const 或 constexpr 时才是常量对象。若 constexpr 构造函数真的能根据常量实参计算出成员的值为常量，且其构造的变量是 extern const 全局变量、const 或 constexpr 单元变量或 static 变量，且该变量的实例数据成员没有使用 mutable 进行修饰或说明，则该变量的对象才能够被整体纳入只读保护内存，试图修改这样的对象或其非&或&&定义的可写引用类型的实例数据成员将引发一个异常；若可写引用实例数据成员引用的实体不是其所属类的实例数据成员，则对该类只读对象的这个可写引用成员进行赋值不会引发异常。

　　【例 5.7】　用 constexpr 定义单元变量、static 只读变量、构造函数和析构函数。

```
struct A {
    int x;                      //x非&或&&声明的可写引用实例数据成员
    volatile int y;             //若在x、y前加&，即使所属对象为只读，也可修改x、y
    A( ):x(0),y(0){}            //可定义为consteval A()
    constexpr A(int x,int y):x(x),y(y){}
    constexpr ~A(){}            //不能consteval~A(){}：优化掉~A()可致内存泄漏或无法填入虚函数入口地址表
} a,b(1,2);                     //a和b不是const对象，可以修改其实例数据成员
struct B {
    int x;
    mutable int y;              //mutable需要对象及实例数据成员两级内存保护，导致无法保护B而不被修改
    constexpr B(int x,int y):x(x),y(y) {}
};
```

```
int x=3;
constexpr int y=4;                  //注意：此时 constexpr int y=4 等价于 const int y=4
extern const A c(x,4);              //全局 const 对象 c 没有成功应用 constexpr 构造，未受到保护
const A d(3,y);                     //单元 const 对象 d 用 constexpr 构造，修改受保护实例成员会导致异常
constexpr A e(3,4);                 //单元 const 对象 e 受到保护，修改实例数据成员会导致异常
const B f(3,4);                     //单元 const 对象 f 不能实现内存保护，可以修改实例数据成员
int main(int argc) {
    const A g(3,4);                 //非 static 局部 const 对象 g 没有受到保护，可以修改实例数据成员
    const B h(3,4);                 //非 static 局部 const 对象 h 没有受到保护，可以修改实例数据成员
    static const A i(3,4);          //static const 对象 i 受到保护，修改实例数据成员会导致异常
    static const B j(3,4);          //static const 对象 j 不能实现内存保护，可以修改实例数据成员
    (int&)(a.x)=5;
    (int&)(b.x)=5;
    (int&)(c.x)=5;
    //(int&)(d.x)=5;                //受到保护，导致产生异常
    //(int&)(e.x)=5;                //受到保护，导致产生异常
    (int&)(f.x)=5;
    (int&)(g.x)=5;
    (int&)(h.x)=5;
    //(int&)(i.x)=5;                //受到保护，导致产生异常
    (int&)(j.x)=5;
}
```

注意，类 B 声明了 mutable 成员，导致需要对象及成员两级内存保护，而操作系统尚不能提供这样的保护，因此，对于类 B 声明的所有 const 变量 f、h、j，其实例数据成员都是可以被强制转换类型并修改的。而对于没有声明 mutable 成员的类 A，其单元变量 d、e 和局部静态只读变量 i 受到保护，试图修改它们的实例数据成员会引发异常。然而，类 A 的非 static 局部变量 g 在栈上分配内存，操作系统不能在栈上对对象施加内存保护，故可以设法修改其只读对象实例数据成员的值。

当然，不提倡修改只读对象的实例数据成员，这可能导致未定义的行为即 UB。因此，一般来说，除非特别必要，不应该通过强制类型转换修改只读对象的实例数据成员。

## 5.3　静态数据成员

静态成员包括静态数据成员和静态函数成员，其访问权限的有关规定和实例成员的一样。在类体内声明的静态数据成员用于描述类的总体信息，除了定义为 inline 或只读类型并且在类体内初始化以外，静态数据成员都必须在类的体外定义并且初始化。

### 5.3.1　静态数据成员的用法

类的总体信息包括类的对象总数、连接所有对象的链表表头等。即使没有产生任何对象，即对象的个数为 0，在类体外定义并分配内存的静态数据成员仍然存在，可见静态数据成员在物理上独立于对象分配内存。因此，当使用 sizeof 获得类或对象的字节数时，不包括静态数据成员的字节数，但逻辑上静态数据成员的内存又被所有对象所共享。

静态数据成员在对象之外分配内存，所有对象逻辑上共享这唯一内存。因此，若一个对象修改了静态数据成员的值，则意味着所有对象关于该成员的值同时被修改。当定义一个类时，类体中的静态数据成员只是一个声明，它未被定义和初始化，除非它被定义为 inline 或只读静态数据成员并给出了初始值。不管有多少个.cpp 文件和多少个对象，inline 静态数据成员仅保留一个副本。

【例 5.8】　定义链表，插入和删除节点分别由构造函数和析构函数自动完成。

```
class LIST {
    int value;
    LIST *next;
    static LIST *head;        //声明静态数据成员，需在类体外定义并初始化
public:
    LIST(int value);
    ~LIST();
};
LIST *LIST::head=0;           //分配内存，定义并初始化静态数据成员
LIST::LIST (int v)            //构造函数是实例函数成员
{
    value=v;
    next=head;
    head=this;                //实例函数成员可操作对象，对象包含静态数据成员
}
LIST::~LIST()
{
    LIST *p=head;
    if(head==this) head=this->next;
    else {
        while(p->next!=this) p=p->next;
        p->next=this->next;
    }
}
int main(void)
{
    LIST a(1);                //生成链首为节点 a 的链表
    LIST b(2);                //生成链首为节点 b、链尾为节点 a 的链表
    LIST c(3);                //生成链首为节点 c、链尾为节点 b 的链表
    b.~LIST();                //从链表删除节点 b
}
```

以上程序定义了具有自动维护功能的链表。节点在定义时自动加入链表的链首，析构时节点将自动从链表中删除。链表的链首指针 head 在类 LIST 的体外定义、分配内存并初始化为空指针。在 C++中，关键字 nullptr 用于表示空指针，空指针也可以用 0 表示。因此，"LIST *LIST::head=0;" 等价于 "LIST *LIST::head=nullptr;"。请注意，printf("%d",LIST::head)的输出结果为 0。

静态数据成员的访问共有三种形式。以上述程序为例，三种访问形式为 LIST::head、a.LIST::head、a.head。第一种形式表明静态数据成员可以脱离对象存在，例如，在初始化 LIST::head 时确实还没产生任何对象。第一种形式是提倡使用的访问形式，相对于第二种和第三种，一眼便知它是静态成员，可

以脱离对象独立存在。

　　静态数据成员独立于对象之外分配存储单元，该存储单元不是任何对象的存储空间的一部分，但在逻辑上，所有对象又都共享这一存储单元。所以，任何对象对静态数据成员的操作都会访问这一存储单元，从而影响共享这一存储单元的所有对象。

**【例 5.9】** 定义描述个人信息的类，每个人都共享人口数量 total 这一信息。

```
#define _CRT_SECURE_NO_WARNINGS       //防止 strcpy 出现指针使用安全警告
#include <iostream>
#include <cstring>
using namespace std;
class HUMAN {
    char name[11];
    char sex;
    int age;
public:
    static int total;               //静态数据成员 total 用于描述人类总体信息
    HUMAN(const char* n,char s,int a);
    ~HUMAN();
};
int HUMAN::total=0;                 //非 inline 或只读的静态数据成员必须在类体外定义并初始化
HUMAN::HUMAN(const char* n,char s,int a)
{
    strcpy(name,n,10);
    sex=s;
    age=a;
    HUMAN::total++;                 //自动维护人口数量：人口增长
}
HUMAN::~HUMAN()
{
    HUMAN::total--;                 //自动维护人口数量：人口下降
}
int  main()
{
    cout<<"HUMAN::total="<<HUMAN::total<<"\n";
    cout<<"sizeof(int)="<<sizeof(int)<<"\n";
    HUMAN x("Xi",'M',20);
    cout<<"sizeof(x)=" << sizeof(x)<<"\n";
    cout<<"sizeof(HUMAN)="<<sizeof(HUMAN)<<"\n";
    cout<<"HUMAN::total="<<HUMAN::total;
    cout<<"x.total="<<x.total<<"\n";
    HUMAN y("Yi",'F',18);           //同时改变 x.total 和 y.total
    cout<<"HUMAN::total="<<HUMAN::total;
    cout<<"x.total="<<x.total;
    cout<<"y.total="<<y.total<<"\n";
}
```

程序的输出如下所示。

```
HUMAN::total=0
sizeof(int)=4
sizeof(x)=16
sizeof(HUMAN)=16
HUMAN::total=1 x.total=1
HUMAN::total=2 x.total=2 y.total=2
```

以上程序定义了类 HUMAN，它有三个实例数据成员和一个静态数据成员 total。注意，类 HUMAN 及其对象的内存共占用 16 个字节，显然，并不包括静态数据成员 total 占用的字节。从程序的输出可知，HUMAN::total、x.total 以及 y.total 的值同时被改变，这证明静态数据成员由所有对象共享。实际上，total 相当于一个有访问权限的全局变量。

## 5.3.2    静态数据成员的限制

作用域局限于类体内的类称为嵌套类，作用域局限于函数的类称为局部类。C++编译程序一般允许定义局部类，但局部类不能声明静态数据成员，否则会造成静态数据成员的生存矛盾。因为在函数内部定义局部类后，还可定义该类的局部自动变量，以及该类的局部静态变量，这两种变量如果都共享静态数据成员，那么该成员在函数返回后会产生生存矛盾。

【例 5.10】    函数中的局部类不能声明静态数据成员。

```
void f(void)
{
    class T {                //定义局部类 T
        int c;
        //static int d;      //错误：局部类不能声明静态数据成员
    };
    T a;                     //局部自动变量 a
    static T s;              //局部静态变量 s
}
int main() {f();f();}        //第一个 f()返回后，a.d≡s.d≡T::d，生存矛盾：a.d 死亡，s.d 活着
```

在 main()第一次调用 f()返回后，f()的静态变量 s 仍然生存，而 f()的自动变量 a 已经死亡。作为 a、s 共享的静态数据成员 T::d，T::d 要么随对象 s 生存，要么随对象 a 消亡，于是 T::d 出现了生存矛盾。为了避免局部类静态数据成员出现生存矛盾，C++不允许局部类声明静态数据成员。

静态数据成员不得声明为位域类型，因为位域成员没有地址，所以无法独立分配内存，而静态数据成员必须在对象之外独立分配内存。可写静态数据成员在类体内只是声明，故可在.cpp 文件内多次 #include，如此形成的静态数据成员多次声明是合法的。如前所述，声明可以进行多次，但定义只能进行一次。因此，在类体外定义静态数据成员时，只应在某个.cpp 文件中定义一次。

联合的所有实例数据成员共享字节数最多的实例数据成员的内存，全局联合和嵌套联合声明的静态数据成员不共享内存。嵌套联合是类体内定义的联合，局部联合是函数体内定义的联合。局部联合也是一种局限于函数体的类，故局部联合中不能声明静态数据成员，否则会产生如前所述的生存矛盾。类似地，联合的实例数据成员可以声明为位域，但静态数据成员不能声明为位域。

【例 5.11】    非只读静态数据成员在类体外定义并初始化时，必须以全局作用域形式定义并初始化，

不能用static定义该成员而使其局限于当前代码文件。

```cpp
class P {                        //定义类
    int a;
    static int p;                //声明类静态数据成员p
    static int q;                //声明类静态数据成员q
    static const int r=0;        //定义并初始化静态数据成员r。可用inline或constexpr替换const
public:
    void inc() const;
    P(int x) {p+=x;};
};
int P::p=0;                      //正确，只应在某个.cpp文件中定义一次
//static int P::q=0;             //错误，应去掉static，不能用static声明P::q而局限于代码文件
void P::inc()const               //const说明调用inc的对象应为只读对象
{
    //a++;                       //错误，不能修改只读对象的实例数据成员
    p++;                         //正确，可以修改只读对象的可写静态数据成员
    //r++;                       //错误，不能修改只读静态数据成员
}
union UNTP {                     //定义全局联合UNTP
    int a;                       //实例数据成员a共享b的内存
    long b;
    static int c;                //静态数据成员c、d的值被UNTP的所有对象共享
    static const long d=4;       //c、d不共享内存。可用inline或constexpr替换const
} m={2};
int UNTP::c=3;
int main(void) {
    int n=m.a;                   //m=2
    n=m.b;                       //m=2
    n=m.c;                       //m=3
    n=m.d;                       //m=4
    m.a=5;                       //m.b=5
}
```

以上类P声明了两个无初始值的可写静态数据成员p和q，p和q只应在类体外以全局作用域的方式在某个.cpp文件中定义一次，全局作用域定义不能像"static int P::q=0;"那样使用static。此外，类P还在类体内定义了一个只读静态数据成员static const int r，这样的r必须同时用编译时可计算的常量表达式进行初始化。

如果希望以任意表达式初始化带有const定义的静态数据成员r，此时要在VS2019的"解决方案→ConsoleApplication1→属性→配置属性→C/C++→语言"中将"C++语言标准"设置为"ISO C++17标准(/std:c++17)"，则r可在类体内定义为"inline static const int r=x+printf("ab");"或"inline static const volatile int r=x+printf("ab");"的形式，但使用constexpr定义的静态数据成员必须使用常量表达式初始化。按照C++ 2017及其以上国际标准，inline表示要在类体内以任意表达式的值初始化，可用于class、struct、union等类定义的只读静态数据成员。

使用inline定义的单元变量和只读静态数据成员，分别称为内联单元变量和内联静态数据成员。

对于内联静态数据成员"inline static int s=2;"，s 的内存逻辑上仍由所有不同.cpp 文件中产生的对象所共享；而内联单元变量与单元静态变量一样，只能在该变量所属的.cpp 文件内访问。

## 5.4 静态函数成员

静态函数成员的访问权限及继承规则同实例函数成员的一样。同样，静态函数成员也可以设置默认参数、省略参数以及进行重载。不同的是，实例函数成员的第一个参数为隐含参数 this，而静态函数成员则没有隐含参数 this。由于无法借助 this 访问它指向的实例数据成员，因此静态函数成员一般用来访问类的静态数据成员。

### 5.4.1 静态函数成员的访问

调用静态函数成员同访问静态数据成员一样，可直接用"类名::静态函数成员"的形式调用，也可以用"对象.静态函数成员"和"*静态函数成员指针"等形式调用。同理，"类名::静态函数成员"是提倡的调用形式，因为它能让人一眼就知道这种函数一定是没有隐含参数 this 的静态成员函数。

【例 5.12】 私有的和保护的静态函数成员不能被任意函数如 main()访问。

```
class A {
    static int i, f();        //声明两个私有成员，只能被类A的函数访问
protected:
    static int g();           //声明保护的静态函数成员，可被类A及其派生类访问
public:
    static int m();           //声明公开的静态函数成员，可被任意函数访问
};
int A::i=0;                    //非只读静态数据成员必须在类A体外定义并初始化
int A::f() {return  A::i;}     //静态函数成员操作静态数据成员
int A::g() {return A::f();}    //静态函数成员调用静态函数成员
int main()
{
    int i=0;
    //i=A::f();                //错误，main()不能访问私有函数成员
    //i=A::g();                //错误，main()不能访问保护函数成员
    i=A::m();
    A a;
    //i=a.f();                 //错误，main()不能访问私有函数成员
    //i=a.g();                 //错误，main()不能访问保护函数成员
    i=a.m();
    //i=a.A::f();              //错误，main()不能访问私有函数成员
    //i=a.A::g();              //错误，main()不能访问保护函数成员
    i=a.A::m();
}
```

在以上程序中，私有和保护成员不能被普通函数 main()访问。当 main()被定义为类 A 的友元函数时，才可以访问类 A 的所有成员。在非成员函数（如 main()函数）中，也可以定义作用域仅限于 main()

内的局部类，在该局部类中也可以声明友元函数，但不能在该局部类外的 main()函数体中定义该友元函数的函数体。

## 5.4.2　静态函数成员的限制

构造函数、析构函数以及第 8 章将要介绍的虚函数和纯虚函数，都是有隐含参数 this 的实例函数成员。若函数成员的参数表后出现了const 或 volatile，则该函数成员必然包含隐含参数 this。因此，这些函数成员一定是实例函数成员，不能同时用 static 说明为（没有 this 参数的）静态函数成员，否则编译程序将报错。

【例 5.13】　不能用 static 声明有隐含参数 this 的函数成员。

```
class A {
    static int a;
public:
    static int g()const;          //错误, static 和 const A*const this 矛盾
    static int h()volatile;       //错误, static 和 volatile A*const this 矛盾
    static A(int,int);            //错误, 构造函数中有 A*const this, 不能用 static 声明
    static ~A();                  //错误, 析构函数中有 A*const this, 不能用 static 声明
};
union  B {
    static int f();               //正确, 可以声明静态函数成员
    static B(int,int);            //错误, 构造函数不能用 static 声明
    static ~B();                  //错误, 析构函数不能用 static 声明
};
int  main() {}
```

同类的静态数据成员一样，静态函数成员在类体外定义时，其作用域默认为整个程序。要使函数成员具有局部作用域，可以使用 inline 定义静态函数成员；也可以在类的体内定义其函数体，此时相当于使用了 inline。虽然函数体中的局部类不能声明静态数据成员，但是能够定义静态函数成员，而静态函数成员自动为 inline 函数，因此 C++不允许在函数内嵌套定义函数。

【例 5.14】　静态函数成员的定义方法。

```
class A {
    double i;
public:
    static A& inc(A &);           //声明静态函数成员
    static A& dec(A &a) {         //在类体内定义静态函数成员: 相当于默认使用 inline
        a.i-=1;
        return a;
    }
};
A& A::inc(A&a)                    //不能定义 static A&A::inc(A&a)
{
    a.i+=1;
    return a;
}
```

```
int main(void)
{
    struct B {                          //在main()函数内定义局部类B
        static int add(int x,int y)     //在类体内定义函数体：默认使用inline
        {
            return x+y;
        };
    };
    B::add(2,3);                         //调用inline函数add()
}
```

类 A 声明了静态函数成员 A &inc(A &)，该函数在类体外定义函数体时，不能使用 static 而使其作用域局限于当前文件。如果希望其作用域局限于当前文件，则可以在类体外用 inline 定义静态函数成员，使用 inline 具有使 inc 作用域局部化的作用。类 A 还定义了静态函数成员 A &dec(A &)。C++规定，只要是在类体内定义函数体，无论是成员函数还是非成员函数，这些函数都默认为使用 inline 定义函数。

此外，局部类 B 定义了静态函数成员 int add(int x,int y)，因为是在类 B 体内定义的函数体，所以该函数自动被视为 inline 静态函数成员。在局部类 B 体外定义函数 add()的函数体，相当于在 main()函数体内嵌套定义函数，而 C 语言或 C++不允许在函数体内嵌套定义函数，所以 add()只好在类 B 体内定义函数体，即被默认当作使用 inline 定义的函数。

## 5.5　静态成员指针

静态数据成员独立分配内存并为所有对象共享，对共享该成员的所有对象来说，指向该成员的指针变量都保存了同样的地址。事实上，静态数据成员除了具有访问权限外，同普通全局变量没有本质上的区别，因此，静态数据成员指针和普通变量指针的格式相同。

### 5.5.1　静态成员指针的用法

变量、数据成员、函数参数和函数返回值都可以声明为静态成员指针。静态成员指针包括静态数据成员指针和静态函数成员指针。事实上，静态函数成员指针同普通函数指针也没有本质区别。因此，静态函数成员指针和普通函数指针的格式相同。

静态成员指针

【例 5.15】　定义群众类，使每个群众共享人数信息。

```
#define _CRT_SECURE_NO_WARNINGS
#include <cstring>
#include <iostream>
using namespace std;
class CROWD {
    int age;
    char name[20];
public:
    static int number;                  //声明静态数据成员
```

```
    static int getnumber() {return number;}
    CROWD(const char* n,int a) {strcpy(name,n);age=a;number++;}
    ~CROWD() {number--;}
};
int CROWD::number=0;               //非 inline 或只读的静态数据成员必须在类体外定义和初始化
int main(void)
{
    int* d=&CROWD::number;         //普通变量指针指向静态数据成员，int *被当作静态数据成员指针
    int(*f)()=&CROWD::getnumber;//普通函数指针指向静态函数成员，int(*)()为静态函数成员指针
    cout<<"\nCrowd number="<<*d;//CROWD 无对象时访问静态数据成员
    CROWD zan("zan",20);
    cout<<"\nCrowd number="<<*d;
    CROWD tan("tan",21);
    cout<<"\nCrowd number="<<(*f)();
    CROWD wan("wan",21);
    cout<<"\nCrowd number="<<(*f)();
}
```

以上程序定义了一个普通变量指针 d 和一个普通函数指针 f，分别指向静态数据成员和静态函数成员。无论类 CROWD 是否定义了对象，main() 都可以获取公开的静态数据成员 number 的地址，并可以用普通变量指针访问静态数据成员 number。同理，main() 也可以获取公开的静态函数成员 getnumber 的地址。但如果 number 和 getnumber 是私有的或保护的，则 main() 没有权限获取它们的地址，除非 main() 是类 CROWD 的友元函数。

### 5.5.2　多种指针的混合用法

　　静态成员指针在访问它指向的内存单元（即静态成员）时，不需要和类的实例对象相关联，因此，它同实例成员指针的用法有很大差别。在计算含有指针变量的数值表达式时，要注意各类指针的运算优先级和结合方向。"->*"和".*"的优先级为第 14 级，较普通指针取内容运算符 "*" 的优先级低 1 级。此外，"->*"和".*"的结合方向为自左至右，而 "*" 的结合方向为自右至左。"->*"和".*"的右边都必须是实例成员指针。

各种指针运算

【例 5.16】　说明将数据成员声明为各种指针的用法。

```
struct A {
    int a;             //实例数据成员 a
    int *b;            //实例数据成员 b：指向 int 类型的普通变量或静态数据成员
    int A::*u;         //实例数据成员指针 u：指向 int 类型的实例数据成员
    int A::*A::*x;     //实例数据成员指针 x：指向实例数据成员的实例数据成员指针
    int A::**y;        //实例数据成员 y：指向实例数据成员指针的普通指针
    int *A::*z;        //实例数据成员 z：指向普通指针的实例数据成员指针
}z;
int main(void)
{
    int i;
```

```
        int A::**m;              //m是指向int A::*类型的指针变量
        A* n=&z;
        z.a=5;
        z.u=&A::a;               //获取实例数据成员A::a的地址，得到实例数据成员指针，和z.u的类型相同
        i=z.*z.u;                //z.*z.u=z.*&A::a=z.a=5
        z.x=&A::u;
        i=z.*(z.*z.x);           //z.*(z.*z.x)=z.*(z.*&A::u)=z.*z.u=5
        i=n->*(n->*z.x);         //i=n->*(n->*&A::u)=n->*(n->u)=n->*&A::a=n->a=z.a=5
        m=&z.u;
        i=z.** m;                // "*"比".*"的优先级高，因此先运算"*m"
        i=n->** m;               // "*"比"->*"的优先级高，因此先运算"*m"
        z.y=&z.u;
        i=z.**z.y; //其中"."的优先级最高，其次是"*"，再次是".*"。故z.**z.y=z.**&z.u=z.*z.u=5
        z.b=&z.a;                //z.b也可指向i或A的public静态数据成员
        z.z=&A::b;
        i=*(z.*z.z);             //*(z.*z.z)=*(z.*&A::b)=*(z.b)=*&z.a=z.a=5
}
```

表达式 "z.*(z.*z.x)" 之所以要使用圆括号 "( )"，是因为如果不使用圆括号（即写成 "z.*z.*z.x"），则在计算完最高优先级表达式 z.x 后，将计算 "z.*z.*z.x" 最左边的数值表达式 "z.*z"，由于其 ".*" 右边的 z 不是实例成员指针，因此编译程序将报告一个语法错误。

运算符 ".*" 的结合方向为自左至右，当连续出现 ".*" 时应注意计算顺序。在 "z.**z.y" 中，运算符 "." 的优先级最高，故最先计算 "z.y"；运算符 "*" 的优先级次之，故接着计算 "*z.y"；运算符 ".*" 优先级最低，故最后计算 "z.**z.y"。

同理，"*(z.*z.z)" 如果去掉圆括号而写成 "*z.*z.z"，那么会先计算最右边优先级最高的运算 "z.z"，然后计算 "*z.*z.z" 最左边优先级次高的 "*z"，由于 z 不是普通指针变量，故编译程序将报告一个语法错误。

在计算表达式值的过程中，如果出现 "*&" 的运算形式，则可以直接将 "*&" 去掉。因为 "*" 和 "&" 相当于数学中的互逆函数，对于 "*&(x)"，有 "*&(x)≡*&x≡x"，即可以直接去掉 "*&"。所以以上运算有 "z.*z.u≡z.*&A::a≡z.A::a≡z.a"，因为 a 本身就是类 A 的对象 z 的成员。

## 5.6 联合的成员指针

联合类型的所有实例数据成员共享内存，尽管每个实例数据成员的类型可能不同，但它们在共享内存时都是按"低字节地址"对齐的。例如，假定最大实例数据成员占用了 12 个字节，而最小实例数据成员只需要 1 个字节，则在访问这个最小的实例数据成员时，对应高地址的字节是不访问的，而仅仅只能使用最低地址所对应的那个字节。

联合有两种类型的成员：实例成员和静态成员。联合的成员指针也分两种类型：实例成员指针和静态成员指针。另外，成员又分数据成员和函数成员，因此联合的成员指针又细分为实例数据成员指针、实例函数成员指针、静态数据成员指针和静态函数成员指针。

【例 5.17】 本例说明了联合类型的不同成员指针的值是相同的。

```
#include <iostream>
```

```cpp
using namespace std;
//联合成员共享内存，只要初始化其中一个成员，x、y就被同时初始化
union A {
    static short u;                      //静态数据成员u独立分配内存
    static long v;                       //静态数据成员v独立分配内存，且和u地址不同
    short x;                             //2个字节的x共享y的内存，故x和y的偏移量相同
    long y;                             //y是字节数最多的实例数据成员：4个字节
    long f() {return y;}                 //定义实例函数成员
    static long g() {return A::v;}       //定义静态函数成员
}a = {0x888866L}; //只需初始化第一个实例数据成员x: x=0x8866，截断。可指定成员初始化
short A::u=0;                            //非只读静态数据成员必须在类体外初始化
long A::v=0;                             //非只读静态数据成员必须在类体外初始化
int  main() {
    long (A::* m)()=&A::f;
    long (*n)()=&A::g;
    short A::* p=&A::x;                  //指向联合类型A的整型实例成员的指针
    long A::* q=&A::y;                   //指向联合类型A的长整型实例成员的指针
    short * r=&A::u;                     //指向联合类型A的短整型静态数据成员的指针
    long* s=&A::v;
    cout<<p<<"\n";                       //输出1: p和q的输出相同，因x、y共享内存
    cout<<q<<"\n";                       //输出1
    cout<<a.x<<"\n";                     //输出-30618: 2个字节二进制补码最高位为1
    cout<<a.y<<"\n";                     //输出34918: 4个字节二进制补码最高位为0
    cout<< (a.*m)()<<"\n";              //输出34918
    cout<< (*n)()<<"\n";                //输出0
    cout<<a.*p<<"\n";                   //输出-30618
    cout<<a.*q<<"\n";                   //输出34918
    cout<<*r<<"\n";                     //输出0
    cout<<*s<<"\n";                     //输出0
}
```

　　由于联合的实例数据成员共享内存，因此，只要初始化第一个实例数据成员即可，以上程序只初始化了实例数据成员 x。由于 x 为 short 类型，只占用 2 个字节，故只使用低字节值 0x8866 初始化 x；而作为长整型的 y 占用 4 个字节，所以未和 x 共享内存的 2 个高字节为 0。

　　从 x 的角度来看，0x8866 对应的 16 位二进制数为$(1000100001100110)_2$，最高位为 1，表示一个负数，因此，最终按补码解释为 -30618；从 y 的角度来看，y 的 32 位二进制数为$(00000000000000001000100001100110)_2$，最高位为 0，表示一个正数，因此最终按补码解释为 34918。

　　联合实例数据成员的内存都是从低地址字节开始分配的，因此，联合类型的不同实例数据成员的地址是相同的。上述程序的两个实例成员指针 p 和 q 的输出都为 1，因为它们指向的 x 和 y 共享内存。如前所述，此时的"地址"是一个偏移量，而此偏移量不是从起始位置 0 开始的，这是为了避免"0 是空指针"的问题。

　　不管是 class、struct 还是 union 类型，指向实例成员的指针都是不可前后移动的。且由于实例成员指针不能同其他类型相互转换，因此，指向联合某个实例成员的指针无法移动，通过它是不可能访问

到联合的其他实例成员的。除非这两个实例成员的类型相同，不用移动指针就可以访问。

## 练习题

【题 5.1】实例成员指针和静态成员指针各包含哪两种类型的成员指针？

【题 5.2】实例数据成员指针存放的是真正的地址吗？实例数据成员指针可以和其他类型相互转换吗？

【题 5.3】mutable 成员是一种在什么情况下声明和使用的成员？mutable 成员可以同时为 static、const、volatile 或 const volatile 成员吗？

【题 5.4】如果静态数据成员说明为非内联只读（即 const）的，是否必须使用编译时可计算的常量表达式对其进行初始化？能否在类体外对其进行初始化？该成员还会被所有对象共享吗？

【题 5.5】什么样的联合可以声明静态数据成员？为什么？

【题 5.6】函数体中的局部类可以声明静态数据成员吗？为什么？函数体中的局部类可以在其体外定义其函数成员的函数体吗？为什么？

【题 5.7】静态成员指针采用什么形式的指针说明其指针类型？静态成员指针与实例成员指针有何不同？能够随意获取一个静态成员的地址吗？

【题 5.8】声明指向一个联合某个实例数据成员的指针后，能否据此访问到该联合的其他实例数据成员？为什么？

【题 5.9】分析如下声明或定义是否正确，若有错误，请指出错误原因。

```
struct A {
    const static int x;
    static int y;
    static volatile int z;
};
const int A::x=5;
static int A::y=6;
static int A::z=7;
```

【题 5.10】分析如下声明或定义是否正确，若有错误，请指出错误原因。

```
class A {
    static int *j,A::*a,i[5];
public:
    int x;
    static int &k,*n;
};
int y;
int A::i[5]={1,2,3};
int *A::j=&y;
int A::*j=&A::x;
int A::*A::a=&A::x;
int &A::k=y;
```

```
    int *A::n=&y;
```

**【题 5.11】** 定义三维坐标系的 POINT3D 类，并完成 POINT3D 声明中的函数成员定义。

```
class POINT3D {
    int x,y,z;
    static int total;           //点的总个数
public:
    POINT3D();                  //产生对象时，total 增 1
    POINT3D(int,int,int);
    static int number();        //返回点的个数
    ~POINT3D();                 //对象死亡时，total 减 1
};
```

**【题 5.12】** 定义描述有限自动机的类，状态转移可用链表实现。

```
class STATE;                        //前向声明
class LIST {                        //状态节点列表
    LIST *next;                     //下一状态转移节点
    char input;                     //输入动作
    STATE *output;                  //转移的新状态
public:
    LIST(char a,STATE *o);          //供 STATE 使用
    ~LIST();
    LIST *&getNext();               //返回 next
    char getInput();                //返回 input
    STATE *getOutput();             //返回 output
};
class STATE {
    char *name;                     //状态名
    LIST *list;                     //状态转移列表
    static STATE*error;             //错误陷阱：一旦进入，就永不转出
public:
    void enlist(char in,STATE *out);    //将状态转移节点插入 list
    const STATE *next(char in)const;    //输入 in 转移到下一个状态
    const STATE *start(const char*)const;  //启动有限自动机，并返回最终状态
    STATE(const char *name);
    ~STATE();
};
```

使用有限自动机编程解决如下问题。有一个人带着狼、羊和草来到河的左岸，左岸只有一条无人摆渡的船。这个人要将狼、羊和草从左岸安全带到右岸，可是这条船最多只能装一个人和其他三者之一，否则便会沉没。如果没有人看管，狼会吃掉羊、羊会吃掉草。问如何过河才能保证羊和草的安全？对上述类中的函数成员进行编程，并利用如下主函数进行测试。

```
int main() {
    STATE start("WSGM_");           //有限自动机的启动状态
    STATE stop("_WSGM");            //有限自动机的停止状态
    STATE error(0);                 //有限自动机的出错状态
    STATE WG_SM("WG_SM");
    STATE WGM_S("WGM_S");
```

```
        STATE G_WSM("G_WSM");
        STATE SGM_W("SGM_W");
        STATE W_SGM("W_SGM");
        STATE WSM_G("WSM_G");
        STATE S_WGM("S_WGM");
        STATE SM_WG("SM_WG");
        start.enlist('s',&WG_SM);
        WG_SM.enlist('s',&start);
        WG_SM.enlist('m',&WGM_S);
        WGM_S.enlist('m',&WG_SM);
        WGM_S.enlist('w',&G_WSM);
        WGM_S.enlist('g',&W_SGM);
        G_WSM.enlist('w',&WGM_S);
        W_SGM.enlist('g',&WGM_S);
        G_WSM.enlist('s',&SGM_W);
        SGM_W.enlist('s',&G_WSM);
        SGM_W.enlist('g',&S_WGM);
        S_WGM.enlist('g',&SGM_W);
        W_SGM.enlist('s',&WSM_G);
        WSM_G.enlist('s',&W_SGM);
        WSM_G.enlist('w',&S_WGM);
        S_WGM.enlist('w',&WSM_G);
        S_WGM.enlist('m',&SM_WG);
        SM_WG.enlist('m',&S_WGM);
        SM_WG.enlist('s',&stop);
        stop.enlist('s',&SM_WG);
        if(start.start("smwsgms")==&stop) cout<<"OK";
    }
```

提示：作为有限自动机的输入，人单独过河用字符 m 表示，人带狼过河用字符 w 表示，人带羊过河用字符 s 表示，人带草过河用字符 g 表示；声明有限自动机的 start、stop 以及 error 状态对象，如果 start.start("smwsgms")=&stop，则过河成功；如果 start.start("smwsgms")==&error，则过河失败。

# 第6章
# 继承与构造

继承是类型演化的重要机制，也是软件重用的重要方法。派生类通过继承基类的数据成员和函数成员来实现软件的数据重用和代码重用。此外，在继承和重用过程中，对相关成员施加访问限制可以将软件的错误局部化，从而提高开发和维护效率。C++支持单继承和多继承，本章将介绍单继承以及对象的构造顺序。

## 6.1  单继承类

在继承已有类型的数据成员和函数成员的基础上，定义新类时只需定义原有类型没有的数据成员和函数成员。新类可以接收单个类提供的数据成员和函数成员，也可以接收多个类提供的数据成员和函数成员，这两种继承形式分别称为单继承和多继承。

接收成员的新类称为派生类，而提供成员的类则称为基类。C++为派生类提供了多种继承方法：①在基类的基础上增加新的成员；②改变基类成员继承后的访问权限；③重新定义与基类成员同名的成员。

基类比派生类更为抽象和一般化，派生类比基类更为具体和个性化。例如，各种形状的图形都有定位坐标，相关操作包括得到定位坐标、移动图形到一个新坐标等，因此定位坐标可以定义为一个基类，任何更为具体的图形类型都是该基类的派生类。

联合既不能作为基类，也不能作为派生类。

【例6.1】  定义图形的定位坐标LOCATION类。

location.h 头文件的代码如下。

```
class LOCATION {
    int x,y;
public:
    int getx(),gety();
    void moveto(int x,int y);
    LOCATION(int x,int y);
    ~LOCATION();
};
```

location.cpp 文件的代码如下。

```
#include "location.h"
void LOCATION::moveto(int x,int y)
{
```

```
    LOCATION::x=x;          //或者使用this->x=x;
    LOCATION::y=y;          //或者使用this->y=y;
}
int LOCATION::getx() {return x;}
int LOCATION::gety() {return y;}
LOCATION::LOCATION(int x,int y)
{
    LOCATION::x=x;
    LOCATION::y=y;
}
LOCATION::~LOCATION(){}
```

点是最简单的图形，点有定位坐标，点可以移动。在此基础上，点还有一个特性，即描述点的明暗可见特性。鉴于点和定位坐标的密切关系，点类 POINT2D 可以继承类 LOCATION 的定位坐标。

【例6.2】 将例6.1定义的类 LOCATION 作为基类，定义二维坐标系上的点派生类 POINT2D。创建工程加入 location.cpp 文件和以下文件代码中。

```
#include <windows.h>          //需要Windows操作系统的绘图函数
#include "location.h"          //利用前面定义的LOCATION类
class POINT2D:public LOCATION {
    int visible;                //点的明暗可见特性
public:
    int isvisible() {return visible;};
    void show();
    void hide();
    void moveto(int x,int y);
    POINT2D(int x,int y):LOCATION(x,y) {visible = 0;};
    ~POINT2D() {hide();};
};
void POINT2D::show()
{
    HWND myconsole = GetConsoleWindow();
    HDC mydc = GetDC(myconsole);
    visible = 255;
    COLORREF COLOR = RGB(visible,visible,visible);
    SetPixel(mydc,getx(),gety(),COLOR);
    ReleaseDC(myconsole,mydc);
}
void POINT2D::hide()
{
    HWND myconsole = GetConsoleWindow();
    HDC mydc = GetDC(myconsole);
    visible = 0;
    COLORREF COLOR = RGB(visible,visible,visible);
    SetPixel(mydc,getx(),gety(),COLOR);
    ReleaseDC(myconsole,mydc);
}
void POINT2D::moveto(int x,int y)
{
    int v = isvisible();
```

```
    if (v) hide();
    LOCATION::moveto(x,y);          //带类名访问 LOCATION::moveto
    if (v) show();
}
int main()
{
    POINT2D p(3,6);
    p.LOCATION::moveto(7,8);        //带基类名访问 LOCATION::moveto, 该 moveto()函数并不显示点
    p.show();
    p.moveto(9,18);                 //不带类名访问 POINT2D::moveto
}
```

在定义由 class 引出的 POINT2D 派生类时，public 右边的类 LOCATION 为基类，POINT2D 和 LOCATION 之间的 public 为基类的继承方式。POINT2D 类新增了数据成员 visible，visible 用于表示点的可见性。新增加的函数成员 isvisible()、show()、hide()和 POINT2D()分别用于得到点的可见性、显示、隐藏以及构造点。此外，POINT2D 类还根据点的明暗可见特性重新定义了与基类成员同名的实例函数成员 moveto()。

在 POINT2D 类的体外定义 POINT2D::moveto()函数时，POINT2D::用于表示 moveto()是属于 POINT2D 类的函数成员。在 POINT2D::moveto()的函数体中调用 moveto()时，可使用限定名 LOCATION::moveto()调用基类的函数成员 moveto()，该函数并不显示点。

由第 3.1.1 节可知，作用域范围越小的函数，被调用的优先级越高。在 POINT2D::moveto()中，如果不用限定名调用 moveto()，则比 LOCATION::moveto()作用域更小的函数成员 POINT2D::moveto()将被优先访问，因此将导致 POINT2D::moveto()无休止地递归调用 POINT2D::moveto()。

派生类也可用 struct 声明，使用 class 和 struct 声明的不同之处在于：使用 class 声明时，基类的继承方式和进入派生类体后的访问权限默认为 private；使用 struct 声明时，基类的继承方式和进入派生类体后的访问权限默认为 public。注意，使用 union 声明的类既不能作为基类，也不能作为任何基类的派生类。

基类的继承方式可以为 private、protected 或 public。对于用 class 声明的派生类，其基类的继承方式默认为 private，因此，声明 class POINT2D:private LOCATION 等价于声明 class POINT2D:LOCATION。类似地，声明 struct POINT2D:public LOCATION 等价于声明 struct POINT2D:LOCATION。

当基类的成员继承到派生类后，该成员在派生类中的访问权限由基类的继承方式决定，因此，慎重选择基类的继承方式是面向对象程序设计的一个很重要的环节。

## 6.2　继承方式

基类的所有成员继承到派生类后，会成为派生类成员的一部分，但其访问权限可能与基类相应成员的访问权限不同，这与继承时采用的继承方式直接相关。继承到派生类的成员如果访问权限不合理，则可通过 C++提供的修改访问权限的方法对其进行修改。

### 6.2.1　继承后成员的访问权限

类的私有成员可以被类自身的函数成员和类的友元函数访问，不能被其他任何类或者任何非成员

函数（即普通函数）访问。类的保护成员除可被类自身的函数成员和友元函数访问外，还可被该类继承的派生类的函数成员访问。除此之外，类的保护成员不能被任何非友元的其他函数访问，类的公开成员可以被任何非成员函数和函数成员访问。由此可知，派生类函数成员可以访问基类的保护成员和公开成员。除非定义为基类的友元函数，否则派生类的函数成员不能访问基类的私有成员。

基类的成员继承到派生类后，其在派生类中的访问权限与继承方式有关。对于派生类继承的基类成员，其在派生类中的访问权限如表 6.1 所示。由于基类的私有成员不能被非基类友元的派生类函数访问，故基类的私有成员没有出现在表 6.1 中。

表 6.1  派生类继承的基类成员的访问权限

| 基类成员的访问权限 ＼ 继承方式 | private | protected | public |
|---|---|---|---|
| protected | private | protected | protected |
| public | private | protected | public |

可以用一种简洁的办法记忆表 6.1。假定访问权限和继承方式满足 private<protected<public，而基类成员的访问权限高于基类的继承方式，则基类成员继承到派生类后，该成员的访问权限和继承方式一致；否则，该成员继续保持其在基类时的访问权限不变。由此可见，当继承方式为 public 时，基类的所有成员继承到派生类后，其访问权限保持不变。

基类除私有成员不能被派生类的函数成员访问外，其他成员都可以被派生类的函数成员访问。但如果将派生类定义为基类的友元函数，则基类的私有成员继承到派生类后，其在派生类的访问权限为 private，并且可被派生类的所有函数成员访问。当派生类 POINT2D 不是基类 LOCATION 的友元类时，例 6.2 可被派生类 POINT2D 访问的成员及其相应的访问权限如下。

private 成员如下。

```
int visible;                      //POINT2D 新增的数据成员
```

public 成员如下。

```
int getx();                       //LOCATION 的函数成员
int gety();                       //LOCATION 的函数成员
int isvisible();                  //POINT2D 新增的函数成员
void show();                      //POINT2D 新增的函数成员
void hide();                      //POINT2D 新增的函数成员
void moveto(int,int);             //POINT2D 新增的函数成员
void LOCATION::moveto(int,int);   //LOCATION 的函数成员
LOCATION(int x,int y)             //LOCATION 的函数成员
~LOCATION();                      //LOCATION 的函数成员
POINT2D (int,int);                //POINT2D 新增的函数成员
~POINT2D ();                      //POINT2D 新增的函数成员
```

基类对象是派生类对象的一部分，基类对象先于派生类对象构造。在构造派生类对象时，将自动执行派生类的构造函数，并由其调用基类可被访问的构造函数，然后在派生类构造函数的初始化位置按派生类定义其数据成员的顺序初始化派生类的数据成员，最后执行派生类自己的构造函数体。

注意，派生类一定会调用基类的构造函数，如果基类构造函数没有在派生类构造函数的初始化位置显式列出，则编译程序会自动调用基类的无参构造函数。如果基类定义的构造函数都是有参的，则编译程序将报告"基类没有定义无参构造函数"的错误；而如果基类没有自定义任何构造函数，则编译程序会自动为基类生成无参构造函数。

除了继承自基类的实例函数成员 moveto() 外，派生类 POINT2D 还定义了自己的 moveto() 函数成员。对 POINT2D 类的对象和函数成员来说，类 POINT2D 自定义的 moveto() 函数被访问的优先级更高。因此，除非使用限定名 LOCATION::moveto() 调用 moveto()，否则，在类 POINT2D 的函数成员 moveto() 内调用的 moveto() 一定是 POINT2D 自定义的 moveto() 函数成员。

由于例 6.2 的派生类 POINT2D 的继承方式为 public，因此基类函数 getx()、gety() 继承到派生类后的访问权限仍为 public。这对类 POINT2D 的对象来说是合理的，因为 POINT2D 也需要这样的函数成员。但是，基类函数 moveto() 继承到派生类后的访问权限也为 public，这样就为派生类对象调用 LOCATION::moveto() 提供了可能，而派生类自己也定义了 public 的函数成员 moveto()，派生类对象应尽可能调用派生类自定义的 moveto() 函数，除非必要，否则应尽可能避免调用基类的 moveto() 函数。让基类函数 moveto() 继承到派生类后的访问权限变为 private 或 protected，能避免 main() 的派生类对象调用基类的 moveto() 函数。

```
int main()
{
    POINT2D p(3,6);
    p.show();
    p.moveto(9,18);                 //调用 POINT2D::moveto
    p.LOCATION::moveto(7,8);        //限定访问 LOCATION::moveto
}
```

在以上代码中，main() 还能通过派生类对象 p 调用基类的函数成员 LOCATION::moveto()，这是不合理的，也是不应该的。执行上述代码就会发现，点 p 从(9,18)移动到(7,8)后，点的显示位置并未改变，这是因为 LOCATION::moveto() 不能改变 visible。为了防止 main() 调用基类函数成员，类 POINT2D 应将基类的继承方式设置为 private 或 protected。

```
class POINT2D:LOCATION {            //用 class 定义的基类的继承方式默认为 private
    int visible;
public:
    int isvisible() {return visible;};
    void show();
    void hide();
    void moveto(int x,int y);
    POINT2D (int x,int y):LOCATION(x,y) {visible=0;};
    ~POINT2D (int x,int y) {hide();};
};
```

派生类 POINT2D 的函数成员可以访问基类的保护成员、公开成员和派生类的全部成员，这些可访问的成员及其相应的访问权限如下。

private 成员如下。

```
    int visible;                            //POINT2D 新增的数据成员
```

```
    int getx();                    //LOCATION 的函数成员
    int gety();                    //LOCATION 的函数成员
    void LOCATION::moveto(int,int); //LOCATION 的函数成员
    LOCATION(int x,int y)          //LOCATION 的函数成员
    ~LOCATION();                   //LOCATION 的函数成员
```

public 成员如下。

```
    int isvisible();               //POINT2D 新增的函数成员
    void show();                   //POINT2D 新增的函数成员
    void hide();                   //POINT2D 新增的函数成员
    void moveto(int x,int y);      //POINT2D 新增的函数成员
    POINT2D (int x,int y);         //POINT2D 新增的函数成员
    ~POINT2D ();                   //POINT2D 新增的函数成员
```

LOCATION 声明了 public 函数成员 moveto()、getx()和 gety()，当派生类 POINT2D 的继承基类的方式为 private 时，这些函数成员在 POINT2D 中的访问权限变为 private。而类 POINT2D 也需要访问权限为 public 的函数成员 getx()和 gety()，且这些函数的功能与基类的 getx()和 gety()完全相同。上述定义尽管解决了 LOCATION::moveto()继承后的不合理访问权限问题，但是又造成了 LOCATION::getx()和 LOCATION::gety()不可被 main()的派生类对象访问的问题。

## 6.2.2 访问权限的修改

为此，C++提供了修改基类成员继承到派生后的访问权限的方法，从而能够解决基类成员继承后不合理的访问权限问题。为了修改继承到派生类中的 LOCATION::getx()的访问权限，可以将 LOCATION::getx 放在派生类中希望的访问权限范围，或者使用 using LOCATION::getx 将 LOCATION::getx 放在派生类中希望的访问权限范围。类 POINT2D 的声明可修改如下。

```
class POINT2D:private LOCATION {
    int visible;

public:

    LOCATION::getx;              //修改访问权限，还可被新定义的getx覆盖。基类数据成员不能被覆盖
    using LOCATION::gety;        //修改访问权限，还可被新定义的gety覆盖
    int isvisible() {return visible;};
    void show();
    void hide();
    void moveto(int x,int y);
    POINT2D (int x,int y):LOCATION(x,y) {visible=0;};
    ~POINT2D () {hide();};
}p(2,3);
```

派生类 POINT2D 可以访问的基类和派生类成员及其相应的访问权限如下。

private 成员如下。

```
    int visible;                   //POINT2D 新增的数据成员
    void LOCATION::moveto(int,int); //LOCATION 的函数成员
    LOCATION(int x,int y)          //LOCATION 的函数成员
    ~LOCATION();                   //LOCATION 的函数成员
```

public 成员如下。

```
int    getx();                      //LOCATION 的函数成员
int    gety();                      //LOCATION 的函数成员
int    isvisible();                 //POINT2D 新增的函数成员
void   show();                      //POINT2D 新增的函数成员
void   hide();                      //POINT2D 新增的函数成员
void   moveto(int x,int y);         //POINT2D 新增的函数成员
POINT2D (int x,int y);              //POINT2D 新增的函数成员
~POINT2D();                         //POINT2D 新增的函数成员
```

需要指出的是，选用 private 作为继承方式通常不是最好的选择。如果派生类 POINT2D 选用 private 作为继承方式，却又未修改 LOCATION::getx 的访问权限，则 getx()在 POINT2D 类中的访问权限将变为 private，从而使 POINT2D 类及其派生类无法访问 private 的 POINT2D::getx。如果在派生类中，using 基类::数据成员，则在派生类中不能定义同名数据成员。

在派生类 POINT2D 中，使用 LOCATION::getx 或等价的 using LOCATION::getx 修改 getx()访问权限以后，通常不会在派生类中再自定义参数表和与基类 getx()相同的 getx()实例函数。此时，在没有派生关系的类或非成员函数中，通过 POINT2D 类对象调用 getx()，就是调用 LOCATION::getx。一旦派生类 POINT2D 自定义了 getx()实例函数，则 POINT2D 对象将优先调用自定义的 getx()实例函数，而基类的 getx()只能通过限定名 LOCATION::getx 去调用。

## 6.3　成员访问及其指针

当基类的数据成员和函数成员继承到派生类后，便有可能与派生类新定义的成员同名。最常见的同名是基类和派生类的函数成员同名，如例 6.2 中基类与派生类的 moveto()函数成员同名。对于定义多重继承的派生类，成员同名的现象更为普遍。由于一个基类可以定义多个派生类，因此基类的数据成员和函数成员的作用范围更大。如果希望访问基类作用范围更大的标识符，则可以用"基类类名::标识符"构成的限定名进行访问。

【例 6.3】　以链表 LIST 类为基类定义集合 SET 类。

```
class LIST {
    struct NODE {                   //定义嵌套类
        int val;
        NODE *next;
        NODE(int v,NODE *p) {val = v;next = p;}
        ~NODE() {delete next;next = 0;}
    } *head;
public:
    int inserts(int);           //该 inserts()允许插入重复的元素
    int contains(int);          //判断链表中是否存在某个元素
    LIST() {head = 0;};
    ~LIST() {if (head) {delete head;head = 0;}}
};
int LIST::contains(int v)
{
```

```
        NODE *h = head;
        while((h != 0)&&(h -> val != v)) h = h -> next;
        return h != 0;
    }
    int LIST::inserts(int v)
    {
        if (contains(v)) return 0;
        head = new NODE(v,head);
        return 1;
    }
    struct SET:protected LIST {
        LIST::contains;      //可以重用基类的 contains()，判断集合中是否存在某个元素
        int inserts(int);
        //集合不允许插入重复元素，故必须对 main()隐藏基类的 inserts()并定义新的 inserts()
        SET()=default;       //告知编译程序生成默认无参构造函数，将自动调用基类 LIST()
    };
    int SET::inserts(int v)
    {
        if(!contains(v) && LIST::inserts(v)) return 1;
        //用限定名 LIST::inserts(v)调用基类函数
        return 0;
    }
    int main()
    {
        SET s;               //变量 s 不能声明为 SET s()，该声明等价于函数声明 SET s(void)
        s.inserts(3);        //等价于 s.SET::inserts(3)
    }
```

类 SET 从基类 LIST 派生过来，但 SET 不能重用 LIST 的 insert()函数，因为 LIST 允许插入重复元素，但 SET 不允许插入重复元素。因此，SET 必须自定义 inserts()函数，以覆盖自基类继承的 inserts()函数，并对非成员函数 main()隐藏 LIST::inserts()。函数 SET::inserts(int v)在检查基类链表不包含要插入的元素后，通过限定名调用 LIST::inserts(v)来实现自己的 inserts()。在 main()定义派生类 SET 的对象 s 以后，s.inserts(3)优先调用的是派生类自定义的实例成员函数 int SET::inserts(int v)。

注意，对于 struct COPYABLE{}m,n;struct N:COPYABLE{int b;};int N::*p=&N::b;int *q=nullptr;，printf("%d",p)输出非空实例数据成员指针 p=&N::b;的值为 0，printf("%d",q)输出非成员空指针 q 的值也为 0。若 int N::*p=nullptr; 定义 p 为空实例数据成员指针，则 printf("%d",p)肯定不能和前面的 p=&N::b;非空指针的输出相同，故规定空实例数据成员指针 nullptr 的二进制值为−1。由此可见，虽然实例数据成员和非成员变量的空指针都为 nullptr，但这两个 nullptr 的二进制值其实是不同的。

既然非空指针 int N::*p=&N::b 的输出值为 0，即其相对于类 N 对象首址的偏移为 0，那么 N 继承的 sizeof(COPYABLE)=1 的 COPYABLE 哪里去了呢？空类的字节数 sizeof(COPYABLE)不能为 0，否则，不同的对象 m、n 将因连续分配内存而得到相同的地址，为此，C++才规定 sizeof(COPYABLE)=1。但在 COPYABLE 作为 N 的空基类时，派生类 N 的空基类将被优化掉，从而使 printf("%d",&N::b)的输出为 0。空基类不占派生类 N 的内存，可表示 N 能进行某种操作，如 memcpy 值拷贝操作，可先用#include <type_traits>或#include <iostream>，再用 std::is_base_of<COPYABLE,N>::value 确认进行该操作。

## 6.4　构造与析构

构造函数决定了对象的初始状态，因此了解构造函数的执行过程非常重要。目前，所涉及的派生类都是单继承派生类，单继承派生类对象的构造过程比较容易理解。鉴于派生类对象的析构过程正好与其构造过程相反，因此本节仅介绍派生类对象构造函数的执行顺序，析构函数的执行顺序相反，这里不再讨论。

### 6.4.1　对象构造的执行顺序

派生类对象构造函数的执行顺序是：①若派生类存在虚基类，则先调用虚基类的构造函数；②若存在直接基类，则接着调用直接基类的构造函数；③按照派生类数据成员的声明顺序依次调用它们的构造函数或对其进行初始化；④执行派生类构造函数的函数体。这种初始化顺序可理解为具有 4 个优先级的初始化，但少数编译程序会按程序员指定的顺序进行初始化。

如果派生类定义了没有默认值的引用或只读实例数据成员，或者定义了必须调用有参构造函数初始化的对象成员，或者继承了或自定义了虚函数或纯虚函数，或者其虚基类和基类必须用实参调用构造函数初始化，则实例数据成员不全公开的派生类必须自定义构造函数，而不能依靠编译程序为其自动生成构造函数。

【例 6.4】　派生类构造函数的初始化顺序由上述 4 个优先级确定，优先级相同时由定义顺序确定。

```cpp
#include <iostream>
using namespace std;
class A {
    int a;
public:
    A(int x):a(x) {cout << a;}
    ~A() {cout << a;}
};
class B:public A {
    int b,c;
    const int d;        //存在没有默认值的只读实例成员，故类B需自定义构造函数
    A x,y;              //类A的所有构造函数均带参数，故类B需自定义构造函数
public:
    B(int v):b(v),y(b+2),x(b+1),d(b),A(v) {
        c=v;
        cout << b << c << d;
        cout << 'C';
    }
    ~B() {cout << 'D';}
};
int main() {B z(1);A&r=z;}
//z 为 main()定义的局部自动变量，返回时会自动析构 z。但 r 不用构造和析构
```

上述程序定义了基类 A 和派生类 B，函数 main()定义了 B 类的一个对象 z。对象 z 在构造时首先调用基类的构造函数 A(int)，然后按照 B 类数据成员的声明顺序依次初始化数据成员 b、d、x、y，而不是按初始化位置列出的顺序初始化 b(v)、y(b+2)、x(b+1)、d(b)。但是，少数编译程序会按程序员指

定的顺序 b(v)、y(b+2)、x(b+1)、d(b)进行初始化。类 B 定义了类型相同的数据成员 b、c，它们都应该在构造函数的初始化位置初始化，未初始化的 c 在 z 为自动变量时取随机值，然后 c 在构造函数的函数体内被重新赋值为 v。

上述程序进入函数 main()时构造 z，构造产生的输出为 123111C；在退出函数 main()时析构 z，析构产生的输出为 D321。因此，整个程序的输出为 123111CD321。基类 A 只定义了带整型参数的构造函数，构造 z 时自动调用构造函数 B(1)，B(1)将实参 1 传给基类 A 的构造函数 A(int x)。因此，初始化后基类对象的数据成员 a 的值为 1。

## 6.4.2  new、delete 引起的构造与析构

在例 6.4 的 main()中定义了传统左值有址引用变量 A&r，且 r 引用了子类 B 的有址传统左值变量 z。由于对象 z 的构造和析构由 main()自动完成，故引用变量 r 不需要负责对象 z 的构造与析构，因为 r 共享 z 的内存，故没有必要再次构造和析构。但是，如果被 r 引用的对象是通过 new 生成的只读固定地址对象，则有址引用变量 r 必须用 delete &r 析构该对象，否则该对象将因未释放内存而产生内存泄漏。

【例 6.5】  被引用的对象如果是通过 new 产生的，则必须通过有址引用变量进行析构。

```cpp
#include <iostream>
using namespace std;
class A {
    int i;
    int *s;
public:
    A(int x) {s = new int[i = x];cout << "(C):" << i << "\n";}
    A(const A& a) {
        if (this == &a) {            //防止深拷贝构造用于如下变量定义: A m(m);
            cout << "Can not initialize with itself!\n";
        }
        s = new int[i = a.i];
        //new int[i = a.i]的返回类型为int *const，即其内存地址是只读固定地址
        for (int k = 0;k < i;k++)  s[k] = a.s[k];
    }
    ~A() {delete s;cout << "(D):" << i << "\n";}
};
void sub1(void) {A &p=*new A(1);}
//new A(1)是只读固定地址，作为指针不能进行++ new A(1)运算
void sub2(void) {A *q = new A(2);}
void sub3(void) {A &p = *new A(3);delete &p;}
void sub4(void) {A *q = new A(4);delete q;}
int main()
{
    sub1();                 //产生对象A(1)，但没有析构: 内存泄漏
    sub2();                 //产生对象A(2)，但没有析构: 内存泄漏
    sub3();                 //产生对象A(3)，进行了析构
    sub4();                 //产生对象A(4)，进行了析构
}
```

程序的输出如下所示。

```
(C):1
(C):2
(C):3
(D):3
(C):4
(D):4
```

在以上程序中，引用变量 p 引用的对象是由 new 生成的，必须通过该引用变量显式地析构对象。从程序的输出来看，sub1()和 sub2()没有析构 new 生成的对象，而 sub3()和 sub4()都析构了对象。因此，sub1()和 sub2()造成了内存泄漏。

注意，new A(3)的执行过程为：①为对象 A(3)分配一块内存，其大小为 sizeof(A)；②调用构造函数初始化 A(3)，构造函数为其成员 s 分配一块内存，该内存大小为 sizeof(int[3])。由此可见，new A(3)导致总共分配了两块内存。

如果仅用 p.~A()析构由 new 生成的对象 A(3)，则只释放了其成员 p.s 指向的大小为 sizeof(int[3])的内存块，而没有释放 p 引用的对象 A(3)所占用的内存，其占用的内存的大小为 sizeof(A)。new A(3)从内存分配了两块内存，但 p.~A()只释放了一块内存，从而导致另一块内存被泄漏。

如果用 delete &p 处理由 new 生成的对象，则 delete &p 会完成以下两个任务：①通过 p.~A()调用析构函数析构由 new 成的对象 A(3)，析构时释放 p.s 指向的大小为 sizeof(int[3])的内存；②使用 free(&p)释放 p 引用的对象 A(3)占用的内存，该内存的大小为 sizeof(A)。这样两块内存都被释放了，就不会造成内存泄漏。delete q 的执行效果与 delete &p 类似，因为 q 和&p 都是指向 A 类对象的指针。

## 6.5　父类与子类

基类和派生类在三种情形下满足父子类关系。若使用父类定义变量或指针，则在编译时只检查它们访问父类成员的权限。因此，即使父类指针实际指向子类对象，早期绑定也只能调用父类的函数成员；除非将父类函数成员定义为虚函数进行晚期绑定，否则子类对象就会不合理地调用父类函数成员。

父类与子类

### 6.5.1　父类及其函数调用

如果派生类继承基类的方式为 public，则这样的派生类称为该基类的子类，而相应的基类则称为派生类的父类。C++允许父类指针直接指向子类对象，也允许父类引用变量直接引用子类对象。由此可见，父类指针既可能指向父类对象，也可能指向子类对象。因此，当用父类指针调用函数时，被调函数的理想的表现行为应该是：若父类指针指向的是父类对象，则被调函数应该是父类函数成员；若父类指针指向的是子类对象，则被调函数应该是子类函数成员。

但是，编译时是无法知道指向或引用的对象类型的，指向或引用的对象类型只能在程序运行时确定，故编译程序只能根据变量的类型定义进行静态语法检查，即把父类指针变量指向的所有对象都当作父类对象。当通过父类指针变量访问对象的数据成员或函数成员时，如果父类定义的成员访问权限不允许当前访问，则编译程序就会报告访问权限超出限制等错误。父类引用变量也存在类似的静态语法检查问题。

【例 6.6】　定义点类，并通过点类派生出圆类。

```
#include <iostream>
using namespace std;
class POINT2D {
    int x,y;                        //x、y 的访问权限为私有
public:                            //以下 POINT2D 类的函数成员的访问权限均为公开
    int getx() {return x;}
    int gety() {return y;}
    void show() {cout << "Show a point\n";};
    POINT2D(int x,int y) {POINT2D::x = x;POINT2D::y = y;};
};
class CIRCLE:public POINT2D{        //POINT2D 为父类，CIRCLE 为子类
    int r;
public:
    int getr() {return r;}
    void show() {cout << "Show a circle\n";};
    CIRCLE(int x,int y,int r):POINT2D(x,y) {CIRCLE::r = r;};
};
int main()
{
    CIRCLE c(3,7,8);
    POINT2D *p = &c;                //满足父子关系直接赋值，否则需强制转换:p=(POINT2D*)&c
    cout << "The circle with radius " << c.getr();
    cout << "is at (" << p->getx() << "," << p->gety() << ")\n";
    p->show();
}
```

程序的输出如下所示。

```
The circle with radius 8 is at (3,7)
Show a point
```

以上 POINT2D 和 CIRCLE 构成了父类和子类关系，故 CIRCLE 对象 c 的地址可以直接赋给父类指针 p，否则需进行强制类型转换后再赋值，即 p=(POINT2D*)&c。p 被定义为指向 POINT2D 类型的指针，故编译程序允许 main()通过 p 调用 POINT2D 的公开函数成员。尽管父类指针 p 实际指向的是子类对象 c，但编译程序只能按父类 POINT2D 进行静态语法检查。由于函数 getr()不是父类的函数成员，故不能用 p->getr()调用子类的实例函数成员 getr()。

虽然父类指针 p 实际指向的是子类对象，但由于编译程序只能做静态语法检查，故 p->show()调用的是父类的实例函数成员 show()。因此，p->show()输出的结果为 Show a point，而不是子类对象的应有输出 Show a circle。要让 p->show()合理地输出 Show a circle，就必须将 show()定义为虚函数（参见第 8 章）。同理，编译程序只能假定父类引用变量引用的都是父类对象。在通过引用变量访问对象的数据成员或函数成员时，不能突破父类对象为成员所规定的访问权限。

【例 6.7】　父类引用变量可以直接引用子类对象，否则必须进行强制类型转换。

```
#include <iostream>
using namespace std;
```

```
class A {
    int a;
public:
    int getv() {return a;}
    A() {a = 0;}
    A(int x) {a = x;}
}a;
class B:A {                    //A、B没有构成父子类关系
    int b;
public:
    int getv() {return b+A::getv();}
    B() {b = 0;}
    B(int x):A(x) {b = x;}
}b;
class C:public A {            //A、C构成父子类关系
    int c;
public:
    int getv() {return c+A::getv();}
    C() {c = 0;}
    C(int x):A(x) {c = x;}
}c;
int main()
{
    A &p = *new C(3);          //父类引用变量可直接引用子类C的对象
    A &q = *(A *)new B(5);     //A不是B的父类：必须进行强制类型转换来引用B类对象
    cout<<"p.getv() = "<<p.getv()<<"\n";
    cout<<"q.getv() = "<<q.getv()<<"\n";
    delete &p;                 //析构C(3)的父类A而非子类C：调用析构函数A::~A()
    delete &q;                 //对B类对象B(5)调用析构函数A::~A()
}
```

程序的输出如下所示。

```
p.getv()=3
q.getv()=5
```

　　如果基类和派生类没有构成父子关系，且非成员函数 main() 不是派生类的友元函数，则 main() 定义的基类指针变量不能直接指向派生类对象，而必须通过强制类型转换才能指向派生类对象。同理，函数 main() 定义的基类引用变量也不能直接引用派生类对象，而必须通过强制类型转换才能引用派生类对象。

## 6.5.2　友元和派生类函数中的父子类关系

　　非成员函数即 C 语言的普通函数，它不是任何类的实例或静态函数成员。如果上述普通函数 main() 定义为派生类 B 的友元，则 main() 定义的 A&q 可直接引用派生类 B 的对象，即不必通过强制类型转换就能引用（A&q=*new B(5);）。类似地，派生类友元 main() 定义的基类指针 A*p 也能直接指向派生类对象 b。

　　也就是说，在作为派生类友元的函数 main() 中，基类和派生类默认满足父子类关系。这是因为基类对象继承到派生类后，可被视为匿名的具有某种访问权限的对象成员。而 main() 函数作为派生类的友元函数，可以访问派生类的所有成员，包括作为匿名成员的基类对象。这种对基类对象的无障碍访

问，就像基类以公开方式继承到派生类，使基类可被派生类当作父类看待。

在派生类的函数成员中，基类和派生类默认满足父子类关系，因为基类对象可被视作派生类的匿名成员，而派生类函数可以访问自己的所有成员，包括继承的作为匿名成员的基类对象。在派生类函数成员中，这种对基类对象的无障碍访问，使基类可被当作派生类的父类看待。因此，基类指针或引用可以直接指向或引用派生类对象。

【例 6.8】　定义基类机车类 VEHICLE，并派生出汽车类 CAR。

```
class VEHICLE {
    int speed,weight,wheels;

public:

    VEHICLE(int spd,int wgt,int whl);
};
VEHICLE::VEHICLE(int spd,int wgt,int whl)
{
    speed = spd;
    weight = wgt;
    wheels =whl;
}
class CAR:private VEHICLE{          //非公开继承方式：不满足父子类关系
    int seats;
    friend int main();             //main()定义为派生类的友元函数，参见第 7 章
public:
    VEHICLE *who();
    CAR(int sd,int wt,int st);
}car(4,5,6);
CAR::CAR(int sd,int wt,int st):VEHICLE(sd,wt,4)
{
    seats = st;
}
VEHICLE *CAR::who()
{    //在派生类的函数成员 who()中，基类和派生类默认满足父子类关系
    CAR c(3,4,5);
    VEHICLE *p = &c;               //基类指针直接指向派生类对象
    VEHICLE &q = c;                //基类引用直接引用派生类对象
    VEHICLE &r = *this;            //基类引用 r 直接引用*this 引用的派生类对象
    p = this;                     //基类指针直接指向派生类对象
    return p;
}
int main() {
    VEHICLE* s = &car;            //在派生类友元 main()中，基类指针 s 可被视作父类指针
}
```

上述派生类 CAR 的函数成员 who()定义了基类指针 p 和基类引用 q、r，尽管从类型定义上看 CAR 不是 VECHILE 的子类，但由于 p 和 q 是在派生类函数成员 who()中定义的，此时默认 CAR 是基类 VECHILE 的子类。因此，p 可直接指向派生类对象，q 可直接引用派生类对象，不需要向基类进行强

制类型转换。在派生类友元函数 main() 中，基类指针（引用）可被视作父类指针（引用），因而可以直接指向（引用）子类对象。

## 6.6 派生类的内存布局

静态数据成员在对象之外独立分配内存，因此，在计算基类或派生类的内存空间时，不需要考虑基类或派生类的静态数据成员。此外，函数成员也不是对象内存的一部分，因此函数成员编译后得到的二进制代码不占用对象内存。

基类对象是派生类对象内存的一部分，通常出现在派生类实例数据成员之前。因此，派生类对象所占用的内存通常由两部分构成：①基类对象占用的内存；②派生类实例数据成员占用的内存。派生类对象的内存为这两部分内存之和。

【例 6.9】 派生类对象内存字节数的计算，假设 VS2019 采用 x86 模式编译。

```
#include <iostream>
using namespace std;
class A{
    int h,i,j;              //实例数据成员在对象内部连续分配内存
    static int k;           //静态数据成员在对象外部独立分配内存
}*pa;
class B:public A {
    int m,n,p;              //实例数据成员在对象内部连续分配内存
    static int q;           //静态数据成员在对象外部独立分配内存
}b;
int A::k = 0;               //静态数据成员在对象外部独立分配内存
int B::q = 0;               //静态数据成员在对象外部独立分配内存
void f(A*pa){}              //形参为父类指针, sizeof(pa)=4
void g(A&ra){}             //形参为父类引用
int main()
{
    pa = &b;                //父类指针 pa 可以直接指向子类对象 b
    A& ra = b;              //父类引用 ra 可以直接引用子类对象 b
    f(&b);                  //父类指针形参 pa 可以直接指向子类对象实参
    g(b);                   //父类引用形参 ra 可以直接引用子类对象实参
    cout << "sizeof(int) = " << sizeof(int) << "\n";
    cout << "sizeof(A) = " << sizeof(A) << "\n";
    cout << "sizeof(B) = " << sizeof(B) << "\n";
    cout << "sizeof(A*) = " << sizeof(pa) << "\n";
    cout << "sizeof(A&) = " << sizeof(ra) << "\n";
}
```

在 int 类型为 32 位二进制的环境下，VS2019 采用松散对齐和 x86 模式编译，程序执行的输出结果如下。

```
sizeof(int)=4
sizeof(A)=12
sizeof(B)=24
sizeof(A*)=4
sizeof(A&)=12
```

sizeof(A)=12 说明类 A 的内存由 3 个大小为 4 字节的整型实例成员 h、i、j 构成。sizeof(B)=24 说明类 B 的内存包含类 A 的 12 字节，同时还包含 3 个大小为 4 字节的整型实例成员 m、n、p。sizeof(A*)=4 说明指针 pa 存储地址只需要 4 字节的内存，sizeof(A&)=12 说明引用 ra 共享 A 类对象的 12 字节的内存。例 6.9 的派生类 B 的内存布局如图 6.1 所示。

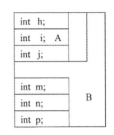

图 6.1 派生类 B 的
内存布局

从子类 B 的内存布局来看，其首部恰巧就是父类 A 的内存布局，所以若把子类对象当作父类对象使用，不会导致父类对象所要求的内存布局与预期不一致的问题。另一方面，因为子类 B 采用的是 public 继承，故父类 A 代表的对象继承到子类 B 后，可将其视为子类 B 的 public 匿名对象成员。因此，这个 public 匿名对象成员可被所有函数访问，这正是"父类指针直接指向子类对象，父类引用直接引用子类"不需要进行强制类型转换的原因。

例 6.9 的 4 条语句 pa = &b;、A& ra=b;、f(&b);、g(b);，均应用了父类指针直接指向子类对象、父类引用直接引用子类对象这一规则。但是，如果 A 和 B 不满足父子关系，比如类 B 采用 class B:private A{⋯}的定义形式，则基类 A 继承到派生类 B 后作为匿名对象成员是 private 的。而任何 private 成员对函数 main()来说都是不可访问的，因而需要通过强制类型转换提供某种"责任担保"，即必须通过强制类型转换进行赋值或函数调用（如 pa=(A *)&b;、A& ra=(A)b;、f((A *)&b);、g((A)b); ）。

## 练习题

【题 6.1】什么是单继承？继承的实质是什么？

【题 6.2】使用联合可以实现软件重用吗？为什么？

【题 6.3】继承基类的方式有哪些？不同的继承方式对基类数据成员继承到派生类后的访问权限有何影响？

【题 6.4】在派生类的实例函数成员中，如果基类实例数据成员与派生类自定义的实例数据成员同名，优先访问的是基类的实例数据成员还是派生类的实例数据成员？如果它们还与该实例函数成员的参数同名，则优先访问的是谁？

【题 6.5】在将一个类做前向声明但还未完整定义的情况下，能否将该类的类名直接作为一个函数的参数类型？

【题 6.6】在什么情形下，基类和父类构成父子关系？构成父子关系有何好处？

【题 6.7】为什么在父类指针指向子类对象后，通过父类指针调用的函数仍然是父类的函数？

【题 6.8】派生类对象的内存单元包括基类和派生类的静态数据成员吗？包括基类和派生类的函数成员吗？

【题 6.9】定义描述个人信息的类 PERSON，记录个人身份证号 IDnumber；使用指针分配内存，用于记录个人姓名 name；定义实例函数成员 print()，用于输出个人基本情况；然后由类 PERSON 派生出子类 TEACHER，记录教师薪资 wage 并分配内存来记录其职称 title；定义实例函数成员 print()，输出教师的基本情况。

【题 6.10】包（BAG）是一种可以存储重复数据的类，而集合（SET）是不能存储重复数据的类。试定义如下 BAG 和 SET 中的所有实例函数成员。

```cpp
class SET;
class BAG {
    int *const e;              //用于存放整型数值
    const int m;               //能够存放的最大数值个数
    int n;                     //包中数值的个数
public:
    BAG(int m = 0);            //构造一个最多能放 m 个数值的包
    BAG(const BAG&b);          //按照已有包深拷贝构造一个包
    int have(int v);           //判断一个数值是否在包中，若在则返回1，否则返回0
    BAG& put(int &v);          //将一个数值 v 放入包中，如果失败则设置 v=0，成功则设置 v=1
    BAG& remove(int &v);       //将数值 v 从包中去除，如果失败则设置 v=0，成功则设置 v=1
    ~BAG();                    //析构函数
};
class SET:public BAG { //BAG 和 SET 满足父子关系
public:
    using BAG::have;           //判断一个数值是否在集合中，若在则返回1，否则返回0
    SET(int m = 0);            //构造一个最多能放 m 个数值的集合
    SET(const SET&s);          //深拷贝构造，BAG(const BAG&b) 的 b 可直接引用 s
    SET& put(int &v);          //将一个数值 v 放入集合中，如果失败则设置 v=0，成功则设置 v=1
    SET& remove(int &v);       //将数值 v 从集合中去除，如果失败则设置 v=0，成功则设置 v=1
    ~SET();
};
```

【题 6.11】对于如下类型声明，请分别指出类 A、B、C 可访问的成员及其访问权限。

```cpp
class A {
    int a1,a2;
protected:
    int a3,a4;

public:

    int a5,a6;
    A(int);
    ~A(void);
};
class B:A {
    int b1,b2;
protected:
    A::a3;
    int b3,b4;

public:

    A::a6;
    int b5,b6;
```

```
    B(int);
    ~B();
};
struct C:B {
    B::a6;
    int c1,c2;
protected:
    int c3,c4;

public:

    int c5,c6;
    C(int);
    ~C();
};
```

【题 6.12】类的对象所分配的内存是否包含静态数据成员？基类对象的内存相对派生类对象而言，处于派生类对象的什么位置？

【题 6.13】若定义了一个引用对象的有址引用变量和一个引用对象的无址引用变量，它们能够引用什么样的对象？这两个变量编译成汇编语言后将被当作什么类型？在 C++程序中，上述两个变量的字节数分别是多少？

# 第7章
# 可访问性

对变量、形参、函数或类的成员来说，它们的可访问性与其作用域相关。本章将介绍作用域运算符（::）、面向过程的作用域、面向对象的作用域、名字空间等相关概念。此外，还将介绍友元函数访问类成员的方法，以及隐藏和覆盖类成员的方法。

## 7.1 作用域运算符

作用域运算符（::）既是单目运算符，又是双目运算符。单目运算符用于限定函数外的类型名、变量名以及常量名等，双目运算符用于限定枚举元素、名字空间成员、类的数据成员、函数成员及类型成员等。此外，关于基类可被派生类访问的成员，当该成员继承到派生类时，双目运算符可修改它的访问权限。

不同作用域
的可访问性

### 7.1.1 面向对象的作用域

比括号运算符的优先级高一级，::的优先级为最高级，即第 17 级，其结合方向也自左向右。在类体外定义函数成员和静态数据成员时，必须用"类名::"限定函数成员和静态数据成员，以避免与同名的非成员函数、全局变量、单元变量或单元静态变量等混淆，同时便于区分不同类声明的同名成员。

【例 7.1】 在类体外使用作用域运算符定义二维及三维坐标点类的函数成员。

```
class POINT2D {        //定义二维坐标点
    int x,y;
public:
    int getx();        //获得点的 x 轴坐标, getx()的*this 类型为 POINT2D&
    POINT2D (int x,int y)
    {
        POINT2D::x=x;    //限定名 POINT2D::x 代表类的数据成员 x, 等价于 this->x
        POINT2D::y=y;    //限定名 POINT2D::y 代表类的数据成员 y, this->y 表示实例数据成员
    }
};
class POINT3D {        //定义三维坐标点
    int x,y,z;
public:
    int getx();        //获得点的 x 轴坐标
    POINT3D (int x,int y,int z)
```

```
    {
        POINT3D::x=x;    //限定名 POINT3D::x 代表类的数据成员 x
        POINT3D::y=y;    //限定名 POINT3D::y 代表类的数据成员 y
        POINT3D::z=z;    //限定名 POINT3D::z 代表类的数据成员 z
    }
};
//在类体外定义 getx()，用::限定 getx()所属的类
int POINT2D::getx() {return x;}
int POINT3D::getx() {return x;}
static int x;                //非成员函数外的静态变量（或单元静态变量）x=0
int y;                       //非成员函数外的全局变量（或全局变量）y=0
int main(int argc,char *argv[]) {
    POINT2D p(3,5);          //局部变量 p 的内存在栈上分配内存,有只读固定地址,即不能进行++&p
    int x=p.POINT2D::getx();//main()可以访问 POINT2D 中的公开函数 getx()
    ::x=p.getx();           //向单元静态变量 x 赋值，等价于::x=p.POINT2D::getx();
    x=POINT2D(4,7).getx();  //为 POINT2D(4,7)生成可写匿名变量且被 getx()的*this 引用
}
```

上述程序定义了二维坐标点 POINT2D 类和三维坐标点 POINT3D 类。两个类都在类体外定义了函数 getx()，此时必须使用双目运算符（::）限定 getx()所属的类。此外，在 main()函数中，局部变量 x 如果与单元静态变量 x 同名，则必须使用::x 访问单元静态变量 x。否则，将优先访问作用域更小的局部变量 x，故 x=p.getx()将对 main()的局部变量 x 赋值。

对于函数调用 p.getx()，编译程序通过检查 p 的类型 POINT2D，查看 POINT2D::getx()可否被 main()访问。由于 POINT2D 中 getx()的访问权限为 public，因此公开的 POINT2D::getx()可被主函数 main()访问。此时表达式 p.getx()等价于 p.POINT2D::getx()。

必要时，类型成员、数据成员和函数成员都可以用::限定。例如，在类 POINT2D 的构造函数中，数据成员 x、y 和构造函数的参数 x、y 同名，需要用限定名 POINT2D::x 访问数据成员 x。直接使用 x 表示访问构造函数的形参 x 而不是数据成员 x，因为构造函数的形参 x 的作用域更小，故形参 x 被访问的优先级比同名的数据成员 x 的优先级更高。

根据作用域是否同类，C++的作用域可以分为两类，即面向过程的作用域和面向对象的作用域。面向过程的作用域即传统的 C 语言的作用域。在面向过程的作用域中，词法单位的作用范围从小到大可分为四级：①常量作用于表达式内；②局部变量和函数形参作用于函数内；③单元静态变量和单元函数作用于代码文件内；④全局变量和全局函数作用于整个程序。

在例 7.1 中，对象 POINT2D(4,7)作用于表达式内；函数形参 argc 和局部变量 p 均作用于函数 main()内；单元静态变量 x 作用于当前.cpp 代码文件内，其他.cpp 代码文件不能访问；全局变量 y 和全局函数 main()作用于整个程序，可被所有.cpp 代码文件访问。具有第三级和第四级作用域的标识符可用单目运算符（::）限定。

在 C++面向对象的作用域内（即类的内部），词法单位的作用范围从小到大可以分为五级：①常量作用于表达式内；②局部变量和函数形参作用于函数成员内；③数据成员或函数成员作用于类或派生类内；④数据成员或函数成员作用于基类内；⑤数据成员或函数成员作用于虚基类内。

就像整型有变量和常量一样，类的类型也可以有变量和常量，类类型的常量称为常量对象。类内

产生的常量对象的作用域属于第一级，对于同一表达式两个值相同的常量对象，它们将被视为不同的实例对象。它们将根据表达式计算的先后顺序分别构造，然后在表达式结束时按照相反顺序析构。但若常量对象被无址引用变量引用，则其析构将延迟到引用变量的生命期结束。

类内标识符的作用域属于第二级到第四级，标识符可为局部变量、函数形参、数据成员、函数成员等。标识符的作用域范围越小，被访问的优先级就越高。例如，在类的函数成员内，当函数参数、局部变量和数据成员同名时，优先访问的是函数参数和局部变量；如果希望访问数据成员，就必须用限定名"类名::数据成员名"访问。在构造函数 POINT2D::POINT2D(int x,int y)中，应使用限定名 POINT2D::x 访问数据成员 x；否则，如果仅用 x，则访问的便是该构造函数的形参 x。

【例7.2】 使用链表定义容量"无限"的栈。

```cpp
#include <iostream>
using namespace std;          //可以在任何函数内外、名字空间中使用 using namespace
class STACK
{                             //不能在类体中比如此处使用 using namespace
    struct NODE {             //在类 STACK 中嵌套定义局部类 NODE
        int val;
        NODE *next;
        NODE(int v);
    }*head;
public:
    STACK(){head=nullptr;}
    ~STACK();
    int push(int v);
    int pop(int &v);
};
STACK::NODE::NODE(int v)      //作用域运算符（::）自左向右结合
{
    val=v;
    next=0;                   //可用 0 和关键字 nullptr 表示空指针
}
STACK::~STACK()
{
    NODE *p;
    while(head) {             //析构时释放栈中所有元素
        p=head->next;
        delete head;
        head=p;
    }
}
int STACK::push(int v)
{
    NODE *h=new NODE(v);
    if(h==0) return 0;        //若压栈失败，则返回 0
    h->next=head;            //栈顶元素设置为新压入的节点
    head=h;
    return 1;                //若压栈成功则返回 1
}
```

```
int STACK::pop(int &v)
{
   NODE *h=head;
   if(h==0) return 0;              //若出栈失败, 则返回 0
   head=h->next;
   v=h->val;                       //换名形参存放栈顶元素
   delete h;                       //释放栈顶元素
   return 1;                       //若出栈成功则返回 1
}
int main()
{
   STACK stk;                      //调用无参构造函数 STACK()初始化 stk
   int v;
   if(stk.push(5)==0){cout<<"Stack overflow";return;}
   if(stk.pop(v)==0){cout<<"Stack underflow";return;}
}
```

在上述程序中, 类 NODE 嵌套定义于类 STACK 内, 其构造函数在 STACK 的体外定义, 此时用 STACK::NODE::NODE(int v)定义构造函数。类 NODE 的构造函数 STACK::NODE:: NODE(int v)不能在类 STACK 体内定义, 因为它不是 STACK 的函数成员。

在 main()函数内定义变量 stk 时, 不能使用 "STACK stk();" 定义, 因为它表示声明一个函数原型: 函数名为 stk, 没有参数, 返回类型为 STACK。也就是说, "STACK stk();" 等价于 "STACK stk(void);", 即 stk 为 main()函数外的函数名。

## 7.1.2 面向过程的作用域

总的来说, 面向对象的作用域属于面向过程的作用域。因为在 C 语言中, struct 和 union 包含在面向过程的作用域中, 所以 class 定义的类也包含在面向过程的作用域中。当类的函数成员访问的变量没有在类中声明时, 可以在更大的作用域（即面向过程的作用域）中寻找优先级更低的同名变量进行访问。

单目运算符（::）可以限定来自函数外部的变量、函数、类型以及枚举元素等, 它们的作用域可能局限于当前代码文件, 也可能跨越所有代码文件而属于全局作用域。当类的函数成员要调用同名的非成员函数时, 必须用单目运算符（::）限定要调用的同名非成员函数。

【例 7.3】 基于操作系统支持的进程管理函数 fork(), 定义类的函数成员 fork()用于管理进程。

```
extern int fork();          //操作系统支持的由类库提供的 fork()外部函数
class Process {
   int processes;           //本进程 fork()的进程数
public:
   int fork();
};
static int processes=1;     //总的进程数
int Process::fork()
{
   processes++;    //优先访问面向对象作用域的数据成员 processes, 等价于 this->processes++
   ::processes++;  //访问单元静态变量, 即 static 变量 processes
   return::fork();//调用类库中的 fork()外部函数, 去掉::会自递归
```

```
}
```

例 7.3 声明了操作系统支持的全局函数 fork()，该函数是由外部库提供的用于生成进程的标准函数；然后定义了局限于当前.cpp 代码文件的单元静态变量，即定义了仅供当前代码文件使用的静态整型变量 processes。在 int Process::fork()函数成员内部，必须使用::processes 才能访问静态整型变量 processes，因为数据成员 processes 的作用范围更小，被访问的优先级更高。

在同一个作用域范围内，如果变量或参数与类名同名，则可以使用 class、struct 和 union 说明某个标识符为类名。

**【例 7.4】** 定义一个部门的职员类。

```cpp
#define _CRT_SECURE_NO_WARNINGS    //防止 strcpy 出现指针使用安全警告
#include<cstring>                  //#include<cstring>代替#include<string.h>
class CLERK {
    char *clerk;
    CLERK *next;                    //等价于"class CLERK *next;"，指向下一职员
public:
    CLERK(const char *,CLERK*);     //等价于 CLERK(const char *,class CLERK*);
};
CLERK::CLERK(const char *name,CLERK *next=0)
{
    clerk=new char[strlen(name)+1];
    strcpy(clerk,name);
    CLERK::next=next;              //CLERK::next 限定 next 为数据成员
}
int CLERK;                         //试定义整型变量 CLERK，与类名 CLERK 同名
class CLERK v("V",0);              //如果省略 class 或 struct，就不知道 CLERK 是否为类名
struct CLERK w("W",0);            //等价于 class CLERK w("W",0);
int main() {CLERK=3;}             //访问整型全局变量 CLERK
```

上述程序在同一个作用域（即全局作用域）内定义了类 CLERK 和整型变量 CLERK，为了访问类名标识符 CLERK，需要使用 class CLERK 或者 struct CLERK，说明 CLERK 是类名而不是全局整型变量 CLERK。

## 7.2　名字空间

名字空间是 C++引入的一种新的作用域，用于减少软件项目中的命名冲突。同一名字空间中的标识符必须唯一，不同名字空间中的标识符可以相同。当一个程序使用多个名字空间而出现成员同名时，可以用名字空间名加作用域运算符限定各自的成员。

名字空间成员的
可访问性

### 7.2.1　名字空间的基本用法

关键字 namespace 用于定义名字空间。名字空间必须在程序的全局作用域内定义，不能在类、函数及函数成员内定义，最外层名字空间的名称必须在文件作用域内唯一。C++程序默认的名字空间是

没有名称的全局匿名名字空间，全局类型、全局变量、全局函数等都处于这个名字空间。

名字空间可以分多次在多个 .cpp 文件定义，即可以先在初始定义中声明或者定义部分成员，然后在扩展定义中定义先前声明的成员，或者再声明或定义新的名字空间成员。初始定义和扩展定义采用相同的语法格式。注意"inline namespace A{...};"等价于"namespace A{...};using namespace A;"。

关键字 using 用于声明要使用的名字空间，如标准名字空间 std，可用"using namespace std;"按需引入 std 中的任何成员；或者用"using std::cin;"指定引入 std 的特定成员 cin，引入后不能再在当前作用域定义同名的变量或函数等。在指定引入名字空间的某个特定成员之前，该成员必须已经在名字空间中进行了定义，或者进行了 extern 或 using 声明，后者常用于嵌套定义的名字空间。

【例 7.5】 在程序中访问 ALPHA 名字空间定义的变量 x 及函数 g()。

```
#include <iostream>
using namespace std;        //按需引入标准名字空间 std 的任何成员
namespace ALPHA {           //初始定义名字空间 ALPHA
    extern int x;           //声明整型变量 x, 可再声明"extern int x;", 即声明可重复多次
    void g(int);            //声明函数原型 void g(int), 声明可重复多次
    void g(long) {          //定义函数, 定义只能进行一次
        cout<<"Processing a long argument.\n";
    }
}
using ALPHA::x;             //指定引入特定成员 x: 可再声明即"using ALPHA::x;", 此后不得定义 x
using ALPHA::g;             //指定引入特定函数 void g(int)和 void g(long)
namespace ALPHA {           //扩展定义 ALPHA
    int x=5;                //定义此前声明的整型变量 x
    void g(int) {           //定义此前声明的函数原型 void g(int)
        cout<<"Processing a int argument.\n";
    }
    void g(void) {          //定义新的函数 void g(void)
        cout<<"Processing a void argument.\n";
    }
}
int main() {
    g(4);                   //调用函数 void g(int)
    g(4L);                  //调用函数 void g(long)
    cout<<"X="<<x;          //访问整型变量 x
    //g(void);              //在 using 之前无该原型, 调用失败
    return 0;
}
```

程序的输出如下所示。

```
Processing a int argument.
Processing a long argument.
X=5
```

上述程序分两次定义了名字空间 ALPHA。初始定义声明了变量 x 和函数 g(int)，定义了重载函数 g(long)，其后的 using 只能引入名字空间 ALPHA 目前已经声明或定义的变量或函数。在上述程序中，using ALPHA::x 指定引入特定成员 x，using ALPHA::g 指定引入两个特定重载函数 g(int)、g(long)。指定引入特定成员后，不能在当前作用域定义同名变量或原型相同的函数。

访问名字空间的成员有三种方式：①直接访问特定成员；②指定引入特定成员；③按需引入名字空间任何成员。直接访问特定成员的形式为"<名字空间名称>::<成员名称>"，这种形式总能唯一地访问名字空间成员。指定引入特定成员的形式为"using <名字空间名称>::<成员名称>"，此后不能在同一作用域定义与该成员同名的变量或者原型相同的函数。按需引入名字空间任何成员的形式为"using namespace <名字空间名称>"，此后在同一作用域内还可定义与名字空间成员同名的变量和原型相同的函数。

【例 7.6】 访问名字空间 ALPHA 和 DELTA 中的成员，调用不同名字空间中的同名函数成员 g()。

```cpp
#include <iostream>
using namespace std;
namespace ALPHA {
    void g() {cout<<"ALPHA\n";}
}
namespace DELTA {
    void g() {cout<<"DELTA\n";}
}
using ALPHA::g;         //指定引入特定成员 ALPHA::g()，此后可再次使用"using ALPHA::g;"
int main() {
    ALPHA::g();         //直接访问特定成员 ALPHA 的 g()
    DELTA::g();         //直接访问特定成员 DELTA 的 g()
    g();                //默认访问特定成员 ALPHA 的 g()
    return 0;
}
```

程序的输出如下所示。

```
ALPHA
DELTA
ALPHA
```

上述程序定义了名字空间 ALPHA 和 DELTA，并通过 ALPHA::g()和 DELTA::g()直接调用了它们的函数成员。由于已经使用"using ALPHA::g;"指定引入特定成员 ALPHA::g，故在主函数中调用 g()时，默认调用名字空间 ALPHA 中的函数 g()。

在指定引入特定成员和按需引入名字空间任何成员后，不同名字空间中的成员名称可能相同，在这种情况下，必须通过"<名字空间名称>::<成员名称>"直接访问同名成员。名字空间也可以像类那样嵌套，形成多个层次的作用域，因此在访问名字空间的成员时，可能会用多个作用域运算符（::）。

【例 7.7】 定义并访问嵌套的名字空间的成员。

```cpp
#include <iostream>
using namespace std;
namespace ALPHA {          //ALPHA 的初始定义
    int x=7;
    void f() {cout<<"ALPHA's f().\n";}
    namespace DELTA {
        int x=9;
        void g() {cout<<"DELTA's g().\n";}
    }
}
namespace ALPHA::DELTA {int y=10;}    //C++2020 允许补充嵌套名字空间定义，DELTA 有变量 x、y
using ALPHA::f;                       //指定引入特定函数 f，不能再在当前作用域定义原型相同的函数
```

```
using ALPHA::x;              //指定引入特定变量 x，不能再指定引入其他名字空间的 x 或在本作用域定义 x
using ALPHA::DELTA::g;       //指定引入多重名字空间特定成员 g
//using ALPHA::DELTA::x;     //错误：前面已指定引入 ALPHA:x，不能再指定引入其他名字空间的 x
int main() {
    f();                     //调用 ALPHA::f()
    ALPHA::f();
    ::ALPHA::f();            //调用 ALPHA::f()
    g();                     //调用 ALPHA::DELTA::g()
    cout<<x;                 //x 为 ALPHA
}
```

程序的输出如下所示。

```
ALPHA's f().
ALPHA's f().
ALPHA's f().
DELTA's g().
```

通过"using namespace <名字空间名称>"按需引入名字空间后，该名字空间的所有成员都能被该作用域的函数访问。如果名字空间 A 中包含 using namespace B，则在某个作用域按需引入名字空间 A 后，该作用域的函数就可以访问名字空间 A 及 B 的所有成员。

## 7.2.2　使用名字空间的注意事项

在按需引入名字空间任何成员后，不会将名字空间中的任何变量或者函数加入当前作用域，因此，可在当前作用域内定义与名字空间成员同名的变量和函数。当名字空间中的成员和程序的全局变量、单元变量或单元静态变量（函数）名同名时，可以通过单目运算符（::）限定要访问的程序全局变量、单元变量、单元静态变量（函数）名；当名字空间中的成员与程序的函数参数或局部变量同名时，使用非限定名优先访问的是函数参数或局部变量。

如果 ALPHA 是全局名字空间的名字，则可在 ALPHA 前面加上单目运算符(::)，即 using namespace ALPHA 和 using namespace ::ALPHA 等价；同理，当直接访问名字空间成员时，::ALPHA::f()和 ALPHA::f()等价。

【例 7.8】　定义并访问嵌套名字空间的成员。

```
#include <iostream>
using namespace std;
namespace A {
    int a=0;
    namespace B {int a=0;}       //定义嵌套的名字空间 B
    namespace C {int b=0;}       //定义嵌套的名字空间 C
    namespace D {int m=0;}       //定义嵌套的名字空间 D
    using namespace B;
    using namespace C;
}
using namespace A;               //同时 using namespace A::B 及 using namespace A::C
namespace AD=A::D;               //为名字空间 A::D 定义别名 AD
using namespace AD;              //等价于 using namespace A::D
int a=5;                         //全局变量 a、A 的 a 及 B 的 a 同名
```

```
//int b=a;                    //错误，无法区分全局变量a和名字空间成员a
int c=::a+A::B::a;            //正确，::a访问全局变量a
int d=b;                      //正确，访问A::C::b
int e=m;                      //正确，访问A::D::m
int main() {
    using namespace A;        //按需引入名字空间A
    int a=7;                  //正确，可定义和A的a同名的局部变量a
    int d=a+b+m;              //正确，访问局部变量a、A::C::b、A::D::m
    cout<<"c="<<c<<" d="<<d;
}
```

程序的输出如下所示。

```
c=5   d=7
```

上述程序在名字空间 A 中说明了要使用名字空间 B 和 C。一旦按需引入名字空间 A，则名字空间 A、A::B、A::C 的所有成员都能被访问。上述程序还使用 "namespace AD=A::D;" 说明了名字空间 AD，AD 是名字空间 A 中嵌套定义的名字空间 D，即 AD 等价于 A::D。通过这样定义别名，可代替过长和难懂的名字空间名称，可以大大提高程序的可读性。

匿名名字空间将在定义后被自动按需引入包含它的当前作用域，当然，在当前作用域还可以定义同名的变量或者原型相同的函数。由于当前作用域自定义的变量或者函数被优先访问，因此，自定义后将无法访问匿名名字空间中的同名变量或者原型相同的函数。

**【例 7.9】**　在当前作用域内指定引入名字空间特定成员后，不能再在当前作用域定义与该特定成员同名的标识符。

```
#include <stdio.h>
namespace A {
    float a=0;
    double b=0;
    float d(float y) {return y;}
}
namespace B {
    void g() {printf("B\n");}
}
int main() {
    using A::a;                  //以后可直接用a访问A::a，不得定义新变量a，b必须用A::b访问
    using A::d;                  //指定引入特定成员A::d，以后可直接用d访问
    using B::g;                  //指定引入特定成员A::g，以后可直接用g访问
    //long a=1;                  //错误，A::a已被加入main()的作用域，不可定义同名变量a
    a=d(2.1);                    //正确，调用float A::d(float)
    g();                         //正确，调用void B::g()
    printf("a=%f,b=%lf",a,A::b); //float类型用%f输出，double类型用%lf输出
}
```

上述程序定义了名字空间 A 和 B，并在 main() 内指定引入特定成员 A::a、A::d 和 B::g，因此，不能在 main() 内再定义与特定成员同名的局部变量 a。对于不同.cpp 定义的两个最外层同名名字空间，它们将被融合为同一个名字空间，若按需引入它们的变量或函数，它们将成为全局变量或全局函数，因此，这些同名名字空间不得定义同名变量或者同型函数。

当前.cpp 可分多次定义匿名名字空间，这些匿名名字空间将被融合成同一匿名名字空间，并且匿名名字空间定义后即被自动按需引入（即 using namespace）。不同.cpp 定义的匿名名字空间不会融合，若在这些匿名名字空间定义同名变量或同型函数，它们将具有文件作用域，故不会产生二义性，相当于不同.cpp 定义了 static 变量或 static 函数。

【例 7.10】  名字空间别名和匿名名字空间的用法。

```
namespace A {
    namespace B {
        namespace C {
            int k=4;
        }
    }
}
namespace ABC=A::B::C; //定义别名 ABC
using ABC::k;           //指定引入特定成员 A::B::C::k，相当于定义全局变量 int k=4;
namespace {             //定义并自动按需引入，相当于"using namespace 匿名名字空间"
    int x=3;            //相当于在本代码文件中定义 static int x=3
    int y=4;            //还可在另一个.cpp 代码文件的匿名名字空间内定义 y
}
namespace {             //继续定义并自动按需引入匿名名字空间
    //int x=3;          //同一代码文件的匿名名字空间被融合，故不得重复定义 int x=3
    int f() {return 0;}
    class ANT{int m,n,p;};
}
int x=5;                //还可在当前作用域内定义全局变量 x
int z=::x+y+k;          //正确，访问全局变量 x=5、匿名名字空间的成员 y
int main()
{
    ANT a;              //正确，匿名名字空间已经定义了 class ANT
    //z=x;              //错误，无法区分 x 为全局变量还是匿名名字空间成员。可通过 z=::x 得到 5
    return f();         //正确，匿名名字空间已经定义 static int f()
}
```

上述程序嵌套定义了名字空间，通过为最内层名字空间 C 定义别名而简化了名字空间成员的访问路径。在当前.cpp 代码文件内，定义的匿名名字空间被自动按需引入，即按需引入所有成员，而不是指定引入特定成员，因此在当前文件作用域内可定义相同的变量或函数。对于非匿名名字空间指定引入的特定成员，如 using ABC::k 或者等价的 using A::B::C::k，相当于在当前作用域定义了 int k=4，由于当前作用域为全局作用域，故 k 相当于全局变量。

## 7.3  成员友元

友元函数（简称友元）不是声明该友元的类的函数成员，但是它能像类的函数成员一样访问该类的所有成员。友元分为普通友元和成员友元两种类型。普通友元是指将普通函数（即非成员函数）定义为某个类的友元，例如普通函数 main()可以定义为某个类的普通友元。成员友元是指将一个类的函数成员定义为另一个类的友元。

### 7.3.1　成员友元的一般用法

当进行类型封装时，通常要为类的私有成员或保护成员提供公开访问接口函数，但是通过公开访问接口函数访问这些成员的效率较低。如果将某个函数声明为要访问的类的友元，就可以不通过公开访问接口函数而直接访问该类的所有成员，从而大大提高了该友元访问该类成员的效率。

【例 7.11】　定义整型集合类和实型集合类，并用整型集合对象构造实型集合对象。

```
class INTSET {
    int *elems,card,maxcard;          //声明私有成员
public:
    INTSET(int maxcard);
    ~INTSET() {delete elems;};
    int getcard() {return card;};      //定义公开访问接口函数，用于访问私有成员 card
    int getelem(int i);                //声明公开访问接口函数，用于访问私有成员 elems
};
INTSET::INTSET(int max)
{
    elems=new int[maxcard=max];
    card=0;
}
int INTSET::getelem(int i) {return elems[i];};
class REALSET {
    float *elems;                      //声明私有成员
    int card,maxcard;                  //声明私有成员
public:
    REALSET(INTSET &s);
    ~REALSET() {delete elems;}
};
REALSET::REALSET(INTSET &s)
{
    elems=new float[maxcard=card=s.getcard()];
    for(int i=0;i<card;i++)
        elems[i]=s.getelem(i);
}
int main()
{
    INTSET iset(20);
    REALSET rset(iset);
}
```

构造函数 REALSET(INTSET &s)使用 INTSET 类型的对象 s 作为参数，在用 s 构造实型集合类 REALSET 的对象时，需要反复调用 INTSET::getelem(int i)公开接口函数，以间接访问 INTSET 的私有数据成员 elems，这样的访问效率显然没有直接访问 elems 的高。

有两种办法可以提高访问效率：①将 INTSET::getelem(int i)定义为 inline 函数；②将构造函数 REALSET(INTSET &)定义为类 INTSET 的成员友元，这个构造函数可以直接访问 INTSET 的所有成员。

友元使用 friend 声明。友元只是声明它为类的朋友，而不是该类的函数成员，故不受该类访问权限的限制，因此可随意在该类的 private、protected 或 public 下声明友元。如果一个类是另一个类的友元类，则前者的所有函数成员都能访问后者的任何成员，包括类型成员、数据成员和函数成员。

类的构造函数和析构函数也可以定义为另一个类的成员友元，由于构造函数和析构函数没有返回类型，故将它们定义为另一个类的友元时不需要指定它们的返回类型。对于其他具有返回类型的函数，当声明其为某个类的友元时，必须说明其真实的返回类型。

## 7.3.2 互为依赖的类的友元

不能将尚未完整声明的类作为函数的普通参数，因为此时该类的字节数或者类型大小尚不确定。但是，相互依赖的类可以使用类的引用或类的指针作为参数，因为引用或指针都会被编译为汇编语言的指针类型，而存储地址的指针变量所需要的字节数总是固定的。

【例 7.12】 将 REALSET 的构造函数定义为 INTSET 的成员友元。

```
class INTSET;                       //前向声明：INTSET 字节数不定，但指针 INTSET*的字节数总是为 4
class REALSET {                     //REALSET 的构造函数依赖于类 INTSET
    float *elems;
    int card,maxcard;
public:
    //不可声明 REALSET(INTSET)：INTSET 字节数不定
    REALSET(INTSET &s);             //INTSET &s 被编译为汇编语言指针：字节数固定为 4
    ~REALSET() {delete elems;}
};
class INTSET {                      //INTSET 依赖于类 REALSET 的构造函数
    int *elems,card,maxcard;
    friend REALSET::REALSET(INTSET &);  //INTSET &被编译为汇编语言的指针
public:
    INTSET(int maxcard);
    ~INTSET() {delete elems;};
    int getcard() {return card;};
    int getelem(int i) {return elems[i];};
};
REALSET::REALSET(INTSET &s)
{//本函数声明为 INTSET 的友元，可直接访问 INTSET 的所有成员
    elems=new float[maxcard=s.maxcard];
    card=s.card;
    for(int i=0;i<card;i++)
        elems[i]=s.elems[i];        //友元 REALSET 可直接访问私有 elems
}
INTSET::INTSET(int max)
{
    elems=new int[maxcard=max];
    card=0;
}
int main()
{
    INTSET iset(20);
    REALSET rset(iset);
}
```

在上述程序中，由于 INTSET 和 REALSET 相互依赖，故必须先对其中一个做前向声明。程序将 REALSET(INTSET &)声明为 INTSET 的友元，该友元声明可以出现在 INTSET 类的任何访问权限下，

因为 REALSET(INTSET &)不是 INTSET 的函数成员。

一个类的任何函数成员，如实例函数、静态函数、虚函数、构造函数以及析构函数等，都能成为另一个类的成员友元，且能够同时成为多个类的成员友元。如果类 A 的所有函数成员都是类 B 的友元，则类 A 称为类 B 的友元类，可在类 B 中以如下形式定义友元类 A：friend A、friend class A 或 friend struct A。

**【例 7.13】** 将一个类的所有函数成员定义为另一个类的友元。

```
#include <iostream>
using namespace std;
class B;                 //前向声明：B 字节数不定。经过 x86 模式编译后，B&和 B*的字节数为 4
class A {
    int i;
public:
    int set(B&b);
    int get() {return i;};
    A(int x) {i=x;};
};
class B {
    int i;
public:
    B(int x) {i=x;};
    friend A;           //类 A 的所有函数成员都为类 B 的友元，类 A 称为类 B 的友元类
};
int A::set(B&b)         //B 的友元函数 A::set(B&b)可以访问 B&b 的任何成员
{
    return i=b.i;
}
int main()
{
    A a(1);
    B b(2);
    a.set(b);
    cout<<"a.i="<<a.get();
}
```

程序的输出如下所示。

```
a.i=2
```

在上述程序中，类 A 定义了函数成员 int set(B &b)、int get()、A(int x)，这些函数成员都被定义为类 B 的成员友元。编译程序在编译函数 int set(B &b)的参数 b 时，会将引用类型的参数 b 编译为汇编语言指针。对采用 x86 编译模式的环境 VS2019 而言，指针只需 4 个字节的存储地址。

## 7.4　普通友元及其注意事项

任何普通函数（即非成员函数）包括 main()在内，都可以定义为类的普通友元。这种友元也称非成员友元，声明其为友元的类称为宿主类。由于普通友元函数不是宿主类的函数成员，故普通友元可定义于宿主类的任何访问权限下。一个普通函数可以定义为多个类的普通友元。

## 7.4.1　普通友元的一般用法

将非成员函数定义为类的友元时，可以在类中同时定义该友元的函数体。由于函数体是在类体中定义的，因此该友元函数将自动成为 inline 函数，且其作用域局限于当前代码文件。建议在类体外定义友元的函数体，因为此时类的所有成员都已定义完毕，作为该类的友元可以访问该类的所有成员。在类外定义友元时，如果希望友元具有局部作用域，可在函数前加上 inline 或 static。

普通友元像宿主类自定义的函数成员一样，可以访问该宿主类的任何成员，包括私有的、保护的、公开的类型成员、数据成员和函数成员。

【例 7.14】　定义普通函数 Inttoreal() 将整型集合 INTSET 转换为实型集合 REALSET，同时定义它为类 INTSET 和 REALSET 的普通友元。

```
#include <iostream>
using namespace std;
class INTSET;
class REALSET {
    float *elems;
    int card,maxcard;
public:
    REALSET(int maxcard);
    ~REALSET() {delete elems;};              //自动成为内联函数
    friend void Inttoreal(INTSET &,REALSET &);  //将 Inttoreal() 定义为 REALSET 的友元
};
REALSET::REALSET(int max)
{
    elems=new float[maxcard=max];
    card=0;
}
class INTSET {
    int *elems,card,maxcard;
    friend int main();                       //将非成员函数 main() 定义为友元
    friend void Inttoreal(INTSET &,REALSET &);  //将 Inttoreal() 定义为 INTSET 的友元
public:
    INTSET(int maxcard);
    ~INTSET() {delete elems;};
};
INTSET::INTSET(int max)
{
    elems=new int[maxcard=max];
    card=0;
}
void Inttoreal(INTSET &s,REALSET &r)         //定义非成员函数
{
    int i, j;
    j=r.card=s.card;                         //直接访问私有成员 r.card 和 s.card
    for(i=0;i<j;i++) r.elems[i]=s.elems[i];
}
int main()
{
    INTSET iset(20);
```

```
    REALSET rset(iset.maxcard);        //INTSET 的友元main()可访问 INTSET 的私有成员
    Inttoreal(iset,rset);
}
```

在上述程序中，非成员函数 Inttoreal()被同时定义为两个类的普通友元，因此 Inttoreal()可以访问类 INTSET 和类 REALSET 的所有成员。该函数在类 INTSET 中处于访问权限 private 下，在类 REALSET 中处于访问权限 public 下。函数 main()也被定义为类 INTSET 的普通友元，因此主函数 main()可以访问类 INTSET 的任何成员。

全局函数 main()和析构函数不能重载，故不能定义多个 main()和析构函数友元。当出现多个非成员重载函数时，未声明为友元的非成员函数只能访问类的公开成员，只有声明为友元的非成员函数才能访问类的所有成员。此外，同普通函数和函数成员一样，友元的参数也可以省略或指定默认值。

【例7.15】 定义类 SCORE，用于记录学生的姓名和成绩，并报告学生成绩是否优异。

```
#define _CRT_SECURE_NO_WARNINGS       //防止 strcpy 出现指针使用安全警告
#include <cstring>
#include <iostream>
using namespace std;
class SCORE {
    int score;
public:
    char* name;
    friend void report(SCORE&);        //定义普通友元 report(SCORE &)
    friend void report(SCORE& s,int excellent,int good);
    SCORE(const char* name,int score);
    ~SCORE() {delete name;}
};
SCORE::SCORE(const char* n,int s)
{
    strcpy(name=new char[strlen(n)+1],n);
    score=s;
}
void report(SCORE& s)
{//该函数已经被定义为类 SCORE 的友元，可访问其私有成员
    if (s.score>90) cout<<s.name<<"is excellent\n";
}
void report(SCORE& s,int excellent,int good=80)
{//本函数已经被定义为类 SCORE 的友元，可访问其私有成员
    if (s.score>excellent)
        cout<<s.name<<"is excellent\n";
    if (s.score>good)
        cout<<s.name<<"is good\n";
}
int main()
{
    SCORE z("Zang",92);
    report(z);                         //调用 report(SCORE &s)
}
```

在上述程序中，函数 void report(SCORE&)、void report(SCORE&,int,int)定义为类 SCORE 的普通友元，故它们都能访问类 SCORE 的私有成员。否则，这些函数不能访问 SCORE 的私有数据成员 score。

## 7.4.2　友元使用的注意事项

任何函数的原型声明及其函数体的定义都可以分开，但一个函数的函数体只能定义一次。在全局类中定义普通友元（即非成员函数作为友元）时，也可以同时定义这些函数的函数体，这些类中定义的友元函数将自动成为 inline 函数。

【例 7.16】　在全局类中定义普通友元函数体的方法。

```
#include <iostream>
using namespace std;
class A {
    int i;
public:
    friend int get(A &a) {return a.i;};   //定义 get()函数体导致其自动 inline
    A(int x) {i=x;};                       //定义构造函数函数体导致自动 inline
};
int main()
{
    A a(1);
    cout<<"a.i="<<get(a);
}
```

程序的输出如下所示。

```
a.i=1
```

上述程序在类 A 中定义友元 get()的同时，定义了非成员函数 int get(A &a)的函数体，从而使该函数自动成为 inline 函数，其作用域也仅局限于当前.cpp 文件。int get(A &a)被编译为代码文件内的普通函数。

在类体中，定义了函数体的普通友元自动成为内联函数，该内联函数的存储位置特性默认为 static，即内联函数的作用域仅局限于当前代码文件。由于全局 main()函数的存储位置特性默认为 extern，因此不能在类体中定义全局 main()函数的函数体。全局函数 main()可以定义为类的普通友元，且必须在类体外定义 main()的函数体。

【例 7.17】　全局函数 main()定义为普通友元的方法。

```
#include <iostream>
using namespace std;
class A {
    int i;
    friend int main();            //全局函数 main()定义为 A 的普通友元
public:
    A(int x) {i=x;}               //自动成为 inline 函数
};
int main()                        //全局函数 main()为 A 的普通友元
{
    A a(5);
    cout<<"a.i="<<a.i;            //故 main()可访问 A 的私有成员
}
```

在定义类 A 的友元 main()时，没有同时定义 main()的函数体，因此，main()是整个程序的全局入口函数，操作系统只接受全局 main()函数作为程序的入口。早期的 C 语言编译程序允许定义 static main()函数，而 C++编译程序大部分不允许定义 static main()函数。

派生类不能访问基类的私有成员，除非将派生类声明为基类的友元类，或将其所有函数成员声明为基类的友元。在使用 friend 声明函数或类为某个类的友元后，这些友元都可以访问后一个类的所有成员。

成员函数或非成员函数（如 main()）都可以成为某个类的友元，这两种友元分别称为成员友元和普通友元。类的友元可以访问该类的所有成员，不管是私有成员、保护成员还是公开成员。

【例 7.18】 派生类函数成员访问基类的私有成员。

```cpp
class C;                     //前向声明
class A {
    int a,b;
    friend int main();       //非成员友元函数 main()可访问 A 的所有成员
public:
    A(int x) {a=x;};
    friend C;                //友元类 C 的所有函数都可访问 A 的所有成员
};
class B {
    int b;
public:
    B(int x) {b=x;};
    int f(C&c);              //参数需为 C&c，也可用 C*c 或 C&&c
};
class C:A {                  //默认为 private A：A 和 C 不构成父子关系
    int b;
    friend int B::f(C&c);    //成员友元 int B::f(C&c)可访问类 C 的所有成员
public:
    using A::a;              //继承到 C 后 a 的访问权限改为 public，C 不可自定义同名数据成员 a
    C(int x):A(x) {          //构造函数 C::C(int)是类 A 的成员友元
        b=x;
        A::b=x;              //A 的成员友元可访问 A 的所有成员
    };
};
int B::f(C&c){return c.b;} //成员友元 B::f()可以访问类 C 的所有成员
int main() {
    C x(7);
    int m=((A*)&x)->b;       //普通友元 main()可访问类 A 的所有成员，如私有成员 b
    m=x.a;                   //类 C 的成员 a 是公开的，可被 main()访问
}
```

以上程序定义了成员友元和普通友元，它们均可访问宿主类的所有成员。在类 B 中声明"int f(C&c);"时，只能使用类 C&或者 C*作为参数类型，不得如"int f(C c);"那样直接使用类 C 作为参数类型，因为类 C 到此位置只是一个前向声明，无法得到 sizeof(C)有多少个字节。但是，任何引用变量或者引用参数都会编译为指针，而指针存储地址的字节数在编译时都是确定的。

友元关系是不能传递的，即一个函数定义为基类的友元后，并不代表它是其派生类的友元。例如，函数 main()是基类 A 的友元，但 main()不是 A 的派生类 C 的友元，因此 main()不能访问类 C 的私有成员或保护成员，只能访问类 C 的公开成员（如类 C 的构造函数）。

在非成员函数（如 main()函数）中定义局部类时，该局部类可以说明某个函数为友元，但不能同时定义这个友元的函数体，否则，就相当于在 main()中嵌套定义了友元函数，而 C++不允许函数嵌套定义。但是，在全局类的嵌套类中定义友元函数时，可以同时定义该友元的函数体。

## 7.5　覆盖与隐藏

隐藏和覆盖是面向对象编程的常用方法。隐藏是指当基类成员和派生类成员同名时，通过派生类对象只能访问到派生类成员，而无法访问到其基类的同名成员，则称派生类成员隐藏了同名的基类成员；如果通过派生类对象还能访问到基类的同名成员，则称派生类成员覆盖了基类成员。

### 7.5.1　覆盖与隐藏的用法

对绝大部分数据成员和函数成员来说，派生类成员往往会覆盖基类的同名成员，C++提供了一种突破覆盖的访问方法，即使用"派生类对象.基类名称::成员名称"访问，在访问权限允许时即可访问到基类同名成员。类似地，另一种访问形式"派生类对象指针->基类名称::成员名称"也可在访问权限允许时访问到基类同名成员。

包（BAG）类是一种可以存放重复元素的类，而按照数学集合论的有关规则：集合（SET）类是不能存放重复元素的。但是，BAG 的某些函数可以被 SET 继承和重用，例如，判断 BAG 是否存在某个整型元素的函数，可被 SET 重用当作自己的函数成员继续使用。将整数加入 BAG 的函数 pute()不用检查 BAG 中是否有相同元素，而将整数加入 SET 的函数 pute()必须检查 SET 中是否有相同元素，因此 BAG 的 push()函数继承到 SET 后不能被 SET 重用。

【例 7.19】　基类成员的覆盖、隐藏与重用。

```
class BAG {
    int *const e;                      //有指针成员 e，浅拷贝容易造成内存泄漏
    const int s;
    int p;
public:
    BAG(int m):e(new int[m]),s(e ? m:0) {p=0;}
    virtual ~BAG() {delete e;};        //必须自定义析构函数，因为 BAG 有指针成员
    virtual int pute(int f) {return p<s ? (e[p++]=f,1):0;}        //允许重复的元素
    virtual int getp() {return p;}
    virtual int have(int f) {for (int i=0;i<p;i++) if (e[i]==f) return 1;return 0;}
};
class SET:public BAG {              //SET 无数据成员，可直接利用编译为 SET 生成的析构函数
public:
    int pute(int f)                    //不允许重复元素:故在 SET::pute()中必须覆盖 BAG::pute()
    {return have(f) ? 1:BAG::pute(f);}    //不能去掉 BAG::，否则自递归
    SET(int m):BAG(m) {}
};//因为 SET 没有数据成员，所以可直接使用编译程序自动生成的~SET()，它将自动调用~ BAG::()
int  main() {
    SET s(10);
    s.pute(1);
    s.BAG::pute(2);                    //在 main()中，BAG::pute()被覆盖，因为它还可被调用
    s.BAG::getp();
    int x=s.getp();                    //BAG::getp()被重用，因为没有自定义 SET::getp()函数
    x=s.have(2);                       //BAG::have()被重用，因为 SET 没有自定义 have()函数
}
```

注意，int BAG::getp()和 int BAG::have(int)可被 SET 继承并重用，被 SET 当作自己的 int SET::getp()

和 int SET::have(int)，因为 SET 没有自定义这样的实例函数。但是，函数 int BAG::pute(int)允许元素重复，而 int SET::pute(int)不允许元素重复，故 int SET::pute(int)在 SET 中进行了覆盖性定义，尽管 int SET::pute(int)是利用 int BAG::pute(int)实现的。

在 int SET::pute(int)的函数体中，在判断元素加入 BAG（实际为 SET）后不会出现重复元素的情况下，直接调用 int BAG::pute(int)将其加入 BAG（实际为 SET）。在覆盖 int BAG::pute(int)后，如果 main()还能通过派生类对象 s 调用 int BAG::pute(int)，就可能造成 s 借助 int BAG::pute(int)加入重复元素的问题。

为了对主函数 main()实现隐藏 int BAG::pute(int)，可在 SET 类体的 private 或 protected 区域"using BAG::pute;"。这样指定引入以后，int BAG::pute(int)对 main()实现了隐藏，但对 int SET::pute(int)函数而言还是一种覆盖，因为通过"BAG::pute(f);"仍然可以调用 int BAG::pute(int)。若实例或静态数据成员也存在覆盖导致的"安全"隐患，则必须视实际情况做出将覆盖修改为隐藏的声明。

在上述派生类 SET 的函数成员 pute()中，通过*this 引用的派生类对象可调用 BAG::pute()，比如可通过(*this).BAG::pute (f)或 this->BAG::pute (f)调用，此时函数 SET::pute()覆盖函数 BAG::pute()不能视为有"安全"隐患，因为此时的安全是由 SET 类的实现者自己提供或保证的。当然，如果 BAG::pute()继承到 SET 后是私有的或保护的，在不是 SET 友元的非成员函数（如 main()）中，main()无法通过 SET 类的对象调用 BAG::pute()函数，在这种情况下，函数 SET::pute()隐藏了函数 BAG::pute()。

## 7.5.2 使用 using 避免数据成员覆盖

关键字 using 用于引入一个"使用声明"，可用于名字空间名称、类名以及它们的成员。但是，using 不能引入名字空间成员并作为类的成员，也不能引入类的成员并作为名字空间的成员。可以用 using 声明指定引入名字空间中的同一个变量或函数多次，因为 C++允许同一个变量或函数被多次声明，而同一个变量或函数只能被定义一次。

但是，在一个派生类中，不能用 using 多次声明同一个基类成员，因为派生类里的"using 特定成员"带有一定的定义性质。例如，在"using 特定基类数据成员"后，派生类不能自定义同名的数据成员；但是在"using 特定基类函数成员"后，派生类还能自定义同名函数成员。基类成员继承到派生类时，访问权限可能发生变化，可以通过 using 再次修改它在派生类中的访问权限。在一个 using 后面列出多个基类成员是不允许的。

【例 7.20】 使用 using 修改自基类继承的成员的访问权限，并对 main()隐藏基类的部分同名函数成员。

```cpp
#include <iostream>
using namespace std;
class BAG {                    //BAG 内部有指针 e，易造成内存泄漏，应自定义构造函数
    int* const e;
    const int s;
    int p;
public:
    BAG(int m):e(new int[m]),s(e ? m:0) {p=0;}
    BAG(const BAG& b):e(nullptr),s(0){           //深拷贝构造需为 e 分配内存
```

```
        if(this==&b) cout<<"initialize with itself\n";        //防止 BAG x(x)之类的变量定义
        (int&)s=(int*&)e=new int[b.s] ? b.s:p=0;
        if(e) for (p=0;p<b.p;p++) e[p]=b.e[p];
    }
    BAG(BAG&& b):e(nullptr),s(0),p(0){                //浅拷贝构造不为 e 重新分配内存
        if(this==&b) cout<<"can not initialize with itself\n";
        (int*&)e=b.e;(int&)s=b.s;p=b.p;
        *(int**)&b.e=nullptr;        //移动语义：b.e 的资源已经移至新对象的 e, 故设 b.e 为空
        *(int*)&b.s=p=0;        //移动语义：资源 b.e 已经转移, 故相关资源数量设为 0
    }
    ~BAG() {delete e;};        //不能用编译程序生成的析构函数, 因为有自定义指针
    int pute(int f) {return p<s ? (e[p++]=f,1):0;}        //BAG 允许重复的元素
    int getp() {return p;}
    int have(int f)
    {
        for (int i=0;i<p;i++) if (e[i]==f) return 1;
        return 0;
    }
};
class SET:protected BAG {
    using BAG::pute;        //使基类函数成员成为私有成员（对外隐藏）, 派生类还可定义同名函数
public:
    using BAG::have;        //重用基类实例函数成员, 还可定义同名函数(this 类型不同, 原型不同)
    BAG::getp;        //等价于"using BAG::getp;": 用于修改 SET::getp 的访问权限为 public
    int pute(int f)        //重新定义 pute(): 不允许出现重复元素
    {        //基类的公开成员和保护成员（如 BAG::pute()）可被派生类函数成员访问
        return have(f)? 1:BAG::pute(f);        //BAG::pute()对 SET::pute()来说被覆盖了
    }
    SET(int m):BAG(m) {}
    SET(const SET& s):BAG(s) {}        //基类构造函数的父类引用形参 b 来引用子类对象 s
    SET(SET&& s):BAG((BAG&&)s) {}        //移动构造 BAG: BAG 与 SET 移动语义一致
};        //可使用编译程序自动生成的~SET(), 因为 SET 没有自定义数据成员
int main() {
    SET s(10);
    s.pute(1);
    //s.BAG::pute(2);        //被隐藏不能调用: SET 中的 int BAG::pute(int)为 private
    //s.BAG::getp();        //被隐藏不能调用: SET 中的 int BAG::getp()为 protected
    int x=s.getp();
    x=s.have(2);
}
```

在定义的"SET(const SET& s):BAG(s) {}"中, 将 s 作为实参传递给 BAG(const BAG&b)的形参 b, 相当于对 BAG(const BAG&b)的形参 const BAG&b 进行了初始化, 即形参 const BAG&b=s 使父类引用形参 b 来引用 s 所引用的子类对象, 由第 6.5 节可知, 父类引用变量或参数引用子类对象是允许的。

在派生类的 int SET::pute(int)函数体中, SET::pute()覆盖了基类函数 BAG::pute(), 之所以称为覆盖, 是因为还能调用 BAG::pute(f); 而在主函数 main()中, SET::pute()隐藏了基类函数 BAG::pute(), 这是因为 int BAG::pute(int)继承到派生类后, 其访问权限由原来基类中的 public 变成了派生类中的 protected, 通过 using BAG::pute 又被改为派生类的 private 成员, 故主函数 main()不能访问或调用该 private 函数成员。

SET 可访问的保护成员包括 BAG::BAG(int)、BAG::~BAG()、int BAG::pute(int)、int BAG::getp()、 int BAG::have(int)，以及编译自动生成的 BAG & operator=(const BAG&)和 BAG & operator=(BAG&&)；可访问的公开成员包括 SET::SET(int)、int SET::getp()、int SET::have(int)、int SET::pute(int)，编译程序自动生成的 SET & operator=(const SET&)和 SET & operator=(SET&&)，以及析构函数 SET::~SET()。

在例 7.20 中，BAG 自定义任一构造函数如 BAG::BAG(int)后，编译程序不会为 BAG 自动生成构造函数，如不生成 BAG::BAG()、BAG::BAG(const BAG&)、BAG::BAG(BAG&&)，可以认为这些函数将被隐藏而不能被调用。因此，在 main()函数以及 BAG、SET 的成员函数中，将不能直接或间接地调用 BAG()、BAG(const BAG&)、BAG(BAG&&)。例如，在 main()函数以及 BAG、SET 的成员函数中，将不能定义"BAG t;"之类的对象，试图调用被隐藏的 BAG::BAG()将被编译程序报错。

如果没有自定义 BAG::BAG()或者编译程序不能自动生成 BAG::BAG()，即使没有为 SET 定义任何构造函数，编译程序也不能成功地自动生成 SET::SET()函数。因为编译程序在生成 SET::SET()时要自动调用 BAG::BAG()，在没有自定义 BAG::BAG()或者编译程序没有自动生成 BAG::BAG()的情况下，对 BAG::BAG()的调用失败将导致 SET::SET()生成失败，造成派生类对象"SET s;"无法调用构造函数 SET::SET()并初始化 s。

## 7.6　同体与异体

当基类和派生类满足父子类关系时，父类指针可以直接指向子类对象，父类引用也可以直接引用子类对象。在子类的实例函数成员中，当前子类对象*this 与其父类对象是同体的，如果在该函数中定义新的变量存储父类对象，则新定义的父类对象与当前子类对象*this 异体。若子类的实例函数成员访问父类的实例函数成员和实例数据成员，则它可以无障碍地访问其同体父类对象的公开和保护的实例成员。

【例 7.21】　与父类同体的子类对象实例函数成员可以无障碍地访问其父类对象的实例成员。

```
class VEC;
class BAG {
    int* const e;
    const int s;
    int p;
protected:
    int have(int f) {
        for (int i=0;i<p;i++) if (e[i]==f) return 1;
        return 0;
    }
public:
    BAG(int m):e(new int[m]),s(e ? m:0) {p=0;}
    ~BAG() {delete e;};
    int pute(int f) {return p<s ? (e[p++]=f,1):0;}
    friend VEC;                //注意 VEC 是 BAG 的友元类
};
struct SET:protected BAG {
    using BAG::have;
    int pute(int f) {          //重新定义 pute()：不允许重复元素
        BAG x(3);              //新定义的父类对象 x，与当前子类对象*this 不同体，即异体
        //x.have(1);           //错误：父类对象 x 与当前子类对象异体，pute 只能访问其公开成员
```

```
        //x.BAG::have(1);      //错误：同上。如果~BAG()是保护成员，则x也无法析构
        x.pute(1);             //正确：对于异体父类对象x，可以访问其公开成员
        SET y(3);
        y.have(1);
        y.BAG::have(1);
        return have(f) ? 1:BAG::pute(f);
    }
    SET(int m):BAG(m) {}
};
struct VEC:protected BAG {
    int pute(int f) {          //重新定义pute()：不允许重复元素
        BAG x(3);              //新定义的父类对象x，与当前子类对象*this不同体，即异体
        x.have(1)+x.p;        //正确：由于VEC是BAG的友元类，故pute可访问BAG的所有成员
        x.BAG::have(1);        //正确：同上
        x.pute(1);
        return have(f) ? 1:BAG::pute(f);
    }
    using BAG::have;
    VEC(int m):BAG(m) {}
};
int main() {}
```

由例 7.21 可知，若子类是父类的友元类，或者子类实例函数成员是父类的友元函数，则子类实例函数成员可以访问父类的所有成员；否则，若子类对象与父类对象异体，且子类不是父类的友元类，或者子类实例函数成员不是父类的友元函数，则子类实例函数成员不能访问父类的私有成员和保护成员，而只能访问该异体父类对象的公开成员。

父类对象与子类对象同体，意味着其实例函数成员的 this 指向同一位置，这就存在父类实例函数成员破坏子类对象多态的风险：若子类实例函数通过 this 调用父类的实例函数，父类实例函数用 this 调用父类的构造函数或析构函数，此时 this 指向的同一位置的子类对象被当作父类对象维护多态，从而造成以后子类对象的多态调用被绑定到父类的实例函数，请参见第 11 章例 11.6。

## 练习题

【题 7.1】当实例函数成员的参数和实例数据成员同名时，如何才能在该实例函数成员中访问同名的实例数据成员？

【题 7.2】常量对象和全局对象中谁的作用域更大？

【题 7.3】为什么要引入名字空间？名字空间能否在函数内部定义？能否在函数内部 using 名字空间？

【题 7.4】匿名名字空间能否分多次定义？它和没有对象的匿名联合有何区别？

【题 7.5】引入友元能带来什么好处？主函数可以定义为友元吗？可以在定义成员函数为友元的同时定义其函数体吗？

【题 7.6】为什么有时必须覆盖或隐藏基类的函数成员？

【题 7.7】为统计正文的单词定义一个类，其类型声明的头文件 word.h 如下所示。

```cpp
class WORD {
    char *word;                          //节点的值存放在字符串中
    int count;                           //单词的重复次数
public:
    int gettimes() const;                //得到重复次数，可改 const 为&、const &、volatile &等
    int inctimes();                      //重复次数增 1
    const char *getword() const;         //得到单词 word
    WORD (const char *);
    ~WORD();
};
```

定义其中的函数成员，要求构造函数使用运算符"new"为 word 分配空间，析构函数使用运算符"delete"回收分配的空间。

【题 7.8】利用上述 WORD 类实现一个单词表，其类型 WORDS 定义如下。

```cpp
#define _CRT_SECURE_NO_WARNINGS          //防止 strcpy 出现指针使用安全警告
#include <cstring>
#include <iostream>
using namespace std;
class WORDS {
    WORDS* words;                        //用于存放单词
    int count;                           //单词表已经存储的单词个数
    int total;                           //单词表最多能存放的单词个数
public:
    int insert(const char* w);          //将单词 w 插入单词表中
    WORDS*const find(const char* w);     //从单词表中查找单词 w
    int gettimes();
    void inctimes();
    WORDS(int total);                    //单词表最多能存储 total 个单词
    ~WORDS();                            //析构单词表
};
int  main()
{
    WORDS ws(20);
    ws.insert("amour");
    ws.find("amour")->gettimes();
    ws.find("amour")->inctimes();
    cout<<"Times of amour=";
    cout<<ws.find("amour")->gettimes();
}
```

请定义其中的函数成员，并用函数 main() 进行测试。

【题 7.9】字符串类的类型声明如下。

```cpp
#define _CRT_SECURE_NO_WARNINGS
#include <cstring>
#include <iostream>
using namespace std;
class STRING {
    char *str;                           //用于存储字符串
public:
```

```
    int strlen() const;                     //用于求字符串的长度
    int strcmp(const STRING &) const;       //用于比较两个字符串
    STRING &strcpy(const STRING &s);        //用于拷贝 s 至当前字符串
    STRING &strcat(const STRING &s);        //用于连接 s 至当前字符串
    STRING(const char *s);                  //用 s 构造字符串
    ~STRING();                              //析构字符串
};
int  main()
{
    STRING s1("I like apple");
    STRING s2(" and pear");
    STRING s3(" and orange");
    cout<<"Length of s1="<<s1.strlen()<<"\n";
    s1.strcat(s2).strcat(s3);
    cout<<"Length of s1="<<s1.strlen()<<"\n";
    s3.strcpy(s2).strcpy(s1);
    cout<<"Length of s3="<<s3.strlen()<<"\n";
}
```

试定义字符串类的实例函数成员，这些函数成员可调用 C 语言的字符串运算函数。

【题 7.10】定义一个 Hash 表类，要求用数组存放 Hash 表元素，以字符串作为关键字查找表元素，元素中存储的值为整型，并提供用于插入、查询和删除 Hash 表元素的公开函数成员。

【题 7.11】定义一个 PASSWORD 类及一个 STUDENT 类。其中，PASSWORD 类能够存储及不回显输入密码；STUDENT 类能够存储学生的姓名及密码，输入姓名时在屏幕回显，输入密码时不回显。试用 PASSWORD 类派生出 STUDENT 类，定义其中的所有函数成员并用 main()进行测试。

```
#define _CRT_SECURE_NO_WARNINGS            //防止 strcpy 出现指针使用安全警告
#include <iostream>
using namespace std;
#include <conio.h>
class PASSWORD {
    char *const p;                         //用于存储口令
    const int t;                           //用于存储最大口令长度
    int c;                                 //用于存储口令字符实际个数，不含回车字符
public:
    PASSWORD(int t);                       //t 为最大口令长度
    virtual char getChar();                //返回输入的字符并显示'*'，回车不显示
    virtual int input(const char *h);      //显示 h，调用 getChar()输入口令，返回口令字符个数
};
class STUDENT:PASSWORD {                    //PASSWORD 用于存储学生姓名
    PASSWORD p;                            //p 用于存储口令
protected:
    using PASSWORD::getChar;               //用于输入姓名或者口令的一个字符
    using PASSWORD::input;                 //用于输入姓名或者口令
public:
    STUDENT(int n,int p);                  //n 为姓名最大长度，p 为口令最大长度
    virtual char getChar();                //返回并显示输入字符，回车不显示
    int input(const char *n,const char *p); //n、p 分别为姓名和口令的输入提示
};
```

```
int main() {
    STUDENT s(20,10);                    //姓名最大长度为20，口令最大长度为10
    int m=s.input("\nPlease input name:","\nPlease input password:");
}
```

试说明 STUDENT 为什么要对 main() 隐藏其基类的 getChar() 函数？如果将派生类和基类的 getChar() 的 virtual 都改为 static，为什么不能达到输入姓名时回显姓名的效果？

【题 7.12】标出如下程序中的语法错误位置，并指出错误原因。

```
struct A {
    char *a,b,*geta();
    char A::*p;
    char *A::*q();
    char *(A::*r)();
};
int main() {
    A a;
    a.p=&A::a;
    a.p=&A::b;
    a.q=&A::geta;
    a.r=a.geta;
}
```

【题 7.13】完成如下栈类 STACK 的函数成员定义，类的头文件 stack.h 的内容如下。

```
#define _CRT_SECURE_NO_WARNINGS
#include <cstring>
#include <iostream>
using namespace std;
class STACK {
    char *stk;                  //用于存放字符
    const int max;              //栈能存放的最大元素个数
    int top;                    //栈顶元素位置
public:
    STACK(int max);
    ~STACK();
    int push(char v);           //将v压入栈，成功时返回1，否则返回0
    int pop(char&v);            //弹出栈顶元素，成功时返回1，否则返回0
};
```

# 第8章
# 多态与虚函数

多态是面向对象程序设计比较显著的特点，在运行时晚期绑定虚函数到具体类的实函数，让对象在运行过程中表现出同其类型相符的行为。多态需求是随着泛型的出现而出现的，当一个指针或者引用变量能够存储多种类型的数据时，就需要根据运行时变量关联的对象类型去调用相应 this 类型形参的实函数。本章将介绍虚函数、抽象类以及绑定等相关概念。

## 8.1 虚函数

重载函数是一种静态多态函数，虚函数是一种动态多态函数。早期绑定在编译时决定重载函数的调用，晚期绑定在运行时决定虚函数的调用。虚函数到对象的实例函数成员的映射是通过存储在对象之中的虚函数入口地址表指针完成的。因此，晚期绑定的效率实际上非常高，仅比早期绑定多一次指针访问。

### 8.1.1 虚函数的声明及定义

虚函数是用关键字 virtual 声明的实例函数成员。通常只需在基类中声明或定义虚函数，派生类中原型"相容"的实例函数成员将自动成为虚函数。不管进行了多少级派生，虚函数的这一特性将一直传递延续。函数原型"相容"特指基类和派生类的参数或返回类型之间的类型"协变"，参数或返回类型涉及的简单类型或其他类型必须对应相同。

具体来说：①派生类实例函数和基类的虚函数同名，并且隐含参数 this 的类型相同或类型协变；②派生类实例函数的所有显式参数都对应与基类虚函数的显式参数类型相同或类型协变，③派生类实例函数的返回类型与基类虚函数的返回类型相同和类型协变。所谓类型协变是指若基类虚函数的参数（或返回）类型是基类指针 p（或引用 r），则派生类实例函数的对应参数（或返回）类型必须是可向 p（或 r）赋值的基类指针（或引用），或者是可向 p（或 r）赋值的派生类指针（或引用）。

虚函数有隐含参数 this，因此，虚函数不能声明为没有 this 的静态函数成员。构造函数虽然也有隐含参数 this，但要构造的对象类型明确，因而无须表现出多态，即构造函数不需要虚函数的多态特性，故 C++不允许将构造函数声明为虚函数或者纯虚函数。

对于父类指针或者父类引用类型的变量或参数，其指向或引用的对象既可能是父类对象，也可能是子类对象，因此运行时涉及的对象类型是不确定的，只有在运行时才能绑定真实类的实例函数。例如，delete 对指针指向或引用的对象进行析构时，便存在调用哪个类的析构函数的问题，为此析构函数需要表现出适当的多态行为。

因此，需要将基类析构函数说明为虚函数，以使派生类析构函数自动成为虚函数。当析构函数通过"delete 父类指针"进行调用时，通过晚期绑定便可以找到对象真实类的析构函数，这样进行析构就不会造成内存泄漏。

当子类定义了同基类虚函数原型"相容"的虚函数时，如果父类指针（或引用）指向（或引用）的是子类对象，则通过父类指针（或引用）调用虚函数是调用子类的虚函数；如果父类指针（或引用）指向（或引用）的是父类对象，则通过父类指针（或引用）调用虚函数是调用父类的虚函数。根据对象的真实类型不同而调用不同的实例函数，由此展现出的多种行为被称为虚函数的多态特性。

由于引用类型的变量被编译为指针，因此，通过父类引用调用虚函数同通过指针调用虚函数一样，被调用的虚函数将表现出多态特性。虚函数是类自身的实例函数成员，而 friend 说明的函数不是当前类的成员，因此，不能同时用 virtual 和 friend 说明未限定为其他类的成员函数。虚函数可以说明为 inline 或 constexpr 函数，inline 和 constexpr 不表示函数一定要被优化掉；虚函数不能说明为 consteval，否则必定会因优化而丧失虚函数入口。虚函数入口用于填写虚函数入口地址表，该地址表的首址将成为对象存储的一个内部指针。

**【例 8.1】**　定义父类 POINT2D 和子类 CIRCLE 的绘图函数成员 show()。

```
#include <iostream>
using namespace std;
class POINT2D {
    int x,y;
public:
    int getx() {return x;}
    int gety() {return y;}
    virtual POINT2D* show() {cout<<"Show a point\n";return this;}
    //定义虚函数，自动成为 inline 函数
    POINT2D(int x,int y) {POINT2D::x=x;POINT2D::y=y;}
};//本类 show()后加 const、volatile 或 const volatile，派生类 show()函数仍然同其原型相容
class CIRCLE:public POINT2D {    //public 说明 POINT2D 是 CIRCLE 的父类:POINT2D*能协变为 CIRCLE*
    int r;
public:
    constexpr virtual int getr() {return r;} //constexpr 也可用于静态函数成员
    friend virtual POINT2D* POINT2D::show();  //POINT2D::show()为其他类函数，可用 virtual
    CIRCLE* show() {cout<<"Show a circle\n";return this;}
    //函数原型"相容"，自动成为虚函数及 inline
    CIRCLE(int x,int y,int r):POINT2D(x,y) {CIRCLE::r=r;}
};
int main()
{
    CIRCLE c(3,7,8);
    POINT2D *p=&c;                  //父类指针 p 可以直接指向子类对象 c
```

```
        cout<<"The circle with radius"<<c.getr();
        cout<<"is at ("<<p->getx()<<","<<p->gety()<<")\n";
        c.show();                    //用对象 c 调用时 inline 成功: 此处嵌入 show()的函数体
        p->show();                   //用基类或父类指针调用时 inline 失败: 编译为 call 指令
    }
```

因为要取虚函数的入口地址填入类的虚函数入口地址表,因此,自动 inline 的虚函数 POINT2D::show()和 CIRCLE::show()会保留其函数体及入口地址而不被优化掉。另一方面,若直接用对象如 c.show()调用自动 inline 的虚函数 CIRCLE::show(),而不是用基类指针 p->show()或类的引用变量最终调用 CIRCLE::show(),则不用采用晚期绑定从而可在编译时进行代码优化,若还满足内联成功的其他条件如"函数体足够简单"等,则会将 CIRCLE::show()的函数体嵌入到调用位置从而内联成功,注意此前保留的 CIRCLE::show()的函数体及其入口地址仍然存在。程序的输出如下所示。

```
The circle with radius 8 is at (3,7)
Show a circle
```

在以上程序中,父类 POINT2D 的实例函数成员 show()被定义为虚函数,故子类 CIRCLE 中的原型和父类 POINT2D::show()"相容"的实例函数成员 CIRCLE::show()将自动成为虚函数。根据父类指针 p 指向的对象类型 CIRCLE,p->show()通过晚期绑定调用 CIRCLE 类的实例函数,因此该调用产生的输出为"Show a circle"。

注意,对于上述两个实例函数有:①若将 POINT2D* show()改为 const POINT2D* show()、volatile POINT2D* show()或 const volatile POINT2D* show(),则无论派生类实例函数 CIRCLE* show()是否做对应修改,都是函数原型"相容"的;②若 POINT2D* show()保持不变,只将 CIRCLE* show()改为 const CIRCLE* show()、volatile CIRCLE* show()、const volatile CIRCLE* show()、const POINT2D* show()、volatile POINT2D* show()或 const volatile POINT2D* show(),则派生类的实例函数同基类 POINT2D* show()的函数原型不"相容",参见第 2 章指向"只读实体的指针不能赋值给指向可写实体的指针变量"等结论。类似地,对于 POINT2D& show()和 POINT2D&& show(),也可得出"相容"或"不相容"的结论。对于显式参数表形参或隐含参数,使用上述指针或引用也会得到类似结论。

## 8.1.2　虚函数的重载及内联

对于基类和派生类声明或定义的若干虚函数,它们的显式参数表必须类型相同或"相容",并且返回类型必须相同或"相容",即它们的函数原型必须"相容"(因为隐含参数 this 类型不同而实际不完全相同),但它们的访问权限可以完全不同。在 C++的同一个类中,不能声明或定义参数个数及类型完全相同、仅返回类型不同的静态函数成员;也不能声明或定义参数个数及类型完全相同、仅返回类型不同的实例函数成员,包括基类继承下来的 this 声明相同的实例函数成员。

【例 8.2】　虚函数的使用方法。

```
#include <iostream>
using namespace std;
struct A {
    virtual void f1() {cout<<"A::f1\n";};        //若定义 f1()const, B::f1()仍然同其原型相容
```

```
    virtual void f2() {cout<<"A::f2\n";};        //this 指向基类对象定义虚函数 f2()
    virtual void f3() {cout<<"A::f3\n";};        //若定义 f2()volatile, B::f2()仍然同其原型相容
    virtual void f4() {cout<<"A::f4\n";};        //若定义 f4()const volatile, 同理仍然原型相容
};
class B:public A {              //使用 public 定义, 说明 A 是 B 的父类
    virtual void f1() {         //virtual 可省略, 原型相容的 f1() 将自动成为虚函数
        cout<<"B::f1\n";
    };
    void f2() {                 //此 f2() 和 A::f2() 原型相容, 将自动成为虚函数
        cout<<"B::f2\n";
    };
};
class C:B {                     //B 不是 C 的父类, 故 A 也不是 C 的父类
    void f4() {                 //f4() 自动成为虚函数
        cout<<"C::f4\n";
    };
};                              //传递性: 若 A 是 B 的父类, 且 B 是 C 的父类, 则 A 是 C 的父类
int main()
{
    C c;
    A *p=(A *)&c;               //A 不是 C 的父类: 需要进行强制类型转换 (参见第 6.6 节)
    p->f1();                    //调用 B::f1()
    p->f2();                    //调用 B::f2()
    p->f3();                    //调用 A::f3()
    p->f4();                    //调用 C::f4()
    p->A::f2();                 //明确调用实例函数 A::f2()
}
```

程序的输出如下所示。

```
B::f1
B::f2
A::f3
C::f4
A::f2
```

编译程序根据指针 p 的类型定义, 静态检查 4 个函数调用的访问权限, 由于它们都是类 A 的公开实例函数, 因此 main() 的前 4 个调用都是合法的调用。实际上, p 指向的是类 C 的对象 c, p 调用虚函数时, 编译时首先检查类 C 是否定义了相应的实例函数, 如果类 C 没有定义, 则检查类 C 的父类 B 是否定义, 如果类 B 也没有定义, 则检查类 B 的父类 A 是否定义, 直到找到原型 "相容" 的实例函数后调用。由于函数调用在运行时进行, 此时不再进行语法检查, 因此被调用的实例函数的访问权限已无关紧要。例如, 最终调用的 C::f4() 实际上是私有成员, 按理说, main() 不能调用访问权限为私有的实例函数。

注意, 尽管派生类 B 没有定义虚函数 f3(), 但基类 A 的虚函数特性将一直传承, 故派生类 C 的 f3() 将自动成为虚函数。指针 p 实际指向的对象类型为 C, 如果 p 调用的虚函数在类 C 中没有定义, 则 p 调用的是离类 C 最近的基类函数。例如, p->f1() 和 p->f2() 调用类 B 的函数 f1() 和 f2(); p->f3() 调用类 A 的函数 f3()。如果使用类名加作用域运算符 ( :: ) 进行限定, 则不使用多态。例如, 在调用 p->A::f2() 中用 A:: 限定, 则明确表示要调用类 A 的函数 f2()。

编译程序自动生成无参构造函数的前提为：①类没有自定义任何构造函数；②类继承或自定义了虚函数或纯虚函数，或者类的对象成员或其基类有无参构造函数，或者类的私有或保护实例数据成员定义了默认值，或者类定义的只读或引用实例数据成员有默认值。编译程序自动生成析构函数的前提是：①类没有自定义析构函数；②类的基类或者对象成员存在析构函数，或者类继承或自定义了虚函数或纯虚函数。只要没有自定义赋值运算函数，编译程序就会自动生成赋值运算函数。

C++可为类自动生成一些实例成员函数。例如，对类 A 来说，这些实例函数成员包括：①参数表无参的构造函数，如 A()；②拷贝构造函数 A（const A&）和移动构造函数 A（A&&）；③拷贝赋值 A & operator=(const A&)和移动赋值 A & operator=(A&&)；④析构函数 A::~A()。一旦类 A 自定义了任何构造函数，就会禁止编译程序自动生成任何构造函数。同理，一旦类 A 自定义了任何赋值函数，就会禁止编译程序自动生成任何赋值函数。

虚函数可以声明为 inline 函数，也可以重载、指定默认值或者省略参数。同实例函数成员一样，类体里定义了函数体的虚函数并将自动成为内联函数。多个原型不同的虚函数也可以称为重载函数，重载时虚函数的参数个数或参数类型必须有所不同。虚函数是有 this 的实例函数成员，不能定义为没有 this 的静态函数成员。保留字 final 可用于防止派生类覆盖定义实例函数，或者用于避免当前类被用作派生类的基类。

【例 8.3】　虚函数的函数原型最后加 final 后，其派生类不能覆盖该虚函数。

```
#include <iostream>
using namespace std;
struct A {
    virtual void f1() const {cout<<"A0";}      //定义为虚函数
    virtual void f1(char c) {cout<<"A1";}      //重载的另一个虚函数
    void f1(int x) {cout<<"A2";}               //该函数是重载函数，但不是虚函数
};
class B:A {                                    //A和B不满足父子关系，但有派生关系
    void f1() {cout<<"B0";}                    //该f1()自动成为虚函数
    void f1(int x) {cout<<"B2";}               //该f1(int)及继承的A::f1(int)均不是虚函数
};
class C:B {                                    //B和C不满足父子关系，A和C也不满足父子关系
    void f1() const noexcept final            //f1()自动成虚函数，加final后C的派生类不能覆盖该函数
    void f1(char c) {cout<<"C1";}             //自动成为虚函数
public:
    void f1(long x) {cout<<"C3";}             //该函数是重载函数非虚函数，不能定义f1(long)final
};
int main()

{
    C c;
    A *p=(A *)&c;                              //不满足父子关系，需要进行强制类型转换
    p->f1('X');                               //调用C::f1(char)
    p->f1();                                  //调用C::f1()
    c.f1(23L);                                //调用C::f1(long)
}
```

程序的输出如下所示。

```
C1C0C3
```

基类 A 重载了多个同名函数 f1()，其中 void f1(int)为实例函数成员，void f1()和 void f1(char)均为虚函数。派生类 B 也重载了多个同名函数 f1()，其中 void f1()和基类虚函数的原型"相容"，故 void f1()将自动成为虚函数，但 void f1(int)为非虚实例函数成员。派生类 C 重载了多个同名函数 f1()，其中 void f1()和 void f1(char)将自动成为虚函数，而 void f1(long)为非虚实例函数成员。

static 用于定义文件作用域的静态非成员函数和类的静态函数成员；virtual 用于定义类的虚函数成员。因为 friend 声明的函数不是宿主类的函数成员，所以它不能和声明实例函数成员的 virtual 一起使用，除非被定义函数已经限定为另一个类的虚函数成员。virtual 肯定不能和 static 一起使用，因为 static 定义的任何函数都是没有 this 的，而 virtual 定义的函数都是有 this 的。除非 static 定义的函数是文件作用域的静态非成员函数，或者是另一个类定义的静态函数成员，否则 friend static 说明找不到 static 函数，将被编译程序报出未找到函数定义错误。

【例 8.4】 关于 static、virtual 和 friend 的使用方法。

```
static void p() {}                  //非成员函数定义为静态函数
struct A {
    static void h() {};             //静态函数成员没有隐含参数 this
    static void i() {};             //静态函数成员没有隐含参数 this
    virtual void j() {};            //虚函数成员有隐含参数 this
    virtual void k() {};            //虚函数成员有隐含参数 this
};
struct B {
    friend static void A::h();      //正确：A::h()原来就是 A 的静态函数成员
    friend void A::i();             //正确：A::i()原来就是 A 的函数成员
    friend virtual void A::j();     //正确：A::j()原来就是 A 的虚函数成员
    friend void A::k();             //正确：成员函数 A::k()定义为 B 的友元
    //static virtual void m();      //错误：出现有无 this 的矛盾
    //virtual friend void n();      //错误：导致函数 n()产生是否为成员函数的矛盾
    friend static void p();         //正确：要求非成员函数 p 定义为静态函数
    friend static void q() {};      //正确：自动生成静态非成员函数 q
    //friend static void r();       //错误：找不到静态非成员函数 r 的定义
};
int main() {}
```

在上述程序中，类 A 的函数成员被定义为类 B 的成员友元；定义 static virtual void m()会导致函数 m()出现有无 this 的矛盾；定义 virtual friend void n()会导致函数 n()产生是否为成员函数的矛盾，因此，对 m()使用"static virtual void m();"声明和对 n()使用"virtual friend void n();"声明是错误的。

虚函数能根据对象的类型适当地绑定到实例函数，且这种晚期绑定函数的效率非常高。因此，除了构造函数不能定义为虚函数外，最好将所有实例函数成员全部定义为虚函数。注意，虚函数主要根据对象类型的不同表现出多态特性。由于 union 既不能作为基类，也不能用于定义派生类，因此，不能在 union 中定义虚函数。

## 8.2　虚析构函数

析构函数除了类型固定不变的隐含参数 this 外, 它的显式参数表不能再声明其他任何类型的参数。因此, 析构函数不可能有重载函数, 也不可能有指定默认值的参数或者省略参数。但是, 与其他实例函数成员一样, 析构函数也可以定义为虚函数。如果基类的析构函数定义为虚析构函数, 则派生类的析构函数就会自动成为虚函数。

在形式如 "delete p;" 的语句中, p 可定义为指向父类对象的指针, 为了使 delete p 能根据 p 指向的对象类型进行多态析构, 最好将父类的析构函数定义为虚函数。同理, 如果 delete &q 中的 q 为父类对象的引用, 则父类的析构函数最好定义为虚函数。

需要特别注意的是, 如果为基类和派生类的对象分配了动态内存, 或者为派生类的对象成员分配了动态内存, 则一定要将基类和派生类的析构函数定义为虚函数, 否则极有可能造成内存泄漏, 甚至导致操作系统出现内存保护错误。

【例 8.5】　输入职员的花名册, 如果职员的姓名、编号和年龄等信息齐全, 则登记该职员的个人信息, 否则只登记职员的姓名。

```
#define _CRT_SECURE_NO_WARNINGS                    //防止 strcpy 出现指针使用安全警告
#include <stdio.h>
#include <string.h>
class STRING {
    char *str;
public:
    STRING(const char *s);
    virtual ~STRING() {if (str) {delete str;str=0;}}; //定义为虚函数
};
STRING::STRING(const char *s)
{
    str=new char[strlen(s)+1];
    strcpy(str,s);
}
class CLERK final:public STRING {                    //加 final 后, CLERK 不能作为基类使用
    STRING clkid;
    int age;
public:
    CLERK(const char *n,const char *i,int a);
    ~CLERK() {}      //自动成为虚函数, 将自动调用 clkid.~STRING()和 STRING::~STRING()
};          //~CLERK()即使由编译程序自动生成, 也将自动调用 clkid.~STRING 和 STRING::~STRING()
CLERK::CLERK(const char *n,const char *i,int a):STRING(n),clkid(i)
{
    age=a;
}
const int max=10;
int main()
{
    STRING *s[max];
```

```
        int a,k,m;
        char n[12],i[12],t[256];
        printf("Please input name,number and age:\n");
        for(k=0;k<max;k++) {
            scanf("%s",t);
            m=sscanf(t,"%8s %8s %d",n,i,&a)!=3;    //整数用%d输出，字符串用%s输出
            s[k]=m?new STRING(n):new CLERK(n,i,a);
        }
        for(k=0;k<max;k++)
            delete s[k]; //若s[k]分别指向STRING和CLERK对象，则分别调用~STRING()和~CLERK()析构
}
```

本例程序定义了一个 STRING 类，用于存放职员的姓名或编号信息。派生类 CLERK 由基类和对象成员 clkid 构成，并为基类 STRING 的对象动态分配了内存。由于基类的析构函数被定义为虚函数，因此派生类的析构函数也会自动成为虚函数。

在 delete s[k] 中，父类指针 s[k] 可以指向 STRING 类的对象，也可以指向 CLERK 类的对象。如果父类 STRING 没有定义虚析构函数，则 s[k] 指向的 CLERK 对象将被当作 STRING 对象析构，这个析构仅释放父类 str 指向的存放姓名的动态内存，而没有释放 clkid.str 指向的存放编号的动态内存，从而造成 clkid.str 分配的动态内存被泄漏。

引用变量是被引用对象的别名，如果被引用的对象自身不能自动析构，例如，被 z 引用的对象是通过 new 生成的，那么必须用 delete &z 析构被引用的对象，同时释放 new 为该对象分配的内存。以下程序先为引用变量 z 构造了对象，然后用 delete &z 析构被引用的对象。

```
STRING &z=*new CLERK("zang","982021",23);
delete &z;              //析构对象并释放对象占用的内存
```

上述 delete &z 完成了两个任务：①调用析构函数析构对象 CLERK("zang","982021",23)，释放基类和对象成员各自为指针 str 分配的内存；②通过 free(&z) 释放对象 CLERK("zang","982021",23) 所占用的内存。

如果将上述 delete &z 改为 z.~STRING()，因为 z 引用 CLERK 类的对象，且~STRING()是虚函数，则通过 z 会找到 CLERK 的析构函数~CLERK()调用，但该调用只完成上述任务①而没完成任务②；如果改为 free(&z)，则只完成上述任务②而没完成任务①。因此，使用 delete &z 完成全部动态内存的释放才是最佳选择。

最好将所有的析构函数都定义为虚函数，以便 delete 能够释放所有的动态内存。除了构造函数和静态函数成员不能定义为虚函数外，也应将所有实例函数成员都定义为虚函数，以便相关对象的函数调用表现出更合理的多态行为。

## 8.3　类的引用

变量、数据成员、函数参数、函数返回类型都可以定义为引用。被引用的实体可以是简单类型的变量和常量，也可以是复杂类型的存储对象的变量和常量。引用变量是被引用实体的别名，被引用的对象应当自己负责构造和析构，而引用变量没有必要负责构造和析构。

## 8.3.1　类的引用变量及其析构

如果类 A 的引用变量 r 引用了通过 new 生成的对象 x，而在退出 r 的作用域前没有将 x 传到 r 的作用域之外，也没有析构 x 和释放对象 x 所占用的内存，那么应使用 delete &r 析构 x 并释放它所占用的内存。注意，r.~A()仅用于析构 x，而不能释放 x 所占用的内存，这样会造成内存泄漏问题。

引用变量必须在定义的同时进行初始化，而引用参数则在函数调用的时候初始化。有址引用（即 &引用）变量或者参数如果是传统左值，则必须用同类型的传统左值表达式初始化。无址引用（即&&引用）变量或者参数要优先用无址右值如简单类型常量或临时对象常量初始化。如果有址引用变量引用的对象不是通过 new 产生的，则它无须负责对被引用的对象进行析构。

常规常量对象的生命期局限于当前表达式，在表达式结束时就立刻进行析构。需要注意的是，若无址引用变量引用的是常量对象，则 C++会为无址引用引入移动语义的概念，随着移动语义的引入，被无址引用的常量对象的析构将推迟到该无址引用变量的生命期结束。此时，常量对象实际上被编译为存储于缓存的有临时地址的匿名只读变量。虽然无址引用变量不负责常量对象的析构，但被其引用的常量对象的析构与其生命期相关。

有址传统左值表达式之所以能够出现在赋值号的左边，是因为它一定由有址传统左值变量代表，故必须用同类型的有址传统左值表达式初始化可写有址引用变量或参数。由于通过 new 分配的内存也是有地址的，故通过 new 产生的对象也是有固定地址的，*new int 可被用于初始化可写传统左值有址引用，即 int &类型的变量或者参数也可用于初始化 const int &类型的变量或者参数。常量对象可被只读有址引用变量引用，编译会为被引用的常量对象生成匿名的有固定地址的只读变量，其析构将延迟到只读有址引用变量的生命期结束。

【例 8.6】　有址引用变量与无址引用变量的对象析构。

```cpp
#include <iostream>
using namespace std;
class A {
    int i;
public:
    A(int i) {A::i=i;cout<<"A:i="<<i<<"\n";};
    ~A() {if (i) cout<<"~A:i="<<i<<"\n";i=0;};
};
int main()
{
    A a(1),b(2);          //传统左值有址对象a、b：a和b负责调用构造函数
    A &p=a;               //传统左值有址引用p：p不负责构造和析构a
    const A&q=A(3);       //传统右值有址引用q：q不负责构造A(3)，A(3)延迟析构
    A &&r=A(4);           //传统左值无址引用r：r不负责构造A(4)，A(4)延迟析构
    const A &&s=A(5);     //传统右值无址引用s：s不负责构造A(5)，A(5)延迟析构
    cout<<"main return\n";
}                         //退出main()时按上述对象构造的逆序自动析构所有已构造的对象
```

程序的输出如下所示。

```
A:i=1
```

```
A:i=2
A:i=3
A:i=4
A:i=5
main return
~A:i=5
~A:i=4
~A:i=3
~A:i=2
~A:i=1
```

在例 8.6 的 main()函数中，使用&定义了有址引用变量 p，使用&&定义了无址引用变量 q，两种引用变量初始化的区别：p 一定要用同类型的左值初始化，而 r 一定要用无址右值或常量对象初始化。当然，p 和 q 都是传统左值，还可以被再次赋值。只读有址引用参数的拷贝构造和拷贝赋值实现为深拷贝，可写无址引用参数的移动构造和移动赋值实现为浅拷贝。无址引用的类变量和参数最好用常量对象初始化，否则移动构造和移动赋值可能引发内存保护错误。

【例 8.7】 应用 delete 析构有址引用变量引用的通过 new 生成的对象。

```cpp
#include <iostream>
using namespace std;
class A {
    int i;
public:
    A(int i) {A::i=i;cout<<"A:i="<<i<<"\n";};
    ~A() {if(i) cout<<"~A:i="<<i<<"\n";i=0;};
};
void g(A &a) {cout<< "g is running\n";}        //调用时初始化有址引用形参 a
void h(A &&a=A(5)) {cout<< "h is running\n";}//调用时初始化无址引用形参 a，A(5)为默认值
int main()
{
    A a(1),b(2);                //自动调用构造函数构造 a、b
    A &p=a;                     //p 本身不用负责 a 的构造和析构
    A &q=*new A(3);             //q 有址引用 new 生成的无名对象
    A &r=p;                     //r 有址引用 p 所引用的对象 a
    cout<<"CALL g(b)\n";
    g(b);                       //使用同类型的传统左值作为实参调用函数 g()
    h();                        //使用无址右值 A(5)作为实参调用 h()，初始化 h()的形参 a
    h(A(4));                    //使用无址右值 A(4)作为实参调用 h()，初始化 h()的形参 a
    cout<<"main return\n";
    delete &q;                  //析构并释放 q 通过 new 产生的对象 A(3)
}                               //退出 main()时依次自动析构 b、a
```

程序的输出如下所示。

```
A:i=1
A:i=2
A:i=3
CALL g(b)
g is running
```

```
A:i=5
h is running
~A:i=5
A:i=4
h is running
~A:i=4
main return
~A:i=3
~A:i=2
~A:i=1
```

引用变量通常不用负责析构对象和释放对象所占用的内存，但上述 q 引用的是通过 new 生成的有固定地址的无名对象，因此在退出 main()时，必须用 delete &q 析构该有址无名对象并释放它所占用的内存。delete &q 将首先对 q 引用的对象调用析构函数，即执行 q.~A()；然后释放被 q 引用的对象所占用的内存，即执行 free(&q)。

在调用具有传统左值有址引用参数的函数时，应该将同类型的传统左值表达式传递给该引用参数，这样引用参数才能起到换名或共享实参内存的作用。如果将类型相异的传统左值表达式作为实参传递，则编译程序会给出一个错误警告或者直接报错。编译程序试图将传统左值实参转换为有址引用参数所需的类型，这种转换通常使传统左值实参成为引用参数类型的无址右值，因而不能满足传统左值有址引用参数应使用同类型有址传统左值初始化的要求。

## 8.3.2　类的引用参数及其析构

在调用具有无址引用参数的函数时，需要将无址表达式传递给该无址引用参数。如果将同类型的传统左值或者有址变量作为实参传递，则编译程序会给出一个错误警告或直接报错。即使能将传统左值实参转换类型传递给引用参数，这种用法也是不提倡的，尤其是当参数为引用对象的无址引用类型时。因为函数返回时会析构该无址引用参数引用的对象，共享该对象内存的传统左值实参也同时被析构了，但是该传统左值实参的生命期不应在此结束，它可能被主调函数继续使用。

形参相当于局限于当前函数的局部变量，对于不是引用而是一般对象类型的形参来说，这种形参对象的析构将在当前函数返回时完成。该形参对象的构造是在调用时通过值参传递完成的，如果定义了深拷贝构造函数，将调用深拷贝构造函数完成实参至形参的传递。如果没有定义深拷贝构造函数，在将实参对象通过值参传递给形参时，会将实参对象数据成员的值对应地赋给形参对象的数据成员，因而指针类型的数据成员只是将指针的值即单元地址赋值给形参对应的数据成员，而没有通过深拷贝赋值复制指针所指向的存储单元的内容。

因此，一般值参传递所进行的赋值又称浅拷贝赋值，将导致形参对象和实参对象的指针成员指向共同的存储单元。由此造成的后果是：当被调用的函数返回时，形参对象析构会释放其指针成员所指向的内存，被释放的内存可能又被操作系统立即分配给其他程序，但当前程序并不知道该内存已分配给其他程序。此时，不知道内存已被析构的实参对象可能通过其指针成员访问该内存，这就会造成一个程序非法访问另一个程序的内存，导致出现操作系统经常报告的内存保护错误或者一般性保护错误。

【例 8.8】 定义一个没有深拷贝构造函数的一维动态整型数组类，观察数组类作为形参类型时使用对象作为实参调用函数的运行效果。

```cpp
#include <iostream>
using namespace std;
class ARRAY {
    int size;
    int *p;
public:
    int get(int x);
    ARRAY(int s);
    ~ARRAY();
};
int ARRAY::get(int x){return p[x];}
ARRAY::ARRAY(int s)
{
    int i;
    p=new int[size=s];
    for(i=0;i<s;i++) p[i]=1;
    cout <<"Construct ARRAY("<<s<<")\n";
}
ARRAY::~ARRAY()
{
    int i;
    if(p) {delete p;p=0;}
    cout<<"Deconstruct ARRAY("<<size<<")\n";
}
void func(ARRAY y) {cout<<"func:";}
int main()
{
    cout<<"main:";
    ARRAY a(6);
    cout<<"main:a[0]="<<a.get(0)<<"\n";
    func(a);
    int *q=new int[6];q[0]=8;
    cout<<"main:a[0]="<<a.get(0)<<"\nmain:";
}
```

程序的输出如下所示。

```
main:Construct ARRAY(6)
main:a[0]=1
func:Deconstruct ARRAY(6)
main:a[0]=8
main:Deconstruct ARRAY(6)
```

上述 func(ARRAY y)声明了类型为 ARRAY 的形参 y，由于类 ARRAY 没有定义深拷贝构造函数，值参传递只能通过浅拷贝赋值将 a 传递给 y，造成 func()的 y.p 将共享 a.p 分配的内存。注意程序有两次析构输出：析构对象 y 及对象 a。在函数 func()返回前，析构生命期已经结束的形参对象 y，由于 a.p 和 y.p 指向同一块内存，因此，析构 y 实际上也释放了 a.p 指向的内存。

如果此时释放的内存正好被另一个程序分配使用，返回后继续使用 a.p 访问内存则将访问其他程序的内存，这将导致操作系统因内存保护而"杀死"当前程序。如果此时没有多进程、多线程程序运行，func()返回后该块内存又正好被分配给指针变量 q，那么通过 q 操作的内存将和 a.p 指向的内存相同，继续访问 a.p 得到的输出为 a[0]=8 而非 a[0]=1，这是因为"不相干"的变量因内存共享产生了副作用。

当非引用类型的形参对象 y 包含指针数据成员 p 时，必须进行深拷贝构造才能避免出现内存保护错误。在将有址实参对象 a 传递给形参 y 时，将调用自定义的深拷贝构造函数构造 y，该构造函数将为 y.p 分配新的内存，而后读取 a.p 所指向的内存的内容，并将其复制到新分配的内存中。由于 a.p 和 y.p 没有指向同一块内存，因此，在 func()返回时析构 y 将不会释放 a.p 指向的内存。

为了在传递实参 a 给形参 y 时能进行深拷贝构造，必须将深拷贝构造函数的形参声明为类的传统右值有址引用，并另外定义一个传统左值无址引用形参的移动构造函数，这样就能隐藏编译程序自动生成的深拷贝构造函数和移动构造函数，从而在传递实参时优先调用自定义的深拷贝构造函数和移动构造函数。移动构造函数通常实现为浅拷贝构造函数，由于浅拷贝构造函数不分配内存，故不会因为内存分配失败而产生异常。

【例 8.9】　使用深拷贝构造函数和移动构造函数定义一维动态整型数组类。

```cpp
#include <iostream>
using namespace std;
class ARRAY {
    int size;
    int *p;
public:
    int get(int x);
    ARRAY(int s);
    ARRAY(const ARRAY &r);   //声明有址引用传统右值形参，以隐藏编译生成的构造函数
    ARRAY(ARRAY &&r);        //声明无址引用传统左值形参，以隐藏编译生成的构造函数
    ~ARRAY();
};
int ARRAY::get(int x) {return p[x];}
ARRAY::ARRAY(int s)
{
    int i;
    p = new int[size = s];
    for (i=0;i<s;i++) p[i]=1;//若p[i]有虚函数,memset(p+i,1,sizeof(p[i]))会破坏VFT即多态
    cout<<"Construct ARRAY("<<s<<")\n";
}
ARRAY::ARRAY(const ARRAY &r)
{
    if(this==&r) cout<<"Can not initialize with itself\n";
    p=new int[size=r.size];
    for (int i=0;i<size;i++) p[i]=r.p[i];
    cout<<"Construct ARRAY("<<size<<")\n";
}
ARRAY::ARRAY(ARRAY &&r) {
        if(this==&r) cout<<"Can not initialize with itself\n";
    p=r.p;                   //移动构造实现为浅拷贝赋值
```

```
        size=r.size;
        r.p=nullptr;                //r.p指向的内存移动给p了，所以必须置r.p为空
        cout<<"Movable Construct ARRAY("<<size<<")\n";
    }
ARRAY::~ARRAY()
    {
        if (p) {delete p;p=0;}
        cout<<"Deconstruct ARRAY("<<size<<")\n";
    }
void func(ARRAY y) {cout<<"func:";}
int main()
    {
        cout<<"main:";
        ARRAY a(6);
        cout<<"main:a[0]="<<a.get(0)<<"\n";
        cout<<"func:";
        func(a);                //调用时，以ARRAY y(a)的形式深拷贝构造形参y
        int *q=new int[6];q[0]=8;
        cout<<"main:a[0]="<<a.get(0)<<"\nmain:";
    }
```

输出的a[0]在调用函数func()的前后都为1，这是因为定义了深拷贝构造函数ARRAY(const ARRAY &r)，避免了实参和形参两个对象的内部指针指向同一内存，从而使a.p指向的内存不会因func()的返回而被析构释放，因此，a[0]的值在函数func()的调用前后保持不变。程序的输出如下所示。

```
main:Construct ARRAY(6)
main:a[0]=1
func:Construct ARRAY(6)
func:Deconstruct ARRAY(6)
main:a[0]=1
main:Deconstruct ARRAY(6)
```

上述程序定义了深拷贝构造函数ARRAY(const ARRAY &r)，该函数采用传统右值有址引用参数；还定义了用于移动语义的浅拷贝构造函数ARRAY(ARRAY &&r)，其形参r的类型ARRAY &&为传统左值无址引用，该函数以浅拷贝移动的方式对新对象r进行初始化。

在调用函数func(a)时，将调用构造函数初始化func()的形参y。由于实参a是一个有址对象或变量，而接受有址实参的构造函数为ARRAY(const ARRAY &r)，因此，初始化y时将调用自定义的深拷贝构造函数ARRAY(const ARRAY &r)。

若以常量对象ARRAY(5)调用func()，即当调用为func(ARRAY(5))时，也将调用构造函数初始化func()的形参y。由于ARRAY(5)是一个常量对象，而优先接受常量对象实参的构造函数为ARRAY(ARRAY &&r)，因此，初始化y时将调用移动构造函数ARRAY(ARRAY &&r)。

当类不包含指针类型的数据成员时，可不定义上述拷贝构造函数和移动构造函数，直接使用编译程序生成的拷贝构造函数和移动构造函数。当类包含指针类型的数据成员时，为了程序运行安全及防止内存泄漏，应定义参数类型为类的只读有址引用的深拷贝构造函数，并同时定义参数类型为类的传统左值无址引用的移动构造函数。

## 8.4　抽象类

纯虚函数是不必定义函数体的特殊虚函数的。在定义虚函数时，说明其函数体 "=0" 表示定义的虚函数为纯虚函数。纯虚函数为实例函数有隐含参数 this，因此不能同时定义它为静态函数成员。构造函数不能定义为虚函数，故也不能定义为纯虚函数；析构函数可以定义为虚函数，故也可定义为纯虚函数。

### 8.4.1　抽象类的定义及用法

包含纯虚函数的类称为抽象类，抽象类常用作派生类的基类。如果派生类继承了抽象类的纯虚函数，却未自定义原型 "相容" 且带函数体的虚函数，或者派生类自定义了基类所没有的新纯虚函数，也不管新纯虚函数是否在当前派生类中定义了函数体，当前派生类都会自动成为抽象类。

在多级派生的过程中，如果到某个派生类为止，所有的基类纯虚函数都被派生类自定义了原型 "相容" 的虚函数，并定义了其函数体，且该派生类没有自定义新的纯虚函数，则该派生类就会成为非抽象类（或者称为具体类）。只有非抽象类才能定义或产生对象。

【例 8.10】　多级派生中的抽象类与具体类。

```
#include <iostream>
using namespace std;
struct A {                        //A被定义为抽象类
    virtual void f1()=0;
    virtual void f2()=0;
};
void A::f1(){cout<<"A1";}          //在当前类A中定义f1()函数体,A仍然是抽象类
void A::f2(){cout<<"A2";}          //在当前类A中定义f2()函数体,A仍然是抽象类
class B:public A{                  //B覆盖A::f2()的函数体,但未覆盖A::f1(),故B仍为抽象类
    void f2() {this->A::f2();cout<<"B2";}
};
class C:public B{                  //A::f1()和A::f2()均被覆盖定义,故C为非抽象类
    void f1() {cout<<"C1";}
};
int main()
{
    C c;                          //只有具体类才能产生对象
    A *p=&c;                      //A是C的父类:父类特性具有传递性
    p->f1();                      //调用C::f1()
    p->f2();                      //调用B::f2()
}
```

程序的输出如下所示。

```
C1A2B2
```

尽管 f1() 和 f2() 都在类 A 中定义了函数体，但是类 A 仍然被当作抽象类。由于纯虚函数可以不定义函数体，故抽象类不能定义或产生任何对象，包括使用 new 创建对象、定义对象数组以及定义对象参数或函数返回对象。如果通过对象调用尚未定义函数体的纯虚函数，那么将导致程序出现不可预料的运行错误。

　　虽然抽象类自己不能产生任何对象，且没有可被引用或指向的对象，但是抽象类可定义父类引用和父类指针。父类引用可以引用抽象类的具体子类对象，父类指针可以指向抽象类的具体子类对象，因为抽象类的子类能够产生对象的具体类。无实例数据成员的抽象父类可用于定义纯虚函数，从而要求子类通过纯虚函数实现类似 Java 的"接口"功能。

　　抽象类指针和引用可以调用抽象类的纯虚函数，此时调用的必然是抽象类的具体子类的虚函数，这是由纯虚函数和虚函数的多态特性所决定的。如果抽象类的具体子类没有定义这样的虚函数，那么会导致程序出现不可预料的运行错误。而调用抽象类的非虚实例函数，则不会出现不可预料的运行错误。

【例 8.11】　抽象类不能产生实例对象的原因。

```cpp
#include <iostream>
using namespace std;
struct A {                    //定义类A为抽象父类，B为其子类
    virtual void f1()=0;      //子类必须像Java那样实现接口函数f1
    void f2() {};
};
struct B:A {          //定义抽象父类A的具体子类B，类B可以有多个抽象父类
    void f1(){};      //子类定义和实现接口函数f1
}; //只要A是B的基类，A不必是其父类：is_base_of<A,B>::value 的值为true
//A f();              //错误，返回类A，意味着抽象类A要产生对象
//int g(A x);         //错误，调用时要传递一个类A的对象
A &h(A &y);           //正确，A&可以引用具体子类B的对象
int main()
{
    //A a;            //错误，抽象类不能产生对象a
    A *p=new B;       //正确，可以指向具体子类B的对象，可定义A&q=*p;
    p->f1();          //正确，调用B::f1()。按子类对象类型晚期绑定，可用 q.f1()调用 B::f1()
    p->f2();          //正确，调用A::f2()。非虚函数A::f2()按类型A*早期绑定
    delete p;
}
```

　　内存管理函数 malloc()可以为抽象类对象分配空间，但不会调用抽象类的构造函数来初始化该对象，因此，内存管理函数 malloc()不能完整地初始化抽象类对象（对象中的虚函数入口地址表示指针未被初始化）。只有成功完整地初始化了某个类的对象，才能通过抽象类指针或引用调用到这个类的虚函数。例如，上述程序若用 malloc()初始化 A *p=(B*) malloc(sizeof(B))，则 p->f1()将出现不可预料的异常。

## 8.4.2　抽象类的应用实例

　　抽象类作为抽象级别最高的类，主要用于定义子类共有的数据成员和函数成员。抽象类的纯虚函数没有定义函数体，这意味着目前无法描述该函数的具体功能。例如，如果图形类是点、线和圆等类的抽象类，那么图形类的绘图函数就无法绘出具体图形。

【例 8.12】　定义存储多个图形 GRAPH 的图形组类 GRAPHS 及其多态绘图函数，依次将图形组类对象中存储的各种不同类型的图形绘制出来。

```cpp
#include <iostream>
using namespace std;
```

```
class GRAPH {//图形类必须定义为抽象类,因其绘图函数draw()无法定义函数体,只能为纯虚函数
    double x,y;
public:
    double getx() {return x;}
    double gety() {return y;}
    void move(double x1,double y1) {x+=x1;y+=y1;}
    virtual void draw()const=0;        //必须定义纯虚函数
    virtual void hide()const=0;        //必须定义纯虚函数
    GRAPH(double x1,double y1) {x=x1;y=y1;}
};
class POINT2D:public GRAPH {
public:                              //具体类POINT2D可以定义draw()的函数体
    void move(double x,double y);
    void hide()const{cout<<"Hide a point\n";}
    void draw()const{cout<<"Draw a point\n";}
    POINT2D(double x,double y):GRAPH(x,y) {};
};
void POINT2D::move(double x,double y)
{
    hide();
    GRAPH::move(x,y);
    draw();
}
class CIRCLE:public POINT2D {//具体类CIRCLE的draw()可以定义函数体
    double r;
public:
    void move(double x,double y);
    void hide()const{cout<<"Hide a circle\n";}
    void draw()const{cout<<"Draw a circle\n";}
    CIRCLE(double x,double y,double r):POINT2D(x,y) {CIRCLE::r=r;};
};
void CIRCLE::move(double x,double y)
{
    hide();
    GRAPH::move(x,y);
    draw();
}
class GRAPHS {                      //存储多个图形的图形组类
    struct GRAPHIC {
        GRAPH *graph;
        GRAPHIC *next;
        GRAPHIC(GRAPH *g,GRAPHIC *n) {graph=g;next=n;};
        ~GRAPHIC() {delete graph;}
    } *head;
public:
    int push(GRAPH *g) {head=new GRAPHIC(g,head);return 1;};
    int remove(GRAPH *g);
    void draw();
    GRAPHS() {head=0;};
    ~GRAPHS();
};
int GRAPHS::remove(GRAPH *g)
```

```
{
    GRAPHIC *p,*q;
    p=q=head;
    while(p!=0&&p->graph!=g) {
        q=p;
        p=p->next;
    };
    if(p) return 0;
    if(q==p) head=p->next;else q->next=p->next;
    delete p;
    return 1;
}
GRAPHS::~GRAPHS()
{
    GRAPHIC *p=head;
    while(head) {
        p=p->next;
        delete head;
        head=p;
    }
}
void GRAPHS::draw()
{
    GRAPHIC *p=head;
    while(p) {
        p->graph->draw();
        p=p->next;
    }
}
int main()
{
    GRAPHS graphs;
    graphs.push(new POINT2D(3,5));      //最内层图形最后画出
    graphs.push(new POINT2D(7,8));
    graphs.push(new CIRCLE(2,3,9));
    graphs.push(new CIRCLE(5,6,7));
    graphs.push(new CIRCLE(4,7,3));     //最外层图形最先画出
    graphs.draw();                      //输出 graphs 中的所有图形
}
```

程序的输出如下所示。

```
Draw a circle
Draw a circle
Draw a circle
Draw a point
Draw a point
```

本例程序定义了抽象类，即图形类 GRAPH，并在其具体子类中定义了 GRAPH 的所有纯虚函数，因此，具体子类 POINT2D 和 CIRCLE 都可以产生对象。对于图形组类 GRAPHS 中的 GRAPH *graph，它实际指向 POINT2D 和 CIRCLE 具体子类对象，可以多态调用具体子类 POINT2D 和 CIRCLE 的绘图函数 draw()。

## 8.5　虚函数友元与晚期绑定

纯虚函数和虚函数都是类的实例函数成员，都能定义为另一个类的成员友元。由于纯虚函数一般不会定义函数体，此时纯虚函数就不应该定义为某个类的成员友元，成员友元应当是定义了函数体的函数。

### 8.5.1　虚函数作为友元

友元关系不能传递或者继承。如果类 A 的函数成员 f() 定义为类 B 的友元，那么 f() 就可以访问类 B 的所有成员，包括数据成员、函数成员及类型成员。但是，f() 并不能访问从类 B 派生的类 C 的所有成员，除非 A 的函数成员 f() 也被定义为类 C 的成员友元。

【例 8.13】　纯虚函数和虚函数定义为友元的用法。

```
#include <iostream>
using namespace std;
class C;          //没有前向声明，就无法在后面使用C&或者C*等引用类型或指针类型
struct A {    //A为抽象类
    virtual void f1(C &c)=0;    //f1()为纯虚函数
    virtual void f2(C &c);      //f2()为虚函数
}; //类A有虚函数且没有自定义构造函数，编译程序自动生成构造函数
class B:A {    //类B没有自定义构造函数且继承了虚函数，编译程序自动生成构造函数
public:
    void f1(C &c);                 //f1()自动成为虚函数，对main()隐藏A::f1(C&)
};                                 //类B是具体类
class C {
    char c;
    struct D {int x;};
    void f() {};
    friend void A::f1(C& c);       //允许但不一定有意义，A::f1(C &c)可能无函数体
    friend void A::f2(C& c);       //允许且有意义，A::f2(C& c)有函数体
public:
    C(char c) {C::c=c;};
};
void A::f1(C& c) {                 //类C的成员友元A::f1(C&)可以访问类C的任何成员
    C::D d={1};                    //访问私有类型成员D
    f();                           //访问私有函数成员f()
    cout <<c.c<< "\n";             //访问私有数据成员c
};
void A::f2(C& c) {                 //类C的成员友元A::f2(C&)可以访问类C的任何成员
    C::D d={2};                    //访问私有类型成员D
    f();                           //访问私有函数成员f()
    cout <<c.c<< "\n";             //访问私有数据成员c
};
void B::f1(C& c) {
    //C::D d={2};
    //cout<<c.c;          //错误，B::f1()不是类C的成员友元，不能访问c.c
};
int main()
{
    B b;                  //编译程序自动生成无参构造函数B::B()构造b
```

```
    C c('C');
    A* p=(A*) new B        //调用编译程序自动生成的B::B()，A和B不是父子类
    p->f1(c);              //调用B::f1()
    p->f2(c);              //调用A::f2()
    delete p;              //必须delete，否则造成内存泄漏。A无指针成员：delete p相当于free(p)
}
```

友元特性不能从基类 A 传递到派生类 B，即尽管将类 A 的函数 void f1(C &)定义为类 C 的友元，也不会使类 B 的 void B::f1(C &)成为 C 的友元。因此，类 B 的 void B::f1(C &)不能访问类 C 的私有成员和保护成员。

### 8.5.2 虚函数的晚期绑定

早期与晚期绑定

假定基类 B 及其派生类 D 都定义了虚函数，基类 B 和派生类 D 将分别产生虚函数地址表 TB 和 TD。在构造派生类 D 的对象 d 时，首先将 d 作为一个基类对象构造，故将 TB 的首址存放到 d 的起始单元，此时 B::B()调用的虚函数将与 TB 中的虚函数绑定；然后，一旦基类对象的构造函数 B::B()执行完毕，在执行派生类的构造函数 D::D()之前，就会将 TD 的首址存放到 d 的起始单元，此后 D::D()调用的虚函数就会与 TD 中的虚函数绑定。

同理，在析构派生类 D 的对象 d 时，一旦析构函数 D::~D()的函数体执行完毕，就立即将 TB 的首址存放到 d 的起始单元，接着将 d 作为基类对象执行基类 B 的析构函数 B::~B()，此后，B::~B()调用的虚函数就会和 TB 中的虚函数绑定。这样，对象 d 就会根据其类型的"变化"来调用正确的虚函数，从而表现出恰当的多态特性。

final 和 override 是未出现于保留字表的特殊保留字，若使用 final 定义某个类，则该类不能再被继承，若使用 final 定义虚函数，则派生类不能覆盖该函数，即派生类不能自定义原型"相容"的实例函数成员。override 用于说明当前函数是一个覆盖基类虚函数的虚函数，可以省略。

【例 8.14】 构造函数和析构函数处理虚函数地址表首址的方法。

```
#include <iostream>
using namespace std;
class A {                          //如果定义 class A final，则 A 不能用作 B 的基类
    virtual void c() {cout<<"Construct A\n";}
    virtual void d() {cout<<"Deconstruct A\n";}
    virtual void e() const final{}; //不允许派生类覆盖 A::e()，final 需在 const 后
public:
    A(){c();};
    virtual ~A(){d();};
};
class B final:A {
    virtual void c() override{cout<<"Construct B\n";} //覆盖虚函数 void A::c()，查相容
    virtual void d(){cout<<"Deconstruct B\n";}      //默认覆盖 A::d()，无 override 不查相容
public:
    B(){c();};                                      //等价于 B():A(){c();};
    virtual ~B(){d();};
};
```

```
int main()
{
    B b;                        //构造 b 时先将 b 当作基类对象构造
}                               //析构 b 时先将 b 当作派生类对象析构
```

程序的输出如下所示。

```
Construct A
Construct B
Deconstruct B
Deconstruct A
```

上述程序在开始构造派生类对象 b 时，b 的 VFT 首地址为基类 A 的虚函数地址表首址，故 A:: ~A() 中的调用 c()绑定到类 A 的 A::c()，输出为 Construct A。A::~A()返回后，将 b 的 VFT 首地址修改为基类 B 的虚函数地址表首址，故 B::~B()中的调用 c()绑定到类 B 的 B::c()，输出为 Construct B，如图 8.1 所示。

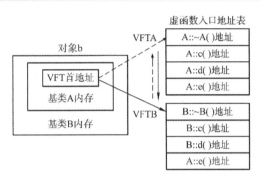

图 8.1　虚函数晚期绑定示意图

在开始析构派生类对象 b 时，b 的 VFT 首地址为基类 B 的虚函数地址表首址，故 B::~B()中的调用 d()绑定到类 B 的 B::d()，输出为 Deconstruct B。B::~B()返回后，将 b 的 VFT 首地址修改为基类 A 的虚函数地址表首址，然后去执行基类对象的析构函数 A::~A()，故 A::~A()中的调用 d()绑定到类 A 的 A::d()，输出为"Deconstruct A。

这也说明子类对象 b 的类型不是固定的，在构造和析构的某个时刻，子类对象被看作父类 A 的对象。在例 5.4 中，我们看到同一个成员的类型也不是固定的，它是随对象的类型不同而不同。因此，对象及其成员的类型都不是固定不变的。

VFT 首地址存放在对象 b 的起始单元。根据对象 b 的类型，晚期绑定要调用的虚函数到相应的实例函数成员，从而使虚函数随 b 的类型不同而表现出不同的多态特性。晚期绑定比早期绑定多一次 VFT 首地址访问，这虽然在一定程度上降低了执行效率，但是，同虚函数的多态特性带来的优点相比，效率降低所产生的影响微不足道。

由此可见，VFT 首地址由构造函数和析构函数维护。用 malloc()的确可以为对象分配内存，但是，由于 malloc()之后不会自动调用构造函数，故 VFT 首地址没有得到正确初始化，用 malloc()初始化的对象也就无法表现出多态特性。同理，当对象有虚函数、虚基类和实例成员指针成员时，不要用 memset 初始化对象内存为 0，否则，会破坏 VFT 首地址及多态、虚基类偏移，并导致实例成员指针成员非空。因此，应慎重使用 memcpy，以免造成类似破坏。

父类对象可能破坏子类对象 VFT 绑定的操作

## 8.6　有虚函数时的内存布局

单继承派生类对象的内存由基类和派生类的实例数据成员构成。当基类或派生类定义了虚函数或者纯虚函数时，派生类对象的内存还包括虚函数入口地址表首址所占用的存储单元，该存储单元通常是包含虚函数的基类对象的初始单元。

如果基类定义了虚函数或者纯虚函数，则派生类对象将共享基类对象的起始单元，用于存放虚函数入口地址表首址。派生类的构造函数和析构函数会选择合适的时机，在共享的存储单元中更新基类和派生类的虚函数入口地址表首址。

【例8.15】 当基类有虚函数时，派生类的内存布局。

```
#include <iostream>
using namespace std;
class A {                   //基类A定义了虚函数
    static int b;
    int a;
    virtual int f();
    virtual int g();
    virtual int h();
};
class B:A{
    static int y;
    int x;
    int f();
    virtual int u();
    virtual int v();
};
int main()
{
    cout<<"sizeof(int)="<<sizeof(int)<<"\n";
    cout<<"sizeof(anypointer)="<<sizeof(void*)<<"\n";
    cout<<"sizeof(A)="<<sizeof(A)<<"\n";
    cout<<"sizeof(B)="<<sizeof(B)<<"\n";
}
```

在VS2019中采用x86模式编译时，程序的输出结果如下所示。

```
sizeof(int)=4
sizeof(anypointer)=4
sizeof(A)=8
sizeof(B)=12
```

在上述程序中，基类A定义了虚函数，因此，基类A对象的内存包括实例数据成员a和虚函数入口地址表首址。派生类B只增加了一个实例数据成员x，B共用基类虚函数入口地址表首址所占用的存储单元。

由于所有指针的字节数相同，故有sizeof(A)=sizeof(a)+sizeof(void *)=4+4=8，sizeof(B)= sizeof(A)+sizeof(x)=8+4=12。在基类A包含虚函数的情况下，虚函数入口地址表首址所占用的存储单元被派生类共享。派生类B的内存如图8.2所示，虚函数入口地址表不在派生类B的内存内。

如果基类没有定义虚函数，而单继承派生类定义了虚函数，则单继承派生类的内存由三个部分组成：第一部分为派生类虚函数入口地址表首址，该地址表首址不是基类内存的一部分；第二部分为基类内存；第三部分为该派生类新定义的实例数据成员。

显然，用memset将B类对象初始化为0，会导致虚函数入口地址表首址为空指针，从而破坏了B

类对象基于 VFT 的多态机制。因此，当类定义了虚函数时，不要使用 memset 初始化对象。

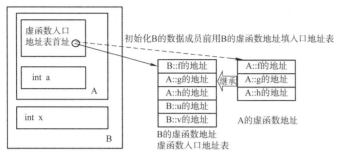

图 8.2　派生类 B 的内存

# 练习题

【题 8.1】什么样的函数能够定义为虚函数？为什么要使用虚函数？

【题 8.2】构造函数能否定义为虚函数？为什么？

【题 8.3】什么样的函数能够定义为纯虚函数？为什么要使用纯虚函数？

【题 8.4】什么样的类称为抽象类？抽象类可以产生对象吗？为什么？

【题 8.5】纯虚函数可以定义为 static 成员函数吗？

【题 8.6】析构函数可以定义为纯虚函数吗？

【题 8.7】从如下基类 base 派生多个类，每个类都定义 void isa()函数，并调用 void isa()函数输出每个类的类名。

```
#include <iostream>
using namespace std;
class base {
public:
    base() {cout<<"Constructing base\n";}
    virtual void isa() {cout<<"base\n";}
    ~base() {cout<<"Constructing base\n";}
};
```

【题 8.8】在异质链表中，每个节点的类型不要求相同，节点指针通常使用父类指针。以大学学生及教职人员为例，学生信息包括姓名、年龄、社会保险号、年级和平均成绩等，职员信息包括姓名、年龄、社会保险号和工资等，教员信息包括姓名、年龄、社会保险号、工资和研究方向等。为大学学生及教职人员建立一个异质链表，插入、删除和输出他们的信息。

【题 8.9】指出如下程序的错误之处及其原因。

```
class A {
    int a;
    virtual int f();
    virtual int g()=0;
public:
    virtual A();
```

```
} a;
class B:A {
    long f();
    int g(int);
} b;
A *p=new A;
B *q=new B;
int f(A,B);
A g(B &);
int h(B *);
```

【题 8.10】在三维坐标系上定义 GRAPH 抽象类，该类具有基点坐标和图形显示等纯虚函数。从该类派生出正方体、球体等具体图形类，并为具体图形类定义相应的纯虚函数。

【题 8.11】为线性表定义一个抽象类，记录线性表的容量和当前元素的个数，提供插入、删除、查找等纯虚函数。请从上述抽象类派生出线性表类，并用整型数组存放线性表整型元素。

【题 8.12】公司员工分为临时员工和正式员工两种类型，只有正式员工才能担任经理。每个员工都由一个经理主管，并由经理发放员工工资，只有老板才能发放经理工资。试定义公司员工、经理和老板三个类。

【题 8.13】广义表的元素要么是单个字符，要么是一个广义表。试定义存放单个字符的类，该类提供输出元素字符的函数 print()。由上述类派生出广义表类，并定义插入函数 insert()和广义表输出函数 print()。

# 第9章
# 多继承与虚基类

C++支持表达能力更强的多继承，多继承允许派生类有多个基类。单继承只允许派生类有一个基类，显然，单继承是多继承的一个特例。本章将介绍多继承的相关概念，包括虚基类合并内存、成员访问冲突以及构造与析构的执行顺序问题。

## 9.1 多继承类

单继承派生类只有一个基类或虚基类。在继承单个基类或虚基类成员的基础上，单继承派生类可以声明或定义新的数据成员和函数成员，以便描述新类特有的不同属性和功能。但是，在现实世界中，有许多事物需要继承多个基类的属性和功能。

### 9.1.1 无多继承的替代方案

多继承派生类有多个基类或虚基类。在继承多个基类或虚基类成员的基础上，多继承派生类可以声明或定义新的数据成员和函数成员。显然，单继承是多继承的一个特例，多继承派生类具有更强的类型表达能力。

某些面向对象的语言只支持单继承。当需要定义多继承派生类的对象时，常常通过对象成员的聚合实现多继承。对象聚合在大多数情况下能够满足需要，但当对象成员和基类的类型相同，或者在逻辑上与基类对象存在共享的内存时，就可能对同一物理对象内存重复初始化。

【例9.1】 定义具有水平滚动条和垂直滚动条的窗口类。

```
class WINDOW {
    //...
public:
    WINDOW(int top,int left,int bottom,int right);
    ~WINDOW();
};
class HSCROLLBAR {                    //定义水平滚动条
    //...
public:
    HSCROLLBAR (int top,int left,int bottom,int right);
    ~HSCROLLBAR();
};
```

```
class VSCROLLBAR {                    //定义垂直滚动条
    //...
public:
    VSCROLLBAR (int top,int left,int bottom,int right);
    ~VSCROLLBAR();
};
class SCROLLABLEWIND:public WINDOW {
    HSCROLLBAR hScrollBar;            //委托 hScrollBar 代理水平滚动条
    VSCROLLBAR vScrollBar;            //委托 vScrollBar 代理垂直滚动条
    //聚合 hScrollBar 和 vScrollBar 两个对象成员,用于代替多继承定义
public:
    SCROLLABLEWIND(int top,int left,int bottom,int right);
    ~SCROLLABLEWIND();
};
SCROLLABLEWIND::SCROLLABLEWIND(int t,int l,int b,int r):
WINDOW(t,l,b,r),hScrollbar(t,r+1,b-1,r),
    vScrollbar(b-1,l-1,b,r+1) {/*...*/}
```

上述程序定义了一个窗口 WINDOW、一个水平滚动条 HSCROLLBAR 和一个垂直滚动条 VSCROLLBAR。具有水平滚动条和垂直滚动条的窗口类 SCROLLABLEWIND 继承了 WINDOW，并用聚合对象成员 hScrollBar、vScrollBar 代理水平滚动条和垂直滚动条，即通过委托代理模式完成水平滚动和垂直滚动。

这种委托代理模式对于某些应用是合适的，但对有些应用则不一定合适。如果 WINDOW、HSCROLLBAR 和 VSCROLLBAR 分别初始化显示端口，则派生类 SCROLLABLEWIND 的对象就会多次初始化显示端口，从而导致显示屏因多次初始化显示端口而多次闪烁。从系统硬件的角度来看，计算机默认的主显示端口只有一个。

当然，对于 SCROLLABLEWIND 对象来说，如果使用一个全局变量作为信号灯，那么可以实现显示端口只初始化一次。但是，如果存在多个 SCROLLABLEWIND 对象，则需要多个全局变量作为信号灯，并且需要建立对象和对应全局变量的绑定关系，而维护绑定关系及信号灯状态会比较麻烦。

## 9.1.2　多继承存在的问题

若采用多继承方式定义派生类 SCROLLABLEWIND，则类 WINDOW、HSCROLLBAR 和 VSCROLLBAR 可全部定义为基类。上述定义可改为如下多继承派生类定义，但是仍然没有解决主显示端口多次初始化的问题。

多继承类

```
struct SCROLLABLEWIND:WINDOW,HSCROLLBAR,VSCROLLBAR {
    //...
public:
    SCROLLABLEWIND(int top,int left,int bottom,int right);
    ~SCROLLABLEWIND();
};
SCROLLABLEWIND::SCROLLABLEWIND(int t,int l,int b,int r):
WINDOW(t,l,b,r),HSCROLLBAR(t,r+1,b-1,r),
```

```
VSCROLLBAR(b-1,l-1,b,r+1)
{
    //...
}
```

多继承派生类可以定义任意数目的基类，但是不得定义名称相同的直接基类。当派生类有多个基类时，多个基类成员继承到派生类后可能出现同名成员，而基类与派生类之间也可能出现成员同名。当出现成员同名的现象时，除了可以根据作用域大小确定访问的优先级外，还可使用作用域运算符限定要访问的类的成员。

**【例 9.2】**　基类成员继承后的成员同名问题。

```
#include <iostream>
using namespace std;
struct A {int a;};        //未定义构造函数 A::A()，可用{}形式初始化
struct B {int a;};        //未定义构造函数 B::B()，可用{}形式初始化
struct C:A,B {
    int c;                //类 C 将继承 A 和 B 的两个同名成员 a
    int setc(int);
    constexpr C():A{2},B{},c(0) {c=2;};  //A{2}使 c.A::a=2，B{}使 c.B::a=0
};
int C::setc(int c) {
    C::c=c;               //使用作用域运算符（::）限定要访问的类的数据成员 C::c，否则访问参数 c
    return c;             //返回的是参数的值，其作用域更小，访问优先级更高
}
int main()
{
    A a;                  //a.a 为随机值
    A b{};                //b.a=0：如果{}中为空，则所有元素初始化为 0 或 nullptr（打印为 0 或-1）
    B*c=new B;            //c->a 为随机值
    B*d=new B{};         //d->a=0：如果{}中为空，则所有元素初始化为 0，等价于 new B()
    C g;                  //c.A::a=2，c.B::a=0，c.c=2
    C* p=new C;          //p->A::a=2，p->B::a=0，p->c=2
    //int i=g.a;          //错误，出现二义性访问，因为 g 有 A::a 和 B::a
    int j=g.A::a;        //正确，全名限定访问 A::a
    j=g.B::a;            //正确，全名限定访问 B::a
    delete c;            //防止内存泄漏
    delete d;            //防止内存泄漏
    delete p;            //防止内存泄漏
}
```

上述基类 A 和 B 都声明了成员 a，成员 A::a 和 B::a 都被派生类 C 继承。为了避免出现二义性访问错误，必须使用作用域运算符（::）限定要访问的类的数据成员。函数 setc()的参数 c 和数据成员 c 同名，根据面向对象的作用域原则，作用域小的标识符被优先访问，故优先访问的应该是函数参数 c，因此，必须用作用域运算符限定访问数据成员 C::c。

当使用 constexpr 定义类 C 构造函数的时候，除了满足之前 constexpr 的定义要求外，还必须满足类 C 没有虚基类这一要求，constexpr 能提供实参为常量时的优化构造便利。此外，应当对类 C 的基类

逐一进行初始化，未初始化的基类会默认用无参构造函数初始化。在初始化过程中，调用的所有函数（包括基类构造函数）都必须是 constexpr 的。

"A{2},B{}"与"A(2),B()"的不同之处：若定义了构造函数"A::A(int)"和"B::B()"，则需要调用相应参数个数的构造函数初始化，否则，前者会直接对实例数据成员初始化，"B{}"会直接将实例数据成员初始化为0。因此，在函数 main()中，定义"A a;"的结果 a.a 为随机值，而定义"A b{};"的结果 b.a=0，定义"B*c=new B;"的结果 c->a 为随机值，定义"B*d=new B;"的结果 d->a=0。

## 9.2　虚基类

主显示端口 PORT、菜单 MENU 和区域 REGION 三个基类可以派生出窗口 WINDOW 和调色板 PALETTE 两个基类，并进一步派生出带有调色板的窗口 PALETTEWINDOW，如此便形成了以下具有多重派生的类层体系。

```
class PORT {/* ... */};
class MENU {/* ... */};
class REGION {/* ... */};
class WINDOW:public PORT,public REGION {/* ... */};
class PALETTE:public PORT,public MENU {/* ... */};
class PALETTEWINDOW:public WINDOW,public PALETTE {/* ... */};
```

PALETTEWINDOW 的派生树如图 9.1 所示。PORT 是类 WINDOW 和 PALETTE 的基类，在 PALETTEWINDOW 依次构造 WINDOW 和 PALETTE 的过程中，WINDOW 和 PALETTE 将分别调用 PORT 的构造函数，从而将物理上唯一的主显示端口初始化两次。

将 PORT 同时说明为 PALETTE 和 WINDOW 的虚基类，就可以使 PALETTEWINDOW 只初始化一次主显示端口，因为同一棵派生树中的同名虚基类只构造一次。虚基类用关键字 virtual 声明，声明时 virtual 可以和继承方式 private、protected 以及 public 互换位置。

```
class WINDOW:virtual public PORT,public REGION {/* ... */};
class PALETTE:public virtual PORT,public MENU {/* ... */};
class PALETTEWINDOW:public WINDOW,public PALETTE {/* ... */};
```

在同一棵派生树中，同名虚基类的内存或者对象将被合并，合并后构造函数和析构函数仅执行一次，因此，物理的主显示端口 PORT 仅被初始化一次。虚基类的构造函数会尽可能早执行，而虚基类的析构函数会尽可能晚执行。PALETTEWINDOW 产生的派生树和内存如图 9.2 所示。

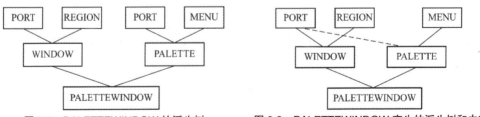

图 9.1　PALETTEWINDOW 的派生树　　　图 9.2　PALETTEWINDOW 产生的派生树和内存

注意，图 9.2 中，PORT 和 PALETTE 用虚线连接，表示两个逻辑 PORT 对象共享一个物理对象的内存;PORT 和 WINDOW 用实线连接,表示 PORT 的构造函数必须尽早执行。因为 PORT 是同时为 WINDOW 和 PALETTE 服务的, 所以必须在两个 WINDOW 和 PALETTE 对象构造之前构造。由此可见, 虚基类的构造优先级高于普通基类的构造优先级。同理, 虚基类的析构优先级低于普通基类的析构优先级。

如果编译器允许虚基类与基类同名, 则它们将分别拥有各自的内存。在由基类、虚基类和派生类形成的派生树中, 只有同名虚基类才共享内存, 而同名基类则拥有各自的内存。虚基类和基类同名必然会导致二义性访问, 编译程序会对这种二义性访问提出警告。建议当出现这种情况时, 要么将基类说明为对象成员, 要么将同名基类说明为虚基类。

【例 9.3】 虚基类的二义性访问问题。

```
#include <iostream>
using namespace std;
struct A {
    int a;
    A(int x) {a=x;}
};
struct B:A {                    //B 定义实基类 A
    B(int x):A(x) {}
};
struct C {
    C() {}
};
struct D:virtual A,C  {         //D 定义虚基类 A
    D(int x):A(x) {}
};
struct E:B,D,A {                //E 包含了实基类 A 和虚基类 A,B 也包含实基类 A
    E(int x):D::A(x),B(x+5),D(x+10),A(x+1) {}
};
int main()
{
    E e(2);
    //cout<<"a="<<e.a;          //访问 e.a 出现二义性
    cout<<"e.B::a="<<e.B::a<<endl;
    cout<<"e.D::a="<<e.D::a<<endl;
}
```

程序的输出如下所示。

```
e.B::a=7
e.D::a=2
```

在上述 E 的派生树中, E 没有直接虚基类, 只有来自 D 的间接虚基类 A。虚基类在所有基类之前构造, 且每个虚基类在同一棵派生树中只构造一次。因此, 在构造 E 时也必须先构造虚基类 D::A, 即使 E::E(int x)将 D::A(x)放在 D(x+10)之后。但是, 少数编译器会按照程序员指定的顺序初始化, 这将导致程序在不同的编译环境下不可移植。

虚基类具有比普通基类高的构造优先级。在虚基类 D::A 用 D::A(x)构造之后, 基类 D 就不能而且也不会再次构造其虚基类 A。在主函数 main()中, 对象 e(2)以 D::A(2)构造虚基类 A, 以 D(12)构造普通基类 D。若基类 D 再次构造虚基类 A，则基类 D 必然以 A(12)构造 A，即 e.D::a 的值必然等于 12。从输出结果来看，D 并没有再次构造 A。

为解决 e.a 产生的二义性访问问题，要么将 E 的基类 B 说明为对象成员，要么将 B 的基类 A 说明为虚基类，或者保持现状并使用 B::a 和 D::a 访问。若将 B 的基类 A 也说明为虚基类，则 e.B::a 及 e.D::a 都表示虚基类 A 的成员 a。使用 e.a 访问会产生二义性问题，可用 e.A::a、e.B::a 或 e.D::a 消除二义性。

只要有一个基类或者虚基类的构造函数都是带参的，则派生类就必须自定义构造函数。此外，一个类如果声明了没有默认值的 const 成员、引用成员，或者它的对象成员的所有构造函数均带参数，或者它声明了私有或保护实例数据成员又希望能用任意值初始化，则这个有名类也必须自定义构造函数。

## 9.3　派生类成员

多继承派生类继承了多个基类或虚基类的成员，因此成员同名和二义性访问的可能性更大。一方面，派生类成员可能与基类或虚基类继承后的成员同名；另一方面，基类或虚基类继承到派生类后的成员之间也可能出现同名。

### 9.3.1　无虚基类时的成员同名

当多个数据成员或函数成员的名称相同时，除了可以根据作用域大小确定访问的优先级外，还可以用作用域运算符限定要访问的成员。

【例 9.4】　多继承派生类的成员同名问题。

```
struct A {
    int a,b,c,d;
};
struct B {
    int b,c;
protected:
    int e;
};
class C:public A,public B {
    int a;
public:
    int b;                //派生类自己的成员 b 的作用域比 A::b 和 B::b 的小，被访问的优先级更高
    using B::e;           //B::e 继承到类 C 后，访问权限指定为 public，C 不能再声明派生类数据成员 e
    int f(int c);
};
int C::f(int c)
{
    int i=a;              //访问 C::a，其优先级高于 A::a
    i=A::a;               //限定名访问 A::a
    i=b+c;                //访问 C::b 和函数参数 c
    i=A::b+B::b;          //限定名访问 A::b 和 B::b
    return A::c;          //限定名访问数据成员 A::c
```

```
}
int main()
{
    C x;
    int i=x.A::a;
    i=x.b;                    //访问 C::b, 派生类自己成员的访问优先级高于基类 A::b 和 B::b 的
    i=x.A::b+x.B::b;
    i=x.A::c;
    return i;
}
```

在例 9.4 中, 基类 A 和 B 有两个同名的数据成员 b、c。派生类 C 继承了基类 A 和 B 的所有成员, 并声明了自己的数据成员 a、b 和定义了自己的函数成员 f。因此, 在访问 C 的成员 b、c 时很可能产生二义性问题。派生类 C 的成员及其相应访问权限如下。

```
private:
    int C::a;
public:
    int A::a,A::b,A::c,A::d;
    int B::b,B::c,B::e;
    int C::b,C::f();
```

## 9.3.2　有虚基类时的成员同名

在具有虚基类和基类的多继承派生类中, 如果虚基类和基类的成员同名, 根据面向对象的作用域规则, 优先访问的是基类的数据成员和函数成员。如果派生类由两个直接基类派生, 并且它们都声明了在派生后可被访问的同名成员, 那么当通过派生类对象或函数成员访问时, 访问到同名成员会导致二义性错误。

【例 9.5】　访问多继承派生类函数成员的优先次序。

```
#include <iostream>
using namespace std;
struct A {
    int x=1;
    int y=2;
    void f() {cout<<"A\n";};
};
struct B:virtual A {          //等价于 struct B:virtual public A: A 是 B 的父类
    void f() {cout<<"B\n";};
};
struct C:B {                  //等价于 struct C:public B: B 和 C 满足父子类关系
    int x=3;
};
struct D:C,virtual A{};        //C、A 均是 D 的父类, 可得 B 是 D 的父类: 传递性
int main()
{
    D d;
    B* pb=&d;                 //B 和 D 构成了父子类关系: 无须进行强制类型转换
```

```
    D* pd=&d;
    int m=pd->x;        //优先访问C::x而非A::x，故m=3。struct D:virtual A,C{}的结果也一样
    m=pd->y;            //只能访问唯一的A::y，故m=2
    pb->f();            //调用B::f()
    pd->f();            //优先调用B::f()，而非A::f()
}
```

程序的输出如下所示。

```
B
B
```

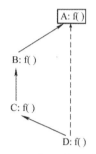

图9.3　类D的派生树

在上述程序中，C的基类B定义了函数成员void f()，虚基类A也定义了函数成员void f()，派生类D继承了C和A的两个非虚函数成员void f()，但是，pd->f()调用的是基类C继承的非虚函数成员void f()，即虚基类的函数成员的访问优先级更低。若将程序中所有的void f()改为虚函数，或者将类D的声明改为struct D:virtual A，C {}，则pd->f()总是优先调用基类C继承的函数成员B::f()。

类D的派生树如图9.3所示，其中带方框的基类表示虚基类，类C继承了类B的函数成员B::f()。类A是类D的虚基类，类C是类D的直接基类，为何pd->f()调用B::f()而不调用A::f()呢？根据面向对象的作用域规则，如果虚基类和基类的数据成员或函数成员同名，则优先访问的是基类的数据成员或函数成员。

## 9.4　单重及多重继承的构造与析构

在多继承派生的情况下，尤其是当类的继承关系比较复杂时，类的构造与析构顺序更难把握。但是，构造与析构顺序对于理解对象的行为至关重要。本节仅讨论单继承与多继承派生类构造函数的执行顺序，析构函数的执行顺序正好与构造函数的执行顺序相反。当虚基类、基类和对象成员必须用实参调用其构造函数初始化时，派生类必须自定义构造函数。

### 9.4.1　单继承的构造与析构

对于派生类的虚基类、基类、对象成员、const成员和引用成员等，如果它们没有定义自己的构造函数，则编译程序可以为它们生成无参构造函数。如果它们没有在派生类构造函数初始化位置明显地构造，那么会在执行派生类的构造函数时，按照它们的优先级和定义顺序自动调用它们的无参构造函数。少数编译器按照程序员的指定顺序调用构造函数和初始化。

派生类对象的构造是一个递归过程：①按定义顺序自左至右、自下而上地构造所碰到的虚基类；②按定义顺序构造派生类的所有直接基类；③按声明顺序构造或者初始化派生类的所有实例数据成员，包括对象成员、const成员和引用成员等；④执行派生类自己定义的构造函数体。对于虚基类、基类、对象成员、const成员和引用成员等，如果它们又是某个派生类类型的对象，则重复上述派生类对象的构造过程，但同名的虚基类在同一棵派生树中仅构造一次。

【例9.6】　多继承派生类的构造过程。

```cpp
#include <iostream>
using namespace std;
struct A {
    A() {cout<<'A';}
    ~A() {cout<<'a';}
};
struct B {
    B() {cout<<'B';}
    ~B() {cout<<'b';}
};
struct C {
    int a;
    int& b;
    const char c;
    C(char d):c(tolower(d)),b(a) {a=d;cout<<d;}
    ~C() {cout<<c;}
};
struct D {
    D() {cout<<'D';}
    ~D() {cout<<'d';}
};
struct E:A,virtual B,C,virtual D {
    A x,y;
    B z;
    E():z(),y(),C('C')        //A、B 的构造函数无参,C 的构造函数带参数
    {
        cout<<'E';
    }
    ~E() {cout<<'e';}
};
int main() {E e;}
```

程序的输出如下所示。

```
BDACAABEebaacadb
```

在上述构造函数 E() 的参数表后面,调用无参构造函数的基类 A、B、D 和对象成员 x 可以省略,已列出的调用无参构造函数的对象成员 y、z 也可以省略,E() 照样会按照基类和对象成员的优先级及定义顺序调用上述所涉及的所有无参构造函数初始化基类和对象成员。

类 E 由 4 个基类 A、B、C、D 构成,其中类 B 和 D 是虚基类,类 C 和 E 含有 const 成员、引用成员及对象成员。类 E 的派生图如图 9.4 所示,其中带方框的基类表示虚基类,"{}" 括起的是聚合的 3 个对象成员 x、y、z。

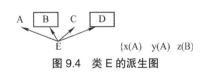

图 9.4　类 E 的派生图

类 E 的派生图有 4 棵派生树,树根分别为 E 和聚合的 x、y 和 z。根据派生类的构造顺序,"E e;" 定义的对象 e 的构造过程如下。

(1)依次构造 e 的虚基类 B 和 D。B 和 D 不再是派生类,也没有 const 成员、引用成员及对象成

员，执行 B、D 的构造函数输出 B、D。

（2）依次构造 e 的直接基类 A、C。A 和 C 不再是派生类，C 有 const 成员和引用成员，这些成员的初始化不产生输出，执行 A、C 的构造函数输出 A、C。

（3）依次构造 e 的对象成员 x、y 和 z，它们的构造函数依次输出 A、A、B。

（4）执行 e 自己的构造函数输出 E。

注意，由程序的输出可知，析构过程是构造过程的逆序。

### 9.4.2 多继承的构造与析构

多继承类的
构造顺序

下面再举一个比较复杂的例子，派生类中包含了虚基类、基类及对象成员，并出现了多级派生。

【例 9.7】 多继承派生类的构造过程。

```
#include <iostream>
using namespace std;
struct A {A() {cout<<'A';}};
struct B {
    const A a;
    B() {cout<<'B';}
};
struct C:virtual A {C() {cout<<'C';}};
struct D {D() {cout<<'D';}};
struct E:A{E() {cout<<'E';}};
struct F:B,virtual C{F() {cout<<'F';}};
struct G:B{G() {cout << 'G';}};
struct H:virtual C,virtual D {H() {cout<<'H';}};
struct I:E,F,virtual G,H {
    E e;
    F f;
    I() {cout<<'I';}
};
int main() {I i;}
```

程序的输出如下所示。

ACABGDAEABFHAEACABFI

在例 9.7 中，当派生图由多棵派生树构成时，每棵派生树中的同名虚基类仅构造一次。根为 I 的同一棵派生树有两个同名的虚基类 C，因而合并后同名虚基类 C 的物理对象仅构造一次；根为对象成员 e 的派生树没有虚基类；根为对象成员 f 的派生树有一个虚基类 C，这个虚基类 C 不能和树 I 中的虚基类 C 合并，因为它们分别属于根 f 和根 I 两棵不同的派生树。

对象 i 的派生图如图 9.5 所示。其中，方框中的基类表示虚基类，"{}"中的成员为对象成员。对象 i 的派生图有 6 棵派生树，树根分别为 I、a(类 A)、a(类 A)、a(类 A)、e(类 E)和 f(类 F)，派生树 I 中的同名虚基类 C 被合并。多继承派生类 I 的对象 i 构造过程如下。

（1）按自左至右、自下而上的顺序扫描树 I 的各个分枝，依次构造首次碰到的虚基类 C、G 和 D。

C 是一个派生类，需递归执行步骤（1）～（4），于是执行其虚基类 A 的构造函数输出 A，然后执行 C 的构造函数输出 C；G 也是一个派生类，需递归执行步骤（1）～（4），故构造 G 时必先构造其基类 B，而构造 B 时必先构造其对象成员 a，故构造类 G 的输出为 ABG；D 不是派生类，其数据成员也不调用构造函数，故直接执行它的构造函数输出 D。因此，构造类 I 的虚基类 C、G 和 D 的输出为 ACABGD。

（2）按自左至右的顺序依次构造 I 的直接基类 E、F、H。E 是一个派生类，需递归执行步骤（1）～（4），于是在构造 E 时必先构造其基类 A，故构造类 E 的输出为 AE；F 也是一个派生类，需递归执行步骤（1）～（4），由于其虚基类 C 已构造好，同一棵派生树不需要重复构造，故只需构造其基类 B，而构造 B 时必先构造其对象成员 a，故构造类 F 的输出为 ABF；派生类 H 的虚基类已全部构造，同一棵派生树不再重复执行构造函数，仅需执行 H 的构造函数，故构造类 H 的输出为 H。因此，构造类 I 的直接基类的输出为 AEABFH。

（3）按声明顺序依次构造 I 的对象成员 e、f。e、f 都是派生类对象，递归执行步骤（1）～（4）可得构造对象成员 e 输出 AE，构造对象成员 f 输出 ACABF。因此，构造对象成员 e、f 的输出为 AEACABF。

（4）最后执行类 I 自己的构造函数体输出 I。

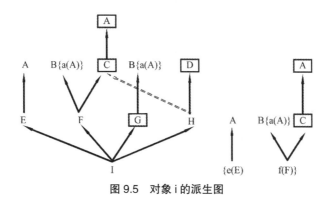

图 9.5　对象 i 的派生图

因此，构造对象 i 时按上述 4 个步骤初始化，总输出为 ACABGDAEABFHAEACABFI。

## 9.5　多继承类的内存布局

在派生类对象分配的内存中，多个同名虚基类共用一个内存副本，因此，当构造派生类对象时，对于多个同名虚基类共享的内存副本，只应初始化该共享内存副本一次，即多个同名虚基类仅执行一次构造函数；同理，当析构派生类对象时，对于多个同名虚基类共享的内存副本，只应该也仅能够执行一次析构函数。总之，在同一棵派生树中，在多个同名虚基类继承的过程中，派生类对象不会为每个同名虚基类分配内存，其构造函数和析构函数也仅能执行一次。

### 9.5.1　无虚基类时的内存布局

在派生类没有虚基类的情况下，计算派生类的内存比较容易。对于每个定义虚函数的基类，每个基类都会建立自己的虚函数入口地址表，都会在作为派生类继承的一部分内存的基类中，分配各自的虚函数入口地址表首址存储单元。派生类在初始化完毕所有的基类后，会提取派生类自己的虚函数入口地址表首址，更新所有基类的虚函数入口地址表首址存储单元。

【例 9.8】 没有虚基类的多继承派生类建立内存的过程。

```cpp
#include <iostream>
using namespace std;
class A {
    int a;
public:
    virtual void f1() {};        //类A有虚函数
} m;                             //全局对象m: m.a=0
class B {
    int b,c;
public:
    virtual void f2() {};        //类B有虚函数
}n;                              //全局对象n: n.a=0
class C {
    int d;
public:
    void f3() {};                //类C没有定义虚函数
}c;
class D:A,B,C {                  //类D继承且自定义有虚函数
    int e;
public:
    virtual void f4() {};
}d;
class E:C,A,B {                  //类E继承且自定义有虚函数
    int f;
public:
    virtual void f5() {};
};
int main() {
    A a;                         //局部对象a: a.a的值为随机值，编译自动生成的A::A()只维护多态
    B b{};                       //局部对象b: 初始化所有实例数据成员为0，且B::B()同上维护多态
    cout<<"sizeof(int)="<<sizeof(int)<<"\n";
    cout<<"sizeof(anypointer)="<<sizeof(void*)<<"\n";
    cout<<"sizeof(A)="<<sizeof a<<"\n";
    cout<<"sizeof(B)="<<sizeof b<<"\n";
    cout<<"sizeof(C)="<<sizeof c<<"\n";
    cout<<"sizeof(D)="<<sizeof d<<"\n";
    cout<<"sizeof(E)="<<sizeof(E)<<"\n";
}
```

在 VS2019 采用 x86 模式编译时，程序的输出结果如下所示。

```
sizeof(int)=4
sizeof(anypointer)=4
sizeof(A)=8
sizeof(B)=12
```

```
sizeof(C)=4
sizeof(D)=28
sizeof(E)=28
```

例 9.8 定义了派生类 D、E，派生类 D 的第一个基类有虚函数，而派生类 E 的第一个基类没有虚函数。在派生类 D 中，为基类 A、B 分别分配虚函数入口地址表首址存储单元。在初始化基类 A、B 的过程中，将基类虚函数入口地址表首址分别存入相应单元；当基类 A、B 初始化完毕，在开始执行派生类 D 的构造函数之前，将 D 的虚函数入口地址表首址存入上述存储单元。

同理，派生类 E 将为基类 A、B 分别分配虚函数地址表首址存储单元。在初始化基类 A、B 的过程中，将基类虚函数入口地址表首址分别存入相应的单元；当基类 A、B 初始化完毕，在开始执行派生类 E 的构造函数之前，将 E 的虚函数入口地址表首址存入上述存储单元。派生类 D、E 的内存示意图如图 9.6 所示。

图 9.6　派生类 D、E 的内存示意图

## 9.5.2　有虚基类时的内存布局

在派生类有虚基类的情况下，虚基类的内存建于派生类的尾部，虚基类的内存按虚基类的定义顺序建立，并且同一棵派生树重复出现的虚基类只建立一次。每个基类或者虚基类若定义有虚函数，则它们都会建立自己的虚函数地址表首址。派生类建立内存的顺序如下。

（1）若派生类有继承或自定义的虚函数，则按定义顺序检查派生类的每个直接基类，若直接基类有继承或自定义的虚函数，则派生类分配并共享该直接基类的虚函数地址表首址，并为该直接基类分配内存，继续处理后续直接基类，直到遇到派生类的类体 "{"。若派生类的所有直接基类都没有继承或自定义虚函数，则为派生类单独分配虚函数地址表首址。

（2）依次扫描派生类在步骤（1）没有分配内存的直接基类以及所有可能的虚基类，如果遇到的是直接基类，则为其分配内存；如果遇到的是间接或直接虚基类，且派生类从未生成虚基类偏移表首址，则为该派生类生成其虚基类偏移表首址，对此后该派生类遇到的所有同名虚基类，派生类不再为它们生成虚基类偏移表首址。

（3）对于派生类自己声明的实例数据成员，依次为它们分配相应的内存。

（4）对于派生类所有间接或直接虚基类，按出现顺序依次为虚基类分配内存，但同一棵派生树出现的重复的虚基类不再分配内存。

（5）如果直接基类、虚基类、实例数据成员的类型又是派生类，则按照步骤（1）～（4）递归执行。

【例 9.9】　含有虚基类的多继承派生类的内存布局。

```
#include <iostream>
using namespace std;
struct A {virtual void fa() {};};
```

```
struct B {
    int b=2;
    void fb() {b=200;};
};
struct C {virtual void fc() {};};
struct D:virtual B {virtual void fd() {};};
struct E:virtual A {
    int e=5;
    virtual void fe() {};
};
struct F:virtual A,virtual B {
    int f=6;
    void ff() {};
};
struct G:B,virtual A {
    int g=7;
    virtual void fg() {};
};
struct H:A,virtual B,virtual C {
    int h=8;
    void ff() {};
};
struct I:A,virtual B,virtual C,D {
    int i=9;
    virtual void fg() {};
};
struct J:virtual D,B,virtual C,A {
    int j=10;
    virtual void fk() {};
};
int  main()
{
    cout<<"sizeof(pointer)="<<sizeof(void*)<<"\n";
    cout<<"sizeof(A)="<<sizeof(A)<<"\n";
    cout<<"sizeof(B)="<<sizeof(B)<<"\n";
    cout<<"sizeof(C)="<<sizeof(C)<<"\n";
    cout<<"sizeof(D)="<<sizeof(D)<<"\n";
    cout<<"sizeof(E)="<<sizeof(E)<<"\n";
    cout<<"sizeof(F)="<<sizeof(F)<<"\n";
    cout<<"sizeof(G)="<<sizeof(G)<<"\n";
    cout<<"sizeof(H)="<<sizeof(H)<<"\n";
    cout<<"sizeof(I)="<<sizeof(I)<<"\n";
    cout<<"sizeof(J)="<<sizeof(J)<<"\n";
    J j;
    int x=j.B::b;    //直接基类B::b,优先访问直接基类：参见面向对象作用域
    x=((D&)j).b;     //访问虚基类D继承的B::b,也可用x=j.D::b和x=((D)j).b取值
    ((D&)j).b=33;    //((D&)j为传统左值,等于j.D::b=33。但((D)j).b=33非法,转换后(D)j是传统右值
    j.fa();          //等价于j.A::fa();
    j.B::fb();       //优先访问直接基类B::fb:参见面向对象作用域
    ((D&)j).fb();    //调用D的B::fb()修改j的成员。((D)j).fb()不修改：因为(D)j为传统右值
    j.fc();          //等价于j.C::fc();
```

```
    j.fd();              //等价于j.D::fd();
}
```

当 sizeof(int)=4 时，程序的输出如下所示。

```
sizeof(pointer)=4
sizeof(A)=4
sizeof(B)=4
sizeof(C)=4
sizeof(D)=12
sizeof(E)=16
sizeof(F)=16
sizeof(G)=20
sizeof(H)=20
sizeof(I)=24
sizeof(J)=32
```

例 9.9 定义了派生类 D、E、F、G、H、I 和 J，它们都有虚基类，其中 F、H 没有自定义虚函数。派生类 D、E、F、G、H、I 和 J 的内存布局如图 9.7 所示。当对派生类对象调用构造函数进行初始化时，在所有直接基类或虚基类的构造函数执行完毕前，这些基类的虚函数地址表首址为基类自有的虚函数地址表首址。在进入派生类的构造函数体时，这些基类的虚函数地址表首址更新为派生类的虚函数地址表首址。memset 置对象 0 会破坏虚函数地址表首址及虚基类偏移表首址。

图 9.7 的内存布局是 VS2019 采用 x86 编译模式的编译结果，不同的硬件、操作系统、编译环境得到的内存布局可能不一样。其中，有"…表首址"的存储单元都相当于一个指针，它们要指向虚函数地址表或虚基类的唯一保留副本。随着 64 位计算机的普及，long long 类型和指针类型都可能用 8 个字节存储。需要注意的是，静态数据成员不会出现在类的内存布局中，所有的函数成员的代码也不会出现在其中。

图 9.7　派生类 D、E、F、G、H、I 和 J 的内存布局

# 练习题

【题 9.1】什么是多继承派生类？

【题 9.2】什么是虚基类？为什么要引入虚基类？

【题 9.3】当继承后派生类中的成员出现同名时，应如何解决同名成员的二义性访问问题？

【题 9.4】派生类在什么情况下必须自定义构造函数？在什么情况下必须自定义析构函数？

【题 9.5】派生类构造函数执行的优先级如何划分？

【题 9.6】派生类析构函数执行的优先级如何划分？

【题 9.7】当一个类包含虚基类时，如何在派生类中存储该虚基类？

【题 9.8】定义以下两个类。

```cpp
class fruit {
public:
    virtual char *identify() {return (char*)"fruit";}
};
class tree {
public:
    virtual char *identify() {return (char*) "tree";}
};
```

请派生出一些既是 fruit 又是 tree 的类及其派生类。例如以下的 apple 类。

```cpp
class apple:public fruit,public tree {
    //…
}
```

为每个派生类定义一个函数成员 identify，该函数成员显示自己的类名，并显示类由哪些基类派生。例如，apple 类的函数成员显示如下信息。

```
(apple:fruit,tree)
```

苹果梨 apple_pear 类的函数成员显示如下信息。

```
(apple_pear:(apple:fruit,tree),(pear:fruit,tree))
```

【题 9.9】指出如下各类可访问的成员及其成员的访问权限。

```cpp
class A {
    int a;
protected:
    int b,c;
public:
    int d,e;
    ~A();
};
class B:protected A {
    int a;
protected:
    int b,f;
public:
    int e,g;
```

```
        A::d;
};
class C:A {
    int a;
protected:
    int b,f;
public:
    int e,g;
    using A::d;
};
struct D:B,C{
    int a;
protected:
    int b,f;
public:
    int e,g;
};
```

【题 9.10】指出如下程序中 main() 的每行语句的输出结果。

```
#include <iostream>
using namespace std;
struct A{A() {cout<<'A';}};
struct B{B() {cout<<'B';}};
struct C:A{C() {cout<<'C';}};
struct D:A,B{D() {cout<<'D';}};
struct E:A,B,virtual C {
    D d;
    E() {cout<<'E';}
};
struct F:A,virtual B,virtual C,D,E {
    C c,d;
    E e;
    F() {cout<<'F';}
};
int main()
{
    A a;cout<<'\n';
    B b;cout<<'\n';
    C c;cout<<'\n';
    D d;cout<<'\n';
    E e;cout<<'\n';
    F f;cout<<'\n';
}
```

【题 9.11】定义一个圆类 Circle 和一个三角形类 Triangle，Circle 类的数据成员包括圆心坐标（x,y）及其半径 r；Triangle 类的数据成员包括外心坐标（x,y）及其三个顶点坐标（x1,y1）、（x2,y2）、（x3,y3）。Circle 和 Triangle 都有构造函数、析构函数和绘图函数 draw()。从三角形类派生出圆内接三角形类 TriangleInCircle，将 Circle c 作为 TriangleInCircle 的对象成员，定义圆内接三角形类的数据成员和函数成员 draw()。

【题 9.12】栈是一种先进后出的数据结构，定义一个栈类 STACK，用于存放整型元素。试对栈类中的所有函数成员编程，并编写 main()函数测试栈的有关操作。

```
class STACK {
    int *const elems;                              //申请内存用于存放栈的元素
    const int max;                                 //栈能存放的最大元素个数
    int pos;                                       //栈实际已有元素个数，栈空时 pos=0；
public:
    STACK(int m);                                  //初始化栈：栈最多存放 m 个元素
    STACK(const STACK& s);                         //用栈 s 深拷贝构造新栈
    STACK(STACK&& s);                              //用栈 s 浅拷贝移动构造新栈
    virtual int size()const;                       //返回栈的最大元素个数 max
    virtual int howMany()const;                    //返回栈的实际元素个数 pos
    virtual int getElem(int x)const;               //取下标为 x 的栈元素，x>=0
    virtual STACK& push(int e);                    //将 e 入栈，并返回原栈
    virtual STACK& pop(int& e);                    //出栈到 e，并返回原栈
    virtual STACK& assign(const STACK& s);         //深拷贝赋 s 给栈，返回被赋原栈
    virtual STACK& assign(STACK&& s);              //浅拷贝移动赋 s 给栈，返回被赋原栈
    virtual void print()const;                     //自顶至底输出栈元素
    virtual ~STACK();                              //销毁栈
};
```

【题 9.13】可以用两个栈 STACK 模拟一个队列 QUEUE。试定义如下类中的所有函数成员，并编写 main()函数测试队列的有关操作。试问能否将两个栈都作为 QUEUE 的基类？

```
class QUEUE: public STACK {
    STACK s;
public:
    QUEUE(int m);                                  //每个栈最多存放 m 个元素，要求队列最多能存入 2m 个元素
    QUEUE(const QUEUE&q);                          //用队列 q 深拷贝构造新队列
    QUEUE(QUEUE&& q);                              //浅拷贝移动构造新队列
    virtual int howMany() const;                   //返回队列的实际元素个数
    virtual int full() const;                      //若队列已满，则返回 1，否则返回 0
    virtual int getElem(int x)const;               //自队首取下标为 x 的元素，x>=0
    virtual QUEUE& push(int e);                    //将 e 存入队列，并返回原队列
    virtual QUEUE& pop(int &e);                    //出队列到 e，并返回原队列
    virtual QUEUE&assign(const QUEUE&q);           //深拷贝赋 q 给被返回的原队列
    virtual QUEUE &assign(QUEUE &&q);              //浅拷贝移动赋 q 给被返回的原队列
    virtual void print()const;                     //自首至尾输出队列元素
    virtual ~QUEUE();                              //销毁队列
};
```

# 第 10 章
# 异常与断言

异常是一种意外破坏程序的正常处理流程、由硬件或者软件触发的事件；断言则是通过检测表达式的值来确定程序是否继续执行的函数。异常处理可以将错误处理流程同正常业务处理流程分离，从而使程序的正常业务处理流程更加清晰顺畅、异常发生后自动析构调用链中的所有对象，这也降低了程序内存泄漏的风险。

## 10.1 异常处理

C 语言和 C++均提供了异常处理功能。C 语言只能处理 unsigned 类型的异常，C++则可以处理各种类型的异常，包括自定义的和继承的类类型的异常，以及 Lambda 表达式和函数类型的异常。C++提供了面向对象的异常处理功能，本节介绍 C++面向对象的异常处理机制。

异常

### 10.1.1 抛出与捕获

异常既可以由硬件引发，又可以由软件引发。由硬件引发的异常通常通过中断服务进程产生，如算术运算溢出和除数为 0 所产生的异常；由软件引发的异常用 throw 语句抛出，操作系统和应用程序都可能引发异常。

当程序引发一个异常时，会在引发点建立一个描述异常的对象，之后控制被转移到该异常的处理过程，在引发点建立的对象将传递给异常处理过程的参数。在引发异常之前，可以先声明一个类类型，用于描述异常发生时的现场及错误信息，以便异常处理过程在捕获和处理异常时获得足够的信息。

通常使用 throw 引发异常，并使用 catch 捕获异常。引发异常后，首先在引发异常的函数内部寻找异常处理过程，如果函数内没有找到异常处理过程，则在调用该函数的函数内部继续寻找，就这样一直找到顶层调用者 main()。如果 main()也没有异常处理过程，则由 C++的监控系统处理异常，监控系统通常会终止当前应用程序。

【例 10.1】 定义类 VECTOR 并处理下标越界等异常。

```
#include <iostream>
using namespace std;
class VECTOR
```

```
{
    int* data;                 //用于存储向量元素
    int size;                  //向量的最大元素个数
public:
    VECTOR(int n);             //构造最多存储 n 个元素的向量
    int& getData(int i);       //取下标所在位置的向量元素
    ~VECTOR() {if (data) {delete[]data;data=nullptr;}};
};
class INDEX {                  //定义异常的类型
    int index;                 //异常发生时的下标值
public:
    INDEX(int i) {index=i;}
    int getIndex() const {return index;}
};
VECTOR::VECTOR(int n)
{
    if (!(data=new int[size=n]))    //如果分配内存失败，则抛出异常
        throw(INDEX(0));            //抛出一个异常对象
};
int& VECTOR::getData(int i)
{
    if (i<0||i>=size)          //如果下标越界，则抛出异常
        throw INDEX(i);        //若抛出&VECTOR::getData，则用 catch(int&(VECTOR::*p)(int))
    return data[i];
};
int main()
{
    VECTOR v(100);                 //定义向量最多存放 100 个元素
    try {
        v.getData(101)=30;         //调用 int & getData (int i)发生下标越界异常
    }
    catch (const INDEX & r){       //捕获 INDEX 及其子类类型的异常
        int i=r.getIndex();
        switch (i) {
            case 0:cout<<"Insufficient memory!\n";break;
            default:cout<<"Bad index is"<<i<<"\n";
        }
    }                              //C++的异常处理没有 finally 部分
    cout<<"I will return\n";
}
```

程序的输出如下所示。

```
Bad index is 101
I will return
```

类 INDEX 用于处理下标越界或内存不足等异常，只有当出现异常时才产生该类对象。位于 try{...} 中的语句可以引发多种类型的异常，因此，try{...}之后可以定义多种类型的异常处理过程，但程序至多执行其中一个异常处理过程。在相应的异常处理过程执行完毕之后，紧随其后的异常处理过程都将被忽略，程序将继续执行这些异常处理过程之后的语句。

## 10.1.2　异常的传播

异常处理过程在处理完异常之后，还可以执行没有操作数的 throw 语句，它将继续传播该类型的异常，没有操作数的 throw 语句只能在 catch 中执行。注意，有操作数的 throw 语句只应在 try{…}中发出，当然 catch 的{…}中也能 throw 一个新异常。无论 throw 语句是否包含有操作数，throw 语句之后的所有语句都会被忽略，直到遇到与形参类型匹配的异常处理过程。

异常处理过程用关键字 catch 定义。异常处理过程必须声明且只能声明一个参数，该参数必须是省略参数或者是类型确定的参数。因此，异常处理过程不能声明 void 类型的参数，但是可以声明 const volatile void*const volatile&类型的参数，这样的参数可捕获任何指针类型的异常。一般使用 const volatile void*const volatile 或 const volatile void* 即可，并注意指针是否指向 new 等分配的内存，若是，则应该在异常处理完毕后释放内存。此外，C++的异常处理没有 finally 部分。

【例 10.2】　使用没有操作数的 throw 语句的方法。

```
#include <iostream>
#include <vector.h>          //前例 VECTOR 类的头文件
using namespace std;
void func(VECTOR& s)
{
    try {
        s.getData(101)=30;   //下标越界将产生异常
    }
    catch (const INDEX &r) {
        cout<<"Bad index is"<<r.getIndex()<<"\n";
        throw;               //没有操作数的 throw 继续传播异常，跳过该函数后面的所有 catch
    }
    catch (…) {              //因异常被前一处理过程捕获，本过程可捕获任何异常，但没有捕获机会
        cout<<"Any exception\n";
    }
    cout<<"Done\n";          //因继续传播异常，所以本语句没有执行机会
}
int main()
{
    VECTOR v(100);
    try {
        func(v);             //调用 func(v)将产生 INDEX 异常
    }
    catch (const INDEX & r) {
        switch (r.getIndex()) {
        case 0:cout<<"Insufficient memory!\n";break;
        default:cout<<"Vector has bad index\n";
        }
    }
}
```

程序的输出如下所示。

```
Bad index is 101
Vector has bad index
```

在上述程序中，无论函数调用嵌套多少层新的函数调用，都可能将异常传播给程序的主函数。如果主函数没有捕获之前产生的异常，或者捕获到了但又继续传播原有异常，或者抛出了自己不处理的异常，操作系统都将中断当前应用程序的执行。

## 10.2 捕获顺序

try 可能引发多种类型的异常，每种异常都定义了相应的处理过程。异常发生后，可以首先产生一个描述异常现场和错误的异常对象，然后使用关键字 throw 将其抛出以供异常处理过程捕获，异常处理过程按定义顺序依次匹配异常对象和异常处理过程形参。先声明的异常处理过程将先得到匹配和捕获的机会，因此，可将需要先匹配的异常处理过程放在其他异常处理过程的前面。

异常捕获过程的摆放次序

如果基类 A 派生出派生类 B，并且 A 和 B 构成父子类关系，则 B 类异常对象也能被 catch(A)、catch(A&)、catch(const A)、catch(const A&)、catch(volatile A)、catch(volatile A&)、catch(const volatile A)、catch(const volatile A&)等捕获。catch 参数还可以是函数类型，但不能是 void 及&&说明的无址引用类型。

如果产生了一个 B 类异常对象，且 catch(const A&)过程在 catch(const B&)过程之前，则 catch(const A&)过程将捕获子类异常对象，从而使 catch(const B&)过程没有捕获机会，而后者才是最合适的异常处理过程。同样，catch(volatile B&)、catch(const volatile B&)等过程也没有捕获机会。

一般情况下，捕获子类异常的处理过程应放在捕获父类异常的处理过程之前。例如，对于父类 A 及其子类 B 的异常对象，catch(const B&)应该放在 catch(const A&)之前。另外，catch(const volatile void* const volatile&)可以捕获任何指针类型的异常，catch(…)可以捕获任何类型（包括指针类型）的异常，因此 catch(…)应放在所有异常处理过程之后。

必须注意的是，catch 不能捕获&&类型的无址引用异常。这是因为 catch 链是一个由内层作用域向外层作用域传播或转移的过程，异常引发点生成的临时对象通常会在内层作用域析构，在使用移动构造函数构造或初始化 catch 的形参后，被&&参数引用的临时对象实际上已经不存在了，这会给程序带来极大的安全隐患。因此，C++不允许 catch 捕获&&引用的临时异常对象。

【例 10.3】 定义 VECTOR 的 INDEX 和 SHORTAGE 异常处理过程。

```
#include <stdio.h>
class VECTOR
{
    int* data;
    int size;
public:
    VECTOR(int n);
    int& getData(int i);        //取下标所在位置的向量元素
    ~VECTOR() {delete[]data;};
} v(100);
class INDEX {
    int index;
public:
```

```
        INDEX(int i) {index=i;}
        int getIndex()const {return index;}
};
struct SHORTAGE:INDEX {          //INDEX 是 SHORTAGE 的父类，SHORTAGE 为子类
        SHORTAGE(int i) try:INDEX(i){} catch (...) {} //用 try 初始化基类及定义构造函数体
        using INDEX::getIndex;
};
VECTOR::VECTOR(int n)
{
        if (!(data=new int[size=n])) throw SHORTAGE(0);
};
int& VECTOR::getData(int i)
{
        if ((i<0)||(i>=size)) throw INDEX(i);
        return data[i];
};
int main()
try {v.getData(101)=30;}         //可用 try 定义 main 的函数体
catch (const SHORTAGE&) {
        printf("SHORTAGE:Shortage of memory!\n");
}
catch (const INDEX & r) {
        printf("INDEX:Bad index is %d\n",r.getIndex());
}
catch (...) {
        printf("ANY:any error caught!\n");
}
```

例 10.3 定义了父类异常 INDEX 和子类异常 SHORTAGE，在 main()中，应将 catch(const SHORTAGE&)放在 catch(const INDEX&)的前面；否则，抛出的 SHORTAGE 异常对象都会被 catch(const INDEX&)过程捕获，catch(const SHORTAGE&)根本没有机会捕获该它捕获的 SHORTAGE 类型的异常对象。

处理"Ctrl+C"等组合键可用 SetConsoleCtrlHandler()设置处理函数。对于未经处理的异常或传播后未经处理的异常，VS2019 编译器的应用程序将调用 void unexpected()进行处理。一般情况下，unexpected()通过指向 abort()的指针调用 abort()终止应用程序。应用程序可以调用 set_unexpected()函数将指向 abort()的指针指向自定义的处理函数。

函数 set_unexpected()的原型为 void(*set_unexpected (void (*)()))()，该函数设置新处理函数来替代原有处理函数，然后返回一个指向原有处理函数的指针。注意，上述函数 unexpected()和 set_unexpected()随编译程序不同而不同，有的编译程序用 terminate()和 set_terminate()分别替代这两个函数。

## 10.3　函数的异常接口

为了使其他人能够方便了解某个函数可能引发的异常，可以在声明该函数时列出该函数可能引发的所有异常，这样的异常声明称为函数的异常接口声明。通过异常接口声明的异常都是由该函数引发、而其自身又不想捕获和处理的异常。

### 10.3.1　异常接口声明

异常接口声明的异常出现在函数的参数表后面，用 throw 列出函数将要引发的异常类型，异常类型可以是除 void 外的任何类型，甚至可以是 Lambda 表达式或函数等类型。例如，若函数 func(void) 要引发 A、B、C 类型的异常或其子类型的异常，可声明 func(void) 的异常接口如下。

```
void func(void) throw(A,B,C);
```

如果 func() 是一个类的函数成员，也可以声明如下类型的函数原型。

```
void func(void)const throw(A,B,C);          //const 必须紧跟函数显式参数表
```

该声明表示实例函数成员 func() 将引发 A、B、C 类型的异常或 A、B、C 类型的子类异常。除此之外，过程 func() 不应该引发其他类型的异常，否则，调用者可能不会处理其他类型的异常，从而导致应用程序因有异常未被处理而被终止。

```
void fun1(void) throw(A,B *,int (int)); //其中 int (int)是函数类型的异常
void fun2(void) throw(A,B(*),C (*)[8]); //等价于 void fun2(void) throw(A,B*,C (*)[10])
```

当函数没有定义异常接口时，该函数能够引发任何类型的异常。接口声明不是函数原型的一部分，因此不能作为函数是否重载的判定条件。若函数声明时有异常接口但定义时没有或者反之，则编译程序会报告函数未定义错误。可引发任何异常和不引发任何异常的函数声明如下。

```
void anycept(void) {};                      //可引发任何异常
void nonexcept(void) throw() {};            //不引发任何异常，等价于 throw(void)
void no_except(void) noexcept {};           //同上，不引发任何异常，等价于 throw(void)
```

关键字 throw 及其括号内的类型列表称为异常接口。关键字 noexcept 用于说明函数不引发任何异常，相当于使用 throw()定义异常接口，C++提倡使用 noexcept。不能像函数成员参数表后的 const 或 volatile 一样，通过是否有异常接口或 noexcept 来区分重载函数。

【例 10.4】　对数组 a 的若干相邻元素进行累加。

```
#include <iostream>
using namespace std;
//以下函数 sum()不会处理它发出的 const char *类型的异常
int sum(int a[],int t,int s,int c) throw (const char *)
{   //以下语句若发出 const char *类型的异常，则此后的语句不执行
    if (s<0||s>=t||s+c<0||s+c>t) throw "subscription overflow";
    int r=0,x=0;
    for (x=0;x<c;x++) r+=a[s+x];
    return r;
}
int main()
{
    int m[6]={1,2,3,4,5,6};
    int r=0;
    try{
        r=sum(m,6,3,4);                //发出异常后，try 中所有的剩余语句都不执行，直接到其 catch
        r=sum(m,6,1,3);                //不发出异常
    }
    //若以下 const 去掉，则不能捕获 const char *类型的异常：只读指针实参不能传递给可写指针形参 e
```

```
      catch(const char *e){ //还能捕获 char *相容类型的异常：可写指针实参可以传递给只读指针形参 e
        cout<<e;
      } //由于 throw 时未分配内存，故在 catch 中无须使用 delete e
}
```

异常接口声明不抛出任何异常的函数抛出的异常以及抛出的异常是异常接口未声明的异常，都称为不可预料的异常。如果没有任何地方捕获不可预料的异常，则由不可预料的异常处理过程 unexpected 处理，unexpected() 函数一般会调用 abort() 终止应用程序的执行。unexpected() 可以引发已经声明了的异常，或者引发一个 bad_exception 类型的异常。

### 10.3.2　noexcept 接口

C++ 的新版编译程序还允许函数模和模板实例函数定义异常接口，并且允许类模板及模板实例类的函数成员定义异常接口。当然，构造函数和析构函数也可以定义异常接口。关键字 noexcept 给编译程序提供了更大的优化空间，因此，鼓励使用 noexcept 定义移动构造函数和析构函数，因为它们不分配内存，所以也不会引起异常。

保留字 noexcept、throw()、throw(void) 可以出现在任何函数的参数表后面，如 constexpr、consteval 函数和 Lambda 表达式的参数表后面。但 throw( 除 void 外的类型参数 ) 不应出现在 constexpr 和 consteval 函数的参数表后面，因为如果 constexpr 和 consteval 函数抛出任何异常，编译程序就不能优化该函数的函数体，从而无法生成和计算常量表达式。

【例 10.5】　如何在类中定义 noexcept 异常接口。

```
#include <iostream>
using namespace std;
class STACK
{
    int* const elems;                      //申请内存用于存放栈的元素
    const int max;                         //栈能存放的最大元素个数
    int pos;                               //栈实际存放的元素个数，栈空时 pos=0;
public:
    STACK(int m);                          //初始化栈：最多存放 m 个元素
    STACK(const STACK& s);                 //用栈 s 深拷贝构造新栈
    STACK(STACK&& s)noexcept;              //用栈 s 浅拷贝移动构造新栈
    virtual int size() const noexcept;     //返回栈的最大元素个数 max
    virtual int gets() const noexcept;     //返回栈的实际元素个数 pos
    virtual int gete (int x)const;         //返回 x 指向的栈的元素
    virtual STACK& push(int e);            //将 e 入栈，并返回当前栈
    virtual STACK& pop(int& e);            //出栈到 e，并返回当前栈
    virtual void print() const noexcept;   //输出栈元素
    virtual ~STACK() noexcept;             //销毁栈
};
STACK::STACK(int m):elems(new int[m]),max(elems ? m:0),pos(0)
{
    if (elems==nullptr) throw "memory allocation failed!\n";
}
```

```
STACK::STACK(const STACK& s):elems(this==&s?throw"error":new int[s.max]),
    max(elems? s.max:pos=0)
{
    if (elems==nullptr) throw "memory allocation failed!";
    for (pos=0;pos<s.pos;pos++) *(elems+pos)=s.elems[pos];
}
STACK::STACK(STACK&& s)noexcept:elems(s.elems),max(s.max),pos(s.pos)
{
    *(int**)&s.elems=nullptr;              //等价于(int*&)s.elems=nullptr;
    *(int*)&s.max=s.pos=0;                 //等价于(int&) s.max=s.pos=0;
}
int STACK::size() const noexcept {return max;}
int STACK::gets() const noexcept {return pos;}
int STACK::gete (int x)const               //返回x指向的栈的元素
{
    if (x<0||x>=pos) throw "subscription overflowed!\n";
    return elems[x];
}
STACK& STACK::push(int e)
{
    if (elems==nullptr) throw "stack is illegal!\n";
    if (pos==max) throw "stack is full!\n";
    elems[pos++]=e;
    return *this;                          //返回时引用*this引用的对象
}
STACK& STACK::pop(int& e)
{
    if (elems==nullptr) throw "stack is illegal\n";
    if (pos==0) throw "stack is empty\n";
    e=elems[--pos];
    return *this;
}
void STACK::print() const noexcept
{
    if (elems==0) return;
    for (int x=0;x<pos;x++) cout<<elems[x]<<" ";
    cout<<"\n";
}
STACK::~STACK() noexcept
{
    if (elems==0) return;
    delete elems;
    *(int**) & elems=0;                    //等价于(int*&)elems=0;
    *(int*) & max=pos=0;                   //等价于(int&) max=pos=0;
}
int main()
{
    STACK s(3);                            //定义的栈只能存放3个元素
    try {s.push(1).push(2).push(3).push(4);}
```

```
catch (const char* m) {          //将捕获 4 入栈时发生的异常
    cout<<m;
  }
}
```

在上述程序中，不会发生异常的函数使用 noexcept 进行了说明。main()定义的栈只能存放 3 个元素，当 4 入栈的时候必然抛出异常，并被 catch(const char* m)捕获和输出。由于抛出的都是没用使用 new 分配内存的字符串常量，故在 catch 的异常处理部分不需要使用 delete m。

具有移动语义的实例函数不分配内存，因此，不会有内存分配失败而产生异常，这样的函数应定义为没有异常的函数，即参数表后出现关键字 noexcept 的函数。注意，noexcept 不是函数原型的一部分，不能据此区分两个函数是否重载。

## 10.4　异常类型

C++提供了一个标准的异常类型 exception 作为基于标准类库引发的异常类型的基类，exception 等类型的异常由标准名字空间 std 提供。exception 的函数成员不再引发任何异常，其中，函数成员 what() 返回一个只读字符串，该字符串的值没有被构造函数初始化，因此，应该在派生类中重新定义函数成员 what()。

```
class exception {
    //私有数据成员定义
public:
    exception() throw();
    exception(const exception& rhs) throw();
    exception(char const* const _Message,int) noexcept;
    virtual ~exception() throw();
    virtual const char *what() const throw();
    //其他实例成员函数定义
};
```

异常类 exception 提供了处理异常的标准框架，当应用程序没有处理自 exception 继承的异常类对象时，应用程序的监控系统能够使用该框架完成适当的信息输出，即通过调用 what()等标准接口函数输出没有处理的异常的相关信息。

另一个标准异常类 bad_exception 是一个由 exception 派生的类型。该类的函数成员不再引发任何异常，函数成员 what()的返回值可以在派生时重新定义。该类型的异常通常由不可预料的异常处理过程 unexpected()发出，unexpected()通常调用 abort()终止当前程序，可以通过 set_unexpected()函数设置 unexpected()的替代函数。

```
class bad_exception:public exception
{
public:
    bad_exception() noexcept:exception("bad exception",1) {};
};
```

C++为标准类库提供了各种各样的异常处理类。应用程序可以使用这些类库和相应的异常处理机制，也可以上述异常类为基础派生出新的异常类。在目前广为流行的 GUI 应用中，可以利用 GUI 类库和相应的异常处理机制来编写应用程序。

　　C++标准类库的异常处理涉及文档处理异常、内存管理异常、资源管理异常、网络操作异常、数据库操作异常、ODBC 连接异常、动态连接异常等各种类型的异常，使用时可查阅相关类库的联机资料。

## 10.5　异常对象的析构

　　异常处理也可能产生内存泄漏问题，而且这种问题常被人们忽视。程序在引发异常时产生一个异常对象，这个对象作为实参传递给异常处理过程时也存在浅拷贝构造问题。因此，如果异常对象含有指向动态内存的指针成员，则异常对象所属的类也必须定义深拷贝构造函数、移动构造函数、深拷贝赋值运算函数以及移动赋值运算函数。

### 10.5.1　通过对象指针析构

　　异常对象也可以通过指针或引用传递。例如，在抛出一个指向 A 类对象的异常指针后，异常处理过程 catch(const A *a)一定会捕获该异常。由于 catch(const A *a)的指针形参传值更快，故建议定义 catch(const A *a)形式的异常处理过程。但要注意，catch(const A *a)在处理完异常事件后，如果异常对象是通过 new 产生的，且没有必要继续传播异常指针事件 a，就必须用 delete a 析构异常对象并释放其占用的内存，以避免由异常对象引起的内存泄漏。

　　【例 10.6】　利用指针引发和捕获异常。

```
#define _CRT_SECURE_NO_WARNINGS        //防止 strcpy 出现指针使用安全警告
#include <cstring>
#include <exception>
#include <iostream>
using namespace std;
class excpt:exception {
public:
    excpt(const char* s):exception(s) {};
    const char* what() const throw() {return exception::what();};
    ~excpt() noexcept=default;
};
void subr(void)
{
    try {throw new excpt("Dynamic exception error!\n");}
    catch (const excpt * e) {
        cout<<e->what();
        throw;                          //传播异常
    }
}
int main()
{
    try {subr();}                       //产生异常对象，并引发 excpt *类型的异常
```

```
catch (const excpt * e) {
    cout<<e->what();
    delete e;                //对于 new 产生的异常对象，必须析构异常对象并释放其内存
}
}
```

上述程序在 subr 的 catch 处理完异常后，通过没有操作数的 throw 语句继续传播异常，并由主调函数 main() 的 catch 捕获。注意，在 main() 的 catch 处理完异常后，必须用 delete 析构异常对象，并释放异常对象占用的内存，否则就会造成内存泄漏。

从函数引发异常到某个函数处理异常，这两个函数之间形成嵌套的调用链。在抛出异常后，程序沿调用链返回的方向搜索异常处理过程。在找到合适的异常处理过程后，程序就转移到该异常处理过程执行。因此，异常处理采用的是全局转移机制，编译程序会为异常处理建立调用链跟踪机制。

每个函数都可能产生局部对象，正常情况下，局部对象在函数返回前自动析构。当异常出现在局部对象析构之前时，将沿调用链反向搜索已经构造的所有局部对象，C++ 的监控系统会自动析构这些局部对象。但是，监控系统不会析构 new 产生的局部对象，这类对象需要程序自己析构并释放内存。

【例 10.7】 局部对象的析构过程。

```
#include <exception>
#include <iostream>
using namespace std;
class EPISTLE:exception {            //定义异常对象的类型
public:
    EPISTLE(const char* s):exception(s) {cout<<"Construct:"<<s;}
    ~EPISTLE() noexcept {cout<<"Destruct:"<<exception::what();};
    const char* what() const throw() {return exception::what();};
};
void h() {
    EPISTLE h("I am in h()\n");
    throw new EPISTLE("I have throw an exception\n");
}
void g() {EPISTLE g("I am in g()\n");h();}
void f() {EPISTLE f("I am in f()\n");g();}
int main() {
    try {f();}
    catch (const EPISTLE * m) {
        cout<<m->what();
        delete m;
    }
}
```

程序的输出如下所示。

```
Construct:I am in f()
Construct:I am in g()
Construct:I am in h()
Construct:I have throw an exception
Destruct:I am in h()
Destruct:I am in g()
```

```
Destruct:I am in f()
I have throw an exception
Destruct:I have throw an exception
```

在上述 main()函数中，调用 f()将产生一个嵌套的调用链，在最内层的函数 g()产生异常以后，所有已构造的非静态局部对象在函数返回过程中析构。函数 h()是最后调用的函数，因此函数 h()应该最先返回，且最先析构 h()构造的非静态局部对象。

## 10.5.2　未完成对象的析构

如果在执行构造函数的过程中引发了异常，则只会析构构造完毕的基类对象，没有构造好的派生类对象将不会析构。同理，如果派生类有虚基类和对象成员，则只有构造好的虚基类和对象成员将被析构。一个局部数组如果只构造好一部分元素，则只有一部分元素被析构。对于未完全构造好且不能被自动析构的对象，必须在引发异常之前做好释放内存等善后处理工作。

【例 10.8】　根据基类 PERSON 定义派生类 TEACHER。

```cpp
#define _CRT_SECURE_NO_WARNINGS        //防止 strcpy 出现指针使用安全警告
#include <cstring>
#include <exception>
#include <iostream>
using namespace std;
class EPISTLE:exception {               //定义异常对象的类型
public:
    EPISTLE(const char* s):exception(s) {}
    ~EPISTLE() noexcept {cout<<exception::what();};
    const char* what() const throw() {return exception::what();};
};
class PERSON {
    char *name;
    int age;
public:
    operator const char *() {return name;}
    PERSON(const char *n,int a) {
        try {
            name=new char[strlen(n)+1];
        }catch(…){                       //捕获任何异常：包括内存分配异常
            cout<<"Memory allocation failed!\n";
        }
        strcpy(name,n);
        age=a;
    }
    ~PERSON() noexcept {
        cout<<"My name is "<<name<<"\n";
        delete []name;
    }
};
class TEACHER:public PERSON {
```

```
        char *position;
public:
        TEACHER(const char *n,const char *p,int a);
        ~TEACHER() noexcept {delete position;}
};
TEACHER::TEACHER(const char *n,const char *p,int a):PERSON(n,a)
{
        position=new char[strlen(p)+1];        //函数成员自己用new分配的内存
        strcpy(position,p);
        if(a<10) {
                delete position;                //需先释放已分配但不能自动释放的内存
                throw new EPISTLE("I have throw an exception\n");
        }
}
int main() {
        try{
                TEACHER wang("wang","professor",40);    //正常构造
                TEACHER zang("zang","professor",5);      //抛出异常
        }
        catch(const EPISTLE *m) {
                delete m;
        }
}
```

程序的输出如下所示。

```
My name is zang
My name is wang
I have throw an exception
```

在 TEACHER 的成员函数引发异常时，能够自动析构已构造好的基类、虚基类或对象成员。但是，对于函数成员自己用 new 为 position 分配的内存，则需要在用 throw 抛出异常之前，自己先释放通过 new 分配的内存，以免造成 new 分配的动态内存泄漏。

## 10.6 断言

断言（assert）用于调试程序，它不是一个关键字，而是一个带有整型形参的函数，调用前必须包含 assert.h 头文件。assert() 函数的内部包含 if 语句，如果判定传递的实参的值为真，则程序可以继续正常执行；否则，将输出断言表达式、断言所在代码文件的名称以及断言所在程序的行号，然后调用 abort() 终止程序的执行。断言的函数原型如下。

```
void assert(int predicate);
```

断言是一种检查程序执行条件是否满足的机制。断言输出的代码文件名称已被编译程序固化。将编译后的执行程序复制到其他机器上，即使修改该执行程序的名称后再运行，当 predicate 表达式的值为假时，断言输出的代码文件名称还是保持不变。

【例 10.9】 断言的用法。

```
#include <assert.h>
#include <stdio.h>
```

```
#include <stdlib.h>
class SET {
    int* elem,used,card;
public:
    SET(int card);
    virtual int has(int v)const;         //查找元素 v
    virtual SET& push(int v);            //插入一个元素 v
    virtual ~SET() noexcept {if (elem) {delete elem;elem=0;}};
};
SET::SET(int c) {
    card=c;
    elem=new int[c];
    assert(elem);                        //当 elem 非空时继续执行
    used=0;
}
int SET::has(int v)const {
    for (int k=0;k<used;k++)
        if (elem[k]==v) return 1;
    return 0;
}
SET& SET::push(int v) {
    assert(!has(v));                     //当集合中无元素 v 时继续执行
    assert(used<card);                   //当集合还能增加元素时继续执行
    elem[used++]=v;
    return *this;
}
int main()
{
    static_assert(sizeof(int)==4);       //VS2019采用 x86 编译模式时为真，不终止编译运行
    SET s(2);                            //定义集合只能存放两个元素
    s.push(1);                           //存放第一个元素
    s.push(2);
    s.push(3);                           //因为不能存放元素 3，所以断言为假，程序被终止
}
```

因为 assert()是一个函数调用，故可出现在任何语句出现的位置，一旦断言为假，就中断程序的执行。虽然断言可以用来检查某些条件是否满足，但是最好不要依赖断言完成检查，因为它随时可能终止程序的执行。assert()是运行时检查的断言，故可以使用任意表达式作为实参；而 static_assert()是编译时检查的断言，故只能使用常量表达式作为实参。注意，assert()和 static_assert()的检查时间不同，且 static_assert 是一个保留字。

在不同的目录下编译上述程序，断言为假时，输出的文件名会有所不同。断言只用于程序调试，不用作程序的错误处理。在使用#define NDEBUG 后，其后出现的断言将被当作注释处理，即编译后不生成任何执行代码；在使用#undef NDEBUG 后，其后出现的断言将被编译成执行代码。默认情况下，编译程序按#undef NDEBUG 处理断言。

## 练习题

【题 10.1】什么叫异常？怎么在程序中引发异常？怎么捕获异常？

【题 10.2】在何种条件下，catch 参数类型为基类只读异常对象指针，但是该 catch 可以捕获派生类异常对象指针？

【题 10.3】如果有 catch(…)、catch(const void *)及 catch(int *)三个异常处理过程，应该如何摆放它们的位置？若将 catch(const int *)放在 catch(void *)后，则会影响其捕获异常吗？

【题 10.4】在嵌套的函数调用链中发生异常时，所有已经构造的自动局部对象会自动析构吗？如果会，又将以什么样的顺序自动析构？

【题 10.5】对于已经用 new 分配内存但发生异常时不能自动释放内存的指针变量，应当如何处理？

【题 10.6】为 STRING 类定义异常处理过程，以便当用 new 等分配堆空间不够时处理异常。

【题 10.7】为二维整数数组 ARRAY 定义异常处理过程，以处理下标越界和 new 等分配堆空间不够等异常。

【题 10.8】为循环队列 QUEUE 类增加异常处理过程，以便在队列为空或满时处理异常。

【题 10.9】为复数类 COMPLEX 定义异常处理过程，以便在除以零时处理异常。

【题 10.10】为什么定义异常类时最好从标准的异常类继承？

【题 10.11】什么是断言？编译时断言和运行时断言有何区别？

【题 10.12】如果程序已经完全调试成功，再也不会出现任何逻辑错误，应当如何处理断言？

# 第 11 章
# 运算符重载

运算符重载是 C++的一大特点，运算符重载增强了 C++的表达能力。虽然 C++默认提供赋值运算符重载，但这种浅拷贝赋值易造成内存泄漏。此外，类型转换在计算表达式和调用函数时起着至关重要的作用，通过提供适当的单参数构造函数以及进行强制类型转换重载，只需要重载少量的运算符函数就能使计算顺利进行。本章将介绍运算符重载及类型转换重载方法。

## 11.1 运算符概述

运算符有时称为运算符函数，运算符的操作数相当于函数参数。C++有单目运算符、双目运算符和三目运算符，这些运算符分别有 1 个、2 个和 3 个参数。纯单目的运算符有!、~、sizeof、new、delete 等；纯双目的运算符有[]、->、%、=等；既能作单目运算符又能作双目的运算符有+、−、&、*等；选择运算符 "?:" 是一个三目运算符；而 "()" 进行强制类型转换时为单目运算符，用作函数调用时为多目运算符。

### 11.1.1 结果为左值的运算符

运算结果为传统左值的运算符称为传统左值运算符，这样的运算符构成的表达式可以出现在等号左边。前置运算符++、−−以及赋值运算符=、+=、*=、&=等均为传统左值运算符。某些单目运算符要求其操作数为传统左值，如前置运算符和后置运算符++和−−；还有一些双目运算符要求第一个操作数为传统左值，如赋值运算符=、*=、&=等。而有些运算符仅要求其操作数为传统右值，如加、减、乘、除运算符等。

运算符重载的
基本原则

【例 11.1】 传统左值运算符的用法。

```
int main()
{
    int x=0;
    ++x;            //前置运算符的操作数 x 必须为传统左值
    ++ ++x;         //++x 仍为传统左值，故可连续运算，x=3
    --x=10;         //--x 仍为传统左值，故可再次赋值，x=10
    (x=5)=12;       //x=5 仍为传统左值，故可再次赋值，x=12
    (x+=5)=7;       //x+=5 仍为传统左值，故可再次赋值，x=7
}
```

在上述程序中，传统左值运算符运算的结果仍为传统左值，因此，必然有一个传统左值变量代表其运算结果，使由传统左值运算符构成的表达式可以出现在等号左边。对于 int 类型的变量 x，在数值表达式语句 "(x=5)=12;" 中，(x=5)中的 x=5 是一个传统左值表达式，代表该传统左值表达式的传统左值变量为 x，故 "(x=5)=12;" 等价于两个表达式语句 "x=5;" 和 "(x)=12;"，即等价于 "x=5;x=12;"。

不能认为 "(x=5)=12;" 等价于 "x=12;"，因为在多进程的运行环境下，当前进程很可能刚好在(x=5)后中断，此时若取 x 的值，则有 x=5。另外，如果 x 是一个类的对象，且该类的=运算符已被重载，则 "(x=5)=12;" 更不能被简单地认为等价于 "x=12;"，因为 x=5 将调用函数 operator=()，而该函数可能产生任意输出，并且也可能改变 x 的内部状态。

## 11.1.2 运算符重载的分类

可能重载的
函数分类

除 sizeof、.、.*、:: 和三目运算符?:外，其他运算符函数都可以重载。=、->、()、[]只能重载为实例函数成员，不能重载为静态函数成员或非成员（即普通）函数；new 和 delete 不能重载为实例函数成员，即可以重载为静态函数成员或非成员函数；其他运算符都不能重载为静态函数成员，即可以重载为实例函数成员和非成员函数。

运算符重载函数的参数是面向类的单个对象的，而不是面向简单类型的变量或者常量的。如果将运算符重载为非成员函数，就至少定义一个类或者引用类的形参，而不能将参数定义为对象指针或者对象数组类型。引用类型可以是&引用或者&&引用。注意，指针是可被 printf()输出的简单类型，故指针变量或指针形参一般不能代表对象，除了代表隐含形参的关键字 this 指针外。

【例 11.2】 将加法运算符重载为普通函数。

```cpp
#include <iostream>
using namespace std;
class A {
    int x;
public:
    int getx() const {return x;}      //隐含参数 this 的类型为 const A*const this，可代表对象
    A(int x) {A::x=x;}                 //隐含参数 this 的类型为 A*const this
};
int operator+(const A&x,int y)        //定义非成员函数：参数 const A&x 代表一个对象
{return x.getx()+y;}
int operator+(int y,A x)              //定义非成员函数：参数 A x 代表一个对象
{return x.getx()+y;}
//不能声明 int operator+(A[6],int);   //A[6]不是单个对象
//不能声明 int operator+(A*,int);     //A*是对象指针，属于简单类型，不能用于代表对象
int main()
{
    A a(6);                           //调用 A(int)时，实参&a 传递给隐含形参 this
    cout<<"a+7="<<a+7<<"\n";           //调用 int operator+(const A&,int)
    cout<<"8+a="<<8+a<<"\n";          //调用 int operator+(int,A)
}
```

程序的输出如下所示。

```
a+7=13
8+a=14
```

上述程序重载了两个加法运算符，代表对象的形参分别为 const A&和 A，分别用于 a+7 和 8+a 两种形式的运算。参数 const A&要求实参为有址传统右值，参数 A 要求实参为长久或临时右值。在调用前述函数时，临时传统右值实参可用传统左值代替，因为传统左值也是传统右值，前述内容反之则不成立。引用参数 const A&被编译为指针，将实参传给引用类型的形参时，引用类型的形参占用的栈内存较少。

### 11.1.3　成员重载与非成员重载

运算符=、->、()、[]不能重载为非成员函数，因此也不能定义为类的非成员友元（即普通友元）。注意，运算符+=可以重载为非成员函数，故 int operator +=(int,A)可以声明为某个类的非成员友元。例如，对于如下定义，很容易判断其是否正确。

```
int operator=(int,A);              //错误，该运算符不能重载为非成员函数（即普通函数）
int operator()(A,int);             //错误，该运算符不能重载为非成员函数
int operator[](A,int);             //错误，该运算符不能重载为非成员函数
class A{
    friend int operator=(int,A);       //错误，不能定义为普通友元：原普通函数不存在
    friend int operator()(A,int);      //错误，不能定义为普通友元：原普通函数不存在
    friend int operator[](A,int);      //错误，不能定义为普通友元：原普通函数不存在
    friend int operator+=(int,A);      //正确
};
```

圆括号（()）除了可以用于提高表达式的优先级外，还可用于进行强制类型转换和函数调用。运算符=、->、()、[]只能重载为类的实例函数成员，运算符+=不能定义为静态函数成员，因此，不能在如下类 B 中声明或定义如下静态函数成员。

```
class B{
    static int operator+=(int,B);      //错误，不能定义为静态函数成员
    static int operator=(int,B);       //错误，不能定义为静态函数成员
    static int operator ()(B,int);     //错误，不能定义为静态函数成员
    static int operator [](B,int);     //错误，不能定义为静态函数成员
    static operator int(B);            //错误，不能定义为静态函数成员
};
```

重载运算符时，要注意运算符是否必须为传统左值运算符，以及第一个参数是否要求为传统左值类型。如果运算符是传统左值运算符，即运算后的结果为传统左值，则重载后运算符最好返回非只读的有址引用类型。不建议将运算符的返回类型定义为无址引用类型，因为被无址引用的常量对象在返回前已进行析构，这样将导致该无址引用的返回值没有实用价值。因此，C++自动生成的移动赋值运算符返回的是传统左值有址引用类型。

GCC 12 编译器支持 operator[]有 0 个以上的任意类型的参数，这样矩阵类 MAT 的对象 a 就可以用 a[0,0]进行多维访问。重载为非成员函数的运算符可以声明为某个类的非成员友元（即普通友元），从而能够访问该类的所有成员，包括私有、保护和公开的类型成员、数据成员、函数成员。例如，重载非成员函数 ostream& operator<<(ostream&,const A&)，将其声明为 MAT 类的非成员友元，这样就可以

用 cout<<a 来输出 MAT 类的对象 a。

**【例 11.3】**　重载运算符为普通函数并声明为类的普通友元。

```
class A {
    int x,y;
public:
    A(int x,int y=0) {A::x=x;A::y=y;}
    A& operator=(const A&);                     //=返回类A的传统左值有址引用
    friend A operator-(A);                      //单目运算符（-）重载为类A的非成员友元
    friend A operator+(const A&,const A&);//双目运算符+重载为类A的非成员友元
};
A operator-(A a)                                //非成员函数重载为单目运算符,返回类A非引用对象
{
    return A(-a.x,-a.y);                        //构造类A的对象A(-a.x,-a.y)并返回
}
A& A::operator=(const A&y)                      //重载为类A的实例函数成员,隐含参数为this
{
    A::x=y.x;                                   //对于只读对象y,取其值y.x而不修改其值
    A::y=y.y;                                   //对于只读对象y,取其值y.y而不修改其值
    return *this;                              //返回类型作为传统左值有址引用,引用*this引用的对象
}
A operator+(const A&x,const A&y)               //重载双目运算符（+）返回类A非引用对象
{
    int u=x.x+y.x,v=x.y+y.y;                    //对于只读对象y,取其值而不修改其值
    return A(u,v);                             //构造类A的对象A(x.x+y.x,x.y+y.y)并返回
}
int main()
{
    A a(2,3),b(4,5),c(1,9);
    c=a+b;                                     //调用双目运算符（+）和赋值运算符
    (c=a+b)=b+b;                               //赋值运算符重载为左值,(c=a+b)可出现在等号左边
    c=-b;                                       //调用单目运算符（-）和赋值运算符函数
}
```

在上述程序中,除重载的拷贝赋值运算符实例函数 operator=(const A&)外,其余运算符均声明为类 A 的非成员友元。A::operator=(const A& y)的隐含参数 this 的类型为 A*const, *this 解引用的结果类型为 A&,该类型需要调用赋值运算符函数的第一个实参为传统左值;赋值运算符的返回类型为传统左值有址引用类型,表示赋值运算符的运算结果是一个传统左值,可以用(c = a + b) = b + b;对返回值如(c = a + b)继续赋值。

## 11.2　运算符参数

重载不改变运算符的优先级和结合方向。一般情况下,重载也不改变运算符的操作数个数,即不改变重载运算符的形参个数。但是,纯单目的运算符++和--存在前置和后置两种运算,必须通过改变重载函数的形参个数来区分这两种运算:单个形参的重载函数表示前置运算;两个形参的重载函数表示后置运算,且第二个参数必须为 int 类型。双目运算符->重载为指针或引用也会改变运算符的形参个数。

### 11.2.1　自增与自减的重载

如果后置运算++和--重载为类的实例函数成员，则该函数成员除了有隐含参数 this 外，还必须在参数表中声明一个 int 类型的参数。如果后置运算++和--重载为非成员函数，则它必须声明两个形参：①第一个为类的传统左值有址引用；②第二个为 int 类型。如果前置运算++和--重载为类的实例函数成员，则该函数成员只需有一个隐含参数 this 即可。如果前置运算++和--重载为非成员函数，则它只需声明一个类的传统左值有址引用形参。

无论是前置运算还是后置运算，++和--都会改变第一个形参对象的值。因此，在重载++和--时，最好将第一个形参定义为传统左值有址引用类型，以便能够修改调用时传递的作为被引用对象的实参的值。因此，对于++和--重载为类的实例函数成员，该实例函数成员的参数表后面不要出现const；对于++和--重载为非成员函数，其第一个形参的类型前面不要添加 const 定义，而要将其定义为类的传统左值有址引用类型。

在重载运算符时，如果函数的全部参数实际有两个参数（包括隐含参数 this 在内），则重载的运算符为双目运算符；如果函数的全部参数只有一个参数（包括隐含参数 this 在内），则重载的运算符为单目运算符。实例函数成员，如构造函数、析构函数、虚函数以及纯虚函数，都有隐含参数 this。

【例 11.4】　定义 INT 类型对整型数值"装箱"，并重载++和--运算。

```cpp
#include <iostream>
using namespace std;
class INT {
    int a;                          //被"装箱"的基本数据类型 int
    friend INT &operator --(INT&);  //无this,仅一个参数,故为前置运算--,返回传统左值
    friend INT operator --(INT&,int);//共两个参数,故为后置运算--
public:
    operator int() {return a;}      //将 INT "拆箱"为 int,强制类型转换重载（见后文）
    INT &operator++();              //只有this,故为前置运算++,返回传统左值
    INT operator++(int);            //共两个参数（包括this）,故为后置运算++
    constexpr INT(int x):a(x) {}    //constexpr:在实参为常量时优化构造过程,不能删除 a(x)
};
INT &operator --(INT&x)             //前置运算--,返回传统左值有址引用
{
    x.a--;                          //前置运算--,先运算,后取值,返回对象 x
    return x;                       //返回当前 x,返回传统左值 x 可被继续赋值
}
INT operator-- (INT&x,int) //后置运算--,先取 x 的值构造返回值,后运算 x.a--
{
    return INT(x.a--);        //后置运算 x.a--,先取 x.a 构造返回值对象,后运算 x.a=x.a-1
}
INT &INT::operator ++()      //前置运算++,对*this先运算,然后返回*this 的引用
{
    a++;                      //前置运算++,先运算 this->a++,后取*this 返回值
    return *this;             //返回时引用*this 的对象,作为传统左值可被继续赋值
}
INT INT::operator ++(int)    //后置运算++,先取*this构造返回值,后对*this进行运算
{
```

```
        return INT(a++);              //后置运算 a++，先取 this->a 构造返回对象，后运算 this->a++
}
int main()
{
    INT a(5);
    cout<<"a.a="<<--a<<"\n";          //--a 先调用 INT &operator--(INT&)，再"拆箱"
    cout<<"a.a="<<++a<<"\n";          //++a 先调用 INT &INT::operator ++()，再"拆箱"
    cout<<"a.a="<<a--<<"\n";          //a--先调用 INT operator--(INT&x,int)，再"拆箱"
    cout<<"a.a="<<a++<<"\n";          //a++先调用 INT INT::operator ++(int)，再"拆箱"
}
```

程序的输出结果如下所示。

```
a.a=4
a.a=5
a.a=5
a.a=4
```

在上述程序中，运算符++和--要求操作数为传统左值，即重载函数的第一个形参应说明为传统左值有址引用。前置运算应该先运算再取值，后置运算应该先取值再运算。前置运算的结果应该定义为传统左值有址引用，因此前置运算符的返回类型应该定义为 INT&类型。

上述后置运算++和--重载为双目运算符，重载时后置运算++和--的参数由一个变为两个。

## 11.2.2　重载运算符->

当重载运算符->时，该函数的参数个数应从两个变为一个。运算符->只能重载为实例函数成员，且重载后的实例函数成员只能有一个参数，返回类型必须为引用类型、指针类型或者成员指针类型。返回的实例成员指针可以指向实例数据成员或者实例函数成员。

【例 11.5】　重载运算符->，使其返回类型为指针或引用类型。

```
struct A {
    int a;
    int* operator->() {return &a;};
    A(int x) {a=x;}
} a(1);
class B {
    A x;
public:
    A* operator->();                  //重载运算符->为单目运算符，返回指针 A*
    B(int v):x(v) {}
} b(5);
class C {
    A x;
public:
    A& operator-> ();                 //重载运算符->为单目运算符，返回引用 A&
    C(int v):x(v) {}
} c(8);
class D {
    A x;
```

```
        A& f() {return x;}              //定义实例函数成员f()
    public:
        A& (D::* operator-> ())();      //重载运算符->为单目运算符，返回实例函数成员指针
        D(int v):x(v) {}
} d(9);
class E {
    A x;
    public:
        A E::* operator-> ();           //重载运算符->单目运算符，返回实例数据成员指针
        E(int v):x(v) {}
} e(6);
A* B::operator-> () {return &x;}
A& C::operator-> () {return x;}
A&(D::*(D::operator->()))() {return &D::f;}
A E::* E::operator-> () {return &E::x;};
int main()
{
    int i=*a.operator->();  //等价于i=a.operator->()[0]或i=*&a.a=a.a
    i=b->a;                 //i=b.x.a=5
    b->a=i+5;               //等价于b.x.a=10
    i=b.operator->()->a;    //i=b.operator->()->a=(&b.x)->a=(*&b.x).a=(b.x).a=b.x.a
    i=(*b.operator->()).a;  //i=(*&b.x).a=(b.x).a=b.x.a=10
    i=c.operator->().a;     //i=c.x.a 等价于8，c.operator->()返回A&，即对象c.x
    i=(d.*d.operator->())().a;
    //i=(d.*d.operator->())().a=(d.*&D::f)().a=(d.D::f)().a=(d.f)().a=d.f().a=d.x.a
    i=(e.*e.operator->()).a; //i=(e.*e.operator->()).a=(e.*&E::x).a=(e.E::x).a=e.x.a
}
```

重载之前，运算符->要求左操作数为指向对象的指针，则右操作数必须为该对象的数据成员或函数成员。但是，在表达式b->a中，->的左操作数b不是对象指针，而是B类的一个实例对象；右操作数a也不是B类的数据成员，而是A类的实例数据成员a。由此可知，表达式b->a调用的运算符为->的重载函数A *operator ->()，而后编译程序会对调用返回值补充一个未重载的->运算符，即b -> a等价于b.operator ->()->a。

运算符重载
注意事项

### 11.2.3　单双目运算符的重载

有些运算符既可作为单目运算符，又可作为双目运算符，重载时必须注意运算符的实际参数个数。当纯双目运算符重载为实例函数成员时，实例函数成员都有一个隐含参数 this，因此重载时仅能在其显式参数表中定义一个参数；当纯单目运算符重载为实例函数成员时，因为实例函数成员有一个隐含参数this，故不能在显式参数表中额外定义函数参数。

【例 11.6】　重载纯单目运算符!和纯双目运算符%。

```
class INT {
    int x;
public:
    constexpr INT(int y):x(y){};//常量实参时将优化，x(y)可用x{y}
```

运算符重载实例

```
    INT operator%(INT m)const        //纯双目%, 实例函数参数表须定义一个参数
    {return INT(x%m.x);};
    virtual INT operator!()const     //纯单目!, 实例函数参数表不能定义参数
    {return INT(!x);};
};
int main()
{
    INT a(5),b(3);
    b=a%b;       //调用纯双目运算符%
    b=!a;        //调用单目运算符!
    b=7;         //7 转换为常量对象 INT(7), 然后调用编译自动生成的 operator=(INT&&)函数
}
```

在例 11.6 中，运算符!为纯单目运算符，运算符%为纯双目运算符。重载后，实例函数成员 INT operator !()的显式参数表不能另外定义参数，而实例函数成员 INT operator %(INT m)必须另外定义一个参数 m。除了构造函数外，实例函数成员都能定义为虚函数，因此，所有重载为实例函数成员的运算符都可定义为虚函数。

此外，例 11.6 在定义构造函数时使用了 constexpr，constexpr 在实参为常量时将优化对象的构造过程，若非常量，则无法实现对象构造过程的优化。x 应写成 x(y)或 x{y}的形式在初始化位置初始化。注意，如果用 x{}的形式初始化，则表示设置 x=0。

有些运算符既能作为单目运算符，又能作为双目运算符，如果这样的运算符重载为非成员函数或者实例函数成员，则这样的运算符在进行计算的过程中，必须根据实参和形参的无二义性匹配结果，确定所用的运算符是单目运算符还是双目运算符。

三路比较<=>可以重载为实例函数成员和非成员函数，重载后相当于自动定义了>=、>、<、<=运算符的重载，或者说编译程序会根据<=>自动生成这些运算符的重载函数，因此，可以在程序中直接调用这些关系运算符的重载函数。

【例 11.7】 运算符函数的重载与调用。

```
class POINT2D {
    int x,y;
public:
    POINT2D(int m=0,int n=0) {x=m;y=n;}
    POINT2D operator -() {return *this;};                    //单目运算符"-"重载
    POINT2D operator -(const POINT2D&) {return *this;};      //双目运算符"-"重载
    POINT2D operator+(const POINT2D&) {return *this;};       //双目运算符"+"重载
    friend POINT2D operator+(const POINT2D& x)               //单目运算符"+"重载
    {return x;};
    friend POINT2D operator+(const POINT2D& x,const POINT2D& y) //双目运算符"+"重载
    {return POINT2D(x.x,x.y);};
};
int main() {
    POINT2D p1,p2;
    POINT2D p3=-p1;                    //调用 POINT2D operator -()
    POINT2D p4=p1-p2;                  //调用 POINT2D operator -(const POINT2D&)
    POINT2D p5=p1.operator-(p2);       //调用 POINT2D operator -(const POINT2D&)
    POINT2D p6=+p1;                    //调用 POINT2D operator+(const POINT2D&)
```

```
//以下语句调用 POINT2D operator+(const POINT2D&,const POINT2D&)
POINT2D p7=operator+(p1,p2);
POINT2D p8=p1.operator+(p2);      //调用 POINT2D operator +(const POINT2D&)
//POINT2D p9=p1+p2;               //错误，无法确定是调用友元还是函数成员
}
```

在例 11.7 中，p1+p2 既可匹配函数成员 operator+(const POINT2D&)，又可匹配非成员友元 operator+(const POINT2D&,const POINT2D&)，因为这两个重载函数都是双目运算符+，故编译程序会报告函数调用出现二义性错误。此时，只能显式地使用 operator+(p1,p2)调用友元，或者使用 p1.operator+(p2)调用实例函数成员。

调用运算符有两种形式，一种是算术表达式形式，另一种是函数调用形式，这两种调用形式是等价的。例如，在上述程序中，p4 和 p5 的初始化均调用了重载的运算符实例函数成员 POINT2D operator –(const POINT2D&)，此时，p1-p2 只能调用唯一定义为双目运算符的实例函数成员。

## 11.3 赋值与调用

前置运算++和--、=、+=、*=、&=等都是传统左值运算符，因此这些运算符都应重载为返回非 const 的有址引用的运算符。编译程序为每个类提供默认的=运算符重载函数，以实现对象之间数据成员的复制或浅拷贝。

### 11.3.1 赋值运算符的重载

若类自定义或者重载了=运算符，则编译程序不会自动生成赋值运算符重载函数，所有的赋值运算将调用自定义的赋值运算符函数。当类的数据成员为指针类型时，应当自定义赋值运算符，以实现深拷贝赋值及防止内存泄漏。

【例 11.8】 编译程序提供的默认赋值运算符。

```
#include <iostream>
using namespace std;
class A {
    int a;
public:
    A(int x) {a=x;}
    A& operator=(const A& x) {a=x.a;return *this;}
    virtual int geta() {return a;}
};
int  main()
{
    A a1(1),a2(2),a3(3);
    A& (A::* g)(const A&);   //说明一个函数成员指针变量
    A& (A::* h)(A&&);        //说明一个函数成员指针变量
    g=&A::operator=;         //指向自定义函数成员 A &operator=(const A &)
    //h=&A::operator=;       //错误：没有自定义函数成员 A &operator=(A &&)
    cout<<"\na1="<<a1.geta()<<"a2="<<a2.geta()<<"a3="<<a3.geta();
    (a1.*g)(a2);             //等价于 a1=a2
```

```
    cout<<"\na1="<<a1.geta()<<"a2="<<a2.geta()<<"a3="<<a3.geta();
    ((a1.*g)(a2).*g)(a3);              //等价于(a1=a2)=a3
    cout<<"\na1="<<a1.geta()<<"a2="<<a2.geta()<<"a3="<<a3.geta();
    (a1.*g)((a2.*g)(a3));              //等价于 a1=a2=a3
    cout<<"\na1="<<a1.geta()<<"a2="<<a2.geta()<<"a3="<<a3.geta();
    a1=a2;                            //调用自定义赋值运算符 A &A::operator=(const A &x)
    a1=A(4);                          //同上。实参传给形参 x: const A &x=A(4),允许引用常量 A(4)
}
```

程序的输出如下所示。

```
a1=1 a2=2 a3=3
a1=2 a2=2 a3=3
a1=3 a2=2 a3=3
a1=3 a2=3 a3=3
```

在上述程序中，类 A 重载了赋值运算符 A& A::operator =(const A&x)，故编译程序不再自动生成赋值运算符函数，指针 g 可以获得自定义的 A& A::operator=(const A &)的地址。但是，指针 h 无法获得 A& A::operator = (A &&)的地址。如果去掉类 A 中自定义的赋值运算符函数，则编译程序会自动生成 A& A::operator=(const A &)和 A & A::operator=(A &&)赋值运算符，从而 g 和 h 可以分别获得这两个赋值运算符的入口地址。

因为类 A 只自定义了赋值运算符 A& A::operator=(const A&x)，故"a1=a2"和"a1=A(4)"都将调用该赋值运算符函数，尽管常量对象 A(4)作为实参最好和 A &&类型的形参匹配；类似于编译程序允许整型常量被引用的语句"const int&x=4;"，临时对象 A(4)被传递给引用形参 x 即让"const A&x=A(4);"也是允许的。若 A 还自定义了 A& A::operator=(A&&x)，则"a1=A(4)"将优先调用该函数，因为 A(4)将优先和 A&&x 而不是 const A&匹配。

若类 A 没有自定义任何赋值运算符函数，则编译程序会自动生成 A& A::operator=(const A&)和 A& A::operator=(A &&)，则"a1=a2"将调用 A& A::operator=(const A &)，而"a1=A(4)"将优先调用 A& A::operator=(A&&)。除了构造函数和析构函数以外，所有其他实例函数成员参数表后还可出现&或&&，同时还可以使用 const 以及或者 volatile 等修饰。

C++标准委员会曾建议将赋值运算符的 this 重载为传统左值引用，例如，建议类 A 重载 A& operator=(const A&)&和 A& operator=(A&&)&noexcept，此时传给 this 的实参必须是传统左值。注意，虽然 A& operator=(const A&)和 A& operator=(const A&)&可被看作重载函数，但是，编译程序实际上不允许这两种函数共存，也不会让类 A 派生类的实例函数 int geta( )&自动成为虚函数。

若重载为 A& operator=(const A&)&&和 A& operator=(A&&)noexcept，则允许常量对象或临时对象被赋值，上述 main 可以添加 "A(4)=a1;" 对常量 A(4)赋值；若重载了 A operator+(const A&)const，还允许 "a1+a2=a3;" 即对 "和" 赋值，显然这类用法是极不合理的，正常情况下应该只允许对可写变量赋值，即只允许 A& operator=(const A&)&和 A& operator=(A&&)&noexcept 的重载形式。

若重载为 A& operator=(const A&)&和 A& operator=(A&&)&noexcept，则常量对象或临时对象不能被赋值，即不会允许 "A(4)=a1;" 对常量对象 A(4)赋值；若有 A operator+(const A&)const，也不允许 "a1+a2=a3;" 对临时对象即 "和" 赋值。而只允许 "a1=A(4);" 或 "a3=a1+a2;"，即只能对传统左值 a1

或 a3 赋值，显然，这种用法是非常符合常理的。

若希望常量对象或临时对象能被赋值，则可重载 A&operator=(const A&)&& 和 A& operator=(A&&)&&noexcept，这将允许 "A(4)=a1;" 和 "a1+a2=a3;"，而不允许传统左值被赋值如 "a1=A(4);"。注意，A&operator=(const A&) 相当于同时定义了 A&operator=(const A&)& 和 A&operator=(const A&)&&，因此，如果已经定义了 A&operator=(const A&)，则不能定义 A&operator=(const A&)&和 A&operator=(const A&)&&中的任何一个函数。

构造函数可以为变量、参数、常量等生成临时对象，临时对象如 string("abc")等一般被优先视为无址传统右值或常量，因为不能用取址操作&string("abc")获得 string("abc")的永久地址。注意 "string("abc")=string("def");"是正确的语句，但这造成了对象常量也能被修改的困惑。造成这一困惑的原因在于构造函数，因为构造函数没有返回类型，也不能附加 const 或 volatile 等进行说明，因此构造返回的 string("abc")优先被认为只读无址右值，但必要时也可以当作可写的临时对象或将亡值，导致上述 "string("abc")=string("def");"调用函数 string& operator=(string&&)。

对于 string& operator=(string&&)，this 的类型为 string*const this，即它指向的是可写对象类型 string，该可写对象和必要时被当作可写对象的 string("abc")类型一致，故 string("abc")的临时缓存地址可以传给 this；另一方面，临时对象 string("def")被优先视为无址传统右值，将优先被 string& operator=(string&&s)的形参 s 引用。因此，string("abc")和 string("def");"分别能和 string& operator=(string&&s)的 this 和 s 匹配，故 string("abc")=string("def");"最终调用的是 string& operator=(string&&)。

类似的，""abc"s=string("def");"也是正确语句。同 "string("abc")=string("def");"一样，""abc"s=string("def");"也调用了 string& operator=(string&&)，记住它们匹配的是赋值运算符函数的调用，至于是否修改了临时对象"abc"s 则另当别论。注意函数 string& operator=(string&&)返回的 string&是可写传统左值，因此，调用之后的返回值还可以被再次修改赋值，即可用 "("abc"s=string("def"))==string("hij");"对 ""abc"s"再次赋值。同理，其他 "op=" 形式的运算也是正确的，例如"abc"s+=string("def");"也是正确语句。

如果将 string& operator=(string&&)修改为 string& operator=(string&&)&，则后者的 this 只能接受有址传统左值例如可写变量 "string s;"，如此前述 string("abc")=string("def");"和 ""abc"s=string("def");"将都不能调用 string& operator=(string&&)&，而 s 作为有址传统左值能被 string& operator=(string&&)&的 this 接受，因此，赋值语句 "s=string("def");"将调用 string& operator=(string&&)&。注意，C++标准类库中的 string& operator=(string&&) 同时具备 string& operator=(string&&)& 和 string& operator=(string&&)&&的功能。

如果将 string& operator=(string&&)修改为 string& operator=(string&&)&&，则后者的 this 只能接受无址传统右值或临时对象，因此，"string("abc")=string("def");"和 ""abc"s=string("def");"都可以调用 string& operator=(string&&)&&。反之，对于 "string s;"定义的可写变量 s，"s=string("def");"不能调用 string& operator=(string&&)&&。由此可见，如果 C++的标准类库将 string& operator=(string&&)改为 string& operator=(string&&)&，就不会造成 ""abc"s=string("def");"中对象常量也能被修改的困惑。

## 11.3.2　构造函数的重载

若类的数据成员包含指针成员，当被构造新对象通过自定义的深拷贝构造函数初始化时，该指针成员应指向新对象为自己分配的内存，并应读取、复制和存储另一对象的指针成员指向的内存数据，即将相关数据深拷贝到新对象指针成员指向的内存。而当被构造新对象通过移动构造函数初始化时，应将另一对象指针成员的值赋给新对象的指针成员，同时将前述另一对象指针成员的值设为空，即通过指针成员的浅拷贝或内存块的"移动"完成新对象的构造，达到将另一对象的内存块"移动"给新对象的目的。

【例 11.9】　定义一个字符串类，实现字符串连接等运算。

```
#define _CRT_SECURE_NO_WARNINGS
#include <string.h>
#include <iostream>
using namespace std;
class STRING {
    char *s;
public:
    STRING(const char *c) {strcpy(s=new char[strlen(c)+1],c);}
    STRING(const STRING &s);                          //深拷贝构造函数
    STRING(STRING &&s) noexcept;                       //移动构造函数
    virtual STRING& operator=(const STRING &s);        //深拷贝赋值函数
    virtual STRING& operator=(STRING &&s)noexcept;     //移动赋值函数
    virtual int operator>(const STRING &c)const {return strcmp(s,c.s)>0;}
    virtual int operator==(const STRING &c)const {return !strcmp(s,c.s);}
    virtual int operator<(const STRING &c)const {return strcmp(s,c.s)<0;}
    virtual char &operator[](int x) {return s[x];}
    virtual STRING operator+(const STRING &)const;
    virtual STRING &operator+=(const STRING&s) {return *this=*this+s;};
    virtual ~STRING() noexcept {if (s) {delete[]s;s=0;};};
};
STRING::STRING(const STRING &s) {                      //深拷贝构造函数
    if(this==&s) throw "initiliaze with itself";       //防止出现变量定义：STRING r(r);
    STRING::s=new char[strlen(s.s) + 1];
    strcpy(STRING::s,s.s);                             //深拷贝
}
STRING::STRING (STRING &&s) noexcept {                 //移动构造函数
    STRING::s = s.s;                                   //浅拷贝：移动给当前调用对象
    s.s = nullptr;                                     //移动后处理：防止 s.s 释放内存
}
STRING& STRING::operator=(const STRING &s)             //深拷贝赋值函数
{
    if (this==&s) return *this;                        //防止 s1=s1 的赋值
    if(STRING::s!=nullptr) delete STRING::s;
    STRING::s=new char[strlen(s.s)+1];
    strcpy(STRING::s,s.s);                             //深拷贝
    return *this;
}
STRING& STRING::operator=(STRING &&s) noexcept         //移动赋值函数
{
```

```
        if (this==&s) return *this;
        if (STRING::s != nullptr) delete STRING::s;      //防止内存泄漏
        STRING::s=s.s;                                   //浅拷贝：移动给当前调用对象
        s.s=nullptr;                                     //移动后处理：防止s.s释放内存
        return *this;
    }
    STRING STRING::operator+(const STRING &c)const
    {
        char *t=new char[strlen(s)+strlen(c.s)+1];
        STRING r(strcat(strcpy(t,s),c.s));
        delete[]t;
        return r;
    }
    int main()
    {
        STRING s1("S1"),s2="S2",s3("S3");
        s1=s1+s2;                //调用operator+(const STRING&)const 及 operator=(const STRING &)
        s1+=s3;                  //调用operator+=(const STRING &)
        s3[0]='T';               //调用char &operator[](int x)
        cout<<"s1="<<s1<<"\n";    //用s1调用operator const char*(), 得到s1.s
        cout<<"s3="<<s3<<"\n";    //同上，得到s3.s
        s3=STRING("movable");    //移动语义，调用STRING& operator=(STRING &&s)
    }
```

程序的输出如下所示。

```
s1=S1S2S3
s3=T3
```

例 11.9 定义了具有移动语义的移动构造和移动赋值函数成员。但对取字符串的字符函数 "char &operator[](int x)"，重载的 "[]" 运算符函数成员没有检查下标越界。注意，主函数 main() 返回时将按 s3、s2、s1 的顺序自动执行析构函数。

### 11.3.3　安全的编程方法

当类包含指针类型的数据成员时，必须重载构造函数和赋值运算符函数，完成深拷贝构造和深拷贝赋值操作，以防变量定义或调用返回链中的浅拷贝导致内存泄漏等现象；基于常量完成移动构造及移动赋值工作，可以提高程序的执行效率。假设类 T 包含指针类型的数据成员，为了安全、正确地定义和使用类 T，应注意以下几点。

（1）应定义 T(const T &) 形式的深拷贝构造函数。

（2）应定义 T(T &&) noexcept 形式的移动构造函数。

（3）应定义 virtual T &operator=(const T &) 或 virtual T &operator=(const T &)& 形式的深拷贝赋值运算符。

（4）应定义 virtual T &operator=(T &&) noexcept 或 virtual T &operator=(T &&)&noexcept 形式的移动赋值运算符。

（5）应定义 virtual ~T() 形式的虚析构函数。

（6）在定义引用 T &p=*new T() 后，要用 delete &p 删除对象。

（7）在定义指针 T *p=new T()后，要用 delete p 删除对象。

（8）对于形如 "T a;T&&f();" 的定义，不要使用 "T &&b=f();" 之类的声明和 "a=f();" 之类的语句，否则容易产生不可预料的执行结果。

（9）在有虚函数的 T 类的实例函数成员里，不要调用 memset 等函数将 T 类整个对象全部清 0，否则就会破坏对象中的虚函数入口地址表指针，从而破坏 T 类对象及其共享该虚函数入口地址表指针的子类对象的多态特性。

（10）在有虚基类的 T 类的实例函数成员里，不要调用 memset 等函数将 T 类整个对象全部清 0，否则就会破坏 T 类对象中的虚基类位置指针，从而造成 T 类对象无法向该虚基类进行类型转换。

（11）在 T 类具有实例成员指针类型的实例数据成员时，不要调用 memset 等函数将 T 类整个对象全部清 0，这样反而会导致该对象此实例数据成员成为非空指针。总之，memset 和 memcpy 对于类来说都比较危险。

（12）在有虚函数且作为父类的 T 类里，除其构造和析构函数之外的实例函数成员，不要通过 this 调用类 T 的构造函数或析构函数，也不要使用 placement new 即 new(this) T(…)等形式调用构造函数，否则将会破坏 T 类的子类对象的多态特性。

在上述函数 f()的函数体内，通常要产生一个 T 类临时对象，来作为函数 f()的返回值，但是，即便移动语义延迟析构该临时对象，返回后该临时对象还是析构了，因此，该临时对象的指针成员已释放内存。在将返回值移动赋值给 a 后，导致 a 的指针成员指向已被释放的内存块，该内存块极可能被另一个程序申请，造成 a 的指针指向另一个程序的内存块，一旦通过指针赋值就会被操作系统的页面保护功能禁止。

移动构造函数和移动赋值函数主要用于移动语义，这些函数接收的实参对象应该为无址表达式，调用时通常使用常量对象传给它们的形参。例如，若在 main()函数中定义了 T 类对象 t，则 t=T()将使用常量对象 T()作为实参，优先调用移动赋值运算符函数 T &operator=(T &&f) noexcept，常量对象 T() 将作为实参传给形参 T&&f。注意若没有提供上述移动赋值运算符函数，则 T()也可以传给拷贝赋值运算符函数 T &operator=(const T &g)的参数 g。

移动语义带来的好处是：在常量对象分配的内存块多次传递的过程中，可以避免反复申请、复制和释放内存，从而提高整个程序的执行效率。如果不使用常量对象如 T()作为实参，而将 T 类变量 v 经过强制类型转换后作为实参传给形参 f，则调用 T &operator=(T &&f)noexcept 并经过移动处理后，v 的指针成员实际上已被置为 nullptr 了，也就是说变量 v 已变得没有用处了。

如果 T &operator=(T &&f) noexcept 不做移动后的指针置 nullptr 处理，就会造成两个对象的指针成员指向同一块内存。这两个对象总有一个先 "死"，先 "死" 的对象会释放指针成员指向的共同内存块；对另一个仍然存活的对象来说，它实际上也是过早地 "作废" 了。如果释放的内存被另一个程序申请到，并且存活的对象还试图通过指针访问该内存，就会导致一个程序访问另一个程序的内存，操作系统会因页面保护而 "杀死" 当前程序。

## 11.4　类型转换与内存管理

函数调用是通过实参与形参的匹配完成的，运算符函数的调用也是这样。为了让实参对象能与不同类型的数据进行运算，并且对象能随意出现在双目运算符的左边和右边，可能需要重载很多运算符函数。为适应不同类型数据并减少重载数量，应提供数据类型自动转换函数。

## 11.4.1　单个显式参数构造函数

参数表内有单个参数的构造函数能自动起到类型转换的作用，它可以将形参类型的值转换为当前类类型的对象。当运算时需要这样的类型转换时，编译程序就会自动调用构造函数，完成实参到对象的转换。

【例 11.10】　定义复数类型，实现加法运算。

```cpp
class COMPLEX{
    double r,v;                      //复数的实部 r 和虚部 v
public:
    COMPLEX(double r1,double v1) {r=r1;v=v1;}
    COMPLEX operator+(const COMPLEX &c)const
    {return COMPLEX(r+c.r,v+c.v);};
    COMPLEX &operator+=(const COMPLEX &);
    COMPLEX operator+(double d)const {return COMPLEX(r+d,v);};
    COMPLEX &operator+=(double);
};
COMPLEX &COMPLEX::operator+=(const COMPLEX &c)
{
    r+=c.r;v+=c.v;
    return *this;
};
COMPLEX &COMPLEX::operator+=(double d)
{
    r+=d;
    return *this;
}
int main()
{
    COMPLEX c1(2,4),c2(3,4);
    c1=c1+c2;               //调用 COMPLEX operator+(const COMPLEX &)
    c1=c1+'2';              //调用 COMPLEX operator+(double d)
    c1+=c2;                 //调用 COMPLEX &operator+=(const COMPLEX &)
    c1+=2.5;                //调用 COMPLEX &operator+=(double d)
}
```

上述程序仅定义加法运算就已经重载了多个运算符函数。如果再定义减法运算，那么重载的运算符函数就更多了。为了减少运算符函数的重载个数，可以定义只有单个参数的构造函数，以便在必要时能完成其他类型到当前对象类型的转换。

T 类可定义单参数的 T::T(A)、T::T(const A)、T::T(const A&)等，必要时能完成 A 类型到 T 类型的强制转换。当 A 为对象类型时，建议应定义 T::T(const A&)和 T::T(A&&)。COMPLEX(double)能够把整型、字符型和双精度浮点型等数据自动转换为 COMPLEX 类型，因为整型、字符型等可以自动转换为双精度浮点型，而 COMPLEX(double)可用双精度浮点数构造 COMPLEX 类型的对象。

**【例 11.11】** 定义复数类型，实现加法运算。

```
class COMPLEX{
    double r,v;
public:
    COMPLEX(double r1){r=r1;v=0;}
    COMPLEX(double r1,double v1){r=r1;v=v1;}
    COMPLEX operator+(const COMPLEX &c)const
    {return COMPLEX(r+c.r,v+c.v);};
    COMPLEX &operator+=(const COMPLEX &c);
};
COMPLEX &COMPLEX::operator+=(const COMPLEX &c)
{
    r+=c.r;v+=c.v;
    return *this;
};
int main()
{
    COMPLEX c1(2,4),c2(3,4);
    c1=c1+c2;                 //调用 COMPLEX operator+(const COMPLEX &)
    c1=c1+'2';                //调用 COMPLEX operator+(const COMPLEX &)
    c1+=c2;                   //调用 COMPLEX &operator+=(const COMPLEX &)
    c1+=2.5;                  //先将 2.5 强制转换为常量对象 COMPLEX(2.5)，再做"+="运算
}
```

例 11.11 通过定义 COMPLEX(double r1)，减少了运算符的重载个数。如果需要定义更多种类的运算，则 COMPLEX(double r1)的好处将更加显著。本例的两个构造函数可等价地合并成一个构造函数 COMPLEX(double r1, double v1=0)，这将进一步减少函数的定义个数。

## 11.4.2　强制类型转换重载函数

有时需要将当前类的对象转换为其他类或者简单类型的值，为此，必须通过"operator 类型表达式()"重载强制类型转换函数。由于转换后的类型就是函数的返回类型，因此，强制类型转换函数不需要定义返回类型，"类型表达式"就是其默认的不一定是 int 的返回类型。

**【例 11.12】** 强制类型转换函数的定义及用法。

```
struct A{
    int i;
    A(int v) {i=v;}
    operator int()const{return i;}        //定义 A 类到"int"类型的强制类型转换函数
};
struct B{
    int i,j;
    B(int x,int y) {i=x;j=y;}
    operator int() const {return i+j;}    //定义 B 类到"int"类型的强制类型转换函数
    operator A() const {return A(i+j);}; //定义 B 类到 A 类的强制类型转换函数，返回 A 类型
};
int main()
{
```

```
A a(5);
B b(7,9);
B c(3,a);                        //调用A::operator int()转换a，等价于B c(3,5)
B d(a,b);                        //调用B::operator int()转换b，等价于B d(5,16)
int i=1+a;                       //调用A::operator int()转换a，i=6
i=b+3;                           //调用B::operator int()将b转换成整数16，i=19
i=a=b;                           //等价于a=b.operator A()，i=a.operator int()，i=16
}
```

在定义了强制类型转换函数之后，例 11.12 的程序虽然没有重载加法运算符，但能通过类型转换完成加法运算。在去掉类 B 的 operator A()const 以后，程序略做修改就能正常工作，只要把最后一条语句"a=b;"改为"a=(int) b;"即可。"(int) b"会调用 b.operator int()将 b 转换为整数 16，而后因 a 与 int 类型不同而无法进行"a=16;"赋值。但是，由于定义了单参数构造函数 A(int)，它能将整数 16 自动转换成 A 类对象 A(16)，编译程序将自动生成拷贝赋值运算符，然后再调用它完成 a=A(16)赋值运算。

在例 11.9 中，若 STRING 定义了"operator const char *(){return s;}"，就可以直接调用 printf()函数输出对象 s1，编译将"printf(s1);"转换为"printf(s1.operator const char *());"，进而计算"s1.operator const char *()"得到 s1.s，即可由"printf(s1.s);"输出 s1 的字符串 s1.s。函数 printf()的第一个参数要求是 const char*类型，对象 s1 经过转换后的 s1.s 的返回类型也为 const char*。当然，显式强制转换"printf((const char *)s1);"也将被编译为"printf(s1.operator const char*());"。

有些人喜欢用 int(3)代替(int)3，并觉得两者没有什么区别。对于简单类型确实如此，但对于类就有区别了。例如，A(B(0))是用 B 类型常量 B(0)作为实参，调用可能的构造函数 A(const B&)；而(A)B(0)则等价于 B(0).operator A()，即调用 B 类的实例函数成员 operator A()，可见 A(B(0))和(A)B(0)两种写法还是有较大差别的。

### 11.4.3　重载 new 和 delete

实际上，在头文件"new.h"中，new()、delete()和 set_new_handler()都是全局函数。就像其他 extern 存储位置特性的标准全局函数一样，调用前必须在程序中包含声明这些函数的头文件。在头文件"new.h"中，定义的 new()和 delete()的原型如下。

```
extern void* operator new(unsigned bytes);    //函数参数为存储某类型数据需要的字节数
extern void operator delete(void *ptr);       //函数参数ptr可接受任何具体类型指针的实参
```

函数 new()的参数就是待分配内存的字节数，注意，返回类型必须是 void*。但是，在使用运算符 new 分配内存时，实际使用的实参是类型表达式，而不使用内存字节数作为 new 的实参。编译程序会根据类型表达式的描述，计算需要的内存字节数并调用上述 new()函数。

用运算符 new 和 delete 管理内存可满足大多数应用程序的需要。但是在某些情况下，为了更高效地利用内存或克服机器内存不足的缺陷，需要重载运算符 new 和 delete 来实现内存的精细管理。Windows 操作系统分配内存的单位为节，即 16 字节，哪怕是"new char"只需 1 字节的内存，也至少会分配不少于 16 字节的内存，因此会浪费掉大量的内存。

可在整个程序范围内重载内存管理函数，也可只针对某个类重载其内存管理函数。针对特定的类重载内存管理函数更为常见,因为不同的类具有不同的结构和不同的内存需求。对于某个类重载的 new 和 delete 静态函数成员,在 new 分配内存后编译程序会自动调用构造函数,在执行 delete 释放内存前编译程序会自动调用析构函数。

运算符 new 和 delete 不能高效管理特别小的内存。每当用运算符 new 分配一块内存时,都会因为内存冗余而造成极大的内存浪费。对于特别大的类型的对象,相对而言这种浪费影响不大。此外,操作系统采用链表管理内存,太多的小块内存会影响内存搜索,从而严重降低内存分配和释放的速度。delete 的参数可定义为 const volatile void*,这样几乎可以接受任何类型的实参。

在需要绘制大量点的绘图软件中,每个 POINT2D 点对象只包括两个整数,如果使用 new 创建了几万个 POINT2D 对象,而不重载运算符 new 将会浪费许多内存。重载 new 进行内存管理的一般策略为:先从操作系统分配一大块内存,然后再细分给 POINT2D 对象。这样就可大大减少内存浪费。在重载 delete 释放小块内存时,先将小块内存归还给大块内存,待大块内存收集完整时,再释放给操作系统。

【例 11.13】　重载 new 和 delete,以便更好地为 POINT2D 类分配内存。

```
class POINT2D {
    int x,y;
    static struct Block {                        //自定义的大块内存管理链表
        int xy[32][2];                           //每个大块内存包含32个小块内存
        unsigned long used;                      //小块内存使用位图标记
        Block* next;                             //下一个大块内存链表
    } *list;                                     //大块内存管理链表表头指针
public:
    int& X() {return x;}                         //点坐标 x 访问函数
    int& Y() {return y;}                         //点坐标 y 访问函数
    static void* operator new(unsigned);         //默认为 static 成员函数
    static void operator delete(const volatile void*);//默认为 static 成员函数
};
POINT2D::Block* POINT2D::list=0;
void* POINT2D::operator new(unsigned bytes)      //用链表实现,实际未用 bytes
{
    Block* r;
    for (r=list;r!=0;r=r->next) {
        if (r->used==0xFFFFFFFFL) continue;
        for (int i=0;i<32;i++)
            if (!i && !(r->used & 1) || !(r->used>>i & 1)) {
                r->used+=1L<<i;
                return r->xy[i];                 //找到空闲小块内存
            };
    }
    r=new Block;                                 //没有空闲小块内存,重新分配一大块内存
    r->next=list;
    list=r;
    r->used=1;
    return r->xy[0];
}
void POINT2D::operator delete(const volatile void*p)
```

```
{
    Block* r,* q=0;
    for (r=list;r != 0;q=r,r=r->next)
        for (int i=0;i<32;i++) {
            if (!(((r->used>>i) & 1) && (r->xy[i]==p)))continue;
            //搜索小块内存所在的大块内存
            r->used-=1L<<i;
            if (r->used) return;           //大块内存尚未收齐，小块内存则返回
            if (r==list) {
                list=r->next;
                delete r;
                return;
            }
            q->next=r->next;               //从大块内存链表中摘除大块内存
            delete r;                      //释放大块内存
            return;
        }
};
int main()
{
    POINT2D* p=(POINT2D*)POINT2D::operator new(sizeof(POINT2D));
    p->X()=5;p->Y()=6;
    int x=p->X(),y=p->Y();
    POINT2D::operator delete(p);           //不能忘记释放 p 指向的内存
}
```

例 11.13 先粗分一大块内存，然后从这一大块内存中，每次分配一个 POINT2D 对象，通过定义静态指针成员 list，实现了 POINT2D 的内存精细管理。重载的 new() 函数没有处理 bytes 形参，不能一次连续分配多个点对象如 POINT2D 数组。上述类还可重载 static void* operator new[](unsigned)和 static void operator delete[](const volatile void*)，以满足对象数组的内存管理。

## 11.5　重载<=>、[]及文本运算符

### 11.5.1　重载<=>运算符

三路比较运算符<=>的返回结果可能有三种类型，即 partial_ordering、weak_ordering、strong_ordering，这三种类型均为名字空间 std 定义的类型。返回类型为 partial_ordering 的 "<=>" 重载函数在无法排序时，允许返回结果 partial_ordering::unordered。因此，当一个类的两个对象有这种情形时，这个类重载<=>时应返回 partial_ordering 类型。

类型 weak_ordering 和 strong_ordering 均不允许无法排序。weak_ordering 的排序结果为 weak_ordering::less、weak_ordering::equivalent、weak_ordering::greater。strong_ordering 的排序结果为 strong_ordering::less、strong_ordering::equal、strong_ordering::equivalent、strong_ordering:: greater。到底 strong_ordering::equal 和 strong_ordering::equivalent 有何区别让人困惑。C++新标准暂时定义 strong_ordering::equivalent＝strong_ordering::equal。

通过 weak_ordering 排序相等的两个对象还可以再被区分，而通过 strong_ordering 排序相等的两个对象不能再被区分。以自定义的存放字符串的 String 类为例，若 operator==被重载为深比较，即字符串中每个字符的比较，则两个 String 对象排序相等也可以再被区分，如两个对象的名字或者地址不同。但若 operator==被重载为浅比较，即两个对象的首地址的排序比较，则排序相等的两个对象不能再被区分。

不过 C++不允许仅仅返回类型不同的重载，故 operator==不能既重载为返回 weak_ordering 类型（深比较），又重载为返回 strong_ordering 类型（浅比较）。这恐怕是 C++ 新标准定义 strong_ordering::equivalent＝strong_ordering::equal 的原因。strong_ordering 排序应该比较对象的所有成员，且每个成员的比较结果都应为 strong_ordering 类型，这样才能尽可能地保证排序相等的对象不能再被区分，比如一个由两个 int 类型的成员构成的对偶类 Pair（或 Dual）。

C++ 2020 引入<=>的目的在于让编译程序自动生成<、<=、==、!=、>=、>等比较运算符的重载函数。程序员要自己判断自动生成的重载函数是否适用，不适用时可自行重载运算符<=>。无论程序员自行重载<=>还是接受编译程序提供的<=>，对<、<=、>=、>运算符函数的调用，都将自动转换为对运算符函数<=>的调用；对==、!=运算符函数的调用，将转化为调用自定义或自动生成的==、!=重载函数。

由此可见，若程序员自行重载运算符函数<=>，则还需载运算符函数==、!=，才能支持<、<=、==、!=、>=、>等所有比较运算。程序员自行重载运算符<=>时，根据需要可返回 partial_ordering、weak_ordering、strong_ordering 类型，也可返回 int 类型的值。对于 a<=>b，若 a<b 则 a<=>b 应返回 less（或 -1）；若 a==b 则 a<=>b 应返回 equal（或 0）；否则应返回 greater（或 1）。而对于程序员自行重载的运算符==、!=，应按常规对比较运算返回布尔类型的值。例 11.14 展示了自行重载<=>和接受编译提供的<=>的方法。

【例 11.14】　对偶类自行重载<=>和用 default 接受编译提供的<=>的方法。

```
#include<typeinfo>
#include<iostream>
using namespace std;
class Pair { //自行重载对偶类
    int x,y;
public:
    strong_ordering operator<=>(const Pair&v)const{    //应比较所有成员，也可返回int类型
        if (x < v.x || x == v.x && y < v.y) return strong_ordering::less;
        if (x > v.x || x == v.x && y > v.y) return strong_ordering::greater;
        return strong_ordering::equal;
    }
    bool operator==(const Pair& v) const {        //必须额外重载==
        return operator<=>(v)==0;
    }
    bool operator!=(const Pair& v) const {        //必须额外重载!=
        return operator<=>(v) != 0;
    }
    Pair(int x,int y):x(x),y(y) {}
}s1 = {1,2},s2 = {2,2};                           //调用构造函数
class Dual {
    int x,y;
```

```
public:
    auto operator<=>(const Dual& v)const = default;    //可用 strong_ordering 代替 auto
    Dual(int x,int y):x(x),y(y) {}
}t1 = {1,2},t2 = {2,2};                                //调用构造函数 Dual(int, int)
int main() {
    auto d=s1<s2;  //d 类型为 bool, 调 strong_ordering operator<=>(const Pair&v)const
    auto e=t1<t2;  //e 类型为 bool, 调 strong_ordering operator<=>(const Dual&v)const
    auto f=s1<=s2; //f 类型为 bool, 调 strong_ordering operator<=>(const Pair&v)const
    auto g=t1<=t2; //g 类型为 bool, 调 strong_ordering operator<=>(const Dual&v)const
    auto h=s1==s2; //h 类型为 bool, 调 bool operator==(const Pair&v)const
    auto i=t1==t2; //i 类型为 bool, 调 bool operator==(const Dual&v)const
    auto j=s1!=s2; //j 类型为 bool, 调 bool operator!=(const Pair&v)const
    auto k=t1!=t2; //k 类型为 bool, 调 bool operator!=(const Dual&v)const
    auto l=s1>=s2; //l 类型为 bool, 调 strong_ordering operator<=>(const Pair&v)const
    auto m=t1>=t2; //m 类型为 bool, 调 strong_ordering operator<=>(const Dual&v)const
    auto n=s1>s2;  //n 类型为 bool, 调 strong_ordering operator<=>(const Pair&v)const
    auto o=t1>t2;  //o 类型为 bool, 调 strong_ordering operator<=>(const Dual&v)const
    auto p=s1<=>s2;//调返回类型同 p 的 strong_ordering 的 operator<=>(const Pair&v)const
    auto q=t1<=>t2;//调返回类型同 q 的 strong_ordering 的 operator<=>(const Dual&v)const
}
```

注意，可以用"auto operator<=>(const Dual& v)const = default;"接受编译自动生成的<=>运算符函数。如果程序员不能自行确定<=>函数的返回类型，建议使用 auto 由编译程序自动推导<=>函数的返回类型。对于成员均为 int 的 Dual 类，可以比较有把握的断定<=>的返回类型应为 strong_ordering，因为 int 类型三路比较<=>结果为 strong_ordering 类型。可以使用"cout<<typeid(2<=>3).name();"输出三路比较 2<=>3 的结果类型。

## 11.5.2　重载[]运算符

运算符"[]"必须重载为双目运算实例函数成员，C++ 2023 拟支持三目及以上的"[]"重载，GCC 12.1 编译器已经支持三目以上"[]"的重载。不管"[]"重载为两目、三目还是更多目运算，运算符"[]"都必须重载为类的实例函数成员。重载"[]"为三目运算符后，矩阵类对象的数据元素的访问更加方便，例如，C 或 C++的 m[0][0]元素访问可用重载"[]"为三目运算符的调用 m[0,0]代替，后者更加符合数学中矩阵元素的访问习惯。

【例 11.15】　访问矩阵类 MAT 的数据元素的运算符"[]"的重载。

```
#include <typeinfo>
#include <iostream>
class MAT {
    int* const e;                         //用于存放矩阵元素
    const int r,c;                        //矩阵的行 r 和列 c
public:
    MAT(int r,int c);                     //定义 r 行 c 列的矩阵
    int* operator[](int r);               //重载[]用于传统的元素 m[0]的访问
    int& operator[](int r,int c);         //重载[]用于数学的矩阵元素 m[0,0]访问
    ~MAT()noexcept;
};
```

```
MAT::MAT(int r,int c):e(new int[r*c]{}),r(e?r:0),c(e?c:0){
    if(r<0 || c<0) throw "dimension error!";
    if(!e) throw "memory not enough!";
}
int* MAT::operator[](int r){
    if(r<0||r>this->r) throw "subscription error!";
    return e+r*c;
}
int& MAT::operator [](int r,int c){        //需要GCC 12.1版本以上的编译器支持
    if(r<0||r>this->r||c<0||c>this->c) throw "subscription error!";
    return e[r*this->c+c];
}
MAT::~MAT() noexcept{
    if(!e) return;
    delete[]e;
    (int*&)e=nullptr;
    (int&)r=0;
    (int&)c=0;
}
int main(){
    MAT m(2,3);
    m[1,2]=3;                      //调用 int& operator[](int r,int c)
    m[0][1]=4;                     //等价于m.operator[](0)[1]=4
}
```

任意维矩阵的数学访问形式都可以使用 operator[]运算符重载函数实现。注意 operator[]的显式参数表定义为空或者有省略参数也是可以的，但是显式参数表的形参不能定义有默认值。

## 11.5.3 重载文本运算符

文本运算符""""后缀符"必须重载为非成员函数，即不能重载为类的实例或者静态函数成员。例如，std::string 类的常量"abc"s 就是通过重载非成员函数"string operator "" s(const char*s,size_t len)"实现的；std::string_view 类的常量"abc"sv 就是通过重载非成员函数"string_view operator "" sv(const char*s,size_t len)"实现的；std::chrono::seconds 类的常量 23s 就是通过重载非成员函数"seconds operator "" s(unsigned long long v)"实现的。

从上述"abc"s、"abc"sv、23s 等常量对象可知，文本运算的"后缀符"可以是单个字符 s，也可以是多个字符 sv。文本运算符的重载仅有两种形式：①返回类型 operator "" 后缀符(const char*s,size_t len)；②返回类型 operator "" 后缀符(unsigned long long v)。注意以上两种形式的返回类型可以是简单类型、类或任意类型，由于以下划线"_"开始的"后缀符"要留给 C++自用，因此，程序员定义的文本运算的"后缀符"应以下划线"_"开始，不过 VS 2019 似乎没有做出特意的保留限定。

【例 11.16】 文本运算符两种形式的重载函数。

```
#include <stdlib.h>
unsigned long long operator ""s(const char* s,size_t len){     //参数类型不能修改
    return atoi(s);
}
```

```
unsigned long long operator ""l(unsigned long long v){        //参数类型不能修改
    return v;
}
int main(int argc,char*argv[],char*env[])
{
    unsigned long long ll;
    ll=1231;          //调用 unsigned long long operator ""l(unsigned long long v)
    ll="456"s;        //调用 unsigned long long operator ""s(const char* s, size_t len)
    return 0;
}
```

文本运算符一般用来定义类的常量对象即类的字面量，也就是其返回类型一般为类类型如 string 类型，所以，一般不会像上述重载函数那样返回简单类型。

## 11.6　运算符重载实例

表、树、堆、栈、队列、数组、元组、链表等常用数据结构可以使用类描述，并且可以通过提供运算符重载函数简化数据操作。对于这些数据类型，最常见的运算符重载包括+、-、=、[]、()、<<、>>等。

### 11.6.1　符号表运算的重载实例

符号表由一组"符号名，属性值"对偶组成，常见的运算包括查表、插入、删除等。通过为这些运算重载运算符函数，程序将变得更加简洁且可读性更高。查表运算、插入运算以及删除运算可以分别定义为[]、()、-运算。在重载()运算符时，可以定义任意一个参数，也可以省略参数。

【例 11.17】　定义符号表及执行查表、插入及删除运算。

```
#define _CRT_SECURE_NO_WARNINGS
#include <string.h>
#include <iostream>
using std::cout;            //仅 cout 可省略 std 访问 std::cout, 其他应全名访问如 std::operator<<
class SYMTAB;
struct SYMBOL {            //由于构造函数和析构函数都是私有的，故本类不能产生全局对象
    char *name;
    int value;
    SYMBOL *next;
    friend SYMTAB;         //友元类能定义 SYMBOL 对象：可访问私有构造函数和析构函数
private:
    SYMBOL(const char *,int,SYMBOL *);
    ~SYMBOL()noexcept {delete name;}
};
SYMBOL::SYMBOL(const char *s,int v,SYMBOL *n)
{
    strcpy(name=new char[strlen(s)+1],s);
    value=v;
    next=n;
}
class SYMTAB {
```

```
        SYMBOL *head;          //符号表的表头
public:
    SYMTAB() {head=0;};
    const SYMBOL*operator()(const char*,int); //()允许任意一个参数，C++ 2023建议[]有多个参数
    const SYMBOL*operator[](const char*);      //通过字符串查表得到符号
    int operator-(const char *);
    ~SYMTAB() noexcept;
};
SYMTAB::~SYMTAB() noexcept
{
    SYMBOL *p=head;
    while (p) {
        head=p->next;
        delete p;
        p=head;
    }
}
const SYMBOL *SYMTAB::operator() (const char *s,int v)
{ //插入运算
    return head=new SYMBOL(s,v,head);
}
const SYMBOL *SYMTAB::operator[](const char *s)
{ //查表运算
    SYMBOL *h;
    for (h=head;h!=0;h=h->next)
        if (strcmp(s,h->name)==0) break;
    return h;
}
int SYMTAB::operator-(const char *s)
{
    SYMBOL *p,*q;
    for (p=q=head;p!=0;q=p,p=p->next)
        if (strcmp(s,p->name)==0) break;
    if (p==0) return 0;
    if (q==head) head=p->next;else q->next=p->next;
    delete p;
    return 1;
}
int main()
{
    SYMTAB tab;
    const SYMBOL *s;
    s=tab("a",1);                          //插入元素，函数有三个实参：tab、"a"、1
    s=tab("b",2);                          //插入元素
    tab-"b";                               //删除元素，等价于 tab.operator-("b")
    if (s=tab["a"])                        //查表运算，s 存放查到的符号
        cout<<"Symbol a="<<s->value;       //cout 实参依赖查找调用 std::operator<<函数
    if (!tab["b"])                         //查表运算
        cout<<"\nSymbol b not found";      //cout 实参依赖查找调用 std::operator<<函数
}
```

在上述程序中，类 SYMBOL 的构造函数和析构函数的访问权限均为 private，故只有 SYMBOL 的函数成员和友元才能产生 SYMBOL 的对象，这种定义方式只允许特定的类产生对象，从而可以降低出错概率并缩小错误排查范围。注意，查表运算和插入运算均声明为返回 const SYMBOL*指针，通过该指针可以读取成员 name、value 和 next 的值，但不能修改该只读 SYMBOL 对象的成员值。

实参依赖查找（argument-dependent lookup，ADL）技术是 C++编译器为方便调用运算符重载函数而提供的"魔法"。在本例"using std::cout;"以后，省略 std 仅能访问名字空间 std 中的 cout 变量，省略 std 访问 cout 等价于全名访问 std::cout。由于没有"using namespace std;"，故 operator<<重载函数不能省略 std 访问，应这样调用 cout.std::ostream::operator<<("abc")，这种形式远比 cout<<"abc"复杂。

ADL 技术为了方便名字空间的函数调用，规定若实参如 cout 是名字空间 std 中的，则调用的函数也默认是 std 中的，除非在访问前自定义或声明了原型"相容"的函数，例如自定义了 std::ostream& operator<<(std::ostream&,const char*)，此时就会优先调用自定义的 operator<<函数。若删除"using std::cout;"，则直接写成 cout <<"abc"是错误的，而必须写成 std::cout<<"abc"。

【例 11.18】　在调用 operator<<之前或之后自己声明或定义 operator<<函数的区别。

```cpp
#include <iostream>
using std::cout;              //用 cout 会激活调用 std::operator<<，但自定义的 operator<<优先
extern void f();
int main() {
    cout << "abc";            //此时未自定义 operator<<，则 ADL 默认调 std::operator<<输出 abc
    f();                      //调用 f()不会输出 abc
}
std::ostream& operator<<(std::ostream& cout,const char*s){//自定义 operator<<函数
    return cout;              //自定义的 operator<<函数会直接返回，不会输出字符串 s
}
void f(){cout<<"abc";}//用 cout 调用自定义的 operator<<函数，该函数无输出
```

若将自定义的 operator<<函数整体移到 main 函数之前，或者在 main 之前加上 extern 函数声明该函数，则两条语句 cout <<"abc"都不会产生任何输出，总之 C++会优先使用自定义的函数。

## 11.6.2　栈及队列运算符重载实例

栈及队列是两种常用的数据结构。用两个栈可以模拟一个队列，或者用两个队列可以模拟一个栈。当用两个栈模拟一个队列时，根据两个栈的使用方式不同，可以体现出面向对象的继承、聚合或委托等概念。

运算符重载实例

【例 11.19】　利用两个栈继承和聚合模拟一个队列。

```cpp
#include <iostream>
using namespace std;
class STACK {
    int* const elems;                    //申请内存，用于存放栈的元素
    const int max;                       //栈能存放的最大元素个数
    int pos;                             //栈实际已有的元素个数，栈空时 pos=0;
public:
    STACK(int m);                        //构造栈：最多 m 个元素
```

```
    STACK(const STACK& s);                              //用栈 s 深拷贝构造新栈
    STACK(STACK&& s) noexcept;                          //用栈 s 移动构造新栈
    virtual int size() const;                          //返回栈的最大元素个数 max
    virtual operator int() const;                      //返回栈的实际元素个数 pos
    virtual int operator [] (int x) const;             //返回以 x 为下标的栈的元素
    virtual STACK&operator<<(int e)&;                  //将 e 入栈，并返回当前传统左值栈
    virtual STACK&operator>>(int& e)&;                 //出栈元素到 e，并返回当前传统左值栈
    virtual STACK&operator=(const STACK&s)&;           //s 深拷贝赋值给当前栈，并返回当前传统左值栈
    virtual STACK&operator=(STACK&&s)& noexcept;       //s 移动赋值给当前栈，并返回当前传统左值栈
    virtual void print() const;                        //输出栈元素
    virtual ~STACK() noexcept;                         //析构栈
};
STACK::STACK(int m): elems(new int[m]),max(elems ? m:0),pos(0) {}
STACK::STACK(const STACK& s):   //类有虚函数时不要用 memset 等初始化整个对象:破坏多态
    elems(this==&s? throw "error":new int[s.max]),
    max(elems ? s.max:0) {
    if (elems==nullptr) throw "memory not enough\n";
    for (pos=0;pos<s.pos;pos++) elems[pos]=s.elems[pos];   //深拷贝
}
STACK::STACK(STACK&& s) noexcept:elems(s.elems),max(s.max),pos(s.pos) {
    *(int**)&s.elems=nullptr;   //移动后处理，*(int**)&s.elems 等价于(int*&)s.elems
    *(int*)&s.max=s.pos=0;      //移动后处理，*(int*)&s.max 等价于(int&)s.max，参见第 2 章
}
int STACK::size() const {return max;}
STACK::operator int() const {return pos;}
int STACK::operator[] (int x) const {
    if (x<0||x>=max) throw "subscription overflowed\n";
    return elems[x];
}
STACK& STACK::operator<<(int e) & {
    if (elems==0) throw "stack not initialized\n";
    //勿将以下 pos 改为 operator int()或*this: this 指向子类对象会调用 QUEUE::operator int()
    //基类和派生类都有相同虚函数 operator int(): 上述修改可导致派生类发出的调用"回绕"或无穷递归
    if (pos==max) throw "stack is full\n";
    elems[pos++]=e;
    return *this;
}
STACK& STACK::operator>>(int& e) & {
    if (elems==0) throw "stack not initialized\n";;
    if (pos==0) throw "stack is empty\n";
    e=elems[--pos];
    return *this;
}
STACK& STACK::operator=(const STACK& s) & {
    if (this==&s) return *this;          //防止类似"s=s;"的语句出现问题
    if (elems) delete elems;             //不能用 if(elems) ~STACK():破坏派生类 QUEUE 的多态性
    *(int**)&elems=new int[s.max];       //不能用 new(this)STACK(s):破坏派生类 QUEUE 的多态性
    *(int*)&max=elems?s.max:(pos=0);     //类有虚函数时也不要用 memset，会破坏该类的多态特性
    if (elems==nullptr) throw "memory not enough\n";
    for (pos=0;pos<s.pos; pos++) {
```

```
        elems[pos]=s.elems[pos];          //深拷贝赋值
    }
    return *this;                          //返回当前栈
}
STACK& STACK::operator=(STACK&& s) & noexcept {
    if (this==&s) return *this;           //防止"s=static_cast<STACK&&>(s);"出现问题
    if (elems) delete elems;              //不能用if(elems) ~STACK()，破坏派生类QUEUE的多态性
    *(int**)&elems=s.elems;               //移动赋值, *(int**)&elems等价于(int*&)elems
    *(int*)&max=s.max;                    //移动赋值, *(int*)&max等价于(int&)max，参见第2章
    pos=s.pos;                            //移动赋值
    *(int**)&s.elems=nullptr;             //移动后处理
    *(int*)&s.max=pos=0;
    return *this;
}
void STACK::print() const {
    if (elems==0) return;
    for (int x=0;x<pos;x++)
        cout<<elems[x]<<" ";
    cout<<"\n";
}
STACK::~STACK() noexcept {
    if (elems==nullptr) return;
    if(elems) delete elems;
    *(int**)&elems=nullptr;               //防止再执行析构
    *(int*) & max=pos=0;
}
class QUEUE:public STACK {
    STACK s2;
public:
    QUEUE(int m);                         //初始化队列：每栈最多m个元素
    QUEUE(const QUEUE& q);                //用队列q深拷贝构造新队列
    QUEUE(QUEUE&& q) noexcept;            //用队列q移动构造新队列
    operator int()const;                  //返回队列实际元素个数，自动成为虚函数
    QUEUE& operator<<(int e) &;           //将e入队列，并返回原传统左值队列，自动成为虚函数
    QUEUE& operator>>(int& e) &;          //出队列到e，并返回原传统左值队列，自动成为虚函数
    virtual QUEUE& operator=(const QUEUE& q) &;    //深拷贝赋值q给队列，返回被赋传统左值队列
    virtual QUEUE& operator=(QUEUE&& q) & noexcept;//移动赋值q给队列，返回被赋传统左值队列
    void print() const;                   //输出队列，自动成为虚函数
    ~QUEUE() noexcept;                    //销毁队列，自动成为虚函数
};
QUEUE::QUEUE(int m):STACK(m),s2(m) {}
QUEUE::QUEUE(const QUEUE& q):STACK(q),s2(q.s2) {}
//以下QUEUE移动构造时，也应对父类和对象成员移动构造，使"宏观"与"微观"一致
//以下若父类用STACK(q)、成员用s2(q.s2)，则"微观"为深拷贝构造，而非移动构造
QUEUE::QUEUE(QUEUE&& q) noexcept:STACK(move(q)),s2(move(q.s2)) {}
QUEUE& QUEUE::operator=(const QUEUE& q) & {        //深拷贝赋值q给队列
    if (this==&q) return *this;
    *(STACK*)this=q;                               //等价于STACK::operator=(q);
    s2=q.s2;
    return *this;
```

```
}
QUEUE& QUEUE::operator=(QUEUE&& q)& noexcept{//浅拷贝移动赋值
    if (this==&q) return *this;
    *(STACK*) this=(STACK&&) q;              //父类也应移动赋值："宏观"与"微观"一致
    s2=(STACK &&) q.s2;                      //成员也应移动赋值："宏观"与"微观"一致
    return *this;
}
QUEUE::operator int() const {               //返回队列的实际元素个数 pos
    return STACK::operator int()+s2;        //不要写成 int(*(STACK*)this)+s2:多态会导致自递归
}//不要用 int((STACK)*this)+s2 或等价 int(STACK(*this))+s2:会构造 STACK 新对象,正确但低效
QUEUE& QUEUE::operator<<(int e) & {         //将 e 入队列,并返回原队列
    if ((int)s2) STACK::operator<<(e);else s2<<e;
    return *this;
}
QUEUE& QUEUE::operator>>(int& e) & {        //出队列到 e,并返回原队列
    if (s2==0)
        while (STACK::operator int())
        {
            int f;
            STACK::operator>>(f);
            s2<<f;
        }
    s2>>e;
    return *this;
}
void QUEUE::print() const {                 //输出队列
    for (int x=(int)s2-1;x>=0;x--)
        cout<<s2[x]<<" ";
    for (int x=0;x<STACK::operator int();x++)
        cout<<STACK::operator[] (x)<<" ";
    cout<<"\n";
}
QUEUE::~QUEUE() noexcept {}                  //基类对象和成员 s2 会被自动调用析构函数
int main(int a,char** s)
{
    QUEUE q(10);                            //构造队列,最多 10 个元素
    q<<1<<2<<3;                             //q<<1, 即 q.operator<<(1)返回 q,故可再用 2 入队列
    q.print();                              //输出队列
    QUEUE r(q);                             //调用深拷贝构造函数构造队列
    r.print();
    int x=20;
    x=q;                                    //得到队列元素个数,等价于 x=q.operator int();
    q>>x>>x;                                //出队列
    q.print();
    x=q;                                    //得到队列元素个数
    r=q;                                    //赋值运算: r.operator=(q)
    r.print();
    QUEUE t(QUEUE(10));      //t 调用移动构造函数 QUEUE(QUEUE&& q) noexcept
    t<<6<<7;                //等价于 t.operator<<(6).operator<<(7): t.operator<<(6)返回 t
    t.print();
}
```

在上述程序中，移动构造函数若定义为"QUEUE::QUEUE(QUEUE&& q) noexcept:STACK(q), s2(q.s2) {}"，则将调用深拷贝构造函数"STACK(const STACK &)"初始化基类和对象成员 s2。也就是说，当子类 QUEUE 是浅拷贝移动构造时，父类 STACK 和对象成员 s2 却实现为深拷贝构造。显然，这种父子类深浅不一致的构造实现是不合理的。类似地，"QUEUE& QUEUE::operator=(QUEUE&& q) noexcept"也不能深浅不一致地实现。

如第 6.5 节所述，在派生类 QUEUE 的构造函数中，STACK 和 QUEUE 自动满足父子类关系，因而父类引用变量可以引用子类引用变量所引用的子类对象。例如，在"QUEUE::QUEUE(const QUEUE& q):STACK(q),s2(q.s2){}"中，函数调用 STACK(q)用引用子类 QUEUE 的实参 q 作为其实参，传递给父类构造函数"STACK(const STACK& s)"的形参 s，实现父类引用形参 s 直接引用子类引用实参 q 所引用的子类对象，这种形参引用实参是 C++编译程序允许的。

如图 11.1 所示，在基类 STACK 非构造和析构函数如 STACK::operator=(const STACK&)&中，当通过 this 如 new(this)STACK(s)调用基类的构造函数时，如果该 this 实际上指向的是 QUEUE 派生类对象，则该调用会使 QUEUE 对象中的 VFT 指针指向 $VFT_{STACK}$，而在返回后又没有恢复 VFT 指针原本指向的 $VFT_{QUEUE}$，从而破坏了派生类对象的多态性。同理，在 STACK::operator=(const STACK&)&中调用其析构函数，例如将 if (elems) delete elems 改为 if (elems) ~STACK()，同样也会破坏派生类对象的多态性。

图 11.1 展示了不同于例 11.18 的 STACK::operator=(const STACK&)&函数，对于这样的函数，若定义了"QUEUE q1(10), q2(20);"，则在执行语句"q1=q2;"后再执行"q1.print();"，执行的是 STACK 的 print 函数，而非本应执行的派生类对象的 print 函数，因为 q1 的多态性被"q1=q2;"破坏了。注意第 8.5 节曾说明 memset 和 memcpy 也可能破坏多态性。如果某类以后不会或不允许有派生类，则前述通过 this 调用其构造函数或析构函数都是安全的。若将"class STACK{...};"改为"class STACK final{...};"，则 STACK 将不能用作 QUEUE 的基类，注意 final 需要 C++新标准的支持。

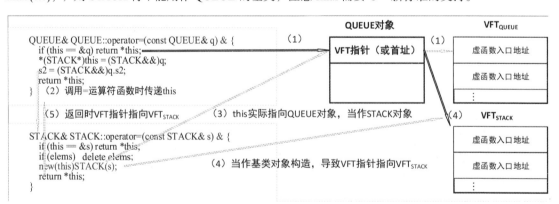

图 11.1　派生类对象调用 QUEUE::operator=(const QUEUE&)&多态被破坏的过程

注意 operator=(const STACK&s)&最后的&，可防止对常量对象或临时对象赋值，例如，"STACK(6)=STACK(4);"是错误的；若去掉该&，则"STACK(6)=STACK(4);"是正确的。同理，STACK::operator<<(int e)&后的&可防止"STACK(6)<<1;"往常量或临时栈对象压入元素。此外，由于派生类函数 operator=(const

QUEUE&)&和基类虚函数 operator=(const STACK&)&的显式参数表不同，因而该派生类函数不能自动成为虚函数，需要在其前面显式加上 virtual。当基类和派生类都有原型相同的虚函数例如本例的 operator int()const 时，不要随意将对数据成员如 pos 的访问改成使用函数调用如 operator int()实现，也不要在派生类实例函数成员中不加基类限定即不使用 STACK::operator int()调用该虚函数，否则可能会造成调用回绕或者造成无穷递归。

# 练习题

【题 11.1】什么是传统左值运算符？什么是传统右值运算符？重载类的传统左值运算符应返回什么样的类型？

【题 11.2】试举例说明哪些运算符的运算结果为传统左值？哪些运算符的第一个操作数必须为传统左值？

【题 11.3】当一个类包含指针类型的实例数据成员时，试举例说明，如果不重载深拷贝构造函数有何危害？

【题 11.4】指出以下程序中的语法错误及其原因。

```
class A {
    static int a=1;
    const int b;
protected:
    int c,&d;
    int A(int){b=c=d=e=f=0;}
public:
    int e,f;
    const int g=7;
    A & operator=(A & s) {return *this;};
} a={1,2,3,};
class B:protected A {
    int b;
protected:
    using A::a;
    B(int b) {b=b;};
    int operator ?:(int,int) {return 0;};
public:
    static B(int x,int y) {b=x+y;};
    int operator int() {return 1;};
    operator A() {return A(0);};
    B(int x,int y,int z) {b=x+y+z;};
} b(5);
int main() {
    int x;
    int &y=x;
    int &*z=&y;
    int A::*p=&A::b;
```

```
        int *q=&A::e;
        int A::**r;
        x=b.b;
        x=b.f;
        y=x+a;
        y=B(6);
        a=B(3,4,5);
        r=&q;
        a.*q=6;
        *(a.*r)=9;
}
```

【题 11.5】指出 main()函数的变量 i 在每条语句执行后的值。

```
int x=7;
int y=::x+5;
struct A {
    int x;
    static int y;
public:
    A &operator+=(A &);
    operator int() {return x+y;};
    A(int x=::x+1,int y=::y+11) {
        A::x=x;
        A::y=y;
    }
};
A & A::operator+=(A &a) {
    x+=a.x;
    y+=a.y;
    return *this;
}
int A::y=20;
int main() {
    A a(2,5),b(6),c;
    int i,&j=i,*p=&A::y;
    i=b.y;
    j=b.x;
    i=*p;
    j=c;
    i=a+c;
    i=b+=c;
    i=((a+=c)=b)+9;
}
```

【题 11.6】定义如下循环队列类型 QUEUE 中的函数成员。

```
class QUEUE {
    int *const elems;            //申请内存用于存放循环队列的元素
    const int length;            //队列的长度，最多存放 length-1 个元素
    int front,tail;              //队列首尾指针，队列空时 front==tail;
public:
    QUEUE(int m);                //初始化循环队列：长度 length=m
```

```
    QUEUE(const QUEUE & q);                      //用队列 q 深拷贝构造新队列
    QUEUE(QUEUE && q) noexcept;                   //移动构造：浅拷贝构造新队列
    virtual int Empty() const;                    //队列为空时返回 1, 否则返回 0
    virtual int Full() const;                     //队列为满时返回 1, 否则返回 0
    virtual int Length() const;                   //返回队列长度, 即 length
    virtual int Front() const;                    //返回队列的队首, 即 front
    virtual int Tail() const;                     //返回队列的队尾, 即 tail
    virtual int operator[] (int x) const;         //取下标为 x 的队列元素, x=0 表示队首
    virtual QUEUE& operator<<(int e)&;            //将 e 入队列, 并返回原队列
    virtual QUEUE& operator>>(int& e)&;           //出队列元素到 e, 并返回原队列
    virtual QUEUE& operator=(const QUEUE&q)&;     //深拷贝赋值 q 给被赋值队列
    virtual QUEUE&operator=(QUEUE &&q)& noexcept; //移动赋值
    virtual void print() const;                   //输出队列
    virtual ~QUEUE() noexcept;                     //销毁队列
};
```

【题 11.7】利用题 11.6 的两个队列类模拟一个栈，定义如下栈类 STACK 的函数成员。

```
class STACK: public QUEUE {
    QUEUE q;
public:
    STACK(int m);                               //每个队列长度为 m
    STACK(const STACK & s);                      //用栈 s 深拷贝构造栈
    STACK(STACK && s) noexcept;                   //浅拷贝移动构造新栈
    virtual operator int() const;                //返回栈的实际元素个数
    virtual int Empty() const;                    //返回栈是否已空, 空返回 1, 否则返回 0
    virtual int Full() const;                     //返回栈是否已满, 满返回 1, 否则返回 0
    int operator[] (int x) const;                //取下标为 x 的元素, 栈底下标为 0, 自动成为虚函数
    STACK& operator<<(int e) &;                   //将 e 入栈, 并返回当前栈, 自动成为虚函数
    STACK& operator>>(int& e) &;                  //出栈元素到 e, 并返回当前栈, 自动成为虚函数
    virtual STACK& operator=(const STACK& s)&;    //深拷贝赋值 s 并返回被赋值栈
    virtual STACK& operator=(STACK&& s)& noexcept; //移动赋值
    void print() const;                          //输出栈, 自动成为虚函数
    ~STACK() noexcept;                            //销毁栈, 自动成为虚函数
};
```

【题 11.8】定义一个位数不限的十进制整数类 DEC，完成加、减、乘、整除、求余等运算。该类定义如下，试定义其中的函数成员。

```
#define _CRT_SECURE_NO_WARNINGS                  //防止 strcpy 出现指针使用安全警告
#include <stdio.h>
#include <string.h>
#include <stdlib.h>
#include <exception>
using namespace std;
class DEC {
    char* const n;                              //存放十进制数
public:
    DEC(long);                                  //长整数当作十进制数
    DEC(const char* d);                         //数字串当作十进制数
    DEC(const DEC& d);                          //拷贝构造函数
    DEC(DEC && d) noexcept;                       //移动构造函数
```

```
    virtual ~DEC() noexcept;                        //析构函数
    virtual DEC operator-() const;
    virtual DEC operator+(const DEC& d) const;
    virtual DEC operator-(const DEC& d) const;
    virtual DEC operator*(const DEC& d) const;
    virtual DEC operator/(const DEC& d) const;
    virtual DEC operator%(const DEC& d) const;
    virtual int operator>(const DEC& d) const;
    virtual int operator<(const DEC& d) const;
    virtual int operator==(const DEC& d) const;
    virtual DEC& operator=(const DEC& d) &;         //拷贝赋值函数
    virtual DEC& operator=(DEC&& d)& noexcept;       //移动赋值函数
    virtual DEC operator++(int);
    virtual DEC operator--(int);
    virtual DEC& operator--();
    virtual DEC& operator++();
    virtual operator const char*() const;
};
```

【题 11.9】在下列程序中，main()函数的语句进行了哪些类型转换？它们都正确吗？

```
struct Y;
struct X {
    int i;
    X(int);
    operator int();
    X operator+(Y &);
};
struct Y {
    int i;
    Y(int);
    Y(X &);
    operator int();
};
int  main() {
    X x=1;
    Y y=x;
    intret;
    ret=y+10;
    ret=y+10*y;
    ret=x+y-1;
    ret=x*x+1;
}
```

【题 11.10】定义如下整数链表类中的函数成员。

```
class LIST {
    struct NODE {
        int value;
        NODE *next;
        NODE(int,NODE *);
    } *head;
public:
```

```
    LIST();
    LIST(const LIST &);                           //深拷贝构造
    LIST(LIST &&) noexcept;                        //浅拷贝移动构造
    virtual int find(int value) const;            //查找元素value,找到则返回1,否则返回0
    virtual int operator [](int k) const;         //取表的第k个元素
    virtual LIST operator+(const LIST &);         //表的合并运算
    virtual LIST operator+(int value);            //插入一个元素
    virtual LIST operator-(int value);            //删除一个元素
    virtual LIST& operator+=(const LIST &)&;      //表的合并运算
    virtual LIST& operator+=(int value)&;         //插入一个元素
    virtual LIST& operator-=(int value)&;         //删除一个元素
    virtual LIST& operator=(const LIST &)&;       //深拷贝赋值
    virtual LIST& operator=(LIST&&)&noexcept;     //浅拷贝移动赋值
    virtual ~LIST() noexcept;
};
```

【题 11.11】定义如下集合类的函数成员。

```
class SET {
    int *elem;                                    //存放集合元素的动态内存指针
    int count,total;                              //目前元素个数及最大元素个数
public:
    SET(int total);                               //最多存放m个元素
    SET(const SET &);                             //深拷贝构造
    SET(SET &&) noexcept;                         //浅拷贝移动构造
    int find(int val)const;                       //找到值为val的元素,则返回1,否则返回0
    int full(void)const;                          //集合满时返回1,否则返回0
    int empty(void)const;                         //集合空时返回1,否则返回0
    virtual SET operator+(const SET &)const;      //集合的并集
    virtual SET operator-(const SET &)const;      //集合的差集
    virtual SET operator*(const SET &)const;      //集合的交集
    virtual SET operator<<(int value)&;           //增加一个元素
    virtual SET operator>>(int value)&;           //删除一个元素
    virtual SET &operator+=(const SET &)&;        //集合的并集
    virtual SET &operator-=(const SET &)&;        //集合的差集
    virtual SET &operator *=(const SET &)&;       //集合的交集
    virtual SET &operator<<=(int value)&;         //增加一个元素
    virtual SET &operator>>=(int value)&;         //删除一个元素
    virtual SET &operator=(const SET &)&;         //深拷贝赋值
    virtual SET &operator=(SET &&)& noexcept;     //浅拷贝移动赋值
    virtual ~SET() noexcept;
};
```

【题 11.12】定义如下队列类的函数成员。

```
class QUEUE {
    struct NODE {
        int  value;
        NODE *next;
        NODE(int,NODE *);
    } *head;
public:
    QUEUE();                                      //构造空队列
    QUEUE(const QUEUE &);                         //深拷贝构造
```

```
    QUEUE(QUEUE &&) noexcept;                               //浅拷贝移动构造
    virtual QUEUE& operator=(const QUEUE &)&;               //深拷贝赋值
    virtual QUEUE& operator=(QUEUE &&)& noexcept;           //浅拷贝移动赋值
    virtual operator int(void)const;                        //返回队列元素个数
    virtual volatile QUEUE &operator>>(int &)volatile&;     //从队列中取出一个元素
    virtual volatile QUEUE &operator<<(int)volatile&;       //往队列中加入一个元素
    virtual ~QUEUE() noexcept;
};
```

【题 11.13】定义一个存放单词的字典类，并编写其中的函数。

```
class DICTIONARY {
    char ** const words;                                    //用于存放单词
    const int max;                                          //字典可以存放单词的最大个数
    int pos;                                                //当前可以存放单词的空闲位置
public:
    DICTIONARY (int max);                                   //max 为最大单词个数
    DICTIONARY (const DICTIONARY&);                         //深拷贝构造
    DICTIONARY (DICTIONARY&&) noexcept;                     //浅拷贝移动构造
    virtual ~ DICTIONARY() noexcept;                        //析构
    virtual DICTIONARY& operator=(const DICTIONARY&)&;      //深拷贝赋值
    virtual DICTIONARY& operator=(DICTIONARY&&)& noexcept;  //浅拷贝移动赋值
    virtual int operator() (const char * w)const;          //查找单词位置，负数表示未查到
    virtual DICTIONARY& operator<<(const char *w)&;        //若单词不在字典中，则加入
    virtual const char* operator[] (int n)const;           //取出第 n 个单词
};
```

# 第12章
# 类型解析、转换与推导

C++为简单类型提供了自动类型转换，即隐式转换；而类类型的对象也需要进行类型转换。可重载强制类型转换运算符，或者定义显式参数表有一个参数的构造函数，来完成一种类型向另外一种类型的转换。C++提供了多种强制类型转换关键字，还提供了类型自动推导机制，这对于高效可靠地开发软件系统至关重要。

## 12.1 隐式与显式类型转换

简单类型的转换可分两种：①隐式转换或自动转换；②显式转换或强制转换。编译程序自动完成没有风险的隐式转换，即字节数较少类型向字节数较多类型的转换。若字节数较多的类型要向字节数较少的类型转换，就必须由程序员强制编译程序进行类型转换，并承担数据截断所导致的精度损失风险。

### 12.1.1 简单类型的隐式转换

不同类型占用的内存单元字节数不同。例如，布尔类型和字符（char）类型只占用 1 字节，即 size(char)=1；浮点数（float）类型占用 4 字节，即 size(float)=4；双精度浮点（double）类型占用 8 字节，即 size(double)=8；其他类型（如 short、int、long 等类型）占用的字节数则与操作系统和编译系统有关。这些类型占用的字节数大体上满足关系：$sizeof(bool) \leqslant sizeof(char) \leqslant sizeof(signed\ char)$或$sizeof(unsigned\ char) \leqslant sizeof(short) \leqslant sizeof(int) \leqslant sizeof(long) \leqslant sizeof(long\ long)$以及 $sizeof(float) \leqslant sizeof(double) \leqslant sizeof(long\ double)$。

当字节数少的类型向字节数多的类型转换时，一般不会引起数据的精度损失，这种无风险的转换由编译程序自动完成，这种不加提示的自动类型转换也称隐式类型转换。隐式类型转换出现在如下几种情形中：①初始化时；②赋值时；③运算时；④函数调用时。被转换的对象可能是常量、变量、实参、形参或返回值。

注意，浮点数的指数表示部分也是有符号的，因此，float 和 double 均有 2 个符号位。即使 $sizeof(long)=sizeof(float)$，由于 long 只有 1 个符号位，而 float 有 2 个符号位，所以 long 类型向 float 类型转换也是会丢失精度的。同理，即使 $sizeof(long\ long)=sizeof(double)$，long long 类型向 double 类型转换也是会丢失精度的。

若要隐式类型转换能向有址实体赋值，需要满足如下两个条件之一：①表达式结果类型的字节数小于有址实体类型的字节数；②表达式结果类型的字节数和有址实体的字节数相同，但前者是有符号类型，而后者是无符号类型。对象的类型转换需要借助强制类型转换重载函数，或者显式参数表有一个参数的构造函数。

**【例 12.1】** 赋值、调用及运算时的类型转换。

```
#include <limits>              //limits 定义了各种类型的最大值: int 的最大值为 INT_MAX
long& dec(long& m)
{
    return --m;               //左值--m 的代表者为 long &m, 返回值将引用 m 所引用的左值
}
int main()
{
    int w = 'A';              //字符类型向整型自动转换, w=65
    unsigned int x = w;       //有符号 int 向无符号 int 自动转换, x=65
    long y = x;               //无符号 int 向有符号 long 自动转换, y=65
    double d = dec(y)+2.0;    //dec(y) 转换为 double 类型后加 2.0, y=64, d=66.0
    dec(y) = INT_MAX;         //INT_MAX 转为 long 并赋给 dec(y), 被引用的 y=2147483647
}
```

对于"d=dec(y)+2.0;"，其计算过程为：①将 dec(y)从 long 类型转换为 double 类型；②与 double 类型的 2.0 相加；③将 double 类型的结果赋给 d。注意，在 C++中，2 和 2.0 默认分别为 int 类型和 double 类型，而 2L 和 2.0F 则分别为 long 类型和 float 类型。

建议不要写成"d=dec(y)+2;"，因为其计算过程为：①2 从 int 类型转换为 long 类型；②与 long 类型的 dec(y)相加；③将 long 类型的结果转换为 double 类型并赋给 d。由于 sizeof(double)>sizeof(long)，先将 long 类型转换为 double 类型后再相加，与两个 long 值相加再转换为 double 类型相比，后者结果为 long 时产生溢出的概率更大。

一般来说，如果能够完成隐式类型转换或者自动类型转换，就意味着表达式的结果类型与要转换的目标类型相容。如果数值表达式在编译时是可计算的，那么该数值表达式的结果就是某种类型的常量。当使用常量赋值或者作为实参调用函数时，要注意常量的类型是否与变量或参数的类型相容，当类型不相容时编译程序会报错。

**【例 12.2】** 实参传递给函数形参时应与形参类型相同或相容。

```
#include <iostream>
using namespace std;
double area(double r)
{
    return 3.14159*r*r;       //注意浮点常量 3.14159 默认为 double 类型
}
int main()
{
    char m=6556806;           //6556790=0x640c86, 截断后 m=0x86=-122
    int x=2;                  //常量 2 被编译程序默认当作 int 类型
    double a=area(x);         //实参 x 的类型和形参 r 的类型相容: 可自动转换
```

```
        a=area('A');                  //字符'A'最终自动转换为double类型：类型相容
        cout<<"Area="<<a;             //常量"Area="的类型默认为const char*类型
}
```

在上述程序中，分别给出了三种类型的常量：int 类型、double 类型和 const char*类型。特别要注意 const char*类型的常量，它不能向 char*类型的变量赋值，同样也不能向 char*类型的形参传值。编译程序会对 "char *s="Area=";"和调用 "strcpy("Area=", "A=");"报错，因为变量 s 和 strcpy 的第一个形参同为 char *类型。

在前面介绍的面向对象的概念中，当基类和派生类满足父子类关系时，父类引用变量能够直接引用子类对象，父类指针变量能够直接指向子类对象，这也是类型相容或协变的一种形式。因为在面向对象的思想中，一个子类对象就是一个父类对象，这种关系就是所谓的 isA 关系，满足 isA 关系的子类指针（或引用）同父类指针（或引用）相容。

## 12.1.2　简单类型的显式转换

当字节数多的类型向字节数少的类型转换时，因为数据截断会导致精度损失，所以编译程序会给出警告，不会自动进行类型转换。在此情况下，就应使用 "（类型表达式）"进行强制类型转换。其中，"类型表达式"可能为 char、int、int *、int(*)[20]等任意复杂的类型。如下代码将 double 类型强制转换为 char 类型，若造成精度损失则由程序员负责。

```
char x=(char) 65.3;
```

一般编译器在将整型变量赋给字符类型变量时，它会自动对整型变量的值进行截断处理，相当于进行了数据截断或丢失精度的类型转换，更加严格的语法检查可能会给出警告或者错误报告。设置编译参数 "将警告视为错误"可使编译器将警告当作错误。因此，对于某些语法问题，有的编译器会给出警告，而有的编译器则直接给出错误报告，这只是因为它们的默认设置不同罢了。

例如，在 VS2019 编译器中，单击"解决方案资源管理器"窗口中的应用程序"ConsoleApplication4"，接着右击"配置属性"，然后单击"C/C++"下的"常规"，若选择"警告等级"为"启用所有警告(/Wall)"，就会对整型表达式赋给字符类型变量警告；还可以设置"将警告视为错误"，这样就会直接将警告当作错误报告。VS2019 设置界面如图 12.1 所示。

编译时，编译程序试图计算常量表达式的值，如果不用截断，就能顺利赋值给变量，也不会报警。而对于编译时不可计算的表达式，当发现被赋值变量占用的字节数较少时，则会直接报警或报错。例如，在完成上述设置后，下述赋值会报告错误。

```
char u = 'a';            //编译时可计算，无截断，不报警
short v = 'a'+1;         //编译时可计算，无截断，不报警
char w = 300;           //编译时可计算，有截断，要报警或报错
int  x = u+v;           //x占用的字节数比char和short类型多，不报警
char y = x;             //编译时不可计算，可能截断，要报错
short z = x;            //编译时不可计算，可能截断，要报错
```

设置或者提升警告的级别后，在将实参表达式传给形参调用函数时，若实参表达式可在编译时计算，且能不用截断传给形参，则不会报警，否则编译程序就会报警。

图 12.1　VS2019 设置界面

【例 12.3】　函数调用实参传递的截断问题。

```cpp
int sum(int x,int y) {return x + y;}
int sum(int n,…)
{
    int s = 0,h,*p = &n + 1;
    for (h = 0;h < n;h++) s += p[h];
    return s;
}
int main() {
    int x = sum(2.0,3.0);          //因截断警告或报错，应使用 sum((int)2.0,(int)3.0)
    int y = sum(3,3,4,5);          //正确无警告：y=12
    int z = sum(3,3,4LL);          //…匹配任意类型，无警告。x86 模式 z=sum(3,3,0,4)=7
}
```

函数 sum(int n,...)声明了省略参数 "..."，该省略参数能匹配任意个任意类型的实参，故编译时自第二个实参开始不会报警。对于 y=sum(3,3,4,5)，第一个实参是整型类型，与形参类型 int 一致，此后的实参匹配 "..." 不会报警。对于 z=sum(2.0, 3.0)，第一个实参是 double 类型，和形参类型 int 不一致，故会报警。对于 z=sum(3, 3, 4LL)，若 VS2019 采用 x86 编译模式编译，则有 sizeof(int)=4 和 sizeof(long long)=8，常量 4LL 将占用 8 个字节相当于 2 个整数，此时 z=sum(3,3,4LL)相当于 z=sum(3,3,0,4)。

## 12.1.3　简单类型的转换结果

按照 C 语言的习惯和约定，对于简单类型的表达式，在成功地进行强制类型转换后，所得到的结果是传统右值。因此，对于传统左值变量，例如"int x=0;"，x 经过成功的类型转换((short) x)后，((short) x)的结果会变为传统右值，故强制类型转换以后不能对((short) x)赋值，例如以下代码。

```
int x=0;
((short) x) = 2;        //报错：转换后((short) x)为传统右值，故不能出现在等号的左边
((int) x) = 7;          //VS2019 报错：传统右值不能出现在等号的左边
((int &) x) = 8;        //正确：x=8，用的不是基本的简单类型，而是引用类型 int &
```

对于"((int) x) =7;"，因为变量 x 本身为 int 类型，有的编译程序认为((int) x)没有进行类型转换，直接认为((int) x)等价于 x，即 x 没有进行类型转换，还是一个传统左值，因此((int) x)可以出现在等号左边。但是，VS2019 等编译器认为进行了类型转换，得到的结果为传统右值，故((int) x)不能出现在等号左边。

当然，上述约定只是早期 C 语言和 C++的约定，多数编译器会采用 VS2019 的处理方法。对于简单类型的传统左值表达式，当其转换为某种基本的简单类型后，所得到的结果存储在寄存器中，故该结果被认为是一个无址传统右值，因此它不能再出现在等号的左边。

将一个简单类型的变量定义为传统右值后，不能通过赋值语句改变该变量的值。例如，对于定义"const int y=0;"，不能通过赋值语句"y=5;"改变 y 的值。但是，在某些情况下，特别是在对象的实例数据成员只读的情况下，有时确实需要对该实例数据成员进行赋值，那么应该如何对其进行转换和赋值呢？

【例 12.4】　对象的只读实例数据成员的修改方法。

```
struct T {
    const int y = 0;
    int q() {
        *(int*) &y = y+1;          //等价于(int&) y=y+1 及 const_cast<int &> (y)=y+1;
        return y;                   //或等价于*const_cast<int *>(&y)=y+1;
    }
};
int main() {
    T m;
    int x = m.q();                  //x=1
    x = m.q();                      //x=2
}
```

如前所述，简单类型转换((int) y)的结果是传统右值，因此，赋值语句"(int)y)=7;"是错误的，不能用来修改只读实例数据成员 y 的值。此外，赋值语句"*&y=7;"也是错误的。因为*和&运算相当于数学上的两个互逆函数 f 和 $f^{-1}$，由 $f \circ f^{-4}(y) = y$的引用可得*&y=y 的引用，即*&y 的运算结果还是原来的 y 的引用，或者更严格来说，*&y 还是原来的 const int 类型的 y 的引用。因此，不能对*&y（等价于只读变量 y）赋值，即不能编写类似于"*&y=7;"的语句。

一种有效但危险的办法是通过强制类型转换实现赋值。&y 的类型解析过程如图 12.2 所示，第（4）步为&y 的最终类型解析结果。取址运算&y 的结果是一个指针，即*const，由于它指向 y 且 y 的类型为 const int，故&y 的最终类型为 const int *const。由此可见，&y 指向的存储单元为只读整数 const int，故用*对&y 进行解引用赋值"*&y=7;"是错误的。如果&y 指向的存储单元强制转换为可写整型，即&y 的类型从 const int *const 转换为 int *，便可以用*对该结果进行解引用赋值，即可用*(int *)&y=7 对 y 赋值。

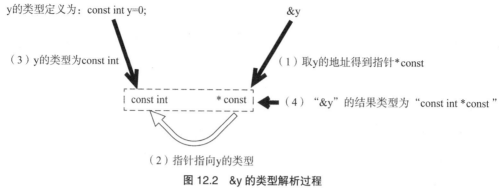

图 12.2　&y 的类型解析过程

运算*&y 的结果类型解析如下：由于&y 的结果类型为 const int *const，因此*&y 运算的解引用结果类型为*(const int*const)，括号前的*和括号中的 const int*const 的指针*匹配，去除匹配的两个*后，剩下的类型为 const int 的引用，于是*(const int *const)的解引用结果类型为 const int&，因而对*&y 的只读结果进行赋值是错误的。因此，语句"*&y=7;"试图修改 const int&的值是错误的。

也可以从另一个角度解析运算的结果类型，即从数学函数的运算角度来看运算*&y：其中，*相当于函数 f()，而&相当于反函数 $f^{-1}()$，运算*&y 等价于 $f(f^{-1}(y))$，也等价于 y 的引用，于是*&y 的解引用结果就是 y 的类型的引用，即解引用的结果类型为 const int&。因此，不可对*&y 代表的只读单元赋值，即语句"*&y=7;"是错误的。同理可知，对于类的数据成员 int *const e，运算&e 的结果类型为 int *const *，如图 12.3 所示。

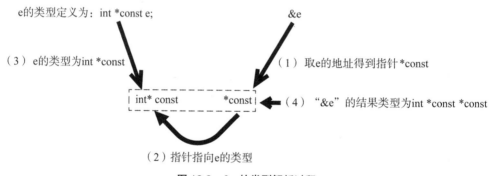

图 12.3　&e 的类型解析过程

同理，*&e 的类型为*(int *const*const)，解引用以后的结果类型为 int *const&，即*&e 的结果引用的是只读指针，因此不可对*&e 的只读结果进行赋值。如果将&e 的类型 int* const*const 强制转换为 int**，即在&e 前面加上(int**)并转换为(int**)&e，则(int**)&e 运算后的结果类型为 int**。由于双重指针**的结合性为自右向左，即先算*(int**)&e 右边的指针后算左边的指针，故*(int**)&e 最左边的*和最右边的*匹配，去除这两个*，解引用得到结果类型为 int*&，即*(int**)&e 的解引用结果是可写指针的引用，因而对*(int**)&e 进行赋值是允许的。因此，赋值语句"*(int**)&e=new int[4];"是正确的，这样可以实现对类型为 int *const 的实例数据成员指针 e 重新分配内存。

以上转换若是针对对象内部的实例数据成员 e,则强制类型转换后进行赋值在没有双层保护机制时是可行的，C++目前不能既对对象进行保护又对对象的成员进行保护。语句"*(int**)&e=new int[4];"

等价于"(int*&)e=new int[4];"，也等价于"*const_cast<int**>(&e)=new int[4];"，还等价于语句"const_cast<int*&>(e)=new int[4];"，const_cast 的相关内容请参见第 12.2.2 节。从某种意义上说，即使 C++没有引入关键字 const_cast，直接用 C 语言的强制类型转换也是可行的。但是，如果"去掉 const"的强制类型转换针对的不是对象的实例数据成员，而是针对非引用的简单类型的全局变量、单元变量、static 变量或自动变量，则是不可行的。

【例 12.5】　简单类型只读自动变量的强制类型转换与赋值。

```
#include <iostream>
using namespace std;
int main(int argc,char *argv[]) {
    const int x = 0;                    //非引用的简单类型的自动变量
    *(int *)&x = 2;                     //debug 时 x 的值变为 2
    cout << "x = " << x << endl;        //但输出结果 x=0 不变
    int y = x;
    cout << "y = " << y << endl;        //输出结果 y=0
    const_cast<int &>(x) = 10;          //等价于*(int *)&x=10
    y = x;
    cout << "y = " << y << endl;        //输出结果 y=0
    const int &z = 0;                   //引用的简单类型的自动变量
    *(int*)&z = 2;                      //debug 时 z 的值变为 2
    cout << "z = " << z << endl;        //输出结果 z=2
}
```

程序的输出结果如下。

```
x=0
y=0
y=0
z=2
```

对于只读非引用的简单类型的变量 x，不同的编译器可能有不同的实现方法。对于遵循 C++新标准的编译器，编译后会将该变量内存分配在一个受保护的区域，从而导致类型转换后的赋值无效，即最终不能修改受保护的原始变量 x 的值。对于简单类型的只读引用变量 z，C++新标准无法对它们提供内存保护功能，因为在逻辑上引用变量不分配内存。

对于只读非引用的类类型的变量，为何编译程序不提供内存保护功能呢？将只读对象（即一块内存）整体保护起来，对操作系统和编译程序来说不是什么难事，但是，由于 mutable 实例数据成员的引入，要求在整个对象为只读对象的前提下，让其中的 mutable 数据成员可以修改，这本身就破坏了只读对象的整体只读保护。即使能够实现"碎片化"的保护，也会代价极大，这将要求系统提供"双层或多层保护"功能，或者要求计算机 CPU 提供不限量的界限寄存器。

参见例 5.7，只能对 constexpr 构造函数成功优化构造的没有 mutable 的只读全局、单元或静态变量的对象提供整块内存保护。所以，对于其他情形的对象的只读实例数据成员，去除实例数据成员的 const 的上述方法是可行的。例 12.4 修改对象只读实例数据成员的方法将长久有效，虽然修改只读或可写对象的只读成员被 C++视为一种未定义的行为，即 UB，但是必要时，特别是结果在不同的系统下也不会改变时，还是可以应用的。

## 12.2 cast 系列类型转换

除了继续支持 C 语言的强制类型转换外，C++还提供了 4 个新的强制类型转换关键字：①static_cast；②const_cast；③dynamic_cast；④reinterpret_cast。同 C 语言的强制类型转换用法基本相同，但 static_cast 在转换目标为左值时不能从源类型中去除 const 和 volitale 属性；const_cast 也同 C 语言的强制类型转换用法基本相同，但它能从源类型中去除 const 和 volitale 属性；dynamic_cast 将子类对象转换为父类对象时无须子类多态，而将基类对象转换为派生类对象时要求基类多态；reinterpret_cast 主要用于名字同指针或引用类型之间的转换，以及指针与足够大的整数类型之间的转换。

cast 系列类型
转换种类

### 12.2.1 static_cast——静态转换

关键字 static_cast 类似于 C 或 C++的强制类型转换，其使用格式为 "static_cast<T> (expr)"，用于将数值表达式 expr 的源类型转换为目标类型 T，T 可以是除 void 外的任何类型。static_cast 仅在编译时静态检查源类型能否转换为 T 类型，运行时不做动态类型检查，故不保证转换后的安全性。但是，它不能将指向 const 或 volatile 实体的指针转换为指向非 const 或 volatile 实体的指针，也不能将引用 const 或 volatile 实体的值转换为引用非 const 或 volatile 实体的值。换句话说，static_cast 不能去除源类型的 const 或 volatile。

static_cast 转换

【例 12.6】 使用 static_cast 对数值表达式进行强制类型转换。

```
#include <iostream>
using namespace std;
const int x = 0;                    //const 或 static 的 x 为单元变量，内存分配在受保护的区域
volatile int y = 0;                 //y 为可写易变全局变量，extern const int x=0 为全局变量
int main() {
    const int z = 0;                //z 为 const 局部变量，内存分配在受保护的区域
    int w = static_cast<int>(x);    //正确：x 有 const 但被忽略，因现在只取 x 的值
    //static_cast<int>(x) = 0;      //错误：转换结果为传统右值，不能对其赋值
    //static_cast<int&>(x) = 0;     //错误：不能去除 x 的 const 只读属性，转换目标为传统左值
    //static_cast<int>(w) = 0;      //错误：转换结果为传统右值，不能对其赋值
    static_cast<int&>(w) = 0;       //正确：转换为传统左值有址引用，可被赋值
    //*static_cast<int*>(&x) = 0;   //错误：无法将&x 的 const*类型去除 const 转为 int*
    //static_cast<int&>(y) = 0;     //错误：无法去除全局变量 y 的 volatile 属性
    const_cast<int&>(y) = 4;        //正确：可以去除全局变量 y 的 volatile 属性，::y=4
    const_cast<int&>(x) = 3;        //正确：但运行时出现页面保护访问冲突
    *const_cast<int*>(&x) = 3;      //正确：但运行时出现页面保护访问冲突
    *(int*)&x = 3;                  //正确：但运行时出现页面保护访问冲突
    *const_cast<int*>(&z) = 3;      //正确：运行无异常，但并不能修改 z 的值
    cout << "z = " << z << endl;    //输出 z 的值，仍然为 z=0
    *(int*)&z = 3;                  //正确：运行无异常，但并不能修改 z 的值
```

```
        cout << "z = " << z << endl;        //输出 z 的值, 仍然为 z=0
    }
```

由例 12.6 可知，static_cast 无法去除 x、z 的 const 而使其成为传统左值被赋值，不管是 static_cast<int&>(x)直接去除 const，还是*static_cast<int*>(&x)间接去除 const 都不行。static_cast<int&>(x) 不能去除 x 源类型 const int 中的 const，const_cast<int&>(x)可以去除其中的 const;*static_cast<int*>(&x) 不能去除&x 源类型 const int*中的 const，但*const_cast<int*>(&x)可以去除其中的 const。

即使编译时能够去除源类型中的 const，但是，对于简单类型的非引用只读全局、单元或静态变量，运行时会出现页面保护访问冲突；而对于简单类型的非引用只读局部变量，实际上不能修改该只读变量的值。在使用 C 语言的类型转换 "(int*)" 时，"(int*)" 将 "&x" 源类型 "const int *" 中的 const 去除了，达到和 "const_cast<int*>(&x)" 一样去除 const 的效果，但是对于非引用的只读全局、单元或静态变量 x，"*(int*)&x=3;" 或等价的 "(int&)x=3;" 在运行时会出现页面保护访问冲突。

总之，不管是能够去除 const 的 const_cast，还是 C 语言无所不能的强制类型转换，对于简单类型的非引用只读变量，运行时最终无法改变它们的值。但是，对于例 12.6 对象的只读实例数据成员 max，C 语言的强制类型转换(int&) max 和 const_cast<int&>(max)，最终都能改变该对象只读实例数据成员 max 的值，这是因为 C++或操作系统目前还不能提供 "双层保护"，而 CPU 也没有提供足够多的界限寄存器。

static_cast 不要求被转换的实体为指针或者引用类型。对于 x 的源类型 const int，除了转换目标为 int &等传统左值编译报错不能去除 const 或 volatile 以外，static_cast<T>的类型转换和 C 语言的强制类型转换(T)几乎一样，其类型表达式 T 和 C 语言的类型表达式 T 格式相同。类似地，对于 y 的源类型 volatile int，static_cast 也不能在转换目标为 int &等传统左值时去掉源类型中的 volatile 属性。

由于 static_cast 不在运行时检查类型，故它也不能保证类型转换后的安全性，有址引用和无址引用可以相互转换，但转换目标为传统左值时，static_cast 不能去除 const 或 volatile。常量和常量对象可被 static_cast 转换为传统右值有址引用、传统左值无址引用以及传统右值无址引用。因此，当函数参数为无址引用类型时，可以用无址常量或通过 static_cast 转换传递实参。

虽然 static_cast 没有运行时类型检查保证转换的安全性，但是将子类对象引用（或指针）向上转换为基类对象引用（或指针）是安全的。而反过来向下转换则是不安全的，故转换前应使用 typeid 进行类型检查。当派生类有与基类同名的虚基类时，不允许将同名基类指针（或引用）通过 C 的强制类型转换、static_cast、const_cast 等转换为派生类指针（或引用）；但若同名基类有虚函数时，则可用 dynamic_cast 从基类向下转换。例如，对于 "struct A{virtual void f(){}}a;struct B:virtual A{}*p;"，static_cast 转换如 "p=static_cast<B*>(&a);" 等是错误的，而 "p=dynamic_cast<B*>(&a);" 等 dynamic_cast 转换则是正确的。

## 12.2.2　const_cast——只读转换

关键字 const_cast 用于在源类型中去除或添加 const 和 volatile 属性。const_cast 的使用格式为 "const_cast<类型表达式>(数值表达式)"，只能转换为非实例成员的指针和引用及指向对象实例成员的指针类型，const_cast 只能调节存储可变特性限定符，不能更改数值表达式的基础类型。允许的存储可变特

const_cast 转换

性限定符包括 const 和 volatile。类型表达式不能包含存储位置类修饰符，如 static、extern、auto、register 等。使用 static_cast、const_cast、dynamic_cast、reinterpret_cast 的类型转换都是显式类型转换。

**【例 12.7】** const_cast 只能转换为指针、引用或指向对象成员的指针类型。

```
class Test {
    int number;                          //对于可修改对象，该数据成员可被修改
public:
    const int nn;                        //无论何种对象，该只读数据成员都不可写
    void dec() const;                    //const 说明对象*this不可写，故其成员都不可写
    Test(int m):nn(m) {number = m;}
};
void Test::dec()const {                  //this 的类型为 const Test*const，故 Test 对象不可修改
    //number--;                          //错误：当前对象不可写，故每个成员都不可修改
    const_cast<Test*>(this)->number--;   //this去除const变为Test*const，对象可写：UB行为
    //nn--;                              //错误：nn为const，只读不可写
    const_cast<int&>(nn)--;              //nn去除const后可写，修改其值是未定义行为UB
}
int main() {
    Test a(7);                           //a.number=7, a.nn=7
    a.dec();                             //a.number=6, a.nn=6
    const int xx = 0;                    //xx 源类型为 const int
    const static int& yy = 0;            //yy 源类型为 const int&
    volatile int zz = 0;                 //zz 源类型为 volatile int
    //去除&xx源类型const int*中的const后指向的单元可写，但却是未定义行为
    int ww = *const_cast<int*>(&xx) = 2; //但并不能改变受保护的xx，ww=2, xx=0
    ww = xx;                             //ww=xx=0：xx受保护，xx的值并未被修改
    a.*const_cast<int Test::*>(&Test::nn) = 3;   //对象实例成员不受保护可修改：a.nn=3
    ww = a.nn;                           //ww=3
    const_cast<volatile int&>(yy)=4;     //添加volatile，引用yy无内存不受保护，yy=4
    ww = yy;                             //ww=4
    const_cast<int&>(zz) = 6;            //去除zz源类型volatile int中的volatile：zz=6
    //const_cast<const int&>(zz) = 6;    //错误：添加const后成为传统右值，不能赋值
    ww = const_cast<const int&>(zz);     //正确：添加const后成为传统右值，ww=6
    ww = *const_cast<const int*>(&zz);   //正确：添加const后成为传统右值，ww=6
    const_cast<volatile int&>(ww) = 5;   //正确：添加volatile：ww=5
}
```

由于源类型添加 const 后成为传统右值，因此，不能对添加 const 后的转换结果进行赋值。不能误以为 const_cast 只能去除 const。实际上，const_cast 既可以去除 const，也可以添加 const；同理，既能够去除 volatile，也能够添加 volatile。对于独立分配内存的简单类型的非引用只读变量，如例 12.6 中简单类型的 x 和 z 以及例 12.7 中的 xx，它们分配的只读内存会受到保护，因此，即使去除 const 后赋值，也不能改变它们的值。

除例 5.7 的 constexpr 构造函数优化构造的无 mutable 的全局、单元和静态只读对象外，其他对象的只读实例数据成员如本例的 nn、使用或基于栈定义的局部自动变量和声明的函数参数、以及逻辑上不分配内存的只读引用变量（如本例的 yy，理论上 yy 共享其他变量或常量的内存，自己不分配内存

所以无法保护），编译程序不会提供对这些只读实例数据成员和局部自动变量或函数参数的访问保护，此时 const_cast 确实能够起到去除 const 的作用。

对于返回传统右值无址引用的函数 int &&g() 和 const int &&h()，它们之间的共同点是：无址右值一定是传统右值，不可能出现在等号左边。因此，int &&g() 可等价地视为 const int &&g()，故"g()=3;"和"h()=3;"都是错误的。虽然 g() 的返回类型是 int &&，但它的返回结果通常是存储于缓存的无址常量，不同于传统左值无址引用变量 int &&c 有固定地址可被修改，因此"c=3;"是正确的，而"g()=3;"是错误的。

不能用 const_cast 将无址常量、位域访问、无址返回值转换为有址引用。例如，对于常量对象或简单类型常量如 0，不能使用 const_cast<int &>(0) 转换为传统左值有址引用，也不能使用 const_cast<const int &>(0) 转换为传统右值有址引用。同理，对于上述返回无址右值的函数调用 g() 和 h()，不能使用 const_cast<int &>(g()) 和 const_cast<int &>(h()) 转换为传统左值有址引用，也不能使用 const_cast<const int &>(g()) 和 const_cast<const int &>(h()) 转换为传统右值有址引用。

能出现在赋值号左边的独立变量都是有址传统左值，但是传统左值不一定都是有固定地址的，如例 2.5 中"a.x=2;"里的位域 a.x 就是传统左值，但它是依赖于独立变量 a 的有名无址的位域，位域按二进制分配内存，故不按字节编址，因而没有地址。const_cast<T &>(expr) 和 const_cast<const T &>(expr) 转换的 expr 必须是 T 类型的有址变量或者有址表达式，返回带有 T& 类型的函数调用是一个有址表达式。有名独立变量一定是分配了内存的有址表达式，例如，对于"const int xx=0;"，xx 就是有名有址的传统右值表达式，独立的有址引用变量和无址引用变量都是有名有址的表达式。不返回带有&类型的函数调用、位域访问及简单类型的常量等都是无址的。

【例 12.8】　使用 const_cast 对引用变量或返回引用的函数调用进行转换。

```
#include <iostream>
using namespace std;
int x=0;                              //x 为传统左值：x 有固定地址，故可用&x 取地址
int &a=x;                             //a 为传统左值，可写 a=3：a 地址即&a=&x
const int &b=0;                       //b 为传统右值，不可写 b=3：b 地址可用&b 取址
int &&c=0;                            //c 为传统左值，可写 c=3：c 地址可用&c 取址
const int &&d=0;                      //d 为传统右值，不可 d=3：d 地址可用&d 取址
int &e() {return x;}                  //e() 为传统左值，可 e()=3：可用&e() 取址
const int &f() {return 0;}            //f() 为传统右值，不可 f()=3：可用&f() 取址
int &&g() {return 0;}                 //g() 为传统右值，不可 g()=3：无址，不可写&g()
const int &&h() {return 0;}           //h() 为传统右值，不可 h()=3：无址，不可写&h()
int main() {
    int &&a1=const_cast<int &&>(a);   //a1 无址引用 a 所引用的变量，a1 地址可用&a1 取址
    int &&b1=const_cast<int &&>(b);   //b1 无址引用 b 所引用的常量，b1 地址可用&b1 取址
    int &c1=const_cast<int &>(c);     //c1 有址引用 c 无址引用的常量，c1 地址可用&c1 取址
    int &d1= const_cast<int &>(d);    //d1 有址引用 d 无址引用的常量，d1 地址可用&d1 取址
    int &&e1=const_cast<int &&>(e( )); //e1 无址引用 e() 引用的传统左值，e1 地址可用&e1 取址
    int &&f1=const_cast<int &&>(f( )); //f1 无址引用 f() 引用的传统右值，f1 地址可用&f1 取址
    //int &g1 = const_cast<int &>(g( )); //错误：无址表达式 g() 不能转换为有址引用
    //int &g2 = const_cast<int &>(0);  //错误：无址表达式 0 不能转换为有址引用
```

```
    int &&g3 = const_cast<int &&>(g( ));    //正确：同类型无须转换 int &&g()，无 const
    //int &h1=const_cast<int &>(h( ));       //错误：无址表达式 h()不能转换为有址引用
    //int &h2=const_cast<const int&>(0);     //错误：无址表达式 0 不能转换为有址引用
    int &&h3=const_cast<int &&>(h( ));       //正确：去除源类型 const int &&中的 const
    //int &&h4=const_cast<int &&>(0);         //错误：0 非对象无址，不可转换为 int&&。h()代替 0 正确
    //int &h4 = static_cast<int &>(0);        //错误：0 非对象无址，且不能去除 const 并转换为 int &
    const int &h4 = static_cast <const int &>(0);      //正确：等价于 const int &h4=0
    const int &&h5 = static_cast <const int &&>(0);    //正确：等价于 const int &&h5=0
}
```

语句"int &&h4=const_cast<int &&>(h());"是正确的，因为 h()的返回类型本身就是 const int&&，在此基础上用 const_cast 去掉 const int&&中的 const 是可行的。当然，用&定义的任何 int 变量和函数去代替 h()都是可行的，因为有址左值可用 const_cast 去除 const 转换为 int &&类型。

无论是&还是&&定义的变量、参数或者返回值，要判断它们是否有固定地址，最简单的办法就是对其进行取址，即&运算。例如，对于本例变量 a 和 d，允许取址运算&a 及&d，因此变量 a 和 d 是有名有址的。而&g()不被编译程序允许，因此，返回&&类型的函数调用 g()是无址的。

### 12.2.3　dynamic_cast——动态转换

关键字 dynamic_cast 主要用于子类向父类转换，以及有虚函数的基类向派生类转换，其使用格式为"dynamic_cast<T> (expr)"，要求类型 T 是类的引用、类的指针或者 void*类型，而 expr 的源类型必须是类的对象、父类或者子类的引用或指针。dynamic_cast 转换时不能去除数值表达式 expr 源类型中的 const 和 volitale 属性。但是，对于没有 const 和 volitale 的数值表达式 expr，在转换时则可以添加 const 和 volitale 属性。

dynmic_cast 转换

【例 12.9】　使用 dynamic_cast 对数值表达式进行转换。

```
struct B {int m;};
struct D:public B {int n;};                  //B、D 满足父子关系
struct E:virtual public B {int n;};          //B、E 满足父子关系
int main() {
    B b;                                      //b 是父类对象
    const B c;                                //c 是父类对象
    D d;                                      //d 是子类对象
    D* pd = static_cast<D*>(&b);              //语法正确但不安全：类型向下转换
    //E *pe = static_cast<E*>(&b);
    //错误：E 有基类 B。dynamic_cast<E*>(&b)的结果为 nullptr
    B* pb = dynamic_cast<B*>(&d);             //语法正确且安全：类型向上转换
    void* pv1 = static_cast<B*>(&d);          //语法正确且安全：类型向上转换
    void* pv2 = dynamic_cast<B*>(&b);         //正确但没有必要：&b 的类型就是 B*
    B* pb1 = static_cast<B*>(pv1);            //正确：pv1 为 void*向下转换
    //B *pb2 = static_cast<void *>(&b);        //错误：void *的值不能赋给 B *的变量 pb2
    volatile B* pb3 = dynamic_cast<volatile B*>(&d);  //正确：安全，可添加 volatile
    //B* pb4 = dynamic_cast<B*>(&c);           //错误：不能去除 const
    const B* pb5 = dynamic_cast<const B*>(&d);        //正确：安全，可添加 const
```

```
const volatile B*pb6 = dynamic_cast<const volatile B*>(&d);//正确: 可添加 const volatile
const B* pb7 = dynamic_cast<B*>(&d);        //正确: 安全, 类型向上转换
volatile B*pb8 = dynamic_cast<B*>(&d);      //正确: 安全, 类型向上转换
//B *pb9 = dynamic_cast<B*>(pb8);           //错误: 不能从 pb8 中去除 volatile
const volatile B*pb9 = dynamic_cast<const volatile B*>(&c);
}
```

需要注意的是，当使用 dynamic_cast 时，程序在运行时会进行类型检查，类型检查涉及虚函数或多态。因此，当使用 dynamic_cast 自上向下转换时，被转换的基类对象必须包含虚函数或纯虚函数；否则将转换失败，返回一个空指针 nullptr。因此，当使用 dynamic_cast 时，最好先用 typeid 检查数值表达式的源类型，确保实际上是子类对象时再向下转换。

当 typeid 的参数是带虚函数的类类型时，它才返回其动态类型而非静态类型。例如，对于定义 "class A {/*virtual void f(){}*/};struct B:A{}b;A *p = &b;"，typeid(*p).name() 的结果为 class A。如果去掉类 A 中的注解而保留虚函数 f 的定义，则 typeid(*p).name()" 的结果为 "class B"。转换时先检查*p 是目标类再作目标类的指针或引用转换才安全，例如 "if (typeid(*p)==typeid(B)) B* q = (B*) p;"。注意不要比较指针类型，如 "if (typeid(p)==typeid(B*))"。

当父类 B 和子类 D 使用 dynamic_cast 转换时，dynamic_cast<D*> 的转换结果可以向上赋给 B *类型的变量，dynamic_cast<D&> 的转换结果可以向上赋给 B &类型的变量，dynamic_cast<D&&> 的转换结果可以向上赋给 B &&的变量。不管是自下向上赋值，还是使用 dynamic_cast 自下而上转换，都不会有安全隐患，不需要父类有虚函数或纯虚函数。

以父类 B 和子类 D 的引用转换为例，自下向上的转换形式为 dynamic_cast<B&>(d)，要求被转换的表达式 d 为子类对象，转换结果类型为父类引用 B&；自下向上的赋值形式为 "B &r=d;" 或者 "B &s= dynamic_cast<D&>(b);"，要求等号右边是子类对象，等号左边是父类引用变量。尽管 s 最终引用的是 B 类对象 b，但是经过 dynamic_cast<D&> 类型转换后，等号右边表达式的结果为子类对象。

dynamic_cast<D&>(b)是自上向下的转换，要求父类 B 必须有虚函数和纯虚函数才行，否则编译程序会报告错误 "B 不是多态类型"。如果父类 B 有虚函数或纯虚函数，编译时就能通过语法检查，但是运行时 dynamic_cast<D&>(b)转换失败，因为 b 不是 D&要引用的 D 类对象，这也是检查 b 是否为子类对象的一种方法。此外，目标类型必须与被转换的源类型具有父子关系，否则只能使用 void*类型作为目标类型。

【例 12.10】 使用 dynamic_cast 自上向下转换，被转换的父类对象必须包含虚函数或者纯虚函数。

```
#include <iostream>
using namespace std;
struct B {
    int m;
    B(int x):m(x) {}
    virtual void f() {cout<<'B';}      //若无虚函数, 则 dynamic_cast<D*>(&b)向下转换出错
};
struct D:public B {                    //B是父类, D是子类
    int n;
    D(int x,int y):B(x),n(y) {}
    void f() {cout << 'D';}            //函数 f() 自动成为虚函数
```

```
    };
    int main() {
        B a(3);
        B &b = a;
        D c(5,7);
        D &d = c;
        D *pc1 = static_cast<D*>(&a);      //语法正确但为不安全的自上向下转换
        pc1->f();                          //输出 B
        D *pc2 = static_cast<D*>(&b);      //语法正确但为不安全的自上向下转换
        pc2->f();                          //输出 B
        D *pc3 = dynamic_cast<D*>(&a);     //若 a 无虚函数 f()，则自上向下转换错误
        pc3->f();                          //运行异常：pc3 为 nullptr（a 非子类对象）
        D *pc4 = dynamic_cast<D*>(&b);     //若 b 无虚函数 f()，则自上向下转换错误
        pc4->f();                          //运行异常：pc4 为空指针（b 非子类对象）
        B *pb1 = dynamic_cast<D*>(&c);     //语法正确且为安全的自下向上赋值
        pb1->f();                          //输出 D：正确的多态行为
        B *pb2 = dynamic_cast<D*>(&d);     //语法正确且为安全的自下向上赋值
        pb2->f();                          //输出 D：正确的多态行为
        D &ra1 = static_cast<D&>(a);       //语法正确但为不安全的自上向下转换
        ra1.f();                           //输出 B
        D &ra2 = static_cast<D&>(b);       //语法正确但为不安全的自上向下转换
        ra2.f();                           //输出 B：根据虚函数入口地址表的首址
        B &rc1 = dynamic_cast<D&>(c);      //语法正确且为安全的自下向上赋值
        rc1.f();                           //输出 D：正确的多态行为
        B &rc2 = dynamic_cast<D&>(d);      //语法正确且为安全的自下向上赋值
        rc2.f();                           //输出 D：正确的多态行为
        B &&rc3 = static_cast<D&&>(c);     //语法正确且为安全的自下向上赋值
        rc3.f();                           //输出 D：正确的多态行为
        B &&rc4 = dynamic_cast<D&&>(c);    //语法正确且为安全的自下向上赋值
        rc4.f();                           //输出 D：正确的多态行为
        B &&rc5 = static_cast<D&&>(d);     //语法正确且为安全的自下向上赋值
        rc5.f();                           //输出 D：正确的多态行为
        B &rc6 = dynamic_cast<D&>(rc5);    //正确：自上向下转换，自下向上赋值
        rc6.f();                           //输出 D：正确的多态行为
    }
```

在上述程序中，pc3 = dynamic_cast<D*>(&a)和 pc4 = dynamic_cast<D*>(&b)编译时正确，但运行时将导致 pc3=nullptr 及 pc4=nullptr。因为被转换的对象指针为父类对象指针，而不是 dynamic_cast<D*>所需要的子类对象指针，转换失败将导致 pc3=nullptr 以及 pc4=nullptr。此后，调用 pc3->f()和 pc4->f()将导致程序运行异常。相较而言，static_cast<D*>(&b)不做运行时的类型检查，总会转换成功，故 pc2 的值不会为 nullptr，但并不保证被 pc2 调用的函数就是子类函数。

dynamic_cast 不能将无址引用转换为有址引用，否则，运行时类型检查将导致出现异常错误。dynamic_cast 在转换过程中不能去除 const 或 volatile，但是可以添加 const 或 volatile。而 static_cast 可以在有址引用和无址引用之间相互转换，但转换时不能去除源类型中的 const 或 volatile。const_cast 也可以在有址引用和无址引用之间相互转换，转换时能够对源类型去除或添加 const 或 volatile。const_cast

的类型转换功能较 static_cast 的弱，它不能将无址简单类型常量、位域访问以及不返回&类型的函数调用转换为有址引用类型。

【例 12.11】　运行时不能使用 dynamic_cast 将有址引用转换为无址引用。

```
struct B {
    int m;
    B(int x):m(x) {}
    virtual void f() {cout << 'B';}  //父类必须有虚函数才能向子类转换
};
struct D:public B {          //B、D必须具有父子关系，在B多态时才能用dynamic_cast向下转换
    int n;
    D(int x,int y):B(x),n(y) {}
    void f() {cout << 'D';}          //自动成为虚函数
};
int main() {
    B a(3);
    B& b = a;
    D c(5,7);
    D& d = c;
    B&& e = B(2);
    D&& f = D(4,6);
    B& rc1 = dynamic_cast<B&>(e);             //正确：运行时异常，无址转有址引用
    B& rc2 = dynamic_cast<D&>(f);             //正确：运行时异常，无址转有址引用
    //const B& rc3=dynamic_cast<const D&>(D(2,3));    //正确
    B&& rc4 = dynamic_cast<B&&>(b);           //正确：运行时异常，有址转无址引用
    B&& rc5 = dynamic_cast<D&&>(d);           //正确：运行时异常，有址转无址引用
    B &rc6 = dynamic_cast<B&>(b);             //正确：b就是B&类型，无须转换
    //D &rc7 = dynamic_cast<B&>(b);           //错误：子类引用不能引用父类对象
    D& rc8 = dynamic_cast<D&>(d);            //正确：d就是D&类型，无须转换
    B&& rc9 = dynamic_cast<B&&>(e);           //正确：e就是B&&类型，无须转换
    //D&& rc10 = dynamic_cast<B&&>(e);        //错误：子类引用不能引用父类对象
    D&& rc11 = dynamic_cast<D&&>(f);          //正确：f就是D&&类型，无须转换
    B&& rc12 = dynamic_cast<D&&>(D(2,3));     //正确，D(2,3)在缓存中，属于&&类型
    //以下指针转换不做运行时的类型检查
    B* pc1 = dynamic_cast<B*>(&e);            //正确：&e就是B*类型，无须转换
    B* pc2 = dynamic_cast<D*>(&e);            //正确：指针类型不做运行时的类型检查
    B* pc3 = dynamic_cast<D*>(&f);            //正确：&f就是D*类型，无须转换
    B* pc4 = dynamic_cast<B*>(&b);            //正确：&e就是B*类型，无须转换
    B* pc5 = dynamic_cast<D*>(&b);            //正确：指针类型不做运行时的类型检查
    B* pc6 = dynamic_cast<D*>(&d);            //正确：&d就是D*类型，无须转换
    //D *pc7 = dynamic_cast<B*>(&b);          //错误：子类指针pc7不能指向父类对象
    D* pc8 = dynamic_cast<D*>(&d);            //正确：&d就是D*类型，无须转换
    //D* pc9 = dynamic_cast<B*>(&e);          //错误：子类指针pc9不能指向父类对象
    D* pc10 = dynamic_cast<D*>(&f);           //正确：&f就是D*类型，无须转换
    //int B::*pd=dynamic_cast<int B::*>(&B::m);        //错误：不能转换为实例成员指针
    //void (B::*pf)() = dynamic_cast<void (B::*)()>(&B::f); //错误：同上，只能是 void*类型
}
```

dynamic_cast 要求类型 T 是类的引用、类的指针或者 void*类型，被转换的表达式 expr 的值必须涉及对象类型，因为常量对象可被编译程序当作有临时地址的对象，作为涉及对象的表达式的值可被 dynamic_cast 转换；而简单类型常量（如 3）不是涉及对象的表达式，故其值不能用 dynamic_cast 转换。

如上例最后三行代码所示的那样，由于 dynamic_cast 要求目标类型 T 是父类或者子类的引用、父类或者子类的指针，或只能是 void*类型。因此，dynamic_cast 不能用于目标类型 T 为实例成员指针的强制转换，这些指针包括实例数据成员指针、实例函数成员指针，实例成员指针常量 nullptr 的对应数值为-1。仅允许非实例成员指针是为了便于处理所指对象，同时也可以将 nullptr 的数值唯一地限定为 0。

### 12.2.4　reinterpret_cast——重释转换

关键字 reinterpret_cast 的使用格式为 "reinterpret_cast <T> (expr)"，用于将数值表达式 expr 的值转换成 T 类型的值。reinterpret_cast 用于从名字到指针或引用类型的转换（有址引用与无址引用类型的转换），以及指针与足够大的整数类型之间的相互转换。非实例成员指针是指能够取得实际内存地址而不是偏移量的指针，形如 reinterpret_cast<int A::*>(0)的语句实际上没有或并非用整数 0 转换，因为它等价于 reinterpret_cast<int A::*>(nullptr)。

reinterpret_cast
转换

如果允许 reinterpret_cast 在实例成员指针和 int 类型之间相互转换，就可以通过若干操作间接地实现实例成员指针的前后移动，而移动实例成员指针可能会到访问权限不允许的私有成员的位置，或者跳过若干实例成员或者移动到某个实例成员内存的中间位置。正如用 C 语言的强制类型转换不能在实例成员指针和 int 类型之间相互转换一样，reinterpret_cast 也不能在实例成员指针和 int 类型之间相互转换。

足够大的整数类型是指能够存储一个地址或者指针的整数类型，x86 编译模式一般将这个整数类型指定为 int 或者 unsigned int。当 T 为 int 或者 unsigned int 时，expr 的类型必须为一个地址或者指针类型，因为 reinterpret_cast 转换主要用于地址转换。当然，也可以选择字节数更多的类型作为目标类型，如果选择字节数更少的类型，如 2 个字节的 short，则有可能存放不下一个 32 位地址，建议使用 int、long 或 long long 类型。

若 reinterpret_cast 的源类型为指针类型，则通常是独立变量（包括引用变量）的地址，void *、char*、int*等类型的表达式指向非成员函数的指针、指向静态数据成员的指针、指向静态函数成员的指针，以及指向类的对象的指针等。reinterpret_cast<T>(expr)的目标类型 T 不能是指向实例数据成员的指针类型，也不能是指向实例函数成员的指针类型。

换句话说，指针是能够取得实际内存地址而不是偏移量的指针。指针可以向足够大的整型转换，足够大的整型也可以向指针类型转换。但是，位域访问、实例数据成员的地址、实例函数成员的地址、以及实例函数成员的限定名等不能向指针类型转换。当然，返回整型值的函数调用作为足够大的整型数值，可以向指针类型转换。

当 reinterpret_cast 的 T 为使用&或&&定义的引用类型时，expr 必须是一个有址表达式（包括&或&&定义的变量名和函数参数，以及返回&引用的函数调用等）。由于位域访问是无址的，故不能向有址引用&或无址引用&&类型转换;同理,简单类型的常量也不能向有址引用&或无址引用&&类型转换,reinterpret_cast <const int &>(0)和 reinterpret_cast<const int &&>(0)等都是错误的。类似地,不返回&引用类型的函数调用也不能向有址引用&或无址引用&&类型转换。

【例 12.12】 强制转换 reinterpret_cast 用于简单类型的地址转换。

```
#include <iostream>
using namespace std;
void func() {cout << 'F';}
int main() {
    int a = 20;
    int &b = a;                                    //b有址引用a, b=a=20
    unsigned int e = reinterpret_cast<unsigned int>(&a);
    int f = reinterpret_cast<int>(nullptr);        //不能用0代替nullptr从int向int转换
    f = reinterpret_cast<int>(&a);                 //&a为a的地址,表示指针要转换为int
    int *g = reinterpret_cast<int *>(f);           //将存储地址的整型f转换为指针, g=&a
    int *h = reinterpret_cast<int *>(g);           //源类型和目标类型int *一致,无须转换, h=g
    h = reinterpret_cast<int *>(&f);               //h指向f, f有a的地址; h表现为双重指针
    int i = **reinterpret_cast<int **>(h);         //将h作为双重指针并取值, i=20
    int &j = reinterpret_cast <int &> (a);         //传统左值a被j有址引用, j=b=a=20
    i = &j==&a;                                     //取j的地址,等于a的地址,故结果为真, i=1
    int &k = reinterpret_cast<int &>(b);           //b也为int&类型: k有址引用b有址引用的a
    int &l = reinterpret_cast<int &>(f);           //l有址引用传统左值f, 而f存储a的地址
    int &m = *reinterpret_cast<int *>(l);          //l(a的地址)转换为int *指针, m有址引用a
    i = *reinterpret_cast<int *>(l);               //取l(即f)的值(a的地址)转换为指针, i=20
    int &&n = reinterpret_cast<int &&>(a);         //名字a转无址引用,则n=m=j=k=b=a=20
    n = 30;                                         //n=m=j=k=b=a=30
    int &&o = reinterpret_cast<int&&>(j);          //有址引用j转无址引用, o=n=m=k=j=b=a=30
    o=40;                                           //o=n=m=j=k=b=a=40
    int &&p = reinterpret_cast<int &&>(o);         //p无址引用o引用的值, p=o=n=m=j=k=b=a=40
    p = 50;                                         //p=o=n=m=j=k=b=a=50
    int &q = reinterpret_cast<int &>(n);           //n转有址引用, q=p=o=n=m=j=k=b=a=50
    q = 60;                                         //q=p=o=n=m=j=k=b=a=60
    int &r = reinterpret_cast<int &>(g);           //名字g(指针)转有址引用: r实质为int *&
    i = *reinterpret_cast<int *&>(r);              //引用到引用指针的转换, i=*g=*&a=a=60
    i = *reinterpret_cast<int *>(r);               //int &r=g, r的值转为int *类型, i=*g=60
    f = reinterpret_cast<int>(func);               //将void(*)()的函数指针func当成int赋值给f
    void(*s)() = reinterpret_cast<void(*)()>(func);   //func和s类型相同,不转换 func
    (*s)();                                         //等于调用func()
    void *t = reinterpret_cast<void*>(func);       //函数指针转换为void*指针
}
```

同前面章节介绍的一样,有址引用变量会共享被引用对象的内存;而无址引用变量会共享被引用对象的缓存。有址引用&和无址引用&&变量均有名有固定地址,故可用 reinterpret_cast 向有址引用&或无址引用&&类型转换。转换为&&类型如 static_cast<int &&>(b)的结果是无址的,该结果不能再作重释转换,如 "int &&p=reinterpret_cast<int&&>(static_cast<int &&>(b));" 的实参。

【例 12.13】 强制转换 reinterpret_cast 用于类及其成员。

```
#include <iostream>
using namespace std;
struct B {
```

```
    int m;
    static int n;                                //静态成员有真正的单元地址
    B(int x):m(x) {}
    static void e() {cout << 'E';}               //静态成员有真正的入口地址
    virtual void f() {cout << 'F';}
};
int B::n = 0;
int main() {
    B a(1);
    B &b = a;                                              //b有址引用a，共享a的内存
    B *e = reinterpret_cast<B *>(&a);                      //&a为B*类型，无须转换，e=&a
    e = reinterpret_cast<B *>(&b);                         //&b即B*类型的&a，无须转换，e=&a
    int f = reinterpret_cast<int>(e);                      //指针e转换为整型，赋值给f
    B *g = reinterpret_cast<B *>(f);                       //整数f转换为B*，赋值给g=&a
    B &h = reinterpret_cast<B&>(a);                        //名字a转换为引用，等价于 B &h=a
    h.m = 2;                                               //h共享a的内存，h.m=b.m=a.m=2
    B &&i = reinterpret_cast<B&&>(b);                      //有址引用b转换为无址引用，i共享b引用的a
    i.m = 3;                                               //i.m=h.m=b.m=a.m=3
    int *j = reinterpret_cast<int*>(&B::n);                //&B::n的类型为int*，无须转换，j=&B::n
    int &k = reinterpret_cast<int&>(B::n);                 //名字B::n转引用，等价于 int &k=B::n
    k = 6;                                                 //k=B::n=i.n=h.n=b.n=a.n=6;
    void (*l)() = reinterpret_cast<void(*)()>(&B::e);   //&B::e类型为void(*)()，无须转换
    l = reinterpret_cast<void(*)()>(B::e);                 //结果同上：静态函数成员名即函数地址
    void(&m)() = reinterpret_cast<void(&)()>(B::e);//名字B::e转引用，void(&m)()=B::e
    m();                                                   //等价于调用B::e()，输出 E
    void(B::*n)() = reinterpret_cast<void (B::*)()>(&B::f);  //&B::f的类型无须转换
      (a.*n)();                                            //等价于调用a.f()，输出 F
    int B::*o = reinterpret_cast<int B::*>(&B::m);//&B::m的类型为int B::*，无须转换
    f = a.*o;                                              //f=a.m=h.m=3
    B &&p = reinterpret_cast<B&&>(h);                      //有址引用转换为无址引用p,p.m=h.m=a.m=3
    p.m = 4;                                               //p.m=h.m=b.m=a.m=4
    B &q = reinterpret_cast<B&>(p);                        //p有名有址转有址引用：B&q=a, q.m=a.m=4
    q.m = 5;                                               //q.m=p.m=h.m=b.m=a.m=5
}
```

在 C++中，取实例数据成员的地址&B::m 得到的实际是一个偏移量，是相对于其所属对象首地址的偏移，这个偏移值对所有同类型的对象都是相同的。&B::m 的源类型为 int B::*，它和要转换的目标类型 int B::*相同，因此，实际上不需要进行重释转换。将&B::m 转换为 int 或者 void*类型都是不允许的，因为&B::m 是偏移量而不是真正的指针，相反的类型转换也是不允许的。也就是说，reinterpret_cast 不能将实例数据成员指针和实例函数成员指针同偏移量类型相互转换。

## 12.3　类型转换实例

类型转换可以将源类型转换为希望的目标类型，但是转换的安全性由程序员自己负责。转换时应保证数值表达式从源类型转换为目标类型的合理性，否则可能导致程序出现不可预料的错误。为了保证类

型转换的安全性，可先用 typeid 检查源类型是否符合预期，然后再将源类型转换为目标类型。对于编译程序自动调用构造函数进行的隐式转换，也可以通过构造函数附带声明为 explicit 来制止隐式转换。

### 12.3.1　typeid 获取类型标识

C++的父类指针（或引用）可以直接指向（或引用）子类对象，若未定义虚函数则通过父类指针（或引用）只能调用父类定义的成员函数。当父类指针（或引用）实际指向（或引用）子类对象时，可能希望调用子类对象相应的函数成员，如果没有将父类实例函数成员定义为虚函数，或者父类根本不存在子类所定义的同名函数，那么，就必须将父类指针（或引用）转换为子类指针（或引用）才能调用到子类对象的相应的函数成员。

武断或盲目地向下转换会引起一系列安全问题，把字节数少的父类对象当作子类对象访问，可能会因越界访问对象内存而导致页面保护错误，这种越界将使操作系统直接终止当前程序的运行。因此，只有在确认父类指针（或引用）确实指向（或引用）子类对象时，将父类指针（或引用）向下转换至子类指针（或引用）才是安全的。

关键字 typeid 可以获得对象的真实类型标识，typeid 有两种使用格式：①typeid(类型表达式)；②typeid(数值表达式)。利用这两种格式，很容易判定数值表达式的类型是否为某个期望类型。typeid 的返回结果是"const type_info&"类型，应在使用 typeid 之前先"#include <typeinfo>"。不同编译器实现的"std::type_info"类可能不同，但 C++标准要求它必须实现"name( )"方法，该方法返回类型为"const char*"的类型名字符串。

类 type_info 还重载了"operator=="、"operator!="两个运算符函数，用于判定两个类型标识是否相同。通常用 typeid(B)==typeid(D)判定类型 B 和类型 D 是否相同，而不用 typeid(B).name()和 typeid(D).name()比较判定。此外，type_info 还提供了返回布尔值的 before()函数，表示两个类型在编译内部编校的先后顺序，不同编译器实现的结果可能不同。type_info 提供的其他依赖于编译器实现结果的函数还包括返回 const char*类型的 raw_name()以及返回"int"类型的"hash_code()"。

【例 12.14】　使用类型检查 typeid 保证转换安全性。

```cpp
#include <typeinfo>
#include <iostream>
using namespace std;
struct B {
    int m;
    B(int x):m(x) {}
    virtual void f() {cout << 'B';}
};
struct D:public B {                    //基类 B 和派生类 D 满足父子关系
    int n;
    D(int x,int y):B(x),n(y) {}
    void f() {cout << 'D' << endl;}
    void g() {cout << 'G' << endl;}
};
```

```
int main(int argc,char *argv[]) {
    B a(3);                                //定义父类对象a
    B &b = a;
    D c(5,7);                              //定义子类对象c
    D &d = c;
    B *pb = &a;                            //定义父类指针pb指向父类对象a
    D *pc(nullptr);                        //定义子类指针pc并设为空指针
    if (argc < 2) pb = &c;
    if (typeid(*pb) == typeid(D)) {        //判断父类指针是否指向子类对象
        pc = (D*)pb;                       //C语言的强制转换
        pc = static_cast<D*>(pb);          //静态强制转换，安全，因为pb指向D类
        pc = dynamic_cast<D*>(pb);         //动态强制转换：向下转换，B必须有虚函数
        pc = reinterpret_cast<D*>(pb);     //重释类型转换，安全，因为pb指向D类
        pc->g();                           //输出G，不转换pb无法调用g()
    }
    cout << typeid(pc).name() << endl;     //输出struct D*
    cout << typeid(*pc).name() << endl;    //输出struct D
    cout << is_base_of<B,D>::value<<endl;  //输出1（即布尔值真）：B是D的基类
}
```

在用"typeid(*pb) == typeid(D)"判断父类指针是否指向子类对象后，有多种方法实现类型的强制转换，包括 C 语言提供的强制类型转换方法"(D*)"、C++推荐使用的"static_cast<D*>""dynamic_cast<D*>"，以及"reinterpret_cast<D*>"。"dynamic_cast<D*>"转换后会执行运行时类型检查，更适合具有虚函数的父类向下转换到子类。

注意，typeid 只考虑基本类型如 int 以及自定义的类如 B，忽略其存储易变特性如 constexpr、const、volatile 以及 mutable 等，也不考虑其存储位置特性如 static、inline、extern、register 等。因此，对于"static inline constexpr int x=3;"，"typeid(x).name( )"的结果为"int"；而"typeid(&x).name( )"的结果为"int const *"，注意此时值"&x"的基本类型为指针，而它指向的类型会保留除 mutable 外的其他存储易变特性。

类型特征或类型之间的关系检查需#include<type_traits>，由类模板将要检查的类型作为实参实例化后完成，类模板定义了 bool 类型的公开数据成员 value。例如，is_base_of 是一个有两个类型形参的类模板，若类 A 是类 B 的基类或 B 的基类的基类等，则 is_base_of<A, B>::value 的结果为 true。类似的，类模板 is_abstract<T>检查 T 是不是抽象类，is_final<T>检查 T 是不是不可继承的类，is_pointer<T>检查 T 是不是指针类型等等。

### 12.3.2　explicit 要求显式调用

如 11.4 节所述，"单参数"的构造函数能自动完成类型转换。"单参数"构造函数是指显式参数表至少有 1 个参数，且从第 2 个参数开始都有默认值的构造函数。例如，类 A 的单参数构造函数的函数原型可包括"A(int x)""A(int x=0)""A(int x, int y=0)""A(int x=0, int y=0)""A(int x, int y=0, int z=0)""A(int x=0, int y=0, int z=0)"等任意多个函数原型。对于上述所有函数原型，可以等价地只用一个构造函数表示，即"A(int x=0, int y=0, int z=0)"。

【例 12.15】　定义复数类型，实现加法运算。

```
class COMPLEX {
    double r,v;
public:
    COMPLEX(double r1 = 0,double v1 = 0) //包含单参数的构造函数定义
    {r = r1;v = v1;}
    COMPLEX operator+(const COMPLEX &c)const
    {return COMPLEX(r+c.r,v+c.v);};
    COMPLEX &operator += (const COMPLEX &c);
};
COMPLEX &COMPLEX::operator+=(const COMPLEX &c)
{
    r += c.r;v += c.v;
    return *this;                   //返回类型和*this均为 COMPLEX &，返回时引用*this引用的对象
};
int main(void)
{
    COMPLEX c1(2,4),c2(3,4);
    c1 = c1+c2;                     //调用 COMPLEX operator + (const COMPLEX &)
    c1 = c1+2;                      //调用 COMPLEX operator + (const COMPLEX &)
    c1 = c1+'2';                    //调用 COMPLEX operator + (const COMPLEX &)
    c1 += c2;                       //调用 COMPLEX &operator += (const COMPLEX &)
    c1 += 2.5;                      //先将 2.5 强制转换为常量对象 COMPLEX(2.5)，再做"+="运算
}
```

上述程序定义了 COMPLEX(double r1=0, double v1=0)，该定义包含了单参数构造函数的定义形式。单参数构造函数具有自动类型转换作用，这将降低定义多个加法运算符重载函数的必要性，例如，不必为"c1+2"定义加法运算符函数"COMPLEX operator+(int)"，因为整数 2 将自动转换为 double 类型的实参 2.0，然后去调用构造函数"COMPLEX(2.0, 0.0)"产生常量对象，于是"c1+2"转换为"c1+COMPLEX(2.0, 0.0)"，这两个对象的加法将调用对应的"COMPLEX operator+(const COMPLEX &)"。

如果需要定义多种运算符（如减法、乘法等）函数，则定义单参数构造函数的好处将更加显著。必要时单参数构造函数会自动将实参转换为 COMPLEX 对象。在不希望构造函数自动将实参转换为类的对象时，可用关键字 explicit 限定构造函数只能显式调用，如果需要该构造函数转换实参为类的对象，那么就必须显式使用实参调用 explicit 限定的构造函数。例如，为使常量 2.5 变成对象，应显式通过如下形式进行构造：①调用"COMPLEX(2.5)"；②静态类型转换"static_cast<COMPLEX>(2.5)"；③强制类型转换"(COMPLEX)2.5"。

保留字 explicit 只能用于类的构造函数和强制类型转换实例函数成员的定义，以便在表达式计算中禁止类型的隐式自动转换，使用 explicit 定义的函数必须以显式调用的方式调用上述实例函数成员，实现转换类型。

【例 12.16】　使用 explicit 定义复数类型的构造函数。

```
class COMPLEX {
    double r,v;
public:
    explicit COMPLEX(double r1 = 0,double v1 = 0)
```

```
        {r = r1; v = v1;}
        COMPLEX operator + (const COMPLEX &c)const
        {
            return COMPLEX(r + c.r,v + c.v);
        };
        COMPLEX &operator += (const COMPLEX &c);
        explicit operator double(){return r;}
    };
    COMPLEX &COMPLEX::operator += (const COMPLEX &c)
    {
        r += c.r;v += c.v;
        return *this;          //返回类型和*this均为 COMPLEX &，返回时引用*this引用的对象
    };
    int main(void)
    {
        COMPLEX c1(2,4),c2(3,4);
        c1 = c1 + c2;          //调用 "operator+(const COMPLEX &)"
        c1 = c1 + static_cast<COMPLEX>(2);   //构造常量对象并调用加法运算符
        c1 = c1 + COMPLEX('2');              //构造常量对象并调用加法运算符
        c1 += c2;                            //调用 "operator+=(const COMPLEX &)"
        c1 += (COMPLEX)2.5;                  //先将2.5转换为常量对象，然后做 "+=" 运算
    }
```

不能用 dynamic_cast<COMPLEX&&>('2')或 dynamic_cast<COMPLEX&&>(2.5)进行类型转换，因为 dynamic_cast<COMPLEX&&>要求被转换的表达式必须涉及对象类型，而常量表达式'2'和 2.5 没有涉及对象类型，也不能自动或隐式转换为 COMPLEX('2')和 COMPLEX(2.5)，因为 explicit 限定构造函数 COMPLEX(double, double)必须被显式调用。虽然 dynamic_cast<COMPLEX&&> (COMPLEX('2'))是正确的，但是这种动态转换纯属多此一举，建议直接使用 COMPLEX('2')常量对象。

### 12.3.3 栈的类型转换实例

整型栈 STACK 是一种先进后出的存储结构，其操作通常包括判断栈是否为空、向栈顶添加一个整型元素、从栈顶出栈一个元素等。栈元素可以采用链表或者一维动态数组存储。若栈元素采用一维动态数组存储，则在 C++中一般说明为指针成员。该指针会保持相对稳定的状态，即不会随便为该栈分配内存，也不会前后移动该指针成员，因此，通常将该指针成员定义为const。同理，栈的最大容量初始化后也不会随便变化，故也会被定义为const。

随着&和&&引用类型的引入，必要时编译程序自动为 STACK 生成如下函数：①无参构造函数 STACK( )；②参数为有址引用的拷贝构造函数 STACK(const STACK&)；③参数为无址引用的移动构造函数 STACK(STACK&&);④参数为有址引用的拷贝赋值运算函数 STACK &operator=(const STACK&)；⑤参数为无址引用的移动赋值运算函数 STACK &operator= (STACK&&)；⑥析构函数~STACK( )。

上述自动生成的拷贝构造函数和拷贝赋值函数均用浅拷贝实现，运行时会带来不可预料的安全问题。当 STACK 定义了动态分配内存的指针类型的数据成员时，必须隐藏编译程序自动生成的浅拷贝构造和浅拷贝赋值函数成员，以防止这些函数因浅拷贝构造和赋值引起内存泄漏，以及防止内存页面保

护错误导致当前程序终止运行。

【例 12.17】　整型栈 STACK 的定义。

```
class STACK {
    int* const elems;                               //使用 elems 申请内存，用于存放栈元素
    const int max;                                  //栈能存放的最大元素个数
    int pos;                                        //栈实际已有元素个数，栈空时，pos=0;
public:
    STACK(int m=0);                                 //栈最多存放 m 个元素，默认 m=0，表示无参构造
    STACK(const STACK& s);                          //参数为有址引用的深拷贝构造函数
    STACK(STACK&& s) noexcept;                       //移动构造：参数为无址引用的浅拷贝构造函数
    virtual operator int()const;                     //返回栈的实际元素个数 pos
    virtual STACK& operator<<(int e);                //将 e 入栈，返回当前栈，以便连续入栈
    virtual STACK& operator>>(int& e);               //出栈到 e，返回当前栈，以便连续出栈
    virtual STACK& operator=(const STACK& s);        //参数为有址引用的深拷贝赋值运算符
    virtual STACK& operator=(STACK&& s) noexcept;     //参数为无址引用的移动赋值运算符
    virtual ~STACK() noexcept;                        //销毁栈
};
STACK::STACK(int m):elems(new int[m]),max(elems ? m:0),pos(0) {
    if (elems==nullptr) throw "memory allocation for stack failed\n";
}
//注意：以下深拷贝构造函数应先分配内存，再拷贝内容
STACK::STACK(const STACK&s):elems(this==&s?throw "er":new int[s.max]),max(elems?s.max:0){
    if (elems==nullptr) throw "memory allocation for stack failed\n";
    for (pos=0;pos<s.pos;pos++) {elems[pos]=s.elems[pos];}
}
//注意：以下移动构造函数应实现为浅拷贝，将实参的内存移动给新对象
STACK::STACK(STACK&& s) noexcept:elems(s.elems),max(s.max),pos(s.pos)
{//移动给新构造对象后不能共享 elems 指向的内存，否则可能导致异常
    const_cast<int*&>(s.elems)=nullptr;
    const_cast<int&>(s.max)=s.pos=0;
}
STACK::operator int()const {return pos;}
STACK& STACK::operator<<(int e) {
    if (elems==nullptr) throw "stack is illegal\n";     //未分配内存，发出异常
    if (pos==max) throw "stack is full\n";              //栈满，发出异常
    elems[pos++]=e;
    return *this;
}
STACK& STACK::operator>>(int& e) {
    if (elems==nullptr) throw "stack is illegal\n";     //未分配内存，产生异常
    if (pos==0) throw "stack is empty\n";               //栈空，产生异常
    e=elems[--pos];
    return *this;
}
//注意：以下拷贝赋值运算符应实现为深拷贝赋值
STACK& STACK::operator=(const STACK& s) {
    if (this==&s) return *this;                         //对于栈对象 a，防止"a=a;"类似语句出现问题
    if (elems!=nullptr) delete elems;                   //先释放内存
    //elems 的类型为 int*const 传统右值，用 const_cast<int *&>转换为传统左值
```

```
        const_cast<int*&>(elems)=new int[s.max];   //等价于(int*&)elems=new int[s.max];
        if (elems==nullptr) throw "memory allocation for stack failed\n";
        const_cast<int&>(max)=elems ? s.max:0;     //等价于(int&)max=elems?s.max:0;
        for (pos=0;pos<s.pos; pos++) {elems[pos]=s.elems[pos];}
        return *this;
    }
    //注意: 以下移动赋值应实现为浅拷贝赋值, 实参的内存被移动给新对象
    STACK& STACK::operator=(STACK&& s) noexcept {
        if (this==&s) return *this; //对 STACK a(10);防止 a=static_cast<STACK&&>(a)出现异常
        //elems 的类型为 int*const 的传统右值, 用 const_cast<int *&>转换为传统左值
        if (elems!=nullptr) delete elems;
        const_cast<int*&>(elems)=s.elems;          //等价于(int*&)elems=s.elems;
        const_cast<int &>(max)=s.max;              //等价于(int&)max=s.max;
        pos=s.pos;
        const_cast<int*&>(s.elems)=nullptr;        //s.elems 已移动给新对象, 故被设为空指针
        const_cast<int&>(s.max)=s.pos=0;
        return *this;
    }
    STACK::~STACK() noexcept {
        if (elems==nullptr) return;                //防止反复释放内存
        delete elems;                              //释放内存
        const_cast<int*&>(elems)=nullptr;          //设标志, 防止反复释放内存
        const_cast<int&>(max)=0;                   //等价于(int &)max=0;
        pos=0;
    }
    int main() {STACK m(10),n(10);n<<1<<2<<3;m=n; }
```

注意上述 const_cast<int *&>(elems)在对 elem 引用时，去除了 elems 的不可被赋值的 const 属性，从而使 elems 可作为传统左值并能对其进行赋值。同理，const_cast<int &>(max)在对 max 引用时，去除了 max 的不可被赋值的 const 属性，从而使 max 可作为传统左值并能对其赋值。const_cast<int &>(max)等价于*(int*)&max 或(int&)max，其中&max 的类型为 const int*const，通过强制类型转换"(int *)"去除 const，从而使其所指向的存储单元（即 max 的单元）能够被赋值。

另外，在 STACK& STACK::operator=(const STACK&s)函数中，语句 if (this==&s)十分重要，它用于判断是否出现类似"a=a;"的语句（即相同对象的赋值运算），如果是，就不用执行任何操作直接返回。如果删除此条语句，就无法安全深拷贝 a 到 a，因为其后的"if (elems!= nullptr) delete elems;"将释放"a=a;"等号左边（同时也是右边的）a.elems 指向的内存；在多任务环境下被释放的内存很可能被另一个程序申请并使用，此后，若当前程序使用 s.elems 即 a.elems 访问内存，那么可能访问另一个程序刚申请的内存，从而会因内存页面保护导致访问冲突，操作系统会直接"杀死"当前程序。

## 12.4 自动类型推导

关键字 auto 在 C 语言中用作类型修饰符，用于定义函数内部的局部非静态变量，表示该变量的内存在栈上分配。因为这样的变量内存会随函数的返回而自动回收，故函数内部的非静态变量也被称为局部自动变量，即早期 C 的 auto 变量。同理，通过栈传递实参初始化的函数形参也可以被视为自动变

量。C++的 auto 用于变量类型的自动推导，即在用 auto 定义变量时，如果没给出变量的类型，则将根据其初始化表达式的类型自动推导出变量的类型。

## 12.4.1  auto 的一般用法

保留字 auto 可用于推导变量、函数参数、各种函数的返回值，以及类的带有 const、constexpr 或者 inline 定义的静态数据成员的类型，并能用"auto [成员列表]"对绑定的 class 或 struct 对象的成员进行类型推导。编译器 gcc 已支持 C++2023 的"auto(表达式)"或"auto{表达式}"，它们总是返回 auto 根据表达式推导的类型的无址传统右值或纯右值，因此，对于定义"int m=3,&n=m;"，auto(n)和 auto{n}均等价于 static_cast<int&&>(n)。

如果用 auto 自动推导 C++的变量类型，则在定义变量时不能显式指定变量的类型。如果不用 auto 自动推导类型，例如，在仅使用 static 定义变量时，就必须明确说明变量的类型；仅用 static 不能认为变量的默认类型为 int，可以用 static auto 或者 auto static 定义和推导变量的类型。

【例 12.18】  auto 及 static 的基本用法。

```
#include <stdio.h>
//auto int a=1;              //错误：推导类型时不能明确指定变量 a 的类型为 int
//auto int x[3];             //错误：同上
auto b='A';                  //正确：推导定义 char b='A';
auto c=1+printf("a");        //正确：推导定义 int c=1+printf("a");
auto d=3.2;                  //正确：推导定义 double d=3.2;
auto e="abcd";               //正确：推导定义 const char *e="abcd";
static int f=0;              //正确：使用 static 必须明确说明变量类型 int
static auto x=3;             //正确：推导定义 static int x=3;
//static g=0;                //错误：必须明确说明类型，不能认为 g 的默认类型为 int
inline auto g() {return;}    //推导函数 g 的返回类型为 void
class A {inline auto const volatile static m=x;};//有 inline 时可用任意表达式初始化 m
int main() {
    //auto int a=1;          //错误：推导类型时不能指定变量 a 的类型为 int
    //auto int x[3];         //错误：同上
    auto b='A';              //正确：推导定义 char b='A';
    auto static x=3;         //正确：推导定义 static int x=3;
    //static y=3;            //错误：必须明确说明类型，不能认为 y 的默认类型为 int
}
```

在例 12.18 中，初始化表达式"1+printf("a")"的类型容易推导。首先 C 和 C++默认常量 1 的类型为整型（int），另外 printf()在 stdio.h 中声明的返回整型为 int，因此"1+printf("a")"的结果类型必定为 int 类型，故变量 c 的类型推导为 int 类型。注意，C 和 C++默认浮点常量（如 3.2）的类型为 double 类型，不能错误地认为是 float 类型，常量 3.2F、3.F 或.2F 才是 float 类型。

在使用 auto 推导函数的返回类型时，可用"->"定义函数的尾随类型，即定义函数的返回类型。例如，在定义"auto f(auto x)->int {return x;};"中，int 即为函数的尾随类型或返回类型，该定义等价于"int f(auto x) {return x;};"，调用 f(3)和 f(3.3)的返回值均为 int 型。如果去掉尾随类型"->int"，即定义"auto f(auto x) {return x;};"，则调用 f(3)的返回值为 int 型，而 f(3.3)的返回值为 double 型。

对于变量定义"int m=0;int &&n=m;"，编译会报告 n 错误引用 m：因为 n 是无址引用变量，它不能引用有固定地址的有址变量 m。但是，"auto &&p=m;"推导不会报错，此时 p 共享 m 的内存，自动转变为"int &p=m;"或"int &p=static_cast<int&>(m);"。对于"void q(int &&r){}"，不能用有址变量 m 调用 q(m)，因为无址引用形参 r 不能引用有址变量 m。而对于"void s(auto &u){u=1;}"或"void t(auto &&v){v=1;}"，用传统左值有址变量 m 作实参，调用 s(m) 和 t(m) 都不报错。

对于"const int h=0;"，调用 s(h) 和 t(h) 都会报错，此时 u、v 均自动推导为 const int &类型，u、v 类型中的 const int 均与 h 的 const int 一致。对于调用 s(2)，参数 u 推导为"const int &u=2"，故函数 s(auto &u)中的语句"u=1;"会报错；同理调用 t(2)也会报错。对形参进行 auto 类型推导时，会根据实参类型自动添加或去掉 const 或 volatile。

## 12.4.2　auto 用于函数、数组、列表和结构

在 auto 推导变量的类型时，初始化表达式可以出现数组变量名或函数名。出现的数组名代表整个数组的类型，而出现的函数名则代表指向该函数的指针。当定义多维数组变量"int a[10][20];"时，如果仅使用其中的一部分维，如 a[1]，则它代表的类型是删除这部分维后剩下的类型的引用，即从"int a[10][20];"对 a[10]解引用得到引用类型 int(&)[20]。因此，a[1]还剩下一维 20 个元素用于存储整数，故 a[1]的类型可理解为 int*const 或 int(&)[20]类型，但 auto 在进行新变量的类型推导时会优先选择 int *的形式。因为选择数组类型可能导致给数组整体赋值，而 C 和 C++均不允许给数组整体赋值。

类型推导 auto 不能出现在顶级的数组定义中，即不能出现 auto b[]或 auto b[4]等以"[ ]"开始的定义形式。auto 的本质是推导出初始化表达式值的类型，因此 auto 可以出现在既需要类型又关联初始值的地方，最常出现的位置是定义及初始化变量的类型之前。此外，auto 还可以出现在 new 的后面，因为 new 既需要类型表达式，又需要初始值；auto 也可以出现在函数返回类型之前，因为此处既需要返回类型，又关联 return 语句的返回值。auto 不能出现在异常类型列表、强制类型转换的定义位置。

【例 12.19】　auto 推导函数、数组及进行结构化绑定。

```cpp
#include <stdio.h>
#include <typeinfo>
using namespace std;
int a[10][20];              //a 的类型为 int[10][20]，数组变量可退化为 int (*const a)[20];
auto b(int x) {return x;};  //b 的类型为 int b(int)，可写成 auto b(int x)->int{return x;};
auto c=a;                   //优先选择 a 作指针初始化 int (*c)[20]。可 auto&c=a 或 auto const&c=a
auto *d=a;                  //引导选择 int(*d)[20]: 和 int (*const a)[20]类型相容匹配
auto e=&a;                  //等价于 int (*e)[10][20]=&a: 指向数组 a
auto f=printf;              //定义 int (*f)(const char *,…);
auto g=a[1];                //优先选择 int *g 而非 int (&g)[20]
auto *h=a[1];               //引导选择 int *h, 用 int (*const a)[20]初始化 h
auto &i = a[1];             //引导选择 int (&i)[20]=a[1];
int k(int x) {return x;}    //可定义 auto k(int x)->int{return x;}
struct USV {int u,s,v;} svd(int a) {return USV{a,a+1,a+2};}
int main() {
    auto m={1,2,3,4};       //等价于 initializer_list<int> m={1,2,3,4};
```

```
auto n=new auto(1);        //等价于 int *n=new int(1);
auto p=k;                  //p 类型为 int(*p)(int)。若 auto&p, 则 p 引导为 int(&p)(int)
auto *q=k;                 //引导 q 的类型为 int(*q)(int),*用于匹配 k 的类型 int(*const)(int)
auto [u,s,v]=svd(1);       //结构化绑定 svd(1)返回的对象, int u=1,s=2,v=3
g[2]=3;                    //int *g 可当作一维数组 int g[]使用
(*p)(4);                   //调用 k(4)
(*q)(5);                   //调用 k(5)
printf("%s\n",typeid(a).name());      //输出 int [10][20]
printf("%s\n",typeid(a[1]).name());   //输出 int [20]
printf("%s\n",typeid(b).name());      //输出 int __cdecl(int)
printf("%s\n",typeid(c).name());      //输出 int (*)[20]
printf("%s\n",typeid(d).name());      //输出 int (*)[20]
printf("%s\n",typeid(e).name());      //输出 int (*)[10][20]
printf("%s\n",typeid(f).name());      //输出 int (__cdecl*)(char const *,...)
printf("%s\n",typeid(g).name());      //输出 int *
printf("%s\n",typeid(h).name());      //输出 int *
printf("%s\n",typeid(i).name());      //输出 int [20], 注意 i 的类型为 int(&i)[20]
printf("%s\n",typeid(k).name());      //输出 int __cdecl(int)
printf("%s\n",typeid(p).name());      //输出 int (__cdecl*)(int)
printf("%s\n",typeid(q).name());      //输出 int (__cdecl*)(int)
printf("sizeof(c)=%d\n",sizeof(c));   //输出 sizeof(c)=4
}
```

在上述输出中，可以忽略编译模式__cdecl，它仅代表按 C 定义方式声明或定义函数。该方式在调用该函数前，通过压栈传递 N 个实参；在函数使用汇编代码 ret 返回后，编译程序从栈中弹出 N 个实参，以维护调用前后栈的平衡。这也是 C 语言程序很少出现栈溢出的原因。另一种函数调用方式是 PASCAL 方式，即在返回时使用类似 ret m 的汇编指令，弹出调用前压栈的所有实参，返回后对栈不再做进一步处理，因此函数调用前后的栈也是平衡的。

注意，m 是实例类 initializer_list<int>的对象，其对应类模板为名字空间 std 的 initializer_list。即使用一个元素如"auto m={1};"推导 m，m 的实例类型也为 initializer_list<int>。但注意"auto u{1};"等价于"auto u(1);"，因为初始值 1 默认为 int 类型，故 u 的类型被推导为 int 类型。注意"{}"可代替"( )"括起初始值，用于调用构造函数或初始化被推导的变量 u。

在 MATLAB 中，用 m*n 矩阵 A 执行"[U,S,V]=svd(A)"，可以获得奇异值分解结果 U、S、V，它们分别为 m*m、m*n 及 n*n 矩阵。早期 C++不能完成推导"auto [U,S,V]=svd(A);"，因为早期 C++不支持结构化绑定。注意，svd(1)返回的对象成员是公开的，被绑定到类型推导为 int 的变量 u、s、v 上。绑定的成员可为除 void 和函数外的任意类型。可在 auto 后面加 const、volatile、&、&&等，例如"auto const &[U,S,V]=svd(A);"，此时引导 U、S 和 V 成为只读变量，此处的&失去引导作用，因为[U,S,V]不是一个变量；对 svd 等函数返回值使用&应慎重，可能引用返回后已经析构的对象。

除了绑定 class、struct 和实例类如 std::pair<int,int>的成员外，auto 推导还可以绑定数组的元素，数组元素可以是其允许的任何类型。例如，对于"int a[2]={1,2};auto [b,c]=a;"，推导得到"int b=1;int c=2;"。对于"char e[2][2]={'a','b','c','d'};auto const[f,g]=e;"，推导得到"const char f[2]={'a','b'};const char g[2]={'c','d'};"。使用多维数组推导后，绑定元素的变量类型是降维后的类型。

### 12.4.3　表达式类型的提取 decltype

关键字 decltype 用来精确提取访问权限可访问的变量、左值或具有单个右值的表达式的类型，提取的类型可以是复杂的类型表达式，可以用来定义变量、参数或者函数返回值的类型，以及用在 new、sizeof、异常列表、强制类型转换等凡是需要类型表达式的地方。若主函数 main 不是类 A 的友元，则 main 函数不能访问类 A 的私有成员，因而在 main 内也不能使用 decltype 提取包含私有成员的表达式的类型。

如果 decltype(e) 的表达式 e 仅仅是一个变量，则提取的类型就是变量 e 的原始类型；如果 e 是一个复杂表达式且其结果为有址传统左值，则提取的类型需添加一个可写有址引用，即&。因此，对于"int m=0;"，"decltype(m) n=m;"等价于"int n=m;"，因为 m 仅仅是一个变量，故提取 m 的原始类型。"decltype((m))p=m;"等价于"decltype(m)&p=m;"，即定义"int &p=m;"，因为(m)是一个复杂表达式，且其结果为有址传统左值，故 p 的类型为可写有址引用 int&。

圆括号"()"可以构成括号表达式，例如，上述"(m)"或者"(1,2)"，但是花括号"{ }"和方括号"[ ]"不能构成括号表达式。"(1,2)"等价于具有单个值的表达式"2"，因此，可以用"decltype((1,2))"提取单值表达式"(1,2)"的类型，但是不能用"decltype({1})"、"decltype({1,2})"或"decltype([1,2])"等提取类型，因为根据 C 或 C++的语法标准，"{1}"、"{1,2}"或[1,2]都不是表达式，也不能被看作是具有单个右值的表达式。

当定义"auto a={1,2,3};"时，初始化列表"{1,2,3}"的初始元素为 1，然后用其初始元素地址和最终地址初始化 initializer_list<int>类型的 a，因此有*a.begin()==1。对于赋值语句"a={};"或"a={1,2};"，由于 a 要用 initializer_list<int>类型的表达式初始化，故"{ }"或"{1,2}"转化为 initializer_list<int>类的常量，原本"{ }"或"{1,2}"并不是该类的常量，否则"{1,2}={3,4};"是正确的语句。类比一下，"ab"s 和"cd"s 是 string 类的常量，而""ab"s="cd"s;"是正确的语句。

C 和 C++从未将初始化列表"{1,2,3}"称为数组常量，C++后来为其引入了对应的 initializer_list 类模板。对于"auto a={1,2,3};"，所有列表元素必须像数组元素一样类型相同。因此，元素类型不同的"auto a={1,2,3L};"是错误的，且导致无法推导出 a 的类型。注意，字符串常量如"abc"是数组常量，它是左值并且可以被提取类型。"decltype("abc")"提取的类型为"const char(&)[4]"。而对于"const char b[]="abc";"，"decltype(b)"提取的类型为 const char[4]。

对于"int m=0;const int*volatile q=&m;"，"decltype(*q)r=m;"等价于"const int &r=m;"，因为*p 是一个复杂表达式，且其运算结果为有址传统右值：*p 的类型运算为*(const int*volatile)，故其解引用得到的类型为 const int&，即 C++新标准的一种"具名右值"。同理，*this 的结果类型也为有址引用类型，decltype(*this)将得到类的有址可写引用类型。

类似地，对于数组变量"int a[10][20];"，"decltype(a) b;"等价于"int b[10][20];"，因为 a 是一个单纯的变量名，故提取其原始类型 int [10][20]，而"decltype((a)) b=a;"等价于"int (&b)[10][20]=a;"。由于 a[0]的类型等价于*a 的类型，故"decltype(a[0])c=a[1];"等价于"decltype(*a)c=a[1];"，而*a 的类型运算为*(int(*const)[20])，其解引用运算结果为有址传统左值引用 int (&)[20]，即"decltype(a[0]) c=a[1];"等价于"int (&c)[20]=a[1];"。

对于函数的数组参数"int a[10][20];"，"decltype(a) b;"等价于"int(*b)[20];"，因为数组参数 a 一

定会退化为可写指针"int(*a)[20];"。由于 a[0]的类型等价于*a 的类型，故"decltype(a[0])c=a[1];"等价于"decltype(*a)c=a[1];"，而*a 的类型运算为*(int(*)[20])，其解引用运算结果为有址传统左值引用 int(&)[20]，即"decltype(a[0]) c=a[1];"等价于"int(&c)[20]=a[1];"。注意，decltype(e)并不计算 e，故 decltype(printf("ab"))不会打印出 ab。

在用 decltype 提取类型定义新变量时，若使用表达式初始化要定义的变量，则表达式的类型必须和提取的类型相同或相容。类型相容意味着初始化表达式可以自动完成类型转换，转换成变量、形参或者返回值要用 decltype 提取的类型。

【例 12.20】　decltype 提取表达式的类型，并将提取的类型用于变量或函数定义。

```
int a[10][20],*k=&a[0][0];        //a 的类型为 int [10][20]
decltype(*k) m=a[0][0];           //等价于 int&m=a[0][0],即有 &m≡k≡&a[0][0]
decltype(a[0][0]) n=a[0][0];      //等价于 int&n=a[0][0],即有 &m≡&n≡k≡&a[0][0]
decltype(a)* p = &a;              //等价于 int(*p)[10][20]=&a;
decltype(&a[0])h(decltype(a)x,int y) {return x;};
//函数 h 不能返回数组,数组参数 x 倾向于退化为指针: int(*h(int(*x)[20],int y))[20]
//不能定义 decltype(a)h(decltype(a)x,int y,int z); //C++的函数不能返回数组
void sort(double* a,unsigned N,bool(*g)(double,double)) {
    for (int x=0;x<N-1;x++)
        for (int y=x+1;y<N;y++)
            if ((*g)(a[x],a[y])) {double t=a[x];a[x]=a[y];a[y]=t;}
}
auto f(double x,double y) throw(const char*) //得到声明 bool f(double,ouble)
{
    return x>y;
};
auto g=[](int x)->int {return x;};           //在推导 g 时 Lambda 表达式被计算并初始化 g
decltype(g)* q;                               //正确: 表达式 g 的类型已被计算出来
auto r=new decltype(a);                       //等价于 int(*r)[20]=new int[10][20];
//decltype([](int x)->int{return x;})*q;      //错误: 匿名 Lambda 表达式未被计算
int main() {
    double a[5];
    int b=0,c=0;        //decltype((b))m=0 将报错,因 m 的类型为 int&,应 decltype((b))m=c;
    decltype(b=c) d(c);//b=c 因 operator=返回 int&,故 int&d=c; "decltype(b=c)d=5;"将报错
    a[0]=1;a[1]=5;a[2]=3;a[3]=2;a[4]=4;
    sort(a,sizeof(decltype(a)) / sizeof(double),f);
    decltype(*&a[0])e=a[0]; //解*&a[0]有址引用: double&e=a[0]。decltype(*&a[0])e=3.2 错误
    auto f=d;               //f 的类型为表达式 d 的结果类型,等价于 int f=d 或 int f=0
    decltype(auto)n=d;      //int &n=d 不表示 n 引用 d,而是引用 d 所引用的 c,等价于 int&n=c
    d=3;                    //f=0,n=d=c=3;
}
```

在上述程序中，关键字 decltype 只能用于类型可被计算的表达式，它不会计算数值表达式的值。匿名 Lambda 表达式的类型不可被计算，故不能用 decltype([ ](int x){return x;})提取类型；该 Lambda 表达式可调用函数如"[ ](int x){return x;}(3)"，此时该函数的返回类型为 int；也可用于"auto h=[ ](int x){return x;}"初始化 h，此时它作为对象常量的类型是一个匿名类。

注意，auto 与固定用法 decltype(auto)的区别，"auto f=d=4"取表达式 d=4 的结果类型 int 作为 f 的类型；"decltype(auto) n=d=4"取表达式 d=4 的精确类型 int &作为 n 的类型，"decltype(d) p=c"取变量

d 的原始类型 int & 作为 p 的类型。由于 n 和 d 均为 int & 类型，故 n 引用 d 所引用的变量 c，即"decltype(auto) n=d=4"等价于"int &n=c=4"。虽然"auto f=表达式"和"decltype(auto) n=表达式"都取表达式的结果类型，但"decltype(auto) n=表达式"得到表达式的精确类型。

如前所述，decltype 用于提取数值表达式的类型，因此，不允许写 decltype(sin(double))这种形式，编译报错 double 必须用 1 个数值代替，当然，decltype(sin(1.1)) 提取的是函数的返回类型 double，而不是函数自己的原型 double sin(double)。要提取函数自己的原型，就要用到函数模板，这对于泛型编程来说还是有用的。

【例 12.21】 decltype 提取函数名的原型。

```cpp
template <typename T>
auto fun(T v) {return v;}
decltype(fun<int>)& f=fun<int>;   //函数名 fun<int>是地址，也是数值表达式，可以被 decltype 提取
decltype(fun<int>)& g(){return fun;}
template <typename T,typename S>
auto fun(T v, S w)->decltype(v+w) //能定义 decltype(v+w) fun(T v, S w){return v+w;}吗？
{ return v+w; }                    //不能将 decltype(v+w) 写在 fun 前，因为 v 和 w 还未定义
template <typename T, typename S>//以下是上述尾置返回类型 decltype(v+w)的替代写法，太麻烦
decltype(*(T*)nullptr+*(S*)nullptr)gun(T v, S w)//decltype(数值表达式)并不计算数值表达式的值
{ return v + w; }
int main() {
    g()(1);
    return f(0);
}
```

注意上面变量 f 前的&不能删掉，删掉后就是定义函数类型的变量 f，C++只允许函数指针变量或函数引用变量。因此，上面的&只可以用&&或*代替。同理，如果定义函数 g 的返回值，也不能删除 g 前面的&，因为函数 g 不能返回一个函数，而只能返回一个指针或引用。

## 12.5　Lambda 表达式

为了不过多地定义有名函数，C++引入了 Lambda 表达式。Lambda 表达式是 C++引入的一种匿名函数。名义上，Lambda 表达式是一种匿名函数，实际上，Lambda 表达式被编译为临时类的对象，若未定义或未调用存储该临时类对象的变量，那么该 Lambda 表达式的类型没被计算。

### 12.5.1　Lambda 表达式的声明

Lambda 表达式的声明格式为"[捕获列表](形参列表) 可选项 异常说明->返回类型{函数体}"。Lambda 表达式的定义总是始于"[",并且必须以"}"结束。C++编译程序将为 Lambda 表达式生成一个临时类，该类重载的实例函数成员"operator()(形参列表)"是 Lambda 表达式对应的匿名函数。该临时类还提供了（浅）拷贝构造函数，而非拷贝构造函数默认被删除（delete），故不能无参构造另一个变量或对象。每个 Lambda 表达式的类型都是唯一的、不同的。

Lambda 表达式

如果"捕获列表"有参数或捕获了若干变量，则倾向于将 Lambda 表达式当作临时类的对象，此时，可以认为 Lambda 表达式是一个"纯对象"，否则倾向于将 Lambda 表达式当作"准函数"，"准函数" Lambda 表达式能用于初始化函数指针。无论 Lambda 表达式是"纯对象"还是"准函数"，Lambda 表达式的编译结果都是临时类的对象，而 Lambda 表达式对应的匿名函数可被看作临时类重载的实例函数成员"operator() (形参列表)"。

因此，当使用"auto obj=Lambda 表达式;"定义 obj 时，obj 编译为 Lambda 表达式生成的临时类的一个对象，Lambda 表达式被计算，意味着该对象 obj 被初始化，故可以使用 obj 作为对象调用匿名函数，即以"obj.operator() (实参列表)"形式调用函数，其等价的函数调用形式为"obj(实参列表)"，请参见例 11.17 中的"()"函数调用"tab("a",1)"。

"operator() (形参列表)"中的"形参列表"对应 Lambda 表达式定义中的"形参列表"，该形参列表也可以声明省略参数和指定默认值，其声明方法和声明规则与普通函数的相同。当使用"obj(实参列表)"或使用"obj.operator() (实参列表)"调用匿名函数时，实参列表对应的值将传递给 Lambda 表达式定义中的"形参列表"的对应形参。

Lambda 表达式中的"(形参列表)"可不出现，同时后面的"返回类型"也不能出现，故最简单的 Lambda 表达式为"[]{}"。"(形参列表)"也可以以"()"或"(void)"的形式出现，此时，Lambda 表达式被编译为实例函数"operator()()"，即重载的"()"运算符的参数表为空或者无参。当然，形参列表中的形参可以有默认值，且最后一个形参也可以是省略参数。

许多编译器已支持 C++新标准的 Lambda 表达式"可选项"。"可选项"可以为空，即不出现，或者使用 mutable、constexpr、consteval 等替换。mutable 表示若捕获非引用的可写外部变量，则将其存储于生成的匿名对象内部作为可写实例数据成员，因此在 Lambda 表达式的函数体中可以对该成员进行修改，但并不会影响"捕获列表"所列出的对应的原始外部变量的值。constexpr 或 consteval 则如第 3 章所介绍的那样，用于 Lambda 仿函数的函数体编译优化，GCC 12 编译器支持这两个"可选项"，可定义"auto f=[](int i=6)mutable constexpr {return i;};"。

异常说明可以声明匿名函数自己不处理的异常，异常说明不是其所属函数原型的一部分。Lambda 表达式可以定义匿名函数的"返回类型"，如果不需要返回类型则可以省略该项。但是，Lambda 表达式一旦定义了返回类型，就需要在其"函数体"内用 return 语句返回对应类型的值。

【例 12.22】 定义返回 x 的计算结果的 Lambda 表达式。

```
#include <stdio.h>
#include <typeinfo>
using namespace std;
int b=0,c=0; //全局变量不用捕获,可直接在以下 Lambda 表达式的函数体中使用
auto e=[b=b]()mutable{return ++b+c++;}; //全局变量 b 作默认值初始化 b,纯对象 e 只初始化一次
int main() {
    int a=0;
    auto f=[](int x=1)noexcept->int {return x;};  //捕获列表为空,对象 f 当"准函数"用
    auto g=[](int x)throw(int)->int{return x;};    //g 同上;匿名函数抛出异常
    int(*h)(int)=[](int x)->int {return x*x;};     //捕获列表为空,h 指向"准函数"
    h=f;   //正确:f 倾向于当"准函数"使用,函数原型不考虑 noexcept
```

```
auto m=[a](int x)->int {return x*x;};//m是"纯对象"：捕获a初始化实例成员
//int(*k)(int)=[a](int x)->int{return x;};     //函数指针k不能指向纯对象（捕获列表非空）
//h=m;//错误：m的Lambda表达式捕获列表非空，m倾向于当"纯对象"使用
//printf(typeid([](int x)->int{return x;}).name());//错：Lambda表达式未计算，无类型
printf("%s\n",typeid(f).name());               //输出class<lambda_...>
printf("%s\n",typeid(f(3)).name());            //输出int，实参3传递给形参x
printf("%s\n",typeid(f.operator()()).name());  //输出int，默认值1传递给形参x
printf("%s\n",typeid(f(3)).name());            //输出int
printf("%s\n",typeid(f.operator()).name());    //输出int __cdecl(int)
printf("%s\n",typeid(g.operator()).name());    //输出int __cdecl(int)
printf("%s\n",typeid(h).name());               //输出int (__cdecl*)(int)
printf("%s\n",typeid(m).name());               //输出class <lambda_...>
return f(3)+g(3)+(*h)(3);                       //用对象f、g计算Lambda表达式
}//注意：调用g.operator(3)等价于g(3)
```

由 typeid(f).name() 的输出结果可知，编译程序为 Lambda 表达式生成了一个临时类，该临时类包含一个重载函数 operator()(int x=1)，而变量 f 是该临时类的一个实例对象。此后，程序通过 f(3) 调用了代表 Lambda 表达式的匿名函数，该调用被编译为使用对象 f 调用 f.operator()(3)，注意，调用 f() 等于参数使用默认值 1 调用 f(1)。对于上述自动类型推导定义的变量 f 和 m，f 可以赋值给函数指针 h，但是 m 却不能赋值给函数指针 h，因为 f 倾向于作为"准函数"使用，而 m 倾向于作为"纯对象"使用，函数指针 h 是不能指向对象 m 的。

既然上述 f 被实现为临时类的对象，那么需要对 f 调用构造函数进行初始化，"[捕获列表]"中的外部变量将作为构造函数的实参，用于初始化 f 的私有同名的实例数据成员。若"[捕获列表]"中出现了"&"（或者"&变量名"），则表示所有外部变量（或特定外部变量）可被构造函数当作左值有址引用，用于初始化匿名类对象的私有有址引用类型的同名实例数据成员；否则，"[捕获列表]"中的外部变量被值参传递给构造函数的形参，传递完毕后，外部变量与构造函数的形参无关，捕获列表中的非自定义变量的存储可变特性取决于同名的外部变量的存储可变特性。

在临时类的实例对象 m 被构造或初始化以后，"[捕获列表]"中的外部变量 a 以值参的形式传递给 m 的私有同名实例数据成员，并且在值参传递构造完毕以后两者再无关系。对于上述实例对象 m 的私有同名实例数据成员 a，Lambda 表达式 m 只能取 a 的值而不能修改 a 的值，除非 Lambda 表达式的参数表后出现 mutable，但此时修改的是同名私有实例数据成员 a 的值，而不是被捕获的外部变量 a 的值。即使在 Lambda 表达式中修改同名实例数据成员 a 的值，也不会影响原有的"[捕获列表]"中的外部变量 a 的值，因为两者在值参传递构造完 m 以后再无关系。

若"[捕获列表]"中的外部变量由&引入并作为实参传给构造函数的传统左值有址引用形参，然后用该形参初始化匿名类实例对象的引用类型的同名实例数据成员，该引用类型的实例数据成员也是传统左值有址引用，它将共享"[捕获列表]"中外部变量所使用的内存。若在 Lambda 表达式中修改该引用类型的同名实例数据成员的值，将直接导致"[捕获列表]"中被捕获的外部变量的值被修改。因此，若想 Lambda 表达式改变当前作用域或外层作用域变量的值，可在 Lambda 表达式的"[捕获列表]"中使用&捕获该变

lambda 表达式
mutable 的作用

量。

**【例 12.23】** 没有 mutable 和有 mutable 的 Lambda 表达式的实现方法。

```
int  main() {
    int m=1,p=3;
    const int n=2,q=4;
    auto f=[m,n,&p,&q](int x)->int{p++;/*错: m++;++; q++;*/;return m+n+x;;
    int z=f(0);      //m=1,p=4,z=3,等价于 z=f.operator( )(0)
    z=f(0);          //m=1,p=5,z=3
    auto g=[m,n,&p,&q](int x)mutable->int {p++;/*错:n++;q++;*/return m++ +n+x;};
    z=g(0);              //m=1,p=6,z=3,等价于 z=g.operator()(0);
    z=g(0);              //m=1,p=7,z=4
}
```

在例 12.23 中，捕获的可写局部自动变量 m 将实现成为对象 f 的只读私有成员。在构造对象 f 时，在将局部自动变量 m 的值传给对象 f 的成员 m 后，两个 m 之间再没有任何关系，故在第二个 z=f(0) 执行前后，局部自动变量 m 的值始终为 m=1。Lambda 表达式 f 的实现方法如下。

```
class 匿名类{          //未用 mutable 的 f 的匿名类
    const int m,n;      //Lambda 表达式无 mutable:捕获时未用&的可写外部变量 m 成为 const 成员
    int &p;            //用&捕获的可写外部变量 p 成为类型为 int &的成员
    const int &q;       //用&捕获的只读外部变量 q 成为类型为 const int &的成员
public:
    匿名构造函数(int m,const int n,int &p,const int &q):m(m),n(n),p(p),q(q){}
    int operator()(int x) {p=p+1;return m+n+x;}
}f(m,n,p,q);           //推导 f 时调用匿名构造函数初始化匿名类对象 f
```

Lambda 表达式 g 的参数表后使用了 mutable，这样捕获的可写局部变量 m 将实现成为对象 g 的 mutable 私有成员。Lambda 表达式 g 的实现方法如下。

```
class 匿名类{          //使用 mutable 的 g 的匿名类
    mutable int m;      //Lambda 表达式有 mutable:捕获时未用&的可写外部变量 m 成为 mutable 成员
    const int n;        //Lambda 表达式无论有无 mutable,未用&捕获的只读变量 n 成为 const 成员
    int &p;            //用&捕获的可写外部变量 p 成为类型为 int &的成员
    const int &q;       //用&捕获的只读外部变量 q 成为类型为 const int &的成员
public:
    匿名构造函数(int m,const int n,int &p,const int &q):m(m),n(n),p(p),q(q){}
    int operator()(int x) {p=p+1;return m++ + n + x; }
}g(m,n,p,q);           //推导 g 时调用匿名构造函数初始化匿名类对象 g
```

同样地，在构造对象 g 时，在将局部变量 m 的值传给对象 g 的成员 m 后，两个 m 之间再没有任何关系，故在第二个 "z=g(0)" 执行前后，局部变量 m 的值始终为 m=1。Lambda 表达式的参数 "int x" 可以设置默认值如 "int x=0"。

捕获列表可以自定义捕获变量,例如在 "[m=m, n, &p=p, &x=q]" 中，等号左边的 m、p、x 是自定义的捕获变量，等号右边是这些变量的初始化默认值。若使用&自定义引用类型的捕获变量，则其存储可变特性取决于其初始化默认值。依本例自定义捕获变量 p 的类型为 int &p,因为被引用的 main 局部变量 p 可写；而 x 的类型为 const int&x，因为被引用的 q 是只读的。

注意[m=m, n, &p=p, &x=q]的 n 是只读的，该存储可变特性取决于其同名

捕获列表的参数

外部变量(main 的局部变量 const int n)，因此，无论 Lambda 表达式是否使用 mutable，在 Lambda 表达式中都不能修改 n。但是对于自定义的捕获变量 m，使用同名外部变量(main 的局部变量 int m)初始化，能否在 Lambda 表达式中修改该变量，取决于 Lambda 表达式是否使用 mutable。

## 12.5.2　Lambda 表达式的参数

　　Lambda 表达式可以出现在任何可以初始化变量、成员或者形参的位置。当 Lambda 表达式出现在非成员函数的外部时，即当其作为全局匿名函数或者单元静态匿名函数出现时，其"[捕获列表]"可以为[ ]、[&]或者[=]，不能列出任何全局变量、单元变量或静态变量的名字，但可以自定义捕获变量且必须使用默认实参初始化。在 Lambda 表达式中，可以直接访问或修改全局变量、单元变量或静态变量的值，也可以直接访问其所在函数定义的只读非 volatile 的局部变量的值。因此，非成员函数外的 Lambda 表达式捕获列表一般为空[ ]。具有自定义捕获变量、或用[&]或[=]定义的 Lambda 表达式为"纯对象"。

　　要将 Lambda 表达式生成的匿名函数赋给或传递给函数指针，则 Lambda 表达式的"[捕获列表]"必须为"[ ]"，即它必须为"准函数"才能获得其入口地址。在非成员函数（如 main( )函数）的外部，如果声明的某个函数的形参为函数指针，则只能将"[捕获列表]"为[ ]的 Lambda 表达式传给该形参，因为这种"准函数"Lambda 表达式的入口地址可看作函数指针；若 Lambda 表达式的"[捕获列表]"非空，则该 Lambda 表达式将被当作"纯对象"，由于其对象名不可能是函数指针类型，故不能传给函数指针类型的形参。

【例 12.24】　Lambda 表达式作为"准函数""纯对象"以及匿名函数的调用。

```
int m=7;
static int n=9;
static auto e=[](int x)->int{    //"[]"无外部变量，e 为"准函数"，不能使用[&m]
    static int z=3;
    return z+=(m += n++);
};
auto f=[&p=m](int x)->int {      //自定义捕获参数[&p=m]必须有默认值 m，f 为"纯对象"
    static int y=3;
    return y+=(p += n++);
};
//以下 Lambda 表达式"[捕获列表]"非空，倾向于当作"纯对象"来初始化匿名类类对象 g
auto g=[=](int x)mutable->int {  //"[=]"有外部变量，g 倾向于当作"纯对象"使用
    static int z=3;
    return z+=(m += n++);        //可以省略 mutable，因为 main()外不可能捕获自动变量
};
int h(int(*f)(int)) {return (*f)(4);}
int main() {
    int a=0;   const int z=0;    //只读非 volatile 变量 z 相当于常量，可被 Lambda 表达式直接访问
    auto b=[](int x=0)->int{return z+m*n*x;};//b 为"准函数"，不能用 a 当 x 默认值
    auto c=[a](int x)mutable->int{a++; return z+m*n*a*x;};//c 是"纯对象"
    auto d=[z](int x=0)->int{return z+m*n*x;};//d 为"准对象"，使比较 b、d 调用结果
    a=e.operator()(3);           //m=26，n=11，a=45，e 显式作为对象调用匿名函数
    a=f(2);                      //m=37，n=12，a=40，等价于 f.operator()(2)
    a=f.operator()(3);           //m=49，n=13，a=89，f 显式作为对象调用匿名函数
```

```
        a=g(3);                             //m=62，n=14，a=65，等价于 g.operator()(3)
        a=g.operator()(3);                  //m=76，n=15，a=141，g 显式作为对象调用匿名函数
        a=h([](int x)->int{return m*x;});   //m=76，n=15，a=304："准函数"作为实参调用 h
        //h([a](int x)->int{return m*x;});   //错误：函数指针形参不能指向"纯对象"Lambda
        a=h(e);                             //m=91，n=16，a=136，"准函数"e 作为实参调用 h
        //a=h(f);                            //错误：h 的函数指针形参不能指向"纯对象"f
        //a=h(g);                            //错误：h 的函数指针形参不能指向"纯对象"g
        a=h(b);                             //m=91，n=16，a=5824，h 的函数指针形参可指向"准函数"b
        //a=h(c);                            //错误：h 的函数指针形参不能指向"纯对象"c
        int (*q)(int)=b;                    //函数指针变量 q 可以指向"准函数"b
        q=[](int x)->int {return m * x;};   //函数指针变量 q 可以指向"准函数"
        //q=[a](int x)->int {return m * x;}; //错误：函数指针变量 q 不能指向"纯对象"
    auto r=[](int x){return m*x;}(2);       //调用 Lambda 函数并根据返回值推导 int r=182;
    }
```

对于非成员函数（如 main()）内定义的 Lambda 表达式，其"[捕获列表]"中可以为空，或者出现
&、=、变量名、参数名、&变量名、&参数名等，但是捕获的外部变量只能是 main()内的非静态局部
变量或者函数参数，且 Lambda 表达式的函数参数不能使用这些非静态局部变量或者函数参数作为默
认值（参见例 3.15 后的说明），因为这样使用默认值在函数内部定义的 Lambda 表达式可被函数返回，
而后在其他函数调用该 Lambda 表达式函数更易产生未定义行为即 UB。若定义"auto c=[a](int x)mutable
constexpr"，则其 operator()的函数体可被优化。

【例 12.25】 由于 Lambda 表达式的参数不允许使用函数的局部自动变量作其默认值，只能借助
其他变量模拟使用函数的局部自动变量作为 Lambda 表达式参数的默认值。

```
#include <iostream>
using namespace std;
static int* p=nullptr;
auto f() {
        int x=0;
    p=&x;                           //利用外部变量p模仿局部变量x作Lambda表达式参数的默认值
    auto m=[](int &a=*p){return ++ a;}; //a 模拟引用局部变量x,等价于 return ++x;
    cout<<x<<endl; //输出 x 的值 0
    return m;
}
int main() {
    auto g=f();                     //得到 Lambda 函数，输出 x=0
    int h=g();                      //调用 Lambda 函数，UB 等价于 int h=f()()=m()=x;
    cout<<h<<endl;                  //输出 x 值-858993459：取决于系统当前状态
}
```

函数、全局变量、单元变量、静态变量无须捕获即可被 Lambda 表达式直接访问。对于类的实例
函数成员内定义的 Lambda 表达式，其捕获列表不能使用=this 和&this，但即使不使用[this]也会默认捕
获 this，故该 Lambda 表达式可访问该类的实例数据成员和实例函数成员。Lambda 表达式也能直接访
问其所在类定义的静态数据成员和静态函数成员。

【例 12.26】 在非成员函数的内部定义 Lambda 表达式。

```
int m=7;
static int n=8;
```

```
int main() {
    int x=2,z=0;
    static int p=3;
    //以下 f 捕获 z 作为传统左值引用，捕获 x 为传统右值，x 因 mutable 可被修改
    auto f=[&,x](int u)mutable->int {p++;n++;return u+x++;};    //构造 f: 允许 x++
    //以下 g 捕获 z 作为传统左值引用，捕获 x 为传统右值，x 因 mutable 可被修改
    static auto g=[&,x](int u)->int {p++;m++;return u + x;};    //构造 g: 不允许 x++
    z=f(2);          //p=4, m=7, n=9, x=2, f.x=3, z=4: 注意 f.x 的值延续到下次调用
    z=f(2);          //p=5, m=7, n=10, x=2, f.x=4, z=5: 注意 f.x 的值延续到下次调用
    p=3;
    z=g(2);          //x=2, z=4, p=4, m=8, n=10
    z=g(2);          //x=2, z=4, p=5, m=9, n=10
}
```

在上述程序 main( )中，不管是"static auto g"还是"auto f"，在定义以后都会为其 Lambda 表达式创建一个临时类，构造并初始化该临时类的实例对象的 g 和 f。每次调用匿名函数"f(2)"都会执行"f.operator()(2)"实例函数。在初始化对象 f 时，由于 Lambda 表达式定义有 mutable，因此每次调用 f(2)都会引起 f 私有实例数据成员 f.x 的变化，且 f.x 的值会影响下次调用，从而使每次调用返回不同的值。但修改 f.x 并不会影响 main()的局部变量 x 的值，因为初始化 f 以后，f.x 和 main()的 x 已经没有关系。函数 main()并不能直接访问 f.x，因为 f.x 是 f 的私有实例数据成员。

当 Lambda 表达式在类的实例成员函数的内部定义时，"[捕获列表]"可以为空即[]、&、=、this、变量名、&变量名。但是，"[捕获列表]"中捕获的外部变量是该成员函数的函数参数以及非静态局部变量，包括隐含参数 this（不能写成&this 或=this，在实例函数成员内部默认捕获 this），故[]中不能出现任何全局变量、单元变量、函数内外的静态变量、实例成员和静态成员。全局变量、单元变量、静态变量和静态成员无须捕获即可使用，对象的实例成员可通过捕获的 this 访问。注意类的静态函数成员没有隐含参数 this，故其内部的 Lambda 表达式不能捕获 this。

【例 12.27】 在成员函数内定义 Lambda 表达式，捕获成员函数的参数及函数的自动变量。

```
int m=7;                    //全局变量 m 不用捕获即可被 Lambda 表达式使用，或作为其自定义捕获参数的默认值
static int n=8;             //单元静态变量 n 不用捕获即可被 Lambda 表达式使用
class A {
    int x;                  //this 默认被实例函数成员的 Lambda 表达式捕获，故可访问实例数据成员 A::x
    static int y;           //静态数据成员 A::y 不用捕获即可被 Lambda 表达式使用
public:
    A(int m):x(m) {}
    void f(int &a) {        //实例函数成员 f()有隐含参数 this
        int b=0;
        static int c=0;     //局部静态变量 c 不用被捕获即可被 Lambda 表达式使用
        auto h=[&,a,b](int u)mutable->int{      //this 默认被捕获: h 只可能为纯对象
            ++a;            //f()的参数 a 被捕获并传给 h 的实例成员 a: ++a 不改变 f()的参数 a 的值
            ++b;            //f()的局部变量 b 被捕获并传给 h 实例成员 b: ++b 不改局部变量 b 的值
            ++c;            //f()的静态变量 c 可直接使用，++c 改变 f()的静态变量 c 的值
            y=x+m+n+u+c;    //this 默认被捕获: 可访问实例数据成员 x
            return a;
        };
        h(a+2);             //实参 a+2 值参传递给形参 u，调用 h.operator()(a+2)
    }
```

```
    static void g(int &a){     //静态函数成员 g()没有 this
        int b=0;
        static int c=0;        //函数局部静态变量 c 不用被捕获即可被 Lambda 表达式使用
        auto h=[&a,b](int u)mutable->int{  //无 this 可捕获，h 为纯对象。若为空[],h 为准函数
            ++a;               //g()的参数 a 被捕获并传给 h 的引用实例成员 a: ++a 改变参数 a 的值
            ++b;               //g()的局部变量 b 被捕获传给 h 实例成员 b: ++b 不改局部变量 b 的值
            ++c;               //g()的静态变量 c 可直接使用，++c 改变 g()的静态变量 c 的值
            y=m+n+u+c;         //没有捕获 this，不可访问实例数据成员 A::x
            return a;
        };
        h(a+2);               //实参 a+2 值参传递给 h 形参 u
    }
}a(10);
int A::y=0;                   //类里声明的静态数据成员必须在类外定义并初始化
int main() {
    int p=2;
    a.f(p);                   //p=2, a.x=10, A::y=30
    a.f(p);                   //p=2, a.x=10, A::y=31
    A::g(p);                  //p=3, a.x=10, A::y=20
    A::g(p);                  //p=4, a.x=10, A::y=22
}
```

## 12.5.3　准函数 Lambda 表达式

Lambda 表达式临时生成的类当然也有构造函数，构造函数的参数来源于"[捕获列表]"，其中列出的外部变量将作为构造函数的实参，捕获列表也可以自定义捕获变量且必须提供默认值。如果"[捕获列表]"没有捕获任何变量，则非实例函数中的 Lambda 表达式倾向于当作函数使用，此时，可以认为 Lambda 表达式是一个"准函数"，这样的 Lambda 表达式可以初始化函数指针。

对于形如"auto f=Lambda 表达式"的类型推导来说，f 是为 Lambda 表达式创建的临时类的一个对象，该临时类重载了括号运算实例函数成员 "operator()(形参列表)"。但是，由于不知道临时类的名称，或者说该临时类是一个匿名类，因此无法获得函数 "operator()" 的地址，即对应的函数名称是一个无址传统右值。如果 f 倾向于作为"准函数"使用，则 f 不能被函数指针变量有址引用。不管 Lambda 表达式是否为"准函数"，理论上无法获得它代表的匿名类的函数地址，因此，在引用 Lambda 表达式时只能使用无址引用即使用&&引用。

注意,C++函数的异常说明不是函数原型的一部分,因此,若两个 Lambda 表达式除了异常说明外,其"->"前面的所有部分都相同,则两个 Lambda 表达式的原型是相同的。

【例 12.28】　Lambda 表达式是一个无址传统右值，应使用只读有址引用或无址引用变量引用。

```
#include <typeinfo>
#include <iostream>
using namespace std;
int main() {
    int a=0;
    auto f=[](int x)->int {return x * x;};     //f 捕获列表为空: f 倾向于当作"准函数"
    auto&& k=[](int x)->int {return x * x;};   //无址引用变量 k: 引用无址"准函数"
    auto const&m=[](int x)->int{return x*x;};  //不能&m:必须用 const &m 或&&m 引用无址"准函数"
```

```
    auto g=[a](int x)throw(double)->int {return x;};        //捕获列表非空，g 当作"纯对象"
    auto&& h=[a](int x)throw(double)->int {return x;};      //无址引用 h 引用无址"纯对象"
    //auto&n=[a](int x)->int{return x;};         //错误：有址引用 n 不能引用无址"纯对象"
    int(*q)(int)=f;                             //正确：准函数 f 的地址可赋给函数指针变量 q
    q=[](int y)->int{return y;};                //准函数的地址赋给函数指针变量 q
    //q=[a](int y)->int{return y;};             //错误：纯对象的地址不能赋给函数指针 q
    int(&p)(int)throw(char)=*q;                 //q 没有抛出 char 异常，但可被 p 引用：原型相同
    int(*&&r)(int)=[](int x)->int {return x;};//无址引用可引用"准函数"无址右值函数地址常量
    //int(*&&r1)(int)=f;                        //正确：无址引用 r1 可以引用无址传统右值函数地址常量
    //int(*&r2)(int)=[](int x)->int{return x;};//错误：有址引用 r2 不能引用无址右值函数地址常量
    int(*&&s)(int)=f;              //正确：无址引用 s 可引用"准函数"无址传统右值函数地址常量
    //int(*&&t)(int)=g;            //错误：无址引用 t 不能引用"纯对象"无址传统右值对象地址常量
    int(*&u)(int)throw(int)=q;     //正确：有址引用 u 引用有名固定地址的变量 q
    int(**v)(int)=&u;              //正确：可取 int(*&)(int) 类型的有址引用 u 的地址
    cout<<typeid(&f).name();
    cout<<typeid(&g).name();
    //v=&f;                        //错误：f 是无址右值即函数地址常量，不能取其地址
    //v=&g;                        //错误：g 是无址右值即对象地址常量，不能取其地址
    decltype(&f) w=&f;            //w 的类型为 Lambda 表达式匿名类对象指针
    decltype(&g) x=&g;            //x 的类型为 Lambda 表达式匿名类对象指针
    return f(3)+g(3)+p(3)+(*q)(3)+s(3)+r(3+u(3))+(*w)(3);
}
```

在上述程序中，Lambda 表达式是一个无址传统右值，被类型推导的变量 f 和 g 也是同样的无址传统右值。f 和 g 实际上是匿名类的一个对象，但理论上它们是代表 Lambda 表达式的函数。注意，可用"struct A:decltype(f){ };"定义派生类，能够但是很难产生该派生类的对象。

不能假设被推导的变量、参数或返回类型不变，再将其用于被推导变量或参数的初始化。例如，不能在推导 x 的"auto x=x+1;"的初始化表达式中再使用 x；也不能在推导函数 f 的"auto f=[ ](int x)->int{ return x<1?1:x*f(x-1);};"的表达式中再调用函数 f。

在上例中，Lambda 表达式不能递归调用函数 f，解决这个问题的方案有两个：①在推导 f 的类型时，再引入一个新的类型推导，避免 f 出现在其初始化表达式中；②利用名字空间 std 的类模板 function，将 Lambda 表达式包装为函数。

【例 12.29】　推导时不能进行类型一致性假设然后用于初始化的解决方案。

```
#include <functional>                      //以便访问类模板 function
using namespace std;
struct A {int x;} m={3};
int e(int x) {return x;}
int  main() {
    auto f=[](auto&&s,int x)->int{return x<1?1:x*s(s,x-1);};//方案 1：可以但不建议 auto&s
    function<int(int)> g=[&g](int x){return x<1 ?1:x*g(x-1);};//方案 2：function 包装
    function<int(int)> h=e;                  //包装普通函数访问
    function<int(A&)> x=&A::x;               //包装实例成员访问
    int p=f(f,2);                            //方案 1 调用 f 将导致递归展开
    p=g(2)+h(3)+ x(m);                       //方案 2 的调用 g(2)更为自然，x(m)访问 m.x
}
```

注意例 12.29 中的"int(int)"是函数类型。类模板 function 可包装类似 int(int)的各种函数、成员及非成员函数、Labmda 表达式、函数指针、运算符重载函数。此外，实例成员访问也可包装为函数，请

自行学习 std 名字空间的 function 源码。

应注意函数调用 f(f,2)的实参 f 是一个有址左值变量，它可以传给 Lambda 表达式 f 接受无址右值的形参 auto&&s 吗？换句话说，难道可以对有址左值 f 进行 auto&&s=f 形式的类型推导？答案是：&&引用在使用 auto 推导类型及模板实例化的情况下可转变为&引用，注意模板实例化本质上也要进行类型推导。若用于初始化的实参或实体为有址左值，且存在有址左值引用即&引用形参或变量可供推导，则优先选用有址左值引用即&引用的形参或变量，失败后再选择无址引用即&&引用的形参或变量。注意在 auto 推导类型或模板实例化时，可根据实参或实体是否有 const 或 volatile，自动为形参或变量的类型添加或删出 const 或 volatile。

【例 12.30】　auto 推导类型或模板实例化时&&的使用。

```cpp
#include <iostream>
using namespace std;
template<typename T> void f(T&& v) {}
template<typename T> void f(const T& v) {}
template<typename T> void f(T& v) {}
template<typename T>
void g(T&& v) {
    //++v;                      //若main用g(b)调用,则实例化时报错,因为此时有const int &v=b
    cout<<std::is_lvalue_reference<decltype(v)>::value<<endl;
}
int main() {
    int a=1;
    const int b=2;
    volatile int c=3;
    const volatile int d=3;
    auto& m=a;               //等价于int &m=a;
    auto& volatile o=b;      //等价于const int&o=b;auto推导时自动添加const、去掉volatile
    auto&& n=2;              //等价于int &&n=2;n是无址引用即&&引用变量
    auto&& p=a;              //等价于int &p=a;实体a为有址左值,auto推导时&&自动变为有址&引用
    auto&& q=b;              //等价于const int&q=b;auto推导时&&自动变为有址&引用
    auto&& volatile r=b;     //等价于const int&r=b;auto推导时自动添加const、去掉volatile
    auto&& volatile s=c;     //等价于volatile int&s=c;
    auto&& volatile t=d;     //等价于const volatile int&t=d;auto推导时自动添加const
    c=std::is_lvalue_reference<decltype(n)>::value;   //c=0,即n不是有址&引用变量
    c=std::is_rvalue_reference<decltype(n)>::value;   //c=1,即n是无址&&引用变量
    c=std::is_lvalue_reference<decltype(p)>::value;   //c=1,即p是有址&引用变量
    f(a); //调用void f(T& v)实例化的函数void f<int>(int &v)
    f(b); //调用void f(const T& v)实例化的函数void f<int>(const int&v)
    f(c); //void f(T& v)实例化的函数void f<volatile int>(volatile int&v)
    f(d); //void f(const T& v)实例化的函数void f<volatile int>(const volatile int&v)
    f(2); //void f(T&& v)实例化的函数void f<int>(int &&v)
    g(2); //void f(T&& v)实例化的函数void g<int>(int &&v)
    g(a); //void f(T&& v)实例化的函数void g<int&>(int &v)
    g(b); //void f(T&& v)实例化的函数void g<const int &>(const int &v)
    g(m); //void f(T&& v)实例化的函数void g<int&>(int &v)
}
```

注意比较函数调用 f(c)和 f(d)调用的实例函数原型，因为实参 c 和 d 的类型不同从而生成的实例函

数不同。注意 f(c)和 f(d)调用的实例函数是重载函数，而 f(a)和 f(c)调用的实例函数互不构成重载，因为它们的函数名 f<int>和 f<volatile int>不同。函数模板实例化时可能产生多个实例函数，例如唯一的函数模板 g 产生了 4 个不同的实例函数。尽管 void g(T&& v)的类型参数为 T&&，但是当实参为有址左值且不像 f 有不同形参可供选择，因此，T&&将自动转变为 T&作为形参类型。

函数模板实例化时可自动为形参添加或去掉 const 或 volatile，本例 f(d)会自动根据函数模板 void f(const T& v)，以及实参 d 的类型自动为形参 v 添加 volatile 说明，从而生成实例函数 void f<volatile int>(const volatile int& v)。若同时定义了函数模板 void f(volatile T& v)，则调用 f(d)也能参照该函数模板为形参 v 添加 const 说明，从而生成实例函数 void f<const int>(const volatile int&v)，于是函数调用 f(d)便产生两个实例函数从而导致了二义性。

# 练习题

【题 12.1】什么是类型显式转换？什么是类型隐式转换？简单类型隐式转换的顺序是什么？

【题 12.2】对于简单类型的变量，如 int 类型的变量 x，显式转换(int) x 的结果还是传统左值吗？

【题 12.3】对于单元变量"const int x=0;"，能够使用"*const_cast<int*>(&x) = 3;"修改 x 的值吗？

【题 12.4】static_cast 能够转换去除表达式源类型中的 const、volitale 属性吗？

【题 12.5】static_cast 在转换时会进行多态检查吗？当派生类有虚基类时，能用 static_cast 将同名基类向下转换至该派生类吗？

【题 12.6】dynamic_cast 在转换时会进行多态检查吗?dynamic_cast 向下转换需要基类有虚函数吗？

【题 12.7】dynamic_cast 要转换的数值表达式必须涉及类的对象吗？

【题 12.8】reinterpret_cast 用于什么目的的转换？

【题 12.9】当使用 dynamic_cast 时，有必要使用 typeid 检查类型标识吗？typeid 的返回结果是什么类型？

【题 12.10】explicit 用于定义构造函数时能起到什么作用？

【题 12.11】利用 auto 定义和推导变量的类型时，编译程序依据什么推导变量的类型？auto 后面能否加 const、volatile、&、&&、*等修饰，应该注意什么问题？

【题 12.12】C++引入 Lambda 表达式的目的是什么？当定义 Lambda 表达式时，"[捕获列表]"使用"&"捕获的外部变量与使用"="捕获的外部变量有何区别？

【题 12.13】对于定义"int x=0;"和"auto f=[x](int y)mutable->int{x++;return x+y;};"，试举例说明为什么 f 实际上是一个对象，但名义上是一个函数？

【题 12.14】对于程序"int main(int A,char*V[]){;[V,A](){return 0;}()[A,V];}"，试说明该程序是否能够通过编译?除 return 语句不对称外，该函数体对称会不会引起语法错误？

# 第 13 章
# 模板、模块、概念、协程

C++提供了三种类型的模板，即变量模板、函数模板和类模板，分别用于模板变量实例、模板函数实例和模板类实例的生成。使用这些模板既可避免书写大量代码，又能利用编译程序提供的类型检查机制生成语法正确的变量、函数和类实例。但是，并不是生成的所有实例都能满足程序的语义要求，在某些情况下，必须对生成的函数实例和类实例进行隐藏。

## 13.1 变量模板及其实例

变量模板使用类型形参定义变量的类型，可根据类型实参生成变量模板的实例变量。变量模板生成实例变量的途径有两种：一种是从变量模板隐式地或显式地生成模板实例变量；另一种是通过函数模板（参见第 13.2 节）和类模板（参见第 13.4 节）生成，在生成模板函数实例和模板类实例的同时，也会附带生成其中的模板实例变量。

变量模板

### 13.1.1 变量模板的定义

当定义变量模板时，类型形参的名称可以使用关键字 class 或 typename 定义，即可以使用 template <class T>或 template <typename T>来定义类型形参的名称 T，变量模板也可以使用非类型形参，可用 auto 推导可变类型和非类型形参。当生成模板实例变量时，将使用实际类型名、类名或类模板实例代替 T，使用常量代替非类型形参。变量的初始化可采用折叠表达式。

【例 13.1】 定义变量模板并生成模板实例变量。

```
#include <stdio.h>
template <double Celsius>        //仅有非类型形参 Celsius，可改为 template <auto Celsius>
double Fahrenheit=32+1.8 * Celsius;    //变量模板 Fahrenheit 用于将摄氏度换算为华氏度
template <>double Fahrenheit<0>=32;    //变量模板 Fahrenheit 的特化，注意"> ="中留空格
template <auto...args>auto ulf=(...-args);    //一元左折叠，参见第 13.1.2 节的介绍
template <typename T>                 //注意不能用 struct 代替 typename 或 class
constexpr T pi=T(3.1415926535897932385L);//定义变量模板 pi，模板的类型形参为 T
template <class T> T area(T r) {       //定义函数模板 area，模板的类型形参为 T
    printf("%p\n",&pi<T>);            //生成模板函数实例时将附带生成 pi<T>的模板实例变量
    return pi<T> * r * r;            //类或函数模板中的变量模板在类或函数实例化时随之实例化
}
```

```
template const float pi<float>;  //生成模板实例变量pi<float>，不能用constexpr，也不能删除const
template const double pi<double>;          //生成模板实例变量pi<double>，类型实参为double
int main()
{
    const double ft=Fahrenheit<4>;          //将4摄氏度转化为华氏度并初始化变量ft
    auto lf=ulf<2,3,4>;                     //lf=((2)-3)-4=-5
    const float &d1=pi<float>;              //引用变量模板生成的模板实例变量pi<float>
    printf("%p\n",&d1);
    const double&d2=pi<double>;             //引用变量模板生成的模板实例变量pi<double>
    printf("%p\n",&d2);
    const long double &d3=pi<long double>;  //引用模板实例变量pi<long double>，不能删除const
    printf("%p\n",&d3);
    float a1=area<float>(3);
    double a2=area<double>(3);
    long double a3=area<long double>(3);
    int a4=area<int>(3);                    //调用area<int>时生成只读的模板实例变量pi<int>
}
```

　　例13.1输出了三个变量模板的模板实例变量 pi<float>、pi<double>、pi<long double>，它们的地址各不相同。这说明由一个只读变量模板生成了多个不同类型的只读模板实例变量。变量模板不能在函数内部声明，且生成的模板实例变量和变量模板的作用域相同。

　　因此，变量模板生成的模板实例变量只能为全局变量或单元变量。上述程序通过函数调用 area<int> 获得了类型实参 int，并将 int 传递给变量模板 pi 的类型形参，生成了相应只读变量模板的只读模板实例变量 pi<int>。

### 13.1.2　变量模板的实例化

　　变量模板的实例化需要获得类型实参，即已定义的类型或实例化的类型，当然，也可以通过后面将要介绍的函数模板或者类模板间接获得类型实参。模板的参数列表除了可以使用类型形参外，还可以使用非类型形参。在变量模板实例化时，非类型形参需要传递常量作为实参。非类型形参也可以定义默认值，若变量模板实例化时未给出实参，则使用其默认值实例化变量模板。

　　**【例 13.2】**　使用非类型形参定义变量模板，并生成变量模板的模板实例变量。

```
#include <stdio.h>
template<typename T=double>              //定义变量模板pi，其类型形参为T，默认类型为double
constexpr T pi=T(3.1415926535897932385L);
template<class T> T area(T r) {          //定义函数模板area，模板的类型形参为T
    return pi<T> * r * r;
}
template<class T,int x=3>                //定义变量模板girth，其类型形参为T，非类型形参为x
static T girth=T(3.1415926535897932385L*2*x);
template float girth<float>;            //强制生成static girth<float>，作用域与变量模板相同
template const float pi<float>;         //注意不要用constexpr：这里没有结果为常量的初始化表达式
extern template const float pi<float>;  //只能在函数外说明pi<float>为外部的
int main()
{
```

```
const double &f=pi<double>;          //引用在main()外生成的全局变量pi<double>，等价于pi<>
double &g=girth<double,4>;            //引用在main()外生成的static girth <double>
double &h=girth<double>;              //引用在main()外用默认值生成的static girth <double>
printf("%p\n",&g);
printf("%p\n",&h);
printf("%lf\n",girth<double,4>);
printf("%lf\n",area<double>(4));
}
```

当 girth 模板生成变量实例时，分别使用常量 4 作为非类型形参 x 的值和默认值 3 作为非类型形参 x 的值，生成了变量模板的两个模板实例变量 static girth<double,4> 和 static girth<double>，它们是两个不同的实例变量，分配了地址不同的内存单元，使用 "printf("%p\n",& g);" 和 "printf("%p\n",&h);" 输出它们的地址，输出的模板实例变量存储单元的地址确实不同。

注意，变量模板不能在非成员函数 main() 的内部声明，而且变量模板生成的模板实例变量必须与变量模板的作用域相同，故 main() 生成的实例变量并不是属于 main() 函数的局部变量，而是在 main() 外部定义的全局变量 pi<double>、文件局部变量 girth<double,4> 及 girth<double>。变量模板、函数模板及类模板的类型参数均可以指定默认值，例如，在定义 template<typename T=double> 中，T 的类型参数默认为 double。

此外，对于变量模板实例化的全局变量如 float pi<float>，可以在同一个 .cpp 文件或不同的 .cpp 文件内使用 "extern template const float pi<float>;" 在函数外说明该全局变量为外部变量，但是不能在任何函数内如 main() 内进行同样的说明。而对于变量模板必须在函数外实例化的单元静态变量如 girth<float>，则不能在任何地方包括在 main() 函数内使用 "extern float girth<float>;" 说明该单元静态变量为外部的：实例化要么在 main() 函数外显示进行，要么在表达式中使用时隐式进行。

## 13.2　函数模板

函数模板是使用类型形参定义的函数，可根据类型实参生成函数模板的模板实例函数。由于函数不能嵌套，所以函数模板不能在函数内部声明，且根据函数模板生成的模板实例函数，也与函数模板的作用域相同。模板实例函数可能为全局函数、静态函数、类的成员函数。

函数模板

### 13.2.1　函数模板的定义

假定 x、y 的类型相同，现欲交换 x、y 的数值。目前有两种解决方法：一种是利用 C 语言和 C++ 的宏定义；另一种是利用 C++ 的函数重载。例如，利用宏定义和异或运算可以实现非浮点类型的数据交换。带参数的实现数据交换的宏定义 swap 如下。

```
#define swap(x,y) {(x)^=(y);(y)^=(x);(x)^=(y);}
```

编译程序在预处理时对宏定义进行替换，但宏替换可能在不该替换的地方发生，且替换后不能保证程序语法正确。上述变量在相互交换时没有检查 x、y 的类型，而如果 x、y 的类型字节数不同，则 x、y 就无法通过异或运算进行交换。此外，上述宏定义也不能在交换的同时进行 "++" 和 "--" 运算。

鉴于宏定义可能产生副作用，在 C++程序中应尽量避免使用宏定义。例如，在如下程序段中，宏定义将产生副作用。

```
#define swap(x,y) {(x)^=(y);(y)^=(x);(x)^=(y);}
class A {
    int x,y;
public:
    void swap (int,int);              //定义函数成员。不该替换，替换后会引起语法错误
};
```

定义重载函数虽然不会产生副作用，但不可避免地要书写大量代码，使程序变得臃肿难读。因为要针对不同的参数类型，所以需要定义多个 swap 重载函数。

```
void swap(char &x,char &y) {char t=x;x=y;y=t;}
void swap(int &x,int &y) {int t=x;x=y;y=t;}
void swap(long &x,long &y) {long t=x;x=y;y=t;}
void swap(float &x,float &y) {float t=x;x=y;y=t;}
void swap(double &x,double &y) {double t=x;x=y;y=t;}
```

C++的函数模板既可以避免书写大量代码，又能利用编译程序提供的类型检查机制。声明函数模板的关键字为 template，声明中模板的类型形参列表必须用尖括号括起来，每个类型形参必须在函数的参数表中至少出现一次。当套用函数模板生成模板实例函数时，函数模板类型形参列表的每个类型参数只能用类型替换。

【例 13.3】　定义用于变量交换和类型转换的两个函数模板。

```
template <class T>                  //class 可用 typename 代替
void swap(T &x,T &y)
{
    T temp=x;
    x=y;
    y=temp;
}
template <class D,class S>          //class 可用 typename 代替来声明形参 D、S
D convert(D &x,const S &y)          //函数模板类型形参 D、S 必须在函数参数表中出现
{
    return x=y;                    //将 y 转换成类型 D 后赋值给 x,应保证 S 的值能顺利转换为 D 类型
}
struct A {
    double i,j,k;
public:
    A(double x,double y,double z):i(x),j(y),k(z) {};
};
int main()
{
    long x=123,y=456;
    char a='A',b='B';
    A  c(1,2,3),d(4,5,6);
    swap(x,y);        //自动生成实例函数 void swap<long>(long &x,long &y)
    swap(a,b);        //自动生成实例函数 void swap<char>(char &x,char &y)
    swap(c,d);        //自动生成实例函数 void swap<A>(A &x,A &y);建议用 swap<A>(c,d)
    convert(a,y);    //生成 char convert<char,long>(char &x,long &y):long 转换为 char 时警告
```

```
    }
```

在套用函数模板检查形参和实参的类型后，编译程序会生成适当的模板实例函数。因此，定义函数模板有助于减少代码的书写量，但并不会降低执行程序的代码长度。上述 swap(x,y)、swap(a,b)和 swap(c,d)将分别套用函数模板产生模板实例函数 void swap<long>(long&,long&)、void swap<char>(char&, char&)和 void swap<A>(A&,A&)。

可以先声明函数模板原型，再定义函数模板的函数体。在函数模板的模板参数列表中，除了可以声明类型形参外，还可以声明非类型形参。像变量模板的全局实例变量使用 extern 说明一样，也可以使用 extern 说明函数模板的全局实例函数为外部函数。函数模板还可以指定函数形参的默认值，也可以省略函数形参或定义内联函数。

## 13.2.2　成员函数模板的定义

类的函数成员也可以被定义为函数模板。在一个类的内部，可以将函数成员定义为函数模板。当调用该成员函数的时候，程序将自动实例化该函数模板，当然，也可以强制或显式地实例化函数模板。例 13.4 中的函数模板 max 定义了内联函数，函数模板 mid 定义了参数的默认值。

【例 13.4】　定义内联函数和有默认值参数的函数模板。

```
#include <stdio.h>
#include <typeinfo>
template <typename T> T mid(T x,T y);         //声明函数模板原型
template <typename T> inline T max(T x,T y) {return x>y ? x:y;}
template <class T,int v=20>                    //模板参数有非类型形参v, 且默认值为20
T mid(T x,T y=v)                               //生成的模板实例函数的参数y的默认值为v
{
    return (x+y)>>1;
}
class ANY {                                    //定义一个可存储任何简单类型值的类ANY
    void* p;
    const char* t;
public:
    template <typename T>
    ANY(T x) {                                 //构造函数模板将根据T产生若干实例构造函数
        p=new T(x);
        t=typeid(T).name();
    }
    void * P() {return p;}
    const char* T() {return t;}                //此T为函数成员的名称, 不是模板的类型形参
    ~ANY() noexcept {if(p) {delete p;p=nullptr;}}
};
template<class T> void f() {};   //用于类型实例化函数模板时
template<int X> void f() {};     //用于整型值实例化函数模板时
int main()
{
    int x=20,y=30,z;
    z=max(x,y);                  //将生成模板实例函数 int max<int>(int,int)
    z=mid<int>(x);               //生成 int mid<int,20>(int,int=20), 使用v的默认值, 故z=20
```

```
    z=mid<int,40>(x);              //生成 int mid<int,40>(int,int=40)，使用 y 的默认值，故 z=30
    z=mid<int,40>(x,y);            //调用 int mid<int,40>(int,int=40)，不使用 y 的默认值，故 z=25
    ANY a(20);                     //自动从构造函数模板生成构造函数 ANY::ANY(int)
    int* p(nullptr);               //简单类型的构造函数初始化形式：等价于 int* p=nullptr;
    double* q(nullptr);            //等价于 double* q=nullptr;，nullptr 可向任何指针类型转换
    if(a.T()==typeid(int).name()) p=(int *)a.P();
    if(a.T()==typeid(double).name()) q=(double*)a.P();
    f<int()>();          //int()表示返回 int 的函数类型，实例化 template<class T> void f()
    f<int{}>();          //int{}即 0，等价于 f<int(0)>和 f<0>，实例化 template<int X>void f()
}                        //返回时将自动析构并释放 a 分配的内存
```

尽管"x=int();"和"x=int{};"都能将 x 的值设置为 0，但是独立来看，int()和 int{}的类型并不等价。除非上下文能够明确 int()表示值，例如，赋值号后面的 int()必须表示一个值；否则，int()将优先解释为返回 int 值的无参函数类型。C++新标准在处理函数或模板的参数时，总是尽可能地将 int()解释为函数类型表达式，例如，例 13.4 中的 f<int()>()里的 int()就是函数类型实参。下面用 A()代替 int()，用{}避免 A()被解释为函数类型。

```
struct A{A(){};operator int(){return 2;}};
int main(){
int x{A()};              //等于 int x{A().operator int()}或 int x=2；用{}避免对象 A()解释为函数
int y(A());              //等价于函数声明 int y(A(void));y 用()使 A()被解释为函数类型的参数
}
```

故{}与()的不同之处在于：()可能被解释为函数类型，而{}尽量被解释为数值表达式。先由编译构成初始化列表{…}，需要时再作处理或解析其每个元素。例如，上例 f<int{}>()将 int{}当作整型值 0，以调用 template<int X> void f()。当可能作为参数使用时，ANY()将解释为函数类型的参数；而 ANY{}将解释为数值，即常量对象，这是 C++处理二义性时采用的一般规则。

### 13.2.3　可变类型参数及折叠表达式

当定义函数模板时，类型形参也允许参数个数可变，可用省略参数"…"表示任意类型形参。例如，定义 template<class…Args>或 template<typename…Args>可以表示任意类型形参。可用 template<auto…>推导可变类型参数的类型，可用 template<auto…args>推导可变非类型参数的类型。可以采用递归定义的方法展开并处理这些类型形参。

【例 13.5】　定义任意类型形参的函数模板。

```
#include <iostream>
using namespace std;
template<class…Args>           //类型形参个数可变，可定义为 template<auto...>
int println(Args…args);        //返回参数表的参数个数。可定义为 int println(auto...args)
template<class…Args>           //递归下降展开的停止条件：println()的参数表为空
int println() {
    cout<<endl;
    return 0;
}
template <class H,class…T>     //递归下降展开 println()，可为 template <typename H,auto...>
int println(H h,T…t) {         //可定义为 int println(H h,auto...t)
    cout<<h<<"*";
```

```
    return 1+println(t…);              //递归下降调用: println 的实参个数减少 1 个
}
int main() {
    return println(1,'2',3.3,"expand");  //返回 4, 生成 5 个模板实例函数
}
```

程序的输出如下所示。

```
1*2*3.3*expand*
```

递归下降展开会生成一系列的模板实例函数, 有多少类型参数, 便会产生多少实例函数。sizeof...(t) 能够得到可变类型参数 t 的参数个数, if constexpr 可使编译器去除不必要的分支。编译程序将计算 if constexpr 条件表达式的值, 然后根据计算结果选择和保留必要的分支, 编译生成的程序去掉了不必要的分支。上述程序可以简化成如下等价程序。

```
#include <iostream>
using namespace std;
template <class H,class…T>
int println(H h,T…t) {
    if constexpr (sizeof…(t)!=0) {      //检查参数个数是否为 0
        cout<<h<<"*";
        println(t…);                    //递归下降展开: 生成多个 println()函数
    }
    else cout<<h<<endl;
    return 1+sizeof…(t);
}
int main() {
    return println(1,'2',3.3,"expand"); //生成 4 个模板实例函数, 每个函数都"较短"
}
```

编译程序展开函数模板的递归运算时, 可以使用如下折叠表达式进行展开: ①一元右折叠(unary right fold), ②一元左折叠(unary left fold), ③二元右折叠(binary right fold), ④二元左折叠(binary left fold)。所谓左(右)折叠即折叠运算符出现在参数的左(右)边。可进行折叠的双目运算符如下: +、-、*、/、%、^、&、|、<<、>>、+=、-=、*=、/=、%=、^=、&=、|=、<<=、>>=、=、==、!=、<、>、<=、>=、&&、||、,、.*、->*。

一元右折叠的形式为"(pack op...)", 一元左折叠的形式为"(...op pack)"。注意折叠表达式必须用圆括弧扩起来, 其中 pack 表示要展开的参数包, op 为上述可进行折叠的双目运算符。假如 pack 有 n 个参数, E1、E2、……、En, 则"(pack+…)"的展开结果为"E1+(E2+(…+(En-1+En)))", 而"(…+pack)"的展开结果为"(((E1+E2)+E3)+…)+En"。

二元右折叠的形式为"(pack op...op init)", 其中 init 表示某个初始值, 初始值可以是任意表达式, 其展开形式为"E1 op (E2 op (...op (En op init)))"。二元左折叠的形式为"(init op...op pack)", 其展开形式为"(((init op E1) op E2) op...) op En"。注意, 上述二元折叠表达式中的两个 op 必须是同一个运算符。折叠表达式展开时会增加程序的长度, 恰当应用 sizeof...或 if constexpr 可减少程序长度。

【例 13.6】 折叠表达式及 sizeof...的应用实例。

```
#include <iostream>
using namespace std;
int x=3,y=0;
```

```cpp
template <typename…Args>
auto ulf(Args&&…args) {return (…-args);}      //一元左折叠
template <typename…Args>
auto urf(Args&&…args) {return (args-…);}      //一元右折叠
template <typename…Args>
auto blf(Args&&…args) {return (x-…-args);}    //二元左折叠
template <typename…Args>
auto brf(Args&&…args) {return (args-…-x);}    //二元右折叠
template <typename…Args>
void print(Args…args) {
    ((cout<<args<<endl),…);                  //运算符为逗号的一元右折叠
}
template <typename T,typename…Args>
auto sum(T s,Args…args) {
    T r=s;                                   //后续章节"概念与约束"可使s和args的类型相同
    int k=sizeof…(Args);                     //或者k=sizeof...(args);
    T* p=&s+1;
    for (int i=0;i<k;i++) r+=p[i];           //等价于for(auto x:{args…}) r+=x;
    return r;
}
int main() {
    print(1,1.2,"abc");                      //仅生成一个模板实例函数
    y=ulf(-1,-2,-3);                         //y=((-1)-(-2))-(-3)=4
    y=urf(-1,-2,-3);                         //y=(-1)-((-2)-(-3))=-2
    y=blf(-1,-2,-3);                         //y=((x-(-1))-(-2))-(-3)=9
    y=brf(-1,-2,-3);                         //y=(-1)-(((-2)-((-3)-x)))=-5
    y=sum(1,2,3,4);                          //y=1+2+3+4=10，生成一个模板实例函数
    return 0;
}
```

按照 C++ 的国际标准，若一个 C++ 工程项目由 prototype.h、provide.cpp、user.cpp 构成，在 prototype.h 中包含函数模板 f() 的函数原型说明，在 provide.cpp 中定义函数模板 f() 的函数体并使用 export 导出 f()，则在其他 .cpp 文件（如 user.cpp 文件）中可调用函数 f()。

在 prototype.h 中，应声明函数模板 f() 的函数原型如下。

```cpp
template<class T> void f(const T& t);
```

在 provide.cpp 中，定义函数模板 f() 的函数体，并使用 export 导出 f() 的代码如下。

```cpp
#include<prototype.h>
#include <iostream>
using namespace std;
export template<class T> void f(const T& t) {std::cerr<<t;}
```

在 C++ 工程项目的其他 .cpp 文件（如 user.cpp 文件）中，可调用函数 f() 的代码如下。

```cpp
#include<prototype.h>
int x=3;
int main(){f(x);}
```

以上是 C++ 国际标准建议的用法，现在仅有极少的编译器能实现 export 功能。

## 13.3 函数模板实例化

编译程序根据函数模板生成的实例函数称为模板实例函数。使用"template 返回类型 函数名<类型实参>(形参列表)"可以强制函数模板按类型实参显式生成模板实例函数。当编译函数调用指令时，编译程序可根据函数的实参类型自动生成模板实例函数。当取函数地址向函数指针赋值时，也会根据函数指针要求的类型生成相应的模板实例函数。

### 13.3.1 函数模板强制实例化

在实际调用一个函数模板之前，可以使用"template 返回类型 函数名<类型实参>(形参列表)"强制函数模板按类型实参显式生成模板实例函数。

【例 13.7】 根据函数模板生成模板实例函数。

```cpp
#include<typeinfo>
template <class T>                  //定义函数模板 swap()
void swap(T &x,T &y)
{
    T temp=x;
    x=y;
    y=temp;
}
template <class T>                  //定义函数模板 max()
T max(T x,T y)
{
    return x>y?x:y;
}
class ANY {                         //定义一个可存储简单类型值的类 ANY
    void* p;
    const char* t;
public:
    template <typename T> ANY(T x) {
        p=new T(x);
        t=typeid(T).name();
    }
    void * P() {return p;}
    const char* T() {return t;}
    ~ANY() noexcept {if(p) delete p;p=nullptr;}
};
template int max<int>(int,int);     //强制函数模板产生模板实例函数：显式实例化
template ANY::ANY(double);          //显式实例化构造函数：构造函数无返回类型
int main()
{
    int x=10,y=20,z;
    long a=30,b=40,c;
    z=max(x,y);                     //调用已生成的模板实例函数 int max<int>(int,int)
    c=max(a,b);                     //生成并调用模板实例函数 long max<long>(long,long)
    c=max<char>('A',66);            //生成并调用模板实例函数 char max<char>(char,char)
```

```
        double(*p)(double,double)=max;    //生成模板实例函数 double max<double>(double,double)
        (*p)(3,2);                         //3 和 2 将自动转换为 double 类型
        //int(*q)(int,long)=max;           //错误：无法生成合适的实例函数 max，q 的两个参数类型不同
    }
```

当上述函数模板 max()用于字符串变量比较时，生成的模板实例函数只是比较字符串指针的大小，而不是比较字符串中字符本身的大小，这种比较对字符串而言没有意义。因此，必须定义特化的字符串比较函数，以隐藏函数模板生成的模板实例函数。

### 13.3.2　函数模板实例特化

只要出现了函数调用，就有可能生成函数模板实例函数。当使用函数参数的默认值调用函数时，也可能套用函数模板生成模板实例函数。通常以"template <>"开始定义特化的实例函数，在特化定义模板的实例函数时，一定要给出特化函数的完整定义。

【例 13.8】　模板实例函数的生成以及隐藏。

```
#define _CRT_SECURE_NO_WARNINGS            //防止 strcmp 出现指针使用安全警告
#include <cstring>                          //用于定义函数模板 max()
template <typename T>
T max(T a,T b) {return a>b?a:b;}
template <>                                 //此行可省，特化实例函数：特化函数将被优先调用
const char *max(const char *x,const char *y) //特化函数：用于隐藏模板实例函数
{return strcmp(x,y)>0?x:y;}                  //进行字符串内容比较
template <class…Ags>                        //定义类型参数可变的函数模板
int f(Ags…ags) {return sizeof…(ags);}
//若有 template <class…Ps> int g(Ps…ps)，则以上 f 可调用 g(ags…);
int u,v=f(1,3,5);                           //自动生成模板实例函数 f<int,int,int>(int,int,int)
int greed(int x,int y=max(u,v))             //产生默认值时生成模板实例函数 int max(int,int)
{return x*y;}
int main()
{
    const char *p="ABCD";                  //字符串常量"ABCD"的默认类型为 const char*const
    const char *q="EFGH";
    p=max(p,q);                            //调用特化定义的实例函数，进行字符串内容比较
}
```

### 13.3.3　涉及指针的模板实例化

指针类型值的比较仍然属于简单类型值的比较，由于没有比较指针指向的存储单元内容，因此，这种比较在实际应用中是没有意义的。此外，C++不会为复杂类型对象的比较自动生成运算符重载函数。当生成的模板实例函数需要比较两个对象的大小时，相关类必须自定义用于对象比较的运算符重载函数，该函数应当返回布尔类型或者整型的比较结果。

【例 13.9】　为对象比较重载函数，以便函数模板调用对象比较函数。

```
template <class T>                         //声明函数模板 max()
T max(T a,T b) {return a>b ? a:b;}
template <class T>                         //声明函数模板 min()
```

```
T min(T a,T b) {return a<b ? a:b;}
class A {
    int h;
public:
    A(int x):h(x) {}            //A 前没有 explicit：可自动将整数转换为对象
    int operator<(const A&s){    //为 min()函数提供对象 a<b 的比较函数
        if (h<s.h) return 1;
        return 0;
    }
};
int main()
{
    A a(2);
    max(3,5);                    //自动生成并调用 max<int>(int,int),等价于调用 max<int>(3,5)
    max('A','B');                //自动生成并调用 max<char>(char,char)
    //max('A',30);               //错误：参数类型不同，无法生成模板实例函数
    max<int>(3,'A');             //参数类型转换，调用 max<int> (int,int)
    max<char>('A',5);            //参数类型转换，调用 max<char> (char,char)
    min<long>(3.2,5);            //参数类型转换，调用 min<long> (long,long)
    min<A>(3,a);                 //调用 min<A> (A(3),a)，而 min<A> ()调 A(3).operator<(a)
}
```

对于明确了类型实参的模板实例函数，例如"max<char>('A',5)"，在调用时可对其实参 5 自动完成强制类型转换，得到 char 类型的结果再进行比较。而在调用"max('A',30)"时没有明确类型实参，故编译程序会试图生成模板实例函数"max(char,int)"，然后调用该模板实例函数求最大元素，但由于函数模板 max()的类型形参只有一个类型，故无法生成参数类型不同的模板实例函数。

在调用模板实例函数时，如果生成了某个原型的模板实例函数，并且特化了与前述原型相同的模板实例函数，则编译程序采用如下策略确定要调用的模板实例函数。

（1）寻找实参同形参完全匹配的特化实例函数，如果找到则调用该特化实例函数。

（2）如果能通过函数模板自动生成模板实例函数，并且实参能够匹配该模板实例函数的形参，则调用该模板生成的实例函数。

（3）寻找明确了类型实参的模板实例函数，对调用实参进行强制类型转换，将其转换成该模板实例函数形参的类型，然后调用该模板实例函数。

（4）如果所有策略失败，则给出错误信息。

# 13.4　类模板及模板别名

类模板也称为类属类或参数化的类,用于为相似的类定义一种通用类模式。在套用类模板生成实例类时，编译程序根据类型实参生成相应的类模板实例类,也可称为模板类或类模板实例。使用类模板可以显著减少代码书写量，但并不会减少编译后执行代码的长度。类模板不能在非成员函数内声明，但可以在类内和成员函数内声明。

类模板

### 13.4.1　类模板及模板别名定义

不管是整型向量还是其他任何类型的向量，它们的基本操作都是相同的，这些操作包括插入、删除以及查找等。在程序中定义向量的类模板，然后将不同类型作为实参生成类模板实例，可以大大减少代码的书写量。类模板的参数列表除了可以声明类型形参外，还可以声明非类型形参。

任何类型（包括类模板）的实例类都可以作为类型实参，表达式可作为非类型实参传给模板的非类型形参，这些实参帮助类模板生成实例类。类模板的非类型形参也可以指定默认值。非类型形参又可构成一个表达式，作为类模板中函数成员形参的默认值。

【例 13.10】　定义向量类的类模板。

```
template <class T,int v=20>          //类模板的模板参数列表有非类型形参 v，默认值为 20
class VECTOR
{
    T *data;                          //等价于 using TP=T*;TP data;TP 为类型别名
    int size;
public:
    VECTOR(int n=v+5);                //由 v 构成表达式 v+5，将其作为构造函数形参的默认值
    ~VECTOR() noexcept;
    T &operator[](int);
};
template <class T,int v>
VECTOR <T,v>::VECTOR(int n)          //须用 VECTOR <T,v>作为类名
{data=new T[size=n];}
template<class T,int v>
VECTOR <T,v>::~VECTOR() noexcept     //须用 VECTOR <T,v>作为类名
{
    if (data) delete data;
    data=nullptr;
    size=0;
}
template <class T,int v>
T &VECTOR <T,v>::operator[](int i)   //须用 VECTOR <T,v>作为类名
{return data[i];}
template <class T> using R=T&;        //定义模板别名 R=T&
template <class T,int v=2> using A=T[v];//定义模板别名 A=T[v]
int main()
{
    VECTOR<int>    LI(10);           //定义包含 15 个元素的整型向量 LI
    VECTOR<short>  LS;               //定义包含 25 个元素的短整型向量 LS
    VECTOR<int>    LL(30);           //定义包含 35 个元素的长整型向量 LL
    VECTOR<char*>  LC(40);           //定义包含 45 个元素的字符型向量 LC
    VECTOR<int>    *p=&LI;           //定义指向整型向量的指针 p
    //q 指向 40 个 VECTOR<VECTOR<int>>元素构成的数组，每个 VECTOR<int>是包含 25 个 int 元素的向量
    VECTOR<VECTOR<int>>*q=new VECTOR<VECTOR<int>>[40];
    R<VECTOR<int>> r=LI;             //等价于定义 VECTOR<int>&r=LI;
    A<int,10> a;                     //等价于定义 int a[10];而 A<int>等价于 int [2]
    delete q;
}
```

在上述程序中，在定义向量类的类模板 VECTOR 以后，可以分别用 int、long、类模板实例类 VECTOR<int>生成类模板实例类 VECTOR<int>、VECTOR<long>、VECTOR<VECTOR<int>>，从而可以用这些类模板实例类定义变量或新的类型。在定义模板别名 A 为模板 T[v]后，用 int 和 10 分别替换"T[v]"中的 T 和 v，可得模板实例 A<int,10>的实际类型为 int[10]，因此，数组变量 a 的定义等价于"int a[10]"。

对于 main()函数中的"q=new VECTOR<VECTOR<int>>[40];"和"VECTOR<short> LS;"，按照类的对象初始化和对象数组初始化的方法，必须调用无参构造函数初始化 LS 对象和对象数组。由于类模板 VECTOR 只定义了有默认值参数的构造函数，因此调用"VECTOR<short>:: VECTOR( )"初始化 LS 等价于使用默认值 20 调用"VECTOR<short, 20>::VECTOR(20+5)"初始化 LS。同理，对于对象数组每个对象元素的初始化，最终调用的也是"VECTOR<short, 20>:: VECTOR(20+5)"。

### 13.4.2 派生类类模板的定义

可以用类模板定义派生类，使其继承从另一个类模板实例化的基类。该派生类也可以包含类型为类模板实例类的对象成员，在基类和对象成员的类模板实例化的过程中，它们均以派生类的类型形参作为实例化需要的实参。C++的容器类类库就是通过基类类模板派生出来的。例如，通过 VECTOR 向量类模板可以派生出 STACK 栈类模板。

【例 13.11】 类模板的派生用法。

```
template <class T>                    //定义基类的类模板
class VECTOR
{
    T* data;
    int size;
public:
    int getsize() {return size;};
    VECTOR(int n) {data=new T[size=n];};
    ~VECTOR() noexcept {if(data) {delete[]data;data=nullptr;size=0;}};
    T& operator[](int i) {return data[i];};
};
template <class T>                    //定义派生类的类模板 STACK
class STACK:public VECTOR<T> {        //派生类类型形参 T 作为实参，实例化基类 VECTOR<T>
    int top;
public:
    int full() {return top==VECTOR<T>::getsize();}
    int null() {return top==0; }
    int push(T t);
    int pop(T& t);
    STACK(int s):VECTOR<T>(s) {top=0;};
    ~STACK() noexcept {};
};
template <class T>
int STACK<T>::push(T t)
{
```

```
        if (full()) return 0;
        (*this)[top++]=t;
        return 1;
    }
    template <class T>
    int STACK<T>::pop(T& t)
    {
        if (null()) return 0;
        t=(*this)[--top];
        return 1;
    }
    int main()
    {
        typedef STACK<double> DOUBLESTACK;   //等价于using DOUBLESTACK= STACK<double>;
        STACK <int> LI(20);
        STACK <long> LL(30);
        DOUBLESTACK LD(40);                  //等价于STACK<double> LD(40);
    }
```

在上述程序中，STACK<T>::full()调用基类的函数 VECTOR<T>::getsize()来判断是否到达栈顶，调用时最好不要去掉 VECTOR<T>::，以帮助编译程序识别 getsize()所属的基类。typedef 为类模板生成的实例类 STACK<double>重新命名，从而在定义变量时可以使用更简洁的别名类名 DOUBLESTACK。

### 13.4.3　多类型参数的类模板

当一个类模板有多个类型形参时，在声明或定义该类的数据成员、函数成员或类型成员时，只要保持类名中的形参名称同类模板中的类型形参名称一致，则无论类模板多个类型形参的顺序怎样变化，都不影响它们使用同一个类模板特定类型形参的模式。如果类模板的类型形参使用"…"表示省略类型形参，则它表示类模板可以有任意数量的类型形参或可变类型形参。

【例 13.12】　类模板中的多个类型形参的顺序变化对类模板的定义没有影响。

```
template<class T1,class T2> struct A {              //定义类模板A
    void f1();
    void f2();
};
template<class T2,class T1> void A<T2,T1>::f1(){}   //正确: A<T2,T1>同模板的类型形参一致
template<class T1,class T2> void A<T1,T2>::f2(){}   //正确: A<T1,T2>同模板的类型形参一致
//template<class T2,class T1>void A<T1,T2>::f2(){}  //错误: A<T1,T2>与模板的类型形参不同
template<class…Types> struct B {
    void f3();
    void f4();
};
template<class…Types> void B<Types…>::f3(){}       //正确: Types表示可变类型形参列表
template<class…Types> void B<Types…>::f4(){}       //正确: Types表示可变类型形参列表
//template<class…Types> void B<Types>::f4(){}      //错误: 必须用Types...的形式
int main()
{
    A<int,int> a;
```

```
    B<int,int,int> b;
}
```

## 13.4.4　省略参数的类模板

对于有省略类型形参的类模板，通常采用递归的方式展开其类定义，可以用继承或者组成两种方式展开。在展开的过程中可能形成一系列的类模板，类模板实例化则会产生一系列的实例类。在展开的过程中除了可以通过构造函数初始化其数据成员外，还可以利用某些技巧获得可变类型实参的个数、数据成员的个数及其字节数总和等信息。

例如，在类模板中定义枚举类型作为类模板的类型成员时，可以通过定义若干枚举类型的数据成员来收集类模板的信息（如数据成员的个数及其字节数总和等信息）。当然，也可以在递归的过程中通过 typeid 收集每个数据成员的类型信息，并在类模板中定义一个静态数据成员模板，用于将类模板的所有数据成员的类型信息保存起来。

如果要检查类型或类型之间的关系，需要先#include<type_traits>，再将要检查的类型作为类模板实参进行实例化，检查结果存储在类模板声明的 bool 型公开数据成员 value 中。例如，若类 A 是类 B 的基类或其基类的基类等等，则 is_base_of<A, B>::value 的结果为 true。类似的，is_abstract<T>::value 检查 T 是不是抽象类，is_final<T>::value 检查 T 是不是不能继承的类。

对于有省略类型形参的类模板，其展开通常需要实施如下步骤：①通过前向声明定义类模板；②定义递归下降终止类模板，以防止无限递归；③将省略类型形参分解为"头"和"尾"两部分，对"尾"部的省略类型形参进行进一步的递归展开。

【例 13.13】　以类模板递归展开的方式定义带省略参数的类模板。

```
#include<type_traits>
using namespace std;
template<typename…Values> class Tuple;            //类模板前向声明，类型参数可变
template<typename Tail>                            //递归下降终止时的类模板定义
class Tuple<Tail>
{
protected:                                         //终止类模板应和递归类模板的访问权限一致
    Tail back;                                     //声明 Tail 类型的尾部数据成员
public:
    enum {size=sizeof(Tail)};                      //定义匿名枚举类型，用成员 size 收集 Tail 类字节数
    Tuple(Tail tail):back(tail) {}
};
template<typename Head,typename…Tail>             //拆分要展开的可变类型形参为"头"和"尾"
class Tuple<Head,Tail…>:protected Tuple<Tail…>    //继承 Tuple<Tail…>实例类，以展开"尾"部
{
    typedef Tuple<Tail…> inherited;                //为 Tuple<Tail…>实例基类重新命名
protected:                                         //递归类应和终止类的访问权限一致
    Head fore;                                     //首个数据成员
public:
    enum {size=Tuple<Head>::size+Tuple<Tail…>::size}; //定义匿名枚举类型
    Tuple() {}
    Tuple(Head head,Tail…tail):fore(head),inherited(tail…) {}
```

```
    Head head() {return fore;}                  //获取head
    inherited& tail() {return *this;}           //获取tail, this指向对象的基类
};
template<typename…Values> class Vector;        //类模板前向声明
template<typename Tail>                          //递归下降终止时的类模板
class Vector<Tail>
{
protected:                                       //终止类模板应和递归类模板的访问权限一致
    Tail back;                                   //声明Tail类型的尾部数据成员
public:
    enum {size=1};                               //定义匿名枚举类型，求出Tail类的数据成员个数
    Vector(Tail tail):back(tail) {}
};
template<typename Head,typename…Tail>           //拆分要展开的可变类型形参为"头"和"尾"
class Vector<Head,Tail…>
{
    typedef Vector<Tail…> composited;           //为Vector<Tail…>实例类重新命名
protected:                                       //递归类模板应和终止类模板的访问权限一致
    Head fore;                                   //首个数据成员fore
    composited back;                             // fore+back对象成员组合构成被展开的类
public:
    enum {size=1+Vector<Tail…>::size};

    Vector() {}
    Vector(Head head,Tail…tail):fore(head),back(tail…) {}
    Head head() {return fore;}                  //获取head
    composited& tail() {return back;}           //获取tail
};
int main() {
    Tuple<int,int,int> s(1,2,3);
    bool b=is_final<decltype(s)>::value;        //b=false, 即Tuple<int,int,int>还可以被继承
    int t=s.head();                             //t=1, 即s的第一个元素
    t=sizeof(s);                                //t=12, 即对象s的字节数为12
    t=s.size;                                   //t=12, 即s的数据成员字节数之和为12
    Tuple<int,int> u=s.tail();
    t=u.head();                                 //t=2, 即u的第二个元素
    t=sizeof(u);                                //t=8, 即对象u的字节数为8
    t=u.size;                                   //t=8, 即u的数据成员字节数之和为8
    Vector<int,int,int> w(1,2,3);
    int x=w.head();                             //x=1, 即w的第一个元素
    x=sizeof(w);                                //x=12, 即对象w的字节数为12
    x=w.size;                                   //x=3, 即对象w数据成员个数为3
    Vector<int,int> y=w.tail();
    x=y.head();                                 //x=2, 即y的第二个元素
    x=sizeof(y);                                //x=8, 即对象y的字节数为8
    x=y.size;                                   //x=2, 即对象y的数据成员个数为2
}
```

若类 A 和 B 均定义了函数 f(其他)，且均重载了"operator[其他]"，则"template <class...Bases> struct C:其他 Bases...{其他 using Bases::f...;其他 friend Bases;其他};"将所有变参类型 Bases 作为 C 的基类。

若实例化类模板并定义"C<A,其他 B>其他 x;",则"using Bases::f..."表示同时"using A::f;"及"using B::f;",因此,对象 x 可调用类 A 和 B 的函数 f。同理,"using Bases::operator[其他]..."表示同时"using A::operator[其他]"及"using B::operator[其他]"。"friend Bases"将所有基类所有函数成员定义为类 C 的友元,"friend Bases::f"将所有基类所有名为 f 的函数成员定义为类 C 的友元。

　　C++标准类库定义了许多函数模板和类模板,这些模板大多位于名字空间 std,也有的位于 chrono 日历名字空间等。例如,其他类模板 variant 用于安全地替代 union,类模板 function 用于包装多种形态的函数,许多模板的定义使用了 SFINAE 技术。函数模板替换失败并非错误(Substitution Failure Is Not An Error:SFINAE),体现了模板编译时宏替换的工作机制,也是例 13.5 能递归展开定义函数的原因。建议先了解 SFINAE 再自学上述模板。

## 13.4.5　类模板的友元及 Lambda 表达式

　　在声明友元时也可以定义函数模板,可以使用类模板的类型形参实例化友元,同时也使友元模板同类模板建立了关联,即一旦类模板生成实例类,便会生成实例友元函数或友元实例类。非成员函数模板和成员函数模板均可定义为某个类模板的友元。

　　在定义变量模板、函数模板以及类模板时,模板的类型形参可以用在其作用域中的任何变量、函数参数以及函数返回值的类型表达式中,包括用在 Lambda 表达式的局部变量、函数参数以及返回值的类型表达式中,并影响到上述变量、函数参数以及函数返回值的类型推导。

　　使用类型形参的 Lambda 表达式可称为 Lambda 表达式模板。编译程序为其生成运算符"( )"的重载函数模板,置于基于类型形参和 Lambda 表达式生成的匿名类模板中,被 Lambda 表达式初始化的变量成为变量模板。在变量模板、函数模板和类模板的内部,若使用类型形参定义或调用 Lambda 表达式,也会产生相应的变量模板、运算符重载函数模板和匿名类模板。其他

【例 13.14】　在类模板中定义友元模板。

```
#include <iostream>
#include <format>                            //需要设置和使用 C++最新标准
using namespace std;
template <class T> class STACK;              //声明类模板 STACK
template <class T,int v=0>                    //定义类模板 VECTOR
class VECTOR
{
    T* data;
    int size;
    friend class STACK<T>;                   //声明并实例化友元类
    friend int STK_VEC(VECTOR<T>&,STACK<T>&); //声明普通友元函数模板
    friend int VEC_STK(STACK<T>&,VECTOR<T>&); //声明普通友元函数模板
public:
    VECTOR(int n=v) {data=new T[size=n];};
    virtual int getsize() {return size;};
    virtual T& operator[](int i) {return data[i];};
    virtual ~VECTOR() noexcept {delete[]data;};
};
```

```cpp
template <class T>                                      //定义类模板 STACK
class STACK:public VECTOR<T> {                          //继承自 VECTOR<T>
    int top;
    friend int STK_VEC(VECTOR<T>&,STACK<T>&);
    friend int VEC_STK(STACK<T>& s,VECTOR<T>& t) {
        if (s.size<t.size) return 0;
        s.size=t.size;
        for (int i=0;i<s.size;i++) s.data[i]=t.data[i];    //深拷贝
        return 1;
    };
public:
    int full() {return top==VECTOR<T>::size;}
    int null() {return top==0;}
    int push(T t) {
        if (full()) return 0;
        (*this)[top++]=t;
        return 1;
    };
    int pop(T& t) {
        if (null()) return 0;
        t=(*this)[--top];
        return 1;
    };
    STACK(int s): VECTOR<T>(s) {top=0;};
    ~STACK() noexcept {};
};
template <class T>                                      //定义非成员函数模板
int STK_VEC(VECTOR<T>& t,STACK<T>& s)
{
    if (t.size<s.size) return 0;
    t.size=s.size;
    for (int i=0;i<t.size;i++) t.data[i]=s.data[i];
    return 1;
}
template <class T> auto n=new VECTOR<T>[10]{};     //通过 auto 定义变量模板,元素全部初始化为 0
template <class T> static auto p=new VECTOR<T>[10];    //通过 auto 定义变量模板
template <class T> auto q=[](T& x)->T& {return x;};    //产生 Lambda 的变量、函数和类模板
template <class...Ags> int f(Ags...ags){               //定义并调用可变参数 Lambda 表达式模板
    return [](Ags...ags){return sizeof...(ags);}(ags...);
}
template <class...Ags> auto g=[](Ags...ags)            //可变参数 Lambda 表达式
{return sizeof...(ags);};
int main() {
    VECTOR<int,10> a(4);                              //实例化 VECTOR 类模板并定义对象 a
    cout<<format("{0:>40s}\n",typeid(p<int>).name()); //输出 p 的实例化变量 p<int>的类型名
    //n<int>=new VECTOR<int>[10];
    n<int>[0]=VECTOR<int>(4);    //自动生成 n<int>=new VECTOR<int>[10];并对 n<int>[0]赋值
    p<int>[0]=VECTOR<int>(4);    //利用实例化的指针变量 p<int>赋值
    int y=f(1,3,5);              //定义传统左值变量 y, 实例化 f<int,int,int>(int,int,int)
    y=g<int,int,int> (1,3,5);    //g 是 Lambda 表达式生成的匿名类的对象(即变量)
```

```
        q<int>(y);              //实例化 Lambda 表达式模板对象 q, 其形参 int&x 引用传统左值 y
        q<VECTOR<int,10>>(a);   //利用 VECTOR<int,10>实例化 Lambda 表达式模板对象 q
}
```

如前所述，类模板可以定义在类的内部，但是，不能定义在非成员函数 main()的内部，因此实例化生成的变量、类型和函数也不在 main()的内部。由于模板实例化后的实例和模板本身的作用域相同，故在 main()内实例化的类模板实例、函数模板实例和变量模板实例均在 main()之外生成。因此，模板实例变量 n<int>是全局变量，而 p<int>是文件局部静态变量。

函数 format(格式串,...)的返回类型为 string，格式串中的{}表示占位符，用于描述后续实参的输出格式。例如，{0:>40s}表示格式串后的第 0 个字符串实参，>表示按右对齐输出，总宽度为 40 个字符。同 cout 早期的操纵符 setw(int)等相比，format 功能更为强大且输出更快。例如，"cout<<format("{1}, {0}\n","Ma","Hello");"可输出 "Hello，Ma"。

格式串默认左对齐输出，可用<表示左对齐，用 "^" 表示中对齐，用>表示右对齐。在<、^、>之前可定义填充字符。格式 c 表示按字符输出，例如 c 或 40c；格式 d 表示按十进制输出，例如 d 或 40d，格式 x 表示按十六进制输出；格式 f 表示按浮点小数输出，例如.2f 或 10.2f，格式 e 表示按科学计数法输出。请自行学习函数 format 的其他格式，也可重载自己的格式函数 format。

## 13.5　类模板的实例化及特化

除了可以直接套用类模板生成类模板的实例类外，还可以在定义变量、参数或函数返回类型时，根据实际类型自动生成类模板的实例类。因此，不必先生成类模板的实例类然后再使用该类模板实例类。

### 13.5.1　类模板的实例化

可采用 "template T <类型实参列表>" 的形式直接实例化类模板 T，生成的实例类的作用域和类模板 T 的作用域相同；也可以根据变量、参数或函数返回类型自动生成类模板的实例类。

【例 13.15】　类模板的实例化方法。

```
template <class T,int v=10>
struct A
{
    T i,j,k=v;
};
template A <int>;      //生成类模板实例类 A<int,10>。也可用 template A <decltype(3)>;
A<long> a;             //自动生成类模板实例类 A<long>，等价于 A<long,10>
A<int,20> b;           //自动生成类模板实例类 A<int,20>并定义对象 b
A<int> c;              //用已生成的类模板实例类 A<int>定义对象 c
int main()
{
    long i=a.j;        //i=0
    int j=b.k;         //j=20
    int k=c.k;         //j=10
}
```

### 13.5.2 类模板实例特化

在某些情况下，编译程序根据类模板生成的实例类也许不太理想。例如，当类的成员为指针类型时，该成员的比较往往是地址比较（即浅比较），而不是指针所指向的内容比较（即深比较）。此时，便需要提供特化的类模板实例类定义，以隐藏编译程序自动生成的类模板实例类。

例如，当以 VECTOR<char *> LC(40)声明对象 LC 时，自动生成的实例类的 data 成员的类型为 char **data，即 data 是一个指向字符指针的指针。然而，该实例类的构造函数并没有将每个字符指针都设为空指针，也就是说构造函数没有彻底初始化数据成员。

为此，应特化定义类模板实例类来隐藏编译程序生成的类模板实例类，或者特化定义类模板实例类的函数成员来隐藏编译程序生成的实例类的函数成员。通常以"template < >class 类名<类型实参列表>"的形式开始定义特化的实例类，其成员所属类名应使用前述"类名 <类型实参列表>"的形式。

【例 13.16】 定义特化的字符指针向量类来隐藏通过类模板自动生成的字符指针向量类。

```
#include <iostream>
using namespace std;
template <class T>
class VECTOR                        //定义类模板
{
    T* data;
    int size;
public:
    VECTOR(int n):data(new T[n]),size(data?n:0){};
    virtual ~VECTOR() noexcept {      //实例类的析构函数将成为虚函数
        if(data){delete data;data=nullptr;size=0;}
        cout<<"DES O\n";
    };
    T& operator[](int i) {return data[i];};
};
template < >                        //定义特化的字符指针向量实例类
class VECTOR <char*>
{
    char** data;
    int size;
public:
    VECTOR(int);                     //特化后其所属实例类名为 VECTOR <char*>
    ~VECTOR() noexcept;              //特化后其所属类名为 VECTOR <char*>，不是虚函数
    virtual char*& operator[](int i){return data[i];};    //特化后为虚函数
};
VECTOR <char*>::VECTOR(int n)        //使用特化后的类名 VECTOR <char*>
{
    data=new char* [size=n];
    for (int i=0;i<n;i++) data[i]=0;
}
VECTOR <char*>::~VECTOR() noexcept   //使用特化后的类名 VECTOR <char*>
{
    if(data==nullptr) return;
    for(int i=0;i<size;i++) delete data[i];
```

```
    delete data;data=nullptr;
    cout<<"DES C\n";
}
class A:public VECTOR<int> {
public:
    A(int n):VECTOR<int>(n) {};
    ~A(){cout<<"DES A\n";}              //自动成为虚函数: 因为基类析构函数是虚函数
};
class B:public VECTOR<char*> {
public:
    B(int n):VECTOR<char*>(n) {};
    ~B() noexcept {cout<<"DES B\n";}//特化的 VECTOR<char *>析构函数不是虚函数, 故~B 也不是
};
int main()
{
    VECTOR <int>   LI(10);           //自动生成的实例类 VECTOR <int>
    VECTOR <char*> LC(10);           //优先使用特化的实例类 VECTOR<char*>
    VECTOR<int>* p=new VECTOR<int>(3);
    delete p;
    p=new A(3);
    delete p;
    VECTOR<char*>* q=new VECTOR<char*>(3);
    delete q;
    q=new B(3);
    delete q;
}
```

程序的输出如下所示。

```
DES O
DES A
DES O
DES C
DES C
DES C
DES O
```

上述程序通过特化定义字符指针向量类来隐藏类模板自动生成的实例类 VECTOR <char*>。实际上，也可以通过特化定义类模板的部分函数成员来隐藏类模板自动生成的函数成员。编译程序会优先使用特化定义的类模板实例类或者函数模板实例函数。

注意，当 p=new A(3)时，即 p 指向子类对象 A(3)时，delete p 调用 p->~VECTOR()的输出表现出多态行为；当 q=new B(3)时，即指向子类对象 B(3)时，delete q 调用 q->~VECTOR()的输出没有表现出多态行为。这是因为在特化的实例基类 VECTOR <char*>中，VECTOR <char*>::~VECTOR()不是虚函数，故其派生类 B 的析构函数 B::~B()也不是虚函数。

当类模板及其特化类模板实例被某一模板如函数模板使用时，编译程序可能无法区分该函数模板访问的是同名数据成员还是特化的函数模板实例。在无法区分或具有使用模板函数成员意向的时候，可以在该函数模板要访问的模板函数成员名称之前，使用 template 保留字说明希望访问的模板成员来自特化函数模板实例，从而可以如例 13.17 的函数 h 所示避免二义性错误。

**【例 13.17】** 访问类模板及其特化模板类的同名成员。

```
template <typename T> struct A {static T f;};         //静态数据成员 f 是类模板的数据成员
template <typename T> T A<T>::f=0;                     //定义静态数据成员 f
template <> struct A<int> {                            //特化类模板 A 实例类 A<int>
    template<int N> static int f(int x){return x+N;}   //静态函数成员 f 是特化类模板实例的成员
};
template <typename T,int N> T g(int x){                //定义函数模板 g
    return A<T>::f<N>(x);          //T 为 int 时访问特化类模板实例 A<int>的函数成员 f<N>(int x)
}//否则访问类模板 A 的静态数据成员 f，然后进行<比较运算
template <typename T,int N> T h(int x){ //定义函数模板 h，同 g 的差别是函数体用 template
    return A<T>::template f<N>(x);   //template 将 f 当函数成员 f<N>(int x)，否则将进行<比较
}
int main()
{
    int x=g<int,2> (3);           //x=5，当 T 为 int 时，调用函数模板 f<2>(3)
    x=h<int,2>(3);                //x=5，当 T 为 int 时，调用函数模板 f<2>(3)
    x=g<short,2>(3);             //x=0，当 T 为 short 时，访问静态数据成员 f，然后比较 f<2
    //x=h<short,2>(3);           //报错：A<short>无函数成员 f，仅有静态数据成员 f
    x=A<int>::f<2>(3);           //x=5，A<int>有函数成员 f<2>，故调用 f<2>(3)
    x=A<short>::f<2>(3);         //A<short>有静态数据成员 f=0，0<2>(3)的结果为 false，故 x=0
}
```

在函数模板 h 的表达式 A<T>::template f<N>(x)中，template 引导编译程序将 f<N>(x)当作模板实例函数成员调用。如果像函数模板 g 那样去掉 template，则编译会检查类模板 A 的类型参数 T，若 T 不是 int 则把 f 当静态数据成员访问，此后 f<N>(x)被编译为比较运算(f<N>)(x)；而若 T 是 int 类型，则 f<N>(x)被编译为模板实例函数成员调用 f<N>(int x)。

### 13.5.3　类模板的部分特化

对于类模板实例化的字符指针向量类，除了构造函数和析构函数以外，由类模板生成的实例类基本上是合适的，因此，没有必要特化类模板重新生成整个实例类，只需特化部分不合适的函数成员即可。如果只是特化定义部分函数成员的函数体，则函数成员是否为虚函数由原类模板生成的实例类决定。

**【例 13.18】** 特化字符指针向量类的部分函数成员。

```
#include <iostream>
using namespace std;
template <class T>
class VECTOR                         //定义类模板
{
    T* data;
    int size;
public:
    VECTOR(int n):data(new T[n]),size(data ? n:0) {};
    virtual ~VECTOR() noexcept {        //生成实例类的析构函数将成为虚函数
        if (data) {delete data;data=nullptr;size=0;}
        cout<<"DES O\n";
    };
    T& operator[](int i) {return data[i];};
```

```
};
template <>                          //特化字符指针向量类的构造函数
VECTOR <char*>::VECTOR(int n):data(new char* [n]),size(data ? n:0)
{
    for (int i=0;i<n;i++)
        data[i]=0;                   //勿用 memset(data+i,0,sizeof(T)):会破坏类 T 的虚基类偏移或多态
}
template <>                          //特化定义析构函数的函数体,是否为虚函数则由原类模板生成的实例类决定
VECTOR <char*>::~VECTOR() noexcept       //原先是虚函数,故特化后还是虚函数
{
    if (data==nullptr) return;
    for (int i=0;i<size;i++) if (data[i]) delete data[i];
    delete data;data=nullptr;
    cout<<"DES C\n";
}

class A:public VECTOR<int> {
public:
    A(int n):VECTOR<int>(n) {};
    ~A()noexcept {cout<<"DES A\n";}      //自动成为虚函数:因基类析构函数是虚函数
};
class B:public VECTOR<char*> {
public:
    B(int n):VECTOR<char*>(n) {};
    ~B()noexcept {cout<<"DES B\n";}      //自动成为虚函数:因基类析构函数是虚函数
};
int main()
{
    VECTOR <int> LI(10);                 //使用自动生成的实例类 VECTOR <int>没有问题
    VECTOR <char*> LC(10);               //优先使用特化定义的实例类 VECTOR<char*>
    VECTOR<int>* p=new VECTOR<int>(3);
    delete p;
    p=new A(3);
    delete p;
    VECTOR<char*>* q=new VECTOR<char*>(3);
    delete q;
    q=new B(3);
    delete q;
}
```

程序的输出如下所示。

```
DES O
DES A
DES O
DES C
DES B
DES C
DES C
DES O
```

上述程序定义了一个 VECTOR 类模板,并以 char*为实参生成了字符指针实例类,该实例类的析

构函数为虚函数；然后，特化定义了该实例类的部分实例函数成员，如构造函数成员和析构函数成员，特化后的析构函数是否为虚函数取决于类模板的析构函数是否为虚函数。

例 13.18 的结果与例 13.16 的结果不同，其差别在于：当 q=new B(3)时，即指向子类对象 B(3)时，delete q 调用 q->~VECTOR()的输出表现出多态行为。这是因为例 13.18 实例类 VECTOR <char*>由类模板生成，其析构函数 VECTOR <char*>::~VECTOR()在实例类中被当作虚函数，故之后特化定义的 VECTOR <char*>::~VECTOR()会被当作虚函数。

### 13.5.4 实例化与类型推导

模板实例类和模板实例函数与一般类和函数的区别仅仅在于名称形式不同。因此，实例化的类可用来定义（虚）基类或派生类，实例化的普通函数可用于定义普通友元，实例化的函数成员可用于定义成员友元。auto 可用于推导变量的类型，因此，也可用于定义变量模板。Lambda 表达式模板实际上是一种变量模板。在 auto 类型推导中，凡是可以出现类型的地方，都可以出现 auto、类和类模板实例类。Lambda 表达式的形参列表后可以抛出异常，也可以出现 constexpr、consteval，用于对 Lambda 函数进行优化。

【例 13.19】 定义模板类作为基类、模板函数作为友元，并定义类型推导和 Lambda 表达式模板。

```cpp
#include <iostream>
using namespace std;
template <class T>                  //定义类模板
class A {
    T i;
public:
    A(T x) {i=x;}
    virtual operator T() {          //定义虚函数，重载运算符用于强制类型转换
        auto x=[this]()mutable constexpr->T {return i;};//添加this有助编译i
        return x();
    }
};
template <class T>                  //定义函数模板
void output(T& x) {cout<<x.k;}
class B final:public A<int> {       //定义最终派生类B时生成类模板实例A<int>
    int k;
    friend void output<B>(B&);      //生成函数模板实例函数并将其作为友元
public:
    B(int x):A<int>(x) {k=x;}
    operator int() {return k +A<int>::operator int();}//自动成为虚函数
};
int main()
{
    A<int> a(4);                    //利用类模板A已实例化的类A<int>
    auto b=a;                       //b的类型为A<int>
    auto c=a.operator int();        //c的类型为int
    auto d=A<double>(5);            //d的类型为A<double>
```

```
    auto e=1+A<double>(5);           //调用 A<double>(5).operator double():e 类型为double
    B f(6);
    output(f);                       //实例函数 output<B>(B&)为 B 的友元可访问私有成员 f.k
    return g(4,2);
}
```

例 13.19 定义了函数模板 output(T&x)，在定义派生类 B 的友元时，自动从函数模板生成实例函数 void output<B>(B &)及其函数体。需要注意的是，在类模板 A 的函数成员 operator T()内部，捕获列表中的 this 必须是显式捕获而不能是默认捕获。类模板实例类 A<int>是在定义派生类 B 时通过类模板自动生成的实例类。

在实例化类模板如 "template<class T> struct A{const T*p;};" 时，会产生一系列实例类如 A<int>、A<A<int>>、A<A<A<int>>>，其数据成员的类型分别为 "const int*p;"、"const A<int>*p;"、"const A<A<int>>*p;"，如何满足所有数据成员都是 "const int*p;" 的需求？最简单的技巧就是利用 "伪子类" 实现，例如，再增加定义 "template<class T> struct A<A<T>>:A<T>{};"。

## 13.5.5　类模板及实例成员指针

类模板实例类的实例成员指针同非模板类的实例成员指针一样，可以指向类或实例类的实例数据成员或实例函数成员。同理，类模板实例类的静态成员指针同普通指针一样，可以指向普通变量或普通函数，以及类或者实例类的静态数据成员或静态函数成员。

【例 13.20】　实例类的实例成员指针和静态成员指针的用法。

```
template <class T,int n=10>
struct A {
    static T t;
    T u;
    T * v;
    T A::* w;
    T A::* A::* x;
    T A::** y;
    T* A::* z;
    A(T k=0,int h=n);                //A()被调用，故必须定义 A()，而 A()等价于 A(0,n)
    ~A() {delete[]v;}
};
template <class T,int n> T A<T,n>::t=0; //类模板静态成员的初始化
template <class T,int n>
A<T,n>::A(T k,int h)                 //不得再次为 h 指定默认值，因为其类模板已指定
{
    u=k;
    v=new T[h];                      //初始化数组对象，必须调用无参构造函数 T()
    w=&A::u;
    x=&A::w;
    y=&w;
    z=&A::v;
    v=&A::t;
}
template struct A<double>;           //从类模板生成实例类 A<double,10>
```

```
int  main()
{
    A<int> a(5);                              //等价于 A<int,10> a(5);
    int u=10,* v=&u;
    int A<int>::* w=&A<int>::u;               //等价于 int A<int,10>::* w;
    int A<int>::* A<int>::* x=&A<int>::w;
    int A<int>::** y=&w;
    int* A<int>::* z=&A<int>::v;
    v=&A<int>::t;
    v=&a.u;
    y=&a.w;
    A<A<int>> b(a);            //等价于 "A<A<int,10>,10> b(a);"，构造 b 时调用 A<int>::A()
    A<int> A<A<int>>::*c=&A<A<int>>::u;
    a=b.*c;
    A<int> A<A<int>>::* A<A<int>>::*d=&A<A<int>>::w;
}
```

在例 13.20 的 main()函数中，实例数据成员指针 c 的类型等价于 A<int,10> A<A<int,10>,20>::*。类模板 A 非 inline 可写类型的静态数据成员 t 必须在类的体外初始化。当类模板实例化时，类模板的所有数据成员和函数成员随之实例化。

对于对象定义 "A<A<int>> b(a);"，先要从类模板生成实例类 A<A<int>>，此时传给类模板的类型实参为 A<int>，即类模板的类型形参 T 初始化为 A<int>。在实例化构造函数 A<T,n>::A(T k,int h)时，需要执行语句 "v=new T[h];"；当 T=A<int>时，相当于执行语句 "v=new A<int>[h];"，此时，初始化对象数组必须调用无参构造函数 A<int>::A()。

也就是说，在类模板 template <class T> class A 中，因为要执行 "v=new T[h];"语句，所以必须定义无参构造函数 A()来初始化对象数组 T[...]。要么单独定义一个独立的无参构造函数 A()，要么通过有默认值参数的构造函数 A(T k=0,int h=n)替代，使调用无参构造函数 A()等价于调用 A(0,n)，即等价于使用默认值调用原型函数 A(T k=0,int h=n)。

因此，在类模板 template <class T> class A 中，在没有单独定义一个独立的无参构造函数 A()的情况下，不能去掉有参构造函数 A(T k=0,int h=n)中的第一个默认值，即不能以 A(T k,int h=n)或 A(T k,int h)的形式定义构造函数，否则在调用 A<int>::A()时，编译程序将报告错误 "没有合适的构造函数可被调用"。

### 13.5.6　模板分隔符的二义性

在对类模板进行实例化并生成类模板实例类时，要使用尖括号 "<>" 将其类型实参和非类型实参括起来。参数表内如果再出现尖括号，则很可能引起语法错误。因为尖括号也用作小于号和大于号，出现这种括号混淆并不意外。实例化时，如果在尖括号内出现大于运算表达式，则必须将大于运算表达式用 "()" 括起来。

【例 13.21】　解决大于号和参数表中右尖括号冲突的方法。

```
template <class T,int s=16>      //默认参数必须连续出现在参数表的右部
class List
{
    T *data;
```

```
        int size;
public:
        List(int n=s) {data=new T[size=n];};
        ~List() noexcept {delete data;};
        T &operator[](int i) {return data[i];};
};
int main()
{
        //List<int,3> 2>L1(8);            //错误：编译到 List<int,3>，以为得到实例类 List<int,3>
        List<int,(3>2)>L1(8);            //正确：等价于 List<int,1> L1(8);
        //List<int,3>2?4:6>L2(30);        //错误：编译到 List<int,3>，以为得到实例类 List<int,3>
        List<int,(3)2?4:6> L2(30);       //正确：等价于 List<int,4>L2(30);
}
```

### 13.5.7　类模板与泛型

由于类型转换（如 static_cast、const_cast、dynamic_cast 以及 reinterpret_cast 等）均需使用类型，因此，类模板作为泛型类、类模板实例类作为特定类可以出现在它们的类型表达式中。在类模板继承的过程中，将子类对象向上转换可能会出现泛型转换，可在 static_cast、const_cast、dynamic_cast 以及 reinterpret_cast 中选用合适的转换方法。

【例 13.22】　定义用两个栈模拟一个队列的类模板。

```
#include <iostream>
using namespace std;
template <typename T>                //定义类模板
class STACK {
        T* const elems;              //申请内存，用于存放栈的元素
        const int max;               //栈能存放的最大元素个数
        int pos;                     //栈实际已有元素个数，栈空时，pos=0;
public:
        STACK(int m);                                    //初始化 p 指向的栈：最多 m 个元素
        STACK(const STACK& s);                           //用栈 s 初始化 p 指向的栈
        STACK(STACK&& s)noexcept;                        //用栈 s 初始化 p 指向的栈
        virtual int size()const;                         //返回 p 指向的栈的最大元素个数 max
        virtual operator int()const;                     //返回 p 指向的栈的实际元素个数 pos
        virtual T operator [] (int x)const;              //返回 x 指向的栈的元素
        virtual STACK& operator<<(T e);                  //将 e 入栈，并返回 p
        virtual STACK& operator>>(T& e);                 //出栈到 e，并返回 p
        virtual STACK& operator=(const STACK& s);        //赋 s 给 p 指的栈，并返回 p
        virtual STACK& operator=(STACK&& s)noexcept;     //赋 s 给 p 指的栈，并返回 p
        virtual void print()const;                       //输出 p 指向的栈
        virtual ~STACK()noexcept;                        //销毁 p 指向的栈
};
template <typename T>
STACK<T>::STACK(int m):elems(new T[m]),max(elems ? m:0),pos(0) {}
template <typename T>
STACK<T>::STACK(const STACK& s): elems(this==&s? throw "error":new T[s.max]),
max(elems ? s.max:0) {
```

```
    if(!elems) throw "memory not enough\n";
    for (pos=0;pos<s.pos;pos++) {
        elems[pos]=s.elems[pos];
    }
}
template <typename T>
STACK<T>::STACK(STACK&&s) noexcept:elems(s.elems),max(s.max),pos(s.pos)
{
    const_cast<T*&>(s.elems)=nullptr;
    const_cast<int&>(s.max)=s.pos=0;
}
template <typename T>
int STACK<T>::size()const {return max;}
template <typename T>
STACK<T>::operator int()const {return pos;}
template <typename T>
T STACK<T>::operator [] (int x)const       //返回 x 指向的栈的元素
{
    if(x<0 || x>=pos) throw "illegal subscript\n";
    return elems[x];
}
template <typename T>
STACK<T>& STACK<T>::operator<<(T e) {
    if (elems==nullptr) throw "stack is illegal\n";
    if (pos==max) throw "stack is full\n";
    elems[pos++]=e;
    return *this;
}
template <typename T>
STACK<T>& STACK<T>::operator>>(T& e) {
    if (elems==nullptr) throw "stack is illegal\n";
    if (pos==0) throw "stack is empty\n";
    e=elems[--pos];
    return *this;
}
template <typename T>
STACK<T>& STACK<T>::operator=(const STACK& s) {
    if (this==&s) return *this;        //防止有人写 a=a 之类的语句
    if (elems) delete elems;           //不能调用~STACK()，会破坏其派生类的多态:共用派生类 this
    *(T**)&elems=new T[s.max];         //等价于 const_cast<T*&>(elems)= new T[s.max];
    if(!elems) throw "memory not enough\n";
    *(int*)&max=elems?s.max: 0;        //等价于 const_cast<int&>(max)=elems?s.max:0;
    for (pos=0;pos<s.pos;pos++){       //不能用 new(this)STACK(s)代替，会破坏其派生类的多态
        elems[pos]=s.elems[pos];
    } .
    return *this;
}
template <typename T>
STACK<T>& STACK<T>::operator=(STACK&& s) noexcept {
    if (this==&s) return *this; //防止有人写 a=static_cast<STAK<T>&&>(a)之类的语句
    if(elems) delete elems;         //不能调用~STACK()，会破坏其派生类的多态:共用派生类 this
    (T*&)elems=s.elems;
```

```
        (int&)max=s.max;
        const_cast<T*&>(s.elems)=nullptr;
        const_cast<int&>(s.max)=s.pos=0;
        return *this;
}
template <typename T>
void STACK<T>::print()const {
        if (elems==nullptr) return;
        for (int x=0;x<pos;x++)
           cout<<elems[x]<<"  ";
        cout<<"\n";
}
template <typename T>
STACK<T>::~STACK()noexcept {
        if (elems==nullptr) return;
        delete elems;
        (T*&)elems=nullptr;
        *(int*)&max=pos=0;
}
template <typename T>
class QUEUE:public STACK<T> {
        STACK<T> s2;                                //队列首尾指针
public:
        QUEUE(int m);                               //初始化队列：最多 m 个元素
        QUEUE(const QUEUE& s);                      //用队列 s 复制初始化队列
        QUEUE(QUEUE&& s) noexcept;
        operator int()const;                        //返回队列的实际元素个数 pos
        virtual QUEUE& operator<<(T e);             //将 e 入队列，并返回队列
        virtual QUEUE& operator>>(T& e);            //出队列到 e，并返回队列
        virtual QUEUE& operator=(const QUEUE& s);   //赋 s 给队列，并返回被赋值的队列
        virtual QUEUE& operator=(QUEUE&& s) noexcept;
        void print()const;                          //输出队列
        ~QUEUE()noexcept;                           //销毁队列
};
template <typename T>
QUEUE<T>::QUEUE(int m):STACK<T>(m),s2(m) {}
template <typename T>
QUEUE<T>::QUEUE(const QUEUE<T>& s):STACK<T>(this==&s? throw "error":s),s2(s.s2) {}
template <typename T>
QUEUE<T>::QUEUE(QUEUE&& s) noexcept:STACK<T>(move(s)),s2(move(s.s2)) {}
template <typename T>
QUEUE<T>& QUEUE<T>::operator=(const QUEUE<T>& s) {
        if(this==&s) return *this;
        *(STACK<T>*)this = s;                       //等价于 STACK<T>::operator=(s);
        s2 = s.s2;
        return *this;
}
template <typename T>
QUEUE<T>& QUEUE<T>::operator=(QUEUE<T>&& s) noexcept {
        if(this==&s) return *this;
        *(STACK<T>*)this=static_cast<STACK<T>&&>(s);
        //等价于 STACK<T>::operator=(static_cast<STACK<T>&&>(s));
```

```
        //或等价于 STACK<T>::operator=(std::move(s));
        s2=static_cast<STACK<T>&&>(s.s2);
        //等价于"s2=std::move(s.s2);"，可用 std::move 代替 static_cast<STACK<T>&&>
        return *this;
    }
    template <typename T>
    QUEUE<T>::operator int()const {             //返回队列的实际元素个数 pos
        return STACK<T>::operator int()+s2;  //int(*(STACK<T>*)this)+s2 因多态导致自递归
    }//不要写成 int((STACK<T>)*this)+s2 或 int(STACK<T>(*this))+s2：会构造 STACK 新对象，导致低效
    template <typename T>
    QUEUE<T>& QUEUE<T>::operator<<(T e) {        //将 e 入队列，并返回队列
        if ((int)s2) STACK<T>::operator<<(e);else s2<<e;
        return *this;
    }
    template <typename T>
    QUEUE<T>& QUEUE<T>::operator>>(T& e) {       //出队列到 e，并返回队列
        auto f=e;                               //推导 f 的类型为 T
        if (s2==0)
            while (STACK<T>::operator int())
                STACK<T>::operator>>(f);s2<<f;
        s2>>e;
        return *this;
    }
    template <typename T>
    void QUEUE<T>::print()const {                //输出队列
        for (int x=(int)s2-1;x>=0;x--)
            cout<<s2[x]<<" ";
        for (int x=0;x<STACK<T>::operator int();x++)
            cout<<STACK<T>::operator[](x)<<" ";
        cout<<"\n";
    }
    template <typename T>
    QUEUE<T>::~QUEUE()noexcept {}                //销毁队列
    int main(int a,char** s)
    {
        QUEUE<int> q(10);                        //构造队列，最多包含 10 个元素
        q<<1<<2<<3;                              //入队列
        q.print();                               //输出队列
        QUEUE<int> r(q);                         //复制构造队列
        r.print();                               //输出队列
        int x=20;
        x=q;                                     //得到队列元素个数
        q>>x>>x;                                 //出队列
        q.print();                               //输出队列
        x=q;                                     //得到队列元素个数
        r=q;                                     //赋值运算
        r.print();                               //输出队列
        QUEUE<double> t(QUEUE<double>(10));
        t<<1.0<<2.2<<3.4;//入队列
        t.operator<<(6);//不能写成"t<<6;"：因无 QUEUE<double>::operator<<(int)
        t.print();
    }
```

std::move()、std::forward()和 std::exchange()是名字空间 std 的函数,分别用于移动语义的类型转换、类型转发、移动互换。如果变量 s 的原始类型为 T,则 std::move(s)等价于进行静态类型转换 static_cast<T&&>(s)。如果形参 u 的原始类型为 T&&,则 std::forward <T>(u)返回的类型为 T&&,等价于 static_cast<T&&>(u)。如果 F 是 u 的原始类型 T 的父类,则 std::forward <F>(u)返回的类型为 F&&,等价于 static_cast<F&&>(u)。std::exchange(T& obj,U&& new_value)互换 obj 和 new_value 的值并返回 obj。上述函数在调用时会产生调用开销,为提高程序执行效率,建议只有 1 条或 2 条时使用 static_cast 代替。

上述 QUEUE(QUEUE&& s) noexcept 的参数 s 可使用类型转换定义,例如,可定义"template <typename T> QUEUE<T>::QUEUE(QUEUE &&s) noexcept:STACK<T>(std::forward<STACK<T>>(s)), s2 (std::move (s.s2){}"。但是,程序原先的定义也是简单可行的,如第 6.5 节所述:父类引用可直接引用子类对象,注意这里的引用是无址引用&&。

在 VS2019 的.IXX 模块接口文件中,可以定义类模板及实例化类模板,然后用类模板的实例类创建对象,并使用 export 导出对象供其他.cpp 代码文件使用。例如,在用"template STACK<int>;"实例化类模板后,可用"STACK<int> s(20);"创建对象 s,然后用"export STACK<int> s;"导出 s 供其他模块或.cpp 代码文件使用。

上述模板定义在栈或队列元素为字符串时尚有问题,应针对这一问题进一步进行特化定义。由此可见,要定义一个通用的类是很费力的。

# 13.6  模块、概念、协程

模块用于组织程序的编译单元;概念等语法糖辅助编译检查语义,但不生成可执行代码。范围(ranges)、概念(concept)是约束模板类型参数的语法糖,否则,要对模板的类型参数进行检查就会非常麻烦。借助语法糖定义变量、函数、类型、协程、指针,将使模板更加通用更加严谨。

## 13.6.1  模块及分区

模块

保留字 module 用于定义模块,用其取代.h 头文件等可加快编译速度。模块单元可以分为模块定义单元、模块接口单元、模块划分单元。模块定义单元用保留字 module 和模块名进行定义。模块接口单元必须用关键字 export 开始,然后用保留字 module 和模块名进行定义。export 用于导出模块中的全局变量、全局函数、类、模板、名字空间或其部分成员。

C++国际标准没有规定模块接口单元的扩展文件名,VS2019 要求其扩展文件名必须为.ixx。模块定义单元的扩展文件名可以为.h 或.cpp,它可以 import 其他模块的变量、函数、类、名字空间、模板。模块定义单元和模块接口单元均可定义变量、函数、类、模板、名字空间,双方的定义不得重复且模块接口单元定义的类、模板、名字空间可以正常导出。

要使用 module,必须先设置 VS2019 支持 C++最新标准,然后点击应用程序的"属性→配置属性→C/C++→语言→启用实验性的 C++的标准库模块",选择"是(/experimental:module)"支持模块即可。

注意，主函数 main()默认处于全局无名模块接口单元中。若程序出现全局无名模块定义 "module;"，则此后应使用有名模块声明结束全局无名模块。

【例 13.23】 程序由模块接口单元 myItfc.ixx、模块定义单元 myModu.cpp 和 myMain.cpp 构成。其中，myModu.cpp 的程序如下所示。

```
module myModule;                 //定义模块定义单元：有名模块 myModule
template<class T>class C;        //说明同一模块即 myItfc.ixx 内已经定义的类模板，本行可删
using namespace D;               //在同一模块内使用名字空间
extern int a;                    //extern 说明全局变量 a，以便被函数 f()访问，本行可删
extern int b=1;                  //extern 定义全局变量 b，将在 myItfc.ixx 内导出，本行不可删
int d=D::x;                      //定义全局变量 d，将在 myItfc.ixx 内导出，本行不可删
int f(){return a+b+c+d;}         //全局函数 f 可被导出，注意 c 在同一模块即 myItfc.ixx 内定义
struct F {int x;};               //模块定义单元定义的类 F 无法用 export 导出
C<float> k;                      //定义全局变量 k 可被 myItfc.ixx 导出
//module:private;                //错误：专用模块片段只能出现在模块接口单元
```

模块接口单元 myItfc.ixx 同时又是模块定义单元，程序如下所示。

```
export module myModule;         //使用 export 定义有名模块 myModule:同时作为模块定义单元及模块接口单元
export int a=0;                 //定义并导出变量 a=0
export extern int b;            //导出变量 b=1: myModu.cpp 初始化 b=1
export int c;                   //导出变量 c,c 在专用模块片段中定义
export extern int d;            //说明并导出变量 d, d=1 定义在 myModu.cpp 中
//export static int e=0;        //错误：不能导出具有内部连接的 static 变量 e
export int f();                 //函数体已在 myModu.cpp 中定义
export int g();                 //函数体已在专用模块片段中定义
export int h();                 //导出的函数体未定义，因未调用 h，故不报错
//export int i();               //未能找到全局函数 i 导出，内部连接(即 static)函数 i 不能导出
export struct A {int a;}        //此处并非导出类 A，故 A 在 myModule 之外只能当作匿名类
j(){A a={1};return a;}          //而是导出返回类 A 的函数 j()，函数体提倡在模块定义单元定义
export struct B {              //类 B 定义了类体，故能完整成功导出
    int x;static int y;
};
int B::y=3;
export template<class T>       //完整定义了类模板 C，故 C 能完整导出
struct C {T t;};
export namespace D {           //完整导出名字空间 D，其所有成员可被访问
    int x=1;
    int h() {return 2;}
}
namespace E {                  //仅导出 E 的函数 h()，未导出 x
    int x=1;                   //x 未被 export 导出
    export int h() {return 0;}
};
export struct F;               //未同时定义类体，无法完整导出类 F
export extern C<float> k;
export struct G;               //未同时定义类体，无法完整导出类 G, main 无法访问 F
module:private;                //定义专用模块片段(只能出现在模块接口单元中)
extern int c=1;                //定义和初始化要被导出的变量 c=1
int g() {return 4;}            //定义要导出的函数 g
static int i(){return 0;};     //具有内部连接的 static 函数 i 不能被导出
```

```
struct G{};                    //专用模块内定义的类 G 不能导出
```

主函数 main()默认属于全局无名模块，myMain.cpp 的定义如下。

```
import myModule;               //导入模块 myModule 的可用变量、函数、类、模板和名字空间
import <iostream>;             //注意必须以分号结束
using namespace std;
auto m=j();                    //未能导入类 A，故不能定义 A m=j()，只能推导 j()返回的匿名类
B n;                           //类 B 已导入
C<int> p;                      //类模板 C 已导入
//F q;                         //错误：导出类 F 时未同时定义其类体，未能导入 F
//G r;                         //错误：导出类 G 时未同时定义其类体，未能导入 G
int main() {
    int s=a+b+c+d+B::y+f()+g()+D::x+D::h()+k.t+m.a;
    return E::h();             //正确，但不能访问未被导出的 E::x
}
```

在例 13.23 中，不能导出类的任何成员，只能整体导出其类名。但是，可以导出名字空间的名字或其部分成员。如果导出函数的返回类型没有被导出，如导出了 myItfc.ixx 中的函数 j()，但其返回类型 A 没有被导出，则调用 j()得到的返回值只能是一个匿名类，因此，在 myMain.cpp 中不能定义"A m =j();"，而只能使用"auto m=j();"推导 j()的返回类型。

可以在多个.cpp 文件中多次定义同一模块，要导出的全局变量和全局函数可在不同的.cpp 文件中定义，但是不能重复定义。单纯的"module;"用于定义全局无名模块，函数 main()默认属于该全局无名模块。注意："module Mod;"用于定义有名模块 Mod；"module:private"用于定义模块专用片段，可用于定义和初始化待 export 的变量，或者定义待 export 函数的函数体等。

小的模块只要一个.ixx 模块接口单元即可，大的模块可能要划分或分区成多个文件，以便模块结构清晰且容易理解。微软对模块分区的支持仍在进化之中，其支持程度可望进一步改进。按照微软主导的 C++分区标准，可在模块定义单元定义多个分区，例如，用 module Foo:part1 定义模块 Foo 的分区 part1，然后在模块接口单元用 export module Foo:part1 导出 part1。

在另一个模块定义单元如 part2 中，如果要访问分区 part1 导出的标识符，则可定义"module Foo:part2;import:part1;"。作为主模块 Foo 包含的模块接口单元，如果希望在导入 part1 和 part2 的时候，同时导出 part1 和 part2 的标识符，则可定义"export module Foo; export import:part1;export import:part2;"，具体支持程度依赖于 VS2019 编译器的进化。

可用 import <iostream>代替#include <iostream>，这样可防止编译程序反复读取头文件，从而提高编译程序的编译速度，C++2023 将提供标准模块库、executors、networking 等库。VS2019 需要设置"配置属性→C/C++"来使用 C++新特性：①"语言→C++语言标准"为"预览 - 最新 C++工作草案中的功能(/std:c++latest)"；②"语言→启用实验性的 C++标准库模块"为"是(/experimental:module)"；③"常规→扫描源以查找依赖关系"为"是"。

### 13.6.2　概念及约束

概念（concept）是用来对类型参数施加约束的模板。概念可以约束变量模板、函数模板与类模板。编译程序检查相关类型实参是否满足约束，如果不满

概念

足约束，则会报告语义错误。概念与约束并不会生成执行代码。C++提供了大量概念（如范围 ranges）以及约束函数，这些返回布尔值的函数仅在编译时执行，当约束条件满足即结果为真时，继续编译。概念的定义形式如下：

```
template <类型参数表> concept 概念名=约束表达式；
```

类型参数表可以使用"class 类型名"、"typename 类型名"、"class...类型参数包"或"typename...类型参数包"等形式说明。约束表达式可以为：①概念检查；②requires 概念检查；③requires {约束系列}；④requires（参数表）{约束系列}；⑤布尔表达式。概念检查的形式为"概念名 <类型参数表>"，其检查结果是编译计算得到的布尔常量；"requires 概念检查"也得到一个布尔常量；上述③和④的结果也为布尔值常量；布尔表达式可由①、②、③、④、关系表达式、布尔表达式等通过&&和||等逻辑运算连接而成，结果也是编译时可计算的布尔常量。

在"#include <concepts>"和"using namespace std;"后，可以使用核心语言概念、比较概念、对象概念、可调用概念、迭代器概念、范围概念等 std 中的概念进行概念检查。例如，使用 same_as<T,U> 判断类型 T 和 U 是否相同，使用 derived_from<D,B>判断类型 D 是否由 B 派生，使用 integral<T>判断类型 T 是否为整型。使用概念进行类型检查时，用尖括弧括起类型实参，例如，使用 same_as 对类型实参 T 和 U 进行检查的形式为"same_as<T,U>"。在静态断言中，也可以使用概念检查，例如"static_assert(same_as<T,U>==false)"。

"约束系列"由一个或多个简单约束、成员约束、类型约束、复合约束、嵌套约束构成。简单约束由一个或多个任意表达式构成，任意表达式中可以包含任何运算或函数调用，编译程序只是检查这些表达式是否合法或能否执行、类型是否满足某种关系或能否进行某些运算，约束并不编译为可执行的汇编代码或机器指令。注意，概念定义相当于一个概念模板，在运用概念进行类型检查时，必须使用尖括号括起类型参数，C++新标准可约束 Lambda 表达式。

**【例 13.24】** 概念及简单约束的定义及运用。

```
#include <concepts>                      //因为要用概念 integral 进行类型检查
using namespace std;
auto t=[]<typename S,class T> requires same_as<S,T>
    (S a,T&&b) constexpr{return a<b;};//Lambda 表达式模板
template<typename T>                     //定义概念模板 Comparable：概念可以有多个类型参数
concept Comparable=
requires (T a,T b) {a>b;};               //若约束 a>b 可行，则 requirs 的结果为布尔值 true
template <typename S,typename T>         //用 requires 进行概念检查，结果为布尔值常量
requires integral<S>&&Comparable<S>      //等价于 is_integral_v<S>&& Comparable<S>
S max(S x,T u)     //以上两行等价于 S max(S x,T u) requires integral<S>&&Comparable<S>
{return x>u ? x:u;}                      //也可使用||连接上述两个概念检查：表示只满足其中一个概念即可
template <integral S,Comparable T>       //不等于 template <is_integral_v S,Comparable T>
S min(S x,T u) {return u>x ? x:u;}
integral auto f(integral auto x)         //推导参数和返回类型时可使用概念检查，多个 auto 形成依赖
{return x;}
int main() {
    int x=max<char,char>('A','B');       //正确：满足第一个参数类型为 integral 的要求
    x=max<bool,char>(true,'B');          //正确：注意有符号运算-false==false,-true==true
    x=max<int,char>(3,'B');
```

```
x=max<int,double>(3,3.4);
x=max<unsigned int,double>(3,3.4);      //编译正确：满足第一个参数类型为 integral 的要求
x=min<int,double>(3,3.4);
//x=max<double,double>(3,3.4);          //编译错误：不满足第一个参数类型为 integral 的要求
auto g=[]<class S,class T> requires integral<S>&&Comparable<S>
    (S a,T b){return a>b;};             //必须用 requires
auto h=[]<integral S,Comparable T> (S a,T b) {return a>b;};
auto k=[]<typename S,class T>(S a,T b)
requires integral<S>&&Comparable<S>     //必须用 requires
{ return a>b; };
integral auto y=3;                      //推导变量的类型时可以进行类型检查
return t(4,2);                          //实例化 Lambda 表达式模板函数并调用
}
```

概念检查可以出现在模板类型参数表类型的前面，也可以出现在 auto 定义的变量前面或其模板类型参数的前面，如例 13.24 的 min()函数模板的定义所示，每个类型参数的前面只能出现一个概念名，每出现一次，则进行一次概念检查。is_integral_v 是一个编译时可计算的 bool 类型变量，它不能代替 min()函数模板类型参数 S 前的概念 integral，即 template<integral S,Comparable T>不等于 template<is_integral_v S,Comparable T>。integral 是 std 名字空间定义的一个概念名，若类型参数 S 为有符号或无符号的 bool、char、wchar_t、char8_t、char16_t、char32_t、short、int、long、long long 类型，则概念检查 integral <S>的结果为布尔值常量 true。

成员约束可以检查一个类是否包含某个名字的成员。例如，对于模板 A 的类型参数 T，可用 T::f 约束类 T 必须包含数据、函数成员或类型成员 f。而要检查 t 是否为类 T 的类型成员，也可以对类 T 进行类型约束，即用 typename T::t 约束 T 必须包含或定义类型成员 t。类型约束还可以检查模板 A 的类型参数 T 能否用于其他模板如 B 的实例化，即用 T 作为模板 B 的实参对 B 进行实例化 B<T>。实例化检查的必要性缘于模板 A 可能会激发嵌套定义的或作为基类定义的模板 B 的实例化。此外，类型约束还可以为概念定义模板别名，当进行概念检查时，用概念接受的类型实参进行实例化，若实例化失败，则会导致编译程序报错。

复合约束用于约束表达式的返回值类型。它的语法形式为："{expression} noexcept-> std::convertible_to <type>;"。其中，"-> std::convertible_to<type>" 和 noexcept 都是可选的。首先，编译程序检查表达式 expression 是否合法，如果有选项 noexcept，则表达式不得抛出异常，编译通过 decltype(expression) 提取表达式的类型，然后检查提取的类型能否转换为 type 代表的类型。最后一种约束为嵌套约束，是指在前面所述的约束系列中，可出现第一种或第二种约束表达式。

requires{约束系列}
和 requires（参数
表）{约束系列}

【例 13.25】　概念及简单约束的定义及运用。

```
#include <iostream>
using namespace std;
//以下类省略了构造和析构等函数
struct WORD {char* w;}w={};              //定义单词
struct DICT {                            //定义字典
    typedef WORD(*WDPT);                 //定义类型成员 WDPT
```

```
    WDPT d;                              //声明数据成员 d 用于存放若干单词
    int m,c;                             //m 为可存放单词总数，c 为实际存放的单词个数
    WDPT getWord(int x=0) {return d+x;}  //取第 x 个单词
} d={};
template <typename E>                    //定义描述字典的模板，即 E 必将用 DICT 实例化
struct SPEC {
    E* e;                                //E 将代表要描述的字典 DICT
    char* s;                             //要描述的内容
    E getDict() {return e;}
};
template <typename T> using R=T*;        //定义代表类型的模板别名 R
template <typename T,typename W>         //定义概念模板 C，类型参数为 T 和 W
concept C=requires(T x,W y) {            //可以对 T 或者 W 施加约束
    sizeof(x)>0 && x.getWord(0);         //简单约束：任意表达式
    T::d;                                //成员约束：类 T 必须定义成员 d(数据成员)
    T::getWord;                          //成员约束：类 T 必须定义成员 getWord(函数成员)
    T::WDPT;                             //成员约束：类 T 必须定义成员 WDPT(类型成员)
    typename T::WDPT;                    //类型约束：类 T 必须定义类型成员 WDPT(上一行可删掉)
    typename R<T>;                       //类型约束：概念 C 将以类 T 为实参实例化模板 R
    typename SPEC<T>;                    //类型约束：类 T 能用于模板 SPEC 实例化，可有多个类
    {&y}->std::convertible_to<W*>;       //复合约束：可在{&y}后添加 noexcept
    requires same_as<WORD,W>;            //嵌套约束：可去掉 requires，等于 same_as<WORD,W>
};
template <class D,class W,integral I >   //定义函数模板 findWord<D,W, I>
W* findWord(D d,I i=0) requires C<D,W>{  //对 findWord 概念检查 integral<I>&& C<D,W>
    R<D>* m=nullptr;                     //实例化模板 R 并定义变量 D**m=nullptr
    cout<<typeid(m).name()<<endl;        //输出类型为 D**，D 代表传入的类型实参 DICT
    return d.getWord(i);
}

int main() {
    auto w=findWord<DICT,WORD,int>(d);   //调用 findWord 时实例化函数模板
    cout<<typeid(w).name()<<endl;
}
```

注意，findWord 以类 D 为实参实例化模板 R，若将模板 R 的定义改为 R=T&，则将导致 findWord 的实例化失败，因为 m 的类型将实例化为 D&*，而根据第 2.3 节的类型解析：指针不能指向理论上不分配内存的引用 D&。当然，若函数模板 findWord 不使用 R<D>定义变量 m，则 findWord 的语法检查会顺利通过。

### 13.6.3 协程及编译配置

进程（process）是拥有独立地址空间和静态资源的可调度单位，一个进程可以同时拥有多个线程（thread）。线程是拥有栈及局部变量等运行时动态资源的可调度单位，线程共享及使用进程的地址空间和静态资源，进程之间需要协同操作以避免死锁。进程切换和线程切换都需要操作系统的参与，并且进程切换比线程切换需要更多的系统开销。

协程

协程（coroutine）由 C 语言的 setjmp 和 longjmp 发展而来，它是由程序自己调度而不需要操作系

统参与的函数。一个线程可以包含多个异步执行的协程，除非一个协程主动交出执行权，否则，该线程中的其他协程无法运行。C++ 2020 标准接收了微软的无栈协程提议，它没有有栈协程所必须的上下文切换开销，因此占用的资源少，执行的效率更高，且程序的可移植性更好。但是，这也导致了协程函数不能被嵌套调用：本质上，它们就是被封装的 setjmp 和 longjmp。

协程函数至少包含 co_await、co_yield、co_return 中的一个关键字，它使用带有返回值或不带返回值的 co_return 语句返回。如果协程函数没有 co_return 语句，则类似普通函数，即没有 return 语句，最后执行的语句是不带返回值的 co_return。co_await 和 co_yield 是优先级不同的运算符。"co_await Awaitable 对象"可根据 Awaitable 对象的值决定在挂起当前协程前是否去执行其他函数，而 co_yield 用于挂起当前协程并返回一个值。

通常需要定义三个类共同实现协程的运作：Future、promise_type 和 Awaitable。VS2019 不允许将 promise_type 修改为其他类型名。协程的返回结果是 Future 类型的对象，协程的状态信息（形参、局部变量、自带数据、阶段点、执行点）保存在 promise_type 类型的对象中，协程调度状态的感知或转移由 Awaitable 类型的对象完成。promise_type 通过 get_return_object 函数创建 Future 类型的对象，该对象一般持有 promise_type 类型的句柄 coroutine_handle <promise_type>。

Future 类模板应定义如下函数：get_return_object、initial_suspend、return_value（或 return_void，两者只能实现其一，取决于返回 Future 实例类的协程函数的 co_return 是否有返回值）、yield_value、final_suspend、unhandled_exception。当 get_return_object 得到 Future 类型的对象后，接着执行 initial_suspend 函数并设置协程的初始状态为 suspend_never 或 suspend_always。当返回 Future 实例类的协程函数执行 co_yield x 挂起后，值 x 将通过执行 yield_value 函数存入 promise_type 类型的对象，此后，可通过 Future 类型对象持有的 promise_type 类型的句柄获得 x。

Awaitable 类应定义如下三个函数：await_ready、await_suspend、await_resume。若 await_ready 函数返回 true，则表示协程已准备好，可随时用 coroutine_handle <promise_type>句柄调用 resume 函数，以使挂起的协程函数恢复运行。若 await_suspend 函数返回 false，则表示应立即恢复协程使其继续执行。函数 await_resume 在 await_ready 或 await_suspend 后根据相关情况返回一个值，该值将作为"co_await Awaitable 对象"的 Awaitable 对象值。

名字空间 std 定义了 std::future 类和 std::promise 类，与上面介绍的 Future 和 promise_type 不同，它们可以用于线程或协程，或者被其他类使用或继承。std::future 对象表示其存储的值在未来一定会被改变，如果有线程或协程在其值还没改变的时候通过调用 std::future::get() 来获取该对象的值，则这个线程就会被阻塞，直到对象的值改变。

std::promise 承诺一定会在未来改变其对象存储的内容。每个 std::promise 对象都有一个与之对应的 std::future 对象。当协程改变 std::promise 类对象的值的时候，改变的值最终会赋值给 std::future 类的对象。类 std::future 和 std::promise 可分别被上述 Future 和 promise_type 类继承，但一般情况下没有必要这么做。

为了支持协程编程，还需对 VS2019 做如下配置。首先选中解决方案下的 ConsoleApplication1 应用，然后点击鼠标右键，弹出如图 13.1 所示的界面，设置"配置属性→常规→C++语言标准"为"预览 - 最新 C++工作草案中的功能(/std:c++latest)"。

然后选中"C/C++"下的"命令行"，点击后弹出如图 13.2 所示的界面，移动鼠标到"其他选项（D）"下，输入"/await"后点击"确定"按钮。进行以上设置后，便可以编译和调试协程了。C++2023 将提供协程编程库，从而使协程的编写更简洁和高效。

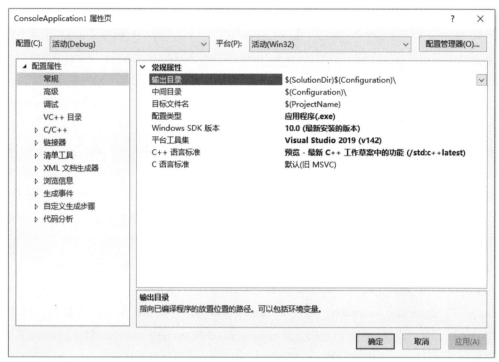

图 13.1 应用程序使用 C++最新语言标准的设置

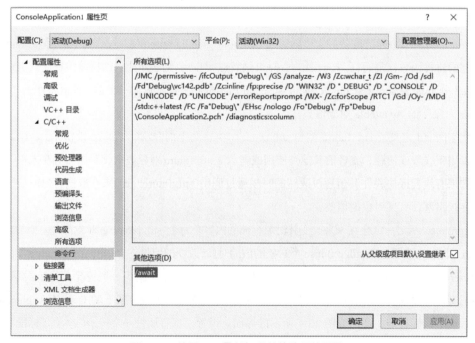

图 13.2 使用 C++最新标准其他选项的设置

**【例 13.26】**　协程定义为模板类可更好地描述其内部状态。

```
#include <iostream>
#include <experimental/coroutine>
using namespace std;
template<class T>                        //不一定要定义类模板
struct Awaitable
{
    T a;
    Awaitable():a(0) {}
    bool await_ready()                   //必须定义的函数
    {
        cout<<"调用 await_ready\n";
        return true;                     //也可返回 false
    }
    auto await_suspend(experimental::coroutine_handle<> awaiting_handle)//必须定义的函数
    {
        cout<<"调用 await_suspend\n";
        return false;                    //也可返回 true 或 void
    }
    auto await_resume()                  //必须定义的函数
    {
        cout<<"调用 await_resume\n";
        return a++;
    }
};
template<class T>
struct Future {                          //可以继承 std::future
    struct promise_type;                 //前向声明
    using handle_type=std::experimental::coroutine_handle<promise_type>;
    handle_type handle;
    struct promise_type //必须定义 promise_type 为 Future 成员，可继承 std::primise
    {
        T value;         //协程挂起时 co_yield 的返回值
        promise_type() {cout<<"创建 promise_type 对象\n";}    //可定义有参构造函数
        ~promise_type() {cout<<"销毁 promise_type 对象\n";}
        auto get_return_object()                             //得到 Future 创建的对象
        {
            cout<<"调用 get_return_object\n";
            return Future<T> {handle_type::from_promise(*this)};
        }
        auto initial_suspend()                               //设置协程的初始状态
        {
            cout<<"调用 initial_suspend\n";
            //return std::experimental::suspend_never{};      //不挂起
            return std::experimental::suspend_always{};       //挂起
        }
        auto return_value(T v)                               //当 co_return 带有返回值时调用
        {
            cout<<"调用 return_value\n";
```

```
            value=v;
            std::experimental::suspend_never{};              //不挂起协程
            //std::experimental::suspend_always{};            //或者挂起协程
            return;
        }
        //void return_void()      //当 co_return 不带返回值时调用，不能和 return_value 并存
        //{
        //    cout<<"调用 return_void\n";
        //    std::experimental::suspend_never{};              //不挂起协程
        //    //或者挂起协程: std::experimental::suspend_always{};
        //    return;
        //} //return_value 或 return_void 只能实现其中一个
        auto yield_value(int t)                               //co_yield 之后调用该函数
        {
            std::cout<<"调用 yield_value\n";
            value=t;
            return experimental::suspend_always{};
            //也可返回 experimental::suspend_never{}
        }
        auto final_suspend()noexcept                          //协程 co_return 结束之后调用
        {
            cout<<"调用 final_suspend\n";
            return experimental::suspend_always{};            //该函数必须返回 suspend_always
        }
        void unhandled_exception()                            //异常处理
        {std::exit(1);}                                       //这里可以抛出异常
    };
    Future(handle_type h):handle(h) {cout<<"创建 Future 对象\n";}
    Future(const Future& s)=delete;
    Future& operator=(const Future&)=delete;
    Future(Future&& s):handle(s.handle) {s.handle=nullptr;}
    Future& operator=(Future&& s) {
      handle=s.handle;s.handle=nullptr;return *this;
    }
    ~Future() {cout<<"销毁 Future 对象\n";if(handle) handle.destroy();}
    T get()
    {
        cout<<"读取协程返回值\n";
        if (!(this->handle.done()))         //在 final_suspend 中执行，函数 done 返回 true
        {
            handle.resume();                //恢复运行协程 await_routine
            return handle.promise().value;
        }
    }
};
Future<int> await_routine(int x)           //此协程函数与 main()函数"并发"执行，协程可以有参
{
    auto a=Awaitable<int>{};
    for (int i=0;i<4;i++)
    {
```

```
        auto v=co_await a;               //可在挂起前决定是否执行其他函数
        co_yield v;                      //将控制权交给 main()函数
        cout<<"第"<<i<<"次执行\n";        //main()函数返回至本语句执行
    }
    co_return -1;//若有返回值,则 promise_type 需定义 return_value 函数,否则 return_void 函数
}
int main()
{
    auto a=await_routine(3);
    auto b=a.get();                      //在 a.get 中通过 resume 恢复 await_routine()执行
    cout<<"返回值为"<<b<<endl;
    b=a.get();                           //在 a.get 中通过 resume 恢复 await_routine()执行
    cout<<"返回值为"<<b<<endl;
    b=a.get();                           //在 a.get 中通过 resume 恢复 await_routine()执行
    cout<<"返回值为"<<b<<endl;
    b=a.get();
    cout<<"返回值为"<<b<<endl;
    b=a.get();
    cout<<"返回值为"<<b<<endl;
}
```

作为协程函数的主调函数 main,调用协程函数 await_routine(3),促使协程进入初次调度状态,先调用 get_return_object(),再调用 initial_suspend()。若后者返回 experimental::suspend_always{},则协程进入挂起状态,等待 main 通过 a.get()发出 resume(),然后执行 handle.resume()恢复协程,开始执行协程的语句 a=Awaitable<int>{};若 initial_suspend()返回 experimental::suspend_never{},则不挂起协程,直接执行语句 a=Awaitable<int>{}。

当协程执行其 co_await a 语句时,协程挂起并等待 main 的 resume()。在收到 main 的 resume()后调用 await_ready(),若其返回值为 true,则调用 await_resume(),恢复协程使其执行其下一语句。由此可见,协程函数可不返回而被 main 多次重人。协程执行 co_yield v 是否被挂起,取决于函数 yield_value(int t)的执行,若其返回 experimental::suspend_always{},则协程挂起,否则继续执行协程的语句直到协程执行 co_return-1,然后调用 return_value(T v)及 final_suspend()返回 main。

## 13.6.4　智能指针及内存回收

因为程序没有记录动态内存的引用次数,所以一块内存被多少指针引用无从统计,也就不能确定何时应该释放该块内存。在程序运行的过程中,一些内存会因无指针引用而成为内存垃圾,从而造成内存泄漏。

在 C++程序中,可以像 Java 那样定义一个始祖基类 Object,让所有的类都从始祖基类派生,然后用始祖基类记录对象内存的引用次数,在内存引用次数为 0 时释放内存,从而实现内存垃圾的自动回收。

类模板可用来产生各种类的智能指针类型,并管理这些类的对象的引用次数,从而简化垃圾回收中的指针处理问题。

【例 13.27】　内存垃圾回收问题的解决方法。

```cpp
#define _CRT_SECURE_NO_WARNINGS
#include <cstring>
#include <iostream>
using namespace std;
class Object {                              //始祖基类将为所有类的第一个虚基类
    int refs;                              //内存块的引用次数
protected:
    Object() {refs=0;}                     //初始引用次数为 0
    virtual ~Object() noexcept {}          //必须定义为多态函数，以防止内存泄漏
public:
    virtual operator int() {return refs;}
    virtual Object& operator++(void)
    {
        ++refs;                            //引用次数加 1
        return *this;
    }
    virtual void operator-- (void)
    {
        if (!(--refs)) delete this;        //引用次数为 0 时释放内存
    }
};
class Name:virtual public Object {         //Object 后可列出 Name 的其他基类
    char* Who;
public:
    void SayObject(void) {
        cout<<Who<<"has"<<*this<<"reference\n";
    };
    Name(const char* x);
    ~Name() noexcept;                      //自动成为虚函数
};
Name::Name(const char* x)
{
    strcpy((Who=new char[strlen(x)+1]),x);
    cout<<x<<"has been created\n";
}
Name::~Name() noexcept                     //虚析构函数
{
    cout<<Who<<"has been destroyed\n";
    if(Who) delete[]Who;
    Who=nullptr;
}
template <class T> class Type {            //各种 T 类对象的管理者
    T* p;
public:
    Type(T* q) {++(*(p=q));}               //产生对象时引用次数加 1
    ~Type()noexcept {-- (*p);}             //毁灭对象时引用次数减 1
    operator T* (void) {return p;}         //将 Type 转换为 T 类指针
    T& operator*(void) {return p;}         //将 *Type 转换为 T 类引用
```

```
    T* operator->(void) {return p;}          //将 Type->转换为 T 类指针
    Type& operator=(const Type& q);          //重载赋值函数，以修正引用次数
};
template <class T>
Type<T>& Type<T>::operator=(const Type<T>& q)
{
    -- (*p);                                 //被赋值者的内存引用次数减 1
    ++(*(p=q.p));                            //赋值者的内存引用次数加 1
    return *this;
}
int main()
{
    Type<Name> p1=new Name("P1");            //定义 Name 类型的指针 p1
    Type<Name> p2=new Name("P2");            //定义 Name 类型的指针 p2
    p1=p2;                                    //回收 p1 指向的对象内存，增加 p2 指向对象的引用次数
    p1->SayObject();                         //输出被指向对象的内存引用次数
    return 0;                                 //p2 指向的对象在 p1 和 p2 析构时调用 Object::operator--
}
```

程序的输出如下所示。

```
P1 has been created
P2 has been created
P1 has been destroyed
P2 has 2 reference
P2 has been destroyed
```

上述程序定义的 Object 用作所有类的始祖基类，Object 记录自其派生对象的内存的引用次数，并在内存引用次数为 0 时执行 delete this。由于 delete this 要调用的析构函数~Object()是多态函数，故最终执行的析构函数是其派生类对象的析构函数~Name()，从而导致最终释放的是：①为派生类对象的成员指针 Who 分配的内存；②派生类对象占用的引用次数已为 0 的内存。

对于任何从 Object 类继承的派生类如 Name，只需其析构函数释放它为自己的成员指针（如 Who）分配的内存，而对于以 Name 为类型实参从类模板 Type 产生的实例类对象，如 p1 和 p2 将自动具备管理 Name 对象引用计数的能力。注意，将 Object 定义为 Name 的虚基类是非常重要的。如果 Name 是一个多继承派生类，且 Name 的每个基类都定义虚基类 Object，则 Name 对象只有一个 Object 副本，从而能唯一代表 Name 对象管理引用计数。

# 练习题

【题 13.1】什么是变量模板？全局变量、文件局部静态变量、局部非静态变量、局部静态变量、函数形参及类的数据成员可以定义为变量模板吗？

【题 13.2】什么是函数模板？全局函数、static 函数、成员函数、Lambda 表达式可定义为函数模板吗？

【题 13.3】什么是类模板？简单类型、结构类型、联合类型、类类型、类模板实例类可以传递给类模板的类型形参吗？

【题 13.4】某个类型实参特化类模板的整个实例类与仅特化类模板实例类的部分函数成员相比有何区别？

【题 13.5】类型转换（如 static_cast、const_cast、dynamic_cast 及 reinterpret_cast）中的类型可以使用类模板吗？

【题 13.6】类型推导 auto 可以定义变量模板吗？auto 类型推导中可以使用类模板实例类吗？

【题 13.7】如果使用类模板产生了实例类，并通过 new 产生了该实例类的对象数组，则类模板在定义时应注意什么？

【题 13.8】当类模板引入了非类型形参，并将其用作某个成员函数原型的参数的默认值时，当声明和定义该函数时应注意什么问题？

【题 13.9】设计一个 abs 函数模板，用于计算整数及浮点数的绝对值。

【题 13.10】设计一个 operator== 函数模板，用于判断 char、int、long、const char* 类型的数据是否相等。

【题 13.11】设计一个 LIST 类型的模板，用于实例化 char、int、long 类型的线性表。

【题 13.12】设计一个二维 ARRAY 类型的模板，用于实例化各种类型的二维数组。

【题 13.13】使用两个循环队列 QUEUE 模拟一个栈 STACK，设计它们的类模板，并编写其函数成员代码。

【题 13.14】阅读如下程序，试说明类模板 A 实现了什么功能，该功能是否能更好地支持矩阵运算，包括同时支持矩阵部分元素的分块运算。

```
#include <typeinfo>
using namespace std;
template <typename T> struct A;                    //先作 A 类型前向声明
namespace{//匿名名字空间定义后，默认应用了 using namespace…
    template <typename T>   struct C{using type=T;};
    template <typename T>   struct C<A<T>> {using type=C<T>::type;};
    template <typename T>   using R=C<T>::type;
};
template <typename T> struct A{const R<T>* p;};   //再作 A 类型定义
int  main(int a0){
    A<int> a1;a1.p=&a0;
    a0=sizeof(a1);
    a0=typeid(const int *)==typeid(a1.p);
    A<A<int>> a2;a2.p=&a0;
    a0=sizeof(a2);
    a0=typeid(const int *)==typeid(a2.p);
    A<A<A<int>>> a3;a3.p=&a0;
    a0=sizeof(a3);
    a0=typeid(const int *)==typeid(a3.p);
}
```

【题 13.15】利用 decltype 只能提取可访问的表达式的类型，在已知类名及其某个数据成员名称的情况下，能否通过函数模板的 SFINAE 替换机制，以及继承已知基类带来的访问权限的变化，编程判断上述成员是 private、protected 的还是 public 的？

# 第14章
# 流及标准类库

为了提高程序员的开发效率，C++提供了各种各样的类库，包括用于界面、网络及数据库开发等的类库。本章将介绍用于文件读/写或者输入/输出的流类，以及用于字符串处理的两个常用的流类。在使用某种类库中的类时，一定要弄清楚类型之间的联系，才能恰当合理地写出优良的代码。

## 14.1 流类概述

与 C 语言一样，输入/输出也不作为 C++标准的一部分。流的类库是 C++在 C 语言文件流基础上的直接扩展，流是从源（source）到矢（sink）的数据流抽象。从源输入数据的同义词为提取、得到和取来，输出数据到矢的同义词为插入、存放和存储。无论是输入还是输出，通常都要用到缓冲区。因此，C++的流主要分为两大类，一类用作输入/输出，另一类用作输入/输出缓冲。当然，C++还提供了没有缓冲的流操作。

操作系统将键盘、显示器、打印机等设备映射为文件。输入/输出类设备可作为源或矢，或者兼作源和矢，包括 iostream 定义的带缓冲的输入/输出、fstream 定义的文件输入/输出、strstream 定义的串输入/输出。

类 iostream 有两个平行的类系列，即 streambuf 派生的类和 ios 派生的类。类 ios 和类 streambuf 都是低级类，所有流类都以其中的一个类为基类，而且可以通过指针从基于 ios 的类访问基于 streambuf 的类。

streambuf 类提供了流与物理设备的接口。当数据不需要或者很少需要格式化时，streambuf 类为缓冲和处理流提供了一般方法，但它主要是作为其他类使用的基类。类 strstreambuf 和类 filebuf 都是由类 streambuf 派生的。

ios 类包含一个指向 streambuf 的指针，该指针使用 streambuf 进行 I/O 格式化及错误检查。其他由 ios 派生的类可以通过该指针访问 streambuf。从基类 ios 派生的派生类有十几个，包括常用的 istream、fstream、ostream、ifstrem、ofstream、stringstream、istringstream、ostringstream、iostream 等，因此，ios 定义的输入/输出格式函数可在这些派生类中使用。

C++预定义了 4 个常用的标准流类对象，即 cin、cout、cerr 和 clog。当 C++程序开始执行时，这 4 个流类对象已被构造好，且不能被应用程序析构。在输入/输出流 iostream 中，重载了<<、>>运算符等函数。这 4 个流类对象的定义如下。

```
extern istream cin;              //相当于 stdin
extern ostream cout;             //相当于 stdout
extern ostream cerr;             //相当于 stderr
extern ostream clog;             //相当于有缓冲的 cerr
```

cerr 与 clog 之间的区别是，cerr 没有缓冲，发送给 cerr 的内容会立即输出。注意到上述对象都是 extern 的，即是对标准流类库定义的全局对象的声明。在程序中，只要使用了"#include <iostream>"和"using namespace std;"，就可以直接使用这些流类对象输入/输出。

## 14.2  输出流

输出流通过重载左移运算符<<实现输出，其左操作数为 ostream_withassign 类型的对象 cout，右操作数为所有简单类型的右值表达式，即 C 语言或 C++预定义类型 int、char、double、指针等的右值。例如以下形式。

```
cout<<"Hello!\n";              //"Hello!\n"为只读字符只读指针类型 const char*const
```

上述语句隐含地执行了 "cout.operator<<(const char *str);"，该函数输出参数 str 所指向的字符串，并返回 ostream_withassign 类型的引用。由于该引用的对象仍然是 cout，因此，上述调用返回的对 cout 的引用可进一步作为<<运算的左操作数，从而可以使用<<连续输出。运算符<<重载后仍然保持自左向右的结合方向，因此，可以一次自左向右地输出多个值。

```
int i=7;
double d=2.35;
cout<<"i="<<i<<",d="<<d<<"\n";
```

上述语句的输出结果为"i=7, d=2.35"。由于重载不改变运算符的优先级，故优先级比<<高的运算符可以不用括号。例如，可以用如下语句输出加法运算的和。

```
cout<<"sum="<<3+5<<"\n";          //等价于 cout<<"sum="<<(3+5)<<"\n";
```

然而，优先级较<<低的运算符则必须用括号。例如，位逻辑与（&）的运算结果必须先用括号括起来运算，得到运算结果再进行输出。

```
int x=2,y=3;
cout<<"x&y="<<(x&y)<<"\n";
```

输出流为运算符<<预定义右操作数的数据类型，包括 char、short、int、long 等有符号或无符号的整数类型，以及 char *、float、double、long double 和 void *等类型。其中，long double 为 C++新增加的双精度浮点类型。

```
ostream & operator << (signed char);
ostream & operator << (unsigned char);
ostream & operator << (short);
ostream & operator << (unsigned short);
ostream & operator << (int);
ostream & operator << (unsigned int);
ostream & operator << (long);
ostream & operator << (unsigned long);
ostream & operator << (float);
ostream & operator << (double);
```

```
ostream & operator << (long double);
ostream & operator << (const signed char *);
ostream & operator << (const unsigned char *);
ostream & operator << (void *);
```

所有的输出按 printf()规定的规则进行转换。例如，下面的两个输出语句产生完全一样的输出结果。

```
int m;
long n;
cout << m << '\t' << n;
printf("%d\t%ld",m,n);
```

输出格式由 cout 对象的各种状态标志确定，它们在 ios 中定义为 public 类型的枚举量，其定义如下。

```
enum {
    skipws,                //跳过输入中的空白，即空格、回车、换行及制表符等
    left,                  //左对齐输出
    right,                 //右对齐输出
    internal,              //在符号或基指示后填补
    dec,                   //按十进制转换
    oct,                   //按八进制转换
    hex,                   //按十六进制转换
    showbase,              //在输出中使用基指示
    showpoint,             //在浮点输出中显示小数点
    uppercase,             //大写十六进制输出
    showpos,               //在正整数前显示 "＋"
    scientific,            //用科学记数法表示
    fixed,                 //用小数点表示浮点数
    unitbuf,               //所有流在输出后刷新
    stdio                  //在输出到 stdout、stderr 后刷新
};
```

上述标志可以通过调用以下函数成员来进行读取、设置和清除 cout 的状态。

```
long flags();             //读取字符格式标志
long flags(long);         //设置字符格式标志
long setf(long,long);     //清除和设置字符格式标志
long setf(long);          //设置字符格式标志
long unsetf(long);        //清除字符格式标志
```

对于输出宽度、填充字符等与输出格式有关的变量，可以使用特殊的函数来改变，这些函数也称操纵符（manipulator）。操纵符返回对同一输入/输出流的引用，因此，可以同输入／输出的变量或数据一起使用。所有的操纵符都声明在 iomanip.h 中，在引用前必须先包含它们。

【例 14.1】  利用操纵符改变输出格式。

```
#include <iostream>
#include <iomanip>
using namespace std;
int main()
{
    int i=3456,j=9012,k=78;
    cout<<setw(6)<<i<<j<<k<<"\n";
    cout<<setw(6)<<i<<setw(6)<<j<<setw(6)<<k;
}
```

上述程序产生的输出如下。

```
3456901278
3456  9012    78
```

输入和输出的宽度可用 setw()函数成员设定。由上述程序的输出可知，setw(int)对输出流的影响只是暂时的。其他带参数的操纵符函数有 setfill()、setprecision()、setiosflags()、resetiosflags()以及 setbase()等。程序员可以定义自己的操纵符函数，但不能带参数。C++预定义的操纵符函数有以下几种。

```
dec();                   //设置十进制转换
hex();                   //设置十六进制转换
oct();                   //设置八进制转换
ws();                    //提取空白字符
endl();                  //插入回车并刷新输出流
ends();                  //插入空白字符以终止串
setbase(int);            //设置进制标志为 0、8、10、16。0 表示默认为十进制
resetiosflags(long);     //清除格式位
setiosflags(long);       //设置格式位
setfill(int);            //设置填充字符
setprecision(int);       //设置浮点精度位数
setw(int);               //设置域宽
```

注意，对于不带参数的 dec()及 hex()操纵符函数，调用时不要写括号，它们对输出流的影响是长久的。可以使用函数模板 std::format 控制格式，其格式控制功能更强且转换速度更高。

【例 14.2】 定义输出流的格式。

```cpp
#include <iostream>
using namespace std;
int main()
{
    int i=12;
    cout<<hex<<i<<i;
    cout<<i<<i<<endl;
    cout<<dec<<i<<i;
    cout<<i<<i<<endl;
}
```

上述程序的输出如下所示。

```
cccc
12121212
```

运算符<<还可以被程序再次重载，以输出程序自定义的类的对象信息。例如，对职员类型可以重载<<，以输出职员的姓名及年龄等。

【例 14.3】 重载输出流的运算符<<。

```cpp
#define _CRT_SECURE_NO_WARNINGS
#include <iostream>
#include <string.h>
using namespace std;
struct CLERK {
    char *name;
    int age;
```

```
public:
    CLERK(const char *,int);
    ~CLERK() noexcept;
};
CLERK::CLERK(const char *n,int a)
{
    name=new char [strlen(n)+1];
    strcpy(name,n);
    age=a;
}
CLERK::~CLERK() noexcept {delete name;}
ostream & operator<<(ostream &s,CLERK &c)       //重载为非成员函数
{
    return s<<c.name<<' '<<c.age;
}
int  main()
{
    CLERK c("Zhang",23);
    cout<<c;                                    //调用 operator<<(cout, c)
}
```

在上述程序中，由于<<的左操作数必须为 cout，不能是类 CLERK 的对象，故<<不能重载为类 CLERK 的函数成员，而只能重载为不属于 CLERK 的非成员函数。

C++为流定义了一些特殊的输出函数成员，这些输出函数成员是以字符或块为单位操作的。当输出的数据为字符类型时，输出函数按无符号和有符号字符调用相应的重载函数。这些用于输出的特殊函数成员的原型如下。

```
ostream& flush();                       //刷新输出流
ostream& put(char);                     //输出一个字符
ostream& seekp(long);                   //确定输出位置
ostream& seekp(long,seek_dir);          //确定输出位置
long tellp();                           //读取输出位置
ostream& write(const char*,int n);      //输出一个字符块
```

其中，flush 用于刷新输出流，将输出刷新到输出流文件；put 用于输出一个字符到输出流文件；seekp 用于定位输入/输出流文件的读/写位置；tellp 用于告知输出流目前所在的输出位置；write 用于输出一个字符块到输出流文件。

## 14.3　输入流

从流中输入也称提取，输入流通过重载运算符>>实现输入。重载后运算符>>的左操作数为 istream 类型的对象，右操作数为 C++预定义类型的传统左值引用。

默认情况下，用运算符>>输入时将先跳过空白字符，然后输入对应对象的字符并翻译。是否跳过空白符由 ios 定义的 skipws 决定，若清除该标志，则将不跳过空白字符。可通过操作符 ws 设置 skipws 标志，skipws 被默认设置为跳过空白字符。

【例14.4】 输入流对象 cin 的用法。

```cpp
#include <iomanip>
#include <iostream>
using namespace std;
int  main()
{
    char c,d,s[256];              //操作系统最多允许一行输入 255 个字符
    long f;
    f=cin.flags();                //返回格式化标志，默认为跳过空白字符
    f=cin.flags(0L);              //设置格式化标志，返回原格式化标志
    cin>>c>>d;                    //不跳过空白字符输入
    cin>>ws>>c>>d;                //跳过空白字符输入
    cin.flags(f);                 //恢复原格式化标志为跳过空白字符
    cin.width(sizeof(s)-1);       //避免溢出
    cin>>s;                       //跳过空白字符输入字符串
}
```

对于 signed 和 unsigned 字符类型，C++分别定义了相应输入的重载函数。以下只给出了 signed 字符类型的相关函数成员。

```cpp
long tellg();                              //返回输入流当前字符位置
istream& seekg(long);                      //设置输入流当前字符位置
istream& seekg(long,seekdir);              //seekdir 可为 ios::beg,ios::cur,ios::end
int gcount();                              //返回上一次输入的字符个数
istream& get(char&);                       //输入一个字符
istream& get(char*,int,char='\n');         //根据长度或定界符输入字符串
istream& get(streambuf&, char='\n');       //输入字符串送入缓冲区
istream& getline(char*,int,char='\n');     //根据长度或定界符输入一行
istream& ignore(int n=1,int d=EOF);        //根据长度或定界符跳过字符
int peek();                                //读字符而不移动输入指针
istream& putback(char);                    //向输入流回退一个字符
istream& read(char*,int);                  //读取若干字符
```

在上述函数中，tell 和 seek 类似于 C 语言中的 tell 和 seek。函数 gcount() 返回上一次输入的字符个数，以便上次操作错误时进行回退处理。函数 get(char&) 将输入的字符送入传统左值有址引用形参；函数 get(char*,int n,char d='\n') 根据长度 n 或定界符 d 输入字符串；函数 get(streambuf&,char='\n') 根据定界符输入字符串，并将输入的字符序列送入一个缓冲区。函数 peek() 读取字符而不移动输入流的输入指针，因此，它提供了向前查看字符以便检查后再读入的功能。函数 putback(char) 向输入流回退一个字符，该功能与 peek() 函数的功能类似。函数 ignore(int n=1,int d=EOF) 根据长度 n 或定界符 d 跳过若干字符。

# 14.4  文件流

文件输入流为 ifstream，文件输出流为 ofstream，这两个文件流类都定义在文件 fstream.h 中。注意，ifstream 继承了 istream 和 fstreambase，ofstream 继承了 ostream 和 fstreambase，因此，前面介绍的格式化函数以及输入/输出函数都可以用于文件流。

以下是一个文件复制的例子，该例子使用了文件输入流和文件输出流。

**【例 14.5】**　使用文件流编写文件拷贝程序。

```cpp
#include <fstream>
#include <iostream>
using namespace std;
int main(int argc,char* argv[])
{
    ifstream f1;
    ofstream f2;
    char ch;
    if (argc != 3) {
        cerr<<"Parameters error!\n";
        return 1;
    }
    f2.open(argv[2],ios::in+ios::ate);
    if (f2) {              //若文件存在
    cerr<<"Object file already exist!\n";
        f2.close();
        return 1;
    }
    f1.open(argv[1],ios::in+ios::binary);
    if ((!f1)) {           //若文件不存在
        cerr<<"Source file open error!\n";
        return 1;
    }
    f2.open(argv[2],ios::out+ios::binary);
    if ((!f2)) {
        cerr<<"Object file open error!\n";
        f1.close();
        return 1;
    }
    while (f1.get(ch)) f2.put(ch);
    f1.close();
    f2.close();
    return 0;
}
```

同 C 语言的文件输入/输出一样，在输入/输出开始前，需要打开相关文件；在输入/输出结束后，需要关闭已打开的文件。

文件流对象必须在文件打开后才能输入/输出，在文件关闭后才能再次打开文件。定义文件流对象和打开文件可以同时进行，代码如下所示。

```cpp
ifstream f1("input");
ofstream f2("output");
```

默认情况下，文件用正文模式打开。用正文模式打开文件后，读文件时将"\r\n"自动转换为"\n"，写文件时将"\n"自动转换为"\r\n"；而用 ios::binary 模式打开，则原样读/写文件，这种方式显然更有利于文件读/写位置的定位，定位方式包括_Seekbeg、_Seekcur、_Seekend。类 ios 定义了多种文件打开模式，这些模式包括以下几种。

| | |
|---|---|
| ios::app | 在文件尾追加数据 |
| ios::ate | 在打开的文件中找到文件尾 |
| ios::in | 打开的文件供读 |
| ios::out | 打开的文件供写，否则默认为 trunc 方式 |
| ios::binary | 以二进制模式打开文件 |
| ios::trunc | 若文件存在，则清除原文件内容 |
| ios::nocreate | 若打开的文件不存在，则打开失败 |
| ios::noreplace | 除非同时设置 ate 或 app，否则在文件存在时打开失败 |

因此，例 14.5 中要写入的文件应用 ios::trunc 模式打开，即调用 "f2.open(argv[2],ios::trunc);" 来打开文件。但这样也可能将已经存在的重要文件清空，因此，在打开已经存在的文件前应给出提示。

## 14.5　串流处理

与 sscanf()和 sprintf()一样，strstream.h 定义的函数能按格式输入/输出字符串，且输入/输出格式更为丰富、灵活。注意，istrstream 由类 istream 和 strstreambase 派生而来，ostrstream 由类 ostream 和 strstreambase 派生而来，因此，前面所介绍的有关流的格式化函数及输入/输出函数都能用在串流处理中。

例如，如果某种格式的正文文件按行存入商品标识、价格及商品描述信息，那么如何按照数据的存储格式将数据读入呢？

```
101 191        Big Book
102 100.12     Small Book
```

要求依次读入各行正文，加上相应的行号并输出，即产生如下形式的输出。

```
1:101   191.00  Big Book
2:102   100.12  Small Book
```

为此，必须使用串流输入/输出函数，特别是使用有格式的输出函数。

【例 14.6】　字符串流的输入/输出用法。

```cpp
#define _CRT_SECURE_NO_WARNINGS
#include <fstream>
#include <strstream>
#include <iomanip>
#include <iostream>
#include <string.h>
using namespace std;
int main(int argc,char* argv[])
{
    int id;
    float amount;
    char description[41];
    ifstream inf(argv[1]);
    if (inf) {
        char inbuf[256];
        int lineno=0;
```

```
        cout.setf(ios::fixed,ios::floatfield);
        cout.setf(ios::showpoint);
        while (inf.get(inbuf,81)) {
            istrstream ins(inbuf,strlen(inbuf));
            ins>>id>>amount>>ws;
            ins.getline(description,41);
            cout<<++lineno<<":"<<id<<'\t'<<setprecision(2);
            cout<<amount<<'\t'<<description<<'\n';
        }
    }
    return 0;
}
```

上述程序每读入一行，就将读入的行存入字符缓冲区，并作为串流输入函数的输入，程序在得到商品标识、价格以及商品描述信息后，根据行计数器按要求的格式输出信息。

## 14.6　函数模板 format

名字空间 std 定义了一个函数模板 format，它是标准类库提供的用于表达式计算结果格式化的函数。函数 format 的返回类型为 string 或 wstring 类型，它返回格式化后的字符串以供 cout 输出，省去了 cout 用操纵符设置输出流状态及格式的麻烦。由于 format 检查类型格式与输出实参类型一致，因此，相较用 printf 函数等产生的输出更为安全且更易扩展。但使用 format 将产生大量的 format 实例函数，导致编译后的可执行程序变得冗长。

函数模板 format 共有 4 个可变类型参数重载函数：①template<class...Args> string format(format_string<Args...> fmt,const Args&...args)；②template<class...Args> wstring format(wformat_string<Args...> fmt,const Args&...args)；③template<class...Args> string format(const locale& loc,format_string<Args...> fmt, const Args&...args)；④template<class...Args> wstring format(const locale& loc,wformat_string<Args...> fmt, const Args&...args)。返回 string 类型的字符串存储的是单字节字符，返回 wstring 的字符串存储的是多字节字符，wstring 类型的字符串支持 Unicode 字符集，可用于汉字等文字字符的输出。

参数 fmt 为格式化字符串，它用"{}"描述对应实参的输出格式。若要输出一个"{"符号，则需要使用"{{"转义；若要输出一个"}"符号，则要使用"}}"转义。花括弧（{}）描述输出格式如下："序号 [:[填充] [符号] [宽度] [.精度] 类型格式]"。其中：方括弧（[]）表示选项可出现一次或不出现。"序号"为不小于 0 的整数，表示要输出第几个实参。"填充"表示要填充的"字符"及"对齐位置"，"对齐位置"可以选择"<"、">"或"^"，分别表示"先输出实参再填充"、"先填充再输出实参"以及"实参居中于填充"。"符号"为"+"表示必须输出正号（+）或负号（—）；"符号"为"—"表示仅当实参为负时输出负号（—）；"符号"为空格即" "表示非负实参，则输出前导空格，若为负数实参，则输出负号（—）。"宽度"是包括所有输出字符在内的字符个数，包括填充、符号、整数部分、小数点以及小数部分等。"精度"表示要输出的小数位数。

fmt 的"类型格式"可为不分大小写的"a"、"b"、"c"、"d"、"e"、"f"、"g"、"o"、"p"、"s"、"x"

等，若不指出要输出的"类型格式"，则编译程序会根据实参的类型自动确定要输出的类型。其中"a"、"e"、"f"、"g"用于浮点数输出，"b"、"d"、"o"、"x"用于整数输出，"c"用于字符输出，"p"用于指针输出，"s"用于字符串输出。"a"表示输出十六进制指数形式的浮点数；"e"表示输出十进制指数形式的浮点数；"f"表示输出十进制形式的浮点数；"g"表示输出"e"或"f"的较短形式。"b"表示输出二进制形式的整数；"d"表示输出十进制形式的整数；"o"表示输出八进制形式的整数；"x"表示输出十六进制形式的整数。

【例 14.7】　字符串流的输入/输出用法。

```
#include <iostream>
#include <format>
using namespace std;
int main()
{
string x=format("{0}{1}{2}{3}",true,3,4.0,4.1);          //{0}对应实参 true 的输出
cout<<x<<endl;                                           //输出：true344.1
cout<<format("{0:d}{1:4d}{2:f}{3:f}\n",true,3,4.0,4.1);
//上述语句输出：1   34.0000004.100000
cout<<format("{0:d}{1:*<4d}{2:f}{3:*>8.2f}\n",true,3,4.0,4.1);
//上述语句输出：13***4.000000****4.10
cout<<format("{0:*>+4d}{1:=^9s}\n",3,"abc");             //输出：**+3===abc===
return 0;
}
```

要使用 format 函数模板，应该先在程序中#include<format>，然后 using namespace std。微软公司正在大力完善 C++的标准类库，有些功能如指针的输出格式还不够完善，有些功能也可能在以后加以修改。

## 14.7　标准类库的容器

标准类库包含大量的类模板容器，其抽象的各种数据结构大同小异。使用容器即 container 类时，应先将其类模板实例化为容器类，将类型实参作为容器的元素类型。大部分容器类不用指定容量即 capacity，容器容量在加入元素时会自动增长，一般在使用 push_back 时自动扩容。容器实际存放的元素个数通过 size()获得，size()一般小于或者等于容器的容量 capacity()。

容器分为序列容器和关联容器两大类。其中关联容器又分为排序容器和哈希容器。序列容器的元素位置与其值无关，将元素插入容器时，指定元素在什么位置，元素就插在什么位置，不会根据元素的值自动排序。排序容器包括集合容器 set、多重集合容器 multiset、映射容器 map 及多重映射容器 multimap 等。

排序容器中的元素默认由小到大排列，插入元素时会自动插入适当位置。因此，排序容器具有很好的访问性能。哈希容器包括哈希集合 unordered_set、哈希多重集合 unordered_multiset、哈希映射 unordered_map 以及哈希多重映射 unordered_multimap。哈希容器的元素没有排序，其位置由其哈希函数确定。使用容器时应根据实际需要考虑性能需求。

常见的序列容器包括容量定长的数组 array、可变长的向量 vector、双端队列 deque、单向链表 forward_list、双向链表 list 等。此外，将容器类作为其元素的容器适配器也可以看作一种序列容器，典

型容器适配器包括栈 stack、队列 queue、优先队列 priority_queue 等。序列容器的元素位置与该元素的值无关，使用序列容器类模板时应提供元素类型实参进行实例化。

以向量 vector 类模板为例，vector<int>用类型实参 int 定义元素类型。用 vector<int>定义变量时，若不指定向量容量及元素个数，则向量容量及元素个数均为 0；若指定向量容量及元素个数，但没有给出元素的初始化值，则所有元素默认初始化为 0。例如，vector<int> x(10)等价于 vector<int> x(10, 0)，其容量 x.capacity()和元素个数 x.size()均为 10，所有元素默认初始化为 0。若定义 "vector<int> y={1,2,3};"，则有 y.capacity()=y.size()=3，y[0]=1、y[1]=2、y[2]=3。

当 y.capacity()=y.size()=3 时，执行 "y.push_back(4);"，y 自动扩容时有 y.capacity()=y.size()=4，一旦扩容，y 的容量就不会自动缩小。弹出元素"y.pop_back();"会使 y.size()==3，但 y 的容量即 y.capacity()=4 保持不变。调用预留空间函数 y.reserve(3)，可使 y 的容量收缩到 3，但若试图收缩到小于 y.size()=3，则 y 的容量 4 不会发生任何变化。调用 y.reserve(5)也可以扩充 y 的容量，但 y.size()即元素个数保持不变。扩容后，y.capacity()不可能超过 y.max_size()。

与 reserve()相反，调整元素数量函数 resize()会改变 size()。函数 resize()缩放容器容量到指定元素个数，若指定元素个数小于原始 size()，则容器收缩会截断并丢失部分元素，而原始 capacity()保持不变；若指定元素个数大于原始 capacity()，则容器放大会添加 0 元素到容器尾部，且容器扩容 capacity()到指定元素个数。无论如何，resize()都会改变 size()的值。

与 pop_back()弹出末元素不同的是，back()访问但不弹出最末元素，因此，容器的容量和元素个数都不会改变。例如，在定义 "vector<int> y={1,2,3};"后，"int a=y.back();"可以得到 a=3，而 y.capacity()和 y.size()保持不变。由于 back()返回可写左值引用，因此，通过 back()可以修改最末元素的值，例如，"y.back()=4;"可将最末元素 3 改为 4。函数 front()访问但不取出最始元素。函数 at(size_t p)可以取位置 p 的元素值，但不能用于修改位置 p 元素的值。

容器类都重载了 "[]" 运算符。对于容器类实例 vector<int>，由于重载了 int& operator[](size_t)，故可用 "y[0]=2;"来改变第 0 个元素的值，当然，用 "y[0]"也获取了第 0 个元素的值。此外，还可利用返回 iterator 类型的 begin()函数，调用*y.begin()=2 来改变第 0 个元素的值。因为 iterator 类型重载了 operator*()函数，对于 vector<int>，它返回 int&类型的元素。不要试图对*y.end()赋值，虽然 end()也返回 iterator 类型，但其位置已经超出了元素区域。

用 iterator 枚举容器 y 的所有元素并将这些元素设置为 0 时，通常这样编写循环语句："for(vector<int>::iterator it=y.begin();it!=y.end();it++) *it=0;"。因为迭代器 iterator 重载了++和--运算，因此，it 可以向前或向后移动一个 vector 元素。容器类还提供了 rbegin()函数和 rend()函数，它们分别等价于 end()函数和 begin()函数。

容器类也提供了 cbegin()函数和 cend()函数，只不过它们枚举的元素是 const_iterator 类型，从而不能用*y.cbegin()=2 改变第 0 个元素的值。删除元素后，该位置的元素不再存在，y.erase (y.begin())可用于删除 y 的下标为 0 的元素，删除后 y 的元素个数减少一个。"y.clear();"用于清除 y 的所有元素，相当于 y.erase(y.begin(),y.end())，它使 y.size()=0 但 y.capacity()不变，当 y.size()=0 时，y.empty()的值为 true。函数 y.shrink_to_fit()压缩容器，使得 y.capacity()=y.size()。

容器类的变量可以整体赋值，它和容器元素的赋值一样，都是基于深拷贝的赋值，赋值后变量和等号右边的容器再无关系。例如，可以使用"x={4,5,6};"以及"x=y;"赋值，赋值后 x.size()和 y.size()的值一样，若 y.size()<=x.capacity()，则 x.capacity()保持不变，否则 x 的容量会自动扩展，扩展后 x.capacity()>=y.size()。如果要交换两个容器的元素，则可以调用 swap()函数，例如 x.swap(y)互换 x 和 y 的所有元素。

容器类一般提供 insert()函数，用于插入一个或多个元素。对于容器 x，"x.insert(x.begin()+1,5)"在 x 的下标为 1 的位置插入元素 5，"x.insert(x.begin(),2,5)"在开始位置插入两个相同的元素 5，"x.insert(x.end(),{3,4})"在结束位置插入元素 3 和 4，"x.insert(x.begin(),y.begin(),y.end())"将 y 的所有元素插入 x 的开始位置。注意，插入时的位置向前不能超过 x.end()。函数 emplace()只能插入一个元素，"x.emplace(x.begin()+1,5)"插入元素 5。

一般容器的容量可以自动扩展，但 array 是容量固定的序列容器。例如，10 个 int 元素的数组 x 可定义为"array<int,10> x;"，x 的所有元素被默认初始化为 0。可以定义"array<int,10> x={1,2,3};"初始化 x 的前三个元素，其他元素默认初始化为 0；可用 x.fill(2)将 x 的所有元素置为 2。类 array 中的原始视图按 C 风格存储元素，"int *p=x.data();"可以得到该视图的首地址。

由于 array 的容量是固定的，故它不能自动扩展容量，因此，array 没必要提供 capacity()函数，而仅仅提供了 size()函数。此外，array 也未提供 insert()、erase()、clear()、emplace()等函数。注意，array 定义的数组是一维的，因此，不能使用"array<int,10,20>"定义二维数组。只能使用"array<array<int,20>,10> x"定义 10 行 20 列元素为 int 类型的二维数组 x。

典型的排序容器有 set 和 multiset，集合 set 不允许出现重复元素，而 multiset 允许出现重复元素。在将元素插入至 set 或 multiset 时，作为排序容器的 set 或 multiset，会将插入的元素自动排序。利用 multiset 可以对重复元素排序，可以实现数组等容器的元素排序。注意，标准类库的容器 array 和 set 均出现在名字空间 std 中。

【例 14.8】 利用 multiset 对有重复元素的 array 进行排序。

```cpp
#include <array>
#include <set>
using namespace std;
int main()
{
    using A=array<int,6>;                //定义未排序的array类型A
    A x={5,4,2,4,1,2};
    multiset<int> y;
    array<A,2> z={5,4,2,4,1,2,3};        //相当于int z[2][6]，初始化z[1]的开始元素为3，其余为0
    for(array<int,6>::iterator it=x.begin();it!=x.end();it++)
        y.insert(*it);                   //将array的每个元素插入multiset中完成排序
    auto iy=y.begin();
    for(auto it=x.begin();it!=x.end();it++)
        *it=*iy++;                       //用multiset中的元素替换array的元素
    z[0]=x;                              //调用T &operator[](size_t)：等价于z.at(0)=x
    z.at(0)=x;                           //注意调用A&operator=(const A&)是拷贝赋值
    z[1][1]=7;                           //调用的int &operator=(const int&)是拷贝赋值
```

```
    return 0;                    //z[0]=7 是错误的，因为 z[0]的元素是数组 array<int,6>
}
```

目前容器 array 只能定义一维数组，这使其应用受到很大限制。参见第 11.5.2 节有关 "[]" 的重载，新标准将支持 "[]" 中出现任意个参数，这必然会使数组元素的访问更加便捷，也许会使 C++的标准类库更新升级。

还有一些类如 string 虽然不是容器，但它同 array 等容器类模板一样，提供了 begin()、end()、cbegin()、cend()、rbegin()、rend() 等迭代器，预留空间 reserve() 与调整元素数量 resize() 等函数，字符获取 front()、back()、at()及 operator[]()等函数，连接函数 operator+()、删除函数 erase()、清理函数 clear()、附加函数 append() 及 operator+=()、赋值函数 operator=()等。与 array 类模板不同的是，string 类提供容量函数 capacity()，除支持拷贝赋值外，还支持移动赋值、单字符赋值、字符列表赋值、C 字符串赋值等多种赋值形式。

当然，string 还提供了查找函数 find()及 rfind()等，替换函数 replace()、长度函数 lengh()及返回 char* 类型的函数 c_str()。注意返回的指针无须 delete 或 free。对于 "string s("a\0b");"，有 strlen(s. c_str())=1，这与 s.size()=s.length()=3 并不相等。因此，不能使用 strcpy(a,s.c_str())或 strcat(a,s.c_str())，它们分别等价于 strcpy(a,"a")和 strcat(a,"a")，因为没有完整复制或连接长度为 3 的 s。为了完整复制，可以用 memcpy 代替 strcpy，合适操作为 memcpy(a,s.c_str(),s.length())。

【例 14.9】 输入 string 类型的变量 s，用 s 构造一个回文并输出。

```
#include <string>
#include <iostream>
using namespace std;
int main() {
    string s,t;                   //空串 s、t 预留的容量为 15,有 s.capacity()=15
    cout<<"Please input a string:\n";
    cin>>s;                       //如输入后: s="abc"
    t=s;                          //调用 string&operator=(const string&)并将 s 拷贝赋值给 t
    for (int i=0,j=s.length()-1;i<j;i++) {  //得到 s 的逆序, s.length()等价于 s.size()
        char c=s[i];
        s[i]=s.at(j);             //s.at(j)等价于 s[j], s[j]即 s.operator[](j)
        s[j--]=c;                 //s.operator[](j)返回 char&类型, 故 s[j]可被赋值
    }
    t+=s;                         //t 附加 s 构造回文,如上面的 s 得到 t="abccba"
    cout<<t<<endl;                //若输入后 s="我们",为何会得到 t="我们敲椅"
}
```

容器类提供的迭代器为元素访问提供了便利，可用于安全地遍历容器的所有元素。容器类模板的接口函数大同小异，读者可自学标准类库有关容器类的内容。除经常使用的容器类外，标准类库还提供了比较常用函数回调模板，包括函数包装类模板 function 和函数绑定函数模板 bind。总之，C++标准类库是一个宝库，值得投入精力好好学习。

# 14.8 类型特征 type_traits

编译期计算和元编程技术经常需要获得类型特征，type_traits 就是 std 名字空间提供的获得类型特

征的类模板，用于判断类型种类、检测类型关系、类型修改转换等。判断类型种类和检测类型关系的类模板名通常以"is_"开头，它定义 bool 类型的数据成员 value 用于存放判断或检测结果。在用于类型修改转换的类模板中，定义类型成员 type 存放转换后的类型。

判断类型种类包括判断基础类型、判断混合类型以及判断类型属性。判断基础类型的类模板有 14 个，典型的类模板有 is_integral<T>、is_array<T>、is_pointer<T>、is_lvalue_reference<T>、is_union<T>、is_class<T>、is_function<T>等，分别用于判断类型 T 是否为整型、数组、指针、左值引用、联合、类、函数等。其中整型包括布尔、字符、短整型直到长整型等有符号或无符号类型。

判断混合类型的类模板有 7 个，典型的类模板有 is_reference<T>、is_arithmetic<T>、is_fundamental<T>、is_object<T>、is_scalar<T>、is_compound<T>、is_member_pointer<T>等，分别用于判断类型 T 是否为引用类型、算术类型（包括整型或浮点类型）、基本类型（整型、浮点、void、nullptr_t）、对象类型（除函数、void、&或&&的类型）、标量类型（包括算术类型、指针类型、成员指针、枚举类型和 nullptr_t 类型）、复合类型（非基本类型）、实例成员指针类型。

判断类型属性的类模板有 45 个，比较典型的类模板有 is_const<T>、is_signed<T>、is_default_constructible<T>、is_destructible<T>、has_virtual_destructor<T>等，分别用于判断类型 T 是否为只读、有符号、可默认构造、可析构、有虚析构函数等。此外，还有用于查询类型属性的 alignment_of<T>、extent<T,I>、rank<T>等返回 size_t 类型的类模板，分别用于查询类型 T 的对齐字节数、数组类型 T 第 I 维的界、数组类型 T 的等级。

由于类可通过松散方式存储实例数据成员，因此，对类的所有这些实例数据成员的字节数求和，其值可能小于对齐后的类的字节数。如果为诸如 int 等类型的标量类型，其任意维的大小即界如 extent<int,1>为 0，int 类型的等级即 rank<int>也为 0，所有非数组类型的等级都为 0；如果 T 为 int[4][8] 等数组类型，则其第 0 维的界即 extent<int[4][8],0>为 4，其第 1 维的界即 extent<int[4][8],1>为 8，而其等级或维数即 rank<int[4][8]>为 2。

检测类型关系的类模板有 10 个，比较典型的类模板有 is_same<T,U>、is_base_of<Base,Derived>、is_convertible<From,To>等，分别用于检测两个类型是否相同、基类与派生类是否有关系、是否能从 From 转换为 To 类型。此外，还有检测逻辑操作的 conjunction<B...>、disjunction<B...>、negation<B>等类模板，分别用于判断类型种类的合取运算、析取运算、求反运算。此外，还有用于检测成员关系的 is_pointer_interconvertible_with_class、is_corresponding_member 等函数模板。

类型修改转换的类模板包括易变修改、引用修改、符号扩展、数组修改、指针修改及其他修改转换，修改转换的结果存储在名为 type 的类型成员中。易变修改包括典型的 add_const <T>、add_volatile <T>等，引用修改包括 add_lvalue_reference <T>、add_rvalue_reference <T>、remove_reference <T>等。符号扩展包括 make_signed <T>、make_unsigned <T>等。数组修改包括 remove_all_extents <T>、remove_extent <T>等。指针修改包括 add_pointer <T>、remove_pointer <T>等。其他修改转换的类模板包括条件修改 conditional<bool,T1,T2>等。

【例 14.10】 判断类型种类并利用类型修改转换定义新的变量。

```
#include <type_traits>
using namespace std;
```

```
int main(int argc,char*argv[])
{
    char* aptc[8];
    bool b=is_array<char* [10]>::value;                                   //b=true;
    b=is_array<decltype(aptc)>::value;                                    //b=true;即 aptc 是数组类型
    b=is_array<decltype(argv)>::value;                                    //b=false;即 argv 不是数组类型
    b=is_pointer<decltype(argv)>::value;                                  //b=true;即 argv 退化为指针类型
    b=is_lvalue_reference<int>::value;                                    //b=false;
    b=is_lvalue_reference<int&>::value;                                   //b=true;
    b=is_rvalue_reference<int&>::value;                                   //b=false;
    b=is_lvalue_reference<int&&>::value;                                  //b=false;
    b=is_rvalue_reference<int&&>::value;                                  //b=true;
    b=is_const<char* [8]>::value;                                         //b=false;
    b=is_const<char* const[8]>::value;                                    //b=true;
    b=negation<is_same<int,int>>::value;                                  //b=false;
    b=negation<is_same<int,double>>::value;                               //b=true;
    b=conjunction<is_same<int,double>,is_same<int,int>>::value;      //b=false;
    b=disjunction<is_same<int,double>,is_same<int,int>>::value;      //b=true;
    add_const<int>::type x=6;                                             //等价于 const int x=6;
    add_lvalue_reference<char*[8]>::type y=aptc;                          //等价于 char* (&y)[8]=aptc;
    remove_all_extents<char* [8]>::type z=argv[0];     //等价于 char*z=argv[0];
}
```

注意，is_array<decltype(aptc)>::value 与 is_array<decltype(argv)>::value 的结果不同，前者为 true，表示 aptc 是一个数组，后者为 false，表示 argv 退化为指针，即有 is_pointer<decltype(argv)>::value 为 true。如第 2.3.2 节所述，函数的数组参数 argv 必定退化为可写指针，即可以执行 argv++ 等修改其值的运算。

对于若干可变类型形参，可以用 is_same 判断每个可变类型形参的特性，然后利用 conjunction、disjunction、negation 等运算，要求这些可变类型形参满足某种特定的条件组合，例如，要求函数形参的所有可变类型形参的类型都是相同的。如此可以定义满足特定要求的变量模板、函数模板或者类模板。

变量模板、函数模板和类模板在使用时会进行实例化。例如，当用不同类型的参数或者不同个数的参数调用函数时，函数模板就会根据形参类型对应产生多个实例函数，这将使编译后程序的汇编代码变得冗长，因此，使用函数模板比使用省略参数的例 3.14 产生更多的代码。

【例 14.11】　计算一个以上的任意 int 类型整数的累加和。

```
#include <type_traits>
using namespace std;
template <typename…Args>                           //以下定义有概念约束的函数模板
int sum(int x,Args…args) requires                  //与例 3.14 不同：此 x 是被加数
conjunction <is_same<int,Args>…>::value            //要求所有形参的类型 Args 都是 int
{
    int s=x;                                       //注意 x 是被加数
    int k=sizeof…(args),* p=&x+1;                  //sizeof…(args)返回 args，即形参的个数
    for (int h=0;h<k;h++) s+=p[h];
    return s;
}
int main(int argc,char*argv[])
{
```

```
    int x=sum(1,2,3);        //生成函数模板的实例 int sum <int,int>(int,int,int);
    x=sum(1,2,3,4);          //生成函数模板的实例 int sum <int,int,int>(int,int,int,int);
    x=sum(1,2,3.3);          //错误：double 类型的 3.3 不满足必须是 int 类型的要求
}
```

注意，对于上述变量定义"x==sum(1,2,3);"，编译程序会根据 conjunction <is_same <int,Args>...>::value 按序展开，检测合取操作 conjunction <is_same <int,decltype(2)>,is_same <int,decltype(3)>>::value 的结果，通过转换成合取运算 is_same <int,decltype(2)>::value && is_same <int,decltype(3)>::value 来完成，等价于 is_same <int,int>::value && is_same <int,int>::value 的结果，最终发现实参 2 和 3 都满足 requires 要求的必须都是 int 类型的条件。

# 练习题

【题 14.1】cin 和 cout 分别是哪一个流类的对象？

【题 14.2】cin 通过什么运算符的重载输入简单类型的变量？cout 通过什么运算符的重载输出简单类型的变量？

【题 14.3】ostream 的操纵符 dec 和 endl 是变量还是函数？

【题 14.4】setw(int)对输出流的影响是暂时的还是永久的？dec 对输出流的影响是暂时的还是永久的？

【题 14.5】运算符"<<"和运算符">>"还可以被再次重载吗？它们应该重载什么样的函数？

【题 14.6】为什么 cout 可以用于连续输出？如果程序自己不重载，它能输出的数值的类型是什么类型的？

【题 14.7】借助 ifstream 输入文件流的 open(…)函数，能否判断一个文件存在且不截断或损害该文件？

【题 14.8】编写一个程序，将命令行给出的若干输入文件进行合并后再输出到输出文件。例如，假定程序的名字为 merge，命令行的格式为"merge -i file1  file2 … filen -o file"，请将如下命令"merge -s file1  file2 -o file3"的文件 file1 和 file2 合并后再输出到 file3。

【题 14.9】使用 format 编程输出一个元素为 double 类型的 3×3 矩阵，要求矩阵元素的输出宽度为 16、精度为 2，所有元素都必须输出正负号，并且元素的左边必须填充空格。

【题 14.10】标准类库中的容器 array 和 vector 有什么区别？若要存储一个 9×9 格的数独数字网格，那么是使用 array 类型还是 vector 类型？如何定义？

【题 14.11】使用 requires 概念约束、conjunction 合取操作，定义类模板 Array 的构造函数，使其可以定义一维及以上任意维数组变量，例如，该构造函数支持使用"Array x(2,3,4);"，定义变量 x 为 2×3×4 三维数组。

# 第 15 章
# 面向对象开发实例

面向对象的分析与设计是一种以现实世界的概念为基础组织模型的分析和设计技术。面向对象分析的任务是建立对象模型,即针对客体系统描述系统将做什么;面向对象设计的任务则是实现对象模型,即针对客体系统描述系统将怎样做。恰当地建立面向对象的模型可以更好地把握用户需求,高效地开发出符合要求的软件系统。

## 15.1 面向对象设计概述

在建立对象模型时,首先要理解客体系统的问题域,然后在深入理解问题域的基础上,再对客体系统进行分解和抽象。抽象分为数据抽象与过程抽象两种方式。其中,数据抽象是面向对象分析的核心,也是组织和建立对象模型的基础。数据抽象用属性描述系统的实体(即对象),进而描述对象之间的关联关系,并形成客体系统的对象模型。

过程抽象是广泛使用的抽象形式,采用的基本方法是功能分解方法。过程抽象的结果形成对象的操作或方法,这些操作或方法同对象的属性封装在一起,形成对象类型的完整描述,并向对象外部开放一些访问接口,使外部了解该对象能做什么,而不知道该对象具体怎样做。

在分析了客体系统的对象之后,接着需要分析对象之间的关系。对象之间的关系可以分为继承、聚合、关联和通信等类型。其中,继承和聚合关系又分别称为特化和组成关系,有时也分别称为 isA(a kind of)和 isP(part of)关系,面向对象的程序设计语言均能描述这两种对象关系。

具有继承和聚合关系的对象联系紧密,而具有关联和通信关系的对象则联系松散。对于面向对象的程序设计语言,多数没有提供描述关联和通信关系的语言成分,因此关联和通信关系必须经过转换才能实现。

数据库表格可以用来存放关联关系,而对象之间的通信则需要使用消息机制,这种消息机制通常由操作系统提供。在没有消息机制的操作系统中,对象之间的通信只能通过调用函数成员完成。

在上述 4 种关系中,最紧密的当属继承关系,其次是聚合关系,再次是关联关系,最不紧密的是通信关系。在建立对象模型阶段,必须仔细区分上述 4 种关系,而区分这些关系有时是比较困难的。

例如,多继承和聚合关系就较难区分。此外,就关系的实现策略而言,大多数情况下它们可以相互转换。某些面向对象的语言不提供多继承描述机制,这种情况下,多继承就只能通过聚合实现。当然,多继承和聚合仍有本质区别,只要仔细分析是能掌握的。

值得注意的是，在多重继承的情况下，派生类可能有多个同名基类，这些基类有可能就是同一对象。此外，在具有父子类关系的对象之间，同名的操作或方法可能表现出多态特性。在建立对象模型时，必须识别这些具有多态特性的对象操作或方法。

在对象设计阶段，对象的类型用类来定义。在分析阶段形成的对象模型可能需要通过转换才能实现，因为面向对象的语言描述对象的能力各不相同。到目前为止，没有一种面向对象的语言能够描述对象模型涉及的所有概念。

同一个类的对象之间可能存在共享信息，这些信息必须用类一级的属性描述，C++的静态数据成员用于描述类级属性。静态数据成员不属于某个具体对象，而是为所有对象所共享。同理，静态函数成员可以描述类级操作。由于类级操作不依赖于具体对象的存在，因此静态函数的参数表没有隐含参数 this。

建立对象模型时基本上不考虑属性的访问权限，这一问题通常推迟到对象设计和实现阶段，因为这一问题涉及对象设计或实现的细节。本章只讨论对象的静态模型，即对象模型，关于对象的动态模型及功能模型的知识请参考相关资料。为了便于用 C++表示和实现对象，本章对对象模型的图形符号进行了改造。

## 15.2　对象的静态模型

对象是客体系统中概念上的、抽象的或具有明确意义的事物。对象是具有唯一标识的事物，尽管两个对象的属性值可能完全一样。这种唯一标识通常不是由分析和设计人员定义的，而是由面向对象的语言或系统提供的。

对象常用边角为圆弧的方框表示。方框中第一行内容必须用圆括号括起，表示对象名和类名，两者之间以冒号分隔；其他各行用于表示对象的属性及其值，通常用"属性名=值"的形式表示。对象内部通常没有关于对象操作的描述，有关对象操作的描述放在类的描述中。例如，教师具有姓名、年龄、职称等属性，对象章老师的表示如图 15.1 所示。

对象的类型（即对象所属的类）用方框表示。方框可根据需要由一个、两个或三个部分构成。第一部分必须为类名，第二部分必须为属性名，第三部分必须为类和对象的操作名。由上述一个部分构成的类只包含类名，由两个部分构成的类包含类名和属性名，由三个部分构成的类包含类名、属性名和操作名。

图 15.1　对象章老师的表示

面向对象的分析与设计是一个连续过程，各个阶段之间没有明显的界线。因此，上述三种表示可能同时出现在对象模型中，类的定义随着分析的细化逐步完善。根据有关操作的需求描述，可以定义函数参数和返回类型，也可以不定义函数参数和返回类型。必要时，注意给属性和操作添加类级说明。

此外，还可以给属性和操作添加访问权限，私有权限用"−"表示，保护权限用"#"表示，公开权限用"+"表示。属性的默认访问权限为私有权限，操作的默认访问权限为公开权限。因此，当属性名前面为空时，表示该属性为私有属性；当操作名前面为空时，表示该操作为公开操作。例如，关于教师的类型定义如图 15.2 所示，其属性都定义为私有属性，其操作都定义为公开操作。

对于类级属性和类级操作,可在属性名和操作名前加上"$";为了表示和区分多态操作,可在虚函数操作名前加上"□",在纯虚函数操作名前加上"■"。类级属性的属性名、类型名和默认值可以用"〈属性名〉:<类型名>=<默认值>"的形式表示。例如,在 TEACHER 类中,可以声明类级属性 Teachers,用于记录全体教师的人数,还可将析构函数声明为虚析构函数,如图 15.3 所示。

图 15.2　关于教师的类型定义

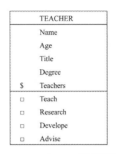
图 15.3　TEACHER 类的图形表示

类型之间的继承关系用"△"表示,由虚基类产生的继承用"▲"表示。类型之间的聚合关系用"◇"表示。类型之间的关联关系用两端不带圆点、带空心圆点或实心圆点的连线连接;三元及三元以上的关联用"◇"辐射的连线连接,连线的另一端不带圆点、带空心圆点或实心圆点;五元及五元以上的关联应尽量避免出现。类型之间的通信用带箭头的连线表示,箭头上方写上通信所需要的消息名称。

不带圆点的关联表示一对一关联,被关联的对象数目称为关联的阶。空心圆点的阶为 0 或 1,表示关联 0 个或者 1 个对象。实心圆点的阶为 1+,表示关联 1 个以上的对象,也可以在实心圆点附近注明具体的阶数,例如,3+表示关联 3 个以上的对象、5~8 表示关联 5 ~ 8 个对象。注意,一个类对象可以和同一个类的对象关联。

例如,交通工具 Vehicle 既有水上交通工具 WaterVehicle,也有陆地交通工具 LandVehicle,还有水陆两用交通工具 AmphibiousVehicle。Vehicle 和 Person 同属于某个运输公司( Company ),Vehicle 和 Person 与公司的关系为聚合关系,因此 Vehicle 和 Person 将被用于定义 Company 的数据成员。如果希望节省内存,并同时保持 Vehicle 和 Person 对象的独立性与唯一性,可将 Vehicle 和 Person 用于定义 Company 的引用数据成员。运输公司的对象模型如图 15.4 所示。其中,类 Vehicle 同时为 WaterVehicle 和 LandVehicle 的虚基类。

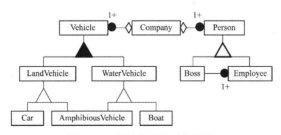
图 15.4　运输公司的对象模型

学生、教授和大学之间的关联是一种三元关联关系,三元关联关系通常要用类的对象数组来描述,该类聚合相互关联的三个类的对象引用。在对象模型中,多元关联或属性之间的约束条件用花括号括起来。软件项目、开发人员和程序语言之间的多元关联的表示如图 15.5 所示。

属性是类的对象的性质，链属性是关联的链的性质。关联（尤其是多元关联）经常实现为类，该类聚合这些关联类的对象引用，而链属性则实现为类的成员。例如，在图 15.6 所示的 UNIX 操作系统文件中，文件和用户的关系是多对多关系，不同的用户对不同的文件有不同的访问权限。在用户同文件的关联对象中，访问权限是访问链的属性值。注意，对于图 15.6 所示的链属性 access permission 的表示方法，若有多个链属性，则在圆括号中用逗号隔开属性的值。

图 15.5　多元关联的表示　　　　　图 15.6　链属性的表示

## 15.3　面向对象的分析

对象模型表示了客体系统中对象的类的数据结构、对象之间的相互关系以及系统自身的边界，因此对象模型也称静态模型。对象模型的信息来自系统描述、应用领域的专业知识和一般常识。

当建立对象模型时，一定要同客体系统的专业人员进行充分交流。在充分交流的基础上建立初步模型，然后逐步完善和细化所建立的对象模型。当构造对象模型时，通常遵循以下步骤：①确定类和对象；②构造数据字典；③确定对象关联；④确定属性和链；⑤确定继承和聚合；⑥测试访问路径。

在客体系统的描述中通常会出现一些名词，对名词进行分类和归纳就可能得到类与对象。此时，不应太多地考虑类和对象的实现细节，要尽可能地找出所有的对象和类，同时又不能无限制地扩大系统的边界和范围。

有些对象和类是客观存在的，有些则需要经过抽象才能得到。例如，要建立体育比赛的对象模型，除了需要运动员及教练员等客观对象外，还可能需要抽象出赛局等比较抽象的对象。在识别出对象后，应对相似对象进行分类并形成对象的类。

在形成对象的类以后，要注意去掉重复的类。例如，一个类名可能是另外一个类的别名，如客户和用户可能是重复的类名，应根据客体系统的特点保留其中一个。对于同客体系统没有太多关系的类，则要考虑删除这些类，否则系统的边界可能会被无限扩大。

此外，要注意区分类名和属性名。有时候，有关操作的陈述可能当名词使用，因此应考虑是否需要定义新的类；一个物理实体可能充当不同的角色，因此应考虑是否需要定义不同的类或定义抽象类。例如，一个人有可能既是公司的雇员，同时也兼任一定的管理职务，因此要考虑是否有必要建立不同的类。

对于已经确定的对象类型，应当建立相应的数据字典。每个类型的精确含义，包括对象的整体信息、对象的成员类型、对象的用法及限制、对象与其他对象的关系等，都应该被详细描述。总之，数据字典以类名为中心，描述类的属性、操作、关联和约束等。好的数据字典应该精练，并且应该与客体系统的描述完全一致。

在确定了对象类型并构造了数据字典之后，就可以根据对象之间的依赖关系确定关联。可以根据操作是否使用了连词或者根据名词是否使用了修饰词来确定关联。通常应该将三元以上的关联分解为二元关联，如果分解会导致信息丢失，那么应该保留这样的关联。要注意关联和约束的区别，实现时，关联可以形成独立的类，而约束则不能形成独立的类。关联的阶实际上是一种约束，约束通常是对属性值域或关联对象个数的限定。

确定关联后，就可以确定类和对象的属性。注意，不要把关联定义为属性，虽然在对象设计和实现阶段常这样做。属性通常出现在表示所属关系修饰词的后面，例如，人的年龄、职称等。在对客体系统的描述中，除非涉及的是新奇的或特殊的事物，否则对属性的描述通常很不完全，因为人们习惯于避免描述细节。这也是对象模型需要图形表示和逐步求精的主要原因。

如果关联有链属性，链属性也应该表示出来。注意，链属性是对象关联链的性质，而不是单个对象的性质。当实现多对多对象关联时，链属性不能并入关联的类中；当实现多对一对象关联时，链属性可并入关联的多端类中。

可以使用继承和聚合来组织类。继承的类之间通常存在特化关系，而聚合的类之间通常存在构成关系。例如，对于人员 Person 和雇员 Employee，雇员即特化的被雇佣的人员，因此 Person 通常被定义为基类，而 Employee 则被定义为派生类。

在组织好类后，可根据系统的功能需求测试访问路径，以检查对象模型是否能提供足够的信息。在测试时，要注意关联的阶（即约束）。如果存在多对多对象关联，并且有经常涉及关联对象的操作，则应将多对多关联转换成一对多关联，并在两个一对多关联之间增加一个新类。这样，测试访问路径能够达到逐步完善对象模型的目的。

## 15.4　对象的设计与实现

对象设计是在对象模型的基础上，根据系统的硬件及软件资源、硬件及软件环境、目标系统的性能要求等，确定类及对象的定义、关联的实现策略、算法的设计与优化策略等。总之，对象设计就是在对象模型的基础上确定实现方案。

运行环境对目标系统的实现方案影响很大。在调用驱动的单任务运行环境下，程序一旦启动，就一直控制 CPU，直到程序执行正常结束或异常退出才停止控制。启动时，若程序的输入相同，则输出就相同，子系统的执行是通过函数调用完成的。而在事件驱动的多任务运行环境下，子系统的执行是根据事件发生的先后顺序确定的，事件驱动的运行环境易于实现对象的动态模型。

另一个值得注意的问题是，永久对象问题。大多数面向对象的程序设计语言都不能支持永久对象，一旦程序结束，执行对象就被析构了。但许多应用都要求在程序结束后对象继续存在，以便下一次程序执行时重新激活或使用对象。这种情况下，通常使用文件系统或数据库系统来存放对象。使用文件系统可以实现复杂的类，但难以实现对象的安全访问；使用数据库系统能保证安全访问，但关系型数据库难以实现复杂的对象类型，而面向对象的数据库系统能解决这一问题。

在进行对象设计时，通常不用考虑数据库系统的实现策略，因为大多数数据库系统都是关系型数据库，与面向对象语言的编程接口一致，C++的数据库访问接口由 ODBC 提供。但是，必须考虑面向对象语言自身的特点，并制定出相应的对象存储策略和实施方案。例如，有些面向对象的语言没有提供多继承机制，因此在设计时必须考虑多继承类的实现策略。

对象的设计是一个反复进行的过程，在某一抽象级上完成的设计可能需要进一步细化。有时可能需要修改对象模型，增加新的类型、属性、方法和关联。面向对象的设计通常需要按如下步骤进行：①获取类的操作；②实现操作算法；③优化访问路径；④实现状态控制；⑤设计对象关联；⑥调整类型结构。

获取类的操作时，要注意从系统功能及对象内部状态变化上获得操作，从系统功能上获得的操作通常为类的外部操作，而从对象内部状态变化上获得的操作大多为内部操作。此外，还需要考虑是否应该为属性访问提供外部操作。内部操作和外部操作可在访问权限上加以区分，通常将外部操作定义为公开操作。

有些操作可能比较复杂，实现操作算法时必须考虑计算的复杂度，尤其是对系统功能和性能有重大影响的算法。此外，必须考虑算法是否易于实现和理解，是否需要定义新的数据结构和内部属性。

优化访问路径时，通常需要增加冗余关联，以减少访问开销和避免复杂费时的计算而增设内部属性。在涉及文件排序及数据库索引等操作时，应根据数据出现的频率调整计算的顺序，从而提高系统的访问速度和反应速度。

类的外部接口通常会激发对象内部的状态变化，对象从其初始状态开始逐步转换成其他状态。为了控制对象的状态转换，通常需要引入内部属性。有穷自动机是表示内部状态变换顺序的一种较好的工具，而 Petri 网是描述并发状态的一种较好的工具。注意，类的内部函数成员也可改变对象的内部状态。

大多数面向对象的语言都不支持关联，因此关联的实现是对象设计考虑的重点。在关联的对象中，如果只是一类对象访问另外一类对象，则这种关联就称为单向关联；否则就称为双向关联。通常在发出访问的类中定义指针来实现关联，可以定义单个指针实现一阶关联，也可以定义指针数组、表格、集合实现多端关联。此外，还可以定义一个引用实现单一关联。图 15.7 所示为关联的实现方法。

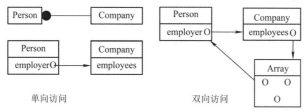

图 15.7　关联的实现方法

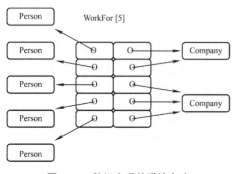

图 15.8　数组实现关联的方法

派生类数组或表格可以用于实现一对多或多对多关联，派生类的两个指针（引用）成员分别指向（引用）两个关联对象。图 15.8 所示为一对多或多对多关联的实现方法，该方法采用 5 个元素的派生类对象数组实现一对多关联。

实现操作算法、优化访问路径、实现状态控制、设计对象关联均有可能改变类的结构，类的结构变化需要通过不断调整类型结构来实现。某些公开方法可能需要从类中抽取出来形成友元。如果继承过多地产生不必要的属性和操作，则需要改用聚合的策略来定义类；如果聚合的类太相似，则需要改用继承来定义类。C++可以有选择地继承基类成员，从而减少了聚合的使用机会。

使用面向对象的语言来实现对象是最自然的，然而，不同的语言对对象概念的支持不同。C++是一种对对象概念支持较为全面的语言，除了不支持对象关联和永久对象外，几乎支持所有面向对象的概念。C++可通过指针实现对象关联，可以通过数据库系统实现永久对象。

事实上，在对象建模和对象设计后的对象实现阶段，可以选择用一种面向对象的语言来描述类和对象，这种做法可使对象建模和对象实现的关系更为紧密。当然，一个面向对象的模型也可以不用面向对象的语言实现。

## 15.5　骰子游戏模型设计实例

为了说明对象建模和对象设计的方法，在此给出一个有关骰子游戏的建模和设计实例。假定系统的运行环境为不使用消息队列的单任务运行环境，对象之间的互动通过直接调用对方的函数成员实现。

### 15.5.1　问题描述

一个拥有一定量元宝的老板，开了一个骰子游戏赛馆，每天忙于接待大量的玩家。只要来了两个以上的玩家，便可以组织玩家开始游戏。只要玩家愿意并且有元宝，就可以一局一局地玩下去。每局每个玩家的元宝不得少于 500 个，但也不能超过 1000 个，如果玩家赢了，玩家投标多少赢多少，不够支付的部分由老板加补，支付后多余的元宝落入老板钱包，每局必须付清元宝，不得赖账。

玩家轮番通过掷骰子决定每局的输赢，达到或超过 2000 分的最高得分者为赢家。如果最高得分者有多个，则这些得分相同的玩家都是赢家。一共使用 5 个骰子记分，5 个骰子必须一起掷出，5 个骰子的记分方法如下：①如果出现了 5 个一点，则记 1000 分；②如果出现了 3 个一样的点，则得分为 3 个一样点的点数乘以 100 的积，再加上剩下的每个点的点数乘以 10 的积；③玩家必须掷过 400 分才能开始记分，否则每次以 0 分记分。

营业结束后，老板计算还有多少元宝。

### 15.5.2　对象模型

先分析问题描述中出现的名词，例如，老板、赛馆、玩家、骰子、元宝等，这些名词可以形成类。考虑老板（BOSS）和玩家（GAMESTER）的共同特点，即都有名、有姓、有元宝，因此可以将这些共同特点抽取出来形成基类 PERSON。考虑到元宝没有进一步细化描述的属性，因此元宝不应该作为一个类。考虑到彩具 DICE 由 5 个骰子 DIE 构成，参赛人员 GAMESTERS 由一群玩家构成，因此需要增加 DICE 和 GAMESTERS 两个聚合类型。

最后，需要考虑是否存在非客观的类。赛局 GAME 就是这种比较抽象的类，赛馆 CASINO 要一局一局地开赛，每个赛局要玩家下元宝、掷彩具和付账等。一个初步的对象模型如图 15.9 所示。

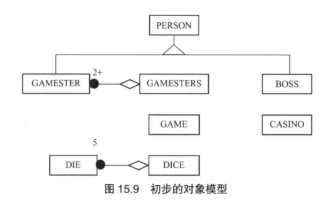

图 15.9　初步的对象模型

在初步建立了对象模型之后，便可以根据该模型建立数据字典。数据字典以类名为中心，用于描述类的属性、操作、关联和约束等，以便在对象设计和实现时有一个简要的参照。该对象模型的数据字典如表 15.1 所示。

表 15.1　数据字典

| BOSS | 老板在接待若干玩家后，开设赛局让玩家比赛，比赛结束后计算自己的利润 |
|---|---|
| CASINO | 赛馆以 5 颗骰子为彩具，供玩家们轮番比赛，比赛完一局再开下一局 |
| DICE | 由 5 颗骰子组成的彩具，供玩家们投掷记分 |
| DIE | 每颗骰子上面刻有 1~6 点 |
| GAME | 每局需要玩家投注元宝，然后轮番掷骰子记分决定输赢，每局结束要进行清算 |
| GAMESTER | 每个玩家要投注元宝，轮番掷骰子记分决定输赢 |
| GAMESTERS | 参赛人员由老板接待后，进入赛馆开始比赛，直到比赛结束 |
| PERSON | 每个拥有一定量元宝的人，都可以参加比赛 |

可以根据问题描述和数据字典来寻找类型之间的关联关系。在上述对象模型中，老板与玩家之间的关系显然不是继承和聚合关系，而是一种比较弱的关联关系，老板和赛馆之间的关系同样如此。赛馆除了和老板关联外，还和一群玩家及彩具关联，并和赛局有一种通信关系。赛局除了和赛馆关联外，还和彩具关联，同时也和一群玩家关联。鉴于彩具是一个被动对象，所以由其他类向彩具发出关联访问。按理来说，玩家和彩具之间应该建立关联，但事实上，彩具的主要控制者是赛局，由赛局决定谁掷骰子。

注意，如果要记录每一局赛局的成绩，则应在赛馆 CASINO 和赛局 GAME 之间、参赛人员 GAMESTERS 和赛局 GAME 之间、赛局 GAME 和彩具 DICE 之间建立关联，并在赛馆和赛局之间建立通信关系。增加关联和通信关系后，游戏的对象模型如图 15.10 所示。

建立关联之后就可以确定类的属性和关联的链属性。对于 PERSON，关心的是其姓名 name、年龄 age 和元宝数 money。对于每个骰子，只需关心其点数 spot，此外可以设置类级属性 count，以记录骰子个数，这种属性常出现在聚合关联的多端，即"◇"端。

对于彩具 DICE，关心的是每次的得分。对于参赛人员 GAMESTERS，关心的是保证金 wager 和得分 tally，此外可以设置一个类级属性 count，赛局记录当前玩家人数。对于老板 BOSS、赛局 GAME 和赛馆 CASINO，主要关心的是利润 profit。类的属性如图 15.11 所示。

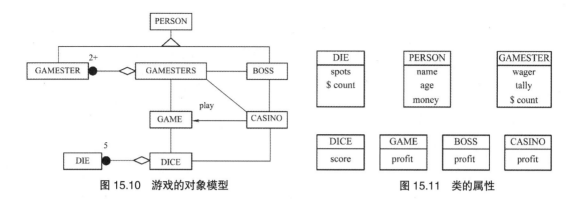

图 15.10　游戏的对象模型　　　　图 15.11　类的属性

本系统的主要访问路径为：老板接待玩家，凑齐一定人数开始比赛；赛馆提供彩具，并一局接一局地进行比赛；玩家每局都要投标元宝，然后轮番掷骰子决定输赢。从上述对象模型来看，这些访问都能有效进行。

### 15.5.3　对象设计

对象设计的核心内容是为类定义操作。首先应为实现系统功能定义必要的操作，其次应为访问类的属性提供访问接口，最后应对定义好的操作或接口进行优化。对象设计的另一个重要内容是实现关联，即根据访问路径和访问频率来决定关联的实现策略。在对象设计的最后阶段给出类的定义。

对于 PERSON，需要进行计算收入 imburse、支出 disburse 及访问属性 name 和 money 的操作。对于 DIE，应该进行访问属性 spot 的操作。对于 DICE，应该进行投掷并计算得分的操作。对于 GAMESTER，应该进行计算投标 bet、掷骰子得分 score、赢 win、输 pay 及访问属性 tally 的操作。对于 GAMESTERS，应该进行增加玩家、减少玩家、取玩家人数及访问某个玩家的操作。对于 BOSS，应该进行开始营业 run 的操作。对于 GAME，应该进行轮番比赛 play 的操作。对于 CASINO，应该进行开场 open 操作。

在上述操作中，有些操作可以用 C++ 的运算符重载表示。除了上述已经定义的操作外，每个类还应该增加构造和析构操作。在有继承关系的类中，要考虑同名操作是否为多态操作。此外，为了实现方便，可能会增加一些内部属性和内部操作。

注意，关联通常用引用、指针或指针数组实现，引用实现的关联最终被编译为汇编程序的指针。引用对象的成员没有义务构造和析构对象，因为引用成员只是某个具体对象的别名。相应地，用指针实现的关联通常用 new 分配并初始化对象，最后用 delete 析构并释放对象。

本系统所定义的类型文件 IMPONE.h 的程序如下。

```
#define _CRT_SECURE_NO_WARNINGS
#include <ctime>                    //#include <ctime>代替#include <time.h>
#include <cctype>                   //#include <cctype>代替#include <ctype.h>
#include <conio.h>
#include <cstdlib>                  //#include <cstdlib>代替#include <stdlib.h>
#include <cstring>                  //#include <cstring>代替#include <string.h>
#include <iostream>
using namespace std;
class DIE {
```

```cpp
        static int count;
        char value[8];
        int spots;
    public:
        DIE();
        virtual ~DIE() noexcept;
        operator const char*();
        DIE &operator=(int);
        operator int();                 //用于访问 spots
    };
    class DICE {
        DIE *dices;                     //*表示 dices 负责创建和析构 DIE 对象，下同
        int score;
    public:
        DICE();
        int cast();
        virtual ~DICE() noexcept;
    };
    class PERSON {
        char *name;
        int age;
        long money;
    public:
        int imburse(int m);         //收入
        int disburse(int m);        //支出
        long banance();             //总额
        operator const char *();    //获取 name
        PERSON(const char *n,int a,long m);
        virtual ~PERSON() noexcept;
    };
    class GAMESTERS;
    class GAMESTER:public PERSON {
        int wager;
        int tally;
        static int count;
        friend GAMESTERS;
    public:
        int bet();                  //投标
        int pay();                  //输元宝
        int win(int &);             //赢元宝
        int score(DICE &);          //掷骰子
        int score();                //取得分
        GAMESTER(const char *n,int a,long m);
        virtual ~GAMESTER() noexcept;
    };
    class GAMESTERS {
        GAMESTER **gamesters;
    public:
        int getnum();               //取玩家人数
        GAMESTERS();
```

```
    GAMESTERS &operator+=(GAMESTER *);
    GAMESTERS &operator-=(GAMESTER *);
    GAMESTER &operator [](int);
    virtual ~GAMESTERS() noexcept;
};
class GAME {
    DICE &dice;                    //&表示 dice 不负责创建和析构 DICE 对象，下同
    GAMESTERS &gamesters;
    int profit;
public:
    GAME(GAMESTERS &,DICE &);
    int play();
    virtual ~GAME() noexcept;
};
class BOSS;
class CASINO {
    BOSS &boss;
    DICE *dice;
    GAMESTERS &gamesters;
    long profit;
public:
    CASINO(BOSS &,GAMESTERS &);
    virtual ~CASINO() noexcept;
    long open();                   //开场比赛
};
class BOSS:public PERSON {
    CASINO *casino;
    long profit;
    GAMESTERS *gamesters;
public:
    void run();
    BOSS(const char *,int,long);
    virtual ~BOSS() noexcept;
};
```

注意，上述实现较多地使用了指针和引用，主要目的是不想反复地构造和析构对象。

## 15.6　游戏模型程序设计

本系统的对象实现由 IMPONE.cpp、DICE.cpp、CASINO.cpp、GAME.cpp、GAMESTER.cpp、BOSS.cpp、PERSON.cpp 共 7 个代码文件构成，其中 IMPONE.cpp 为主模块代码文件。

代码文件 IMPONE.cpp 的内容如下所示。

```
#include "impone.h"
int  main(int argc,char* argv[])
{
    char c;
    cout<<"Impone,Version 1.0\n";
    cout<<"Usage:Impone <bossname> <age> <money>\n";
```

```
    cout<<"         Impone BigBoss 40 200000\n\n";
    if (argc!=4) {
        cout<<"Error parameters!\n";
        return;
    }
    BOSS boss(argv[1],atoi(argv[2]),atol(argv[3]));
again:
    cout<<"Boss:Do you like entertainment?(Y/N):";
    while (((c=toupper(_getch()))!='N') && (c!='Y'));
    cout<<c<<"\n";
    if (c=='N') return;
    boss.run();
    goto again;
}
```

代码文件 DICE.cpp 的内容如下所示。

```
#include "impone.h"
int DIE::count=0;
DIE::operator const char* ()
{
    value[5]=spots+'0';
    value[6]=0;
    return value;
}
DIE& DIE::operator=(int s) {spots=s;return *this;}
DIE::operator int() {return spots;}
DIE::~DIE() noexcept {count--;}
DIE::DIE()
{
    strcpy(value,"DIE:");
    value[3]=++count+'0';
    spots=0;
}
DICE::DICE()
{
    dices=new DIE[5];
    score=0;
}
DICE::~DICE() noexcept {delete[] dices;}
int DICE::cast()
{
    int i,k,s[8];
    srand((unsigned)time(nullptr));
    for (i=0;i<6;i++) s[i]=i+1;
    while (_getch()!=13)
        s[(i++) % 5]=((unsigned)time(nullptr)) % 6+1;
    cout<<"  ";
    for (i=0;i<5;i++) {
        dices[i]=s[rand()%5];
        cout<<(int)dices[i]<<"  ";
```

```
        }
        for (score=k=0;k<8;k++) s[k]=0;
        for (k=0;k<5;k++) s[dices[k]]++;
        if (s[1]==5) {score+=1000;s[1]=0;}
        for (k=1;k<7;k++) if (s[k]>=3) {score+=k * 100;s[k]-=3;}
        for (k=1;k<7;k++) score+=s[k] * k * 10;
        cout<<"Score:"<<score;
        return score;
}
```

代码文件 CASINO.cpp 的内容如下所示。

```
#include "impone.h"
CASINO::CASINO(BOSS& b,GAMESTERS& g):gamesters(g),boss(b)
{
    dice=new DICE;
    profit=0;
}
CASINO::~CASINO() noexcept {delete dice;}
long CASINO::open()
{
    char p;
    GAME* g;
again:
    cout<<"Casino:Do you want to play game now?(Y/N):";
    while (((p=toupper(_getch()))!='N') && (p!='Y'));
    cout<<p<<"\n";
    if (p=='N') goto out;
    g=new GAME(gamesters,*dice);
    profit+=g->play();
    delete g;
    goto again;
out:
    return profit;
}
```

代码文件 GAME.cpp 的内容如下所示。

```
#include "impone.h"
GAME::GAME(GAMESTERS &g,DICE &d):gamesters(g),dice(d)
{
    profit=0;
}
GAME::~GAME() noexcept {}
int GAME::play()
{
    int k,h,t,n=gamesters.getnum();
    for(k=h=0;k<n;k++) if(!gamesters[k].bet()) {
        gamesters-=&gamesters[k];
        n--;
    }
    if(!n) return profit;
    cout<<"Game:Press keys to roll,and enter to cast\n";
```

```
    while(h<2000)
        for(k=0;k<n;k++) {
            cout<<"        "<<gamesters[k]<<":";
            t=gamesters[k].score(dice);
            if(h<t)  h=t;
        }
    for(k=0;k<n;k++)
        if(gamesters[k].score()==h) {
            if(!gamesters[k].win(t)) {
                gamesters-=&gamesters[k];
                n--;
                cout<<"Paying something by ear! I will go\n";
            }
            profit-=t;
        }
        else profit+=gamesters[k].pay();
    return profit;
}
```

代码文件 GAMESTER.cpp 的内容如下所示。

```
#include "impone.h"
int GAMESTER::count=0;
GAMESTER::GAMESTER(const char *n,int a,long m):PERSON(n,a,m)
{
    wager=tally=0;
    count++;
}
GAMESTER::~GAMESTER() noexcept
{
    count--;
    cout<<"Gamester:"<<*this<<",Bye!\n";
}
int GAMESTER::bet()
{
    cout<<"Gamester:"<<*this<<"has $"<<banance();
    cout<<",please bet between [500,1000]:";
    do{
        cin>>wager;
        if(!wager) return 0;
    }while((wager<500)||(wager>1000)||(wager>banance()));
    tally=0;
    return wager;
}
int GAMESTER::win(int &m)
{
    m=wager;
    cout<<"Gamester:"<<*this<<"wins"<<wager<<"\n";
    return imburse(m);
}
int GAMESTER::pay()
```

```
{
    cout<<"Gamester:"<<*this<<" pays "<<wager<<"\n";
    disburse(wager);
    return wager;
}
int GAMESTER::score(DICE &dice)
{
    int s=dice.cast();
    if((tally<400)&&(s<400)) s=0;
    tally+=s;
    cout<<"  Total:"<<tally<<"\n";
    return tally;
}
int GAMESTER::score() {return tally;}
GAMESTERS::GAMESTERS() {gamesters=0;}
GAMESTERS::~GAMESTERS()
{
    while(GAMESTER::count>0)
        delete gamesters[GAMESTER::count-1];
    delete gamesters;
}
GAMESTERS& GAMESTERS::operator+=(GAMESTER *g)
{
    int n;
    GAMESTER **p;
    p=gamesters;
    gamesters=new GAMESTER*[GAMESTER::count];
    for(n=0;n<GAMESTER::count-1;n++) gamesters[n]=p[n];
    gamesters[n]=g;
    delete p;
    return *this;
}
GAMESTERS& GAMESTERS::operator-=(GAMESTER *g)
{
    int m,n;
    for(n=0,m=GAMESTER::count;n<m;n++)
        if(gamesters[n]==g) {delete g;break;}
    for(;n<m;n++) gamesters[n]=gamesters[n+1];
    return *this;
}
int GAMESTERS::getnum() {return GAMESTER::count;}
GAMESTER &GAMESTERS::operator[](int k) {return *gamesters[k];}
```

代码文件 BOSS.cpp 的内容如下所示。

```
#include "impone.h"
BOSS::BOSS(const char *n,int a,long m):PERSON(n,a,m)
{
    casino=0;
    profit=0;
    cout<<*this<<":I have $"<<banance();
```

```
        cout<<",and am to be a boss!\n";
    }
    void BOSS::run()
    {
        int a,k,n;
        long m;
        char s[80];
        gamesters=new GAMESTERS;
        cout<<"Boss:How many people are there?";
        cin>>n;
        for(k=0;k<n;k++) {
            cout<<"    Guest "<<k+1<<",your name,age and wager?\n";
            cout<<"    Name :";cin>>s;
            cout<<"    Age  :";cin>>a;
            cout<<"    Money:";cin>>m;
            (*gamesters)+=new GAMESTER(s,a,m);
        }
        casino=new CASINO(*this,*gamesters);
        profit+=casino->open();
        delete casino;
        delete gamesters;
    }
    BOSS::~BOSS() noexcept
    {
        imburse(profit);
        cout<<"Boss:My profit is $"<<profit;
        cout<<".Now I have $"<<banance()<<"\n";
    }
```

代码文件 PERSON.cpp 的内容如下所示。

```
#include "impone.h"
PERSON::operator const char *() {return name;}
PERSON::PERSON(const char *n,int a,long m)
{
    name=new char[strlen(n)+1];
    strcpy(name,n);
    age=a;
    money=m;
}
PERSON::~PERSON() noexcept {delete []name;}
long PERSON::banance() {return money;}
int PERSON::imburse(int m)
{
    if((m>0)&&(money+m<money)) return 0;
    money+=m;
    return 1;
}
int PERSON::disburse(int m)
{
    if(money-m<0) return 0;
```

```
        money-=m;
        return 1;
}
```

以上程序较多地使用了引用，因此没有重载拷贝构造函数和赋值运算函数。如果不采用引用来传递函数参数，则需要重载拷贝构造函数和赋值运算函数。

# 练习题

【题15.1】矩阵MAT是行列定长的二维数组。常见的矩阵运算包括矩阵的加、减、乘、转置和赋值等运算。请对矩阵MAT类中的所有函数成员编程，并对随后给出的main()函数进行扩展，以便完成矩阵及其重载的所有运算符的测试。

```
#include <iostream>
using namespace std;
template <typename T>
class MAT {
    T* const e;                                    //指向所有整型矩阵元素的指针
    const int r,c;                                 //矩阵行r和列c的大小
public:
    MAT(int r,int c);                              //矩阵构造函数
    MAT(const MAT& a);                             //深拷贝构造
    MAT(MAT&&a) noexcept;                          //移动构造
    virtual ~MAT() noexcept;
    virtual T* const operator[](int r);            //取矩阵r行的第一个元素地址
    virtual MAT operator+(const MAT& a)const;      //矩阵加法
    virtual MAT operator-(const MAT& a)const;      //矩阵减法
    virtual MAT operator*(const MAT& a)const;      //矩阵乘法
    virtual MAT operator~()const;                  //矩阵转置
    virtual MAT& operator=(const MAT& a);          //深拷贝赋值运算
    virtual MAT& operator=(MAT&& a) noexcept;      //移动赋值运算
    virtual MAT& operator+=(const MAT& a);         // "+=" 运算
    virtual MAT& operator-=(const MAT& a);         // "-=" 运算
    virtual MAT& operator*=(const MAT& a);         // "*=" 运算
    virtual void print()const;                     //输出矩阵的r行c列元素
};
int main(int argc,char* argv[])                    //扩展main()测试其他运算
{
    MAT<int> a(1,2),b(2,2),c(1,2);
    a[0][0]=1;                                     //类似地初始化矩阵的所有元素
    a[0][1]=2;                                     //等价于*(a.operator[](0)+1)=2;,即等价于*(a[0]+1)=2;
    a.print();                                     //初始化矩阵后输出该矩阵
    b[0][0]=3;b[0][1]=4;                           //调用T*const operator[](int r)初始化数组元素
    b[1][0]=5;b[1][1]=6;
    b.print();
    c=a * b;                                        //测试矩阵乘法运算
    c.print();
```

```
(a+c).print();                    //测试矩阵加法运算
c=c-a;                            //测试矩阵减法运算
c.print();
c+=a;                            //测试矩阵"+="运算
c.print();
c=~a;                            //测试矩阵转置运算
c.print();
return 0;
}
```

【题 15.2】列车的家就在铁路沿线，它每次回家都必须从编号为 1 的站点上车，最后从编号为 N 的站点下车。列车在 0 时刻到达 1 号站点。经过它回家线路的站点且至少在它回家线路上运行一站以上的列车有 M 列，这些列车的编号为 1 到 M 号。对于第 i 号列车，它将在时刻 $P_i$ 从站点 $X_i$ 出发，在时刻 $Q_i$ 到达站点 $Y_i$，只能在时刻 $P_i$ 发 i 号列车，它可以在回家线路上的任意站点下车，并且可以通过多次换乘到达 N 号站点的家。

对于两班不同的列车，假设分别为 u 号与 v 号列车，若满足 $Y_u=X_v$ 且 $Q_u \leq P_v$，那么它可以在乘坐完 u 号列车后，在 $Y_u$ 号站点等待 $P_v-Q_u$ 个时刻，并在时刻 $P_v$ 换乘 v 号列车。只要它不等待换乘，便不会有烦躁情绪。一次时长为 t 的等待将增加它的烦躁值 $At^2+Bt+C$，其中 A、B、C 是给定的常数。它 0 时刻到达站台 1 时的时长为 0，也算一次等待。若列车回家共乘坐了 k 班列车，乘坐的列车编号为 $s_1$、$s_2$、……、$s_k$。作为一种可行的回家方案，k 班列车换乘必须满足如下条件。

（1）$X_{S_1}=1$，$Y_{S_k}=N$。

（2）对于所有 j（$1 \leq j < k$），满足 $Y_{S_j}=X_{S_j}+1$ 且 $Q_{S_j} \leq P_{S_j}+1$。

最终列车回家的烦躁值累计如下。

$$C + (A \cdot P_{s_1}^2 + B \cdot P_{s_1} + C) + \sum_{j=1}^{k-1} (A \cdot P_{s_{j+1}} - Q_{s_j})^2 + B \cdot (P_{s_{j+1}} - Q_{s_j}) + C)$$

从文件 route.in 中读入列车停靠数据。route.in 的第一行存储 5 个整数 N、M、A、B、C，其意义参见前面的描述。接下来的 M 行存储列车的停靠数据，第 i 行表示第 i 列列车的停靠情况，每 4 个数据表示一次停靠，分别表示该列车的出发站、到达站、出发时刻与到达时刻。

```
3    4    1    5    10
1    2    3    4
1    2    5    7
1    2    6    8
2    3    9    10
```

为了使列车的回家烦躁值最小，请帮它规划最佳回家方案，只有在换乘不同的列车时，才计算其烦躁值。试运用面向对象的设计技术完成本问题的求解模型描述与编程实现。

【题 15.3】假定所有公交车辆从起点到终点都是双向非环路的，且双向线路的所有停靠站点对应相同。设有 M 条公交线路，第 j 条公交线路有 $N_j$ 个站点。所有公交线路累计共有 S 个站点，第 k 个站点的坐标为（$X_k$，$Y_k$），所有坐标均以米为单位标注。邻近站点之间的距离指的是站点坐标之间的欧几里得距离。现有一个人处于起点坐标（$X_b$，$Y_b$），此人需要步行到最近站点乘车，下车后要步行到达的终点坐标为（$X_e$，$Y_e$），而他特别不愿意走路，能坐公交就尽量坐公交。假定公交转乘时的步行距离为 0，试编程求他从起点（$X_b$，$Y_b$）到终点（$X_e$，$Y_e$）的乘坐线路。建立模型时需要考虑如下几种情形：①最少转乘；②最短距离。求解时只选用其中一种情形。

　　所有公交线路的站点坐标存放于 stops.txt 文件，其中第 1 行为站点总个数，第 2 行为第 1 个站点的坐标，第 3 行为第 2 个站点的坐标，依此类推。可用图形化的界面显示站点及公交线路，站点后增加的虚拟标志可使线路走向更加合理。stops.txt 文件的内容如下。

```
39
235    27
358    29
480    34
155    36
222    64
282    62
413    60
457    63
483    60
560    69
131    87
349    61
314    97
420   107
487   125
620   107
666    79
186   107
270   120
350   141
383   148
370   164
442   179
496   171
555   167
651   155
775   184
678   272
208   156
296   161
356   190
493   202
490   229
504   262
457   269
249   196
155   190
```

```
103    171
112    241
```

所有公交线路信息存放于 lines.txt 文件，其中第 1 行为公交线路总数，第 2 行为每条公交线路的站点总数，第 3 行为线路 1 经过的站点编号（对应站点坐标请参见 stops.txt 文件），第 4 行为线路 2 经过的站点编号，依此类推。lines.txt 文件的内容如下。

```
6
13    11     8     9     7     7
 1     6    13    20    22    21    14     8     3     9    15    24    32
 4     5     6    12     7     8     9    10    16    26    28
11    18    19    20    21    23    33    34
38    37    36    31    23    24    25    26    27
 2    12    13    19    29    37    39
30    31    35    33    25    16    17
```

通过类型抽象形成站点、公交线路、转乘站点、转乘线路、转乘矩阵、公交系统等类，输入上述文件初始化站点和线路对象，然后通过图形化界面显示站点和线路地图。用户用鼠标在地图上设定起点和终点，按照设定的最少转乘或最短距离选项，规划出从起点步行到最近站点上车，到离终点最近站点下车步行到终点的线路，在地图上依次显示符合条件的线路。

采用 Dijkstra 最短路径算法是不合适的，因为它不能同时支持最少转乘、经济转乘等优化策略。可以构造公交线路转乘矩阵 **A**（即 $A^1$）解决问题。假定有 5 条公交线路，若线路 i 和线路 j（i≠j）有 r 个转乘站点（即 r 种走法），则矩阵 $A^1$ 的元素 $a^1[i,j]=r$；若 i=j，则规定无须转乘，即有 $a^1[i,i]=0$。对于上述前 5 条公交线路，从公交线路 i 一次转乘到线路 j，可得如下转乘矩阵 $A^1$。

```
0    3    3    1    0
3    0    3    2    1
3    3    0    0    1
1    2    0    0    1
0    1    1    1    0
```

由上述转乘矩阵 $A^1$ 可知，无法从线路 1 转乘到线路 5，因为 $a^1[1,5]=0$。可以尝试从线路 1 转乘其他线路，再从其他线路转乘线路 5，即从线路 1 经过两次转乘到线路 5。这只需要进行矩阵乘法运算 **A\*A=A²**，从线路 1 经过两次转乘到线路 5，可从 $A^2$ 中得到共有 $a^2[1,5]$ 种走法。

$$a^2[1,5] = \sum_{k=1}^{5} a^1[1,k] * a^1[k,5]$$

由上述转乘公式，可计算得到 $A^2$，最后设置 $a^2[i,i]=0$，修正 $A^2$ 使同一线路不用转乘。修正后的 $A^2$ 如下。

```
 0    11     9     6     7
11     0    10     4     5
 9    10     0    10     3
 6     4    10     0     2
 7     5     3     2     0
```

由上述矩阵可知 $a^2[1,5]=7$，即从线路 1 经过两次转乘到线路 5 共有 7 种走法：①从线路 1 到线路 2 共有 3 个转乘点，再从线路 2 经唯一转乘点至线路 5，一共有 3 种转乘方法；②从线路 1 到线路 3 共有 3 个转乘点，再从线路 3 经唯一转乘点至线路 5，一共有 3 种转乘方法；③从线路 1 经唯一转乘点至线路 4，再从线路 4 经唯一转乘点至线路 5，一共有 1 种转乘方法。

依此类推，可以得到 $A*A*A$（即 $A^3$，反映从线路 i 经过 3 次转乘到线路 j 共有几种转乘走法）。对于本题来说，由于总共只有 M=7 条公交线路，故无重复公交的转乘最多只能转乘 M−1 次，所以只需计算到 $A^{M-1}=A^6$ 为止。任意两条线路之间 1 次、2 次、……、6 次转乘的走法共有 $A^+$ 种，$A^+=A^1+A^2+A^3+A^4+A^5+A^6$。

上述 $A^+$ 运算是一种修正的矩阵"闭包"运算，可以抽象成矩阵类的一个运算。上述 $A^+$ 运算只计算了有几种转乘走法，当然，还可以同步 $A^n$ 建立另外一个矩阵，对应元素为某种链表指针类型，用于记载对应转乘线路和转乘站点。

得到上述转乘"闭包"矩阵 $A^+$ 以后，只需要搜索离起点最近的站点（可能不止一个站点），找到最近站点所在的线路 i（可能不止一条），并搜索离终点最近的站点（可能不止一个站点），找到最近站点所在的线路 j（可能不止一条），然后在 $A^+$ 中找出 a[i,j] 所描述的所有转乘线路和转乘站点即可。利用站点坐标可以得到两两站点之间的距离，并利用 $A^+$ 分别得到如下两种情形的最优转乘方案：①最少转乘；②最短距离。

【题 15.4】一个城市由公共汽车、轻轨、地铁等构成的交通体系是复杂的，为此统一用公交代替上述各种车辆。公交线路一般是双环线路的，也存在单环线路的。同一公交线路、不同方向的站点可能并不重合。几种典型的公交线路及其站点如图 5.12 所示。

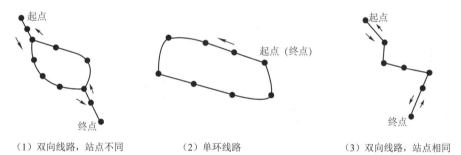

（1）双向线路，站点不同 　　　　（2）单环线路 　　　　（3）双向线路，站点相同

**图 5.12　几种典型的公交线路及其站点**

图 5.12 中，箭头所指的方向为公交线路的运行方向，单环线路的起点和终点在一起。也可能存在双环线路，两个方向的起点和终点可能不在一起。注意，环路的起始站点和终止站点相同，例如，某单环线路的站点编号可能为 1、2、3、4、5、1，某些环路下车后继续上车可能需要再次买票。

可以应用公交线路转乘矩阵来求解最少转乘次数或者最少转乘距离问题，但应根据有向线路（即有向图）来建立转乘矩阵，双环线路可被当作独立的两条有向公交线路来看待。用户需要从起点步行到最近距离的站点，乘坐公交并可能经历若干次公交线路转乘，在离终点最近的站点下车，然后步行到终点。

所有公交线路的站点坐标存放于 stops.txt 文件，其中第 1 行为站点总个数，第 2 行为第 1 个站点的名称及坐标，第 3 行为第 2 个站点的名称及坐标，依此类推。stops.txt 文件的内容如下。

46
东坡　626,287

李白　623，219
杜甫　565，199
居易　510，200
浩然　465，216
王维　447，260
清照　475，301
淑真　504，311
安石　574，314
山东　642，125
辽宁　582，122
湖北　506，125
湖南　450，149
江西　397，192
四川　322，198
福建　263，261
广东　213，295
广西　164，293
云南　99，276
贵州　290，336
西藏　355，318
新疆　366，261
北京　392，41
上海　340，68
深圳　278，130
重庆　222，208
武汉　112，361
成都　167，409
杭州　259，431
沈阳　270，59
南昌　412，95
昆明　459，183
桂林　470，251
福州　483，325
郑州　500，349
西安　531，385
贵阳　599，75
兰州　568，159
洛阳　549，259
襄阳　431，355
十堰　376，403
宜昌　365，449
荆门　108，432
钟祥　261，380
大连　332，368
当阳　555，349

　　所有公交线路信息存放于 lines.txt 文件，其中第 1 行为按单向行驶的公交线路总数，第 2 行为第 1 条单向公交线路的名称、站点数及经过的站点编号（对应站点坐标参见 stops.txt 文件），第 3 行为第 2 条单向公交线路的名称、站点数及经过的站点编号，依此类推。lines.txt 文件的内容如下。

```
11
公交1路  10, 1, 2, 3, 4, 5, 6, 7, 8, 9, 10
公交2路  11, 12, 13, 14, 15, 16, 23, 17, 18, 19, 11
公交2路  11, 19, 18, 17, 20, 21, 22, 14, 13, 12, 11
公交3路  37, 11, 38, 3, 39, 8, 34, 40, 41, 42, 10
公交3路  10, 42, 41, 40, 34, 8, 39, 3, 38, 11, 37
公交4路  23, 24, 25, 26, 18, 27, 28, 29, 8
公交4路  8, 29, 28, 27, 18, 26, 25, 24, 23
公交5路  30, 24, 31, 32, 33, 7, 34, 35, 36, 9
公交5路  9, 36, 35, 34, 7, 33, 32, 31, 24, 30
公交6路  7, 43, 28, 44, 45, 40, 35, 46
公交6路  46, 35, 40, 45, 44, 28, 43, 7
```

公交线路区间价格表可用对角线以上的上三角矩阵表示，每个行驶方向的区间价格表可以不同。例如，作为单环线路的"公交 1 路"共有 10 个站点，其区间价格表 rangeprice1.txt 文件的内容如下所示。

```
1  2  3  4  5  6  7  8  9
   1  2  3  4  5  6  7  8
      1  2  3  4  5  6  7
         1  2  3  4  5  6
            1  2  3  4  5
               1  2  3  4
                  1  2  3
                     1  2
                        1
```

其中，第一行的 1、2、3 分别表示第 1 站到第 2 站、第 1 站到第 3 站、第 1 站到第 4 站的价格分别为 1 元、2 元和 3 元；第二行的 1、2、3 分别表示第 2 站到第 3 站、第 2 站到第 4 站、第 2 站到第 5 站的价格分别为 1 元、2 元和 3 元；依此类推，最后一行表示的是第 9 站到第 10 站的价格为 1 元。注意，公交公司的价格表中的数值应该是有小数的浮点类型，站与站之间或者区间与区间之间的价格可能不同，两条不同的公交线路即使跑同样的站点路程，其价格也可能不同。其他单向线路的价格表可以自己构建。

假设某个机构或单位同几个公交站点相邻，相邻信息存在 organization.txt 文件中，第 1 行存放单位数量。从第 2 行起存放单位名称、相邻站点数量以及这些站点的编号。organization.txt 文件中内容的格式如下。

```
4
华中科技大学  4    33, 5, 6, 7
华中农业大学  2    20, 45
武汉科技大学  1    18
国家森林公园  3    17, 18, 26
```

例如，用户在地图上行走，可输入"华科大"或"华中科大"查询其所在位置，通过最大公共子串算法进行模糊匹配，找到"华中科技大学"及其所有相邻的公交站点。若只有一个站点，则闪烁显示站点位置；若有两个站点，则用直线连接，闪烁显示指示单位所在的位置；若有三个以上的站点，则通过直线首尾相连形成闭合区域，闪烁显示其位置。当用户使用鼠标标定终点后（允许在闪烁的区域外标注），闪烁消失，恢复原图，然后规划线路，即从他所在的起点步行到最近公交站点上车，中途经过若干次公交线路转乘，到达离终点最近的公交站点下车，然后步行到鼠标标定的终点。

　　试运用面向对象的技术，结合图形化的用户界面，编程解决线路规划问题，可同时考虑三种方案供用户选择：①最少转乘；②最短距离；③最低价格。开发完成后，可采用实际地图作为背景，标定站点和公交线路，最好选择多种形式的公交线路（如单环、双环、双向站点相同、双向站点等不同形式的公交线路）进行试验。

　　【题 15.5】MATLAB 的矩阵可以有任意多维，仅在矩阵只有两维时可以进行乘法运算，以及奇异值分解 svd 等运算。MATLAB 矩阵在进行 sum 及区块等运算时会自动降维。试模仿 MATLAB 定义超级矩阵类 SMAT。头文件 SMAT.h 用于说明类型信息，SMAT.cpp 用于定义相关类的函数成员。SMAT.h 文件的内容如下所示。

```cpp
#pragma once                                    //避免同一个头文件被包含（include）多次
#include <list>                                  //以便处理{1, 3, 7}等形式的列表
#include <typeinfo>
#include <iostream>
#include <type_traits>
using namespace std;

class DIM {                                      //可用单个整数如1及如{1, 3, 7}等形成维列表
    int* d, n;                                   //d用于存放维列表的值，n用于存放维列表值的个数
public:
    DIM(int x);                                  //单个元素形成维列表
    DIM(const std::list<int>&);                  //{1, 3, 7}等形成维列表
    DIM(const DIM&);                             //深拷贝构造
    DIM(DIM&&) noexcept;                         //移动构造
    DIM& operator=(const DIM&);                  //深拷贝赋值
    DIM& operator=(DIM&&) noexcept;              //移动赋值
    int& operator[](int x);                      //取维 x 的界值 d[x]
    operator int ()const;                        //返回维数 n
    ~DIM() noexcept;                             //析构函数
};
template <typename T> struct SVD;               //类型参数同 SMAT 一致，以便被 SMAT 实例化
template <typename T>//仅用类T的优点：T类仅构造函数根据维数产生多个实例，其他函数仅有一个实例
class SMAT {                                     //定义超级矩阵 SMAT
    T** const e;                                 //存放超级矩阵元素
    long z;                                      //e 的元素总个数
    int* d;                                      //矩阵各维的界
    const int n;                                 //矩阵总维数
    bool o;                                      //原生矩阵对 e[i]进行 new T，否则自其他矩阵拷贝 e[i]
public:
    SMAT();                                      //无参构造函数：零维
    //以下构造函数至少一维，第一维的界为 f，剩余维的界为 args
    template <typename...Args>
    SMAT(int f,Args...args) requires conjunction_v<is_same<int,Args>...>;
    SMAT(const SMAT&);                           //深拷贝构造：得到原生矩阵
    SMAT(SMAT&&) noexcept;                        //移动构造：得到原生矩阵
    operator T&();                               //当矩阵只有唯一一个元素时取其值
```

```
    SMAT operator[](int x);                    //访问 x 行元素得到降维的超级矩阵，得到非原生超级矩阵
    SMAT operator[](std::list<DIM> x);         //取块操作得到可能降维的超级矩阵，得到非原生超级矩阵
    SMAT operator+(const SMAT&)const;          //超级矩阵的加法：产生新的原生矩阵
    SMAT operator-(const SMAT&)const;          //超级矩阵的减法：产生新的原生矩阵
    SMAT operator*(const SMAT&)const;          //仅当只有两维时的矩阵乘法：产生新的原生矩阵
    SMAT& operator=(const T& a);               //当前矩阵只有一个元素时赋值
    SMAT& operator=(const SMAT&);              //深拷贝赋值：产生原生矩阵
    SMAT& operator=(SMAT&&) noexcept;          //移动赋值：保持原有矩阵的原生属性是否不变
    SMAT sum(int x)const;                      //类似 MATLAB 的 sum 求和运算：产生新的原生矩阵
    SVD<T> svd()const;                         //类似 MATLAB 的 svd 奇异值分解：产生新的原生矩阵
    void print();                              //打印矩阵
    ~SMAT() noexcept;                          //析构原生矩阵时，执行 delete e[i]，否则不执行
};
template <typename T> struct SVD {SMAT<T> s,v,d;};
```

注意，应在 SMAT.cpp 的尾部强制实例化类模板，即对要用的超级矩阵类模板强制实例化，否则在其他地方实例化类模板有可能失败。例如，紧接上述类模板说明，进行强制实例化如下：

```
template SMAT<int>;                      //产生零维整型数组实例类及构造函数
template SMAT<int>::SMAT(int);           //产生一维整型数组构造函数
template SMAT<int>::SMAT(int,int);       //产生二维整型数组构造函数
template SMAT<int>::SMAT(int,int,int);   //产生三维整型数组构造函数
template SMAT<double>::SMAT(int,int);    //产生二维双精度型数组实例类及构造函数
```

然后，利用如下主函数 main()对该超级矩阵进行测试。main()的部分测试内容如下，可根据需要自行添加矩阵求和等其他测试。

```
int main()
{
    SMAT<int> m(3);                      //定义一维整型矩阵
    SMAT<int> a(3,3);                    //定义二维整型矩阵
    SMAT<int> e(2,3);
    SMAT<int> n(3,3,3);
    a[0][0]=1;    a[0][1]=2;    a[0][2]=3;
    a[1][0]=4;    a[1][1]=5;    a[1][2]=6;
    a[2][0]=7;    a[2][1]=8;    a[2][2]=9;
    auto [s,v,d]=a.svd();                //模拟 MATLAB 的 SVD 函数
    std::list<int> b={0,2};              //可用于矩阵取块操作
    e=a[{0,DIM({1,2})}];                 //模拟矩阵的取块操作
    e[0][0]=11;
    int z=e[0][0];
    e=a[{1,2}];
    e=e * a;
    e.print();
    return 0;
}
```

# 参考文献

[1] 刘慧婷，王庆生. 汇编语言程序设计[M]. 2 版. 北京：人民邮电出版社，2017.

[2] 张海龙，袁国忠. C++ Primer Plus 中文版[M]. 6 版. 北京：人民邮电出版社，2016.

[3] 郭炜. 新标准 C++程序设计[M]. 北京：高等教育出版社，2016.

[4] 谭浩强. C++程序设计[M]. 3 版. 北京：清华大学出版社，2015.

[5] 钱能. C++程序设计教程[M]. 3 版. 北京：清华大学出版社，2019.

[6] The C++ Standards Committee – ISOCPP. Working Draft, Standard for Programming Language C++. https://www.open-std.org/jtc1/sc22/wg21/docs/papers/2021/n4885.pdf.

[7] https://en.cppreference.com/w/cpp/23.

[8] https://coliru.stacked-crooked.com/.